普通高等学校“十二五”规划教材

三维机械设计基础教程

——SolidWorks 2012 实战演练

王林军　吴　卓　郑　敏　主　编
魏兴春　李海燕　副主编

中国铁道出版社有限公司
CHINA RAILWAY PUBLISHING HOUSE CO., LTD.

内容简介

SolidWorks是世界上第一套基于Windows系统开发的三维CAD软件。该软件以参数化特征造型为基础，具有功能强大、易学易用、技术创新等特点，是当前最优秀的三维CAD软件之一。本书由浅入深、全面系统地介绍了SolidWorks 2012的主要功能与使用方法，全书共分10章，内容包括：SolidWorks 2012设计基础、参数化草图绘制、基准特征——参考几何体的创建、创建基础特征、创建高级特征、曲线设计、曲面设计、编辑零件、装配体设计、工程图设计等。范例都是实际工程设计中具有代表性的例子，并且由编者多年的培训案例整理而成，具有很强的实用性和可操作性。在写作方式上，本书紧贴软件的实际操作界面，采用软件中真实的对话框、菜单和按钮等进行讲解，使初学者能够直观、准确地通过操作软件进行学习，可以快速掌握三维绘图的方法与技巧，从而大大提高学习效率。

本书内容全面，条理清晰，范例丰富，讲解详细，图文并茂，并且突出基础和实用两大特点，适合作为高等学校三维CAD课程的教材，也可作为各类培训学校SolidWorks课程的培训教材，或工程技术人员学习SolidWorks的参考用书。

图书在版编目（CIP）数据

三维机械设计基础教程：SolidWorks 2012实战演练/王林军，吴卓，郑敏主编．—北京：中国铁道出版社，2014.2（2021.6重印）

普通高等学校“十二五”规划教材

ISBN 978-7-113-17965-6

Ⅰ．①三…　Ⅱ．①王…　②吴…　③郑…　Ⅲ．①机械设计-计算机辅助设计-应用软件-高等学校-教材　Ⅳ．①TH122

中国版本图书馆CIP数据核字（2014）第011818号

书　　名：三维机械设计基础教程——SolidWorks 2012实战演练
作　　者：王林军　吴　卓　郑　敏

策　　划：李小军
责任编辑：马洪霞　彭立辉
封面设计：付　巍
封面制作：白　雪
责任校对：王　杰
责任印制：樊启鹏

出版发行：中国铁道出版社有限公司（100054，北京市西城区右安门西街8号）
网　　址：http://www.tdpress.com/51eds/
印　　刷：北京市科星印刷有限责任公司
版　　次：2014年2月第1版　　2021年6月第9次印刷
开　　本：787 mm×1 092 mm　1/16　印张：24　字数：583千
书　　号：ISBN 978-7-113-17965-6
定　　价：49.80元

前　言

SolidWorks是由美国SolidWorks公司推出的功能强大的三维机械设计软件系统，是世界上第一套基于Windows系统开发的三维CAD软件。自1995年问世以来，以其优异的性能、易用性和创新性，极大地提高了机械工程师的设计效率，已成为三维机械设计软件的标准。其应用范围涉及航空航天、汽车、机械、造船、通用机械、医疗器械和电子等诸多领域。

功能强大、易学易用、技术创新是SolidWorks的三大特点，这些特点使得SolidWorks成为领先的、主流的三维CAD解决方案。SolidWorks 2012不仅在大装配处理能力、复杂曲面设计能力等方面得到了增强，而且针对中国市场的需要增加了中国国家标准（GB）内容等。

为了使读者尽快熟悉SolidWorks 2012的各项功能，编者根据在该领域多年的设计经验和教学经验，编写了本书。本书在介绍SolidWorks 2012软件功能的基础上，辅之以实例讲解，使其更加通俗易懂。本书主要内容如下：

- SolidWorks 2012设计基础：包括SolidWorks 2012环境功能介绍、文件的基本操作、SolidWorks的操作方式、SolidWorks工作环境设置、帮助系统、SolidWorks的设计思想、SolidWorks建模实战练习等。
- 参数化草图绘制：包括草图绘制的基本知识、草图绘制命令、草图编辑命令、草图尺寸标注、草图的约束、草图几何关系、绘制草图综合示例等。
- 基准特征——参考几何体的创建：包括创建基准面、创建基准轴、创建坐标系、创建参考点、配合参考、创建基准综合示例等。
- 创建基础特征：包括拉伸特征、旋转特征、扫描特征、放样特征、圆角特征、倒角特征、筋特征、孔特征、抽壳特征、阵列特征、镜向特征、比例缩放、综合应用示例等。
- 创建高级特征：包括圆顶特征、弯曲特征、包覆特征、拔模特征、扣合特征、实体分割、变形特征、自由形特征、特型特征、压凹特征、曲线驱动的阵列、草图驱动的阵列、表格驱动的阵列、填充阵列、特征状态的压缩与解除压缩、高级功能综合应用示例等。
- 曲线设计：包括曲线创建、三维草图绘制、曲线综合应用示例等。
- 曲面设计：包括曲面生成、曲面编辑、曲面综合建模示例等。

- 编辑零件：包括编辑草图与编辑特征、动态编辑特征、编辑特征属性、零件的外观、特征复制和移动、系列化零件设计、查询、综合应用示例等。
- 装配体设计：包括装配体文件的建立、装配体中的常用配合方式、装配体中零件的操作、装配体的干涉检查、装配体的爆炸视图、装配体轴测剖视图、复杂装配体中零件的压缩状态、高级配合、装配体综合示例等。
- 工程图设计：包括工程图基本概念、创建工程图文件、图纸格式设置、线型和图层、工程图视图、派生视图、视图的显示、剖面视图、尺寸标注和技术要求、表格、转换为 AutoCAD 文件、工程图设计综合示例、打印工程图等。

本书特色如下：

- 内容全面，不仅涉及基础特征，而且涉及高级特征等内容，性价比较高。
- 范例丰富，对软件中的主要命令和功能，首先结合简单的范例进行讲解，然后安排一些较复杂的综合范例帮助读者深入理解、灵活运用。
- 图文并茂，使读者可以循序渐进、随学随用、边看边操作，符合教育心理学和学习规律。
- 讲解详细，条理清晰，保证自学的读者能够独立学习和运用 SolidWorks 2012 软件。
- 写法独特，采用 SolidWorks 2012 中文版中真实的对话框和按钮等进行讲解，使初学者能够直观、准确地操作软件，从而大大地提高学习效率。
- 实用，本书由资深的教师参与编写，所介绍的内容都是编者在教学经验和生产实践经验的总结，具有很高的实用价值。另外，除第 1 章外每章都配有上机练习，让读者亲自动手，学有所得。

本书由王林军、吴卓、郑敏任主编，魏兴春、李海燕任副主编，由王林军与吴卓负责策划，最后由王林军统稿、定稿。具体编写分工：王林军编写了内容简介、前言、第 1 章、第 4 章；吴卓编写了第 3 章、第 10 章；郑敏编写了第 2 章、第 5 章；魏兴春编写了第 7 章、第 8 章；李海燕编写了第 6 章、第 9 章。

本书在出版过程中得到有关单位、部门和人士的大力支持，对他们付出的辛勤劳动表示衷心的感谢。此外，在编写过程中还参考了一些同类书籍，在此向有关作者表示感谢！

由于时间仓促，编者水平有限，疏漏与不足之处在所难免，欢迎广大读者批评指正。

编　者

2013年11月

目　　录

第1章 SolidWorks 2012 设计基础

本章提要

- SolidWorks 2012 环境功能介绍；
- 文件的基本操作及 SolidWorks 的操作方式；
- SolidWorks 的环境功能设置及帮助系统；
- SolidWorks 的设计思想及建模实战练习。

SolidWorks 公司是一家专业从事三维机械设计、工程分析、产品数据管理软件研发和销售的国际性公司。其产品 SolidWorks 是世界上第一套基于 Windows 界面开发的三维 CAD 软件。SolidWorks 是一套完整的三维 MCAD 产品设计解决方案，以参数化特征造型为基础，具有功能强大、易学易用和技术创新等三大特点，是当前最优秀的三维 CAD 软件之一，并且已成为领先的、主流的三维 CAD 解决方案。

SolidWorks 相对于其他 CAD 设计软件来说，简单易学、具有高效的、简单的实体建模功能,并且可以利用 SolidWorks 集成的辅助功能对设计的实体模型进行一系列计算机辅助分析，以便更好地满足设计需要，节省设计成本，提高设计效率。

SolidWorks 通常应用于产品的机械设计中，它将产品置于三维空间环境中进行设计，设计工程师按照设计思想绘制出草图，然后生成模型实体及装配体，运用 SolidWorks 自带的辅助功能对设计的模型进行模拟功能分析，根据分析结果修改设计的模型，最后输出详细的工程图，进行产品生产。

SolidWorks 简单易用，并且具有强大的辅助分析功能，已广泛应用于机械设计、工业设计、电装设计、消费产品及通信器材设计、汽车制造设计、航空航天的飞行器设计等行业中。通过 SolidWorks 可以根据需要方便地进行零部件设计、装配体设计、钣金设计、焊件设计及模具设计等。

SolidWorks 集成了强大的辅助功能,使人们在产品设计过程中可以方便地进行三维浏览、运动模拟、碰撞和运动分析、受力分析及运动算例，在模拟运动中为动画添加马达等。SolidWorks 中经常用到的功能工具有 eDrawing、SolidWorks Aninator、PhotoWorks、3D Insant Website 及 COSMOSMotion 等。另外，还可以利用 SolidWorks 提供的 FeatureWorks、SolidWorks Toolbox 及 PDMWorksd 等工具来扩展该软件的使用范围。

SolidWorks 2012 在用户界面、草图绘制、特征、成本、零件、装配体、SolidWorks Enterprise PDM、Simulation、运动算例、工程图、出详图、钣金设计、输出和输入，以及网络协同等方面都得到了增强，至少比 SolidWorks 2011 增强了 250 个使用功能，使用户使用更加方便、快捷，大大提高了产品的设计效率。

1.1 SolidWorks 2012 环境功能介绍

1.1.1 系统要求

1. 操作系统

SolidWorks 2012 可运行于 Windows XP 等操作系统。SolidWorks 2012 是支持 Microsoft Windows XP 操作系统的最后发行版本。从 SolidWorks 2013 开始将不能在 Windows XP 操作系统上安装。

2. 硬件配置

这里硬件配置以 Windows 操作系统为例进行说明，属于建议使用的配置，如果采用其他操作系统则可能有所不同，请参阅系统附带的帮助文件。

（1）使用 X64 处理器或以上配置。

（2）独立显卡，显存 1 GB 或以上。显示器至少能够显示 800×600 像素和 24 位色。

（3）推荐内存为 4 GB 或以上。注意：运行 SolidWorks 软件时尽量不要运行其他程序。

（4）20 GB 或更大的硬盘空间。

（5）鼠标或其他定点设备。

（6）光盘驱动器。

1.1.2 安装 SolidWorks 2012

安装 SolidWorks 2012 的操作步骤如下：

（1）将 SolidWorks 2012 软件光盘插入光驱中，安装程序自动运行，出现 SolidWorks 安装管理程序界面，如图 1-1 所示。

（2）单击“确定”按钮，出现指定安装类型，如图 1-2 所示。

（3）指定安装类型后，单击“下一步”按钮，选择要添加或删除的产品。选定的产品将在计算机上保留，未选定的产品将从计算机删除，如图 1-3 所示。

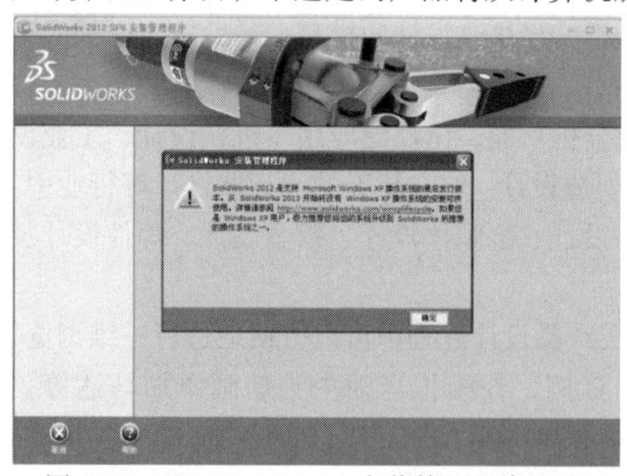

图 1-1 SolidWorks 2012 安装管理程序界面

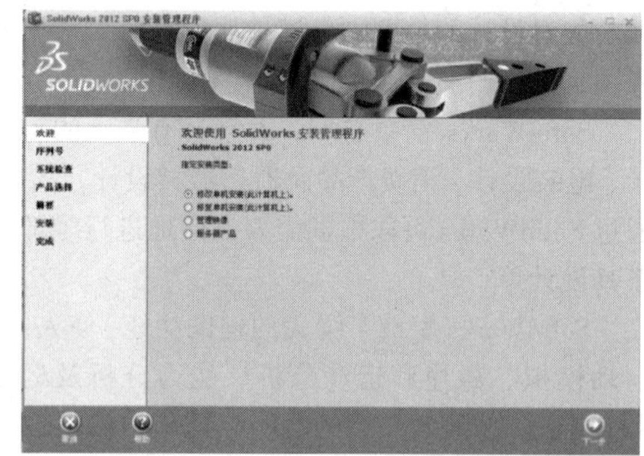

图 1-2 SolidWorks 2012 指定安装类型

（4）安装选定的产品，如图 1-4 所示。

（5）单击“完成”按钮，结束安装，如图 1-5 所示。

（6）激活 SolidWorks 2012，需要运行 Crack 文件（Run SW2010-2012.Activator.SSQ.exe and press YES three times if you have only SW2012 installed on your computer or 4–5 times if you want to activate also SW2011or/and SW2010）。

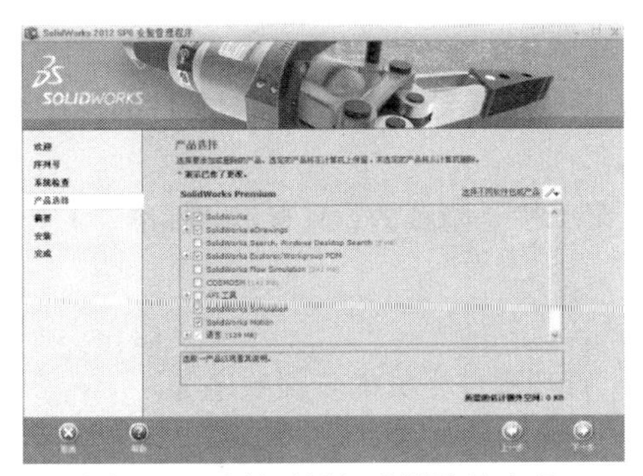

图 1-3　选择要添加或删除的产品

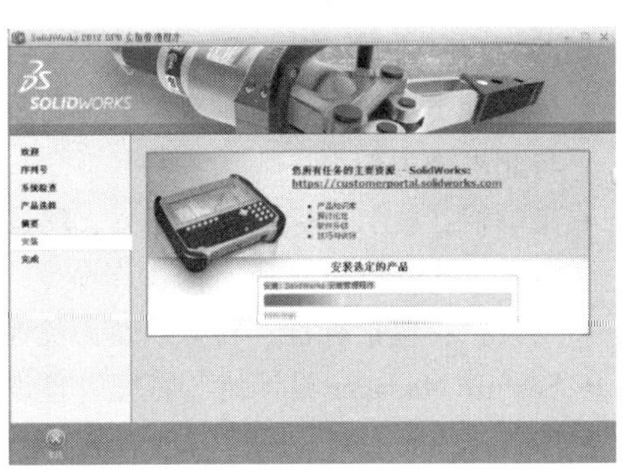

图 1-4　安装选定产品

1.1.3　启动 SolidWorks 2012

SolidWorks 2012 安装完成后，就可以启动该软件。操作步骤如下：

（1）在 Windows 操作环境下，选择屏幕左下角的“开始”|“所有程序”|“SolidWorks 2012”命令，或者双击桌面上的 SolidWorks 2012 的快捷图标，就可以启动该软件。SolidWorks 2012 的启动画面如图 1-6 所示（SolidWorks 2012 的启动画面有几种，图 1-6 是其中之一）。

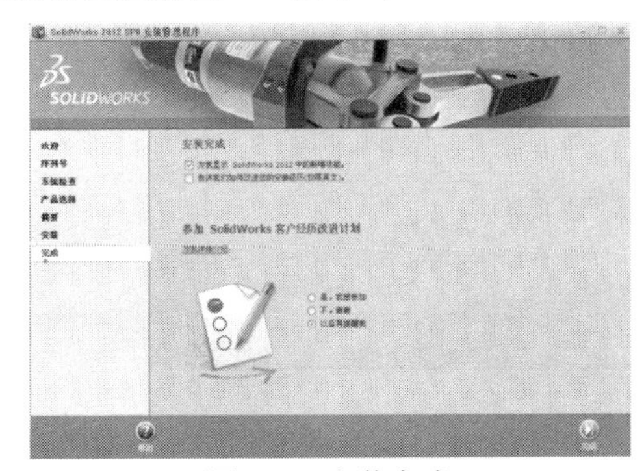

图 1-5　安装完成

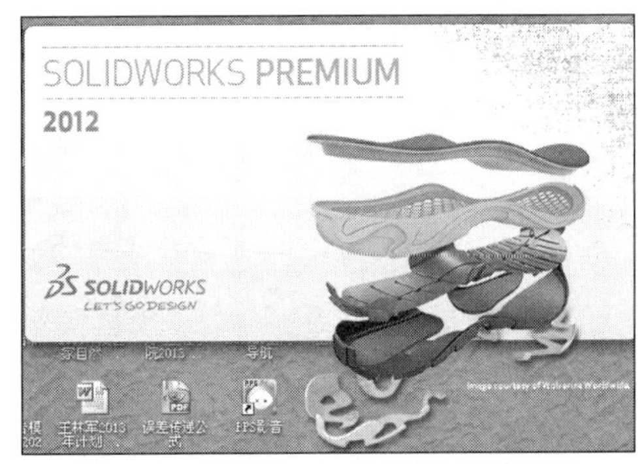

图 1-6　SolidWorks 2012 的启动画面

（2）启动画面消失后，系统进入 SolidWorks 2012 的初始界面，初始界面中只有几个菜单栏和“标准”工具栏（见图 1-7），用户可以在设计过程中根据自己的需要打开其他工具栏。

（3）单击工具栏中的“新建”图标，弹出如图 1-8 所示的“新建 SolidWorks 文件”对话框。SolidWorks 提供了 3 种设计模式，分别为“零件”“装配体”和“工程图”。

图 1-7　SolidWorks 2012 的初始界面

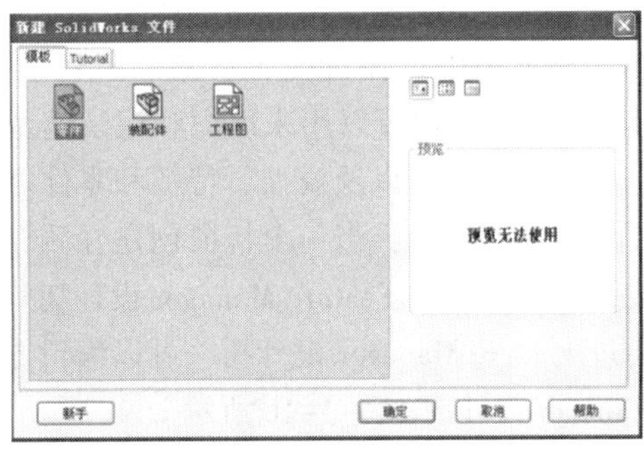

图 1-8　“新建 SolidWorks 文件”对话框

（4）选择“零件”模式即可进入零件绘制窗口，如图 1-9 所示。

说明

- 界面种类：图 1-9 所示为打开零件文件的操作界面，装配体及工程图文件的操作界面与此界面类似。
- 菜单栏：显示在标题栏的下方，默认情况下菜单栏是隐藏的，只显示“标准”工具栏，包含了 SolidWorks 所有的操作命令。
- 工具栏：包括标准、特征、草图绘制工具等。
- Feature Manager 设计树（特征管理设计树）：管理零件生成的步骤顺序等。
- Roperty Manager（属性管理器）：管理位置、几何构造线等。
- Configuration Manager（配置管理器）：管理零件的不同呈现方式或不同尺寸，必须切换才能显示。
- 状态栏：显示目前的操作状态。

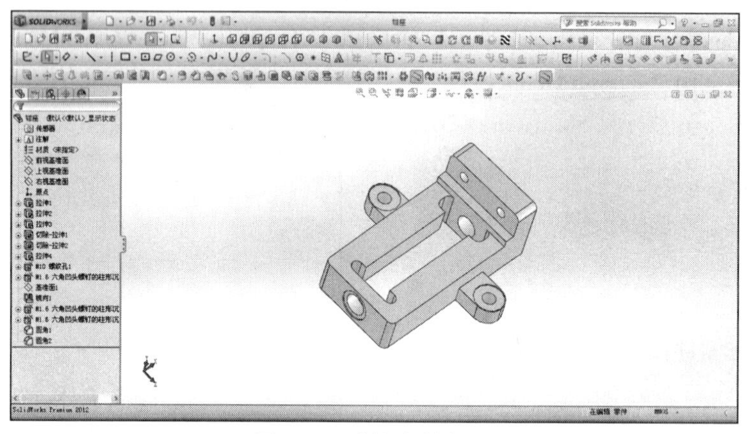

图 1-9 零件绘制窗口

1.1.4 Feature Manager 设计树

Feature Manager 设计树位于 SolidWorks 用户界面的左侧，是 SolidWorks 中比较常用的部分，它提供了激活的零件、装配体或工程图的大纲视图，从而可以很方便地查看模型或装配体的构造情况，或查看工程图中不同的图纸和视图。

Feature Manager 设计树和图形区是动态链接的。在使用时可以在任何窗格中选择特征、草图、工程视图和构造几何线。Feature Manager 设计树可以用来组织和记录模型中各个要素之间的参数信息和相互关系，以及模型、特征和零件之间的约束关系，几乎包含了所有涉及信息。当一个特征创建好后，就加入到 Feature Manager 设计树中，因此 Feature Manager 设计树代表建模操作的时间顺序。通过 Feature Manager 设计树，可以编辑零件中包含的特征。Feature Manager 设计树如图 1-10 所示。

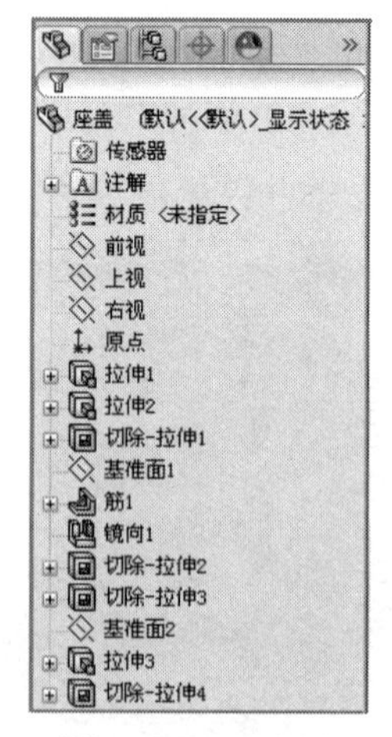

图 1-10 Feature Manager 设计树

Feature Manager 设计树使用以下规则：

（1）项目图标左边的符号⊞表示该项目包含关联项（如草图），单击符号⊞可展开该项目并显示其内容。

说明　如果想一次折叠所有展开的项目，可右击设计树顶部的文档名称，从弹出的快捷菜单中选择“折叠项目”命令。

（2）草图前面由下列字符表示：

- （+）——表示过定义。
- （-）——表示欠定义。
- （?）——表示无法解出的草图。
- 无前缀——表示完全定义。

（3）如果所做更改要求重建模型，则特征、零件及装配体之前显示重建模型符号。

（4）装配体零部件的位置由下列字符表示：

- （+）——表示过定义。
- （-）——表示欠定义。
- （?）——表示无解。
- （f）——表示固定（锁定到位）。

（5）在装配体中，每个部件实例后有一个尖括号的数<n>，此数随每个实例递增。

（6）装配体配合之前带有：

- （+）——涉及过定义装配体中零件的位置。
- （?）——无解。
- ——所有参考体均存在。

（7）外部参考引用状态显示如下：

- 如果一个零件或特征具有外部参考引用，则其名称之后会跟有->。
- 如果外部参考引用不在当前的关联中，则特征名称和零件名称之后跟有->？。
- 后缀->*意味着该参考引用被锁定。
- 后缀->x 意味着该参考引用被中断。

1.1.5　Property Manager（属性管理器）概述

SolidWorks 命令是根据“属性管理器”选项执行的。

“属性管理器”位于特征管理器相同的位置，当用户使用建模命令时，自动切换到对应的“属性管理器”，如图 1-11 所示。

图 1-11　SolidWorks“属性管理器”

1.1.6　系统反馈

反馈由一个连接到箭头形光标的符号来表示，表明用户正在选择什么或系统希望用户选择什么。当光标通过模型时，与光标相邻的符号就表示系统反馈。

1.2　文件的基本操作

在 SolidWorks 中新建文件、打开文件和存储文件的按钮分别是、和。

1.2.1　新建文件

选择菜单栏中的“文件”｜“新建”命令，将弹出如图 1-8 所示的对话框，该对话框中有 3 个图标，分别为“零件”“装配体”和“工程图”。在这些模板中，已对其操作环境的部分参数进行设置，用户也可以自定义模板文件再打开使用。

（1）零件：建立零件获得三维模型，是使用 SolidWorks 的基本功能，零件文件名为“*.sldprt”。这个三维模型可以和 CAM 软件结合，其内部的尺寸也可以和数据库软件结合，以方便企业进行生产管理工作。单击“零件”图标，再单击“确定”按钮，即可新建一个零件文件。

（2）装配体：将多个零件进行装配可成为装配体，可用来生成爆炸视图等，装配体文件名为“*.sldasm”。单击“装配体”图标，再单击“确定”按钮，即可新建一个装配体文件。

（3）工程图：将零件或装配体转换成工程视图，并加入尺寸、表面符号、公差配合等，工程图文件名为“*.slddrw”。单击“工程图”图标，再单击“确定”按钮，即可新建一个工程图文件。

1.2.2 打开已有文件

在 SolidWorks 工作界面中，选择菜单栏中的“文件”|“打开”命令，弹出“打开”对话框，选中“预览”复选框，选择文件所在的文件夹，并选择要打开的文件，单击“打开”按钮，如图 1-12 所示，即可打开文件。

说明 文件的只读权限：SolidWorks 可以打开属性为“只读”的文件，也可以将“只读”的文件插入到装配体中并建立几何关系，但不能保存“只读”文件。在协同设计环境下，如果需要保存“只读”文件，必须获得文件“写入”权限。

图 1-12 “打开”对话框

1.2.3 存储文件

在 SolidWorks 工作界面中，选择菜单栏中的“文件”|“保存”命令，弹出“另存为”对话框。SolidWorks 在存储文件时，会判断目前操作环境的模式，然后在文件名后自动加入适当的扩展名。当想存储成其他的文件格式时，可直接在“保存类型”下拉列表中选取所要的文件类型，系统会自动进行转换运算。然后，单击“保存”按钮，保存文件，如图 1-13 所示。

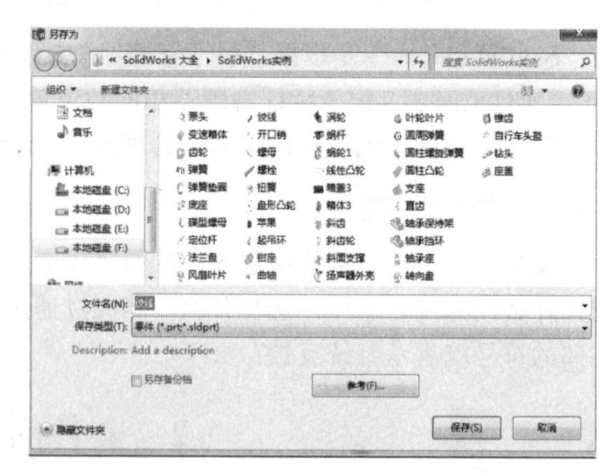

图 1-13 “另存为”对话框

说明 SolidWorks 不支持向下兼容。例如，如果使用 SolidWorks 2012 打开一个在 SolidWorks 2011 中建立的文件，并且进行了保存，那么从此将无法使用 SolidWorks 2012 以前的版本打开该文件。因此，用户在升级软件前，一定要将原来的文件进行备份。

1.2.4　生成 eDrawings 文件

eDrawings 文件是第一个通过电子邮件的方式交流的工具，可以将三维模型和二维图纸压缩成一个文件，它完整地包含了模型的所有信息。在 SolidWorks 环境下可生成以下类型的 eDrawings 文件：

（1）3D 零件文件（*.eprt）。

（2）3D 装配体文件（*.easm）。

（3）2D 工程图文件（*.edrw）。

在 SolidWorks 工作界面中，选择菜单栏中的“文件”｜“保存”命令，弹出“另存为”对话框，在“保存类型”下拉列表中选择文件类型 eDrawings(*.eprt)（见图 1-14），单击“保存”按钮，生成 eDrawings 文件。

图 1-14　生成 eDrawings 文件

1.3　SolidWorks 的操作方式

SolidWorks 的操作方式有鼠标、键盘和命令按钮。

1.3.1　鼠标键的功能

在 SolidWorks 中，鼠标的操作和 Windows 基本相同。

1. 左键

（1）单击：选择实体或取消选择实体。

（2）Ctrl+单击：选择多个实体或取消选择实体。

（3）双击：激活实体常用属性，以便修改。

（4）拖动：利用窗口选择实体、绘制草图元素，移动、改变草图元素属性等。

（5）Ctrl+拖动：复制所选实体。

（6）Shift+拖动：移动所选实体。

2. 中键

（1）拖动：旋转画面。

（2）Ctrl+拖动：平移画面（启动平移后，即可放开 Ctrl 键）。

（3）Shift+拖动：缩放画面（启动缩放后，即可放开 Shift 键）。

3. 右键

（1）单击：弹出快捷菜单，选择快捷操作方式。

（2）拖动：修改草图时旋转草图。

1.3.2　快捷键

每个命令都有快捷键。快捷键的用法与 Windows 操作系统中的相同，表 1-1 列出了常用图形控制快捷键。

表 1-1 常用图形控制快捷键

动　作	快 捷 键	动　作	快 捷 键
平移模型	Ctrl+方向键	切换选择过滤器工具栏	F5
放大	Z	重建模型	Ctrl+B
缩小	z	重绘屏幕	Ctrl+R
整屏显示全图	f	重做	Ctrl+Y

1.3.3 快捷菜单

单击右键打开快捷菜单，常用的快捷菜单有：

（1）绘图区快捷菜单：当鼠标处于绘图区空白处，没有执行命令时，出现绘图区快捷菜单。此时，通过该菜单可选择视图的显示方式或打开零件对应的工程图。

（2）零件特征表面的快捷菜单：当鼠标处于零件模型的某些特征表面上时，出现零件特征表面的快捷菜单，由该菜单可进行显示模型、编辑草图、编辑定义、压缩和显示特征等操作。

（3）工具栏中的快捷菜单：当鼠标处于工具栏位置时，出现工具栏中的快捷菜单，通过该菜单可对工具栏进行定制。

1.3.4 窗口控制和模型显示类型

用 SolidWorks 建模时，用户可以利用“视图”工具栏的各项命令进行窗口显示方式的控制操作，如图 1-15 所示。

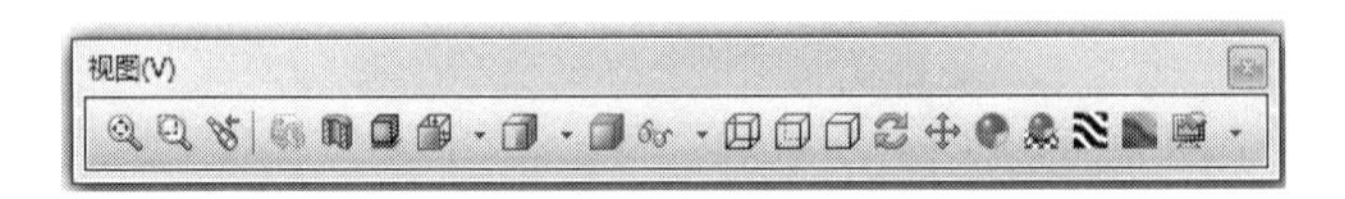

图 1-15 “视图”工具栏

各种显示状态的效果图如图 1-16 所示。

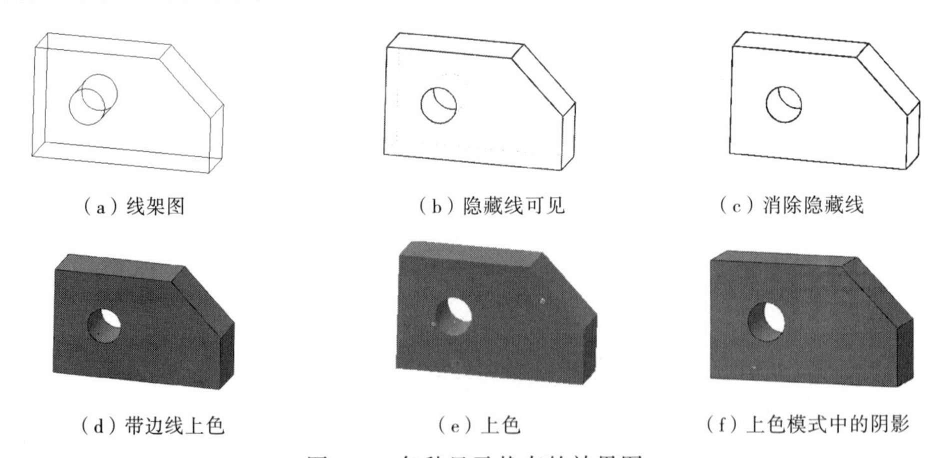

图 1-16 各种显示状态的效果图

1.3.5 切换视图方向

“标准视图”工具栏（见图 1-17）实现了视图方向的切换，可以从模型的各个方向观看模型。

单击其中的“前视”（主视方向）“后视”“左视”“右视”“上视”（仰视方向）“下视”（俯视方向）按钮可分别得到 6 个基本视图方向的视角效果，如图 1-18 所示。在 SolidWorks 2012 中提供了选择视图方向的菜单，如图 1-19 所示。

图 1-17 “标准视图”工具栏

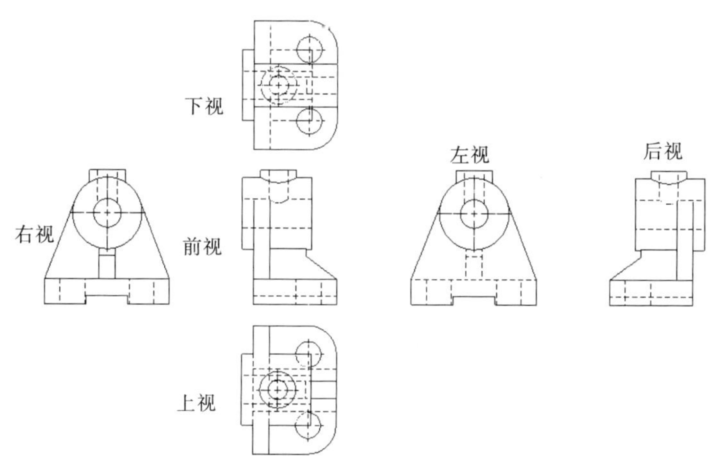

图 1-18 6 个基本视图方向的视角效果

图 1-19 视图方向菜单

1.4 SolidWorks 工作环境设置

用户可以在 SolidWorks 软件中根据需要添加或删除工具栏及命令，还可以为零件和装配体设置工作界面、背景及环境光源等。

1.4.1 定制 SolidWorks 的选项

系统选项脱离文件本身保存在注册表中，对系统选项的定制是 SolidWorks 工作环境的基本设置。

（1）选择菜单栏中的“工具”｜“选项”命令，弹出“系统选项”对话框，切换到“系统选项”选项卡，如图 1-20 所示。

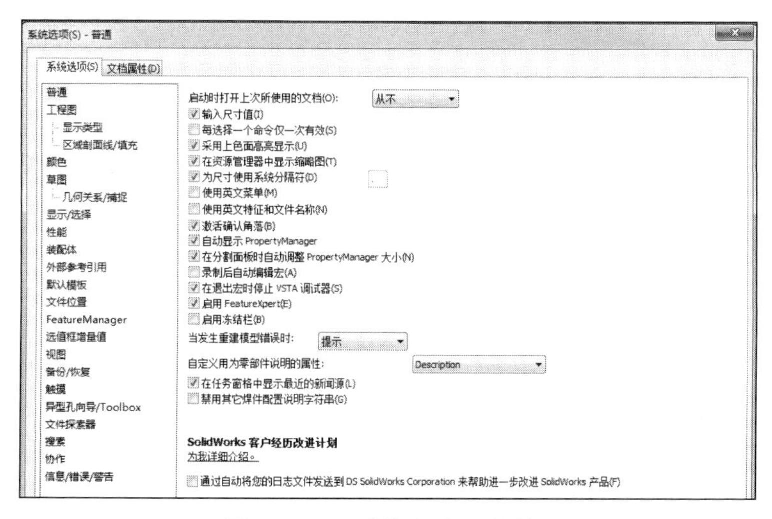

图 1-20 “系统选项”对话框

（2）单击“普通”，选中下列选项：

- 选中“输入尺寸值”复选框。
- 选中“采用上色面高亮显示”复选框。
- 选中“在资源管理器中显示缩略图”复选框。
- 选中“为尺寸使用系统分隔符”复选框。
- 选中“激活确认角落”复选框。
- 选中“自动显示 Proerty Manager 大小”复选框。

（3）单击“显示类型”，选中下列选项：

- 在“新视图显示样式”中选中“消除隐藏线”单选按钮。
- 在“新视图显示切边”中选中“移除”单选按钮。

（4）单击“草图”，选中下列选项：

- 选中“在零件/装配体中显示圆弧中心点”复选框。
- 选中“在零件/装配体中显示实体点”复选框。

（5）单击“几何关系/捕捉”，选中“自动几何关系”复选框。

（6）单击“选项框增量值”，在“长度增量值”的米制单位中输入 2.00 mm。

（7）默认其他所选项。

1.4.2 建立新文件模板

当用户新建文件时，通过选择文件模板开始工作。文件模板中包括文件的基本工作环境设置，如度量单位、网格线、尺寸标注方式和线型等。设置良好的文件模板有助于用户减少在环境设置方面的工作量，从而加快工作的流程，在装配体中甚至可以设置预先载入的基础零件。

具体操作步骤如下：

（1）单击“标准”工具栏上的“新建”按钮，在“新建 SolidWorks 文件”对话框中双击“零件”图标，然后进行零件模板设计。

（2）选择菜单栏中的“工具” | “选项”命令，弹出“系统选项”对话框，切换到“文档属性”选项卡。

（3）单击“出详图”，在“尺寸标注标准”组合框中确定做下列选择，保持其他选项为默认：

- 选择“GB”选项。
- 在“引头零值”列表框中选择“移除”选项。
- 在“中心线延伸”文本框输入 3 mm。

（4）单击“尺寸”，定义下列各项：

- 在箭头“样式”列表框选择“→”选项。
- 箭头方向选择“向内”单选按钮。

（5）单击“虚拟交点”，设置成十字形。

（6）单击“网格线/捕捉”，不选中所有选项。

（7）单击“单位”，选择“自定义”单选按钮，在“长度单位”下拉列表中选择“毫米”选项，在“小数位数”数值框输入“2”；在“角度单位”下拉列表中选择“度”选项，在“小数位数”数值框输入“2”。

（8）单击“材料属性”，设置产品材料为常用的密度值。

（9）单击“系统选项”对话框中的“确定”按钮，保存文件属性设置并关闭对话框。

（10）完成文件模板设置后，单击“标准”工具栏上的“保存”按钮，弹出“另存为”对话框，在“保存类型”下拉列表中选择零件模板 Part template（*.prtdot），此时文件的保存目录会自动切换到 SoldWorks 安装目录：\data\Templates。

（11）单击“另存为”对话框中的“新建文件夹”按钮，在 SoldWorks 安装目录：\data\Templates 目录下建立一个“我的模板”文件夹，将设置的文件模板保存在该文件夹中。

（12）单击“我的模板”文件夹，输入文件名为“零件.prtdot”，单击“保存”按钮，生成新的零件文件模板。

（13）选择菜单栏中的“工具”｜“选项”命令，在“系统选项”选项卡中选择“文件位置”选项，在“显示下项的文件夹”下拉列表中选择“文件模板”选项，单击“添加”按钮，选择刚才建立的“我的模板”文件夹作为文件模板标签。此后选择新建文件时，“新建 SolidWorks 文件”对话框中会出现“我的模板”标签。

1.4.3　设置工具栏

如果在建模过程中需要用到没有的工具栏，用户可以自行添加。具体步骤如下:

（1）选择菜单栏中的“工具”｜“自定义”命令，弹出“自定义”对话框。

（2）打开“工具栏”选项卡，选择所需的工具栏复选框。如图 1-21 所示，选中“曲线”“尺寸/几何关系”“特征”“参考几何体”“草图绘制”“标准”“标准视图”“曲面”“视图”等复选框。

（3）单击“确定”按钮，界面中就会出现所需的工具栏。

说明　用鼠标将工具栏拖至绘图区，工具栏上会出现标题栏，单击标题栏中的“关闭”按钮，即可关闭该工具栏。

1.4.4　命令按钮的增减

如果在工具栏中没有所需的命令，则可以根据需要自行添加。具体步骤如下：

（1）选择菜单栏中的“工具”→“自定义”命令，在弹出的“自定义”对话框中打开“命令”选项卡。

（2）在“类别”列表框中选择所需命令所在的工具栏，在“按钮”区会出现该工具栏中所有的按钮，如图 1-22 所示。

图 1-21　“自定义”对话框

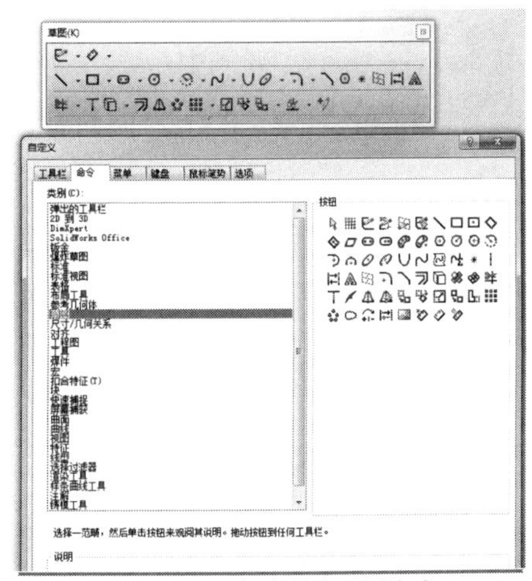

图 1-22　命令按钮的增减

（3）按住要新增的按钮，拖到工具栏的适当位置后放开，即可将其添加到工具栏。

说明 减少命令按钮时，只要从该工具栏中把要减少的按钮拖回“自定义”对话框即可。

1.4.5 定义快捷键

为了方便工作，可以根据习惯自行定义快捷键。具体步骤如下：

（1）选择菜单栏中的“工具”|“自定义”命令，在弹出的“自定义”对话框中打开“键盘”选项卡，如图 1-23 所示。

（2）分别选取需定义快捷键命令所在的“类别”及“命令”，然后输入快捷键，则在“快捷键”栏中显示设置的快捷键，单击“确定”按钮，完成快捷键的设置。

说明

（1）如果设置的快捷键已经被使用过，则系统会提示该快捷键已被使用，必须更改设置的快捷键。

（2）如果取消设置的快捷键，可在“键盘”选项卡中选择“快捷键”选项卡设置的快捷键，然后单击“移除快捷键”按钮，该快捷键就会被取消。

1.4.6 设置背景

在 SolidWorks 中，可以更改操作界面的背景及颜色，以设置个性化的用户界面。设置背景的操作步骤如下：

（1）选择菜单栏中的“工具”|“选项”命令，弹出“系统选项-普通”对话框。

（2）在对话框的“系统选项”选项卡的左侧列表中选择“颜色”选项，如图 1-24 所示。

图 1-23 “自定义”对话框的“键盘”选项卡

图 1-24 “系统选项-颜色”对话框

（3）在“颜色方案设置”列表框中选择“视区背景”选项，然后单击“编辑”按钮，此时系统弹出图 1-25 所示的“颜色”对话框，在其中选择设置的颜色，然后单击“确定”按钮。也可以使用该方式，设置其他选项的颜色。

（4）单击“系统选项-颜色”对话框中的“确定”按钮，系统背景颜色设置成功。

1.4.7 设置实体颜色

系统默认的绘制模型实体的颜色为灰色。在零件和装配体模型中，为了使图形有层次感和真实感，通常改变实体的颜色。图 1-26（a）所示为系统默认颜色的零件模型，图 1-26（b）

所示为设置颜色后的零件模型。

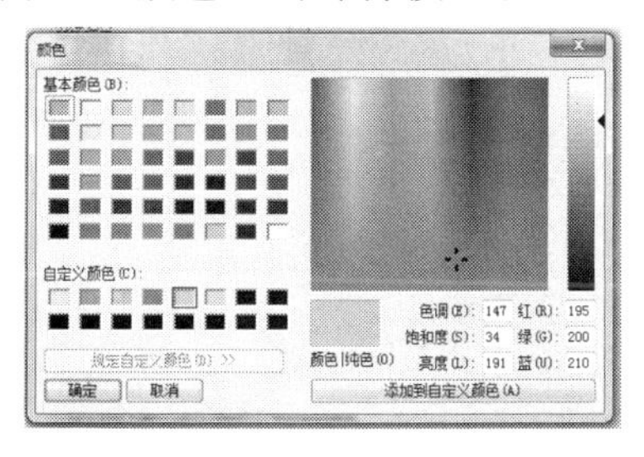

图 1-25　“颜色”对话框

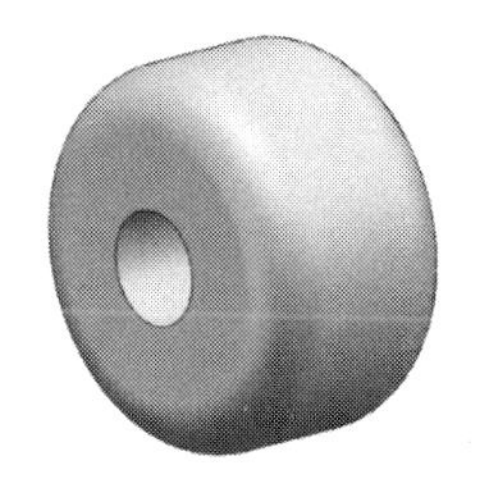

（a）系统默认颜色的零件模型

（b）设置颜色后的零件模型

图 1-26　设置实体颜色

（1）在特征管理器中选择要改变颜色的特征，此时图形区中相应的特征会改变颜色，表示已选中的面。然后右击，在弹出的快捷菜单中单击“外观”下拉按钮，如图 1-27 所示。

（2）选择特征，系统弹出“颜色”属性管理器，如图 1-28 所示，可在“颜色”选项中选择需要改变的颜色。

（3）单击“颜色”对话框中的“确定”按钮，完成实体颜色的设置。

在零件模型和装配体模型中，除了可以对特征的颜色进行设置外，还可以对面进行设置。首先在图形区中选择面，然后右击，在弹出的快捷菜单中进行设置，步骤与设置特征颜色类似。

说明　对于单个零件而言，设置实体颜色渲染实体，可以使模型更加接近实际情况，更逼真。对于装配体而言，设置零件颜色可以使装配体具有层次感，方便观测。

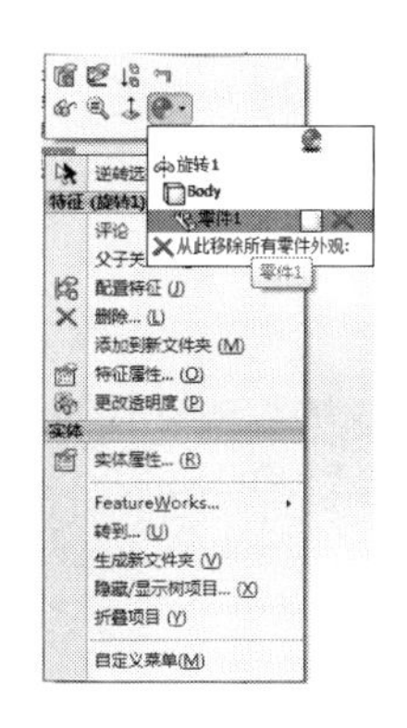

图 1-27　快捷菜单

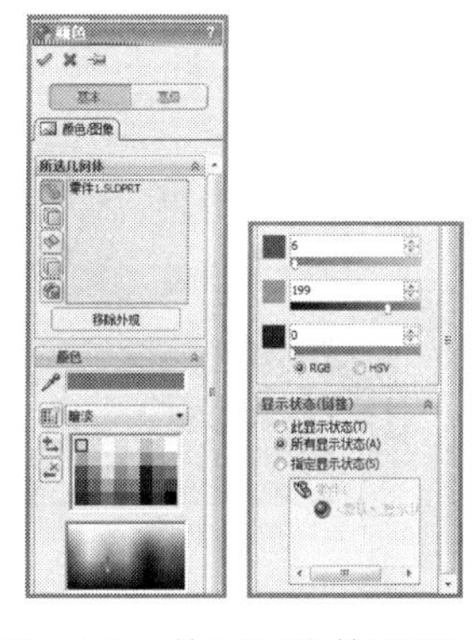

图 1-28　外观属性管理器

1.4.8　设置单位

在三维实体建模前，需要设置好系统的单位，系统默认的单位为 MMGS（毫米、克、秒），可以使用自定义的方法设置其他类型的单位系统及长度单位等。

下面以修改长度单位的小数点为例，说明设置单位的操作步骤：

（1）选择菜单栏中的“工具”｜“选项”命令。

（2）弹出“系统选项-颜色”对话框，单击该对话框中的“文档属性”选项卡，然后在左侧列表

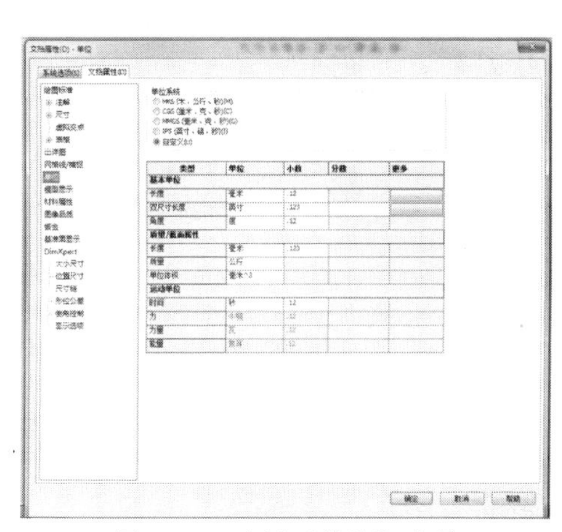

图 1-29　选择“单位”选项

中选择“单位”选项，如图 1–29 所示。

（3）将对话框中“基本单位”选项组中“长度”选项的“小数”设置为无，然后单击“确定”按钮。图 1–30 所示为设置单位前、后的图形比较。

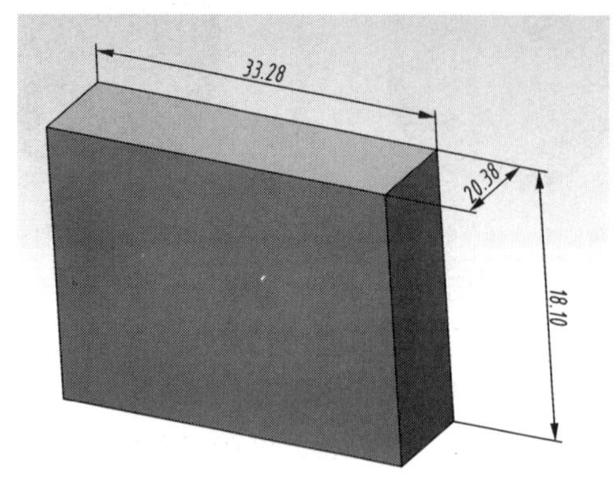

（a）设置单位前的图形

（b）设置单位后的图形

图 1–30　设置单位前后图形比较

1.5　帮 助 系 统

SolidWorks 为用户提供了方便快捷的帮助系统，用户在使用过程中遇到的问题都可以通过帮助系统寻求答案，而且 SolidWorks 软件自身附带一套深入浅出的学习教材。选择下拉菜单“帮助”｜“SolidWorks 帮助”命令，出现 SolidWorks 在线帮助对话框，如图 1–31 所示，左侧的目录区包括“简介”“管理”“用户界面”“SolidWorks 基本知识”等许多选项卡。用户根据需要可以选择各个选项卡，以获取相关的内容。

图 1–31　SolidWorks 在线帮助对话框

1.6　SolidWorks 的设计思想

SolidWorks 2012 是一套机械设计自动化软件，它采用了大家非常熟悉的 Microsoft Windows 图形用户界面。使用这套简单易学的工具，机械设计工程师能快速地按照其设计思想绘制出草图。

利用 SolidWorks 2012 不仅可以生成二维工程图，而且可以生成三维零件，并且可以利用这些三维零件生成二维工程图及三维装配体，如图 1-32 所示。

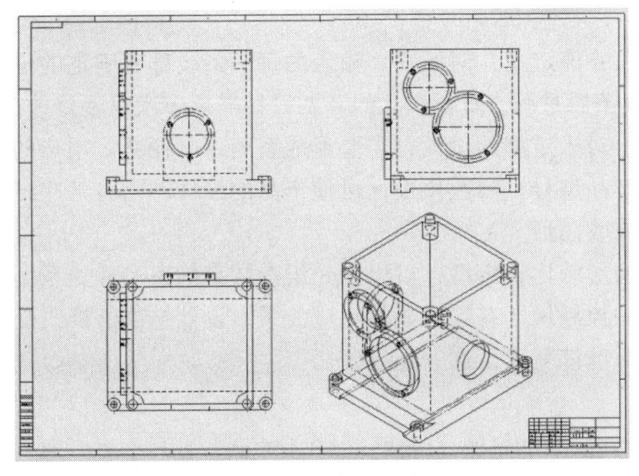

（a）二维零件工程图

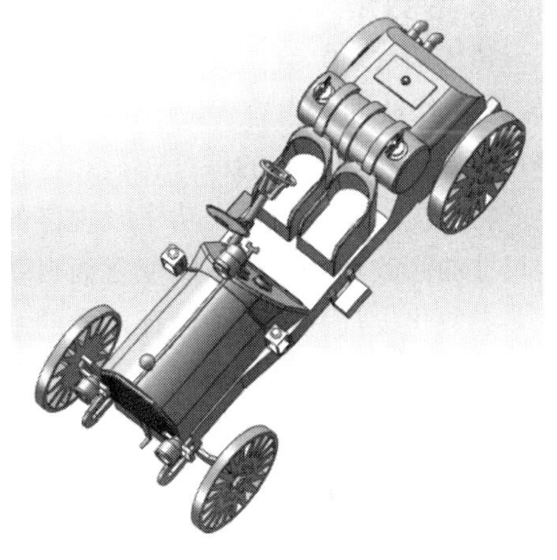

（b）三维装配体

图 1-32　SolidWorks 实例

1.6.1　三维设计的 3 个基本概念

1. 实体造型

实体造型就是在计算机中用一些基本元素来构造机械零件的完整几何模型。传统的工程设计方法是设计人员在图纸上利用几个不同的投影图来表示一个三维产品的设计模型，图纸上还有很多人为的规定、标准、符号和文字描述。对于一个较为复杂的部件，要用若干张图纸来描述。尽管这样，图纸上还是密布着各种线条、符号和标记等。工艺、生产和管理部门的人员再去认真阅读这些图纸，理解设计意图，通过不同视图的描述想象出设计模型的每一个细节。

对于过于复杂的零件，设计人员有时只能采用代用毛坯，边加工设计边修改，经过长间的艰苦工作后才能给出产品的最终设计图纸。所以，传统的设计方法严重影响着产品的设计制造周期和产品质量。

利用实体造型软件进行产品设计时，设计人员可以在计算机上直接进行三维设计，在屏幕上能够见到产品的真实三维模型，所以这是工程设计方法的一个突破。产品设计的一个总趋势就是：产品零件的形状和结构越复杂，更改越频繁，采用三维实体软件进行设计的优越性越突出。

当零件在计算机中建立模型后，工程师就可以在计算机上很方便地进行后续环节的设计工作，如部件的模拟装配、总体布置、管路铺设、运动模拟、干涉检查，以及数控加工与模拟等。所以，它为在计算机集成制造和并行工程思想指导下实现整个生产环节采用统一的产品信息模型奠定了基础。

大体上有 6 类完整的表示实体的方法：

（1）单元分解法。

（2）空间枚举法。

（3）射线表示法。

（4）半空间表示法。

（5）构造实体几何（CSG）。

（6）边界表示法（B-rep）。

只有后两种方法能正确地表示机械零件的几何实体模型，但仍有不足之处。

2. 参数化

传统的 CAD 绘图技术都用固定的尺寸值定义几何元素。输入的每一条线都有确定的位置。要想修改图面内容，只有删除原有线条后重画。而新产品的开发设计需要多次反复修改，进行零件形状和尺寸的综合协调和优化。对于定型的设计，需要形成系列，以便针对用户的生产特点提供不同吨位、功率、规格的产品型号。参数化设计可使产品的设计图随着某些结构尺寸的修改和使用环境的变化而自动修改图形。

参数化设计一般是指设计对象的结构形状比较定型，可以用一组参数来约束尺寸关系。参数的求解较为简单，参数与设计对象的控制尺寸有着明显的对应关系，设计结果的修改受到尺寸的驱动。生产中最常用的系列化标准件就属于这一类型。

3. 特征

特征是一个专业术语，它兼有形状和功能两种属性，包括特定几何形状、拓扑关系、典型功能、绘图表示方法、制造技术和公差要求。特征是产品设计与制造者最关注的对象，是产品局部信息的集合。特征模型利用高一层次的具有过程意义的实体（如孔、槽、内腔等）来描述零件。基于特征的设计是把特征作为产品设计的基本单元，并将机械产品描述成特征的有机集合。

特征设计有突出的优点，在设计阶段就可以把很多后续环节要使用的有关信息放到数据库中。这样便于实现并行工程，使设计绘图、计算分析、工艺性审查到数控加工等后续环节工作都能顺利完成。

1.6.2 设计过程

在 SolidWorks 系统中，零件、装配体和工程图都属于对象，它采用了自顶向下的设计方法创建对象，图 1-33 显示了这种设计过程。

图 1-34 所示的层次关系充分说明在 SolidWorks 系统中，零件设计是核心；特征设计是关键；草图设计是基础。

草图指的是二维轮廓或横截面。对草图进行拉伸、旋转、放样或扫描等操作后即生成特征，如图 1-34 所示。

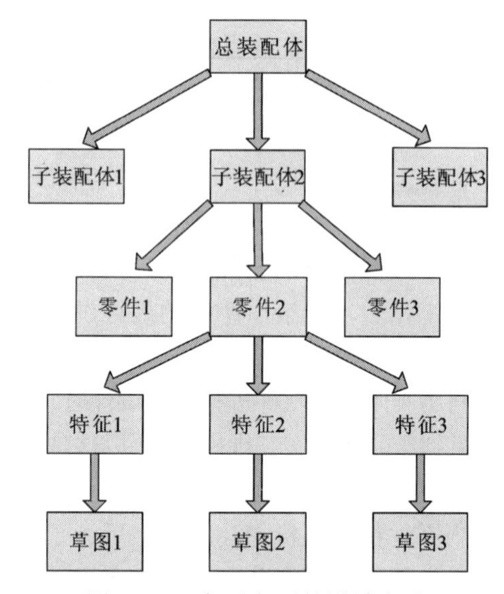

图 1-33 自顶向下的设计方法

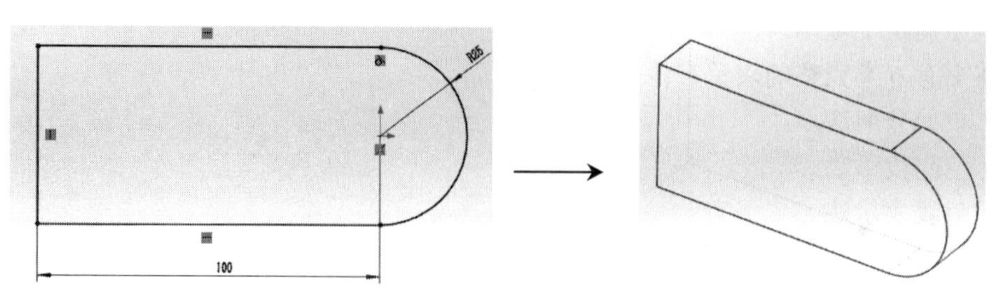

图 1-34 二维草图经拉伸生成特征

特征是可以通过组合生成零件的各种形状（如凸台、切除、孔等）及操作（如圆角、倒角、抽壳等），如图 1-35 所示（在图 1-34 的基础上，添加了圆角与凸台特征）。

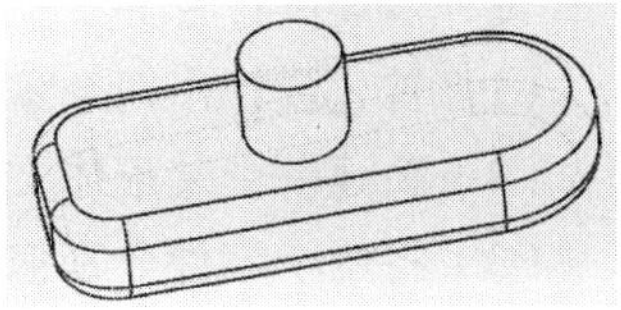

图 1-35　特征

1.6.3　设计方法

零件是 SolidWorks 系统中最主要的对象。传统的 CAD 设计方法是由平面（二维）到立体（三维），如图 1-36（a）所示。工程师首先设计出图纸，工艺人员或加工人员根据图纸还原出实际零件。在 SolidWorks 系统中却是工程师直接设计出三维实体零件，根据需要生成相关的工程图，如图 1-36（b）所示。

此外，SolidWorks 系统的零件设计的构造过程类似于真实制造环境下的生产过程，如图 1-37 所示。

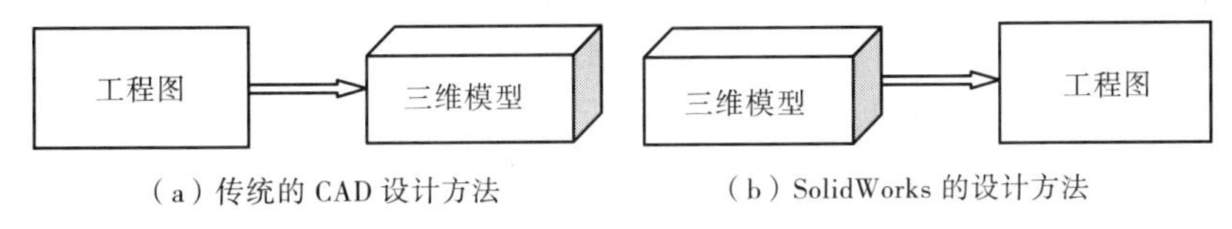

（a）传统的 CAD 设计方法　（b）SolidWorks 的设计方法

图 1-36　设计方法示意图

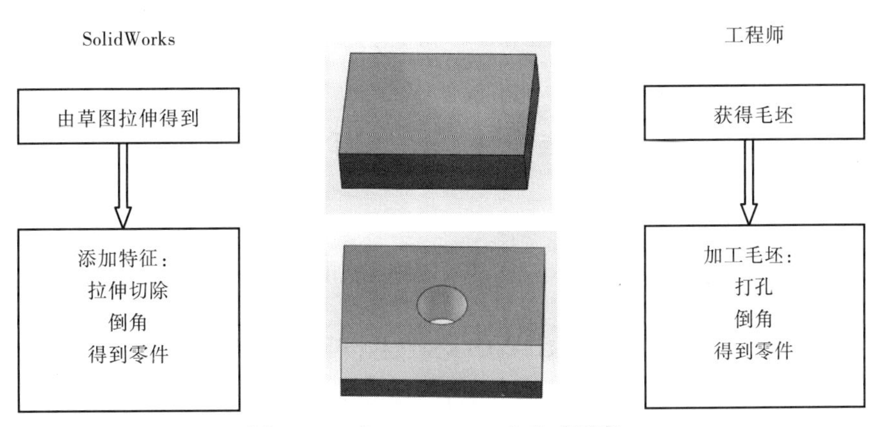

图 1-37　在 SolidWorks 中生成零件

装配体是若干不同零件的组合，是 SolidWorks 系统中的对象，通常用来实现一定的设计功能。在 SolidWorks 系统中，用户先设计好所需的零件，然后根据配合关系和约束条件将零件组装在一起，生成装配体。使用配合关系，可相对于其他零部件来精确地定位零部件，还可定义零部件如何相对于其他的零部件移动和旋转。通过继续添加配合关系，还可以将零件移到所需的位置。配合会在零件之间建立几何关系，例如共点、垂直、相切等。每种配合关系对于特定的几何实体组合有效。

图 1-38 所示为一个简单的装配体，由顶盖和底座 2 个零件组成。

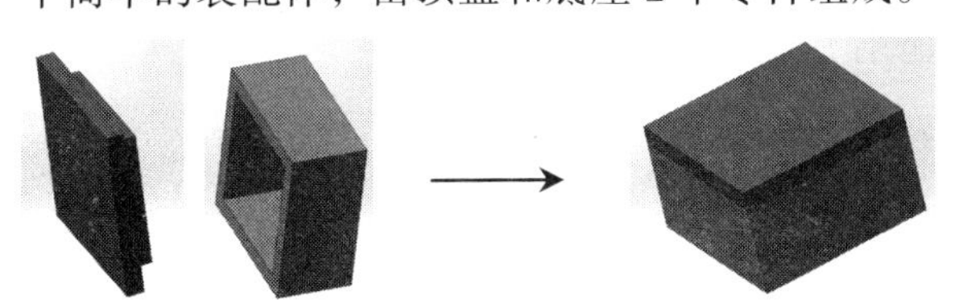

图 1-38　在 SolidWorks 中生成装配体

设计、装配过程如下：

（1）首先设计出两个零件。

（2）新建一个装配体文件。

（3）将两个零件分别拖入到新建的装配体文件中。

（4）使顶盖底面和底座顶面重合，顶盖底一个侧面和底座对应的侧面重合，将顶盖和底座装配在一起，从而完成装配工作。

工程图就是常说的工程图纸，是 SolidWorks 系统中的对象，用来记录和描述设计结果，是工程设计中的主要档案文件。

用户根据设计好的零件和装配件，按照图纸的表达需要，通过 SolidWorks 系统中的命令，生成各种视图、剖面图、轴测图等，然后添加尺寸说明，得到最终的工程图。图 1-39 所示为一个零件及其三视图。它们都是由实体零件自动生成的，无须进行二维绘图设计，这也体现了三维设计的优越性。此外，若对零件或装配体进行了修改，则对应的工程图文件也会相应地修改。

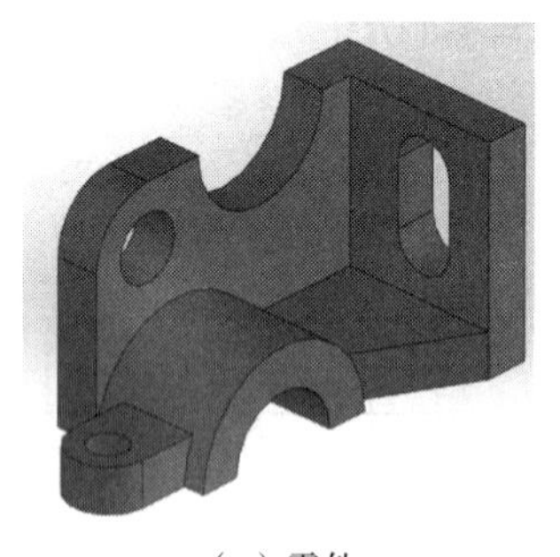

（a）零件

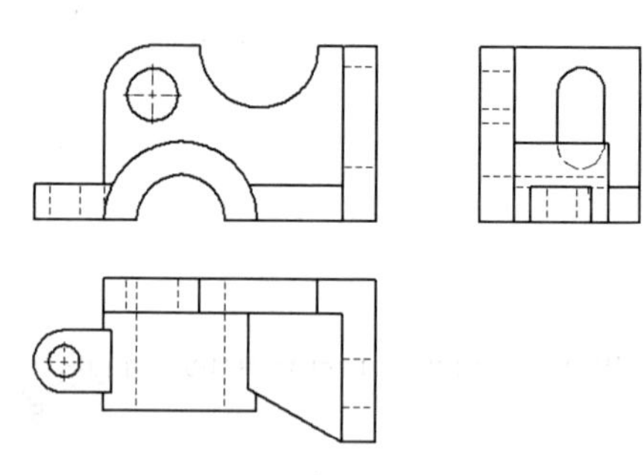

（b）零件的三视图

图 1-39　SolidWorks 中生成的工程图

1.7　SolidWorks 建模实战练习

通过实战练习，初步体会 SolidWorks 建模的基本流程及其修改操作方法。

1.7.1　建立简单零件模型

实战分析：

建立零件模型的主要步骤：

（1）选择绘图平面（可为基准面或已存在的实体平面）。

（2）绘制草图（利用各种草图绘制工具及几何限制方式定义草图）。

（3）用完成的草图选择建立零件模型的方式。

实战练习步骤：

建立如图 1-40 所示的模型，其操作步骤如下：

（1）新建文件：选择菜单栏中的“文件”|“新建”命令，弹出“新建 SolidWorks 文件”对

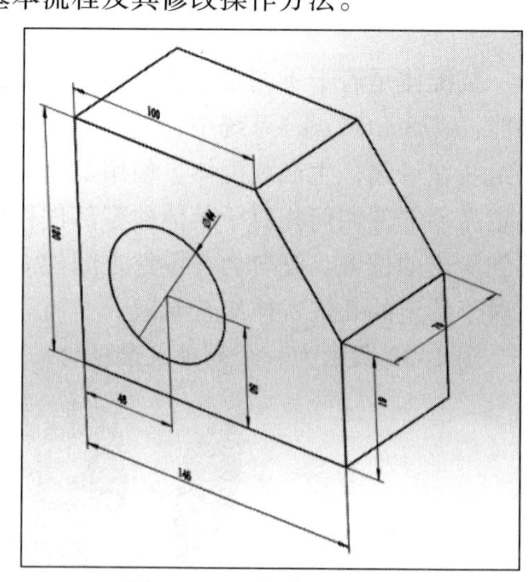

图 1-40　简单零件模型

话框，在对话框中单击“零件”图标，单击“确定”按钮。

（2）选择基准面，进入草图绘制：在 Feature Manager 设计树中选择“前视基准面”，单击正视于按钮，单击“草图”工具栏中的“草图绘制”按钮，进入草图绘制，如图 1-41 所示。

（3）大致绘制草图：

① 单击“草图”工具栏中的“直线”按钮，绘制基本图形，如图 1-42 所示。

说明 一定要从原点开始画。

② 单击“草图”工具栏中的“圆”按钮，绘制圆，如图 1-43 所示。

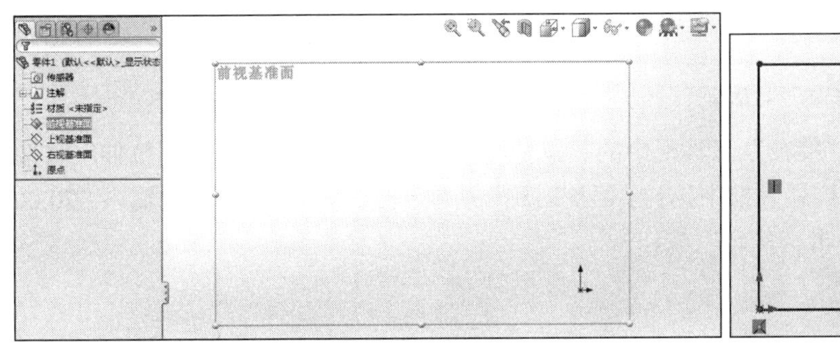

图 1-41 选择“前视基准面”

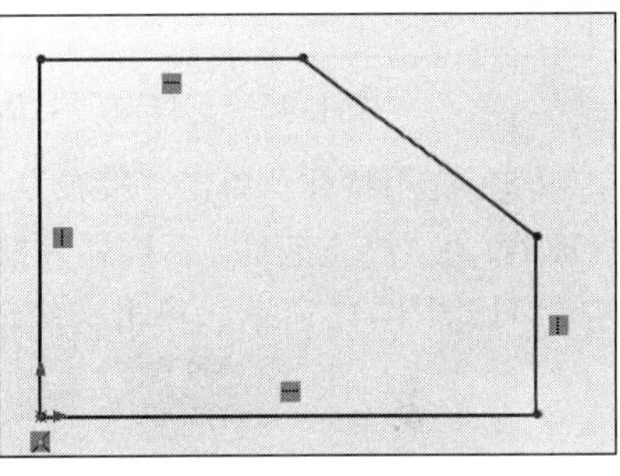

图 1-42 草图（一）

（4）标注尺寸：

① 单击“草图”工具栏中的“智能尺寸”按钮，完成尺寸标注，完成草图绘制，如图 1-44 所示。

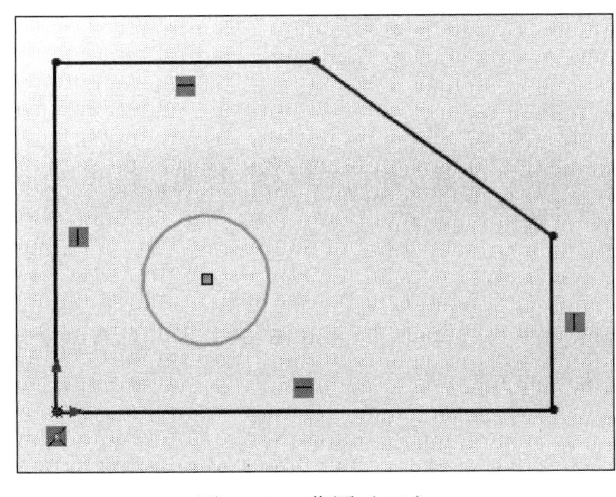

图 1-43 草图（二）

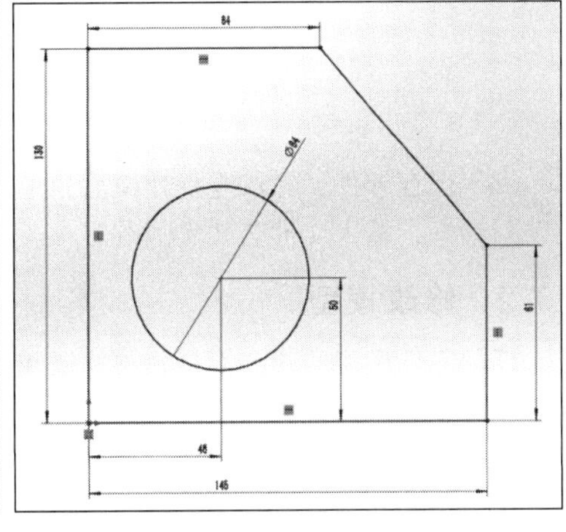

图 1-44 标注尺寸

② 将光标移动到要修改的尺寸上，双击该尺寸，弹出“修改”对话框，如图 1-45 所示。

③ 输入尺寸值“120”，单击“确定”按钮，完成尺寸修改。按同样方法修改其他尺寸，修改结果如图 1-46 所示。

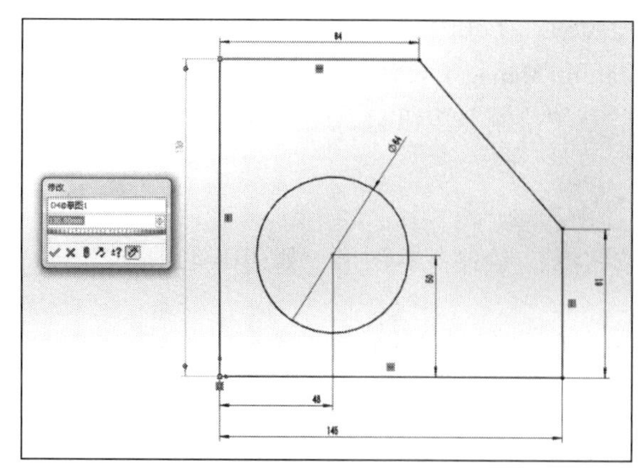

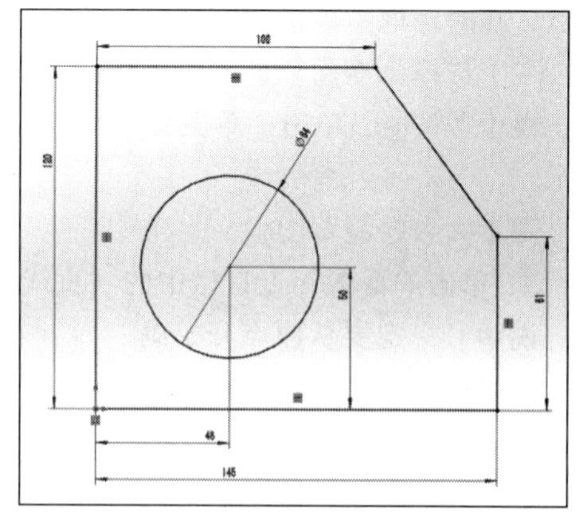

图 1-45 “修改”对话框　　　　图 1-46 修改后的草图

（5）选用特征：单击“特征”工具栏中的“拉伸凸台/基体”按钮，出现“拉伸”属性管理器，在“终止条件”下拉列表框中选择“两侧对称”选项，在“深度”文本框中输入“70.00 mm”，如图 1-47 所示，单击“确定”按钮。

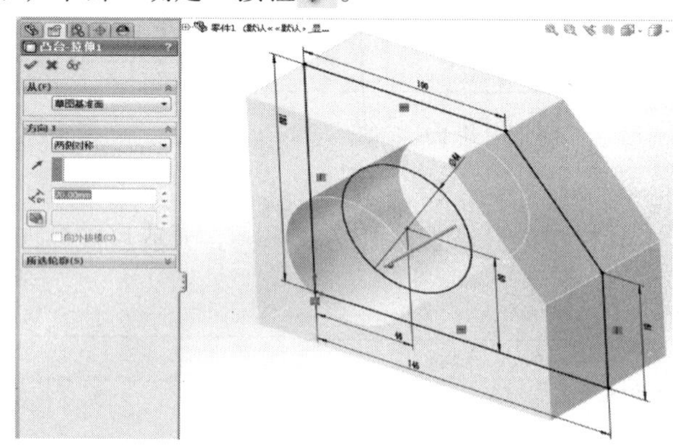

图 1-47 “拉伸”属性管理器

（6）保存零件：完成零件建模后，单击“标准”工具栏中的“保存”按钮，弹出“另存为”对话框，输入文件名“实战练习 1.sldprt”，单击“保存”按钮。

1.7.2 修改模型

任何零件模型的建立都是建立特征和修改特征的结合过程。SolidWorks 不仅具有强大的特征建立工具，而且为修改特征提供了最大限度的方便。

（1）修改特征尺寸值：

① 在 FeatureManager 设计树中或图形区域双击任何特征，该特征所有的尺寸值都显示在图形区域。

② 在图形区域双击需要修改的尺寸值 145，在“修改”对话框中输入正确的数值，如图 1-48 所示，单击“确定”按钮，完成尺寸修改。按同样方法可以修改其他尺寸。

③ 单击“标准”工具栏中的“重建模型”按钮，重新建立模型。

（2）编辑草图：

① 在 Feature Manager 设计树中或图形区域右击任何特征，在弹出的快捷菜单中选择“编辑草图”命令，可以编辑当前特征的草图，如图 1-49 所示。

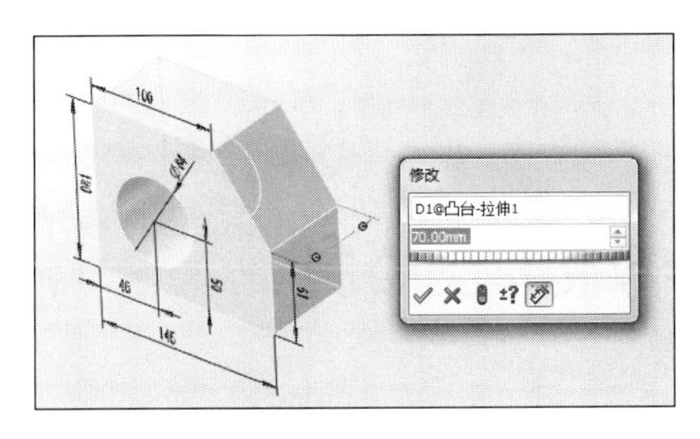

图 1-48　修改特征尺寸值

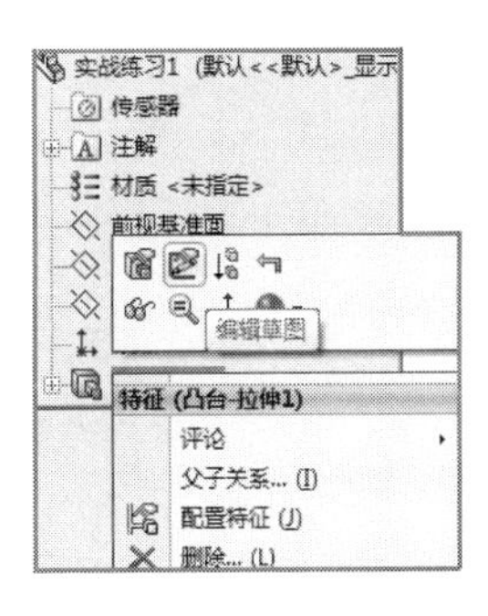

图 1-49　编辑草图

② 单击“标准”工具栏中的“重建模型”按钮，重新建立模型。

（3）编辑草图平面：

① 在 Feature Manager 设计树中展开特征定义内容，右击需要修改的草图，在弹出的快捷菜单中选择“编辑草图平面”命令，出现“草图绘制平面”属性管理器，如图 1-50 所示。

② 在图形区域选择相应的平面，在“草图绘制平面”属性管理器中将显示重新选择的草图平面。

（4）编辑特征：在 Feature Manager 设计树中或图形区域右击特征，在弹出的快捷菜单中选择“编辑特征”命令，出现该特征的属性管理器，这时可以重新定义所选特征的有关参数，如终止条件、参数值等内容，修改操作和定义特征，如图 1-51 所示。

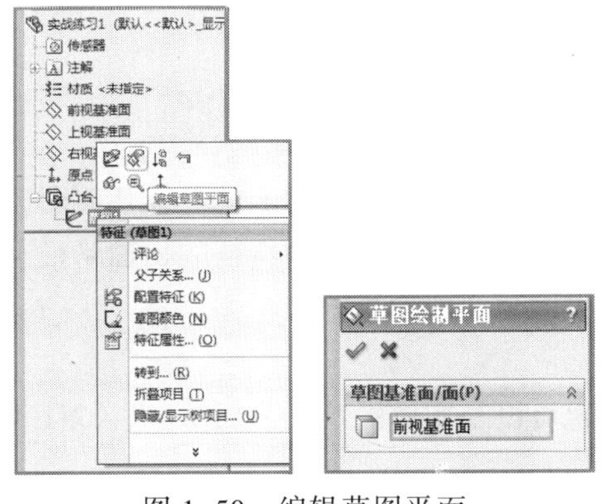

图 1-50　编辑草图平面

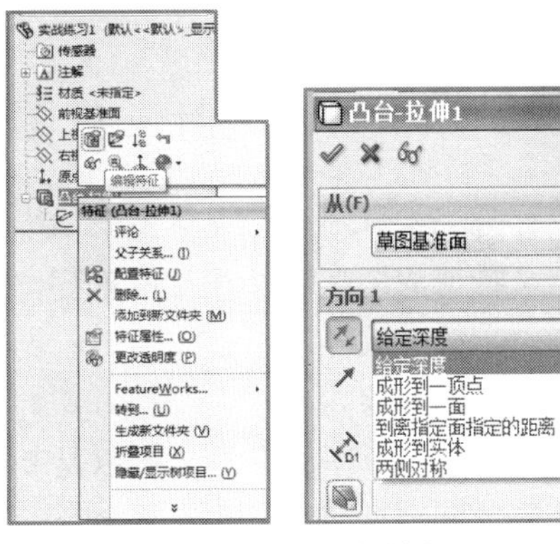

图 1-51　编辑特征

（5）删除特征：在 Feature Manager 设计树中右击相应特征，在弹出的快捷菜单中选择“删除”命令，即可将特征删除。如果删除的特征具有与之关联的其他特征，则其他特征也会同时被删除。

第2章 参数化草图绘制

本章提要

- 熟练应用草图的绘制和编辑命令;
- 掌握样条、文字等高级几何图形的绘制方法;
- 掌握草图的尺寸标注及修改方法;
- 理解几何约束的概念并在草图绘制中熟练应用几何约束;
- 能综合应用各种草图绘制实体和草图绘制工具完成草图绘制。

作为特征造型软件，SolidWorks 创建大部分零件特征都依赖于草图生成，参数化草图绘制是三维造型十分重要的基础，它主要包括基本实体的绘制、尺寸标注和建立几何关系等。基本实体包括直线、矩形、圆、圆弧、样条曲线、文字等，这些实体在绘制后可通过对其尺寸和几何关系的操作，达到设计要求。

2.1 草图绘制的基本知识

草图分为二维草图和三维草图。二维草图是在基准面或某一平面上的二维几何图形，主要用于定义特征的形状、尺寸及位置等，使用三维草图可以作为扫描特征的扫描路径、放样或扫描的引导线、放样的中心线等。若没有特殊说明，草图均指二维草图。

草图的绘制步骤如下：

（1）指定绘制草图的平面（可以是基准面，也可以是实体的特征表面），进入草图绘制。

（2）利用各种草图绘制和编辑命令绘制草图。

（3）标注草图上实体的尺寸并修改尺寸和约束，定义草图上实体间的几何关系。

（4）退出草图，结束草图绘制。

2.1.1 进入草图绘制

启动 SolidWorks 2012 软件后，选择“文件”菜单中的“新建”命令，系统弹出新建 SolidWorks 文件对话框，选择“零件”模板，单击“确定”按钮，系统进入零件建模环境。

（1）在Feature Manager设计树中选择所显示的3个基准面（前视基准面、上视基准面、右视基准面）之一或生成的基准面作为草图基准面，单击“正视于”按钮。

（2）单击“草图”工具栏中的“草图绘制”按钮，或选择菜单栏中的“插入” | “草图绘制”命令，进入草图设计环境，如图 2-1 所示。

若先按（2）执行，系统会提示“选择一基准面为实体生成草图”，如图 2-2 所示。在图形区选择一个基准面，在图形区的右上角出现草图的确认符号，开始绘制新的草图。

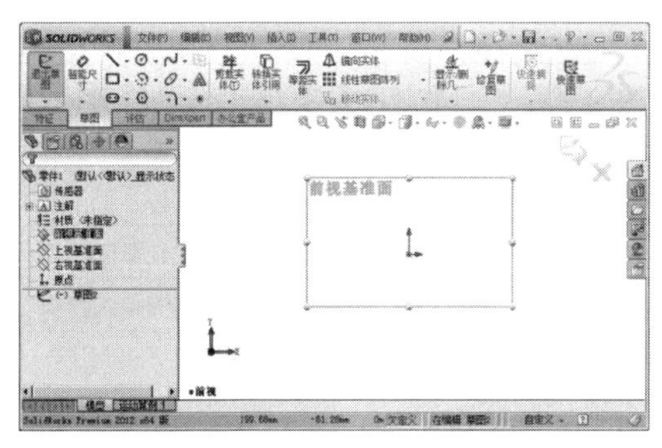

图 2-1　进入草图绘制

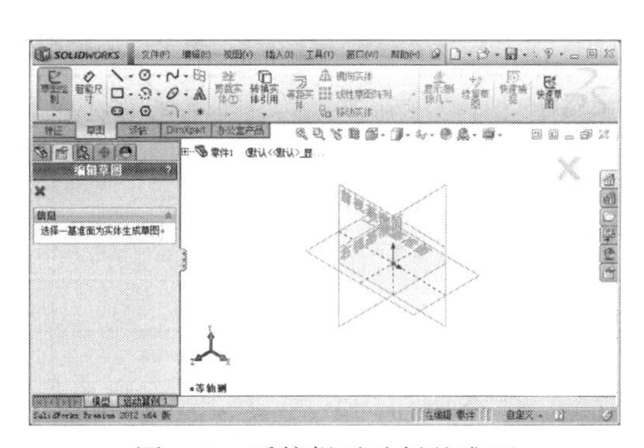

图 2-2　系统提示选择基准面

进入草图绘制后界面发生以下变化：

（1）在 Feature Manager 设计树中增加了项目。

（2）在绘图区的右上角显示一进入草图绘制的图标。

（3）草图绘制工具栏均可调用。

（4）坐标原点由蓝色变为红色。

2.1.2　退出草图绘制

草图绘制完以后，一般可采用以下几种方法退出绘制草图：

（1）单击“草图”工具栏中的“退出草图”按钮。

（2）单击绘图区右上角草图确认角落中的“退出草图”按钮或“取消”按钮。

（3）选择“插入”菜单中的“退出草图”命令，或选择“编辑”菜单中的“退出草图而不保存变化”命令。

（4）在绘图区上右击，在弹出的快捷菜单中选择“退出草图”命令。

（5）确定建立特征后，自动退出草图绘制。

（6）单击“重新建模”按钮，或选择“编辑”菜单中的“重建模型”命令。

（7）当无草图绘制工具选定时，双击图形区域。

如果进入草图绘制后，没有画任何图形实体就退出了该草图，则该草图会自动从特征管理区设计树中消失。

2.1.3　草图绘制工具

绘制草图必须先认识草图绘制的工具，图 2-3 为常用的“草图”工具栏。有些草图绘制按钮在工具栏中未显示，用户可利用 1.4.3 节和 1.4.4 节的方法调用“草图”工具栏或设置相应的命令。

图 2-3　默认“草图”工具栏

2.1.4　绘图光标

在绘制或编辑草图实体时，为方便用户了解草图类型，在绘图时光标会根据所选择的命令发生相应的改变。绘图光标的类型与功能如表 2-1 所示。

表 2-1　绘图光标的类型与功能

光标类型	功　能	光标类型	功　能	光标类型	功　能
	绘制一点		绘制样条曲线		剪裁实体
	绘制直线或中心线		绘制矩形		延伸实体
	绘制圆		绘制中心矩形		绘制线性草图阵列
	绘制圆弧		绘制 3 点边角矩形		绘制圆周草图阵列
	绘制椭圆		绘制 3 点中心矩形		标注尺寸
	绘制部分椭圆		绘制平行四边形		
	绘制抛物线		绘制多边形		

2.2　草图绘制命令

草图绘制命令包括绘制直线、矩形、平行四边形、多边形、圆、圆弧、椭圆、抛物线、样条曲线、点、中心线和文字等。

2.2.1 绘制直线命令

直线分为水平直线、竖直直线和任意角度直线 3 种类型。在绘制过程中，不同类型的直线其显示方式不同，可以通过查看不同的光标绘制不同的类型：

（1）水平直线：笔形光标右下角会出现水平直线符号。

（2）竖直直线：笔形光标右下角会出现竖直直线符号。

（3）任意角度直线：笔形光标旁仅有任意直线符号。

（4）45°角直线：笔形光标右下角会出现 45°角直线符号

绘制直线的操作步骤如下：

（1）选取一基准面作为草图基准面，进入草图设计环境。

（2）单击“草图”工具栏中的“直线”按钮，或选择菜单栏中的“工具”｜“草图绘制实体”｜“直线”命令，移动鼠标到图形区，指针变为，移动指针到直线起点位置单击，再单击终点位置即可。

（3）单击-单击模式：在图形区中单击鼠标，松开并移动鼠标，注意此时系统给出的反馈。在移动指针绘制直线过程中，随着直线位置的变化，指针的形状也相应地发生变化。系统会自动添加几何关系，如等。显示的数值不断变化，提示绘制直线的长度，如图 2-4 所示。

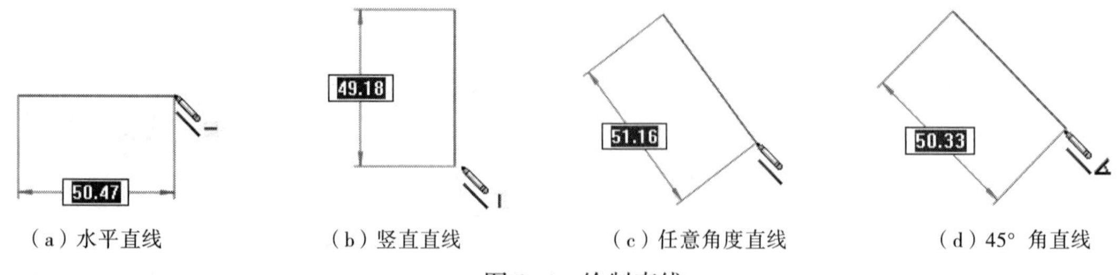

（a）水平直线　（b）竖直直线　（c）任意角度直线　（d）45° 角直线

图 2-4　绘制直线

（4）单击-拖动模式：与单击-单击的不同之处在于，在第 1 点单击以后，需要拖动鼠标到第 2 点。

（5）继续绘制直线，图中出现虚线是系统的“推理线”，它可以推理绘制的直线和前一条直线的约束关系，如图 2-5 所示。

（6）按Esc键、双击或右击在弹出的快捷菜单中选择“直线”命令，退出绘制直线。

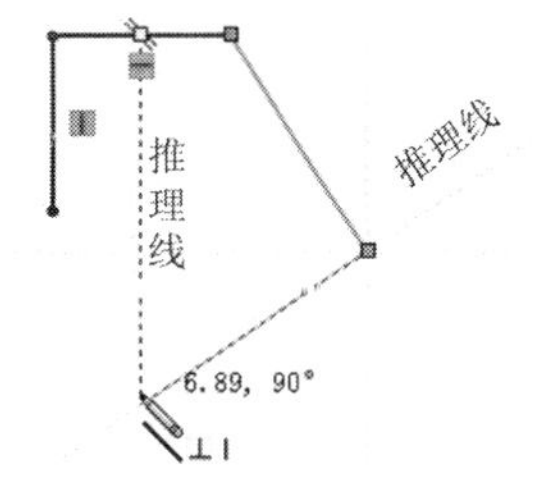

图 2-5 运用推理线

选择绘制直线命令时，系统弹出的“插入线条”属性管理器，如图 2-6 所示。绘制直线的同时，出现“线条属性”属性管理器，如图 2-7 所示，显示所画直线的有关参数，如直线的方向、起点和终点的坐标、长度、角度、起点和终点的相对坐标差等。

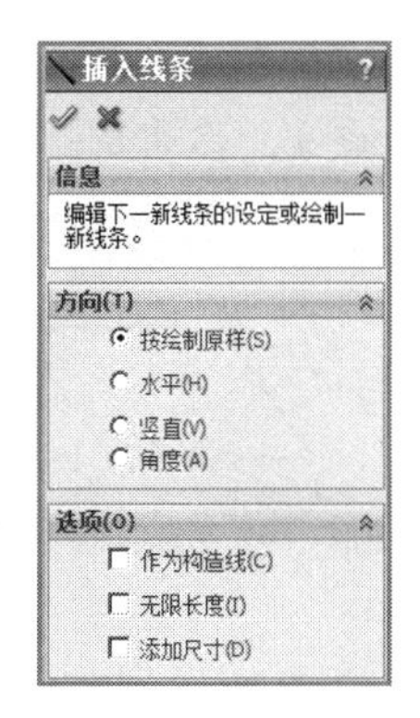

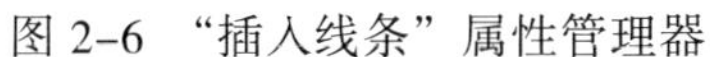

图 2-6 “插入线条”属性管理器

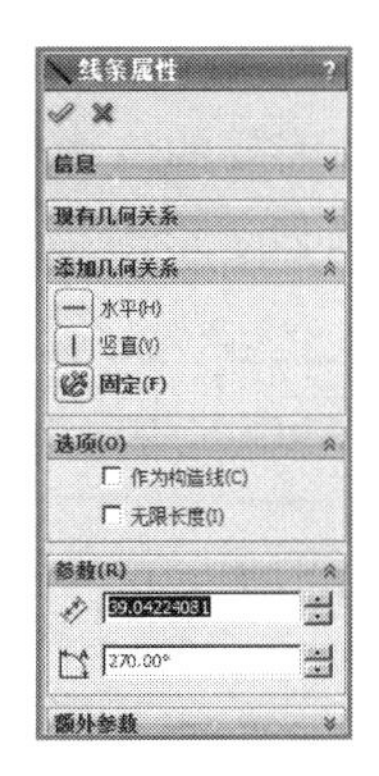

图 2-7 “线条属性”属性管理器

2.2.2 绘制矩形命令

绘制矩形的方法主要有以下 5 种：边角矩形、中心矩形、三点边角矩形、三点中心矩形、平行四边形。

1. 边角矩形

“边角矩形”命令绘制矩形的方法是标准的矩形草图绘制方法，即指定矩形的左上与右下或左下与右上的端点确定矩形的长度和宽度。单击“草图”工具栏中的“边角矩形”按钮，或选择菜单栏中的“工具”|“草图绘制实体”|“矩形”命令，指针变为。移动指针到矩形的端点位置 1 单击，再移动指针到矩形的另一对角点位置 2 单击，即绘制一个由 4 条直线组成的矩形，如图 2-8（a）所示。

在绘制矩形时，既可以移动光标确定矩形的角点位置 2，也可以在确定第 1 端点时，不释放鼠标，直接拖动光标确定角点位置 2。

2. 中心矩形

“中心矩形”命令绘制矩形的方法是指定矩形的中心与右上的端点确定矩形的中心和 4 条边线。单击“草图”工具栏中的“中心矩形”按钮，或选择菜单栏中的“工具”|“草图绘制实体”|“中心矩形”命令，指针变为。在所需位置单击以放置矩形的中心点 1，然后按所需大小拖动该矩形，如图 2-8（b）所示。

3. 三点边角矩形

“三点边角矩形”命令是通过制定 3 个点来确定矩形，前 2 个点来定义角度和一条边，第 3 点来确定另一条边。单击“草图”工具栏中的“3 点边角矩形”按钮，或选择菜单栏中的

“工具”|“草图绘制实体”|“三点边角矩形”命令，指针变为。在所需位置单击前两个点 1、2 以定义角度放置矩形的一条边，单击第三个点 3 确定另一条边，如图 2-8（c）所示。

4．三点中心矩形

“三点中心矩形”命令是通过制定 3 个点来确定矩形，分别为中心点、一条边中点及另一个角点。单击“草图”工具栏中的“3 点中心矩形”按钮，或选择菜单栏中的“工具”|“草图绘制实体”|“三点中心矩形”命令，指针变为。在所需位置单击第一点作为矩形中心点 1，单击第二点作为矩形一条边线的中点 2，单击第三个点作为矩形的一个角点 3，如图 2-8（d）所示。

5．平行四边形

“平行四边形”命令是通过制定 3 个点来确定平行四边形。单击“草图”工具栏中的“平行四边形”按钮，或选择菜单栏中的“工具”|“草图绘制实体”|“平行四边形”命令，指针变为。在所需要的位置单击以放置平行四边形的一个角点 1，移动光标确定第二点 2，移动光标确定平行四边形的第三个点 3，如图 2-8（e）所示。

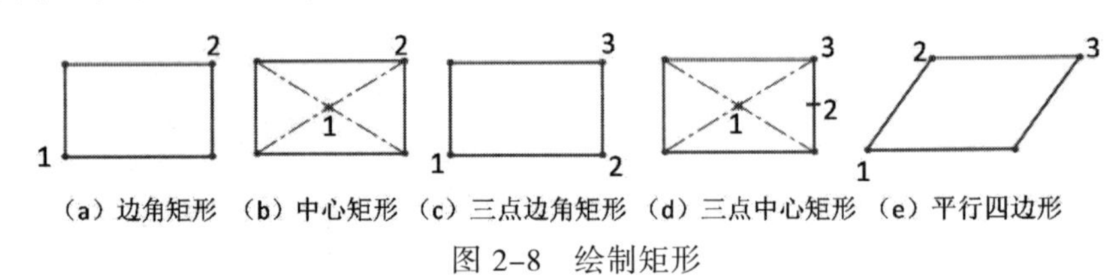

图 2-8　绘制矩形

选择“绘制矩形”命令后出现“矩形”属性管理器，如图 2-9 所示，也可在其“矩形类型”中重新选择类型。矩形绘制完毕后，按住鼠标左键拖动矩形的一个角点，可以动态地改变矩形的尺寸。

2.2.3　绘制正多边形命令

多边形命令用于绘制边数为 3～40 之间的等边多边形。

单击“草图”工具栏中的“多边形”按钮，或选择菜单栏中的“工具”|“草图绘制实体”|“多边形”命令，出现“多边形”属性管理器，如图 2-10 所示。移动鼠标到图形区，指针形状变为，根据需要在“多边形”特性管理框中设置多边形的边数、多边形的产生方式（内切圆或外接圆），然后移动指针到图形区，单击定位多边形中心点位置，再移动指针到多边形的某一端点位置单击，即绘制一个多边形，然后单击“确定”按钮，如图 2-11（a）、（b）所示。

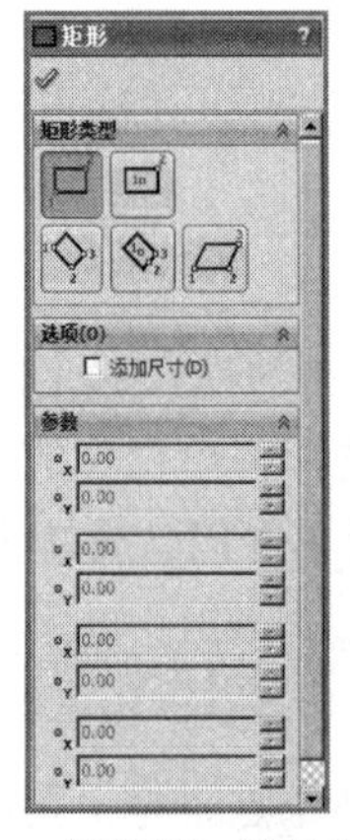

图 2-9　“矩形”属性管理器

图 2-10　“多边形”属性管理器

说明　内切圆和外接圆两种方式的区别主要在于内切圆表示圆中心到各边的垂直距离，外接圆表示圆中心到多边形端点的距离。

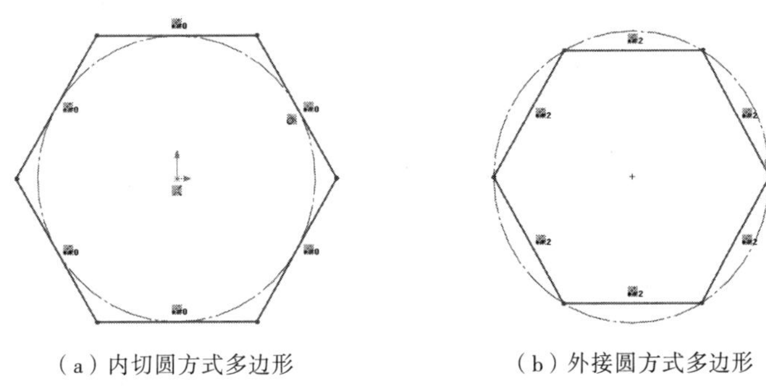

（a）内切圆方式多边形　　（b）外接圆方式多边形

图 2-11　绘制多边形

2.2.4　绘制圆命令

SolidWorks 提供了 2 种绘制圆的方法：圆和周边圆，一种是绘制基于中心的圆，另一种是绘制基于周边的圆。在绘制圆的同时，出现“圆类型”属性管理器，如图 2-12 所示，也可选中“圆”和“周边圆”按钮进行绘制。

1. 圆

单击“草图”工具栏中的“圆”按钮，或选择菜单栏中的“工具”|“草图绘制实体”|“圆”命令，此时鼠标指针变为。单击图形区需要的位置放置圆心，再移动指针到另一点位置单击，即绘制一个圆，然后单击“确定”按钮，结果如图 2-13 所示。

2. 周边圆

单击“草图”工具栏中的“周边圆”按钮，或选择菜单栏中的“工具”|“草图绘制实体”|“周边圆”命令，单击图形区放置第一点，移动指针并单击放置第二点，再移动指针并单击放置第三点，然后单击“确定”按钮，结果如图 2-14 所示。

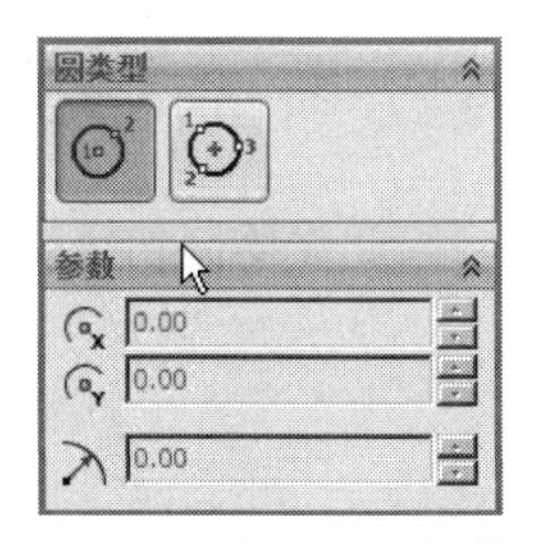

图 2-12　“圆类型”属性管理器

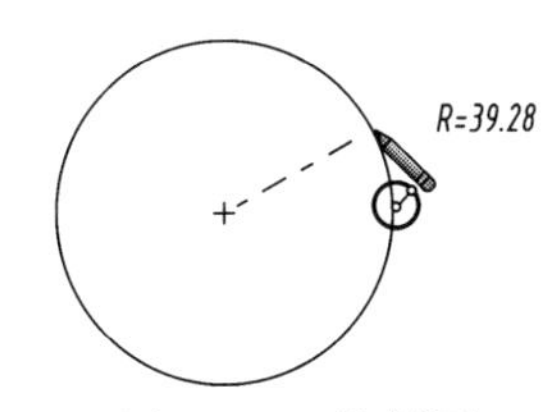

图 2-13　绘制圆

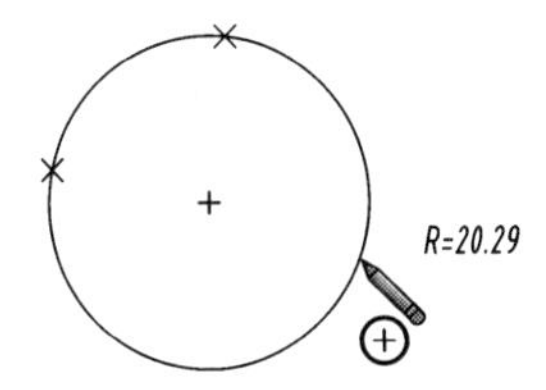

图 2-14　绘制周边圆

圆绘制完成后，可以通过拖动来修改圆草图。通过鼠标左键拖动圆的圆心可以改变圆的位置，拖动圆的周边可以改变圆的半径。同时也可以通过属性管理器中“参数”选项修改圆心坐标和圆的半径。

2.2.5　绘制圆弧命令

SolidWorks 提供了 3 种绘制圆弧的方法：圆心/起点/终点弧、切线弧和三点圆弧。在绘制圆弧的同时，在特征管理区出现“圆弧”属性管理器，如图 2-15 所示。在直线命令中，鼠标往前再往后移动，即可绘制圆弧。

1．圆心/起点/终点画弧

圆心/起点/终点画弧方法是先指定圆弧的圆心，然后顺序拖动光标指定圆弧的起点和终点，确定圆弧的大小和方向。

单击“草图”工具栏中的“圆心/起点/终点画弧”按钮，或选择菜单栏中的“工具”|“草图绘制实体”|“圆心/起点/终点画弧”命令，移动指针到圆心位置单击，再移动指针到起点位置单击，最后移动指针到终点位置单击，即绘制一个圆弧，然后单击“确定”按钮，结果如图 2-16 所示。圆弧绘制完成后，可以在“圆弧”属性管理器中修改其属性，属性管理器显示所画圆弧的有关参数：圆弧圆心和起点及终点的坐标、圆弧半径、圆弧所对应的圆心角度。

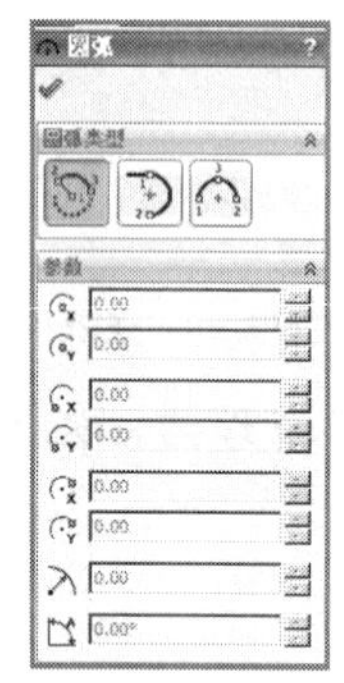

图 2-15 “圆弧”属性管理器

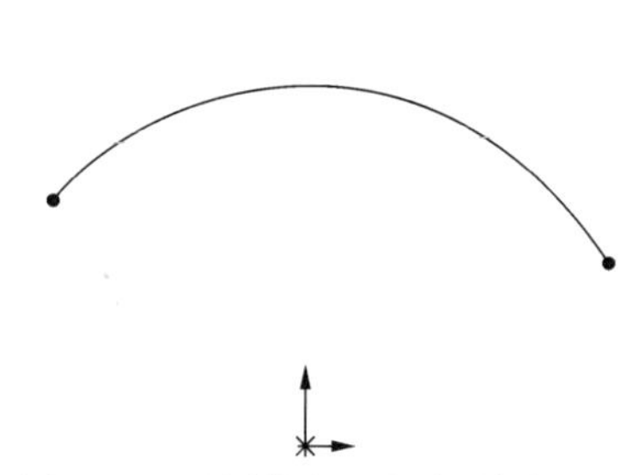

图 2-16 绘制圆心/起点/终点画弧

2．切线弧

切线弧是指生成一条与草图实体相切的弧线，草图实体可以是直线、圆弧、椭圆和样条曲线等。

单击“草图”工具栏中的“切线弧”按钮，或选择菜单栏中的“工具”|“草图绘制实体”|“切线弧”命令，在直线、圆弧、椭圆或样条曲线的端点处单击，拖动圆弧以绘制所需的形状，如图 2-17 所示。属性管理器显示所画圆弧的有关参数：图形实体与圆弧的几何关系、圆弧圆心和起点及终点的坐标、圆弧半径、圆弧所对应的圆心角度。在绘制切线弧时，系统可以从指针移动推理是需要画切线弧还是画法线弧。

说明 绘制切线弧时，光标拖动的方向会影响绘制圆弧的样式，因此在绘制切线弧时，光标最好沿着产生圆弧的方向拖动。

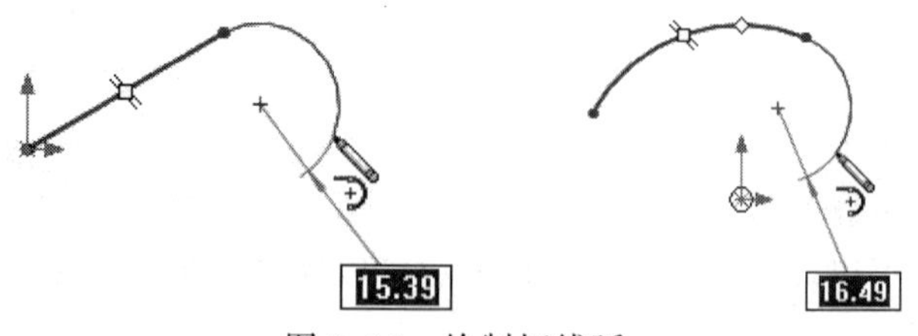

图 2-17 绘制切线弧

3．三点圆弧

三点圆弧是通过起点、终点与中点的方式绘制圆弧。

单击“草图”工具栏中的“三点圆弧”按钮，或选择菜单栏中的“工具”|“草图绘制实体”|“三点圆弧”命令，单击图形区来放置圆弧的起点位置，再移动指针到圆弧的

终点位置单击，最后移动指针确定中间点（确定圆弧半径），拖动圆弧以设置圆弧的半径，如图 2-18 所示。选择绘制的三点圆弧，可以在“圆弧”属性管理器中修改其属性。属性管理器显示所画圆弧的有关参数：圆弧圆心和起点及终点的坐标、圆弧半径、圆弧所对应的圆心角度。还应注意当绘制的圆弧为四分之一圆或半圆时，指针的形状变化。

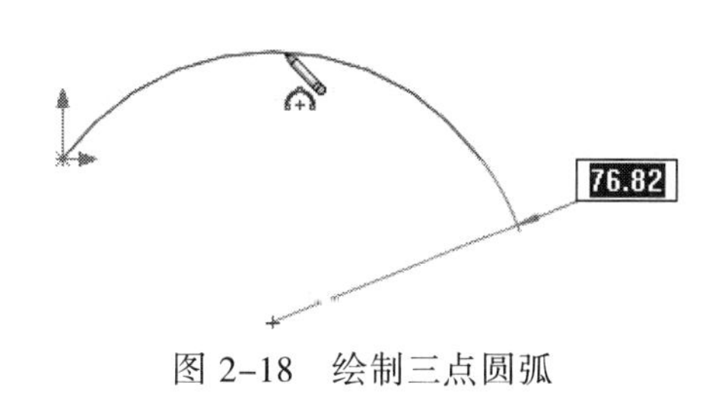

图 2-18　绘制三点圆弧

2.2.6　绘制椭圆与部分椭圆命令

1. 椭圆

椭圆是由中心点、长轴长度与短轴长度确定的，三者缺一不可。

单击“草图”工具栏中的“椭圆”按钮，或选择菜单栏中的“工具”｜“草图绘制实体”｜“椭圆”命令，出现“椭圆”属性管理器，如图 2-19 所示。绘图区指针变为，移动指针单击椭圆的中心位置，再移动指针到椭圆的长轴端点位置单击，最后移动指针到椭圆的短轴端点位置单击，即绘制一个椭圆，如图 2-20 所示。

椭圆绘制完毕后，按住鼠标左键拖动椭圆的中心和 4 个特征点，可以改变椭圆的形状。通过“椭圆”属性管理器可以精确地修改椭圆的位置和长、短半轴。属性管理器显示所画椭圆的有关参数：椭圆圆心的坐标、长轴半径、短轴半径。

2. 部分椭圆

部分椭圆即椭圆弧。

单击“草图”工具栏中的“部分椭圆”按钮，或选择菜单栏中的“工具”｜“草图绘制实体”｜“部分椭圆”命令，此时指针变为。移动指针单击椭圆的中心位置，然后移动指针到椭圆的某一轴端点位置单击，再移动指针到部分椭圆起点位置单击，最后移动指针到部分椭圆终点位置单击，即绘制一个椭圆弧，如图 2-21 所示。

绘制部分椭圆时出现“椭圆”属性管理器，显示所画椭圆弧的有关参数：部分椭圆圆心和起点及终点的坐标、长轴半径、短轴半径、部分椭圆所对应的圆心角。

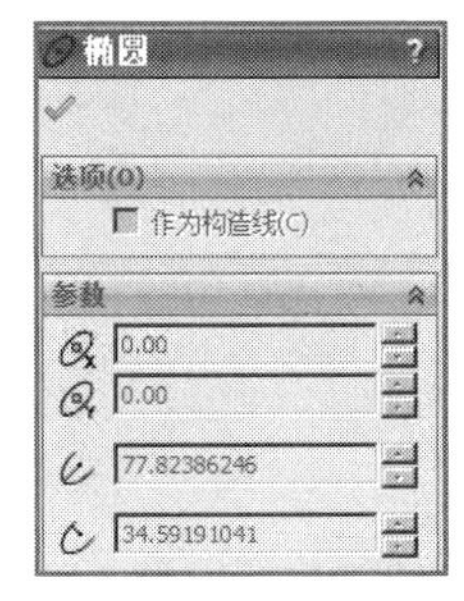

图 2-19　“椭圆”属性管理器

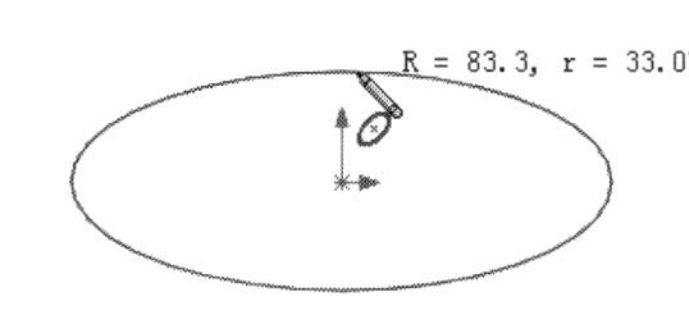

图 2-20　绘制椭圆

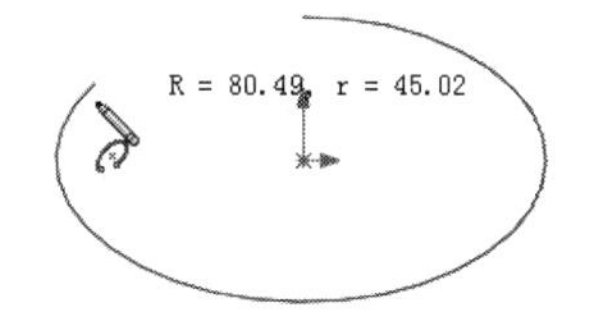

图 2-21　绘制部分椭圆

2.2.7　绘制抛物线命令

抛物线命令先确定抛物线的焦点，然后确定焦距，最后确定抛物线的起点和终点。

单击“草图”工具栏中的“抛物线”按钮，或选择菜单栏中的“工具”｜“草图绘制实体”｜“抛物线”命令，出现“抛物线”属性管理器，如图 2-22 所示。绘图区指针变为，单击鼠标设置抛物线焦点的位置，移动鼠标拖出一个虚抛物线，然后单击抛物线顶点位置（决定焦距长），再移动指针到抛物线起点位置单击，最后移动指针到抛物线的终点位置单击，即绘制一条抛物线，其过程如图 2–23 所示。

如果要改变抛物线的属性，在草图绘制状态下，选择绘制的抛物线，此时会出现“抛物线”属性管理器，按照需要修改其中的参数：抛物线起点、终点、极点的 x 和 y 坐标，就可以修改相应的属性。

抛物线绘制完毕后，按住鼠标左键拖动抛物线的特征点，可以改变抛物线的形状。拖动抛物线的顶点，使其偏离或靠近焦点，可以使抛物线形状发生改变。拖动抛物线的起点或者终点，可以改变抛物线一侧的长度。

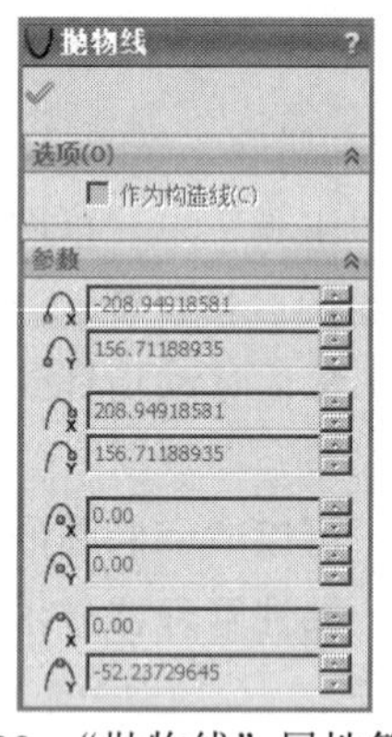

图 2–22 “抛物线”属性管理器

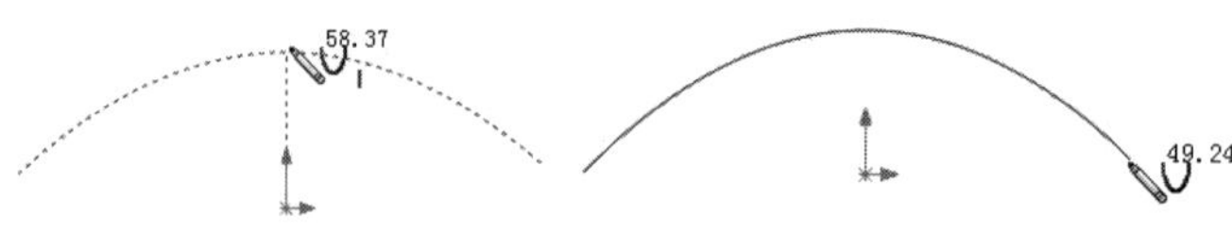

图 2–23 绘制抛物线过程

2.2.8 绘制样条曲线命令

样条曲线实体类型最适合创建自由形状的曲线，系统提供了强大的样条曲线绘制功能，样条曲线至少需要两个点，并且可以在端点指定相切。

单击“草图”工具栏中的“样条曲线”按钮，或选择菜单栏中的“工具”|“草图绘制实体”|“样条曲线”命令，出现“样条曲线”属性管理器，如图 2–24 所示。绘图区指针变为，依次初步确定控制点的位置：移动指针到样条曲线的第 1 点位置单击，然后移动指针到样条曲线的第 2 点位置单击，再移动指针到样条曲线第 3 点位置单击，再移动指针到样条曲线的第 4 点位置单击，依序单击下一点，按 Esc 键或双击鼠标左键即结束绘制样条曲线，如图 2–25 所示。

图 2–24 “样条曲线”属性管理器

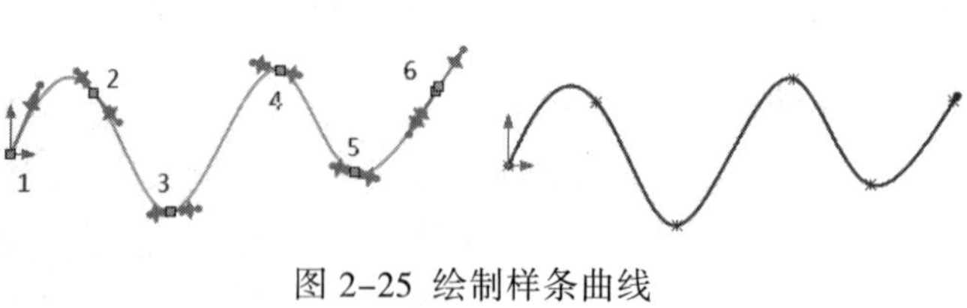

图 2–25 绘制样条曲线

样条曲线绘制完毕后，如果要对样条曲线进行编辑和修改，可以通过更改“样条曲线”属性管理器中的“参数”来实现，显示所画样条曲线的参数有样条曲线控制点及坐标等。

也可以选择要修改的样条曲线，此时样条曲线上会出现点，按住鼠标左键拖动这些点就可以实现对样条曲线的修改。此外，在样条曲线绘制以后，还可以插入一些型值点，即除样条曲线端点以外的确定样条曲线形状的点。右击样条曲线，在弹出的快捷菜单中选择“插入样条曲线型值点”命令，然后在需要添加的位置单击即可。

2.2.9　绘制点命令

执行点命令后，在图形区中的任何位置，都可以绘制点。单击“草图”工具栏中的“点”按钮 ✳，或选择菜单栏中的“工具”|“草图绘制实体”|“点”命令，此时指针变为 ✎。移动指针到需要生成草图点的图形区位置单击，即绘制一个点，此时点命令继续处于激活位置，可以继续绘制点，如图 2-26 所示。

若要生成两条直线的交点，可在草图绘制状态按住 Ctrl 键，单击选择如图 2-27（a）所示的两条直线，单击“点”按钮，生成交点后的图形如图 2-27（b）所示。

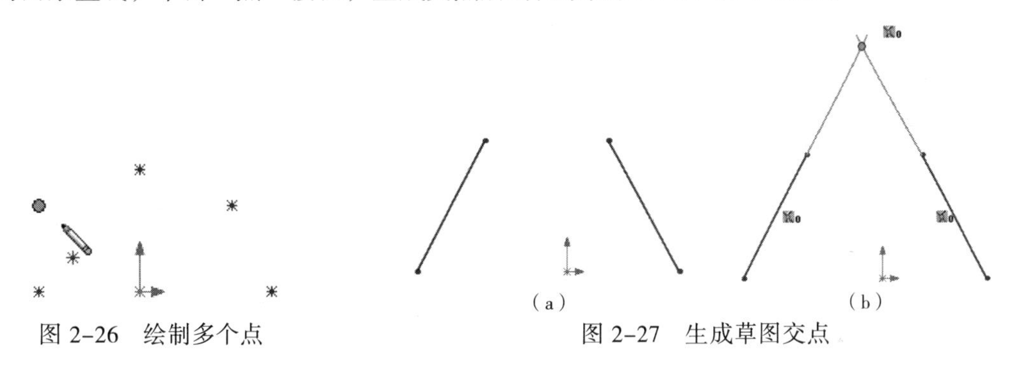

图 2-26　绘制多个点

图 2-27　生成草图交点

绘制的点不影响三维建模的外形，只起参考作用。执行异型孔向导命令后，“点”命令用于决定产生孔的数量。利用“点”命令可以生成两不平行线段的交点，以及特征实体中两个不平行边缘的虚拟交点，通过虚拟交点来标注尺寸或添加几何关系以控制图形，并不影响实体模型的建立。

2.2.10　绘制中心线命令

绘制中心线主要用于尺寸参考、镜像基准线等，不会影响模型建模的形状，中心线为直线，作为构造几何线使用。单击“草图”工具栏中的“中心线”按钮 ┆，或选择菜单栏中的“工具”|“草图绘制实体”|“中心线”命令，此时，指针形状变为 ✎。移动指针到中心线的起点位置单击，然后移动指针到中心线的终点位置单击，即绘制中心线，绘制中心线的方法与直线相同，执行不同的命令，按照类似的操作步骤（参见 2.2.1 节），在图形区绘制相应的图形即可。

在绘制中心线的同时出现“直线”属性管理器，显示所画中心线的有关参数为：直线的方向、起点和终点的坐标、长度、角度、起点和终点的相对坐标差。

2.2.11　绘制构造几何线命令

绘制过程中可将草图上或工程图中的草图实体转换为构造几何线。构造几何线仅用来协助生成最终会被包含在零件中的草图实体及几何体。当草图被用来生成特征时，构造几何线被忽略，构造几何线使用与中心线相同的线型。

构造几何线的操作步骤为：在图形区选取草图实体，然后单击“草图”工具栏中的“构造几何线”按钮，该实线变为中心线，选取中心线，则变成实线。

2.2.12 绘制圆角命令

绘制圆角命令是将两个草图实体的交叉处剪裁掉角部，生成一个与两个草图实体都相切的圆弧，此工具在二维和三维草图中均可使用。

单击“草图”工具栏中的“绘制圆角”按钮，或选择菜单栏中的“工具”｜“草图绘制工具”｜“圆角”命令，出现“绘制圆角”属性管理器，如图 2-28 所示，在圆角参数中输入圆角半径或使用箭头滚动到新的半径值；选择两边的交点，或者选择一个草图实体，移动鼠标至另一与之交叉的草图实体，即出现圆角；最后单击“确定”按钮以生成圆角，如图 2-29 所示。在对话框打开状态下，可以继续生成其他的圆角。如果角部具有尺寸或几何关系，而且希望保持虚拟交点，须选中“保持拐角处约束条件”复选框。如果取消选中“保持拐角处约束条件”复选框，并且该角部具有尺寸或几何关系，则系统会询问是否要在生成圆角时删除这些几何关系。

具有相同半径的连续圆角不会单独标注尺寸，它们自动与该系列中的第一个圆角具有相同的几何关系。SolidWorks 可以将两个非交叉的草图实体进行倒圆角操作，执行完“圆角”命令后，草图实体将被拉伸，边角将被圆角处理。

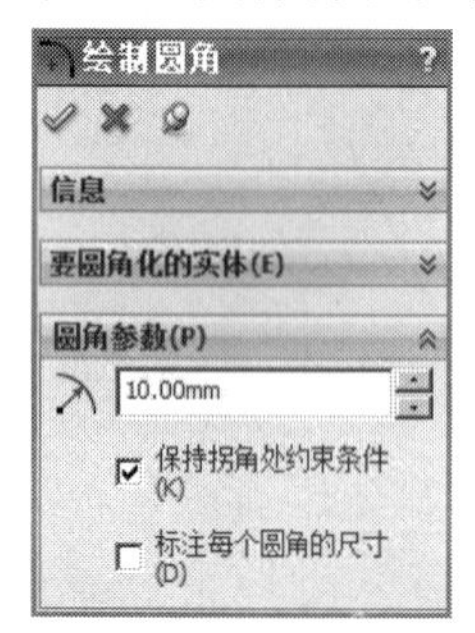

图 2-28 “绘制圆角”属性管理器

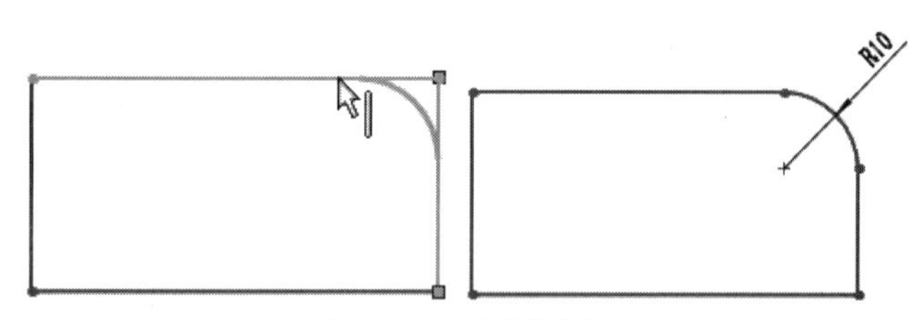

图 2-29 绘制圆角

2.2.13 绘制倒角命令

绘制倒角工具是将倒角应用到相邻的草图实体中，此工具在二维和三维草图中均可使用。倒角的选取方法与圆角相同。在两个草图实体的相交处生成一个倒角，并且剪裁去掉角部。如果两实体未相交，且它们没有标注尺寸，那么实体被延伸，然后生成倒角。

单击“草图”工具栏中的“绘制倒角”按钮，或选择菜单栏中的“工具”｜“草图绘制工具”｜“倒角”命令，出现“绘制倒角”属性管理器，如图 2-30 所示。“绘制倒角”属性管理器中提供了倒角的两种设置方式，分别是“角度距离”设置倒角方式和“距离-距离”设置倒角方式，在方框中输入倒角距离；选择两边的交点，或选择两个交叉的草图实体；最后单击以生成倒角，如图 2-31 所示。

图 2-30 “绘制倒角”属性管理器

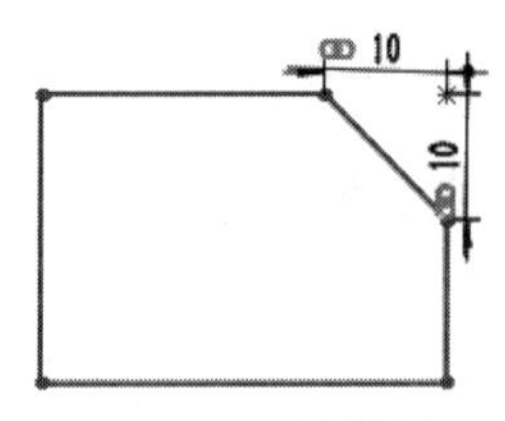

图 2-31 绘制倒角

如果在倒角参数中选择角度距离，则倒角参数中添加了角度项目。如果在倒角参数中撤销相等距离，则倒角参数中添加了距离项目。此时，要注意选取实体的顺序。以“距离-距离”设置方式绘制倒角时，如果设置的两个距离不相等，选择不同草图实体的次序不同，绘制的结果也不相同。设置 D1 = 10.00 mm，D2 = 20.00 mm，若先选择上面的直线，后选择右侧直线形成的倒角，如图 2-32（a）所示；图 2-32（b）为先选取右侧的直线，后选择上面直线形成的倒角。

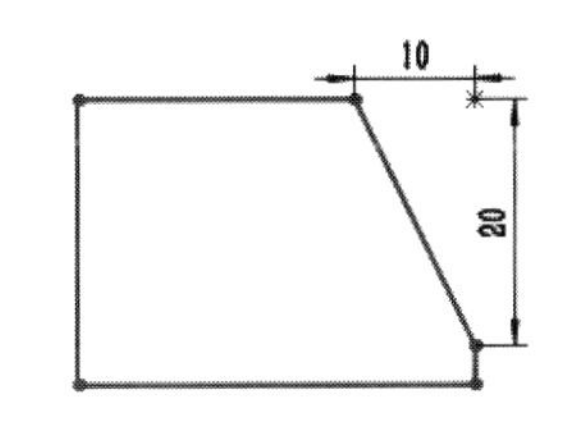

（a）先选择上直线后选择右直线

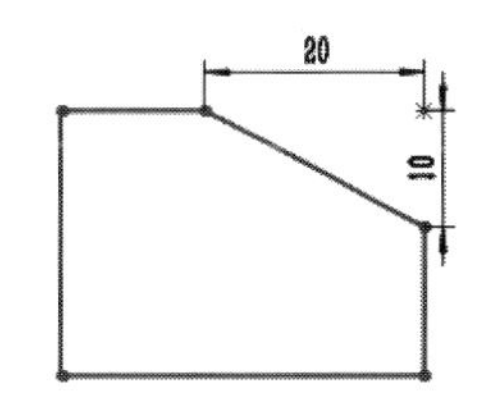

（b）先选择右直线再选择上直线

图 2-32　选择次序不同形成的倒角

2.2.14　绘制草图文字命令

可以在零件特征面上添加草图文字，用于拉伸和切除文字，形成立体效果。文字可以添加在任何连续曲线或边线组中，包括由直线、圆弧或样条曲线组成的圆或轮廓。

在草图绘制状态下，单击“草图”工具栏中的按钮，或选择菜单栏中的“工具”｜“草图绘制实体”｜“文字”命令，出现“草图文字”属性管理器，如图 2-33 所示。

在绘图区选择边线，此时所选择的边线“圆弧 1”显示在“草图文字”属性管理器的“曲线”项目组中，在其下的列表“选择边线、曲线、草图或草图线段”中选择放置文字草图的定位线，在“文字”中输入要添加的文字，在下方按钮中设置文字格式。此时，添加的文字显示在绘图区曲线上。若不需要系统默认的字体，则取消“使用文档文字”复选框的选择，单击“字体”，弹出“选择字体”窗口，即可根据需要进行设置。最后单击“草图文字”属性管理器中的图标，完成草图文字的绘制，如图 2-34 所示。

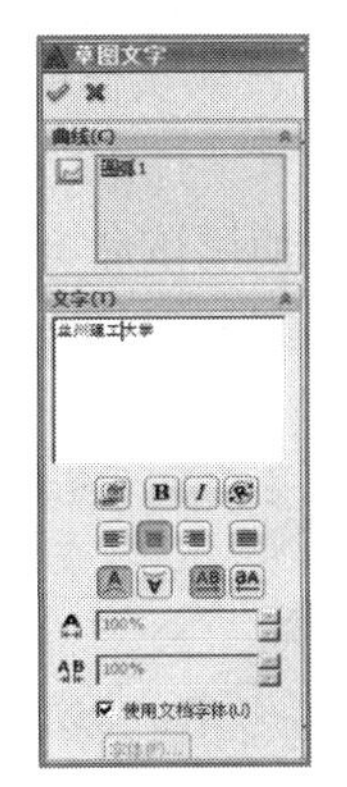

图 2-33　“草图文字”属性管理器

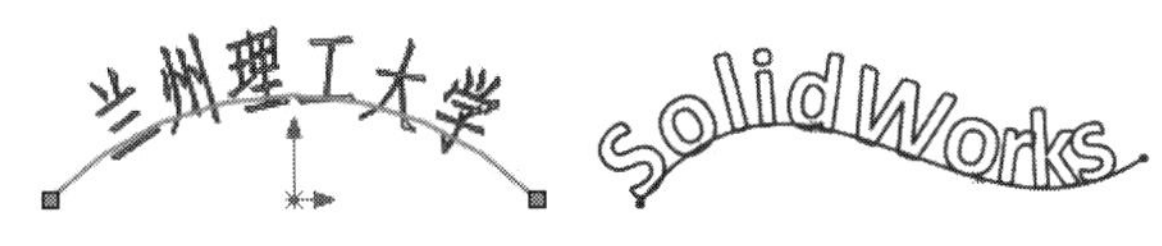

图 2-34　绘制文字

2.3　草图编辑命令

2.3.1　等距实体命令

等距实体可以将一个或多个草图实体、模型边线、环、面、一组边线、侧影轮廓线或一组外部草图曲线，按特定的距离偏移复制生成新的草图实体，如样条曲线或圆弧、模型边线

组、环等之类的草图实体。单击“草图”工具栏中的“等距实体”按钮，或选择菜单栏中的“工具”|“草图绘制工具”|“等距实体”命令，打开“等距实体”属性管理器，如图 2-35 所示，在参数方框中输入等距距离 10.00 mm；再选择要等距的实体，最后单击以生成等距实体，如图 2-36 所示。

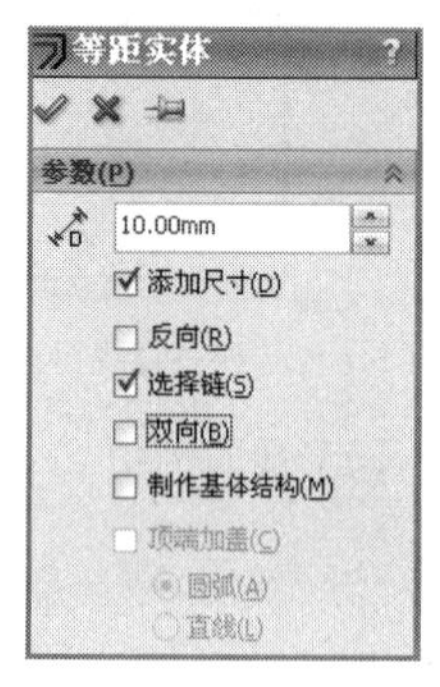

图 2-35 “等距实体”属性管理器

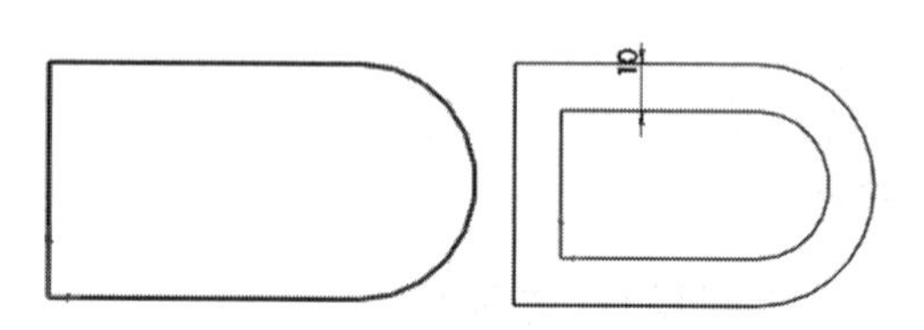

图 2-36 绘制等距实体

在“等距实体”属性管理器中选中“添加尺寸”复选框，将在草图中添加等距距离的尺寸标注，这不会影响到包括在原有草图实体中的任何尺寸。选中“反向”复选框，表示将更改单向等距实体的方向。选中“选择链”复选框，表示生成所有连续草图实体的等距。选中“双向”复选框，表示在双向生成等距实体。选中“制作基体结构”复选框，表示将原有草图实体转换到构造性直线。选中“顶端加盖”复选框，将通过选择双向并添加一顶盖来延伸原有非相交草图实体。

2.3.2 转换实体命令

转换实体引用是通过已有的模型或者草图，将其边线、环、面、曲线、外部草图轮廓线、一组边线或一组草图曲线投影到草图基准面上，在该绘图平面上生成草图实体。单击“草图”工具栏中的按钮，或选择菜单栏中的“工具”|“草图工具”|“转换实体引用”命令，出现“转换实体引用”属性管理器，如图 2-37 所示。

通过这种方式，可以在草图基准面上生成一个或多个草图实体。使用该命令时如果引用的实体发生更改，那么转换的草图实体也会相应地改变，创建过程如图 2-38 所示。

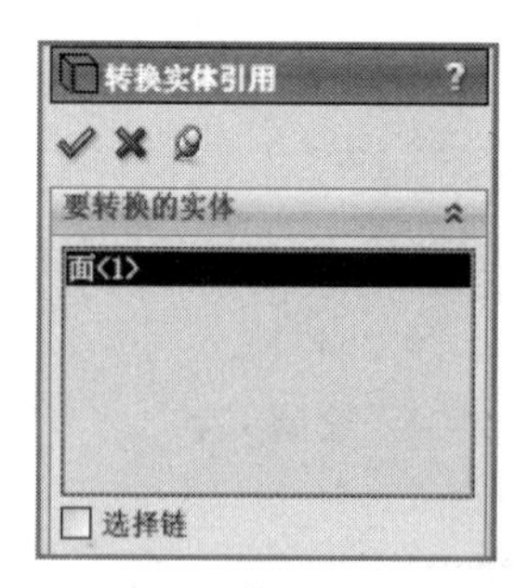

图 2-37 “转换实体引用”属性管理器

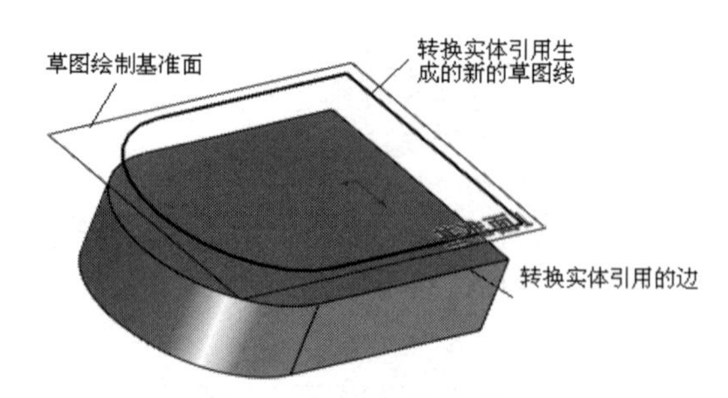

图 2-38 转换实体引用

2.3.3 裁剪实体命令

草图剪裁是常用的草图编辑命令。在 SolidWorks 中，剪裁实体包括以下 5 种方式：强劲剪裁、边角、在内剪除、在外剪除和剪裁到最近端。在打开的草图中，单击“草图”工具栏中的“剪裁实体”按钮，出现“剪裁”属性管理器，如图 2-39 所示。

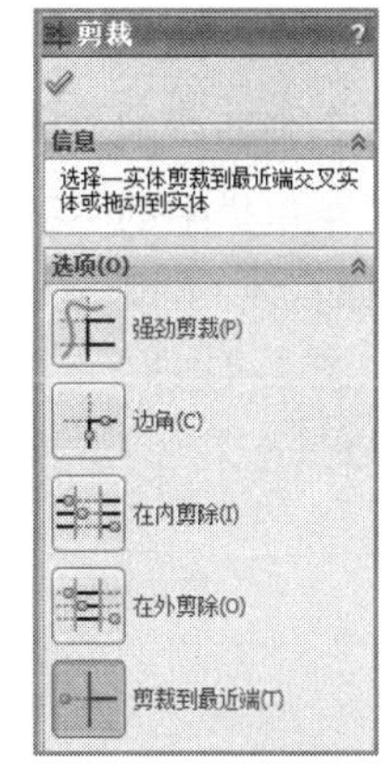

图 2-39 “剪裁”属性管理器

“剪裁”属性管理器各选项如下：

1. 强劲剪裁

通过将光标拖过每个草图实体来剪裁草图实体。用于快速剪裁或延伸草图实体，可以剪裁直线、圆弧、圆、椭圆、样条曲线或中心线，使其截断于与另一直线、圆弧、圆、椭圆、样条曲线或中心线的交点处；或删除一条直线、圆弧、圆、椭圆、样条曲线或中心线；或延伸草图实体，使它与另一个实体相交。

单击“强劲剪裁”，在图形区的草图中，按下鼠标左键并移动光标，使其通过欲删除的线段。只要是该轨迹通过的线段，都可被删除，如图 2-40（b）所示。强劲剪裁时若在图形区的草图中单击选取实体，移动鼠标可延伸或缩短实体。

2. 边角

剪裁两个草图实体，直到它们在虚拟边角处相交。用于延伸或剪裁至交点，单击“边角”，用于保留选择的几何实体，剪裁结合体虚拟交点以外的其他部分，如图 2-40（c）所示。注意，如果所选的两个实体之间不可能有几何上的自然交叉，则剪裁操作无效。

3. 在内剪除

选择两个边界实体，然后选择要裁剪的实体，剪裁位于两个边界实体内的草图实体。单击“在内剪除”按钮，用于剪裁交叉与两个所选边界之间的开环实体。先选择两条边界实体，然后选择要剪裁的部分，如图 2-40（d）所示。

4. 在外剪除

选择两个边界实体，然后选择要裁剪的实体，剪裁位于两个边界实体外的草图实体。单击“在外剪除”按钮，用于剪裁交叉与两个所选边界之外的部分。先选择两条边界实体，然后再选择要保留的部分，如图 2-40（e）所示。

5. 剪裁到最近端

用于剪除到最近的交点，单击“剪裁到最近端”按钮，在草图中单击左键选取实体，所选的实体剪裁到最近的交点，如图 2-40（f）所示。

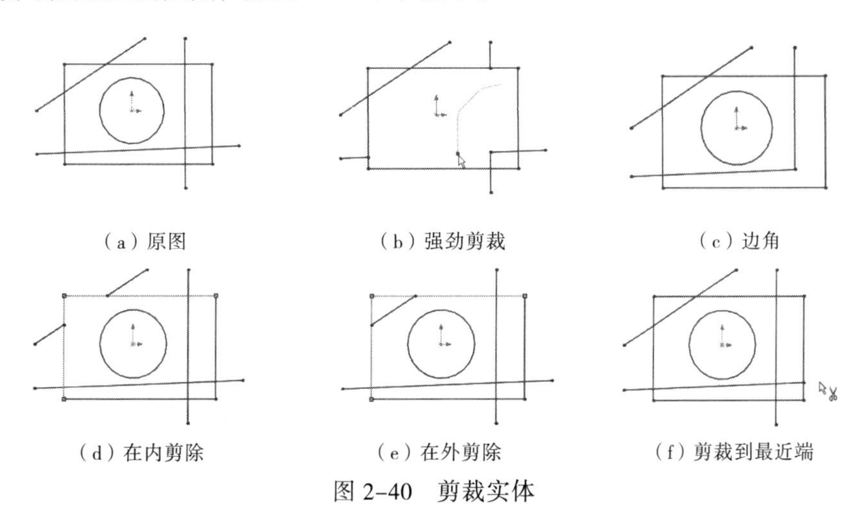

（a）原图　（b）强劲剪裁　（c）边角

（d）在内剪除　（e）在外剪除　（f）剪裁到最近端

图 2-40　剪裁实体

2.3.4 延伸实体命令

延伸草图实体是使它与另一个实体相交。单击“草图”工具栏中的“延伸”按钮T，或选择菜单栏中的“工具”｜“草图工具”｜“延伸”命令；然后将指针移到要延伸的草图实体上（如直线、圆弧或中心线），单击草图实体，可增加草图实体（如直线、中心线、或圆弧）的长度，如图 2-41 所示。注意，如果预览以错误方向延伸，则将指针移到直线或圆弧另一半上即可。

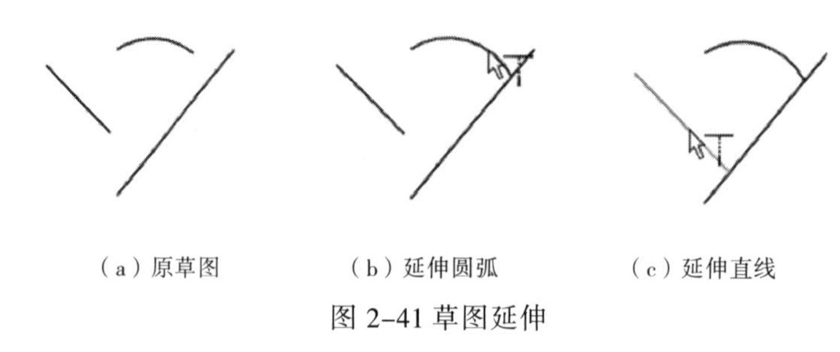

（a）原草图　　（b）延伸圆弧　　（c）延伸直线

图 2-41 草图延伸

2.3.5 镜向实体命令

“镜向实体”可用于镜向存在的草图实体，可在每一对相应的草图点（镜向直线的端点、圆弧的圆心等）之间应用一对称关系。若更改被镜向的实体，则其镜向图像也随之改变。在已有草图中单击工具栏中的“镜向实体”按钮，或选择菜单栏中的“工具”｜“草图工具”｜“镜向”命令，出现“镜向”属性管理器，如图 2-42 所示。

在“要镜向的实体”中选择要镜向的某些或所有实体，选中“复制”复选框表示包括原始实体和镜向实体，清除“复制”复选框表示仅有镜向实体。在“镜向点”中选择镜向所绕的任意中心线、直线、模型线性边线或工程图线性边线，单击“确定”按钮即完成镜向，过程如图 2-43 所示。

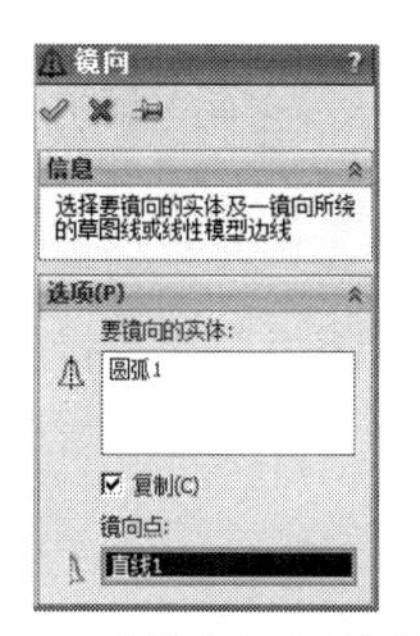

图 2-42 “镜向”属性管理器

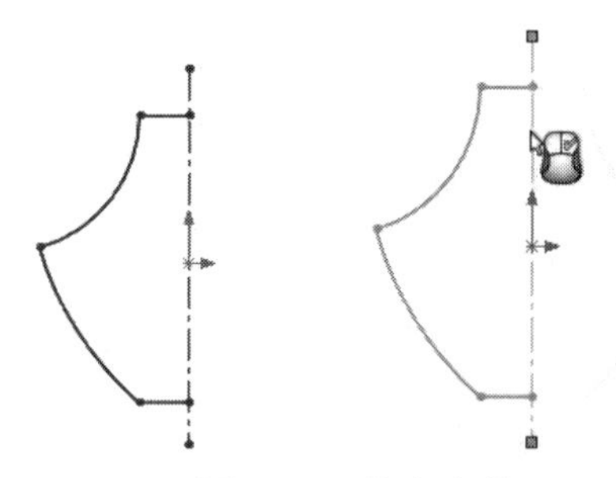

图 2-43 镜向实体

2.3.6 线性草图阵列命令

线性草图阵列可将草图中的图形生成线性排列，在草图中绘制一个或多个需阵列的项目。在已有草图中单击“草图”工具栏中的“线性草图阵列”按钮，或选择菜单栏中的“工具”｜“草图工具”｜“线性阵列”命令，绘图区指针变为，出现“线性阵列”属性管理器，如图 2-44 所示。可在“方向 1”选项卡中进行如下设置：

（1）在“间距”文本框输入阵列实例之间的距离。

（2）在“数量”文本框输入阵列实例的总数，包括原始草图实体。

（3）在“角度”文本框输入阵列的旋转角度。

（4）单击“反向”按钮，反转阵列的方向。

（5）选中“添加尺寸”复选框。

若想以两个方向生成阵列，重复步骤并为“方向 2”设置数值。选中“在轴之间添加角度尺寸”复选框。激活“要阵列的实体”列表框，选择草图实体。激活“可跳过的实例”列表框，在草图中选择要删除的实例。若想将实例返回到阵列中，在“可跳过的实例”中选择实例然后按 Delete 键。单击“确定”按钮完成线性阵列，如图 2-45 所示。

图 2-44 “线性阵列”属性管理器

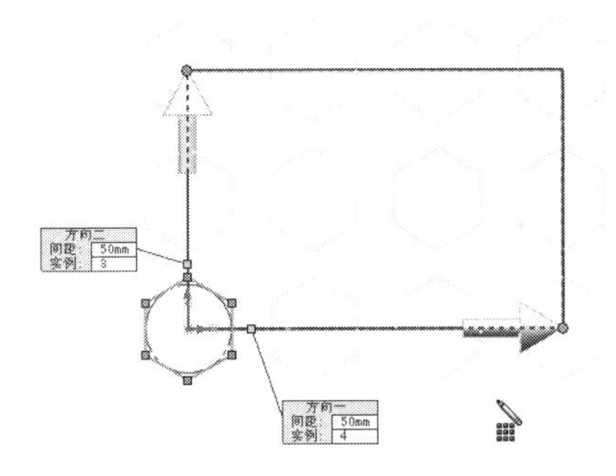

图 2-45　线性草图阵列

2.3.7　圆周草图阵列命令

利用圆周草图阵列可将草图中的图形生成圆周排列。在草图中绘制一个需阵列的项目，单击“草图”工具栏中的“圆周阵列”按钮，或选择菜单栏中的“工具”|“草图工具”|“圆周阵列”命令，绘图区指针变为，出现“圆周阵列”属性管理器，如图 2-46 所示。单击“反向旋转”按钮，反转阵列旋转。在“中心 X”文本框输入 X 坐标数值以定位阵列的中心点或顶点。在“中心 Y”文本框输入 Y 坐标数值以定位阵列的中心点或顶点。注意，在图形区中拖动阵列的中心点或顶点，X 和 Y 坐标相应更新。在“实例”文本框输入阵列实例总数，包括原始草图实体在内。在“间距”文本框输入阵列实例之间的角度。“半径”测量自阵列的中心到所选实体上中心点或顶点的距离。“圆弧角度”测量从所选实体的中心到阵列的中心点或顶点的夹角。激活“要阵列的实体”列表框，在图形区选择要阵列的实体，选中“在轴之间添加角度尺寸”复选框。激活“可跳过的实例”列表框，在草图中选择要删除的实例。若想将实例返回到阵列中，在“可跳过的实例”中选择实例然后按 Delete 键。单击“确定”按钮完成圆周草图阵列，如图 2-47 所示。

图 2-46 “圆周阵列”属性管理器

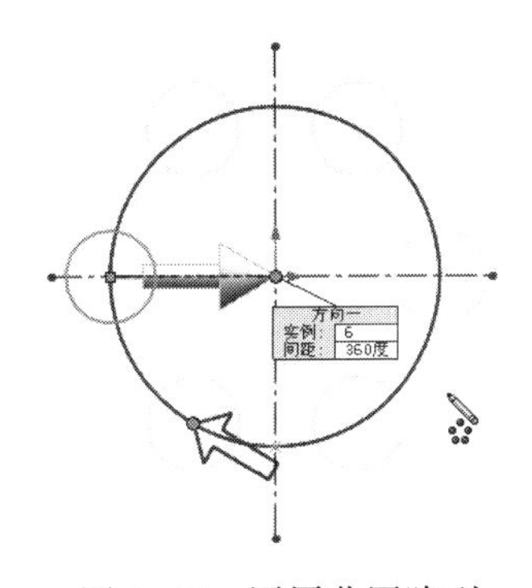

图 2-47　圆周草图阵列

2.3.8 分割草图命令

分割草图命令用于将一个连续的草图实体分割生成两个草图实体，以方便进行其他操作。反之，也可以删除一个分割点，将两个草图实体合并成一个单一草图实体。单击“草图”工具栏中的“分割实体”按钮，或选择菜单栏中的“工具”｜“草图工具”｜“分割实体”命令，出现“分割实体”属性管理器，如图 2-48 所示。可以右击草图实体，在弹出的快捷菜单中选择分割曲线；然后单击草图实体上的分割位置，该草图实体被分割成两个实体，并且这两个实体之间会添加一个分割点，如图 2-49 所示。如要分割圆、椭圆或封闭样条曲线，则要使用两次分割曲线，确定两个分割点。

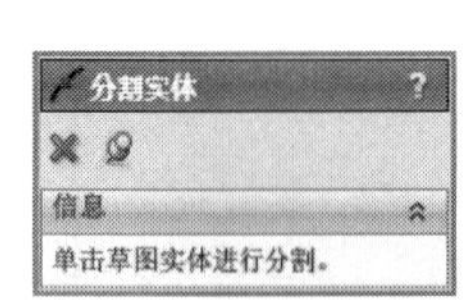

图 2-48 “分割实体”属性管理器

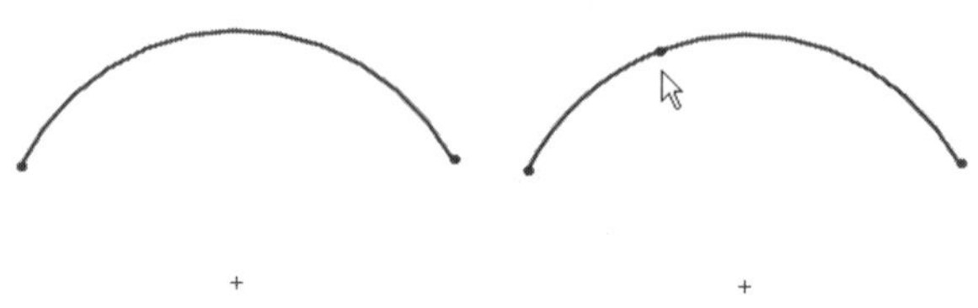

图 2-49 分割实体过程

2.3.9 移动草图命令

移动草图命令是将一个或者多个草图实体进行移动。在已有草图中单击“草图”工具栏中的“移动实体”按钮，或选择菜单栏中的“工具”｜“草图工具”｜“移动实体”命令，出现“移动”属性管理器，如图 2-50 所示。

单击需要移动的实体，先单击起点，再单击需要移动到的新位置。在“移动”属性管理器中，“要移动的实体”列表框用于选取要移动的草图实体，选择“保留几何关系”以保留草图实体之间的几何关系。当被清除选择时，只有在所选项目和那些未被选择的项目之间的几何关系才被断开，所选实体之间的几何关系被保留；“参数”选项组中的“从/到”单选按钮用于指定移动的开始点和目标点，是一个相对参数；如果在“参数”选项组中选中“X/Y”单选按钮，则弹出新的对话框，在其中输入相应的参数即可生成相应的目标。

2.3.10 复制草图命令

复制草图命令是将一个或者多个草图实体进行复制，其操作与移动实体命令类似，在已有草图中单击“草图”工具栏中的“复制实体”按钮，或选择菜单栏中的“工具”｜“草图工具”｜“复制实体”命令，出现“复制”属性管理器，如图 2-51 所示。“复制”属性管理器中的参数与“移动”属性管理器中参数意义相同，在此不再赘述。

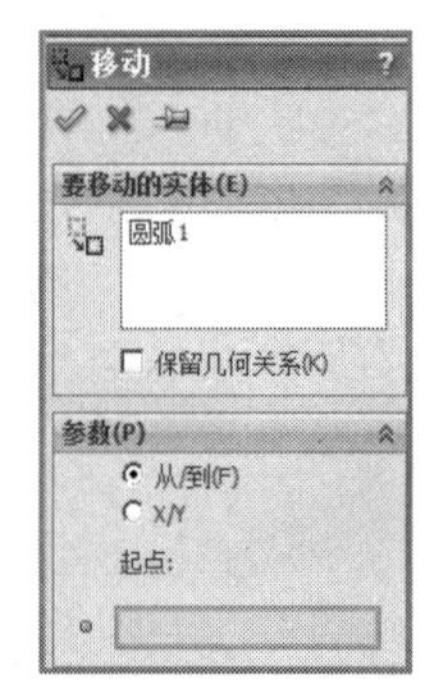

图 2-50 “移动”属性管理器

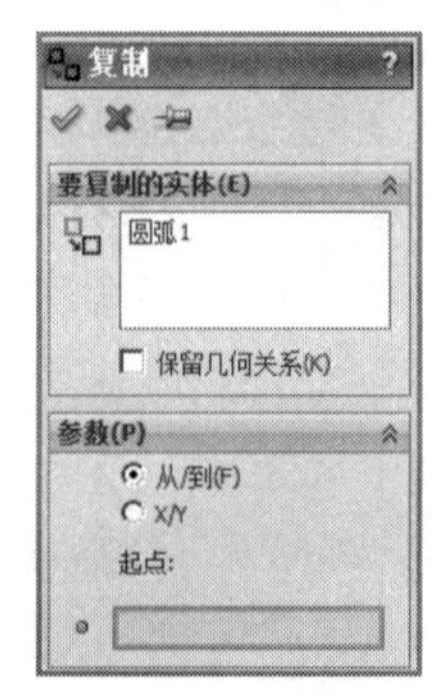

图 2-51 “复制”属性管理器

2.3.11　旋转草图命令

旋转草图命令，是通过选择旋转中心及要旋转的度数来旋转草图实体。在已有草图中单击“草图”工具栏中的“旋转实体”按钮，或选择菜单栏中的“工具”｜“草图工具”｜“旋转实体”命令，出现“旋转”属性管理器，如图 2–52 所示。为草图项目或注解选择草图实体，选择保留几何关系以保留草图实体之间的几何关系。当被清除选择时，只有在所选项目和那些未被选择的项目之间的几何关系才被断开，所选实体之间的几何关系被保留。

在“旋转”属性管理器中单击“要旋转的实体”列表框，在图形区中选取如图 2–53 所示的矩形，在“基准点”列表框中选取矩形的左下端点，在“角度”文本框中输入“–30”，单击“确定”按钮 完成旋转，逆时针方向为正值，顺时针方向为负值，过程如图 2–53 所示。

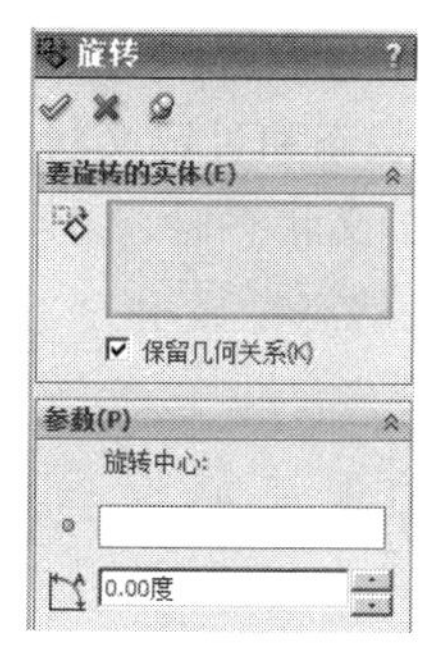

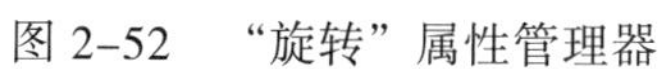
图 2–52　“旋转”属性管理器

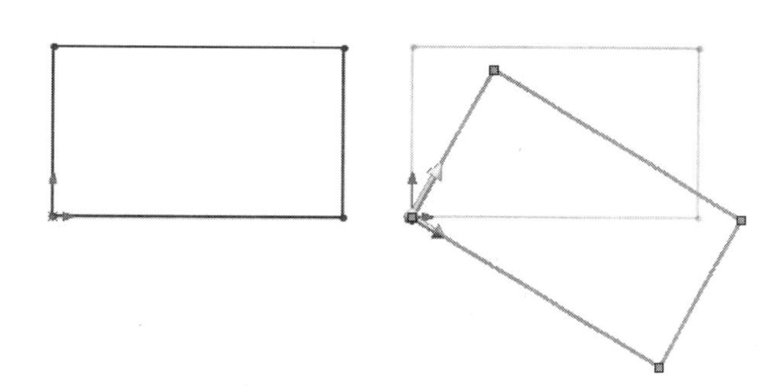
图 2–53　旋转过程

2.3.12　缩放草图命令

缩放实体比例命令是通过基准点和比例因子对草图实体进行缩放，也可以根据需要在保留原缩放对象的基础上缩放草图。在已有草图中单击“草图”工具栏中的“缩放实体比例”按钮，或选择菜单栏中的“工具”｜“草图工具”｜“缩放比例”命令，出现“比例”属性管理器，如图 2–54 所示。

单击“比例”属性管理器的“要缩放比例的实体”列表框，在图形区选取图形，在“基准点”列表框中选取点，在“比例因子”文本框中输入缩放比例，选中“复制”复选框，在“复制数”文本框中输入数量，即可绘制保留原图，复制数为要复制的图形数量。

2.3.13　伸展草图命令

伸展实体命令是通过基准点和坐标点对草图实体进行伸展。在已有草图中单击“草图”工具栏中的“伸展实体”按钮，或选择菜单栏中的“工具”｜“草图工具”｜“伸展实体”命令，出现“伸展”属性管理器，如图 2–55 所示。

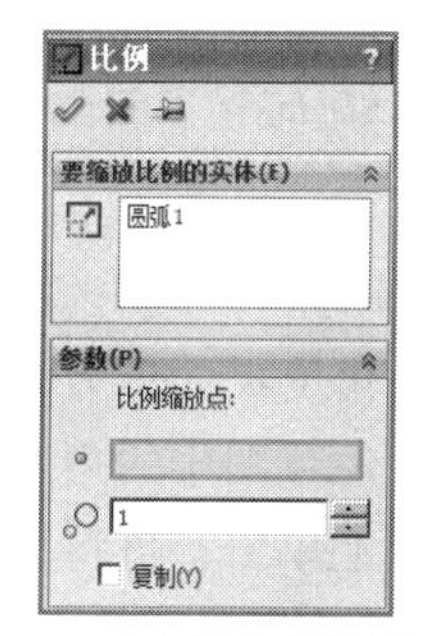

图 2–54　“比例”属性管理器

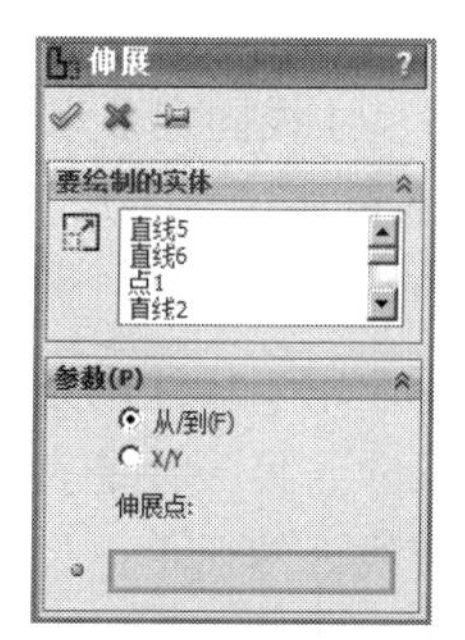

图 2–55　“伸展”属性管理器

单击“伸展”属性管理器的“要绘制的实体”列表框，在图形区中选取图形，在“基准点”列表框中选取点，然后单击草图设置基准点，拖动以伸展草图实体；当放开鼠标时，实体伸展到该点。

2.4 草图尺寸标注

尺寸标注是草图绘制过程中的重要组成部分。SolidWorks 2012 是一种尺寸驱动式系统，用户可以指定尺寸及各实体间的几何关系，更改尺寸将改变零件的尺寸与形状，即图形的形状或各部分间的相对位置与所标注的尺寸相关联，若想改变图形的形状大小或各部分间的相对位置，只要改变所标注的尺寸即可。SolidWorks 虽然可以捕捉用户的设计意图，自动进行尺寸标注，但由于各种原因有时自动标注的尺寸不理想，此时用户必须自己进行尺寸标注。

草图中的几何图形有 3 种状态，分别是欠定义状态、完全定义状态和过定义状态。图形为欠定义状态时，图形呈蓝色，且在状态栏显示为“欠定义”；完全定义状态时，图形呈黑色，且状态栏显示为“完全定义”；图形为过定义状态时，图形呈红色，且状态栏显示为“过定义”。

2.4.1 标注尺寸的方法

单击“草图”工具栏中的“智能尺寸”按钮，鼠标指针变为可进行尺寸标注。按 Esc 键，或再次单击，退出尺寸标注。

1. 标注线性尺寸

线性尺寸用于标注直线段的长度或两个几何元素间的距离，线性尺寸一般分为水平尺寸、垂直尺寸或平行尺寸 3 种。

打开“智能尺寸”，将光标移到要标注的直线上单击，即标注该直线的长度尺寸，移动指针到合适的位置再单击，进行尺寸标注，同时打开“修改”对话框，如图 2-56 所示，在对话框中输入数值单击“确定”按钮 完成标注，如图 2-57 所示。以同样的方法标注其他的长度尺寸。

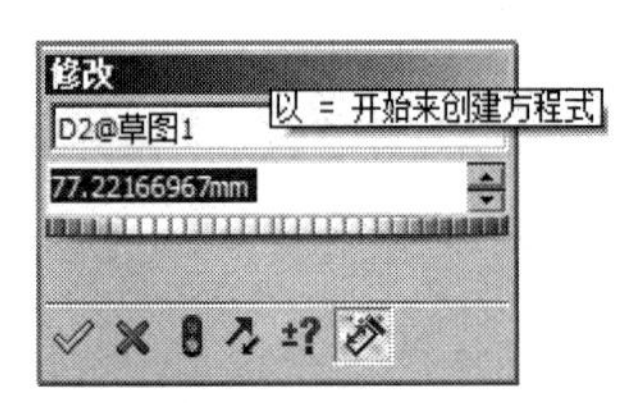

图 2-56 “修改”对话框

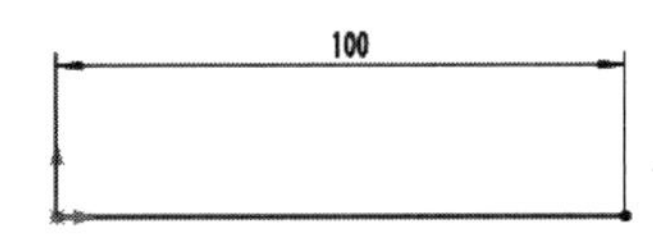

图 2-57 线性尺寸标注

当标注两个几何元素间的距离时，单击拾取第一个几何元素，标注尺寸线出现，继续单击拾取第二个几何元素。这时标注尺寸线显示为两个几何元素之间的距离，移动光标到适当的位置。单击将尺寸线固定下来。在“修改”对话框中输入两个几何元素间的距离，单击“确定”按钮完成标注。

2. 标注角度尺寸

角度尺寸标注用于标注两条直线的夹角或圆弧的圆心角。角度尺寸分为两种：一种是两直线间的角度尺寸，另一种是直线与点间的角度尺寸。为了标注草图中的角度尺寸，应先画一条辅助水平直线。然后单击尺寸标注，将指针移到水平直线上单击；再将指针移到倾斜直线上单击，即标注两直线所夹的角度尺寸，向右移动指针到合适的位置再单击，在打开的“修改”对话框中输入数值，单击“确定”按钮✔完成标注，如图 2–58 所示。

3. 标注直径、半径尺寸

单击“智能尺寸”，将光标移到要标注圆或圆弧上单击，即标注圆的直径尺寸或圆弧的半径，向左移动指针到合适的位置再单击，在弹出的“修改”对话框中输入数值，单击“确定”按钮✔完成标注，如图 2–59 所示。

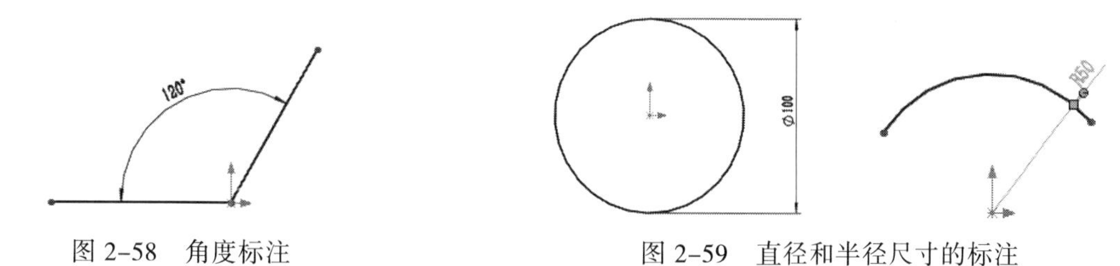

图 2–58　角度标注　　图 2–59　直径和半径尺寸的标注

2.4.2　修改尺寸的方法

在绘制草图过程中，根据需要图形常常要修改尺寸。在草图绘制状态下，移动鼠标至需要修改数值的尺寸附近，当尺寸以高亮显示，双击鼠标，出现“修改”对话框，如图 2–56 所示。在该对话框中直接输入想要改变的尺寸数值，单击“确定”按钮，完成尺寸的修改。在“修改”对话框中还可以输入数学表达式。

选择菜单栏中的“工具”｜“选项”命令，弹出“系统选项–普通”对话框，选中“输入尺寸值”复选框，则当尺寸线被固定下来时会弹出“修改”对话框，如图 2–56 所示。如果没有选中“输入尺寸值”复选框，则需要双击尺寸值，打开“修改”对话框，在对话框中输入数值，单击“确定”按钮“✔”完成标注，如图 2–57 所示。。

2.5　草图的约束

2.5.1　完全定义草图

完全定义草图是通过工具计算使欠定义的草图或所选的草图实体的尺寸和几何关系得以完全定义。可以在已添加尺寸和几何关系组合的任何位置访问完全定义草图，使用完全定义草图工具之前，草图应包括一些尺寸和几何关系。完全定义草图为黑色；过定义草图为红色；欠定义草图为蓝色；悬空草图为褐色；草图未解出为粉红色；无效的草图为黄色。

选择菜单栏中的“工具”｜“标注尺寸”｜“完全定义草图”命令，或在右键快捷菜单中选择“完全定义草图”命令。

说明　选择菜单栏中的“选项”｜“草图”｜“使用完全定义草图”命令，若点选了此复选框，有未知参数会提示“此操作需要一个完全定义的草图轮廓”。

尽管 SolidWorks 没有不完全定义草图，但在绘制草图的过程中最好使用完全定义草图；合理标注尺寸和添加几何关系，这同时也反映了设计者的思维方式及机械设计的能力。

2.5.2　检查草图的合法性

合法草图是建模的基础，首先合法草图必须是一个或多个闭合的轮廓，开环不能进行特征生成。同时，合法草图不能有重复的草图实体，不能有交叉的草图线。此外，尽量避免出现过定义现象，如果出现过定义，则利用“显示/删除几何关系”寻找不需要的过定义约束解除即可。可以通过“检查草图的合法性”工具对其合法性进行检查。

选择菜单栏中的“工具”｜“草图工具”｜“检查草图合法性”命令，弹出“检查有关特征草图合法性”对话框，其中包括“特征用法”“轮廓类型”“检查”，如图 2-60 所示。特征用法中子项如图 2-61 所示。

图 2-60 检查有关特征草图合法性

图 2-61 特征用法中子项

2.6 草图几何关系

几何关系是指草图实体之间或草图实体与基准面、基准轴、边线或顶点之间的相对位置关系。SolidWorks 二维或三维草图中草图实体和模型几何体之间的几何关系是设计意图中一项重要创建手段。常用的草图几何关系如表 2-2 所示。

表 2-2 常用的几何约束关系

几何关系	所选实体	几何关系特点
水平/竖直	一条或多条直线；两个或多个点	直线变成水平/竖直，选择的点水平/竖直对齐
中点	两条直线；一个点和一条直线	使点位于线段的中点上
平行	两条或多条直线	所选的项目相互平行
垂直	两条直线	两条直线相互垂直
共线	两条或多条直线	所选的项目位于同一条无限长的直线上
重合	一个点和一条直线、圆弧或椭圆	点位于直线、圆弧或椭圆上
相等	两条或多条直线；两个或多个圆弧	直线长度或圆弧半径保持相等
相切	圆弧、椭圆或样条曲线，直线和圆弧，直线和曲面或三维草图中的曲面	所选的两个项目保持相切
同心	两个或多个圆弧；一个点和一个圆弧	所选的圆弧共用同一个圆心
全等	两个或多个圆弧	圆弧共用相同的圆心和半径
对称	一条中心线和两个点、两条直线、两个圆弧或椭圆	项目保持与中心线相等距离，并位于一条与中心线垂直的直线上

2.6.1 自动添加几何关系

自动添加几何关系是指在绘制图形时控制其相关位置，系统会自动赋予其几何意义，不需要用户再利用添加几何关系的方式给予图形几何限制。例如，在绘制一条水平直线时，系统就会将“水平”的几何关系自动添加给该直线。

自动添加几何关系的方法是：单击“草图”工具栏中的“自动几何关系”按钮，或选择菜单栏中的“工具”｜“选项”命令，弹出“系统选项”对话框，选择“几何关系/捕捉”选项，并选中“自动几何关系”复选框，如图 2-62 所示。

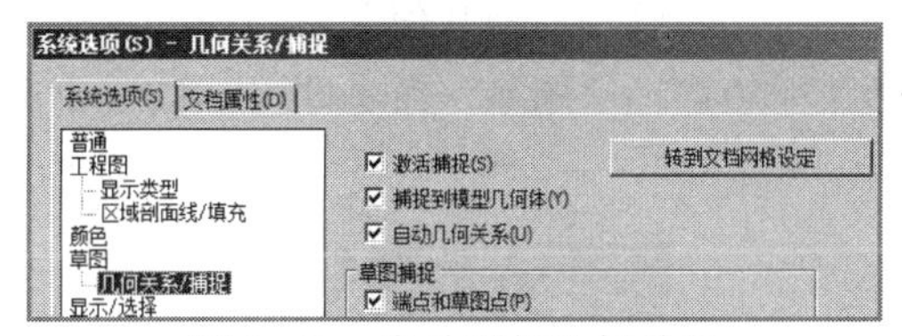

图 2-62　自动添加几何关系

当系统处于自动添加几何关系的状态时，在绘制草图时光标会改变形状以显示可以生成哪些几何关系。所选实体中至少要有一个项目是草图实体，其他项目可以是草图实体，也可以是一条边线、面、顶点、原点、基准面、轴或从其他草图的线或圆弧映射到此草图平面所形成的草图曲线。图 2-63 所示为 8 种不同几何关系对应的光标指针形状。

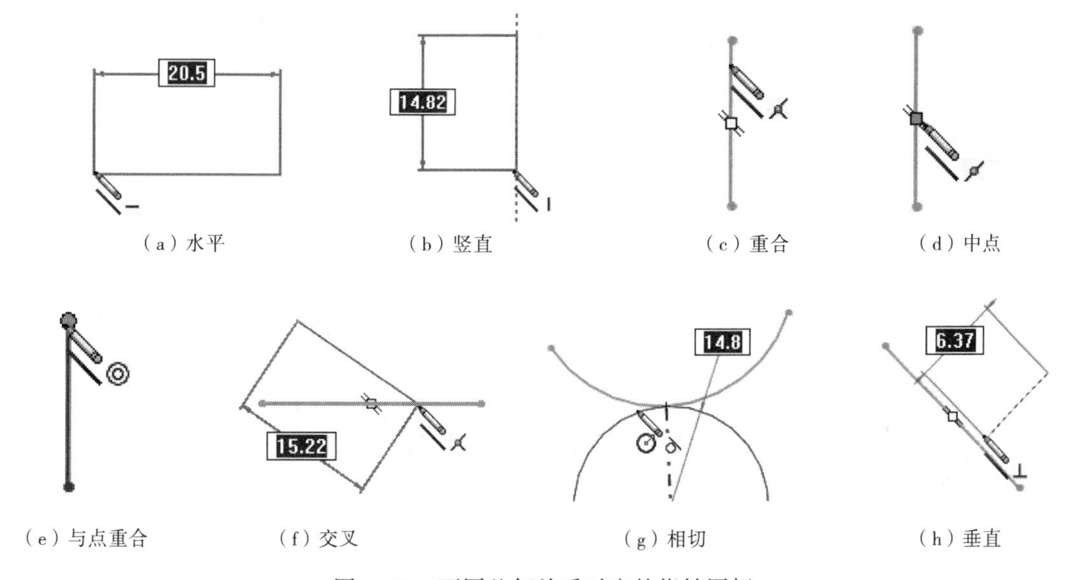

（a）水平　（b）竖直　（c）重合　（d）中点

（e）与点重合　（f）交叉　（g）相切　（h）垂直

图 2-63　不同几何关系对应的指针图标

2.6.2　手动添加几何关系

利用添加几何关系工具可以在草图实体之间或草图实体与基准面、基准轴、边线或顶点之间生成几何关系。手动添加几何关系是指必须通过用户设置才可以添加，添加几何关系时随着所选取的图形实体的不同，出现的几何关系方式也不同。“添加几何关系”命令用于为草图实体之间添加平行或共线等几何关系。

手动添加几何关系的方法如下：单击“草图”工具栏中的“添加几何关系”按钮，或选择菜单栏中的“工具”｜“几何关系”｜“添加”命令，出现“添加几何关系”属性管理器，可进行几何关系设置。更为便捷的方法是按住 Ctrl 键再单击要添加几何关系的实体，直接出现“添加几何关系”属性管理器。

在草图中单击要添加几何关系的实体，此时所选实体会在“添加几何关系”属性管理器的“所选实体”选项中显示，如图 2-64 所示。信息栏显示所选实体的状态“完全定义”或“欠定义”等。如果要移除一个实体，在“所选实体”选项的列表框中右击该项目，在弹出的快捷菜单中选择“消除选择”命令即可。在“添加几何关系”选项组中单击要添加的几何关系类型，如相切或固定等，这时添加的几何关系类型就会显示在“现有几何关系”列表框中。如果要删除已添加的几何关系，在“现有几何关系”列表框中右击该几何关系，在弹出的快捷菜单中选择“删除”命令即可。最后单击“确定”按钮 完成几何关系添加，如图 2-65 所示。

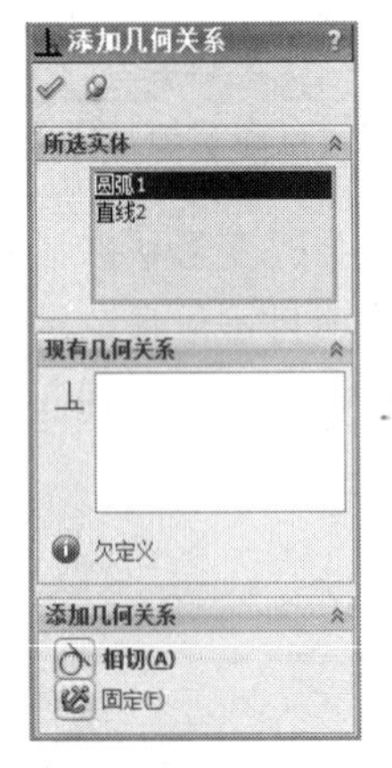

图 2-64 “添加几何关系”属性管理器

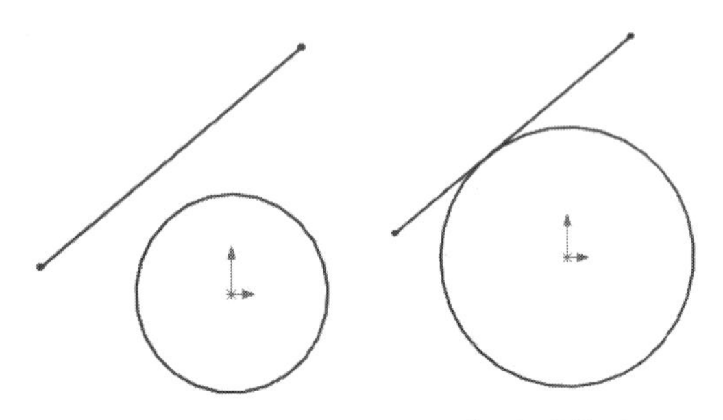
图 2-65 添加“相切”几何关系前后

2.6.3 显示/删除几何关系

SolidWorks 对于已设置的几何关系在图面上并不直接显示出来，若需要了解实体的几何限制关系，可利用“显示/删除几何关系”工具显示手动和自动应用到草图实体的几何关系，查看有疑问的特定草图实体的几何关系，并可以删除不再需要的几何关系。此外，还可以通过替换列出的参考引用来修正错误的实体。

用户可通过以下两种方法显示/删除所选实体的几何关系。

（1）单击需要显示几何关系的实体，在其属性管理器中有“现有几何关系”列表，从中可看到实体对应的几何关系。如果需要删除几何关系，可右击“现有几何关系”列表中的相应几何关系，在弹出的快捷菜单选择“删除”命令。

（2）单击“草图”工具栏中的“显示/删除几何关系”按钮 ，或选择菜单栏中的“工具”→“几何关系”→“显示/删除几何关系”命令，出现“显示/删除几何关系”属性管理器，如图 2-66 所示。当草图中没有实体被选中时，则管理器中“过滤器”为“全部在此草图中”，即显示草图中所有的几何关系；选中“压缩”复选框，压缩或解除压缩当前的几何关系；单击“删除”按钮，删除当前的几何关系；单击“删除所有”按钮，删除当前执行的所有几何关系，也可右击“现有几何关系”列表中的相应几何关系，在弹出的快捷菜单中选择“删除”命令或“删除所有”命令。

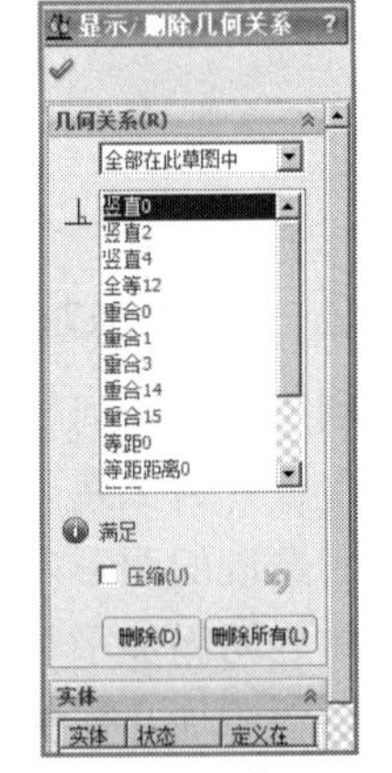

图 2-66 “显示/删除几何关系”属性管理器

2.7 绘制草图综合示例——拨叉草图

绘制如图 2-67 所示的拨叉草图。

首先分析图形，需要结合约束尺寸绘制基本图形，运用草图绘制工具与编辑工具，并应注意相切圆的绘制。

其绘制步骤如下：

（1）新建文件：启动 SolidWorks 2012 软件后，选择菜单栏中的“文件”→“新建”命令，系统弹出“新建 SolidWorks 文件”对话框，选择“零件”模板，单击“确定”按钮，系统进入零件建模环境，单击“保存”按钮，将文件命名为“拨叉.SLDPRT”。

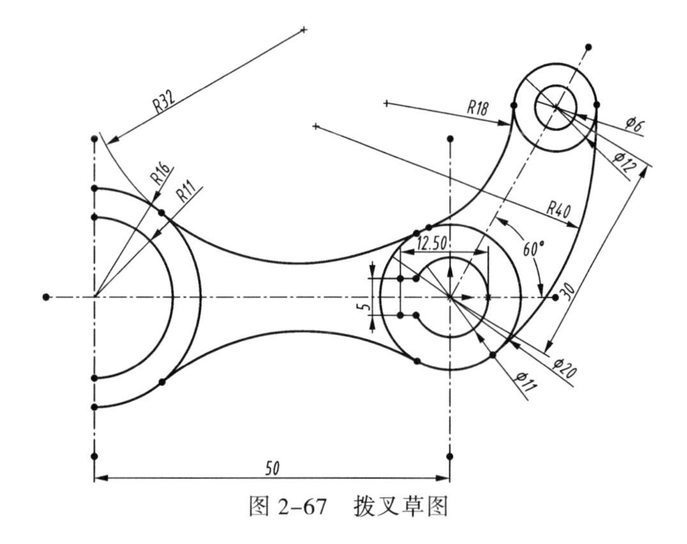

图 2-67　拨叉草图

（2）选择基准面：在 Feature Manager 设计树中选择“前视基准面”作为草图基准面，单击“草图”工具栏中的“草图绘制”按钮（或选择“插入”菜单中的“草图绘制”命令），进入草图绘制。

（3）创建基本图形：

① 单击“草图”工具栏中的“中心线”按钮，分别绘制一条水平中心线、两条竖直中心线，标注尺寸如图 2-68 所示。

② 单击“草图”工具栏中的“圆”按钮，绘制两个圆，标注尺寸分别为 ϕ20 和 ϕ11。单击“草图”工具栏中的“3 点圆弧”按钮，绘制两段圆弧，标注尺寸分别为 R15 和 R11，如图 2-69 所示。

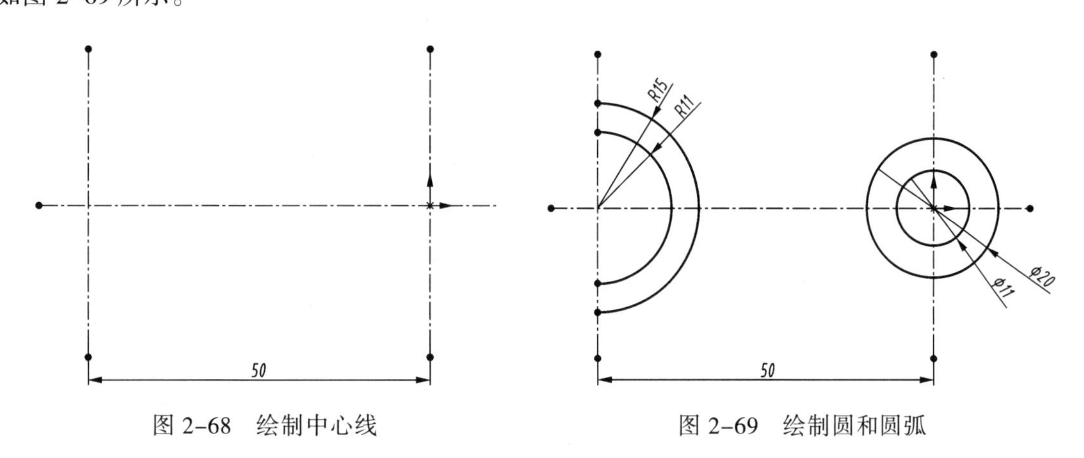

图 2-68　绘制中心线　　　　图 2-69　绘制圆和圆弧

③ 单击“草图”工具栏中的“3 点圆弧”按钮，绘制圆弧，标注尺寸 R32，添加几何关系使该圆弧与端点处的两个圆相切，然后单击“草图”工具栏中的“剪裁实体”按钮，剪去多余线段，如图 2-70 所示。

④ 单击“草图”工具栏中的“镜向实体”按钮，选取水平中心线为镜向点，镜向 R32 圆弧，如图 2-71 所示。

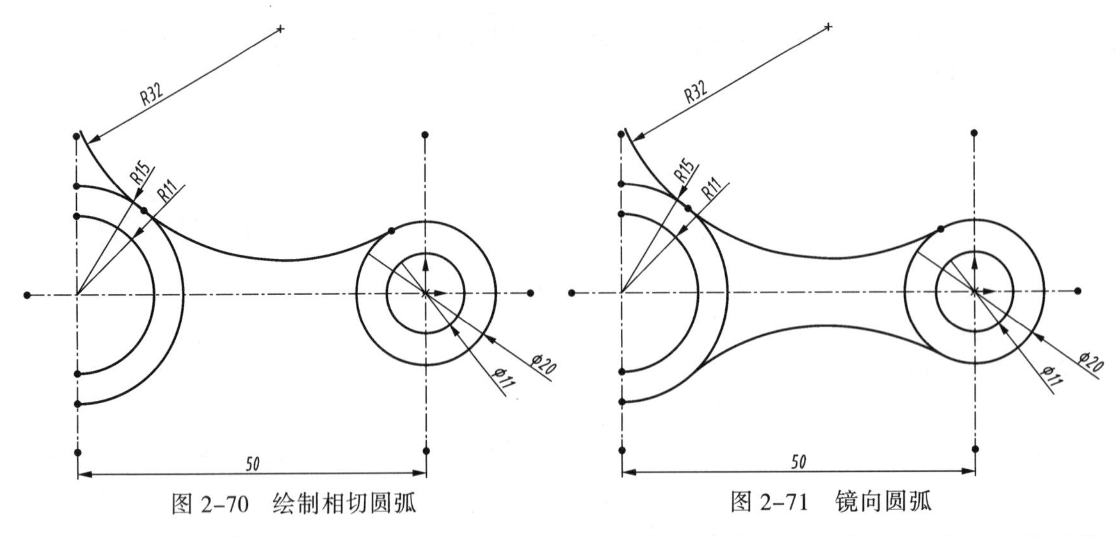

图 2-70　绘制相切圆弧　　　　图 2-71　镜向圆弧

⑤ 单击“草图”工具栏中的“直线”按钮╲，绘制键槽，使用添加几何关系，使键槽关于水平中心线对称，剪裁多余线段，如图 2-72 所示。

⑥ 单击“草图”工具栏中的“中心线”按钮┆，分别绘制一条中心线与水平中心线之间成 60° 夹角，单击“圆”按钮⊙，绘制两个圆，直径分别为 ϕ 和 ϕ12，标注尺寸，如图 2-73 所示。

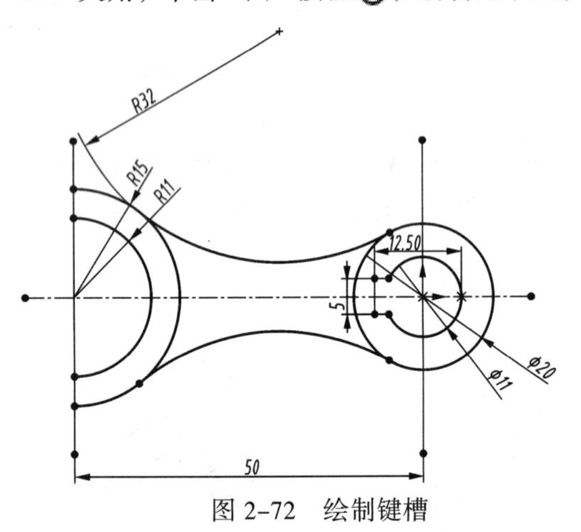

图 2-72　绘制键槽

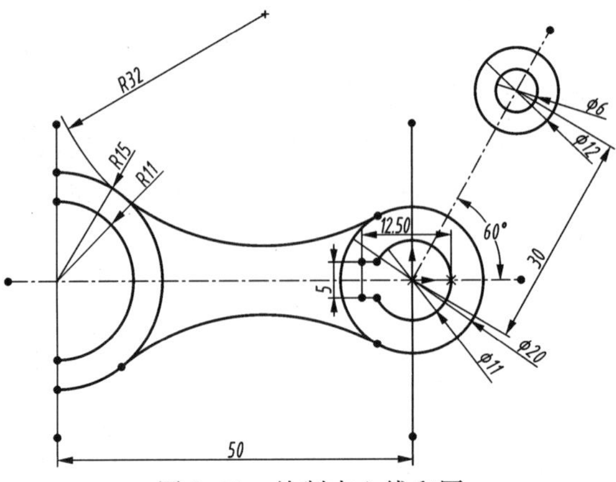

图 2-73　绘制中心线和圆

⑦ 单击“草图”工具栏中的“3 点圆弧”按钮，绘制两段圆弧，标注尺寸分别为 R18 和 R40，添加几何关系使圆弧与端点处的两个圆相切，然后单击“草图”工具栏中的“剪裁实体”按钮，剪去多余线段，如图 2-74 所示。

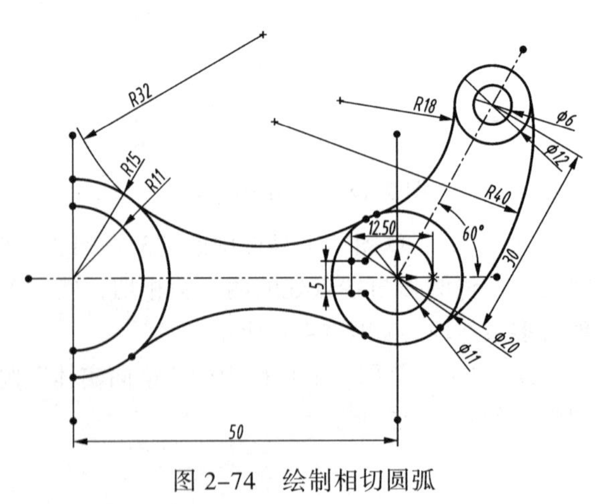

图 2-74　绘制相切圆弧

说明　在草图绘制过程中方式方法多种多样，如何高效地完成绘制，需要不断地实践与总结。也可先绘制构造线构建大概轮廓，然后对其进行修剪和倒圆角操作，最后标注图形尺寸，完成草图的绘制。尺寸和几何关系条件在草图绘制中十分重要，同时，熟练运用草图工具可大大减少绘图时间，从而提高工作效率。本章是 SolidWorks 的基础，需要熟练掌握。

上 机 练 习

按照图 2-75～图 2-82 所示的形状，绘制下列各个草图。

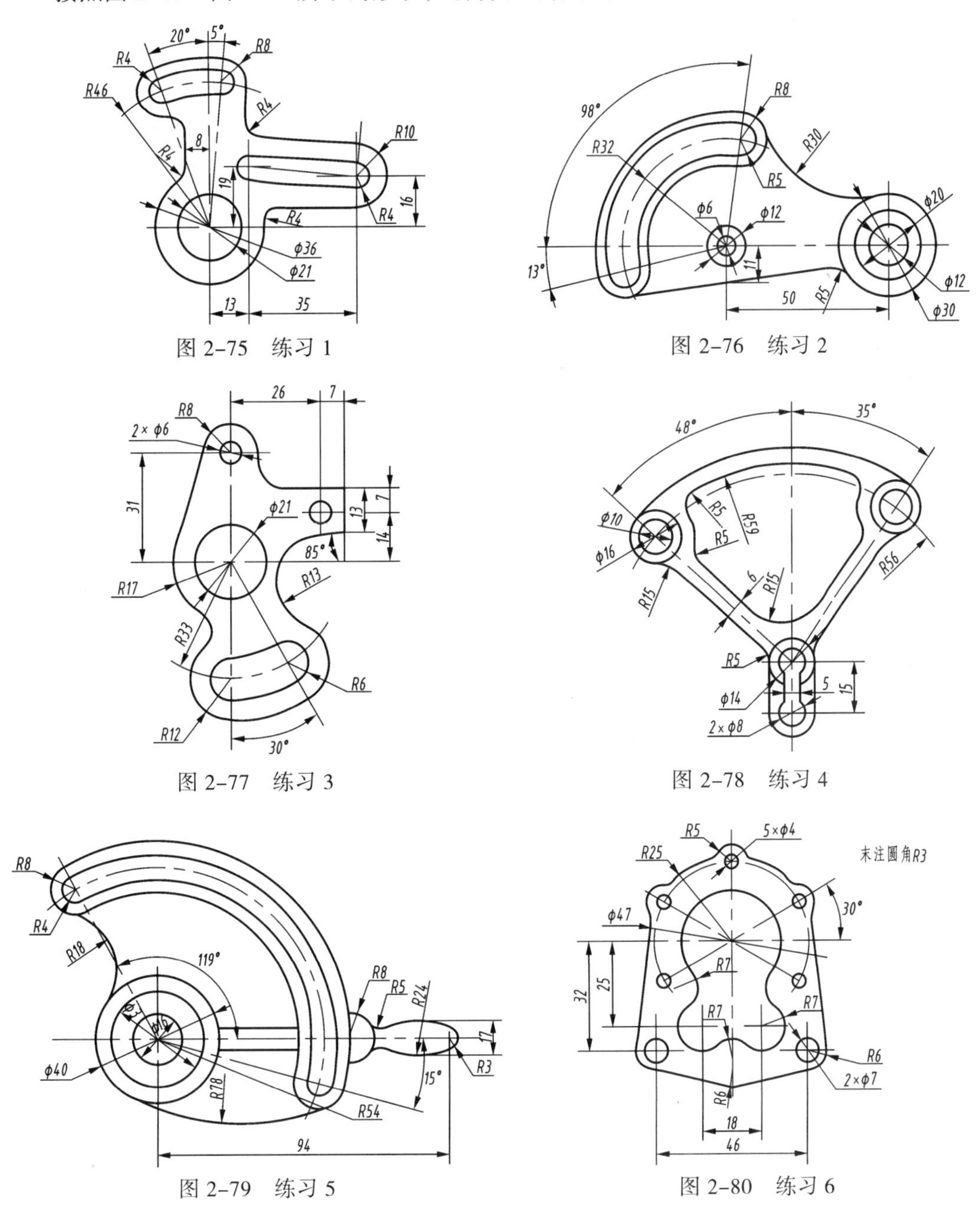

图 2-75　练习 1

图 2-76　练习 2

图 2-77　练习 3

图 2-78　练习 4

图 2-79　练习 5

图 2-80　练习 6

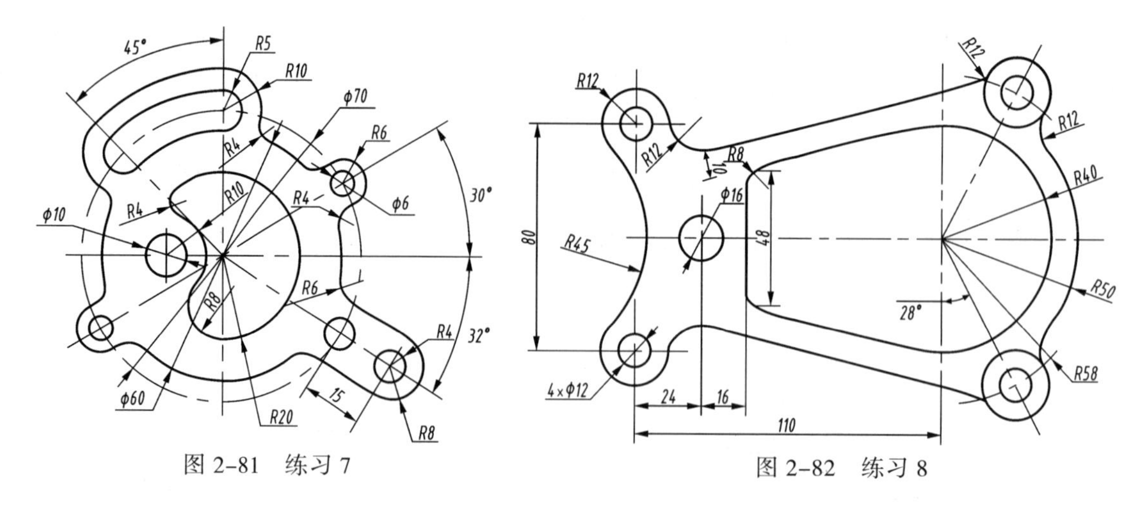

图 2-81　练习 7

图 2-82　练习 8

第3章 基准特征——参考几何体的创建

本章提要

- 掌握基准面和基准轴的各种建立方法;
- 掌握基准点和坐标系的各种建立方法;
- 了解配合参考。

参考几何体是SolidWorks中的重要概念，又被称为基准特征，是零件建模的参考特征，其主要用途是为实体造型提供参考，也可以作为绘制草图时的参考面。草图、实体及曲面都需要一个或多个基准来确定其空间/平面的具体位置。基准可以分为基准面、基准轴、坐标系和参考点。在复杂的零件设计中，经常需要使用参考几何体作为建模的参考基准。参考几何体工具按钮集中在“参考几何体”工具栏中，如图3-1所示。在参考几何体的生成过程中，SolidWorks提供了很多智能的判别方式，有效地提高了工作效率。

图3-1 “参考几何体”工具栏

3.1 创建基准面

3.1.1 基准面

基准平面是参考几何体的一部分，在SlidWorks中基准面的用途很多，总结为以下几项：

（1）作为草图绘制平面。三维特征的生成需要绘制二维特征截面，如果三维物体在空间中无合适的草图绘制平面可供使用，可以生成基准面作为草图绘制平面。

（2）作为视图定向参考。三维零部件的草图绘制正视方向需要定义两个互相垂直的平面才可以确定，基准面可以作为三维实体方向决定的参考平面。

（3）作为装配时零件相互配合的参考面。零件在装配时可能利用许多平面以定义配合、对齐等，这里的配合平面类型可以是SlidWorks初始定义的上视、前视、右视3个基准平面，可以是零件的表面，也可以是用户自行定义的基准面。

（4）作为尺寸标注的参考。在SlidWorks中开始零件的三维建模时，系统中已存在3个相互垂直的基准面，生成特征后进行尺寸标注时，如果可以选择零件上的面或者原先生成的任意基准面，则最好选择基准面，以免导致不必要的特征父子关系。

（5）作为模型生成剖面视图的参考面。在装配体或者复杂零件等模型中，有时为了看清模型的内部构造，必须定义一个基准面，并利用此基准面剖切零件，得到一个视图以便观察模型的内部结构。

（6）作为拔模特征的参考面，在型腔零件生成拔模特征时，需要定义基准面。

“特征管理器设计树”中默认提供前视基准面、上视基准面及右视基准面 3 个默认的正交基准面，如图 3-2 所示。一般情况下，用户可以在这 3 个基准面上绘制草图，然后生成各种特征。但是，在现实绘图中这 3 个默认的基准面是远远不够用的，还需要创建基准面。

3.1.2 创建基准面的方法

创建基准面至少需要两个已知条件才能正确构建。第一，需要一个创建基准面的参照，在基准面对话框中(如图 3-3 所示)，有 3 个参考选择器可以定义基准面的参照。第二，需要基准面的生成条件。

创建基准面有 6 种方式，分别是：通过直线/点方式、点和平行面方式、夹角方式、等距离方式、垂直于曲线方式与曲面切平面方式。下面详细介绍这几种创建基准面的方式。

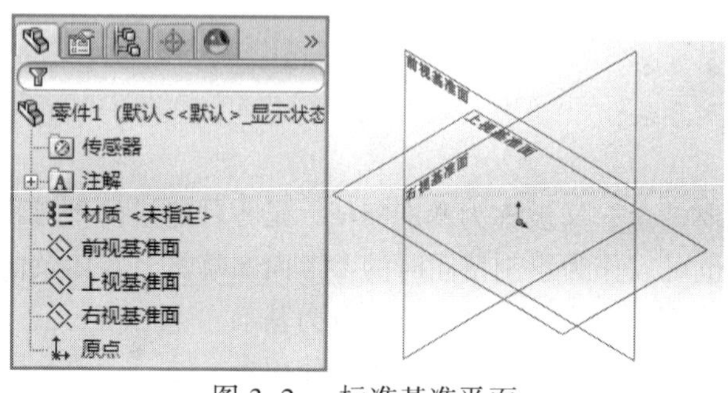

图 3-2 标准基准平面

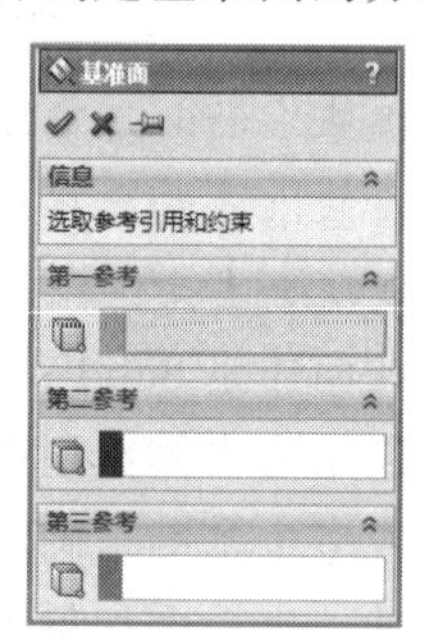

图 3-3 “基准面”属性管理器

1. 通过直线/点方式

该方式创建的基准面有 3 种：通过边线、轴；通过草图线及点；通过三点。

单击“参考几何体”工具栏中的“基准面”按钮，出现“基准面”属性管理器。在“第一参考”选项框中，选择边线 1。在“第二参考”选项框中，选择边线 2 的中点，如图 3-4 所示，单击“基准面”属性管理器中的“确定”按钮，创建的基准面 1 如图 3-5 所示。

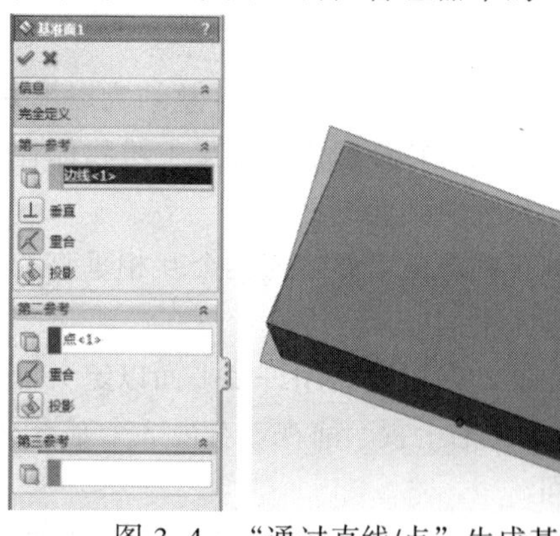

图 3-4 “通过直线/点”生成基准面

图 3-5 创建的基准面 1

2. 点和平行面方式

该方式用于创建通过点且平行于基准面或者面的基准面。

单击“参考几何体”工具栏中的“基准面”按钮，出现“基准面”属性管理器。在“第一参考”选项框中，选择边线 1 的中点。在“第二参考”选项框中，选择右端面为面<1>，如图 3-6 所示，单击“基准面”属性管理器中的“确定”按钮，创建的基准面 2 如图 3-7 所示。

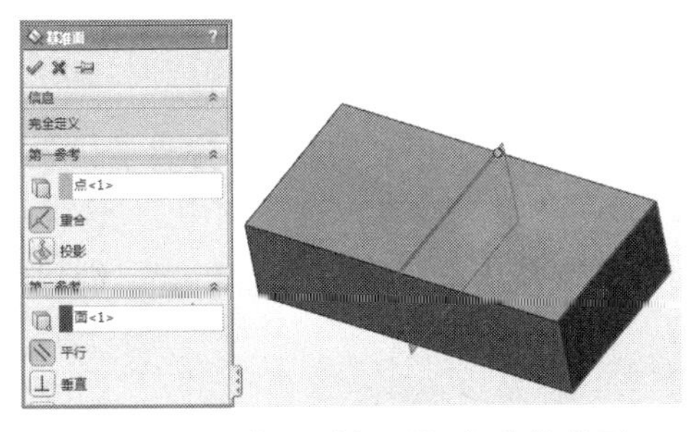

图 3-6 “点和平行面”生成基准面

图 3-7 创建的基准面 2

3. 夹角方式

该方式用于创建通过一条边线、轴线或者草图线，并与一个面或者基准面成一定角度的基准面。

单击“参考几何体”工具栏中的“基准面”按钮，出现“基准面”属性管理器。在“第一参考”选项框中 ，选择上底面为面<1>，在“角度”文本框中输入“45.00 度”。在“第二参考”选项框中 ，选择上底面后边线为线<1>，如图 3-8 所示，单击“基准面”属性管理器中的“确定”按钮，创建的基准面 3 如图 3-9 所示。

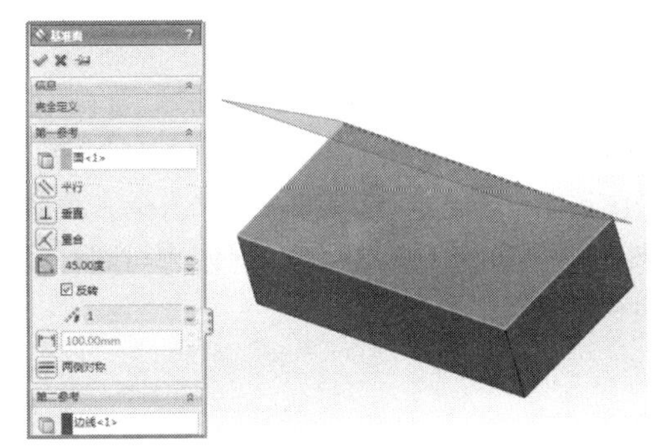

图 3-8 “两面夹角”生成基准面

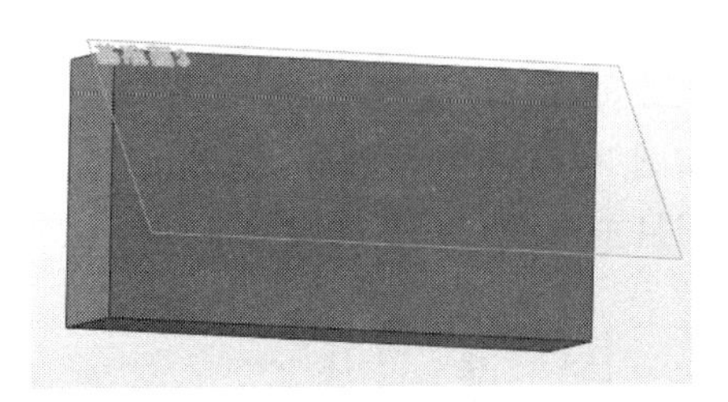

图 3-9 创建的基准面 3

4. 等距距离方式

该方式用于创建平行于一个基准面或者面，并等距指定距离的基准面。

单击“参考几何体”工具栏中的“基准面”按钮，出现“基准面”属性管理器。在“第一参考”选项框中 ，选择上底面为面<1>，在“角度”文本框中输入 20.00 mm，如图 3-10 所示，单击“基准面”属性管理器中的“确定”按钮，创建的基准面 4 如图 3-11 所示。

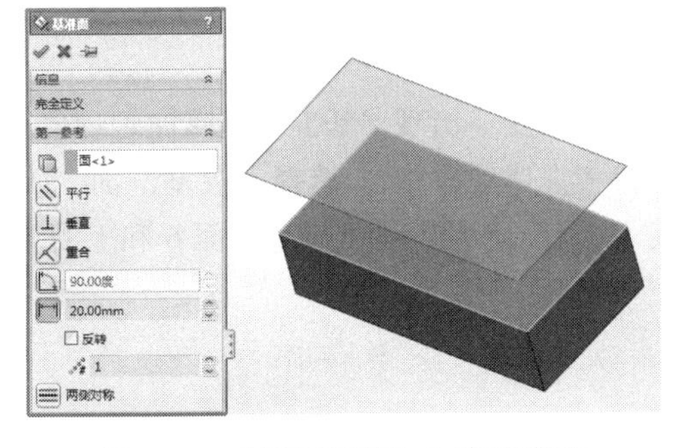

图 3-10 “等距距离”生成基准面

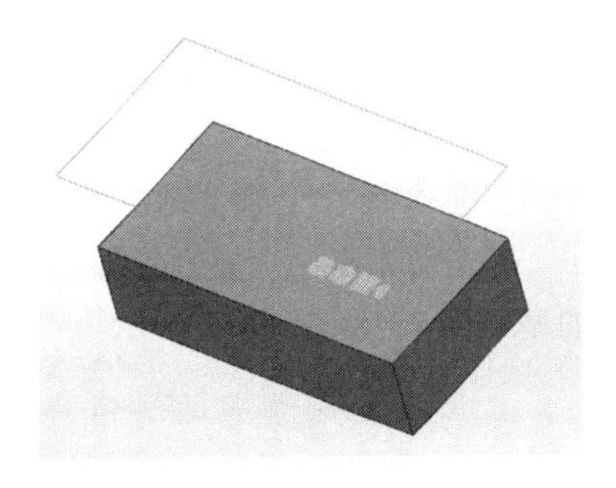

图 3-11 创建的基准面 4

5．垂直于曲线方式

该方式用于创建通过一个点且垂直于一条边线或者曲线的基准面。

单击“参考几何体”工具栏中的“基准面”按钮，出现“基准面”属性管理器。在“第一参考”选项框中，选择螺旋线起点为点<1>。在“第二参考”选项框中，选择螺旋线为边线<1>，如图 3-12 所示，单击“基准面”属性管理器中的“确定”按钮，创建的基准面 5 如图 3-13 所示。

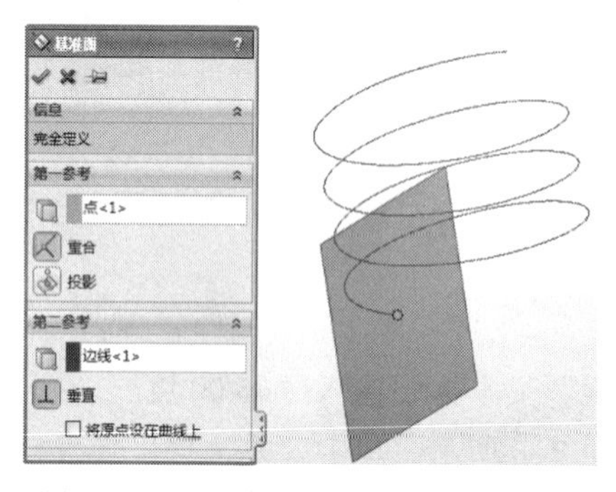

图 3-12 “垂直于曲线”生成基准面

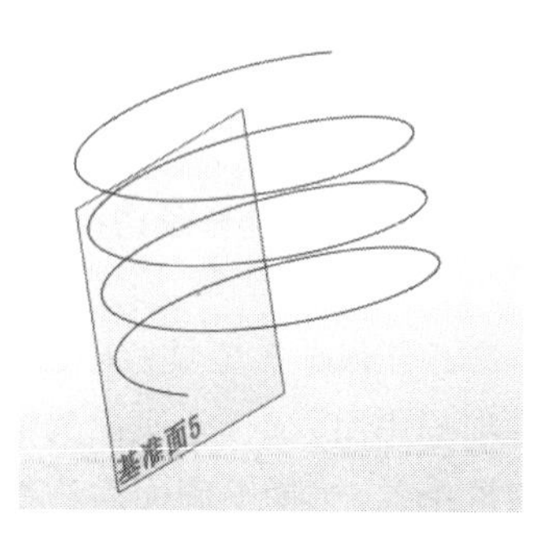

图 3-13 创建的基准面 5

6．曲面切平面方式

该方式用于创建一个与空间或圆形曲面相切于一点的基准面。

单击“参考几何体”工具栏中的“基准面”按钮，出现“基准面”属性管理器。在“第一参考”选项框中，选择圆柱面为面<1>。在“第二参考”选项框中，选择右视基准面，如图 3-14 所示，单击“基准面”属性管理器中的“确定”按钮，则创建与圆柱体表面相切且垂直于右视基准面的基准面 6，如图 3-15 所示。

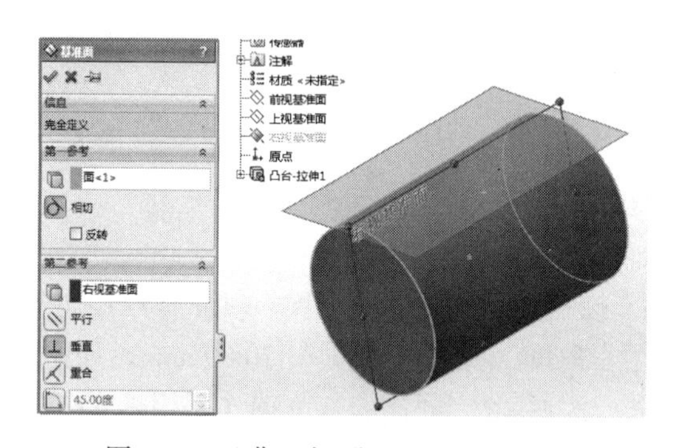

图 3-14 “曲面切平面”生成基准面

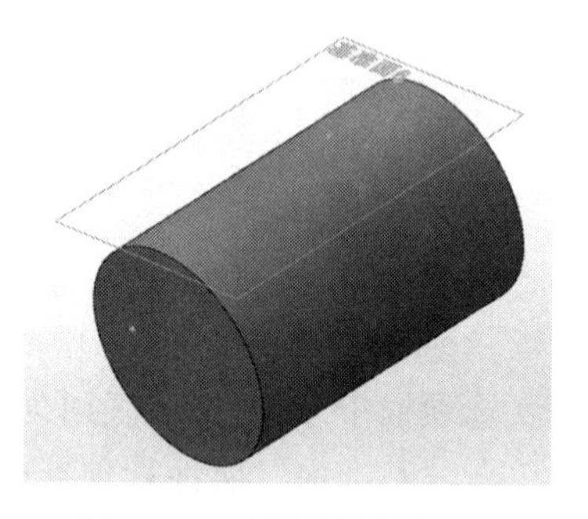

图 3-15 创建的基准面 6

另外，可以使用“两侧对称”的方式来创建基准面。

单击“参考几何体”工具栏中的“基准面”按钮，出现“基准面”属性管理器。在“第一参考”选项框中，选择基准面 6。在“第二参考”选项框中，选择上视基准面，如图 3-16 所示，单击“基准面”属性管理器中的“确定”按钮，则创建与基准面 6 和上视基准面对称的基准面 7，如图 3-17 所示。

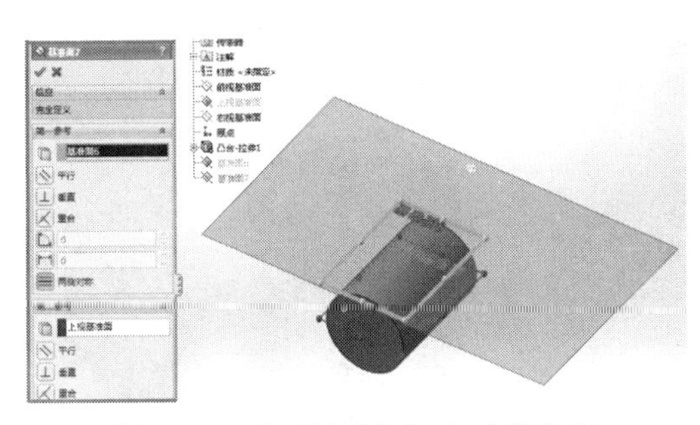

图 3-16　“两侧对称”生成基准面

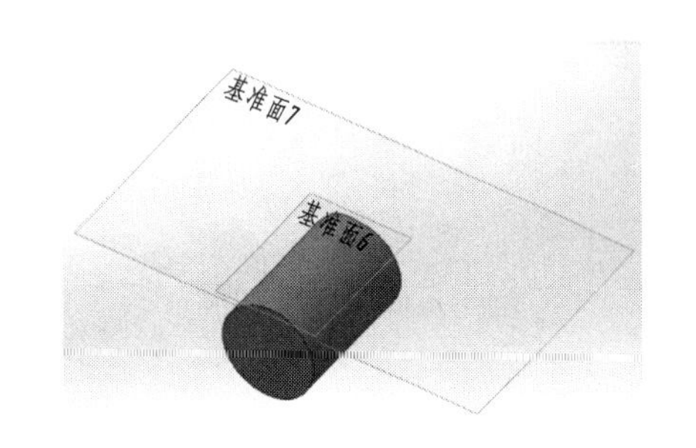

图 3-17　创建的基准面 7

3.2　创建基准轴

基准轴是参考几何体的一部分，基准轴通常在草图几何体、圆周阵列或者同轴装配体中使用。

3.2.1　显示临时轴

每一个圆柱和圆锥体都有一条轴线。临时轴是由模型中的圆柱和圆锥隐含生成的。可以设置为隐藏或显示所有临时轴。

如果要显示临时轴，选择菜单栏中的“视图”｜“临时轴”命令，如图 3-18 所示。如果要隐藏所有临时轴，与此方法相同。

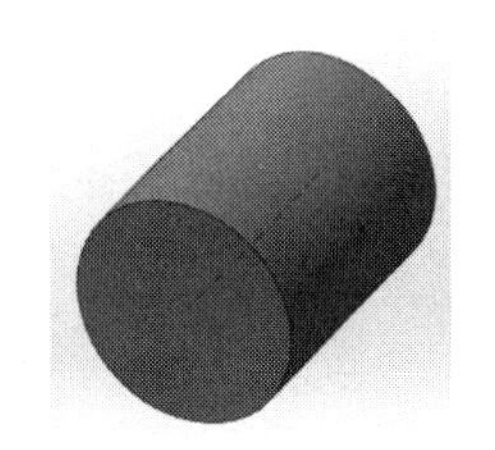

图 3-18　显示临时轴

3.2.2　创建基准轴的方法

创建基准轴有 5 种方式，分别是：通过直线/边线/轴方式、两平面方式、两点/顶点方式、圆柱/圆锥面方式与点和面/基准面方式。下面详细介绍这几种创建基准轴的方式。

1. 通过一直线/边线/轴方式

选择一草图的直线、实体的边线或者轴，创建所选直线所在的轴线。

单击“参考几何体”工具栏上中“基准轴”按钮，出现“基准轴”属性管理器。在图形区选择上底面右端边线为边线<1>,如图 3-19 所示，单击“基准轴”属性管理器中的“确定”按钮，则创建的边线 1 所在的基准轴 1 如图 3-20 所示。

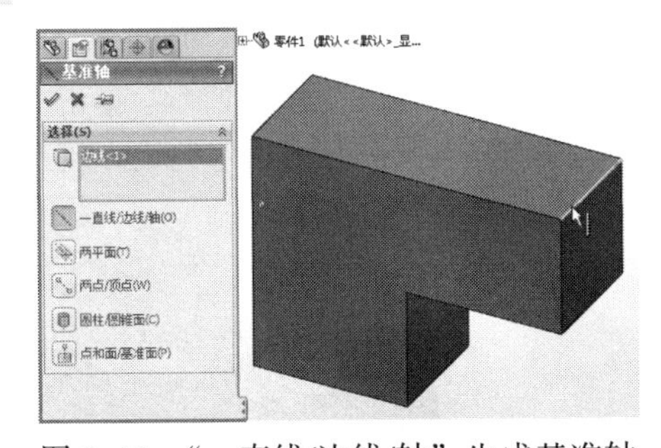

图 3-19　“一直线/边线/轴”生成基准轴

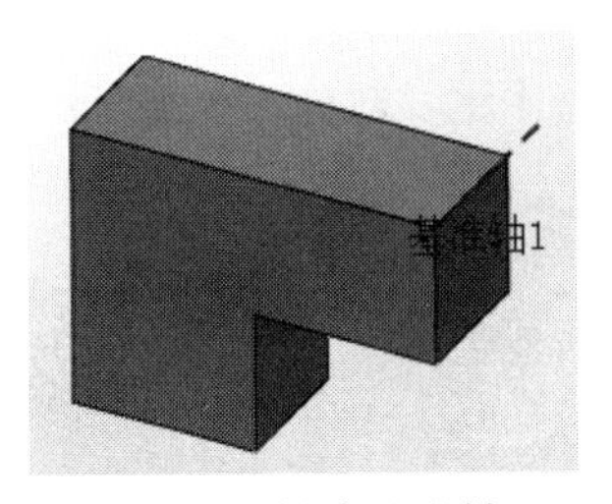

图 3-20　创建基准轴 1

2. 两平面方式

将所选两平面的交线作为基准轴。

单击“参考几何体”工具栏中的“基准轴”按钮，出现“基准轴”属性管理器。在图形区选择图示两个平面为面<1>和面<2>,如图 3-21 所示，单击“基准轴”属性管理器中的“确定”按钮，则以两平面的交线创建的基准轴 2 如图 3-22 所示。

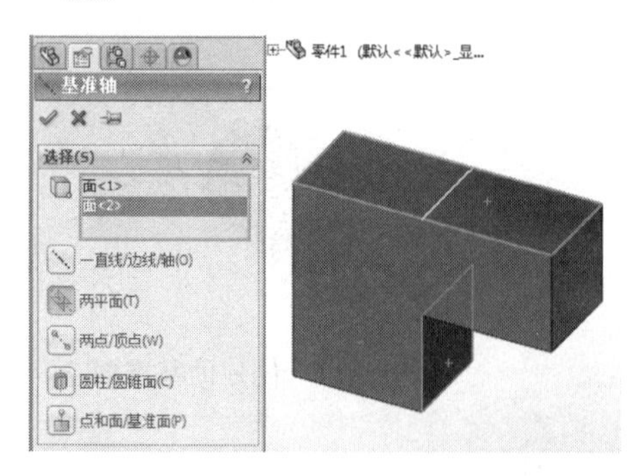

图 3-21 “两平面”生成基准轴

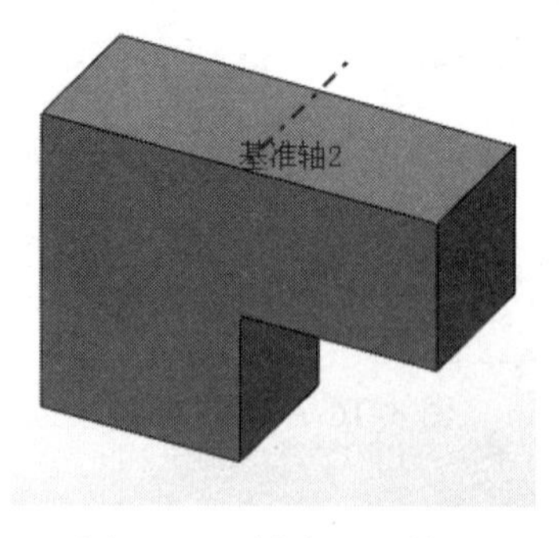

图 3-22 创建基准轴 2

3. 两点/顶点方式

将两个点或者两个顶点的连线作为基准轴。

单击“参考几何体”工具栏中的“基准轴”按钮，出现“基准轴”属性管理器。在图形区选择图示的两个点为顶点<1>和顶点<2>,如图 3-23 所示，单击“基准轴”属性管理器中的“确定”按钮，则以两顶点的连线创建的基准轴 3 如图 3-24 所示。

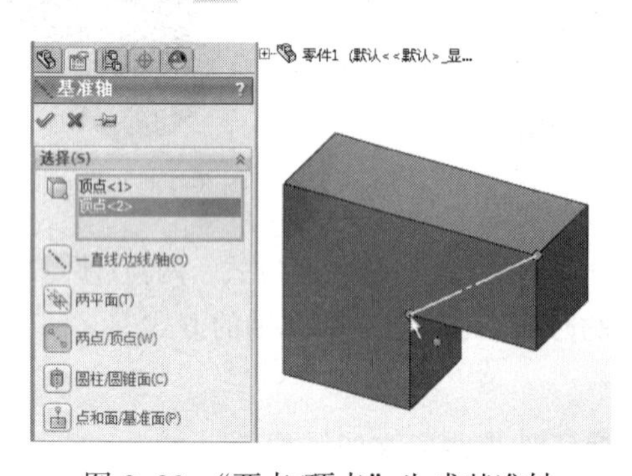

图 3-23 “两点/顶点”生成基准轴

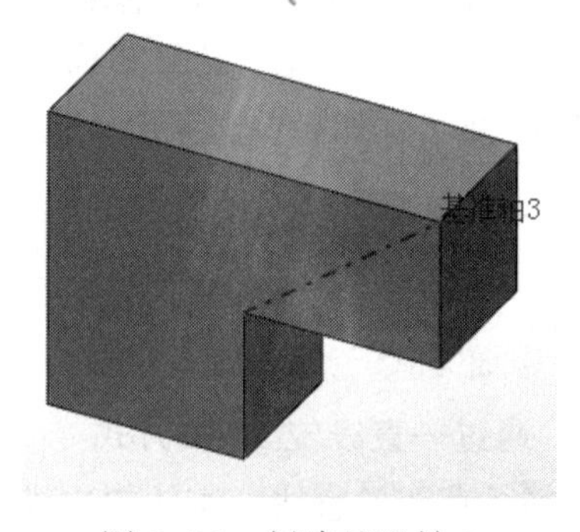

图 3-24 创建基准轴 3

4. 圆柱/圆锥面方式

选择圆柱面或者圆锥面，将其临时轴确定为基准轴。

单击“参考几何体”工具栏中的“基准轴”按钮，出现“基准轴”属性管理器。单击“圆柱/圆锥面”按钮，在图形区选择图示的圆柱面为面<1>,如图 3-25 所示。单击“基准轴”属性管理器中的“确定”按钮，将圆柱体临时轴确定为基准轴 4，如图 3-26 所示。

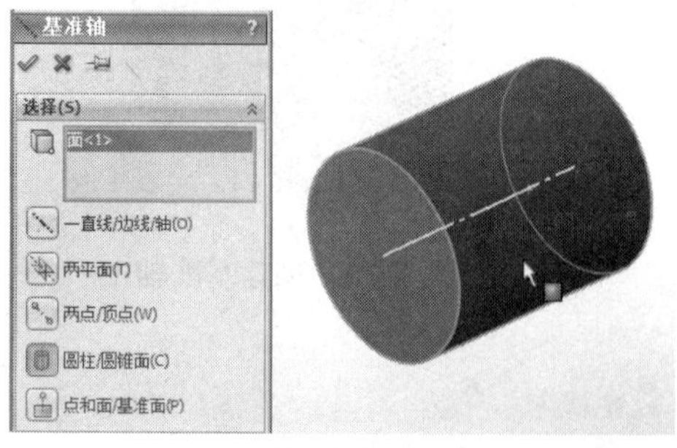

图 3-25 “圆柱/圆锥面”生成基准轴

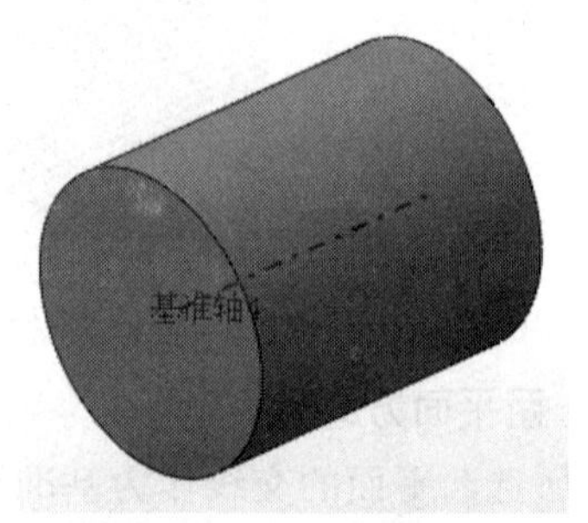

图 3-26 创建基准轴 4

5. 点和面/基准面方式

选择一曲面或者基准面，以及顶点、点或者中点，创建一个通过所选点并且垂直于所选面的基准轴。

单击“参考几何体”工具栏中的“基准轴”按钮，出现“基准轴”属性管理器。单击“点和面/基准面”按钮，在图形区选择图示的平面为面<1>，选择图示的边线的中点为点<1>，如图 3-27 所示，单击“基准轴”属性管理器中的“确定”按钮，则过点<1>与面<1>垂直的基准轴 5 如图 3-28 所示。

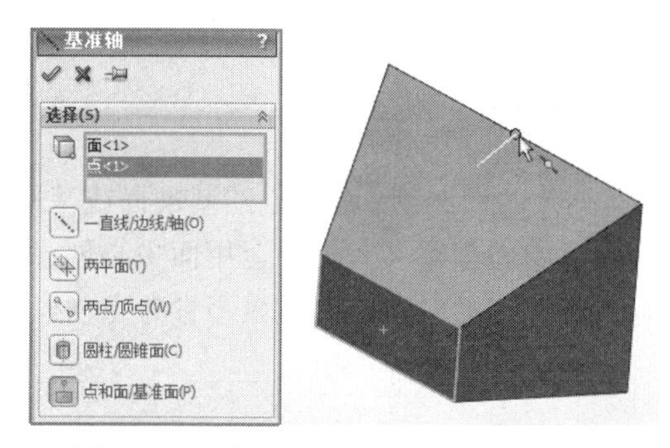

图 3-27 “点和面/基准面”生成基准轴

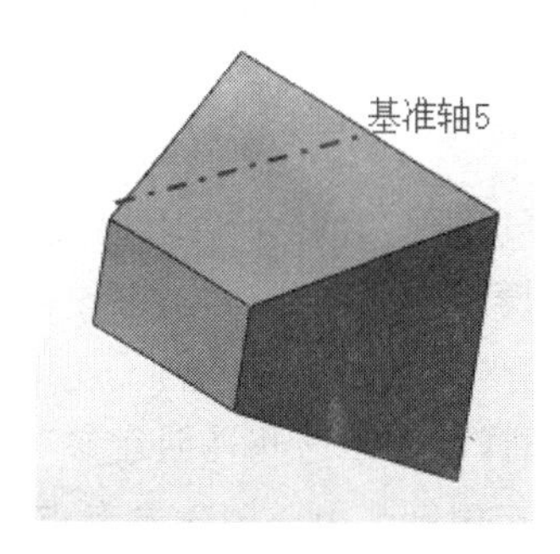

图 3-28 创建基准轴 5

3.3 创建坐标系

坐标系命令主要用来定义零件或者装配体的坐标系。此坐标系与测量和质量属性工具一同使用，可用于将 SlidWorks 文件输出至 IGEAS、STL、ACIS、STEP、Parasolid、VRML 和 VDA 文件。

单击“参考几何体”工具栏中的“坐标系”按钮，出现“坐标系”属性管理器。定义模型顶点为坐标系的原点，如图 3-29（a）所示；选择边线<1>为 X 轴的正方向，如图 3-29（b）所示；选择边线<2>为 Y 轴的正方向，如图 3-29（c）所示；单击“坐标系”属性管理器中的“确定”按钮，生成坐标系。

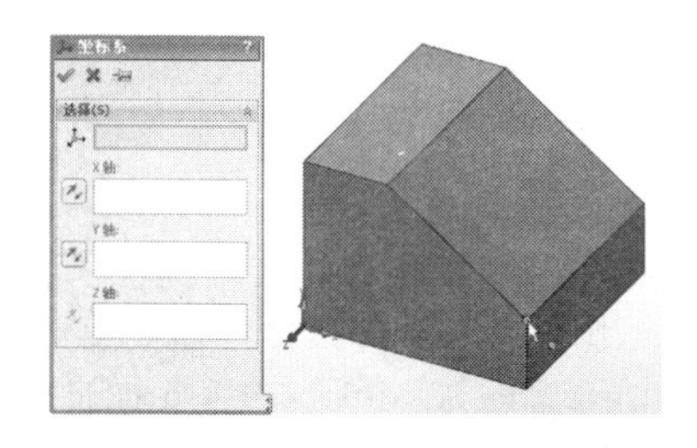

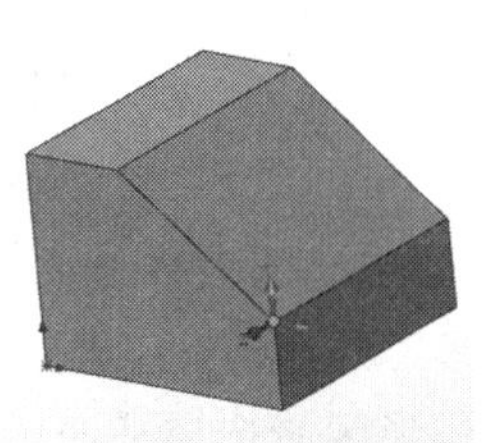

（a）设置坐标系原点

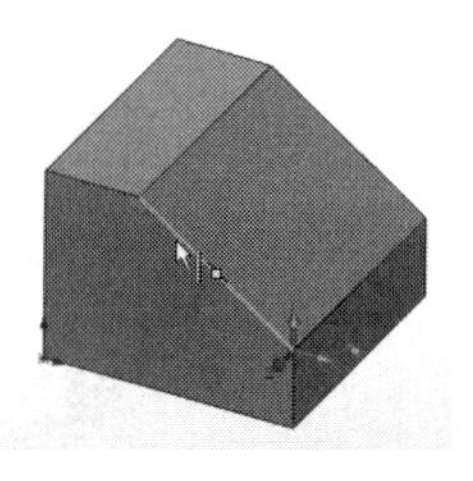

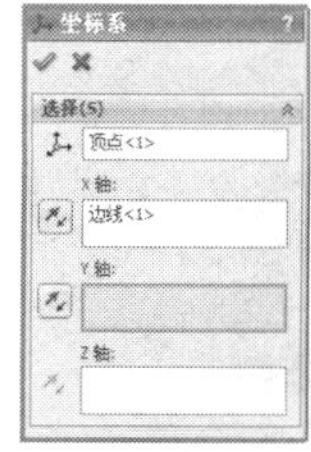

（b）设置 X 轴

图 3-29 创建坐标系

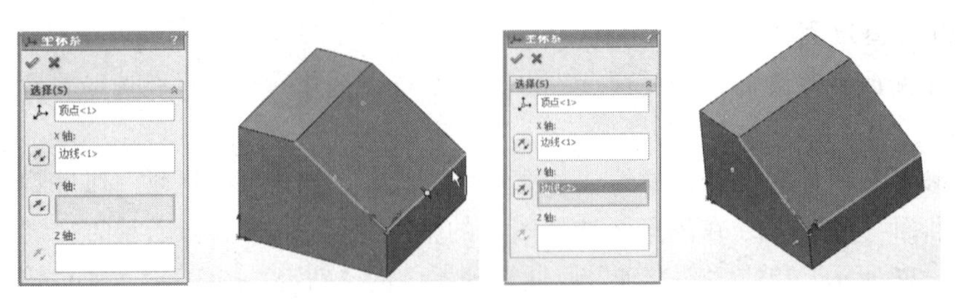

（c）设置 Y 轴

图 3-29　创建坐标系（续）

3.4　创建参考点

参考点主要用来进行空间定位，可以用于创建一个曲面造型、辅助创建基准面或基准轴。

创建参考点的常用方法有 5 种方式，即运用圆弧中心创建参考点、运用面中心创建参考点、运用交叉点创建参考点、运用投影创建参考点和运用沿曲线距离或多个参考点创建参考点。下面详细介绍这几种创建参考点的方式。

1. 运用圆弧中心创建参考点

单击“参考几何体”工具栏中的“点”按钮，出现“点”属性管理器，单击“圆弧中心”按钮，在图形区域选择圆弧，如图 3-30（a）所示。单击“点”属性管理器中的“确定”按钮，生成参考点，如图 3-30（b）所示。

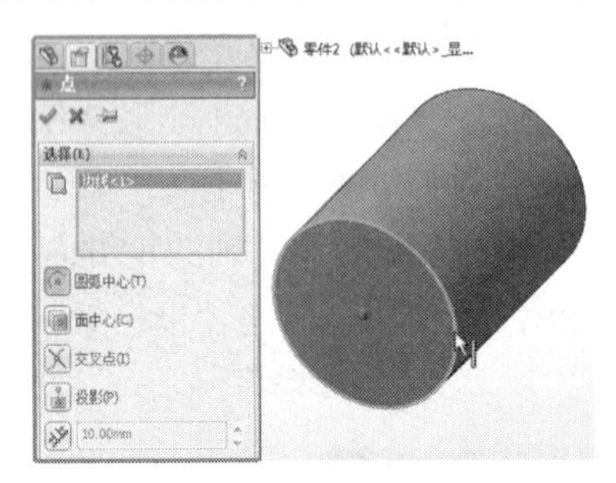

（a）选择圆弧

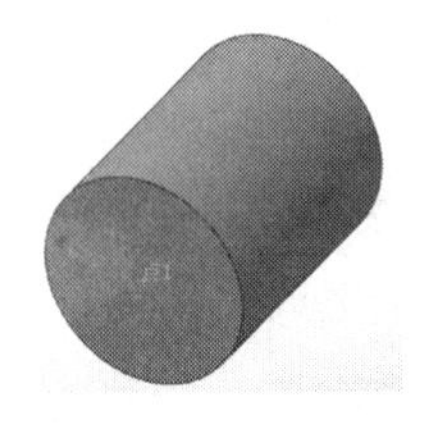

（b）生成参考点 1

图 3-30　“圆弧中心”生成参考点

2. 运用面中心创建参考点

单击“参考几何体”工具栏中的“点”按钮，出现“点”属性管理器，单击“面中心”按钮，在图形区域选择平面或非平面，如图 3-31（a）所示。单击“点”属性管理器中的“确定”按钮，生成参考点，如图 3-31（b）所示。

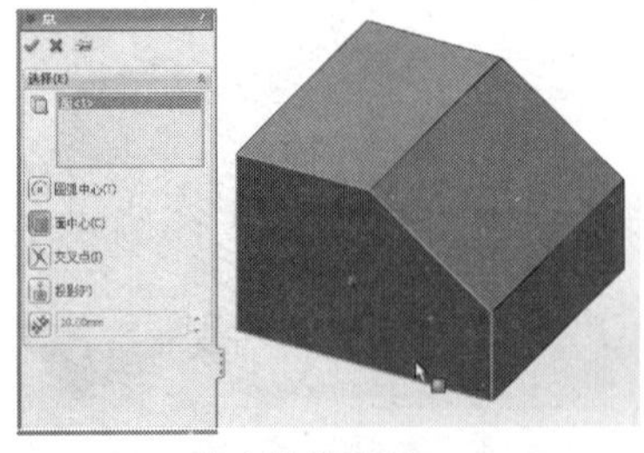

（a）选择平面

（b）生成参考点 1

图 3-31　“面中心”生成参考点

3．运用交叉点创建参考点

单击“参考几何体”工具栏中的“点”按钮，出现“点”属性管理器，单击“交叉点”按钮，在图形区域选择两条边线，如图 3-32（a）所示。单击“点”属性管理器中的“确定”按钮，生成参考点，如图 3-32（b）所示。

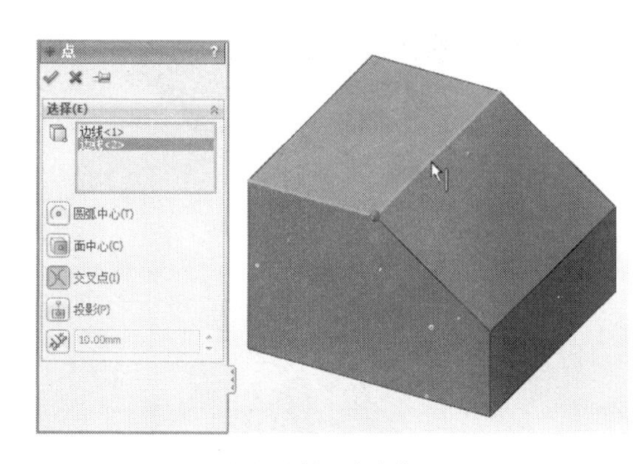

（a）选择两条边线　　　　（b）生成参考点 1

图 3-32　“交叉点”生成参考点

4．运用投影创建参考点

单击“参考几何体”工具栏中的“点”按钮，出现“点”属性管理器，单击“投影”按钮，在图形区域选择原点和圆柱面，如图 3-33（a）所示。单击“点”属性管理器中的“确定”按钮，生成参考点，如图 3-33（b）所示。

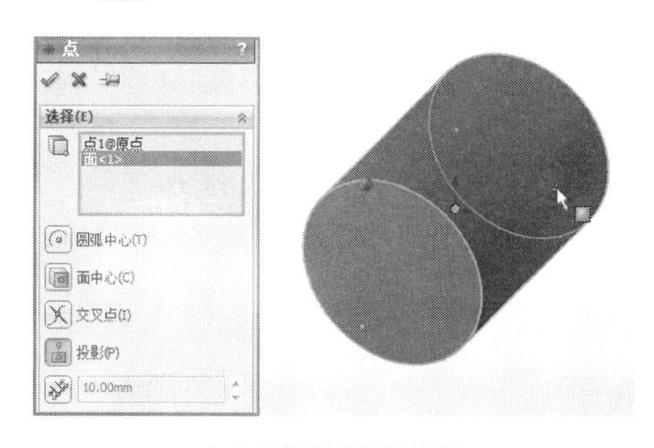

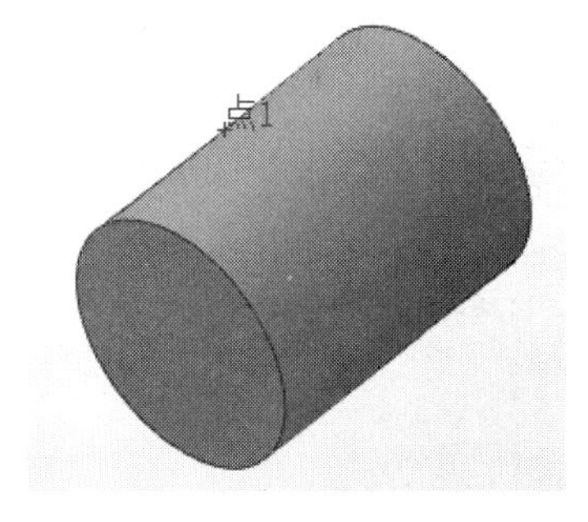

（a）选择原点和圆柱面　　　　（b）生成参考点 1

图 3-33　“投影”生成参考点

5．运用沿曲线距离或多个参考点创建参考点

单击“参考几何体”工具栏中的“点”按钮，出现“点”属性管理器，单击“沿曲线距离或多个参考点”按钮，在图形区域选择边线，在“距离”文本框输入距离 20.00 mm，从最近端点设置参考点，如图 3-34（a）所示。单击“点”属性管理器中的“确定”按钮，生成参考点，如图 3-34（b）所示。

单击“参考几何体”工具栏中的“点”按钮，出现“点”属性管理器，单击“沿曲线距离或多个参考点”按钮，在图形区域选择边线，在“百分比”文本框输入“30.00%”，从最近端点处开始按设置的百分比生成参考点，如图 3-35（a）所示。单击“点”属性管理器中的“确定”按钮，生成参考点，如图 3-35（b）所示。

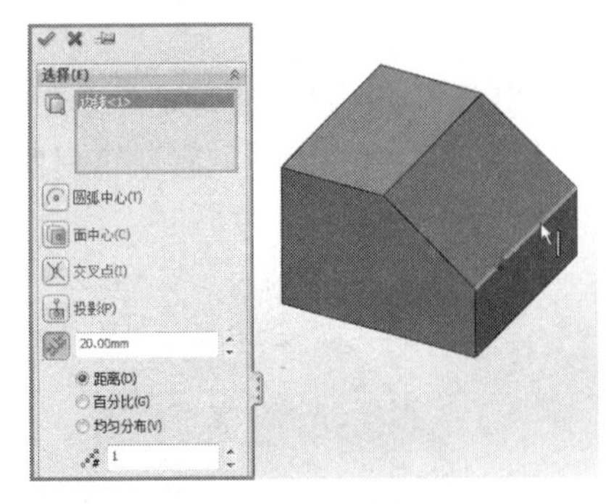

（a）选择原点和圆柱面

（b）生成参考点 1

图 3-34　“沿曲线距离”生成参考点

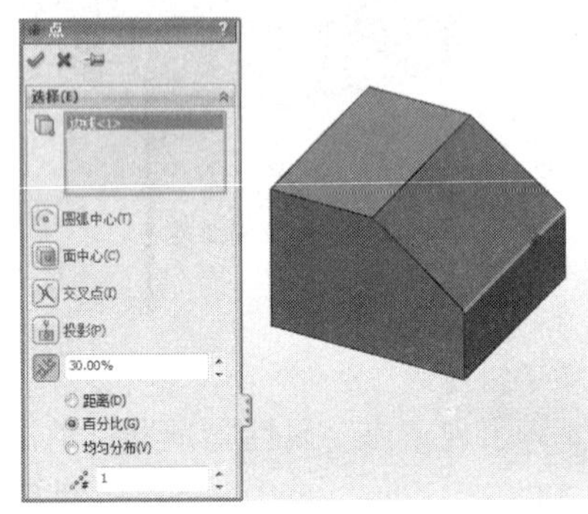

（a）选择边线

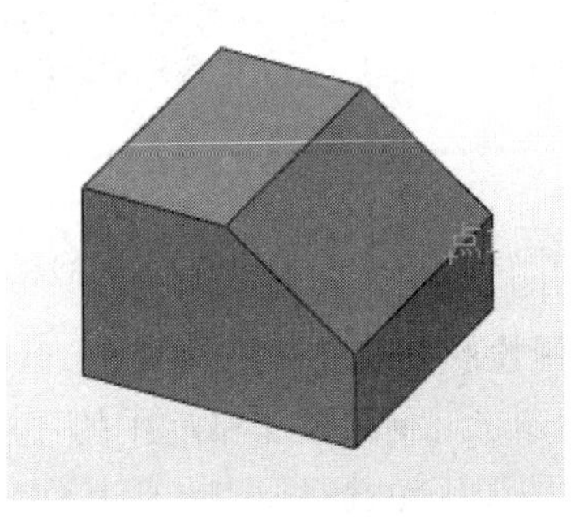

（b）生成参考点 1

图 3-35　按“百分比”生成参考点

单击“参考几何体”工具栏中的“点”按钮，出现“点”属性管理器，单击“沿曲线距离或多个参考点”按钮，选择“百分比”多选框，在图形区域选择边线，根据所选实体的总长度和参考点数在实体上生成均匀分布的参考点数，如图 3-36（a）所示。单击“点”属性管理器中的“确定”按钮，生成参考点，如图 3-36（b）所示。

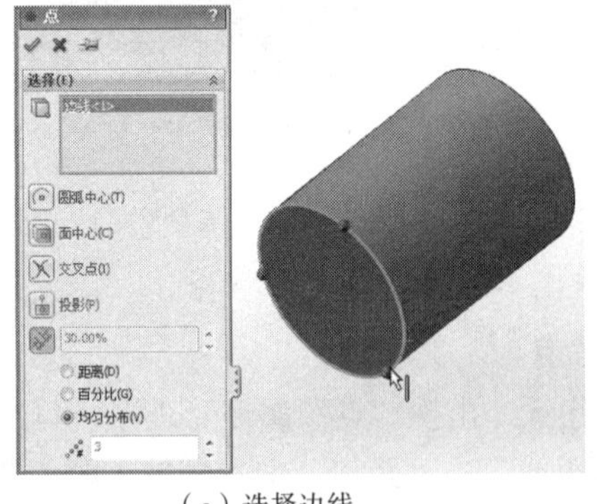

（a）选择边线

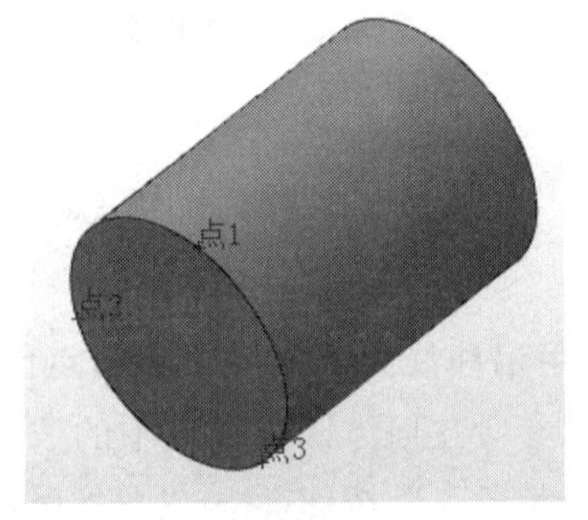

（b）生成 3 个参考点

图 3-36　按“均匀分布”生成参考点

3.5　配 合 参 考

配合参考是指定零部件的一个或多个实体供自动配合所用。当将带有配合参考的零部件拖动到装配体中时，SolidWorks 软件会尝试查找具有同一配合参考名称与配合类型的其他组合。如果名称相同，但类型不匹配，软件将不会添加配合。

单击“参考几何体”工具栏中的“配合参考”按钮，出现“配合参考”属性管理器，如图 3-37 所示。具体用法在此不再叙述。

3.6　创建基准综合示例——建立基准面、基准轴和参考点

在模型中建立基准面、基准轴和参考点，如图 3-38 所示。

图 3-37　“配合参考”属性管理器

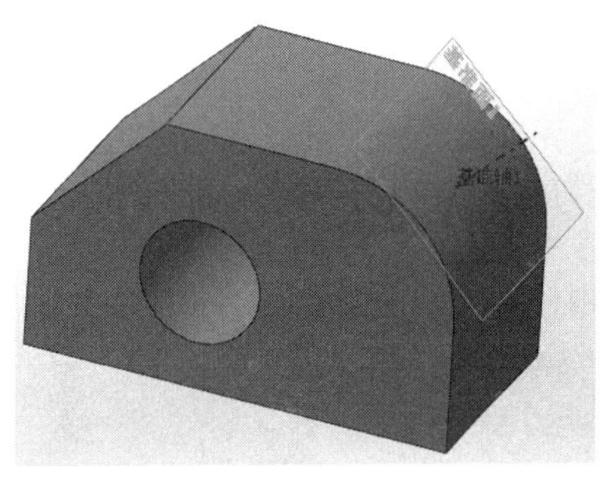

图 3-38　建立参考点、基准轴和基准面实例

分析：

（1）参考点为圆弧面的面中心。

（2）基准轴为过参考点、垂直于圆弧面的轴线。

（3）基准面为过参考点、与圆弧面相切的平面。

其操作步骤如下：

（1）打开文件：选择菜单栏中的“文件”｜“打开”命令，在“打开”对话框中选择已经做好的“建立参考点、基准轴和基准面实例”，单击“打开”按钮，如图 3-39 所示。

（2）建立参考点：单击“参考几何体”工具栏中的“点”按钮，出现“点”属性管理器，单击“面中心”按钮，在图形区域选择圆弧面，如图 3-40（a）所示。单击“点”属性管理器中的“确定”按钮，生成参考点，如图 3-40（b）所示。

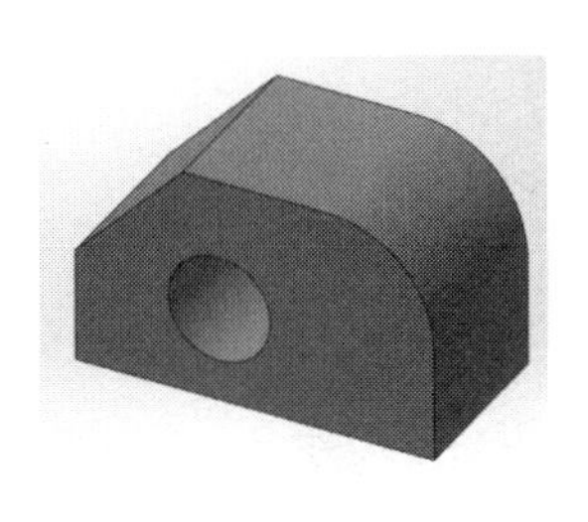

图 3-39　练习模型

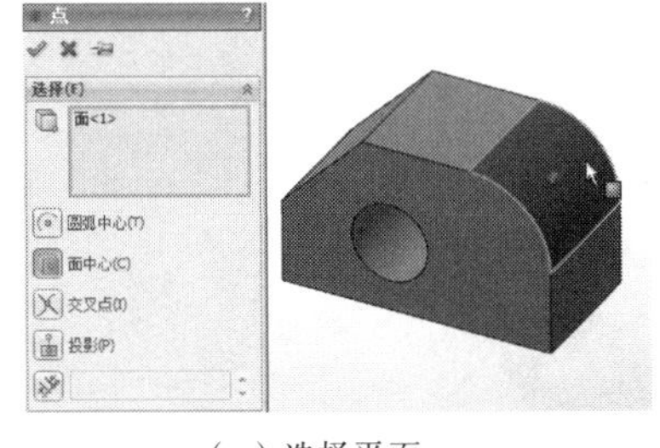

（a）选择平面

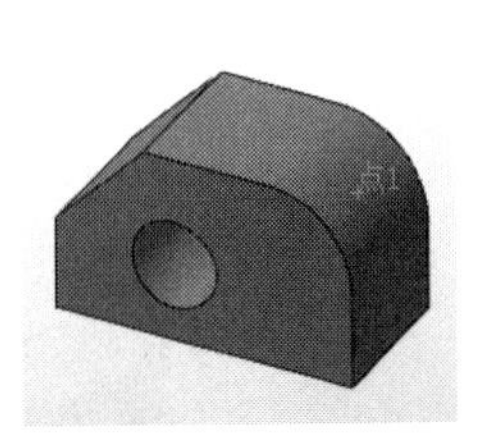

（b）生成参考点 1

图 3-40　建立参考点

（3）建立基准轴：单击“参考几何体”工具栏中的“基准轴”按钮，出现“基准轴”属性管理器。单击“点和面/基准面”按钮，在图形区选择圆弧面和参考点“点 1”，如图 3-41（a）所示，单击“基准轴”属性管理器中的“确定”按钮，则生成的基准轴 1 如图 3-41（b）所示。

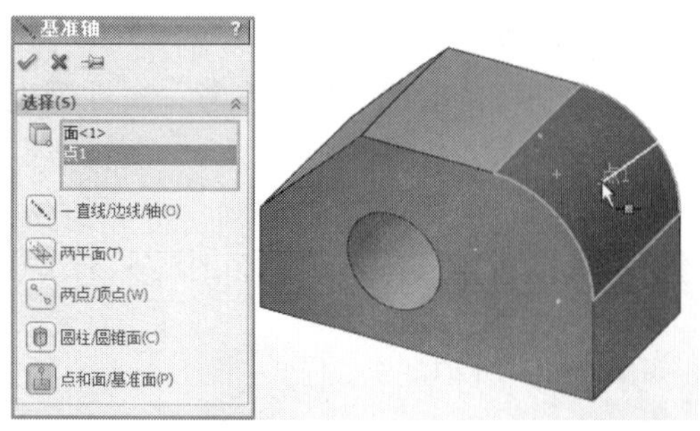

（a）选择圆柱面和参考点 1

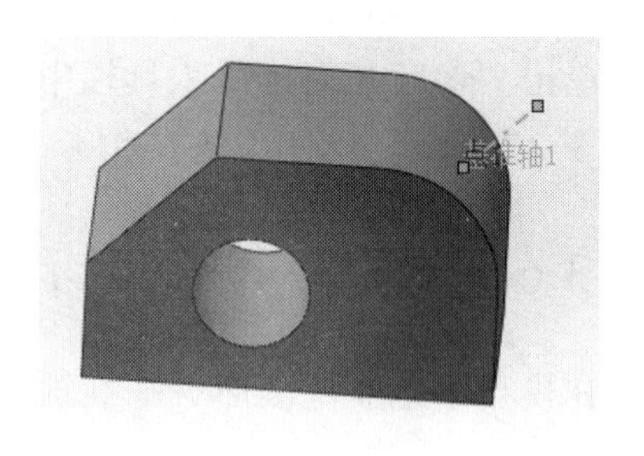

（b）生成基准轴 1

图 3-41　建立基准轴

（4）建立基准面：单击“参考几何体”工具栏中的“基准面”按钮，出现“基准面”属性管理器。在“第一参考”选项框中，选择圆柱面为面<1>。在“第二参考”选项框中，选择参考点 1，如图 3-42（a）所示，单击“基准面”属性管理器中的“确定”按钮，则创建与圆柱体表面相切且过参考点 1 的基准面 1，如图 3-42（b）所示。

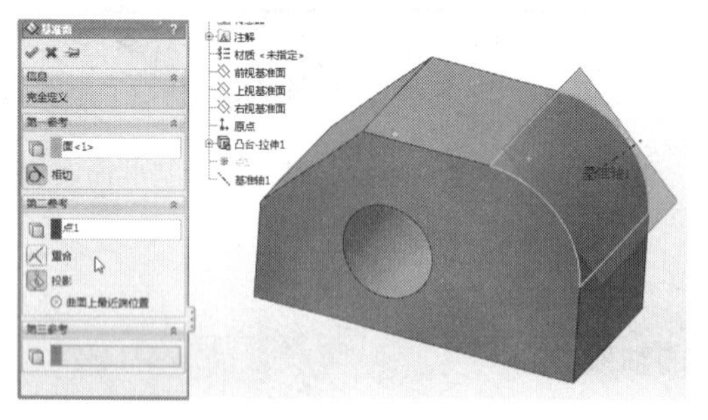

（a）选择圆柱面和参考点 1

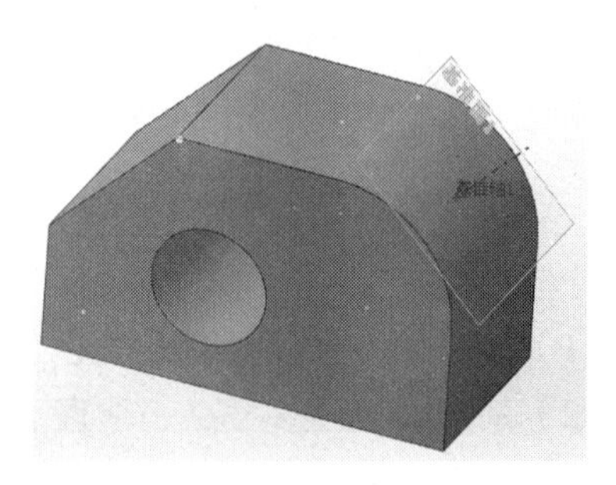

（b）生成基准面 1

图 3-42　建立基准面

（5）存盘。

上 机 练 习

1. 创建如图 3-43、图 3-44、图 3-45 及图 3-46 所示的基准面。

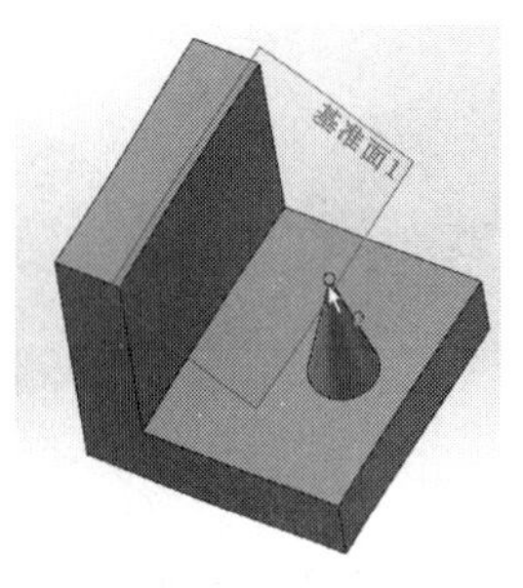

图 3-43　通过直线与点建立基准面 1

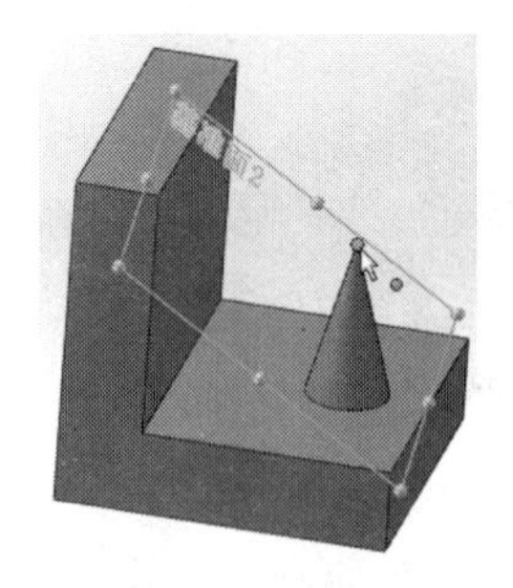

图 3-44　通过三点建立基准面 2

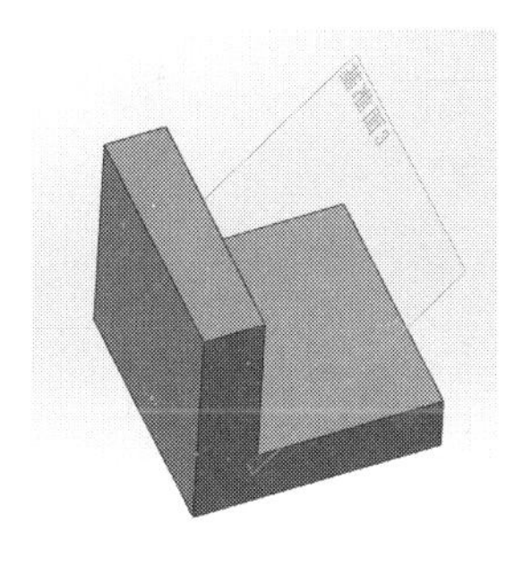

图 3-45　通过两面夹角建立基准面 3

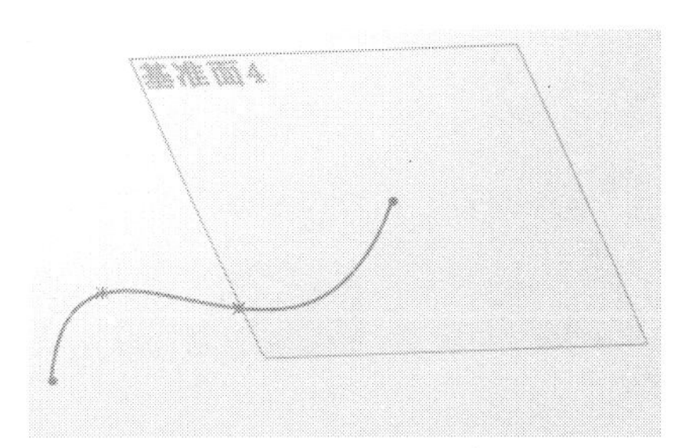

图 3-46　通过垂直于曲线建立基准面 4

2. 建立如图 3-47、图 3-48、图 3-49 和图 3-50 所示的基准轴。

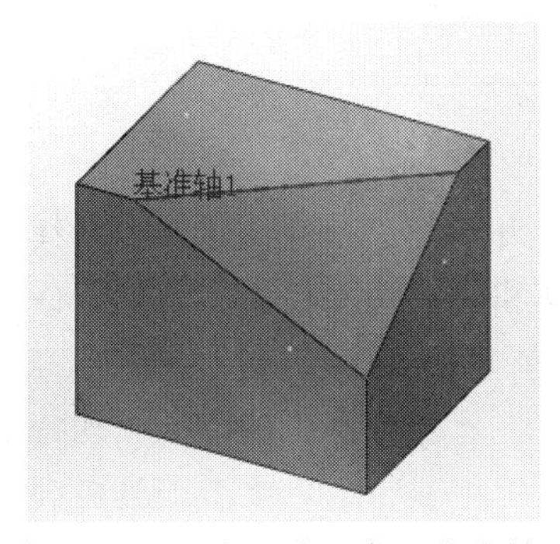

图 3-47　通过两平面建立基准轴 1

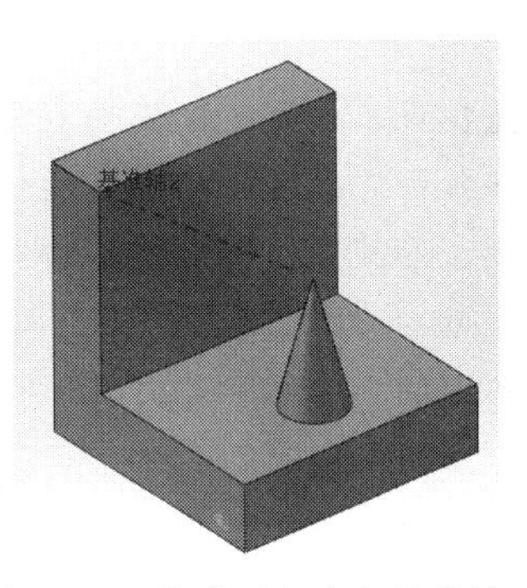

图 3-48　通过两点建立基准轴 2

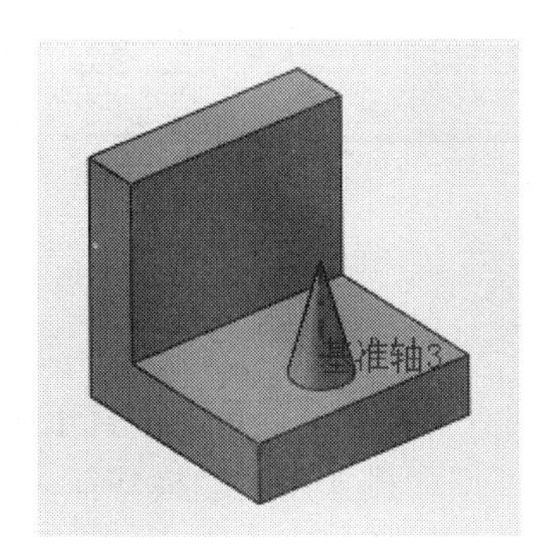

图 3-49　通过圆锥面建立基准轴 3

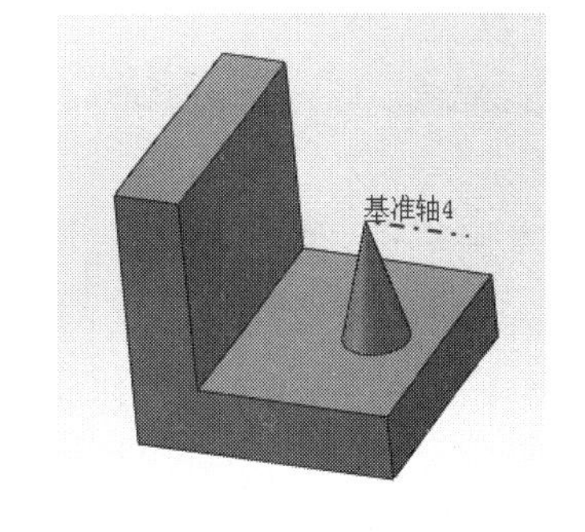

图 3-50　通过点和面建立基准轴 4

3. 建立如图 3-51 所示的坐标系。

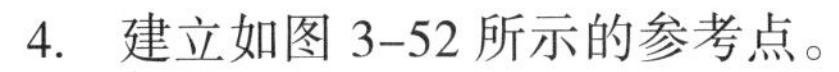

4. 建立如图 3-52 所示的参考点。

图 3-51　建立坐标系

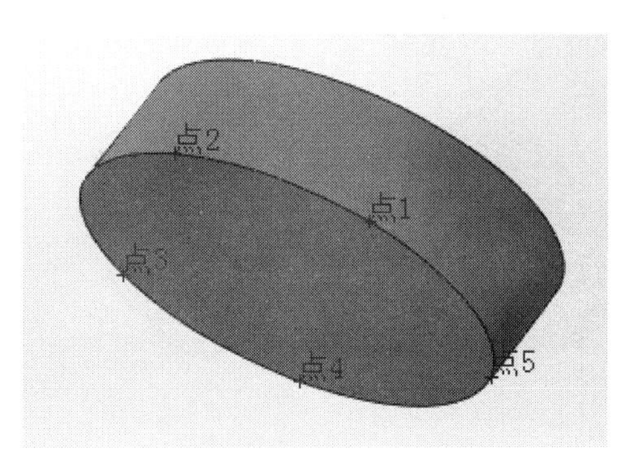

图 3-52　建立 5 个参考点

第4章 创建基础特征

本章提要

- 掌握各种基础特征建模的概念；
- 掌握各种基础特征建模的操作方法；
- 通过本章学习能够准确分析零件的特征，灵活运用各种基础特征建立三维模型。

在 SolidWorks 中，特征建模一般分为基础特征建模和高级特征建模。基础特征建模是三维实体最基本的生成方式，是单一的命令操作。基础特征建模主要包括拉伸特征、旋转特征、扫描特征、放样特征、圆角特征、倒角特征、镜向特征、阵列特征、筋特征、孔特征、抽壳特征等。SolidWorks 提供了专用的“特征”工具栏，如图 4-1 所示。单击工具栏中相应的图标按钮就可以对草图实体进行相应的操作，生成需要的特征模型。

图 4-1 “特征”工具栏

4.1 拉伸特征

拉伸特征是将一个用草图描述的截面，沿指定的方向（一般情况下是沿垂直于截面方向）延伸一段距离后所形成的特征。拉伸特征是 SolidWorks 模型中最常用的建模特征，具有相同截面、有一定长度的实体，如长方体、圆柱体等都可以由拉伸特征来形成。

4.1.1 拉伸特征的分类

按照拉伸特征形成的形状以及对零件产生的作用，可以将拉伸特征分为凸台/基体拉伸、薄壁拉伸、切除-拉伸、曲面拉伸，如图 4-2 所示。

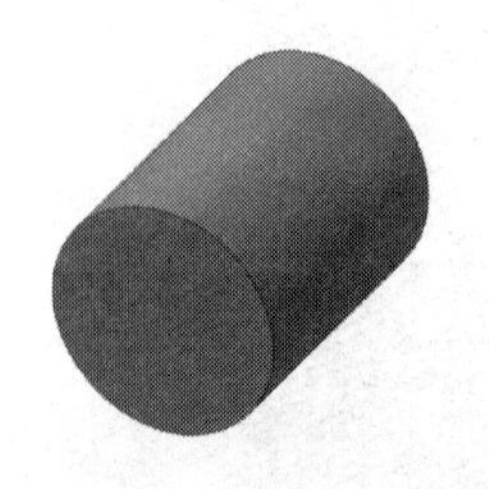

（a）凸台/基体拉伸

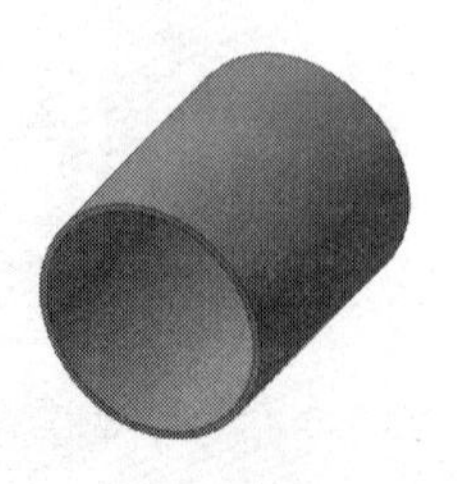

（b）薄壁拉伸

（c）切除-拉伸

（d）曲面拉伸

图 4-2 拉伸特征的分类

4.1.2　确定拉伸特征的选项

单击“特征”工具栏中的“拉伸凸台/基体”按钮，或选择菜单栏中的“插入”|“凸台/基体”|“拉伸”命令，出现“凸台–拉伸”属性管理器，如图 4–3 所示。设置以下选项，然后单击“确定”按钮。

1．反向

单击“反向”按钮，则与预览中所示方向相反的方向延伸特征。

2．拉伸方向

“拉伸方向”按钮的作用是在图形区域选择方向向量拉伸草图。

3．设置拉伸特征的开始条件

拉伸特征有 4 种不同形式的开始类型。

（1）“草图基准面”：从草图所在的基准面开始拉伸。

（2）“曲面/面/基准面”：从这些实体之一开始拉伸。为“曲面/面/基准面”选择有效的实体。

（3）“顶点”：从选择的顶点开始拉伸。

（4）“等距”：从与当前草图基准面等距的基准面开始拉伸。在“输入等距值”中设置等距距离。

4．设置拉伸特征的终止条件

拉伸特征有 7 种不同形式的终止类型，如图 4–4 所示。

图 4–3　“拉伸”属性管理器

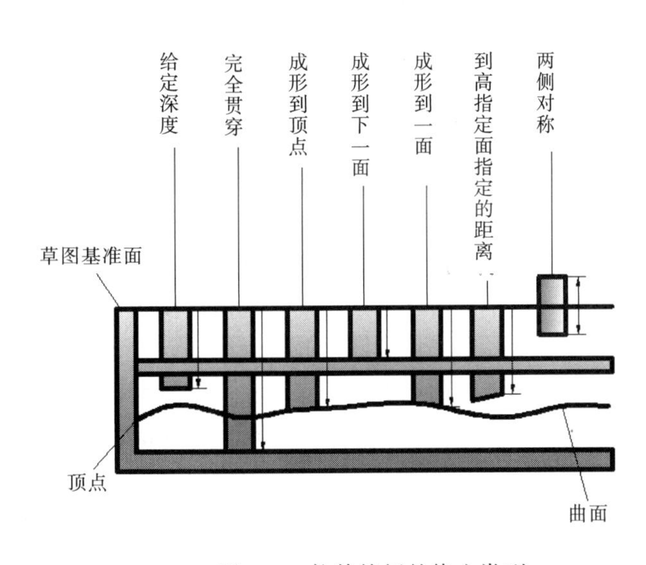

图 4–4　拉伸特征的终止类型

（1）“给定深度”：从草图的基准面拉伸特征到指定的距离。

（2）“完全贯穿”：从草图的基准面拉伸特征直到贯穿所有现有的几何体。

（3）“成形到顶点”：从草图的基准面拉伸特征到一个与草图基准面平行、且穿过指定顶点的平面。

（4）“成形到下一面”：从草图的基准面拉伸特征到相邻的下一面。

（5）“成形到一面”：从草图的基准面拉伸特征到一个要拉伸到的面或基准面。

（6）“到指定面指定的距离”：从草图的基准面拉伸特征到一个面或基准面指定距离平移处。

（7）“两侧对称”：从草图的基准面开始，沿正、负两个方向拉伸特征。

5. 拔模

“拔模开/关”设置拔模角度，如图 4-5 所示。

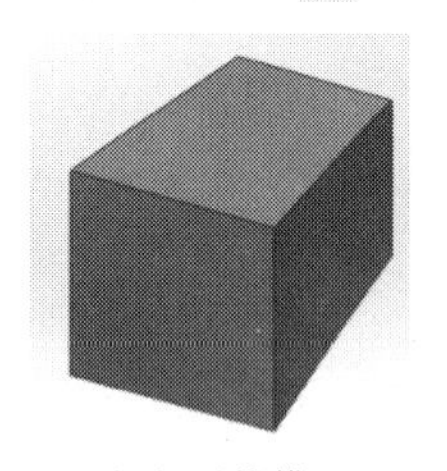

（a）无拔模

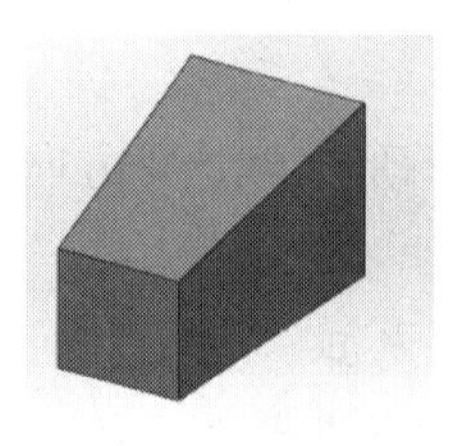

（b） 5°向内拔模

（c）5°向外拔模

图 4-5　拔模

6. 反侧切除

“反侧切除”（仅限于拉伸的切除）移除轮廓外的所有材质。默认情况下，材料从轮廓内部移除，如图 4-6 所示。

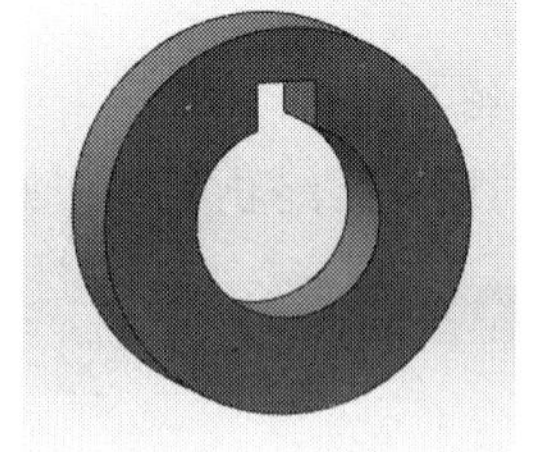

（a）默认切除

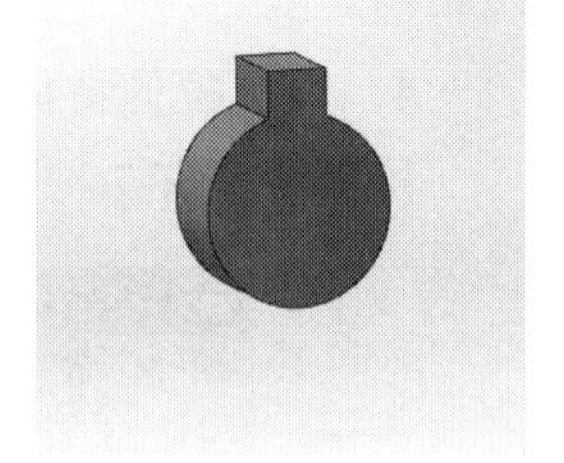

（b）反侧切除

图 4-6　“反侧切除”

7. 薄壁特征

选中“薄壁特征”复选框，则拉伸得到的是薄壁体，在薄壁特征中，可以选择薄壁特征厚度对于草图的方向类型。

（1）“单向”设置从草图以一个方向（向外）拉伸的“厚度”。

（2）“两侧对称”设置同时以两个方向从草图拉伸的“厚度”。

（3）“两个方向”设置不同的拉伸厚度，“方向 1 厚度”和“方向 2 厚度”。

（4）选中“自动加圆角”复选框，在每一个具有直线相交夹角的边线上生成圆角。由指定“圆角半径”来设置圆角的内半径。

（5）选中“顶端加盖”复选框，为薄壁特征拉伸的顶端加盖，生成一个中空的零件。

（6）选中“加盖厚度”复选框，选择薄壁特征从拉伸端到草图基准面的加盖厚度。

说明　若想从草图基准面以双向拉伸，在“方向 1”和“方向 2”中设置属性管理器选项。

4.1.3　拉伸特征的示例——创建支架模型

应用拉伸特征创建支架模型，如图 4-7 所示。

建模分析：

建立模型时，应先创建凸台特征，后创建切除特征，此模型的建立将分为 5 部分完成，如图 4-8 所示。

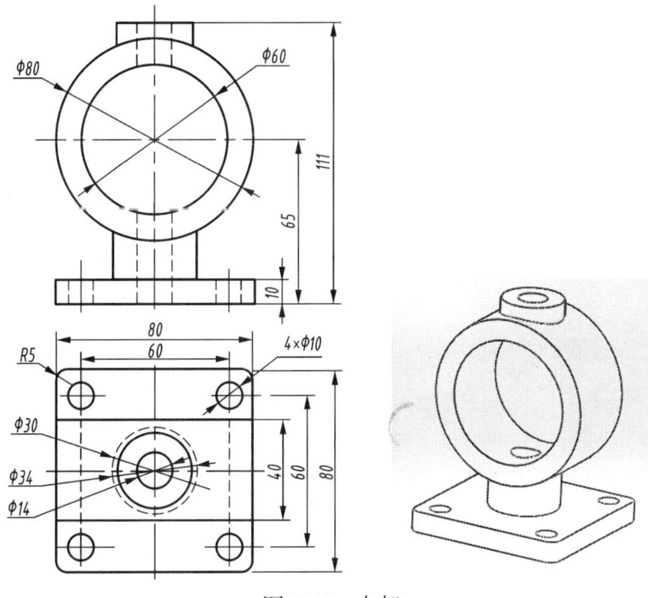

图 4-7　支架

（a）拉伸凸台给定深度 10 mm

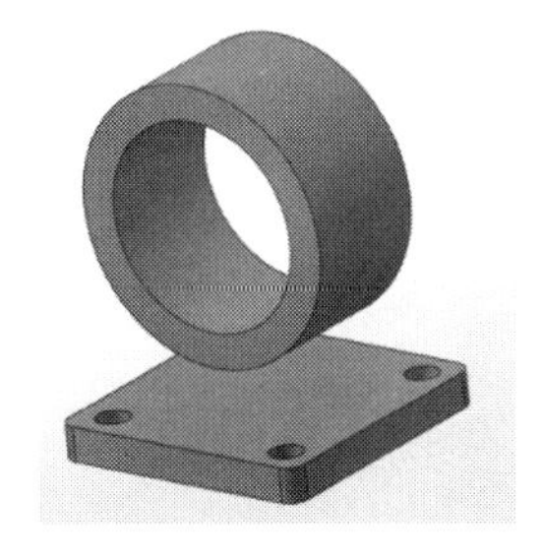

（b）拉伸凸台两侧对称 40 mm

（c）拉伸凸台成形到一面

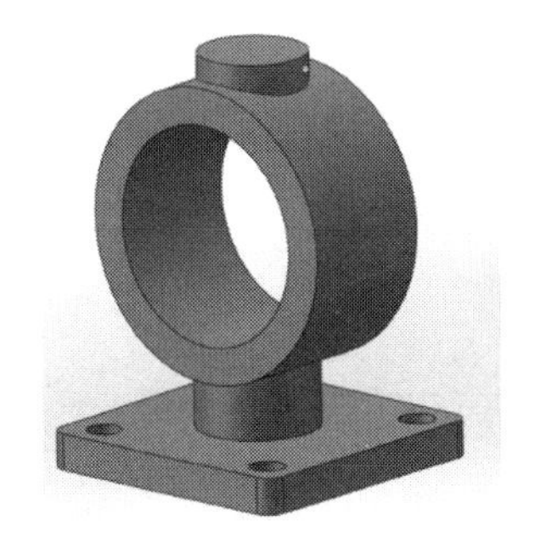

（d）拉伸凸台成形到一面

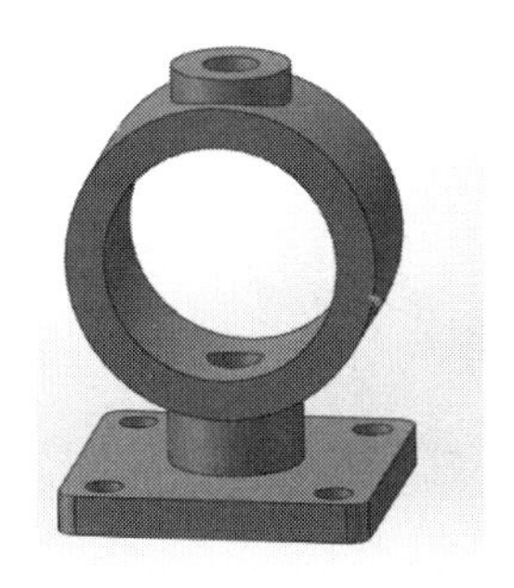

（e）切除-拉伸完全贯穿

图 4-8　建模分析

建模步骤：

（1）新建模型：选择菜单栏中的“文件”｜“新建”命令，弹出“新建 SolidWorks 文件”对话框，在该对话框中单击“零件”图标，单击“确定”按钮。

（2）建立支架的底座：

① 在 Feature Manager 设计树中选择“上视基准面”，单击“正视于”按钮，然后单击

“草图”工具栏中的“草图绘制”按钮，进入草图绘制，绘制如图 4-9 所示的底座草图。

② 单击“特征”工具栏中的“拉伸凸台/基体”按钮，出现“凸台-拉伸”属性管理器，在“开始条件”下拉列表框中选择“草图基准面”选项，在“终止条件”下拉列表框中选择“给定深度”选项，在“深度”文本框中输入 10.00mm，如图 4-10 所示，单击“确定”按钮。

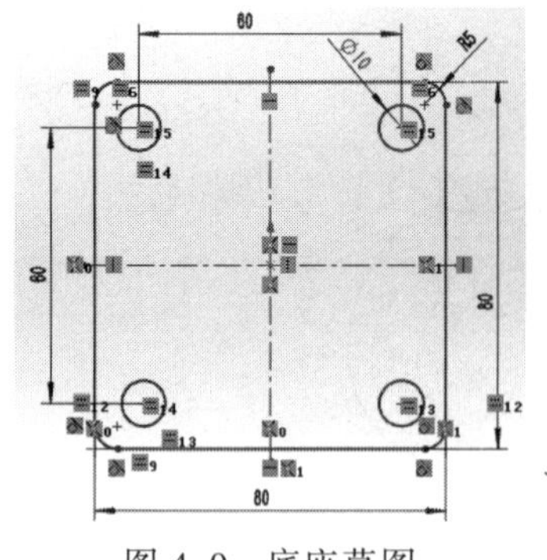

图 4-9 底座草图

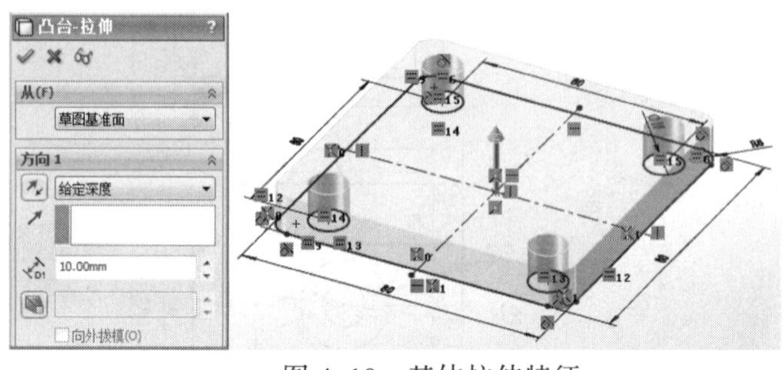

图 4-10 基体拉伸特征

（3）建立水平空心圆柱：

① 在 Feature Manager 设计树中选择“前视基准面”，单击“正视于”按钮，然后单击“草图”工具栏中的“草图绘制”按钮，进入草图绘制，绘制如图 4-11 所示的端面草图。

② 单击“特征”工具栏中的“拉伸凸台/基体”按钮，弹出“凸台-拉伸”属性管理器，在“开始条件”下拉列表框中选择“草图基准面”选项，在“终止条件”下拉列表框中选择“两侧对称”选项，在“深度”文本框中输入 40.00 mm，如图 4-12 所示，单击“确定”按钮。

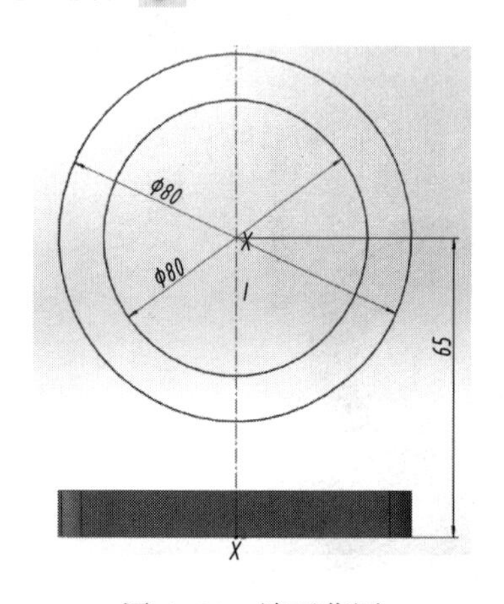

图 4-11 端面草图

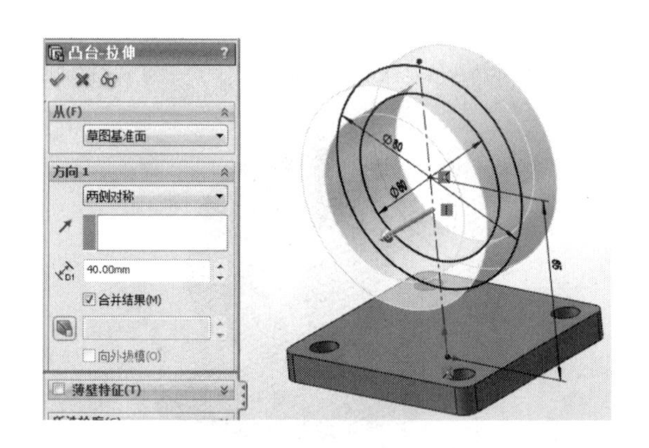

图 4-12 拉伸特征

（4）建立立柱：

① 选择底面，单击“草图”工具栏中的“草图绘制”按钮，进入草图绘制，绘制如图 4-13 所示的底面草图。

② 单击“特征”工具栏中的“拉伸凸台/基体”按钮，出现“凸台-拉伸”属性管理器，在“开始条件”下拉列表框中选择“草图基准面”选项，在“终止条件”下拉列表框中选择“成形到一面”选项，将光标移到绘图区选择需要拉伸的终止面，如图 4-14 所示，单击“确定”按钮。

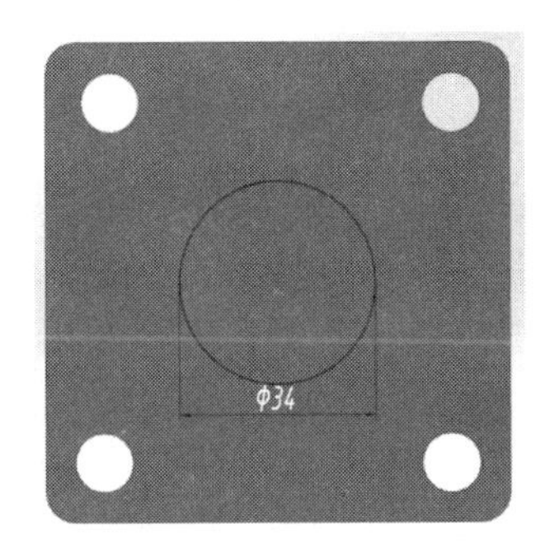

图 4-13　底面草图

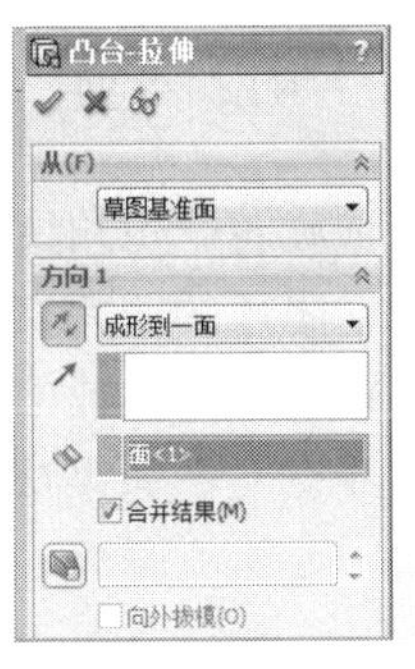

图 4-14　基体拉伸特征

（5）建立凸台：

① 在 Feature Manager 设计树中选择“上视基准面”，单击“正视于”按钮，然后单击“草图”工具栏中的“草图绘制”按钮，进入草图绘制，绘制如图 4-15 所示的草图。

② 单击“特征”工具栏中的“拉伸凸台/基体”按钮，出现“凸台-拉伸”属性管理器，在“开始条件”下拉列表框中选择“等距”选项，单击“反向”按钮，在“深度”文本框中输入 111.00 mm，在“终止条件”下拉列表框中选择“成形到一面”选项，将光标移到绘图区选择需要拉伸的终止面，激活“所选轮廓”列表框，在绘图区选择需要拉伸的面，在“所选轮廓”中出现“草图 4-轮廓<1>”，如图 4-16 所示，单击“确定”按钮。

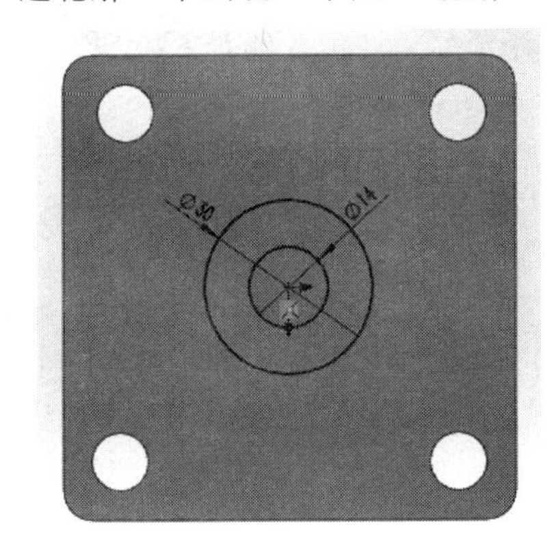

图 4-15　草图

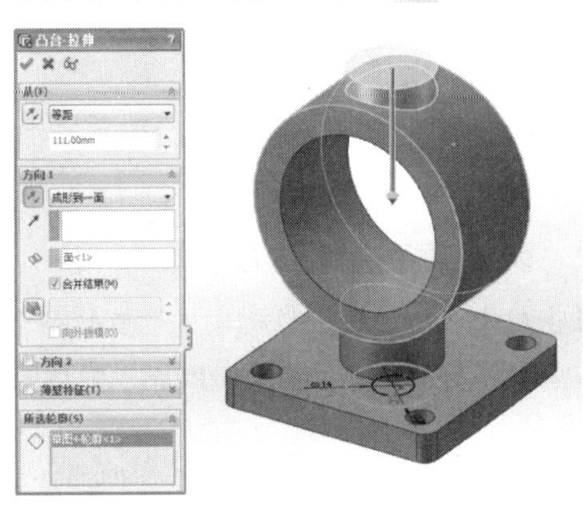

图 4-16　基体拉伸特征

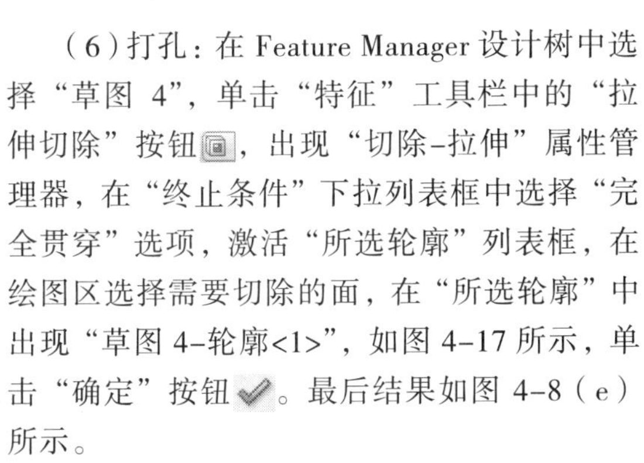

（6）打孔：在 Feature Manager 设计树中选择“草图 4”，单击“特征”工具栏中的“拉伸切除”按钮，出现“切除-拉伸”属性管理器，在“终止条件”下拉列表框中选择“完全贯穿”选项，激活“所选轮廓”列表框，在绘图区选择需要切除的面，在“所选轮廓”中出现“草图 4-轮廓<1>”，如图 4-17 所示，单击“确定”按钮。最后结果如图 4-8（e）所示。

（7）存盘。

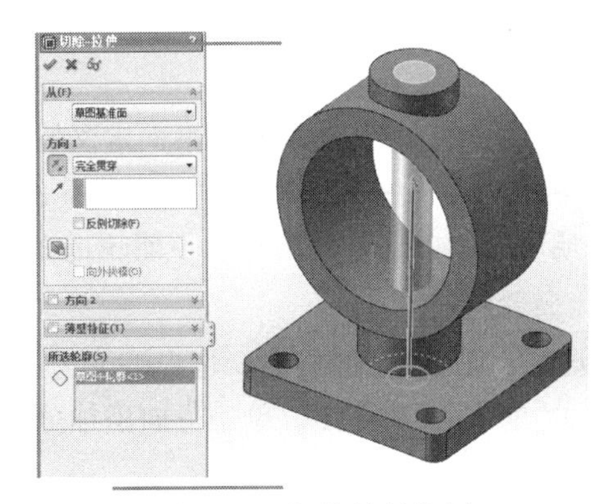

图 4-17　切除拉伸特征

4.2 旋 转 特 征

旋转特征是轮廓围绕一个轴旋转一定角度而得到的特征，它适于构造回转体零件。旋转特征的草图可以包含一个或多个闭环的非相交轮廓。对于包含多个轮廓的基体旋转特征，其中一个轮廓必须包含所有其他轮廓。薄壁或曲面旋转特征的草图只能包含一个开环或闭环的非相交轮廓，轮廓不能与中心线交叉。如果草图包含一条以上的中心线，则选择一条中心线用作旋转轴。

4.2.1 旋转特征的分类

旋转特征起源于机械加工中的车削加工，大多数轴、盘类零件可以使用旋转特征来建立。设计中常用旋转特征来完成球或含有球面的零件，如图 4-18（a）所示；有多个台阶的轴类零件，如图 4-18（b）所示；环形零件如图 4-18（c）所示；轮廓复杂的轮毂类零件，如图 4-18（d）所示。

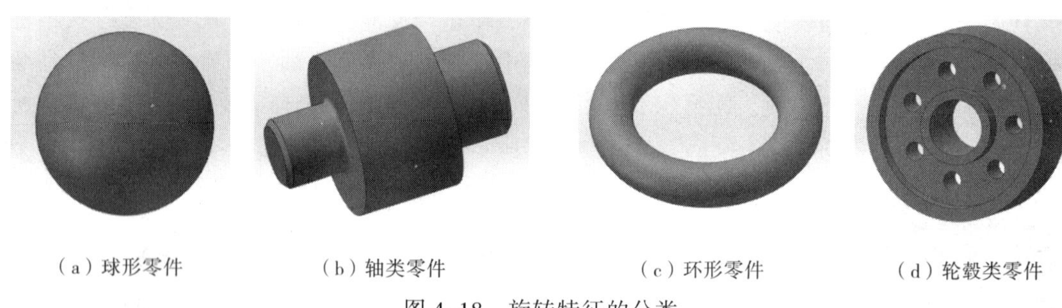

（a）球形零件　（b）轴类零件　（c）环形零件　（d）轮毂类零件

图 4-18　旋转特征的分类

4.2.2 确定旋转特征的选项

单击单击“特征”工具栏中的“旋转凸台/基体”按钮，或选择菜单栏中的“插入”|“凸台/基体”|“旋转”命令，出现“旋转”属性管理器，设置以下选项，然后单击“确定”按钮。

根据旋转特征的类型设置属性管理器选项。

1. 旋转参数

（1）“旋转轴”：选择一特征旋转所绕的轴。根据所生成的旋转特征的类型，此轴可能为中心线、直线或边线。

（2）“旋转类型”：从草图基准面定义旋转方向。单击“反向”按钮来反转旋转方向。

（3）“角度”：定义旋转角度，默认的角度为 360°。角度以顺时针从所选草图测量。

说明　两个方向的角度总和不能超过 360°。

2. 薄壁特征

“类型”定义厚度的方向。选择以下选项之一：

（1）“单向”：从草图以单一方向添加薄壁特征。单击“反向”按钮来反转薄壁特征添加的方向。

（2）“两侧对称”：以草图为中心，在草图两侧均等应用薄壁特征。

（3）“双向”：在草图两侧添加薄壁特征。“方向 1 厚度”从草图向外添加薄壁体积，“方向 2 厚度” 从草图向内添加薄壁体积。

3．所选轮廓

当使用多轮廓生成旋转时使用此轮廓。

“所选轮廓” 在图形区域中选择轮廓来生成旋转。

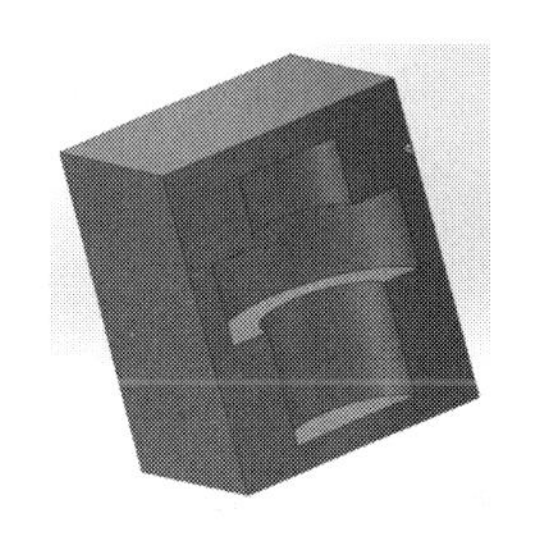

图 4-19　旋转切除

4.2.3　旋转切除

旋转切除特征与旋转凸台/基体特征不同的是，旋转切除特征用来产生切除特征，也就是用来去除材料。图 4-19 为旋转切除后的结果。

4.2.4　旋转特征的应用——创建曲轴模型

应用旋转特征创建曲轴三维模型，如图 4-20 所示。

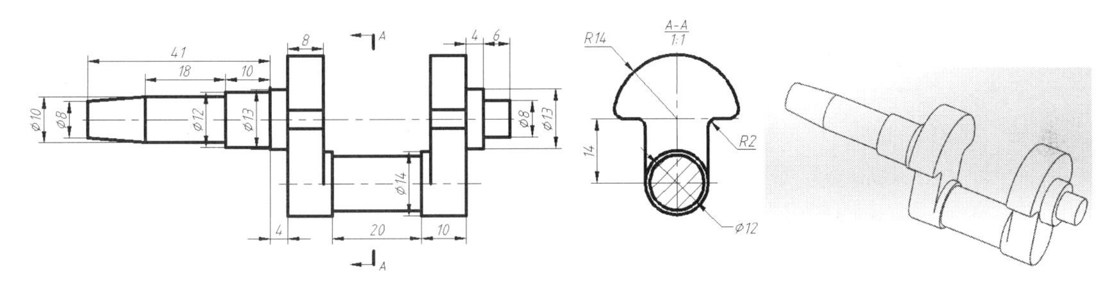

图 4-20　曲轴

建模分析：

建立模型时，应先创建旋转凸台特征，后创建拉伸特征，此模型的创建分为 A→B→C→D 四部分来完成，如图 4-21 所示。

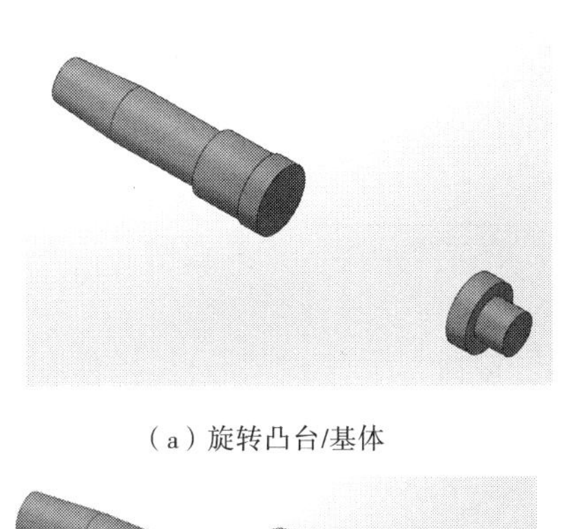

（a）旋转凸台/基体

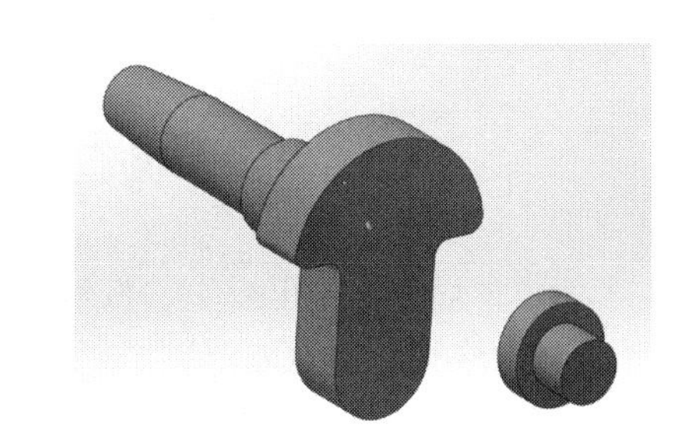

（b）拉伸凸台/基体

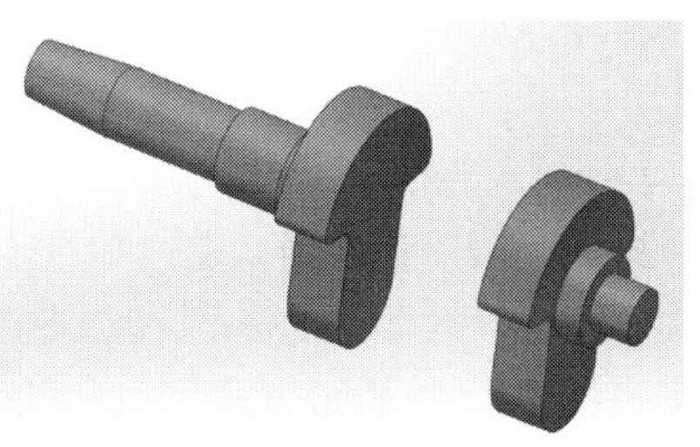

（c）拉伸特征

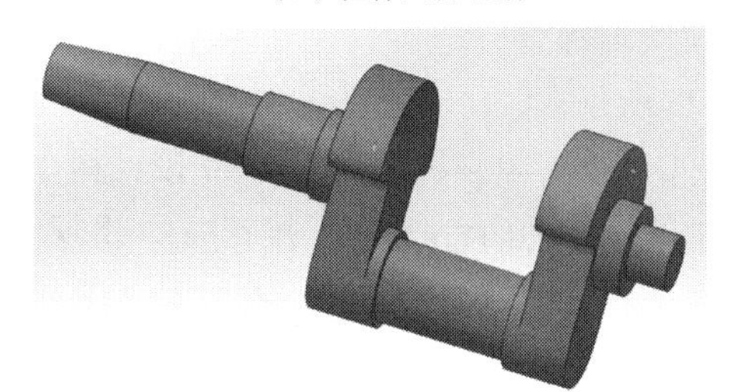

（d）旋转凸台/基体

图 4-21　建模分析

建模步骤：

（1）选择菜单栏中的“文件”｜“新建”命令，出现“新建 SolidWorks 文件”对话框，在该对话框中单击“零件”图标，单击“确定”按钮。

（2）A 部分：

① 在 Feature Manager 设计树中选择“前视基准面”，单击“正视于”按钮，然后单击“草图”工具栏中的“草图绘制”按钮，进入草图绘制，绘制如图 4-22 所示的草图。

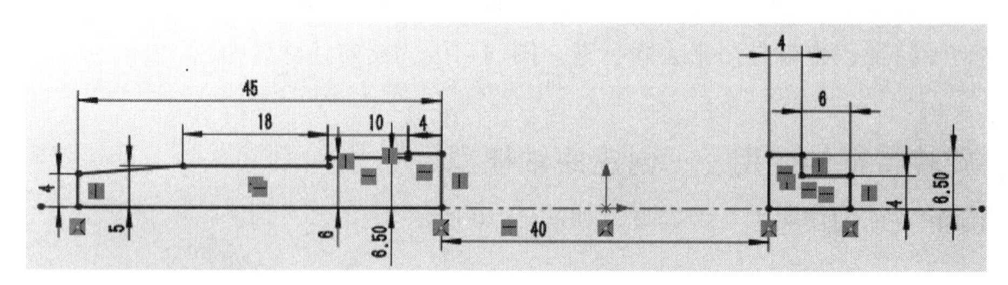

图 4-22　草图

② 单击“特征”工具栏中的“旋转凸台/基体”按钮，出现“旋转”属性管理器，在“旋转轴”选择“直线 1”，在“旋转类型”下拉列表中选择“给定深度”选项，在“角度”文本框中输入“360.00 度”，如图 4-23 所示，单击“确定”按钮。

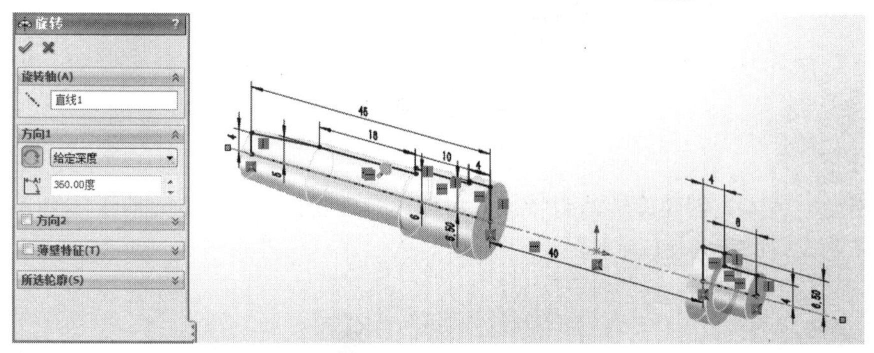

图 4-23　旋转特征

（3）B 部分：

① 选择左端面，单击“正视于”按钮，然后单击“草图”工具栏中的“草图绘制”按钮，进入草图绘制，绘制如图 4-24 所示的草图。

② 单击“特征”工具栏中的“拉伸凸台/基体”按钮，出现“凸台-拉伸”属性管理器，在“开始条件”下拉列表框中选择“草图基准面”选项，在“终止条件”下拉列表框中选择“给定深度”选项，在“深度”文本框中输入“8.00 mm”，单击“确定”按钮，如图 4-25 所示。

（4）C 部分：在 Feature Manager 设计树中展开“拉伸 1”，选择“草图 2”，单击“特征”工具栏中的“拉伸凸台/基体”按钮，出现“凸台-拉伸”属性管理器，在“开始条件”下拉列表框中选择“等距”选项，在“输入等距值”文本框中输入 40.00 mm。在“终止条件”下拉列表框中选择“给定深度”选项，在“深度”文本框中输入 8.00 mm，单击“反向”按钮，单击“确定”按钮，如图 4-26 所示。

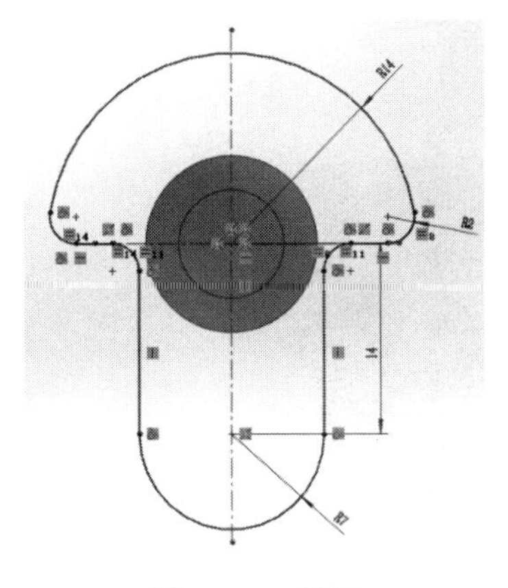

图 4-24　草图

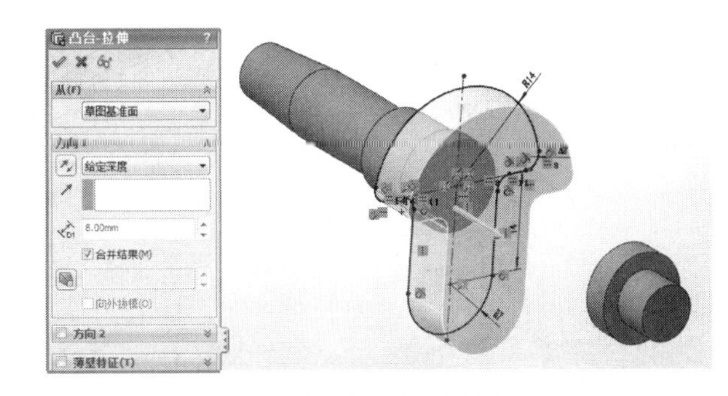

图 4-25　拉伸特征

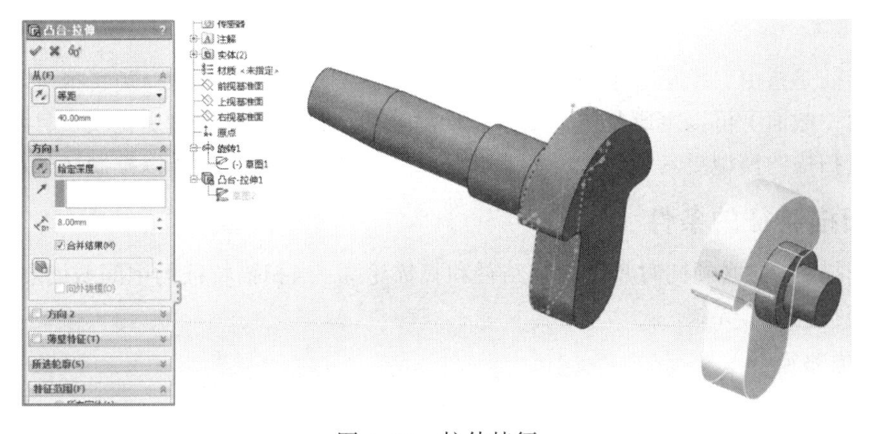

图 4-26　拉伸特征

（5）D 部分

① 在 Feature Manager 设计树中选择“前视基准面”，单击“正视于”按钮，然后单击“草图”工具栏中的“草图绘制”按钮，进入草图绘制，绘制如图 4-27 所示的草图。

② 单击“特征”工具栏中的“旋转凸台/基体”按钮，出现“旋转”属性管理器，在“旋转轴”选择“直线 1”，在“角度”文本框内输入“360.00 度”，如图 4-28 所示，单击“确定”按钮。结果如图 4-21（d）所示。

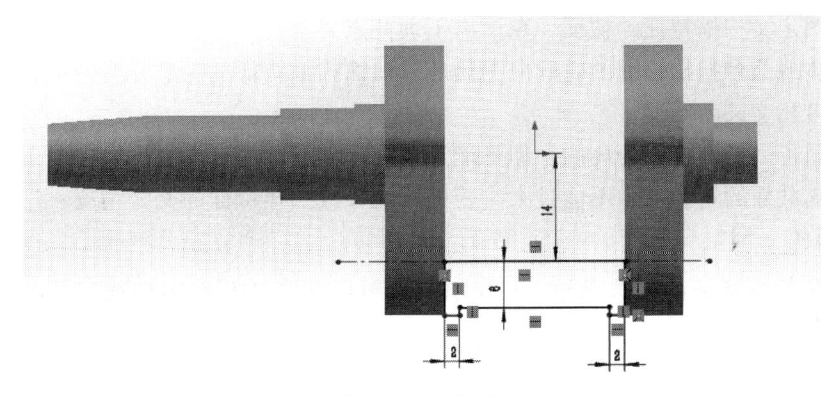

图 4-27　草图

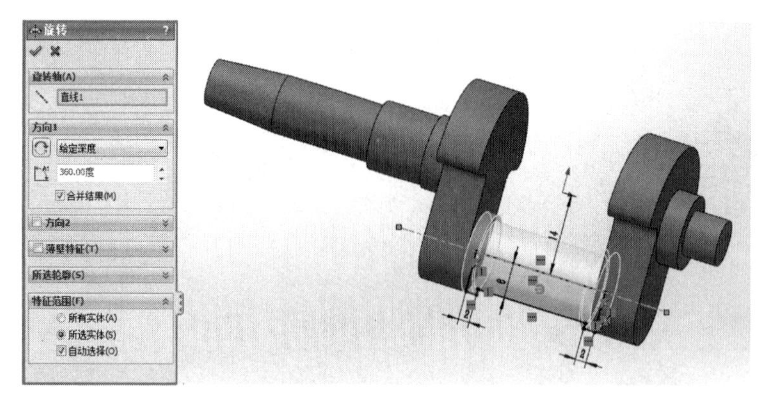

图 4-28　旋转特征

4.3　扫 描 特 征

扫描特征是指由二维草绘平面沿一平面或空间轨迹线扫描而成的一类特征。沿着一条路径移动轮廓（截面）可以生成基体、凸台、切除或曲面。常用于构建变化较多且不规则的模型。为了使扫描的模型更具多样性，通常会加入一条甚至多条引导线以控制其外形。

4.3.1　扫描特征的条件

建立扫描特征，必须同时具备扫描路径和扫描轮廓，当扫描特征的中间截面要求变化时，应定义扫描特征的引导线。

1. 扫描路径

扫描路径描述了轮廓运动的轨迹，有下面几个特点:

（1）扫描特征只有一条扫描路径。

（2）可以使用已有模型的边线或曲线，可以是草图中包含的一组草图曲线，也可以是曲线特征。

（3）可以是开环的或闭环的。

（4）扫面路径的起点必须位于轮廓的基准面上。

（5）扫面路径不能有自相交叉的情况。

2. 扫描轮廓

使用草图定义扫描特征的截面，草图有下面几点要求：

（1）基体或凸台扫描特征的轮廓应为闭环。曲面扫描特征的轮廓可为开环或闭环。扫描特征不能有自相交叉的情况。

（2）草图可以是嵌套或分离的，但不能违背零件和特征的定义。

（3）扫描截面的轮廓尺寸不能过大，否则可能导致扫描特征的交叉情况。

3. 引导线

引导线是扫描特征的可选参数。利用引导线可以建立变截面的扫描特征。由于截面是沿路径扫描的，如果需要建立变截面扫描特征（轮廓按一定方法产生变化），则需要加入引导线。使用引导线的扫描，扫描的中间轮廓由引导线确定。在使用引导线时需要注意以下几点：

（1）引导线可以是草图曲线、模型边线或曲线。

（2）引导线必须和截面草图相交于一点。

（3）使用引导线的扫描以最短的引导线或扫描路径为准，因此引导线应该比扫描路径短，这样便于对截面的控制。

4.3.2　简单扫描

一个扫描轮廓、一条扫描路径组成了最简单的扫描特征，即扫描轮廓沿着扫描路径运动形成特征。

以建立如图 4-29 所示的小六角扳手为例，介绍如何利用单一路径建立扫描特征。

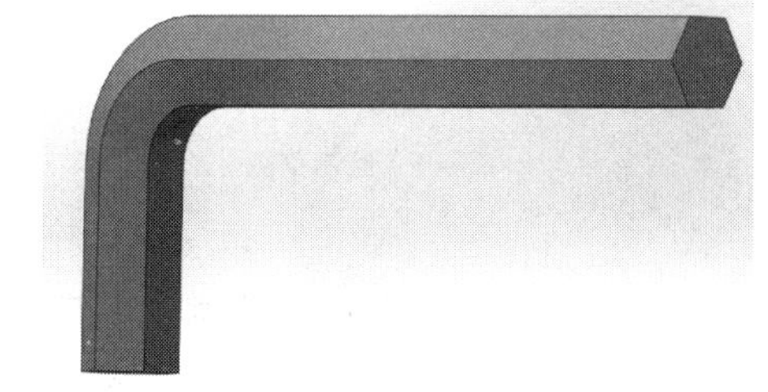

图 4-29　小六角扳手（单一路径扫描模型）

建模步骤如下：

（1）新建文件：选择菜单中的“文件”|“新建”命令，弹出“新建 SolidWorks 文件”对话框，在该对话框中单击“零件”图标，单击“确定”按钮，单击“保存”按钮，文件名为“小六角扳手.SLDPRT”。

（2）建立路径（草图 1）：在 Feature Manager 设计树中选择“前视基准面”，单击“正视于”按钮，然后单击“草图”工具栏中的“草图绘制”按钮，进入草图绘制，绘制如图 4-30 所示的草图 1。

（3）建立基准面：关闭“草图”工具栏中的“草图绘制”按钮。单击“参考几何体”工具栏中的“基准面”按钮，出现“基准面”属性管理器，单击“第一参考”，在图形区域中选择“点”，单击“第二参考”，在图形区域中选择“曲线”单击“确定”按钮，如图 4-31 所示。

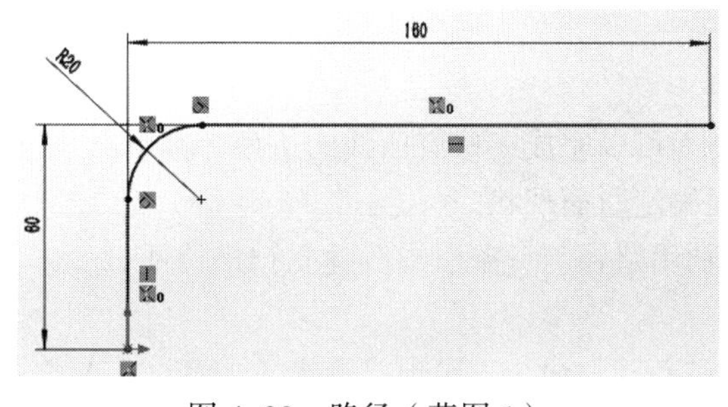

图 4-30　路径（草图 1）

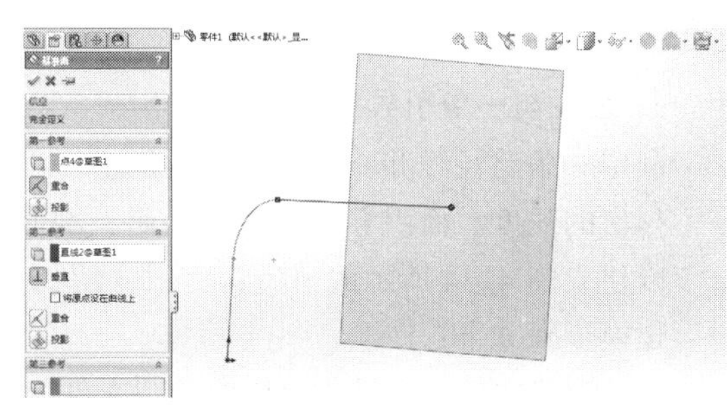

图 4-31　建立基准面 1

（4）建立轮廓：在 Feature Manager 设计树中选择“基准面 1”，单击“正视于”按钮，然后单击“草图”工具栏中的“草图绘制”按钮，进入草图绘制，绘制如图 4-32（a）所示的草图 2。单击“尺寸/几何关系”工具栏中的“添加几何关系”按钮，出现“添加几何关系”属性管理器，在“所选实体”下单击“清单”列表框，然后在图形区域中选择“六边形中心”和“草图 1”，单击“穿透”按钮，建立穿透几何关系，单击“确定”按钮，如图 4-32（b）所示。

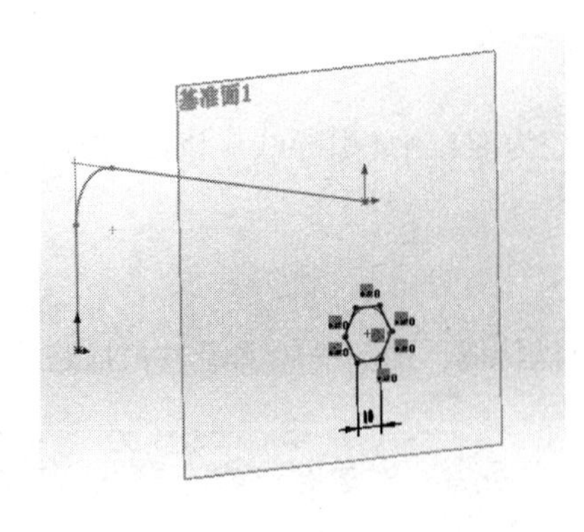

（a）绘制草图

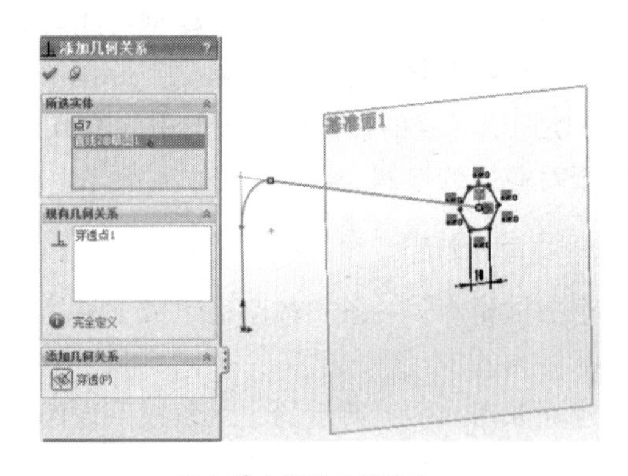

（b）建立穿透几何关系

图 4-32　轮廓（草图 2）

（5）建立扫描：关闭“草图”工具栏中的“草图绘制”按钮。单击“特征”工具栏中的“扫描”按钮，出现“扫描”属性管理器，在“轮廓和路径”下单击“轮廓”按钮，然后在图形区域中选择草图2。单击“路径”按钮，然后在图形区域中选择草图 1，如图 4-33 所示，单击“确定”按钮，生成扫描特征。结果如图 4-29 所示。

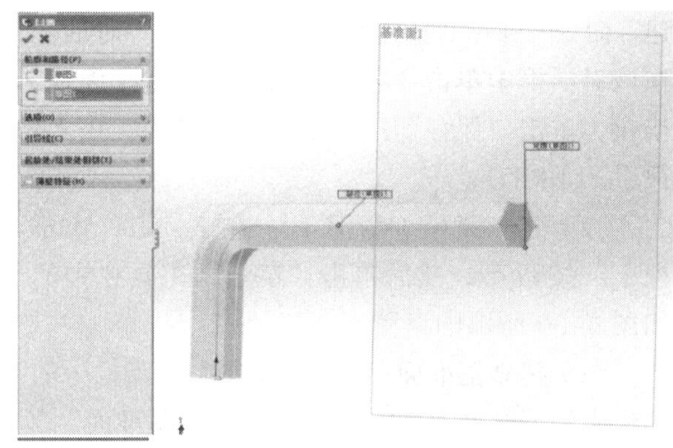

图 4-33　单一路径扫描

4.3.3　使用引导线扫描

SolidWorks 2012 不仅可以生成等截面的扫描，而且还可以生成随着路径变化截面也发生变化的扫描——引导线扫描。

1. 路径与一条引导线

利用一条路径线和一条引导线再加上一个剖面可以完成一些有曲线的造型，其中路径决定了扫出的长度，而引导线控制了外形，剖面则决定断面现状。

以建立图 4-34 所示的模型为例，介绍如何利用路径与一条引导线建立扫描特征。

建模步骤如下：

（1）新建文件：选择菜单栏中的“文件”｜“新建”命令，出现“新建 SolidWorks 文件”对话框，在该对话框中单击“零件”图标，单击“确定”按钮，单击“保存”按钮，文件名为“使用引导线扫描.SLDPRT”。

（2）建立引导线：在 Feature Manager 设计树中选择“前视基准面”，单击“正视于”按钮，然后单击“草图”工具栏中的“草图绘制”按钮，进入草图绘制，绘制如图 4-35 所示的草图 1。

（3）建立路径：关闭“草图”工具栏中的“草图绘制”按钮。在 Feature Manager 设计树中选择“前视基准面”，单击“正视于”按钮，然后单击“草图”工具栏中的“草图绘制”按钮，进入草图绘制，绘制如图 4-36 所示的草图 2。

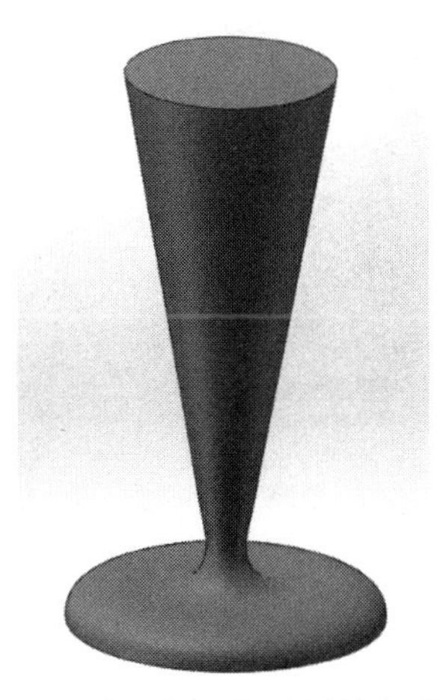

图 4-34　路径与一条引导线扫描模型

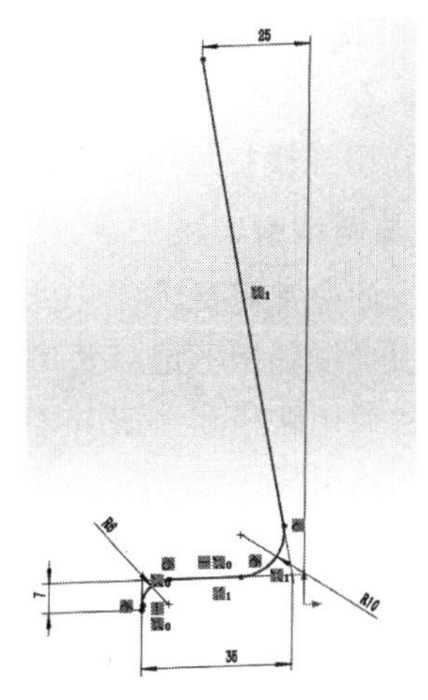

图 4-35　引导线（草图 1）

（4）建立轮廓：在 Feature Manager 设计树中选择“上视基准面”，单击“正视于”按钮，然后单击“草图”工具栏中的“草图绘制”按钮，进入草图绘制，绘制如图 4-37 所示的草图 3。单击“尺寸/几何关系”工具栏中的“添加几何关系”按钮，出现“添加几何关系”属性管理器，在“所选实体”下单击“清单”列表框，然后在图形区域中选择“圆心”和“草图 2”，单击“穿透”按钮，建立穿透几何关系，单击“确定”按钮。再次单击“尺寸/几何关系”工具栏中的“添加几何关系”按钮，出现“添加几何关系”属性管理器，在“所选实体”下单击“清单”列表框，然后在图形区域中选择“圆周边”和“引导线端点”，单击“重合”按钮，建立重合几何关系，单击“确定”按钮，如图 4-38 所示。

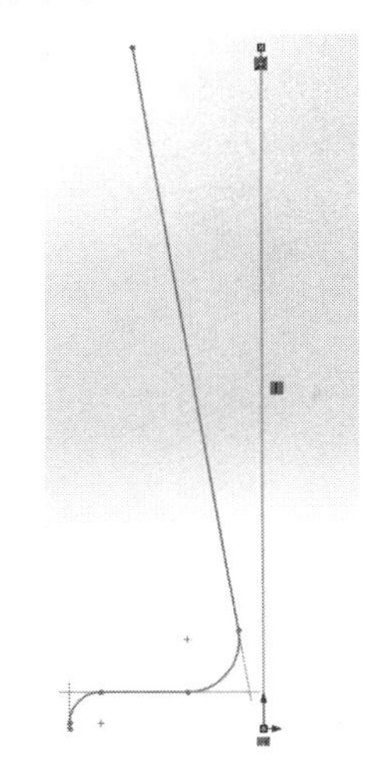

图 4-36　路径（草图 2）

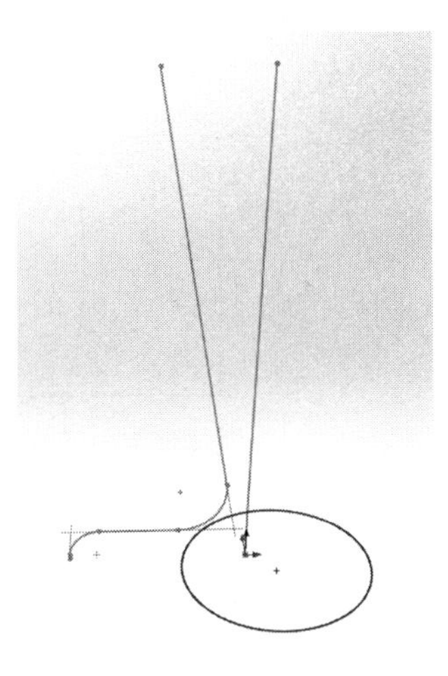

图 4-37　轮廓（草图 3）

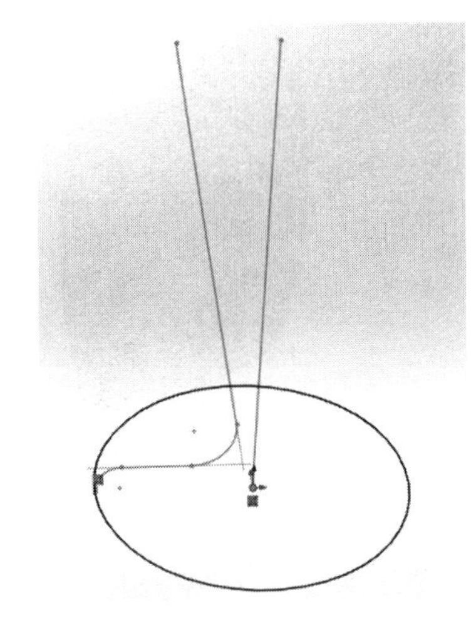

图 4-38　建立几何关系

（5）建立使用引导线扫描：关闭“草图”工具栏中的“草图绘制”按钮。单击“特征”工具栏中的“扫描”按钮，出现“扫描”属性管理器，在“轮廓和路径”下单击“轮廓”，然后在图形区域中选择草图 3。单击“路径”按钮，然后在图形区域中选择草图 2，在“引导线”下单击“引导线”，然后在图形区域中选择草图 1，如图 4-39

所示，单击“确定”按钮，生成扫描特征。结果如图 4-34 所示。

说明 在引导线扫描中，重合与穿透作用相同。

2. 路径与两条引导线

在产品设计中常需要设计一些有曲线的造型，使用路径和一条引导线仍嫌不足，尤其是在限制某方面的宽度时，就无法使用路径和一条引导线扫描，而必须使用第一条与第二条引导线来做出。

以建立如图 4-40 所示的模型为例，介绍如何利用路径与两条引导线建立扫描特征。

建模步骤如下：

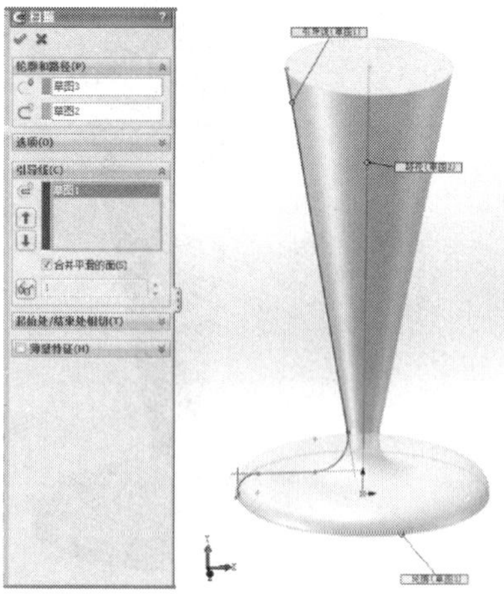

图 4-39 路径与一条引导线扫描

（1）新建文件：选择菜单栏中的“文件”|“新建”命令，弹出“新建 SolidWorks 文件”对话框，在该对话框中单击“零件”图标，单击“确定”按钮，单击“保存”按钮，文件名为“路径与两条引导线.SLDPRT”。

（2）建立引导线 1：在 Feature Manager 设计树中选择“前视基准面”，单击“正视于”按钮，然后单击“草图”工具栏中的“草图绘制”按钮，进入草图绘制，绘制如图 4-41 所示的草图 1。

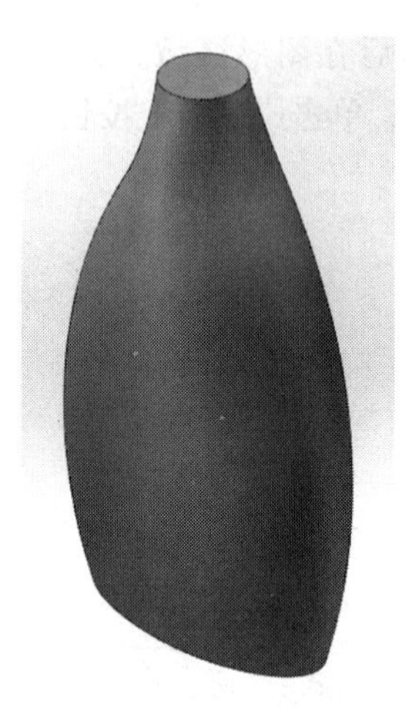

图 4-40 路径与两条引导线扫描模型

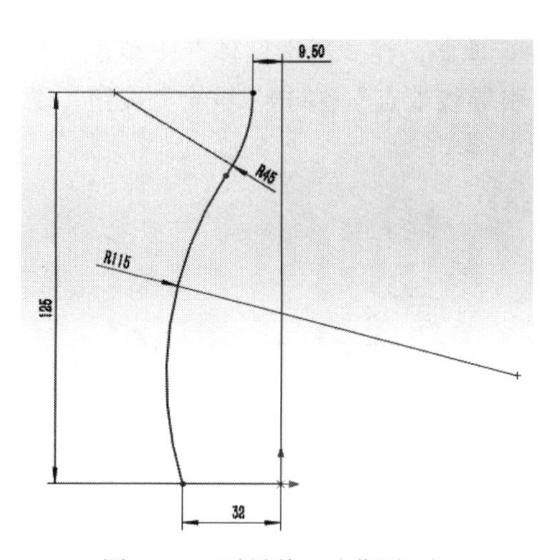

图 4-41 引导线 1（草图 1）

（3）建立引导线 2：关闭“草图”工具栏中的“草图绘制”按钮。在 Feature Manager 设计树中选择“右视基准面”，单击“正视于”按钮，然后单击“草图”工具栏中的“草图绘制”按钮，进入草图绘制，绘制如图 4-42 所示的草图 2。

（4）建立路径：关闭“草图”工具栏中的“草图绘制”按钮。在 Feature Manager 设计树中选择“前视基准面”，单击“正视于”按钮，然后单击“草图”工具栏中的“草图绘制”按钮，进入草图绘制，绘制如图 4-43 所示的草图 3。

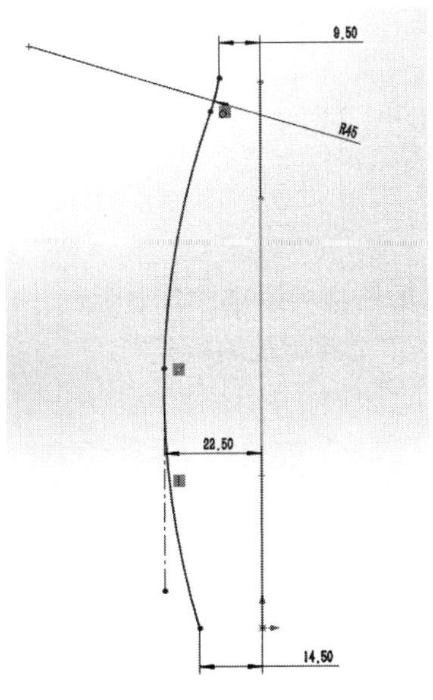

图 4-42　引导线 2（草图 2）

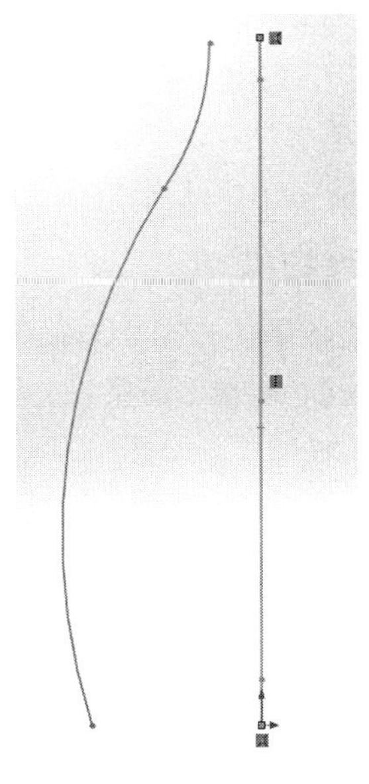

图 4-43　路径（草图 3）

（5）建立轮廓：关闭“草图”工具栏中的“草图绘制”按钮。在 Feature Manager 设计树中选择“上视基准面”，单击“正视于”按钮，然后单击“草图”工具栏中的“草图绘制”按钮，进入草图绘制，绘制如图 4-44 所示的草图 4。单击“尺寸/几何关系”工具栏中的“添加几何关系”按钮，出现“添加几何关系”属性管理器，在“所选实体”下单击“清单”列表框，然后在图形区域中选择“圆心”和“草图 2”，单击“穿透”按钮，建立穿透几何关系，单击“确定”按钮。再次单击“尺寸/几何关系”工具栏中的“添加几何关系”按钮，出现“添加几何关系”属性管理器，在“所选实体”下单击“清单”列表框，然后在图形区域中选择“圆周边”和“引导线端点”，单击“重合”按钮，建立重合几何关系，单击“确定”按钮，如图 4-45 所示。

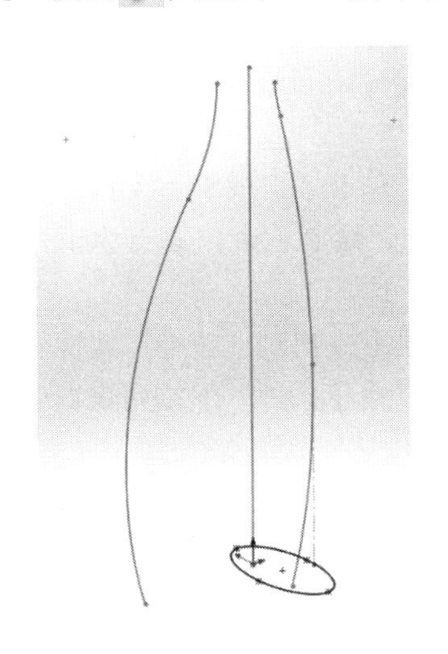

图 4-44　轮廓（草图 4）

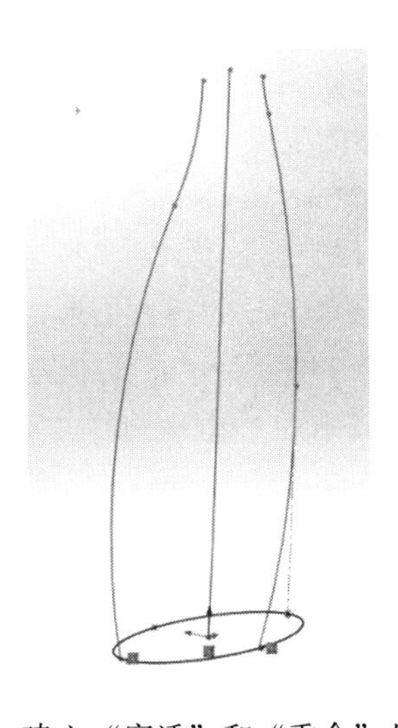

图 4-45　建立“穿透”和“重合”几何关系

（6）建立使用引导线扫描：关闭“草图”工具栏中的“草图绘制”按钮。单击“特征”

工具栏中的“扫描”按钮，出现“扫描”属性管理器，在“轮廓和路径”下单击“轮廓”按钮，然后在图形区域中选择草图 3。单击“路径”，然后在图形区域中选择草图 2，在“引导线”下单击“引导线”，然后在图形区域中选择草图 1 和草图 2，如图 4–46 所示，单击“确定”按钮，生成扫描特征。结果如图 4–40 所示。

4.3.4　切除扫描

切除扫描特征属于切割特征。以建立图 4–47 所示的模型（螺栓 M20）为例，介绍如何利用拉伸、切除-旋转、切除-扫描等特征建模，并且介绍了螺旋线的生成。

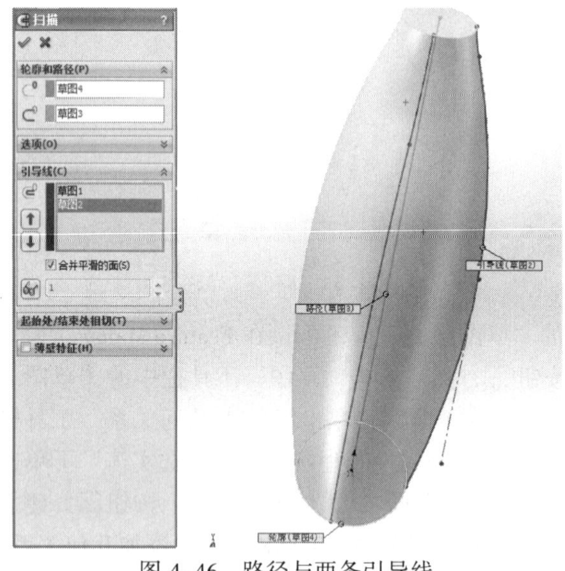

图 4–46　路径与两条引导线

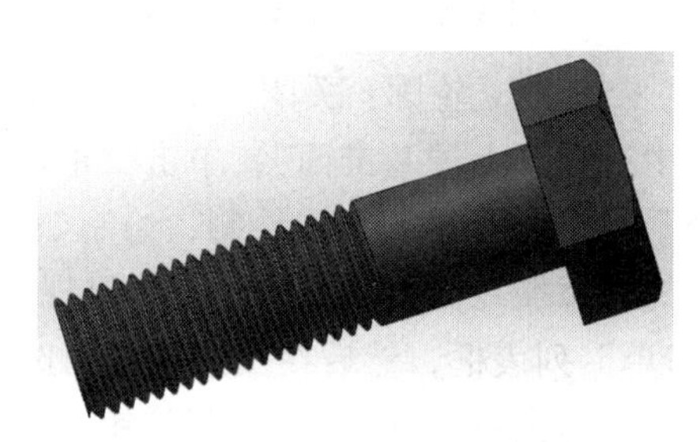

图 4–47　模型（螺栓 M20）

建模步骤如下：

（1）新建文件：选择菜单栏中的“文件”｜“新建”命令，弹出“新建 SolidWorks 文件”对话框，在该对话框中单击“零件”图标，单击“确定”按钮，单击“保存”按钮，将文件命名为“螺栓.SLDPRT”。

（2）基体的生成：

① 在 Feature Manager 设计树中选择“前视基准面”，单击“正视于”按钮，然后单击“草图”工具栏中的“草图绘制”按钮，进入草图绘制，绘制一个以原点为正六边形的中心，对顶距为 40 mm 的正六边形，如图 4–48 所示的草图 1。

② 单击“特征”工具栏中的“拉伸凸台/基体”按钮，出现“拉伸”属性管理器，在“开始条件”下拉列表框中选择“草图基准面”选项，在“终止条件”下拉列表框中选择“深度”选项，拉伸深度为 14 mm，如图 4–49 所示，单击“确定”按钮。

（3）螺柱的生成：

① 选择基体的顶面为草图绘制平面，单击“正视于”按钮，然后单击“草图”工具栏中的“草图绘制”按钮，进入草图绘制，绘制一个以原点为圆心，直径为 20 mm 的圆，如图 4–50 所示的草图 2。

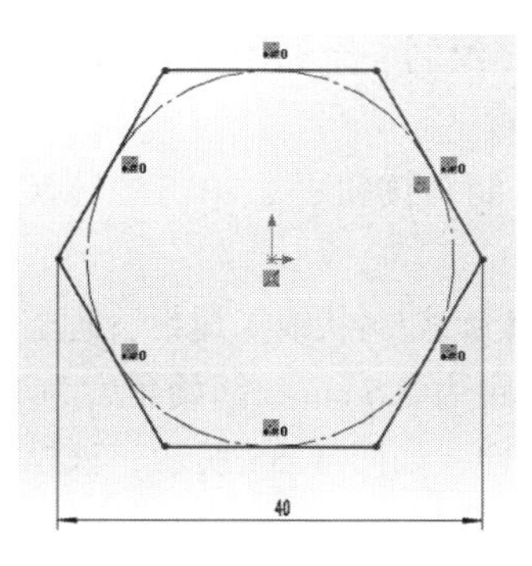

图 4-48　绘制草图 1

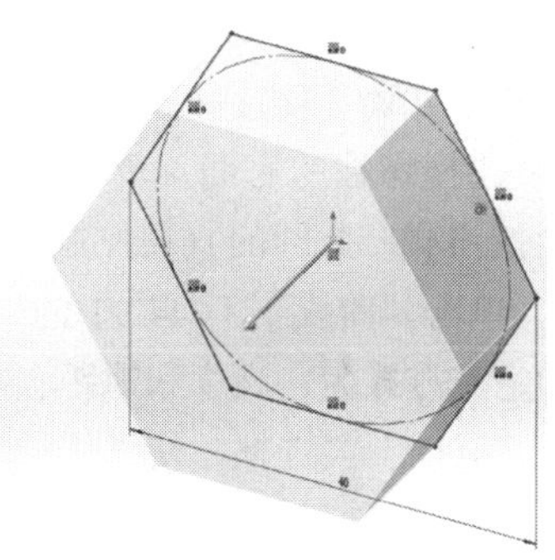

图 4-49　拉伸基体

② 单击“特征”工具栏中的“拉伸凸台/基体”按钮，出现“拉伸”属性管理器，在“开始条件”下拉列表框中选择“草图基准面”选项，在“终止条件”下拉列表框中选择“深度”选项，拉伸深度为 80 mm，如图 4-51 所示，单击“确定”按钮。

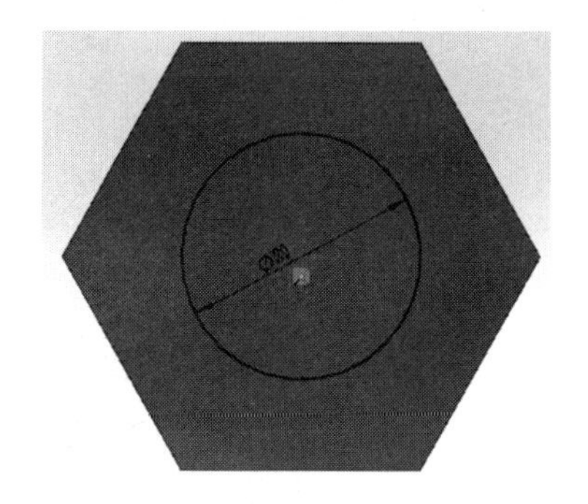

图 4-50　绘制草图 2

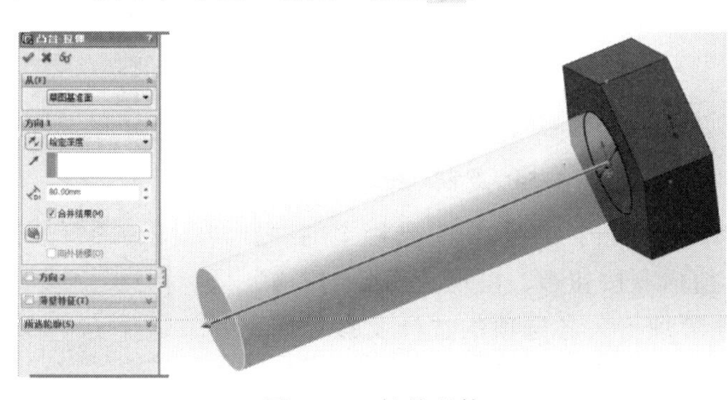

图 4-51　拉伸基体

（4）旋转切除基体：

① 在 Feature Manager 设计树中选择“右视基准面”，单击“正视于”按钮，然后单击“草图”工具栏中的“草图绘制”按钮，进入草图绘制，绘制一个如图 4-52 所示的草图 3。

② 单击“特征”工具栏中的“旋转-切除”按钮，出现“切除-旋转”属性管理器，该对话框中的各项为默认选项，即“旋转类型”为单一方向，“旋转角度”为 360° ，如图 4-53 所示，单击“确定”按钮。

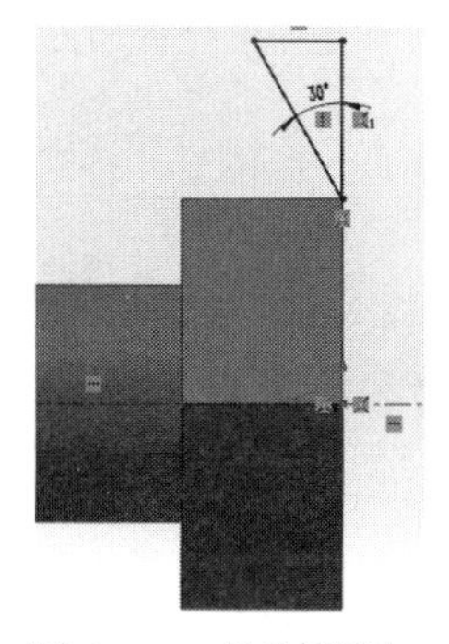

图 4-52　绘制草图 3

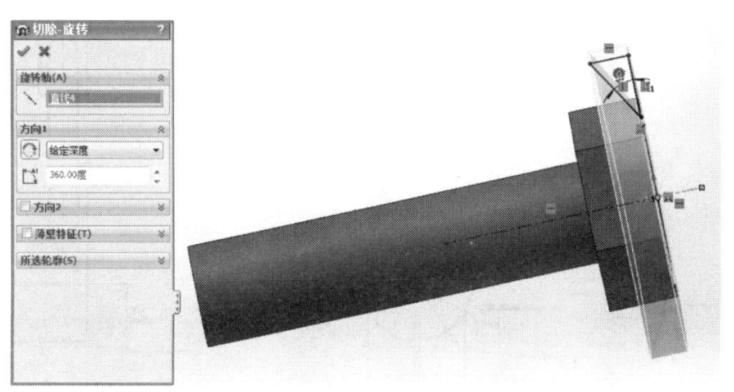

图 4-53　切除-旋转基体

（5）通过切除-扫描特征生成螺纹：

① 在 Feature：Manager 设计树中选择“上视基准面”，单击“正视于”按钮，然后单

击“草图”工具栏中的“草图绘制”按钮，进入草图绘制，绘制一个如图 4-54 所示的草图 5，作为切除-扫描特征的轮廓线，关闭“草图绘制”按钮。

② 选择螺柱的底面，单击“草图”工具栏中的“草图绘制”按钮，单击“转换实体引用”按钮，此圆的直径控制螺旋线的直径。

③ 单击“曲线”工具栏中的“螺旋线”按钮，出现“螺旋线/涡状线”属性管理器，螺旋线的定义方式为：高度和螺距；参数为：高度为 40 mm，螺距为 2.5 mm，起始角度为 0°。并选择“反向”复选框，使螺旋线由原来的点向另一个方向延伸。如图 4-55 所示，该螺旋线为作为切除-扫描特征的路径，关闭“草图绘制”按钮。

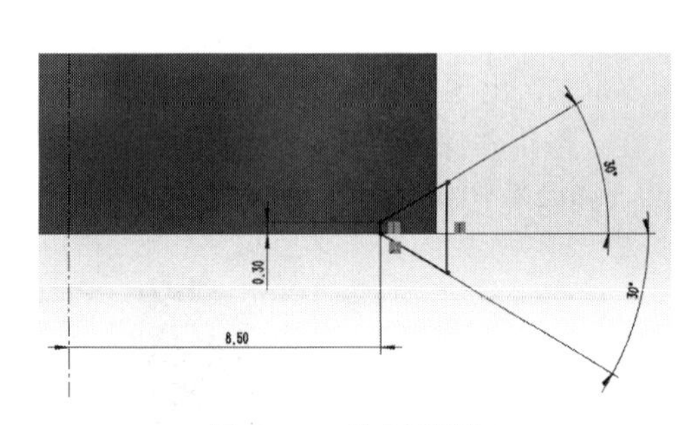

图 4-54 绘制草图 5

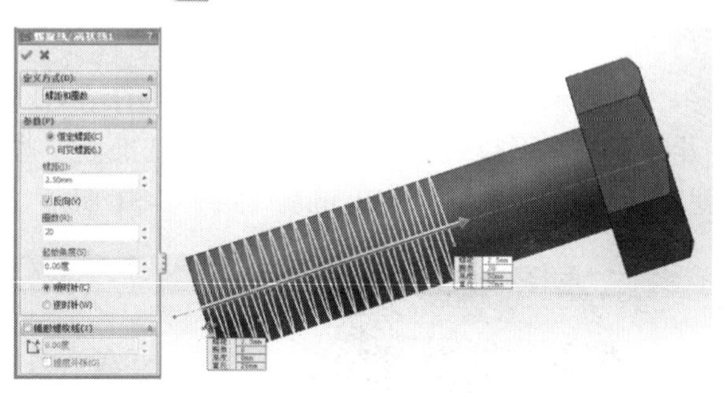

图 4-55 绘制螺旋线

④ 单击“特征”工具栏中的“旋转-扫描”按钮，出现“切除-扫描”属性管理器，各选项的选择及参数如下：轮廓为草图 5，路径为螺旋线；“方向/与扭转类型扫描”中选择“随路径变化”。如图 4-56 所示，单击“确定”按钮，得到如图 4-47 所示螺栓。

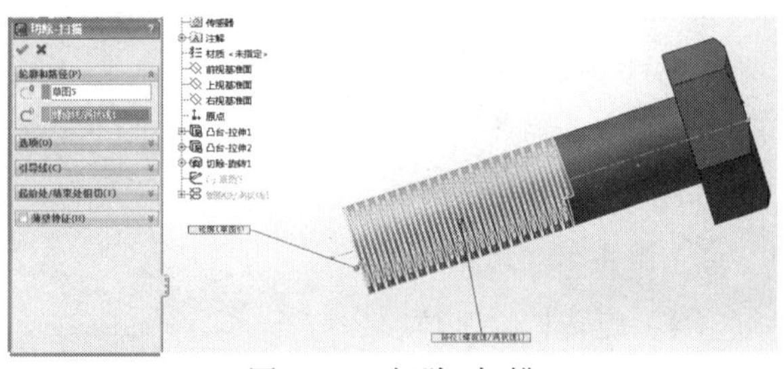

图 4-56 切除-扫描

4.3.5 扫描特征的综合示例——支架模型

应用扫描特征创建支架模型，如图 4-57 所示。

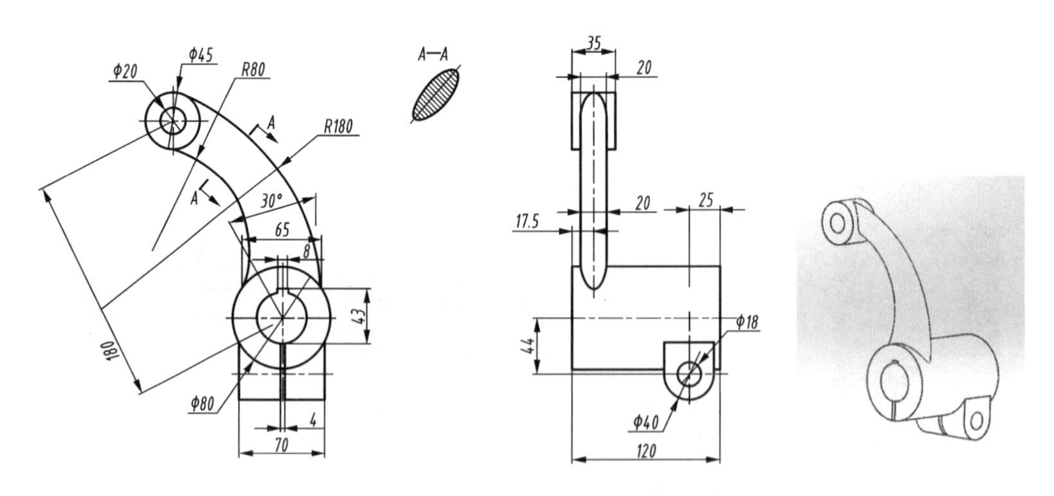

图 4-57 支架

建模分析：

支架是由小端、大端和连接部分组成，此模型的创建分为 7 部分来完成，如图 4-58 所示。

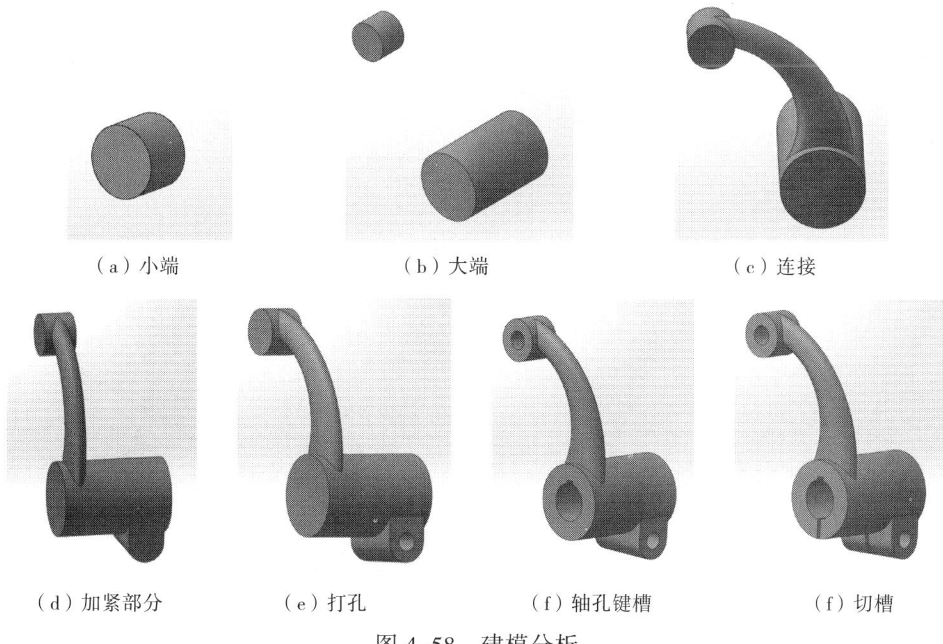

（a）小端　（b）大端　（c）连接

（d）加紧部分　（e）打孔　（f）轴孔键槽　（f）切槽

图 4-58　建模分析

建模步骤：

（1）新建文件：选择菜单栏中的“文件”→“新建”命令，弹出“新建 SolidWorks 文件”对话框，在该对话框中单击“零件”图标，单击“确定”按钮，单击“保存”按钮，将文件命名为“支架.SLDPRT”。

（2）A 部分（小端）：

① 在 Feature Manager 设计树中选择“前视基准面”，单击“正视于”按钮，然后单击“草图”工具栏中的“草图绘制”按钮，进入草图绘制，绘制如图 4-59 所示的草图 1。

② 单击“特征”工具栏中的“拉伸凸台/基体”按钮，出现“凸台-拉伸”属性管理器，在“开始条件”下拉列表框中选择“草图基准面”选项，在“终止条件”下拉列表框中选择“两侧对称”选项，拉伸深度为 35 mm，单击“确定”按钮，如图 4-60 所示。

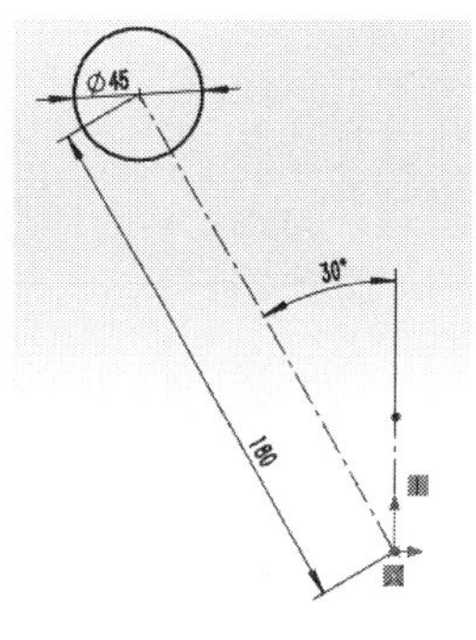

图 4-59 草图 1

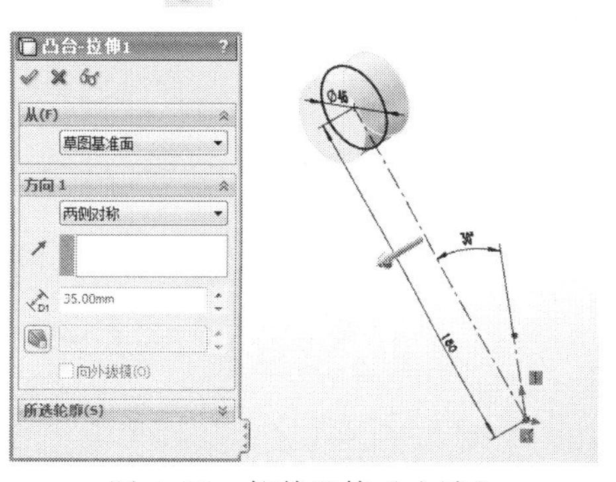

图 4-60　拉伸基体（小端）

（3）B 部分（大端）：

① 在 Feature Manager 设计树中选择“前视基准面”，单击“正视于”按钮，然后单击“草图”工具栏中的“草图绘制”按钮，进入草图绘制，绘制如图 4–61 所示的草图 2。

② 单击“特征”工具栏中的“拉伸凸台/基体”按钮，出现“凸台–拉伸”属性管理器，在“开始条件”下拉列表框中选择“草图基准面”选项，在“终止条件”下拉列表框中选择“给定深度”选项，在“深度”文本框中输入 17.50 mm；选中“方向 2”，在“终止条件”下拉列表框中选择“给定深度”选项，在“深度”文本框中输入 102.50 mm，如图 4–62 所示，单击“确定”按钮。

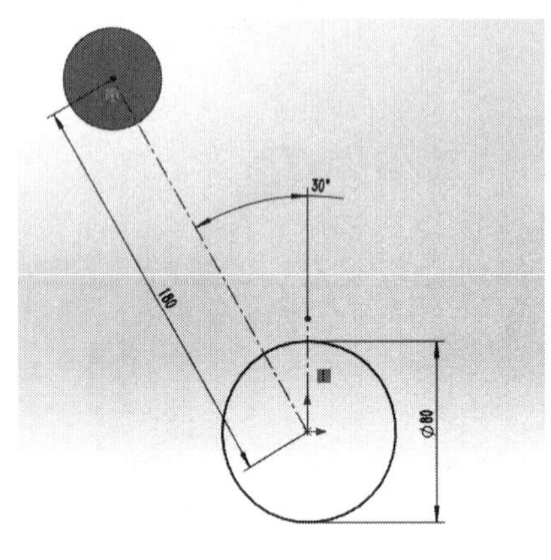

图 4–61　草图 2

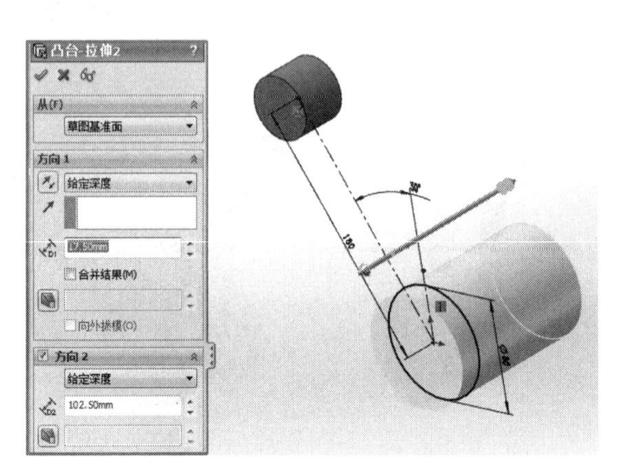

图 4–62　拉伸基体（大端）

（4）C 部分（连接）：

① 在 Feature Manager 设计树中选择“前视基准面”，单击“正视于”按钮，然后单击“草图”工具栏中的“草图绘制”按钮，进入草图绘制，绘制如图 4–63 所示的草图 3，作为扫描特征的路径，关闭“草图绘制”按钮。

② 在 Feature Manager 设计树中选择“前视基准面”，单击“正视于”按钮，然后单击“草图”工具栏中的“草图绘制”按钮，进入草图绘制，绘制如图 4–64 所示的草图 4，作为扫描特征的引导线，关闭“草图绘制”按钮。

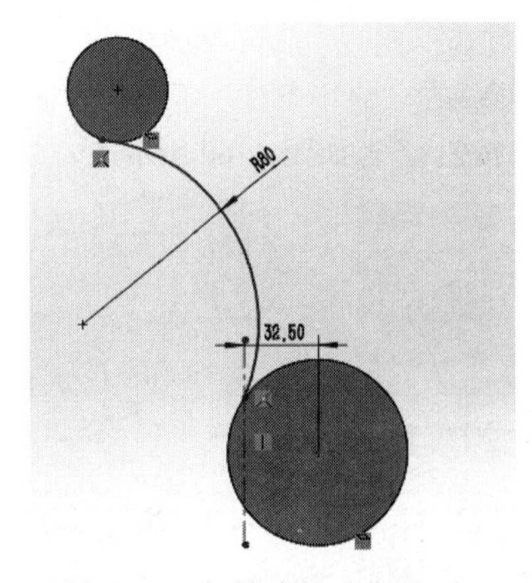

图 4–63　扫描路径（草图 3）

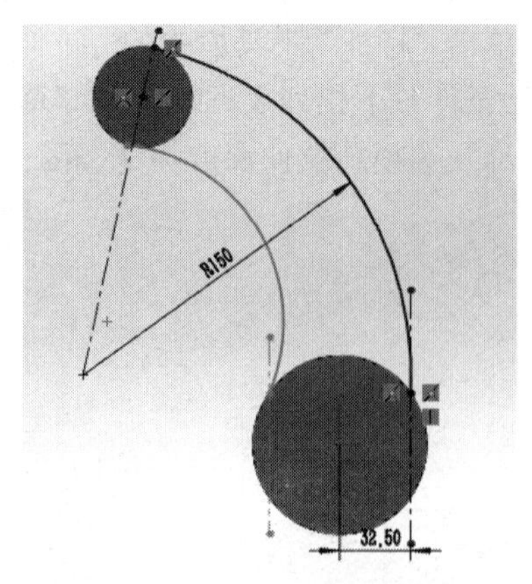

图 4–64　扫描特征的引导线（草图 4）

③ 单击“参考几何体”工具栏中的“基准面”按钮，出现“基准面”属性管理器，

在图形区域中选择“点”作为“第一参考”，在 Feature Manager 设计树中选择“上视基准面”作为“第二参考”，如图 4-65 所示，基准面 1 建立成功。

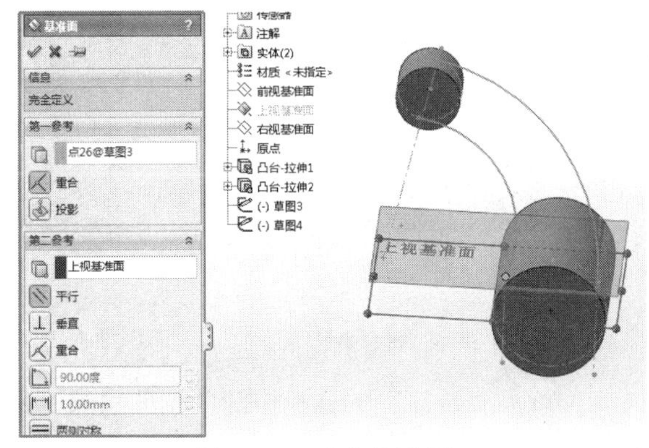

图 4-65　建立基准面 1

④ 在 Feature Manager 设计树中选择“基准面 1”，单击“正视于”按钮，然后单击“草图”工具栏中的“草图绘制”按钮，进入草图绘制，绘制椭圆，如图 4-66 所示的草图 5。单击“尺寸/几何关系”工具栏中的“添加几何关系”按钮，出现“添加几何关系”属性管理器，在“所选实体”下单击“清单”列表框，然后在图形区域选择“椭圆”和“草图 3”，单击“穿透”按钮，建立穿透几何关系，单击“确定”按钮。再次单击“尺寸/几何关系”工具栏中的“添加几何关系”按钮，出现“添加几何关系”属性管理器，在“所选实体”下单击“清单”列表框，然后在图形区域中选择“椭圆”和“草图 4”，单击“穿透”按钮，建立穿透几何关系，单击“确定”按钮。

⑤ 单击“特征”工具栏中的“扫描”按钮，出现“扫描”属性管理器，在“轮廓和路径”下单击“轮廓”按钮，然后在图形区域中选择草图 5。单击“路径”按钮，然后在图形区域选择草图 3，在“引导线”下单击“引导线”，然后在图形区域中选择草图 5，如图 4-67 所示，单击“确定”按钮，生成扫描特征。

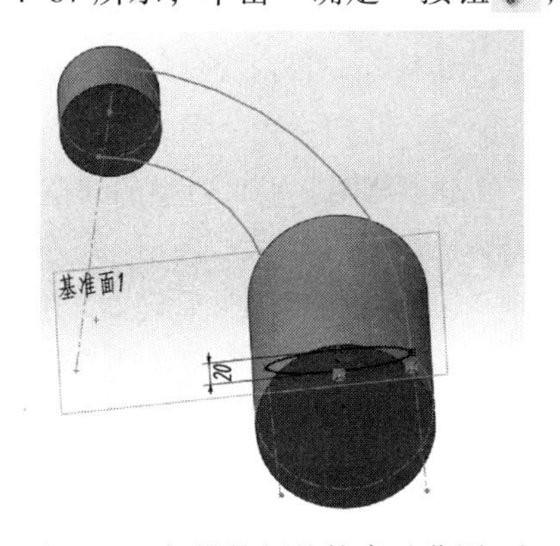

图 4-66　扫描特征的轮廓（草图 5）

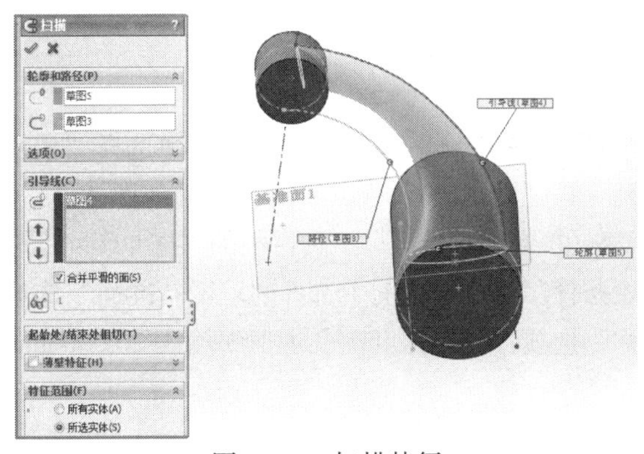

图 4-67　扫描特征

（5）D 部分（加紧部分）：

① 在 Feature Manager 设计树中选择“右视基准面”，单击“草图”工具栏中的“草图绘制”按钮，进入草图绘制，绘制如图 4-68 所示的草图 6。

② 单击“特征”工具栏中的“拉伸凸台/基体”按钮，出现“拉伸”属性管理器，在“开始条件”下拉列表框选择“草图基准面”选项，在“终止条件”下拉列表框中选择“两侧对称”选项，在“深度”文本框中中输入 70.00 mm，单击“确定”按钮，如图 4-69 所示。

（6）E 部分（打孔部分）：

① 在 Feature Manager 设计树中选择“右视基准面”，单击“草图”工具栏中的“草图绘制”按钮，进入草图绘制，绘制如图 4-70 所示的草图 7。

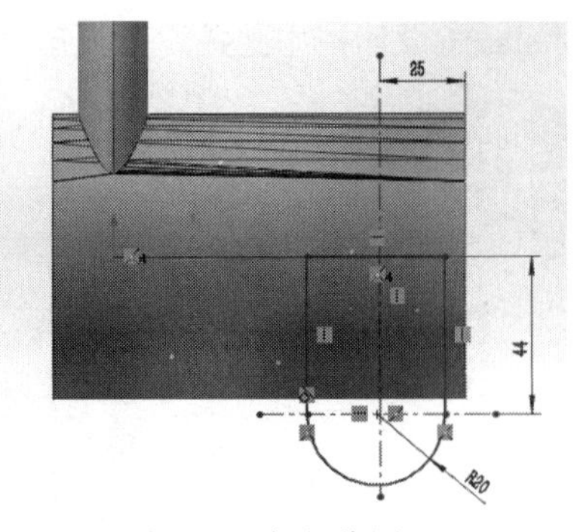

图 4-68 书室草图 6

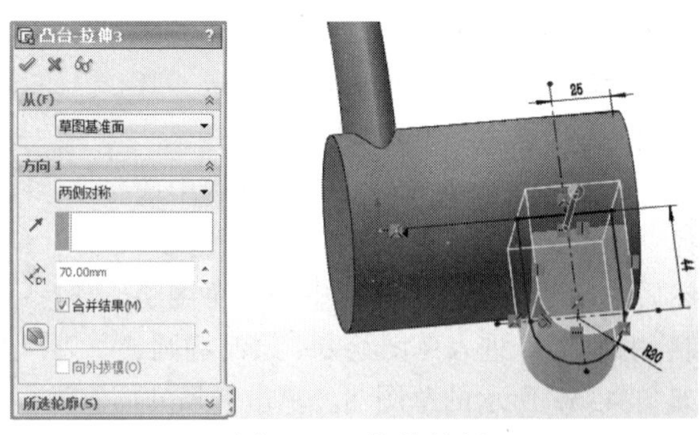

图 4-69 拉伸特征

② 单击“特征”工具栏中的“拉伸切除”按钮，出现“切除-拉伸”属性管理器，在“开始条件”下拉列表框中选择“草图基准面”选项，在“终止条件”下拉列表框中选择“两侧对称”选项，在“深度”文本框中输入 70.00 mm，单击“确定”按钮，如图 4-71 所示。

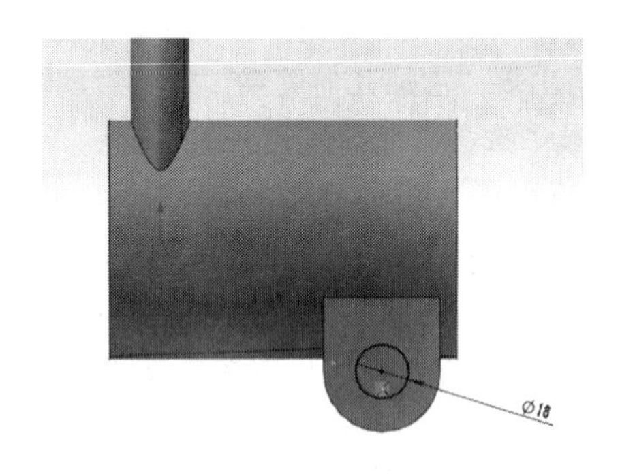

图 4-70 草图 7

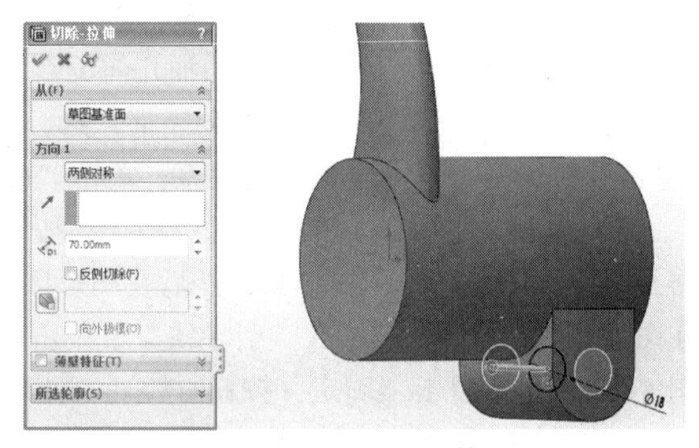

图 4-71 切除拉伸

（7）F 部分（轴孔键槽部分）：

① 在 Feature Manager 设计树中选择“前视基准面”，单击“草图”工具栏中的“草图绘制”按钮，进入草图绘制，绘制如图 4-72 所示的草图 8。

② 单击“特征”工具栏中的“拉伸切除”按钮，出现“切除-拉伸”属性管理器，在“开始条件”下拉列表框中选择“草图基准面”选项，在“终止条件”下拉列表框中选择“两侧对称”选项，在“深度”文本框中输入 205.00 mm，单击“确定”按钮，如图 4-73 所示。

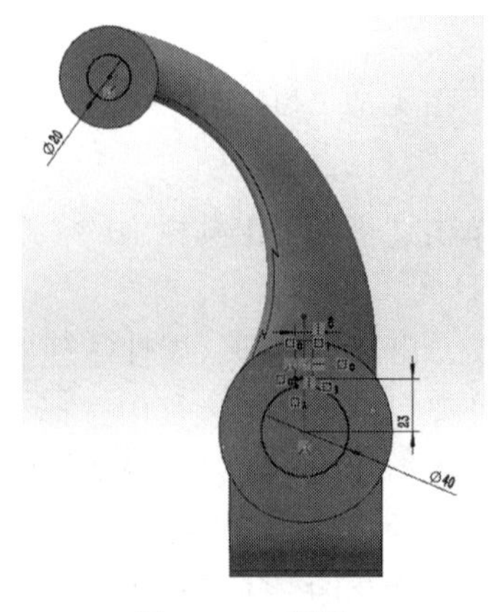

图 4-72 草图 8

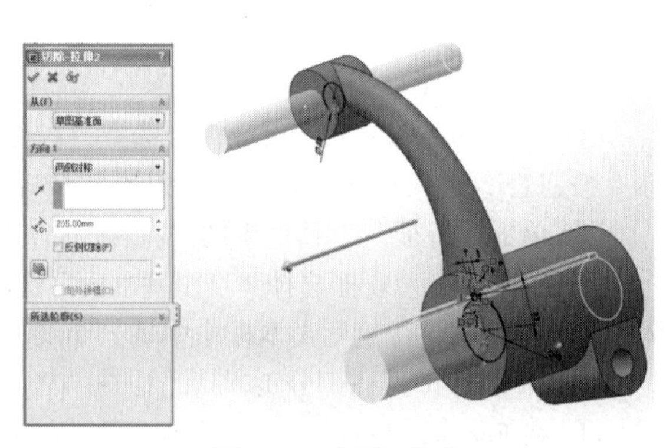

图 4-73 切除-拉伸

（8）G 部分（切槽部分）：

① 在 Feature Manager 设计树中选择“前视基准面”，单击“草图”工具栏中的“草图绘制”按钮，进入草图绘制，绘制如图 4–74 所示的草图 9。

② 单击“特征”工具栏中的“拉伸切除”按钮，出现“切除–拉伸”属性管理器，在“开始条件”下拉列表框中选择“草图基准面”选项，在“终止条件”下拉列表框中选择“两侧对称”选项，在“深度”文本框中输入 205.00 mm，如图 4–75 所示，单击“确定”按钮。最终结果如图 4–58（f）所示。

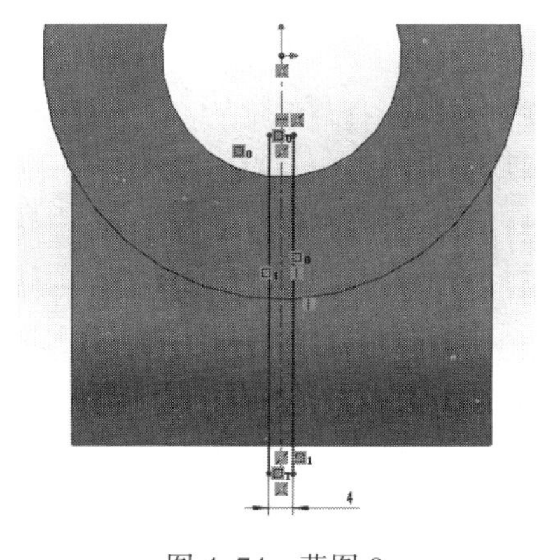

图 4–74　草图 9

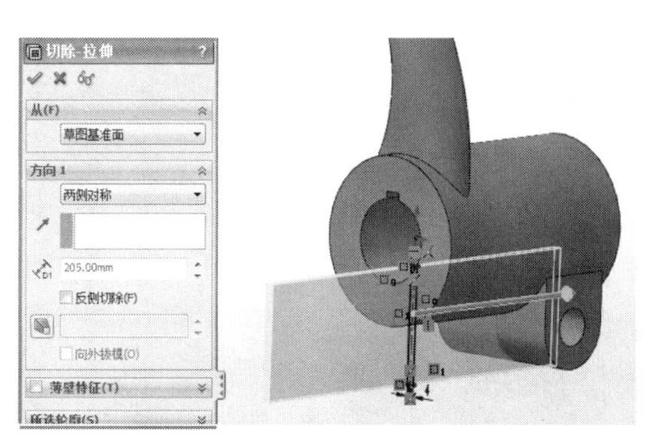

图 4–75　切槽

4.4　放 样 特 征

放样特征是指连接多个剖面或轮廓形成的基体、凸台或切除，通过在轮廓之间进行过渡来生成特征。

4.4.1　放样特征的条件

使用两个或多个轮廓生成放样，仅第一个或最后一个轮廓可以是点，也可以这两个轮廓都是点。对于实体放样，第一个和最后一个轮廓必须是由分割线生成的模型面或面，或是平面轮廓或曲面。

可以使用引导线或中心线参数控制放样特征的中间轮廓。

放样特征可以生成薄壁特征，可以分为下列 4 种类型：

（1）简单放样。

（2）使用引导线放样。

（3）使用中心线放样。

（4）使用分割线放样。

4.4.2　简单放样

简单放样是不设置引导线的一种放样方法。

1. 对称轮廓（非平滑轮廓）

用两个单纯轮廓成形时，会用直线连接两轮廓，如果轮廓为非平滑轮廓，则对齐点数目必须相同，才不会使模型变化太大。

打开“对称轮廓（非平滑轮廓）.SLDPRT”，如图 4–76 所示。

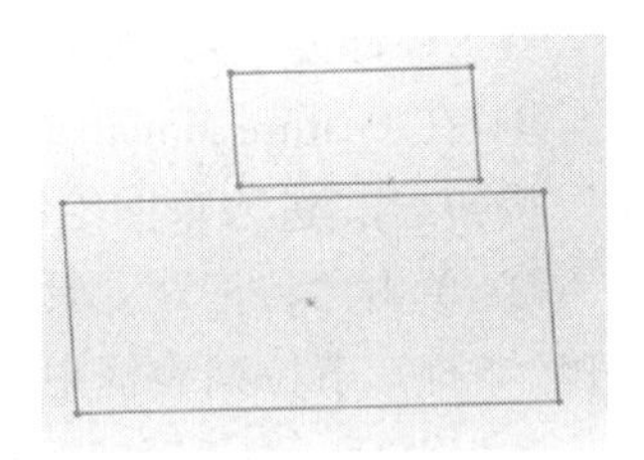

图 4–76　对称轮廓

单击“特征”工具栏中的“放样”按钮，出现“放样”属性管理器，在图形区域中选择“轮廓 1”和“轮廓 2”草图，如图 4–77 所示，单击“确定”按钮，生成放样特征。

说明　在图 4–77 中选取轮廓草图时必须注意选取位置，如果选取位置错误，则会造成模型扭转的现象，如图 4–78 所示。

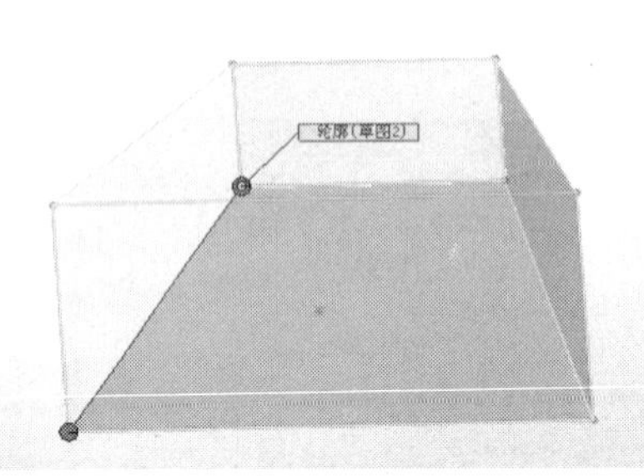

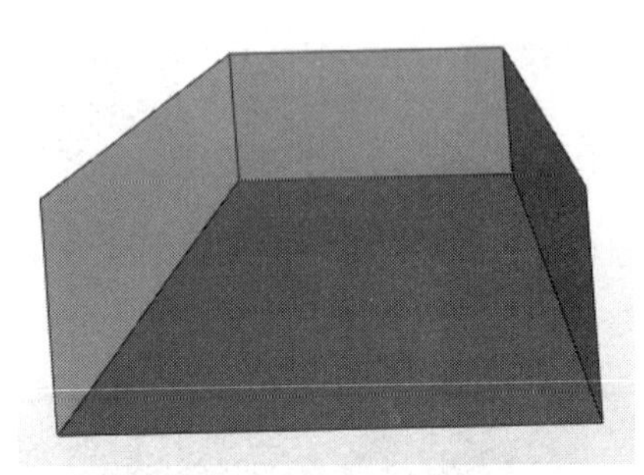

图 4–77　对称轮廓（非平滑轮廓）放样

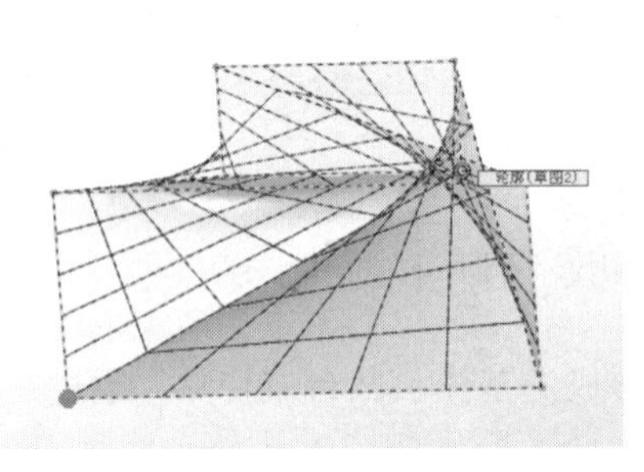

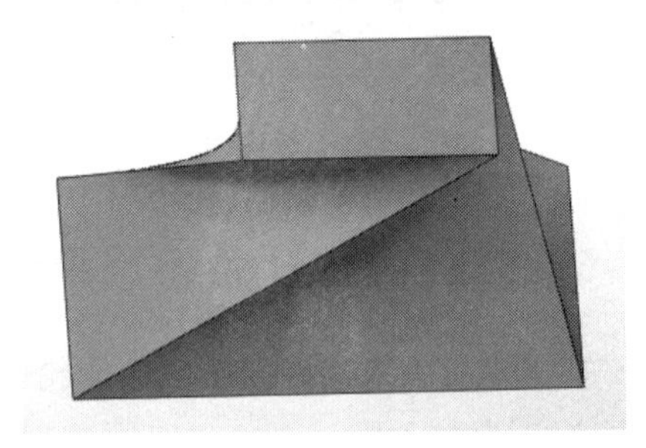

图 4–78　模型扭转

2．平滑轮廓

创建以 3 个以上轮廓成形的放样，则轮廓间是以曲线连接。多个轮廓成形时，轮廓必须按顺序选取。

打开已做好的“平滑轮廓.SLDPRT”，如图 4–79 所示。

单击“特征”工具栏中的“放样”按钮，出现“放样”属性管理器，在图形区域中按顺序选择“轮廓 1”“轮廓 2”“轮廓 3”和“轮廓 4”草图，如图 4–80 所示，单击“确定”按钮，生成放样特征。

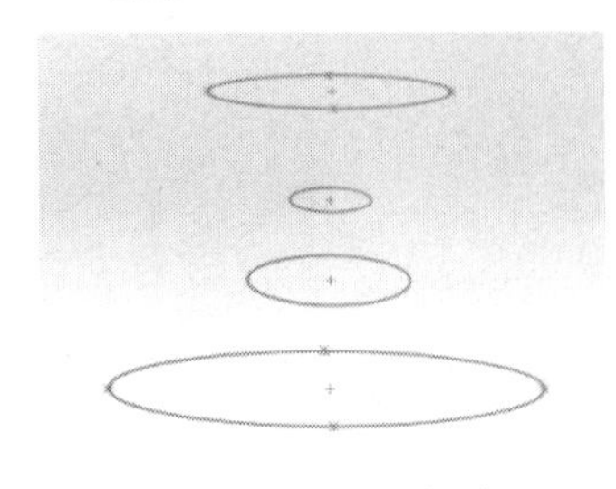

图 4–79　平滑轮廓

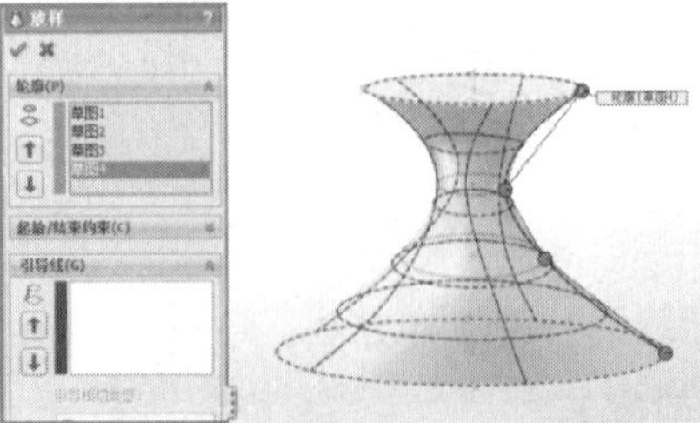

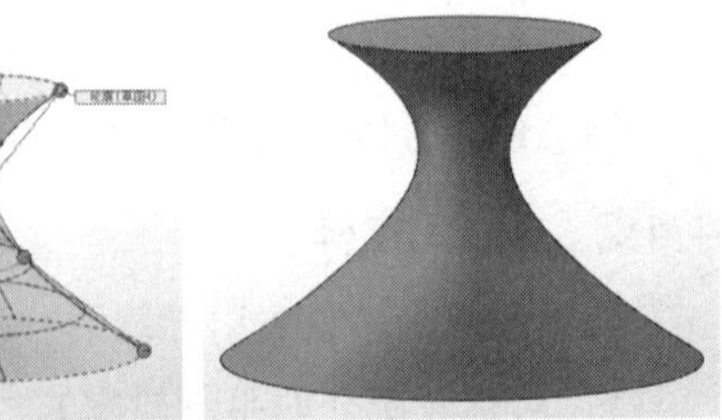

图 4–80　平滑多轮廓放样

说明　创建放样时，无论轮廓数目是多少个，选取各轮廓时都必须以最接近的顶点为对齐的第一点；否则，如果两轮廓的起始对齐点相差太多，则会造成严重的扭曲现象。

3．分割轮廓

通常最好使所有轮廓的线段节数相等。当无法避免轮廓草图出现不同节数时，可将线段分割断开。

（1）打开文件：打开“分割轮廓.SLDPRT”，如图 4-81 所示。

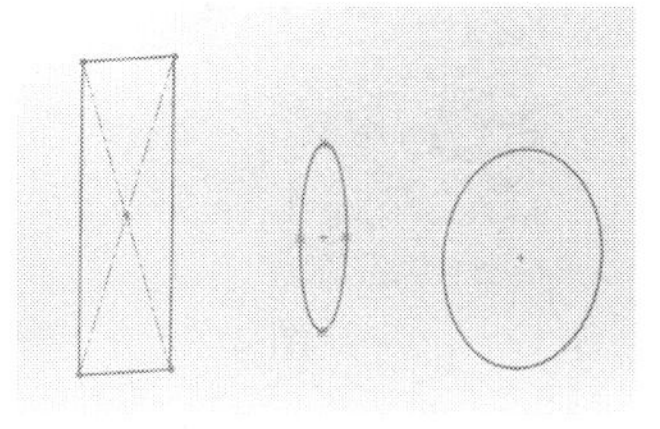

图 4-81　轮廓草图

（2）分割轮廓 2：在 Feature Manager 设计树中右击“轮廓 2”，在弹出的快捷菜单中选择“编辑草图”命令，加入草图编辑，选择菜单栏中的“工具”｜“草图绘制工具”｜“分割实体”命令，将“轮廓 2”分为均匀地 4 部分（要建立对称关系），单击“草图”工具栏中的“智能标注”按钮，分别选中“椭圆圆心”和两个“分割点”，标注尺寸，如图 4-82 所示，单击“标准”工具栏中的“重建模型”按钮。

（3）分割轮廓 3：在 Feature Manager 设计树中右击“轮廓 3”，在弹出的快捷菜单中选择“编辑草图”命令，加入草图编辑，选择菜单栏中的“工具”｜“草图绘制工具”｜“分割实体”命令，将“轮廓 3”分为均匀的 4 部分（要建立对称关系），单击“草图”工具栏中的“智能标注”按钮，分别选中“圆心”和两个“分割点”，标注尺寸，如图 4-83 所示，单击“标准”工具栏中的“重建模型”按钮。

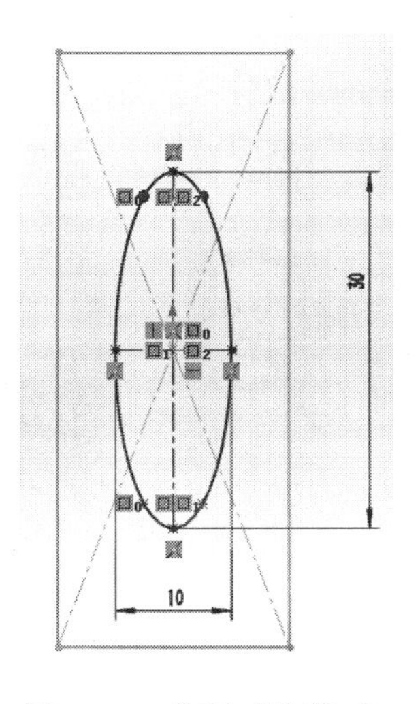

图 4-82　分割“轮廓 2”

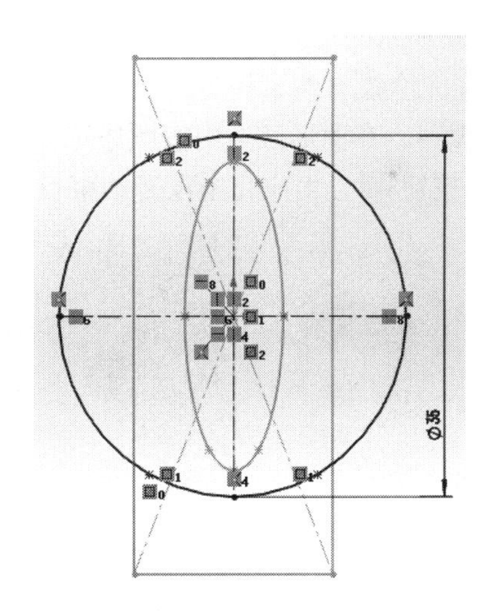

图 4-83　分割“轮廓 2”

（4）建立“分割轮廓”放样特征：单击“特征”工具栏中的“放样”按钮，出现“放样”属性管理器，在图形区域中按顺序选择“轮廓 1”“轮廓 2”和“轮廓 3”草图，如图 4-84 所示，单击“确定”按钮，生成“分割轮廓”放样特征。

4．点轮廓放样

点轮廓即两个放样轮廓中有一个为点（可为草图点或实体点）。

（1）打开文件：打开“点轮廓.SLDPRT”，如图 4-85 所示。

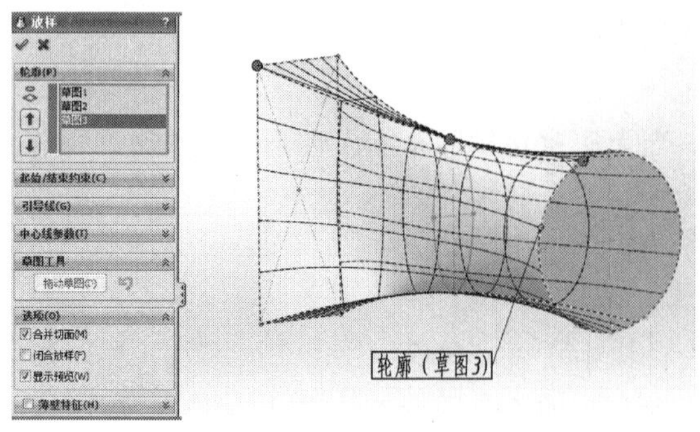

图 4-84　“分割轮廓”放样

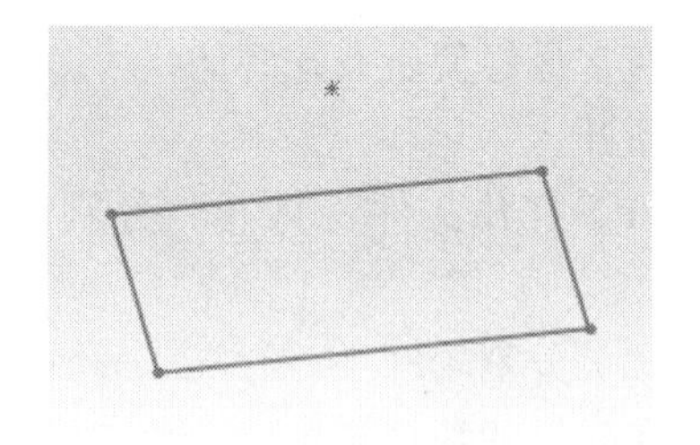

图 4-85　“点轮廓.SLDPRT”

（2）建立“点轮廓”放样特征：单击“特征”工具栏中的“放样”按钮，出现“放样”属性管理器，在图形区域中按顺序选择“点 1”和“轮廓 1”草图，如图 4-86 所示，单击“确定”按钮，生成“点轮廓”放样特征。

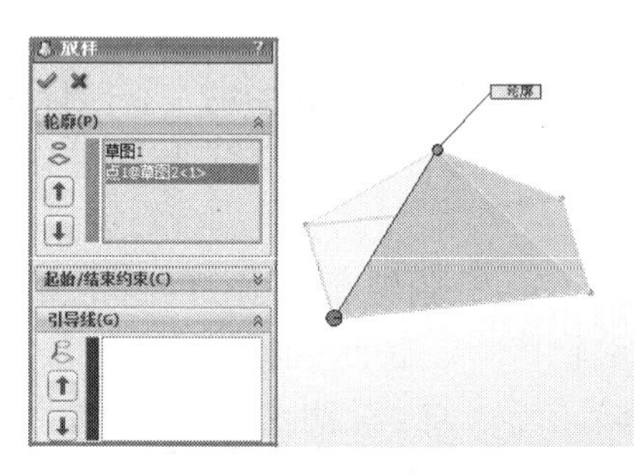

图 4-86　“点轮廓”放样

5．“起始/结束约束控制”的放样

利用设置“起始/结束约束”轮廓的相切长度，可以改变模型的外形。

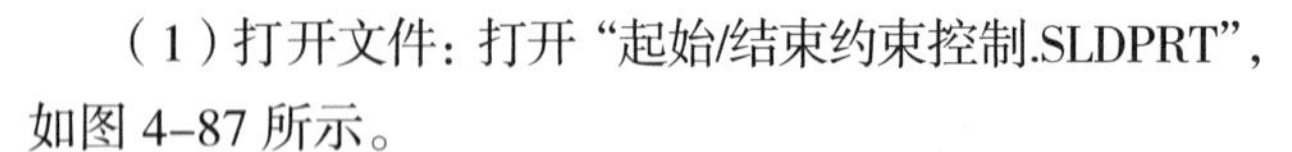

（1）打开文件：打开“起始/结束约束控制.SLDPRT”，如图 4-87 所示。

（2）完全没有约束控制的放样：单击“特征”工具栏中的“放样”按钮，出现“放样”属性管理器，在图形区域中按顺序选择“轮廓 1”和“轮廓 2”草图，如图 4-88 所示，单击“确定”按钮，生成完全没有约束控制的放样特征。

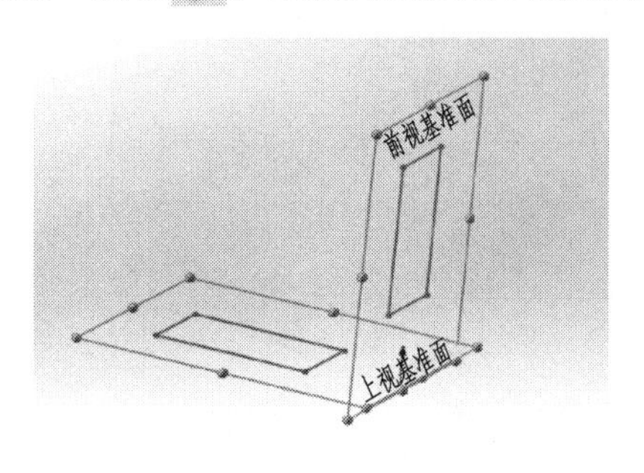

图 4-87　“起始/结束约束控制.SLDPRT”

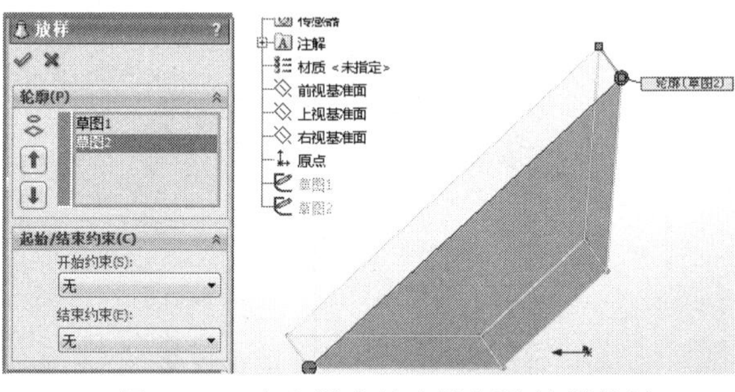

图 4-88　完全没有约束控制的放样特征

（3）垂直于轮廓约束控制的放样：单击“特征”工具栏中的“放样”按钮，出现“放样”属性管理器，在图形区域中按顺序选择“轮廓 1”和“轮廓 2”草图，激活“起始/结束约束”选项组，在“开始约束”下拉列表框中选择“垂直于轮廓”选项，在“起始处相切长度”文本框中输入“1”，“结束约束”下拉列表框中选择“垂直于轮廓”选项，在“结束处相切长度”文本框内输入“1”，

如图 4-89 所示，单击“确定”按钮，生成垂直于轮廓约束控制的放样特征。

（4）方向向量约束控制的放样：

① 在 Feature Manager 设计树中选择“右视基准面”，单击“正视于”按钮，然后单击

“草图”工具栏中的“草图绘制”按钮，进入草图绘制，绘制如图 4-90 所示的草图 3。

② 单击“特征”工具栏中的“放样”按钮，出现“放样”属性管理器，在图形区域中按顺序选择“轮廓 1”和“轮廓 2”草图，激活“起始/结束约束”选项组，在“开始约束”下拉列表框中选择“方向向量”选项，单击“方向向量”列表框，在图形区域选择“直线 1@草图 3”，在“起始处相切长度”文本框内输入“1”，在“结束约束”下拉列表框内选择“方向向量”选项，单击“方向向量”列表框，在图形区域选择“直线 1@草图 3”，在“结束处相切长度”文本框中输入“1”，如图 4-91 所示，单击“确定”按钮，生成方向向量约束控制的放样特征。

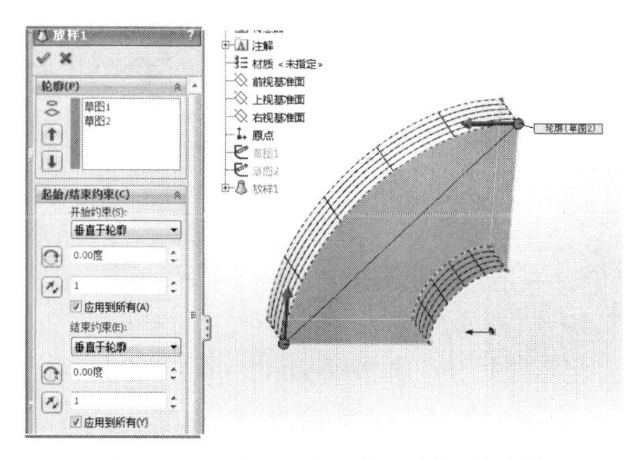

图 4-89　“垂直于轮廓约束控制”的放样

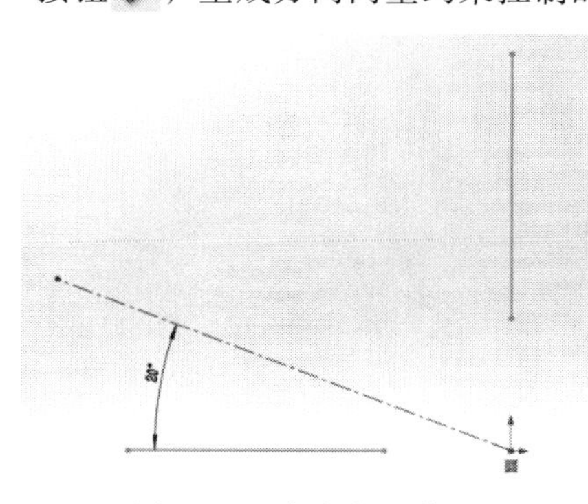

图 4-90　方向向量草图

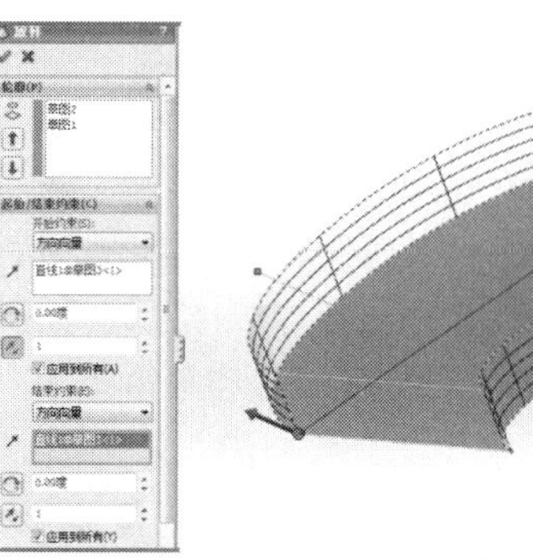

图 4-91　“方向向量约束控制”的放样

6．封闭放样

如果使用 3 个或多于 3 个面创建放样，并且希望最后一个轮廓与第一个首尾相接，可选中“封闭放样”复选框。

（1）打开文件：打开“封闭放样.SLDPRT”，如图 4-92 所示。

（2）建立“闭合”放样特征：单击“特征”工具栏中的“放样”按钮，出现“放样”属性管理器，在图形区域中按顺序选择“轮廓 1”“轮廓 2”和“轮廓 3”草图，激活“选项”选项组，在选中“闭合放样”复选框，如图 4-93（a）所示；未选中“闭合放样”复选框，如图 4-93（b）所示。单击“确定”按钮，生成放样特征。

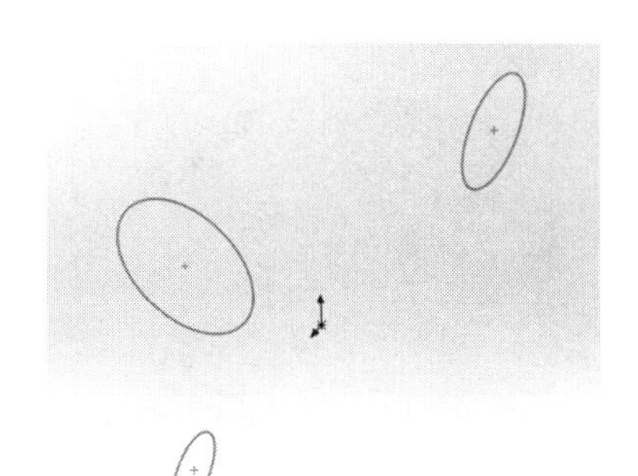

图 4-92　“封闭放样.SLDPRT”

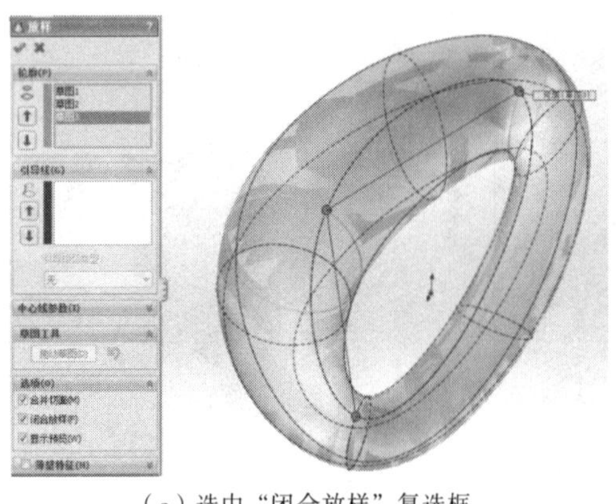

（a）选中“闭合放样”复选框

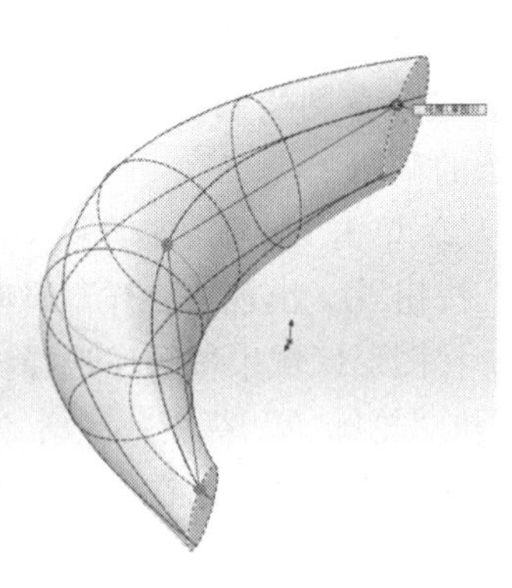

（b）未选中“闭合放样”复选框

图 4–93　封闭放样

7. 保持相切

如果在放样初始时，轮廓中的实体相切，在放样过程中使用“保持相切”选项，会维持相切的关系不变，以使生成的放样中相应的曲线保持相切。保持相切的面可以是基准面、圆柱面等。其他相邻的面被合并，截面被近似处理。

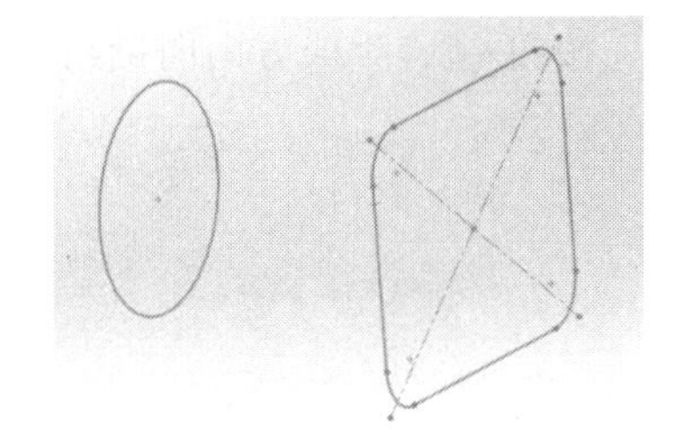

图 4–94　“保持相切.SLDPRT”

（1）打开文件：打开“保持相切.SLDPRT”，如图 4–94 所示。

（2）建立“闭合”放样特征：单击“特征”工具栏中的“放样”按钮，出现“放样”属性管理器，在图形区域中按顺序选择“轮廓 1”和“轮廓 2”草图，激活“选项”选项组，选中“合并切面”复选框，如图 4–95（a）所示；选中“合并切面”复选框，如图 4–95（b）所示。单击“确定”按钮，生成保持相切放样特征。

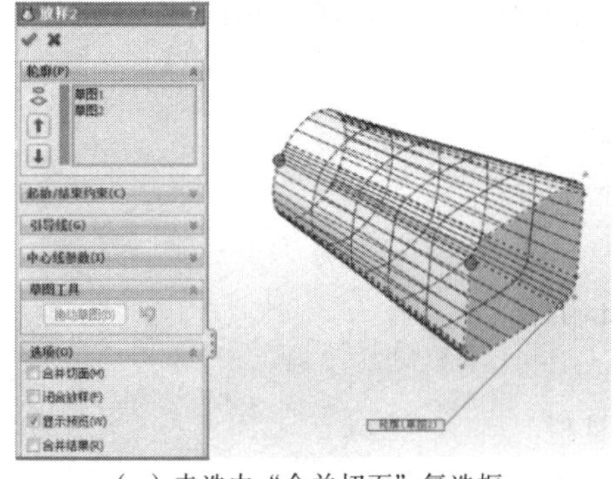

（a）未选中“合并切面”复选框

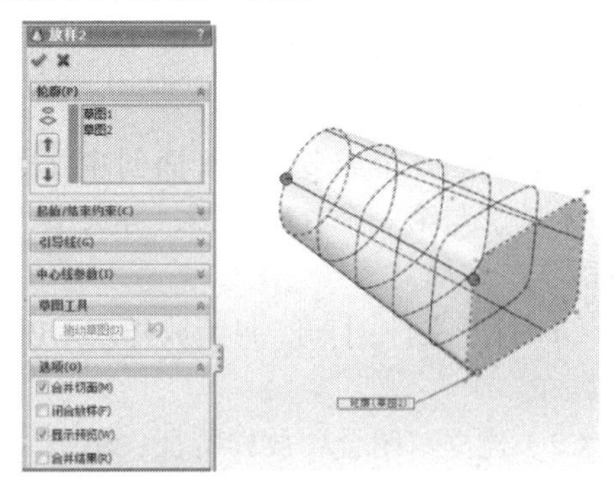

（b）选中“合并切面”复选框

图 4–95　“合并切面”放样

8. 实体平面轮廓与草图轮廓放样

放样除了可利用草图轮廓成形外，也可将现有模型上的实体平面或曲面边缘当作放样的成形轮廓。

（1）实体平面轮廓：打开“实体平面轮廓.SLDPRT”，如图 4–96（a）所示。单击“特征”工具栏中的“放样”按钮，出现“放样”属性管理器，在图形区域中选择长方体的侧平面作为“实体平面轮廓”和“草图轮廓”，如图 4-96（b）所示。单击“确定”按钮，生成实体平面轮廓放样特征。

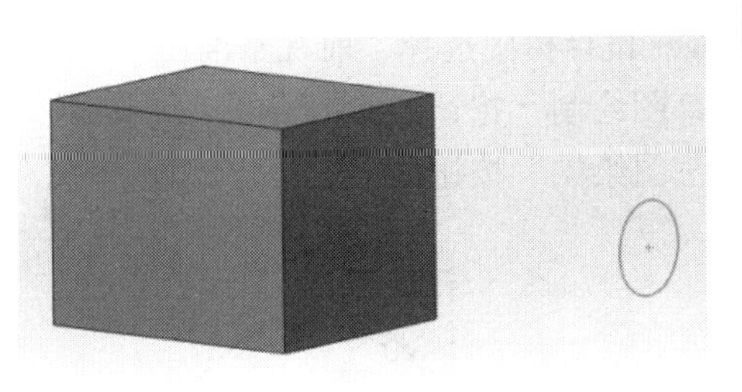

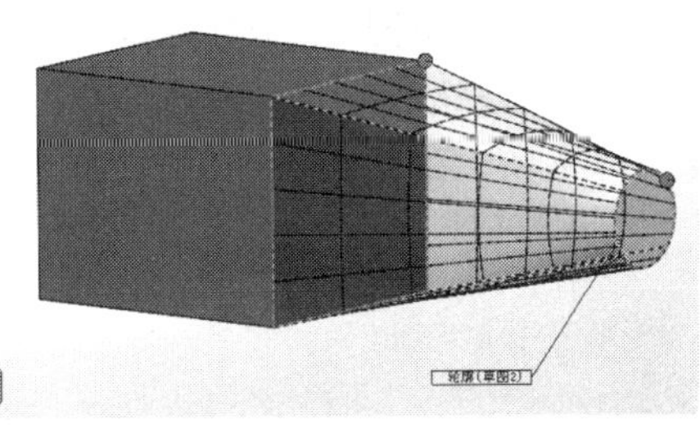

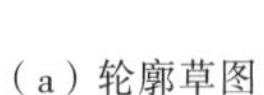

（a）轮廓草图　　（b）放样

图 4-96　“实体平面轮廓”放样

（2）实体曲面边缘轮廓：打开“实体曲面边缘轮廓.SLDPRT”，如图 4-97（a）所示。单击“特征”工具栏中的“放样”按钮，出现“放样”属性管理器，在图形区域中选择长方体的侧平面作为“实体曲面边缘轮廓”和“草图轮廓”，激活“起始/结束约束”选项组，在“开始约束”下拉列表框中选择“与面相切”选项，在“起始处相切长度”文本框中输入“1”，如图 4-97（b）所示。单击“确定”按钮，生成实体曲面边缘轮廓放样特征。

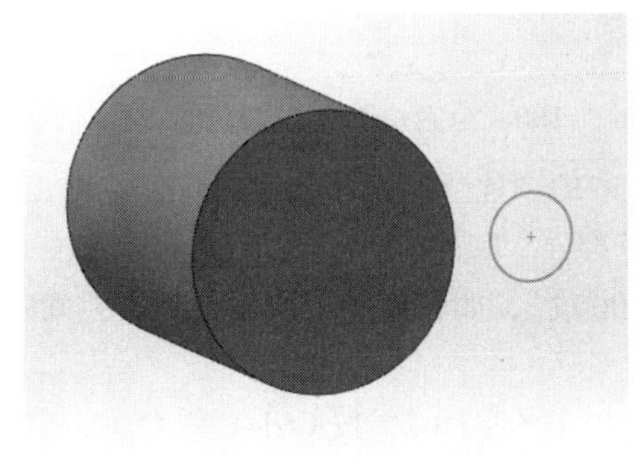

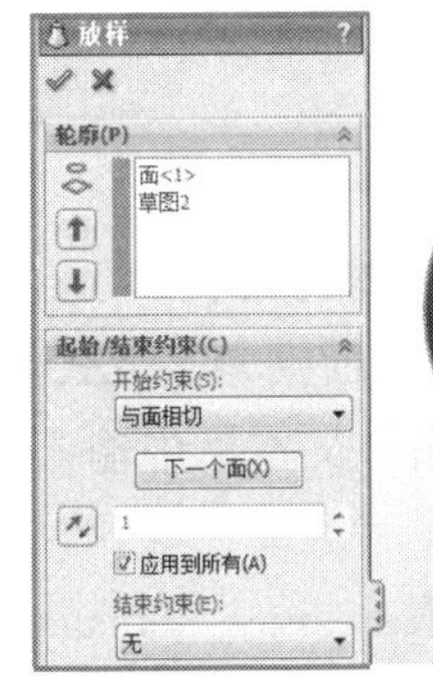

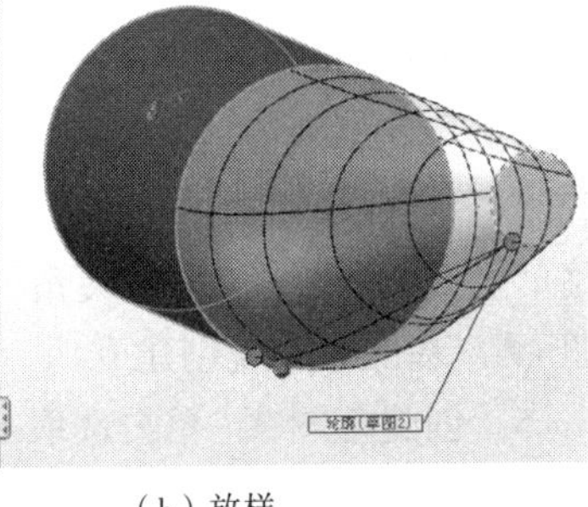

（a）轮廓草图　　（b）放样

图 4-97　“实体曲面边缘轮廓”放样

4.4.3　使用引导线放样

通过使用两个或多个轮廓并使用一条或多条引导线来连接轮廓，可以生成引导线放样。轮廓可以是平面轮廓或空间轮廓。引导线可以帮助控制生成的中间轮廓。

以建立如图 4-98 所示的苹果模型为例，介绍如何建立引导线放样特征。

图 4-98　引导线放样——苹果

建模步骤如下：

（1）新建文件：选择菜单栏中的“文件”|“新建”命令，弹出“新建 SolidWorks 文件”对话框，在该对话框中单击“零件”图标，单击“确定”按钮，单击“保存”按钮，文件名为“苹果.SLDPRT”。

（2）创建草图 1（放样引导线）：在 Feature Manager 设计树中选择“上视基准面”，单击

“正视于”按钮，然后单击“草图”工具栏中的“草图绘制”按钮创建草图 1。绘制一个圆心在圆点、直径为 100 mm 的圆，如图 4–99 所示的草图 1，关闭“草图”工具栏中的“草图绘制”按钮。

（3）创建草图 2（放样轮廓线）：在 Feature Manager 设计树中选择“前视基准面”，单击“正视于”按钮，然后单击“草图”工具栏中的“草图绘制”按钮创建草图 2。绘制如图 4–100 所示的草图 2，关闭“草图”工具栏中的“草图绘制”按钮。

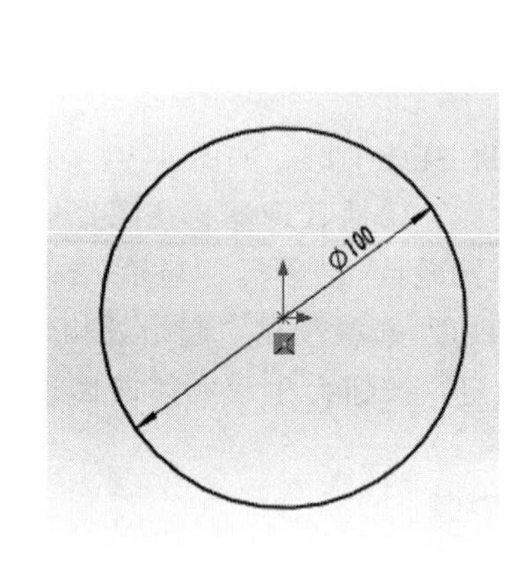

图 4–99　绘制草图 1（放样引导线）

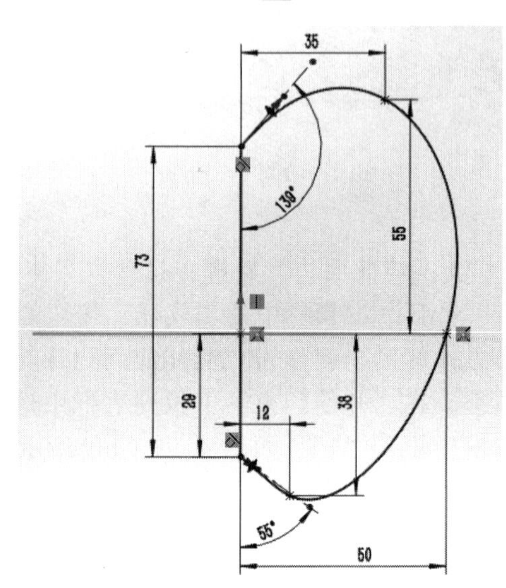

图 4–100　绘制草图 2（放样轮廓线）

（4）建立基准面 1：单击“参考几何体”工具栏中的“建立基准面”按钮，在弹出的“基准面”属性管理器中选择“两面夹角”方式创建基准面，“参考实体”选择“前视基准面”及“草图 2 中的直线 1”，“夹角”文本框中输入“36.00 度”，如图 4–101 所示，单击“确定”按钮，基准面 1 就创建成功。

（5）创建草图 3：单击选取 Feature Manager 设计树中的草图 2，按 Ctrl+C 组合键，然后单击选取 Feature Manager 设计树中的基准面 1，按 Ctrl+C 组合键，把草图 2 复制到基准面 1 上，修改尺寸并添加几何约束，生成草图 3，如图 4–102 所示，关闭“草图”工具栏中的“草图绘制”按钮。

（6）建立基准面 2：单击“参考几何体”工具栏中的“建立基准面”按钮，在弹出的“基准面”属性管理器中选择“两面夹角”方式创建基准面，“参考实体”选择“基准面 1”及“草图 2 中的直线 1”，“夹角”文本框中输入“36.00 度”，如图 4–103 所示，单击“确定”按钮，基准面 2 就创建成功。

（7）创建草图 4：单击选取 Feature Manager 设计树中的草图 2，按 Ctrl+C 组合键，然后单击选取 Feature Manager 设计树中的基准面 2，按 Ctrl+C 组合键，把草图 2 复制到基准面 2 上，生成草图 4，如图 4–104 所示，关闭“草图”工具栏中的“草图绘制”按钮。

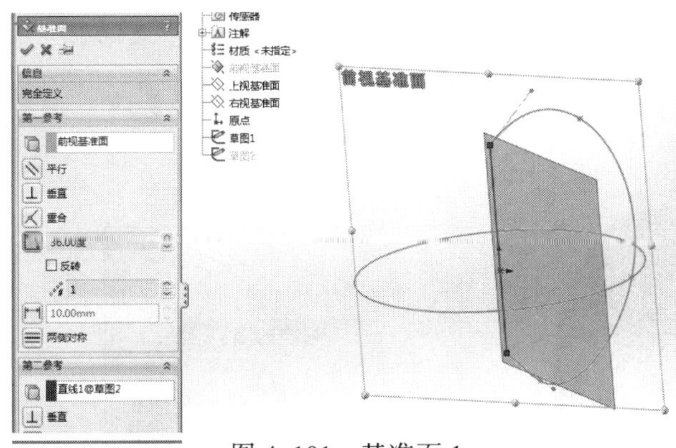

图 4-101　基准面 1

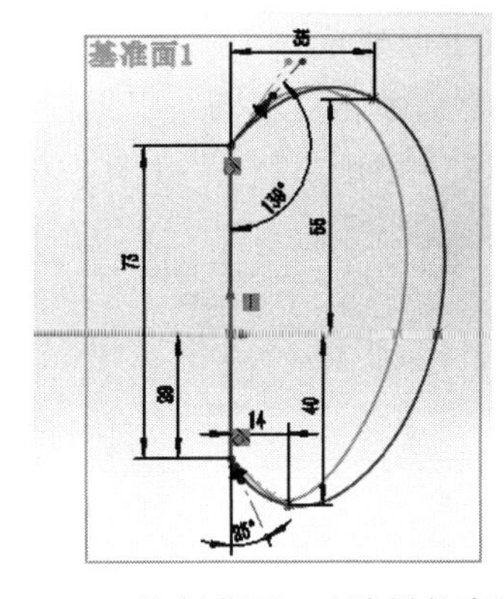

图 4-102　绘制草图 3（放样轮廓线）

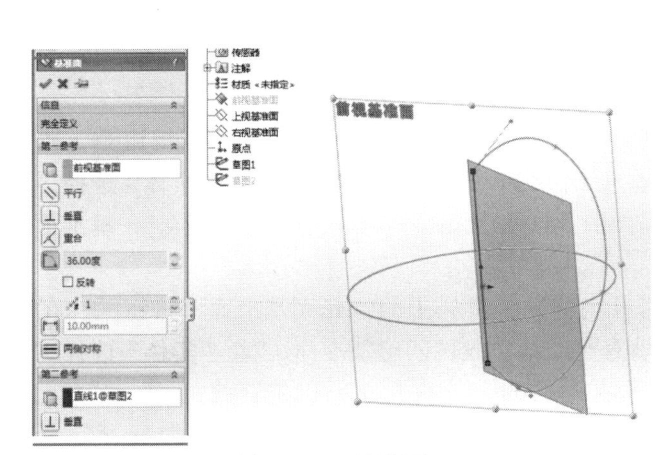

图 4-103　基准面 2

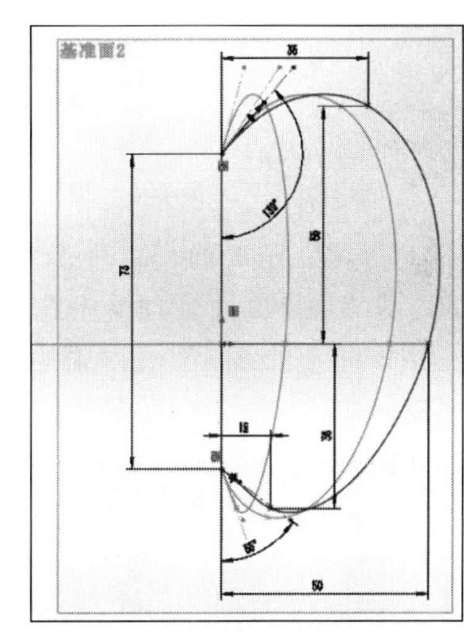

图 4-104　绘制草图 4（放样轮廓线）

（8）引导线放样（五分之一苹果）：单击“等轴测”按钮，单击“特征”工具栏中的“放样”按钮，出现“放样”属性管理器，在图形区域中依次将“草图 2”、“草图 3”和“草图 4”作为放样的轮廓线，指定“草图 1”为引导线，选择“开始约束”和“结束约束”为“垂直于轮廓”，如图 4-105 所示。单击“确定”按钮，生成引导线放样特征。

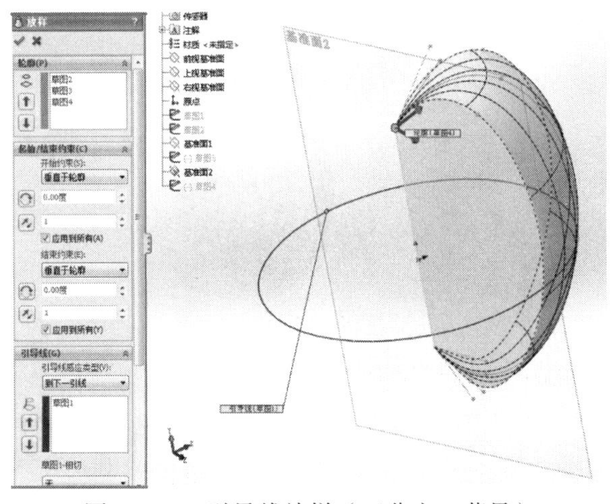

图 4-105　引导线放样（五分之一苹果）

（9）圆周阵列：单击单击“特征”工具栏中的“圆周阵列”按钮，出现“圆周阵列”属性管理器，“阵列轴”选择苹果实体直边，选中“等间距”复选框，“实例数”文本框输入“5”，“要阵列的特征”列表框中选择刚建立的“放样 1”，如图 4-106 所示。单击“确定”按钮，生成圆周阵列特征。

（10）创建草图 5：在 Feature Manager 设计树中选择“前视基准面”，单击“正视于”按钮，然后单击“草图”工具栏中的“草图绘制”按钮创建草图 5。绘制如图 4-107 所示的草图 5，关闭“草图”工具栏中的“草图绘制”按钮。

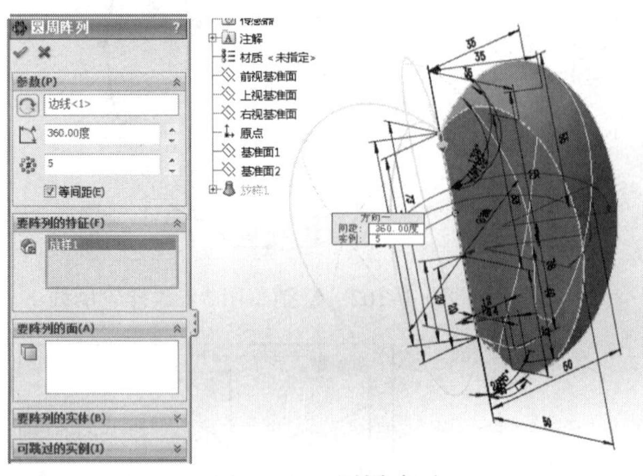

图 4-106　圆周阵列

图 4-107　绘制草图 5

（11）建立基准面 3：单击“参考几何体”工具栏中的“建立基准面”按钮，在弹出的“基准面”属性管理器中选择“垂直于曲线”方式创建基准面，“参考实体”选择“草图 5 中的样条曲线 1”及“端点 3”，如图 4-108 所示，单击“确定”按钮，基准面 3 就创建成功。

（12）建立基准面 4：单击“参考几何体”工具栏中的“建立基准面”按钮，在弹出的“基准面”属性管理器中选择“垂直于曲线”方式创建基准面，“参考实体”选择“草图 5 中的样条曲线 1”及“端点 1”，如图 4-109 所示，单击“确定”按钮，基准面 4 就创建成功。

图 4-108　建立基准面 3

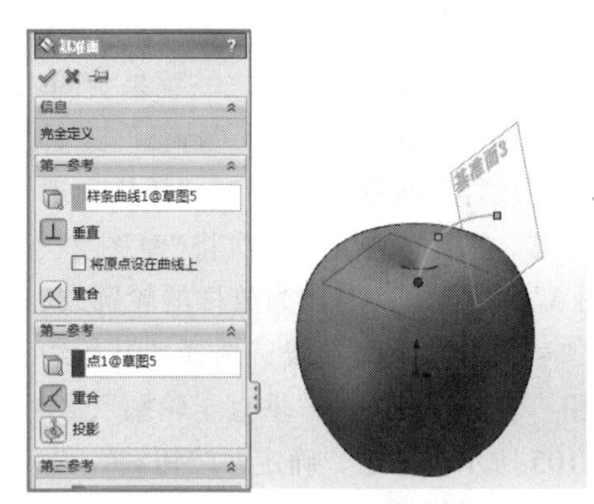

图 4-109　建立基准面 4

（13）创建草图 6：单击选取 Feature Manager 设计树中的基准面 3，然后单击“草图”工具栏中的“草图绘制”按钮创建草图 6。绘制如图 4-110 所示的草图 6，关闭“草图”工具栏中的“草图绘制”按钮。

（14）创建草图 7：单击选取 Feature Manager 设计树中的基准面 4，然后单击“草图”工具栏中的“草图绘制”按钮创建草图 7。绘制如图 4-111 所示的草图 7，关闭“草图”工具栏中的“草图绘制”按钮。

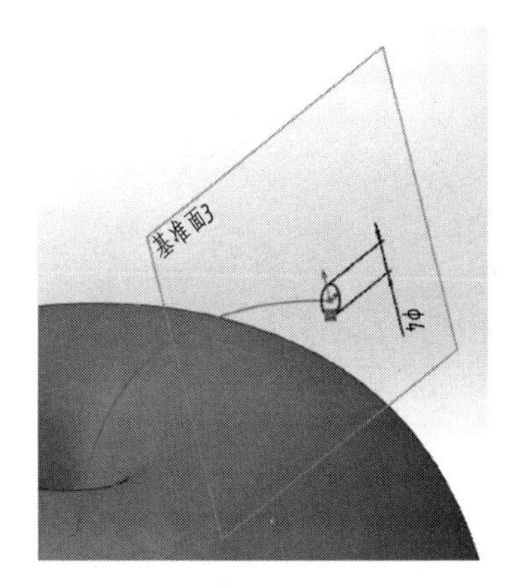

图 4-110　绘制草图 6

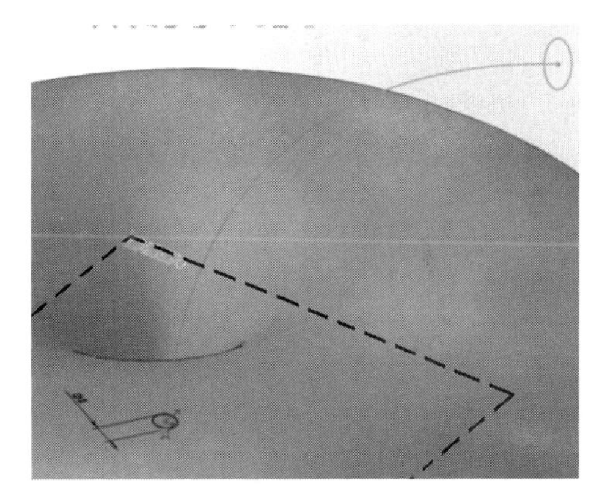

图 4-111　绘制草图 7

（15）引导线放样（苹果蒂）：单击“等轴测”按钮，单击“特征”工具栏中的“放样”按钮，出现“放样”属性管理器，在图形区域中依次将“草图 6”和“草图 7”作为放样的轮廓线，指定“草图 5”为引导线，如图 4-112 所示。单击“确定”按钮，生成引导线放样特征(苹果蒂),结果如图 4-98 所示。

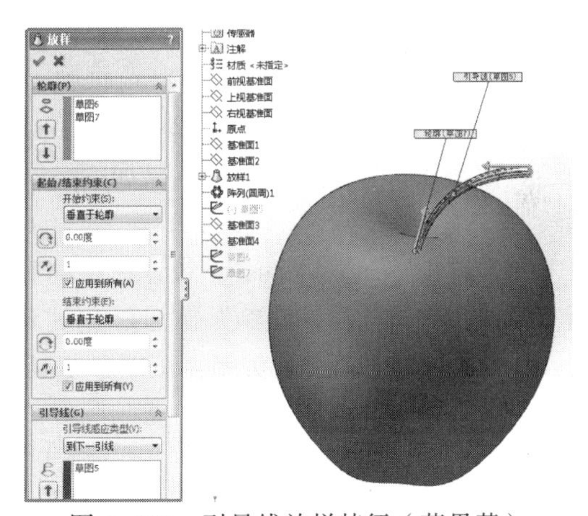

图 4-112　引导线放样特征（苹果蒂）

4.4.4　使用中心线放样

中心线放样是指使用一条变化的引导线作为中心线创建放样特征，在中心线放样特征中，中间截面的草图基准面都与此中心线垂直。中心线可以是绘制的曲线、模型的边线或曲线，中心线必须与每个闭环轮廓的内部区域相交。

以建立如图 4-113 所示的吊钩模型为例，介绍如何建立中心线放样特征。

建模步骤如下：

（1）新建文件：选择菜单栏中的“文件”|“新建”命令，弹出“新建 SolidWorks 文件”对话框，在该对话框中单击“零件”图标，单击“确定”按钮，单击“保存”按钮，文件名为“吊钩.SLDPRT”。

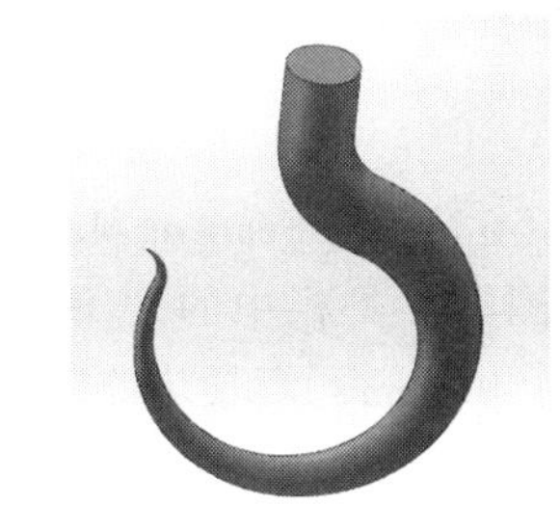

图 4-113　中心线放样——吊钩

（2）创建草图 1（放样中心线）：在 Feature Manager 设计树中选择“前视基准面”，单击“正视于”按钮，然后单击“草图”工具栏中的“草图绘制”按钮创建草图 1。绘制如图 4-114 所示的草图 1，关闭“草图”工具栏中的“草图绘制”按钮。

（3）建立 5 个基准面：单击“参考几何体”工具栏中的“建立基准面”按钮，建立如图 4-115 所示的基准面 1、基准面 2、基准面 3、基准面 4 和基准面 5。

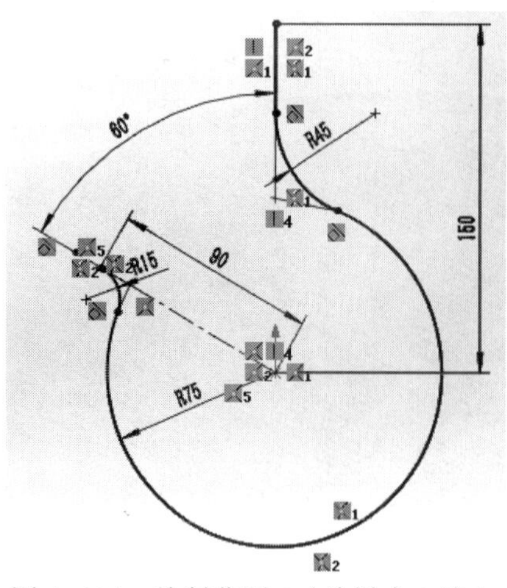

图 4-114　绘制草图 1（放样中心线）

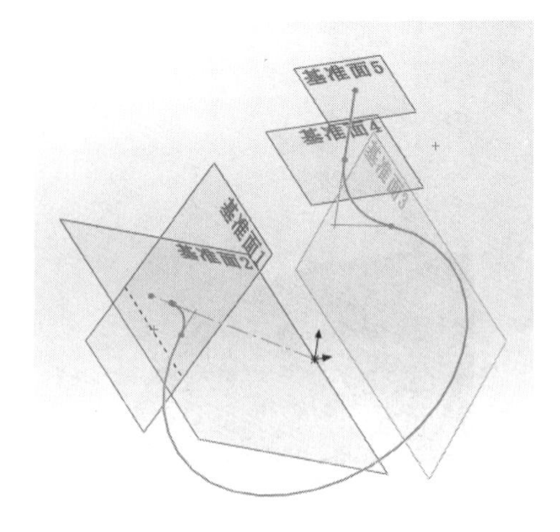

图 4-115　建立基准面

（4）创建草图 2（放样轮廓）：单击 Feature Manager 设计树中的基准面 1，单击“正视于”按钮，然后单击“草图”工具栏中的“草图绘制”按钮创建草图 2。单击草图工具栏中的绘点按钮，在原点绘制一点，如图 4-116 所示的草图 2，关闭“草图”工具栏中的“草图绘制”按钮。

（5）单击 Feature Manager 设计树中的基准面 2，单击“正视于”按钮，然后单击“草图”工具栏中的“草图绘制”按钮创建草图 3。以原点为圆心绘制直径为 6 mm 的圆，如图 4-117 所示的草图 3，关闭“草图”工具栏中的“草图绘制”按钮。

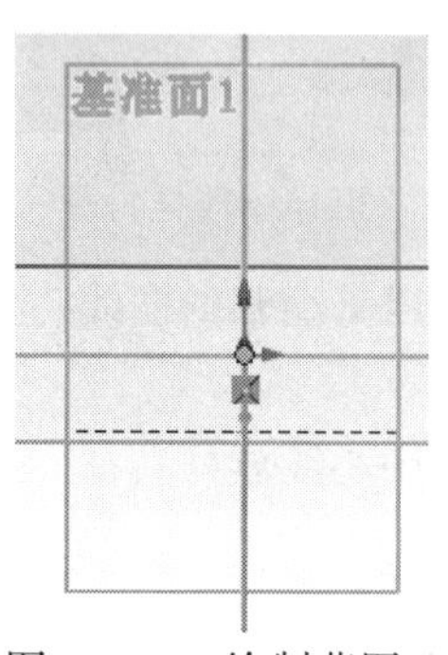

图 4-116　绘制草图 2

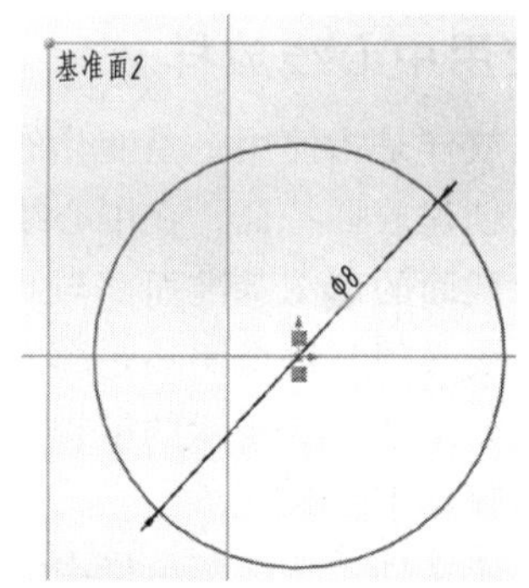

图 4-117　绘制草图 3

（6）单击 Feature Manager 设计树中的基准面 3，单击“正视于”按钮，然后单击“草图”工具栏中的“草图绘制”按钮创建草图 4。以原点为圆心绘制一个椭圆，长轴为 40 mm，短轴为 24 mm，如图 4-118 所示的草图 4，关闭“草图”工具栏中的“草图绘制”按钮。

（7）单击 Feature Manager 设计树中的基准面 4，单击“正视于”按钮，然后单击“草图”工具栏中的“草图绘制”按钮创建草图 5。以原点为圆心绘制直径为 36 mm 的圆，如图 4-119 所示的草图 5，关闭“草图”工具栏中的“草图绘制”按钮。

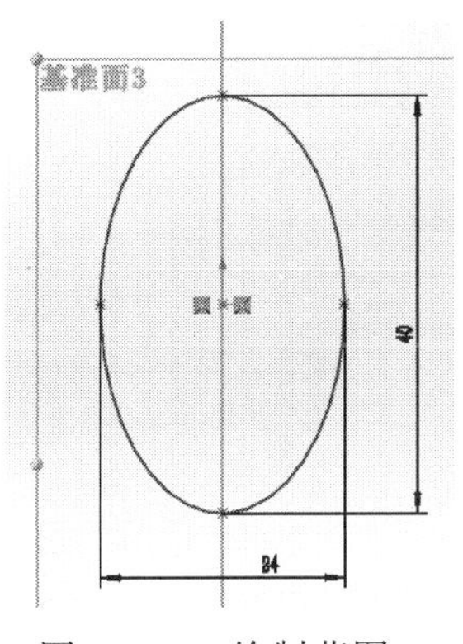

图 4-118　绘制草图 4

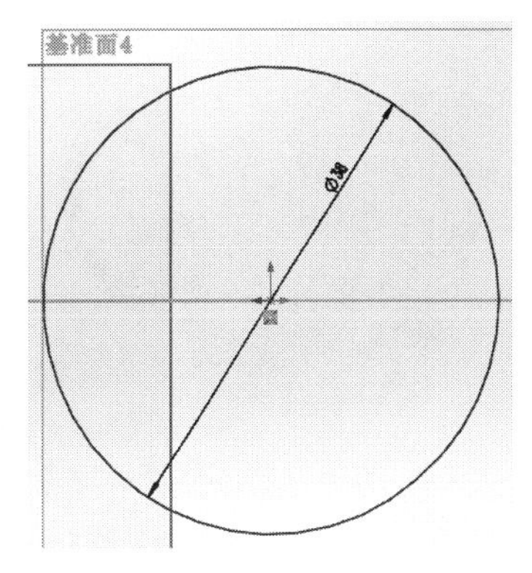

图 4-119　绘制草图 5

（8）单击 Feature Manager 设计树中的草图 5，按 Ctrl+C 组合键，然后单击选取 Feature Manager 设计树中的基准面 5，按 Ctrl+V 组合键，把草图 5 复制到基准面 5 上生成草图 6，如图 4-120 所示，关闭“草图”工具栏中的“草图绘制”按钮。

（9）单击“等轴测”按钮，单击“特征”工具栏中的“放样”按钮，出现“放样”属性管理器，“中心线参数”指定“草图 1”，“轮廓”依次指定“草图 2”“草图 3”“草图 4”“草图 5”和“草图 6”，如图 4-121 所示。最终结果如图 4-113 所示。

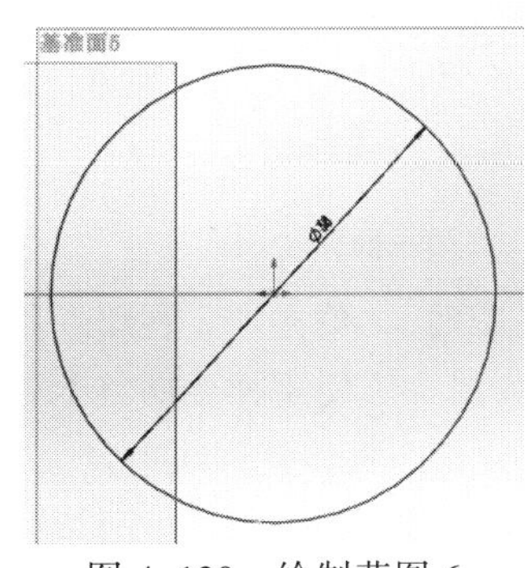

图 4-120　绘制草图 6

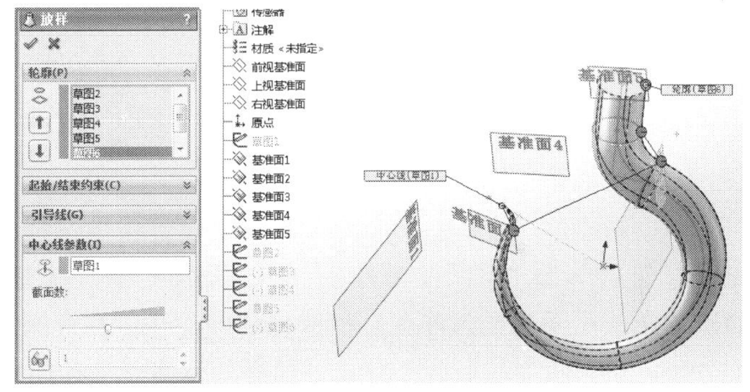

图 4-121　中心线放样

4.4.5　使用分割线放样

使用分割线在模型面上生成一个空间轮廓，然后使用此空间轮廓生成放样特征。

以建立如图 4-122 所示的杯子模型为例，介绍如何使用分割线放样。

建模步骤如下：

（1）新建文件：选择菜单栏中“文件”｜“新建”命令，弹出“新建 SolidWorks 文件”对话框，在该对话框中单击“零件”图标，单击“确定”按钮，单击“保存”按钮，将文件命名为“杯子.SLDPRT”。

（2）创建杯体：在 Feature Manager 设计树中选择“前视基准面”，单击“正视于”按钮，然后单击“草图”工具栏中的“草图绘制”按钮创建草图 1。绘制如图 4-123 所示的图形，单击“特征”工具栏中的“旋转”按钮，出现“旋转”属性管理器，设置以下选项，然后单击“确定”按钮，如图 4-124 所示。

图 4-122　使用分割线放样——杯子

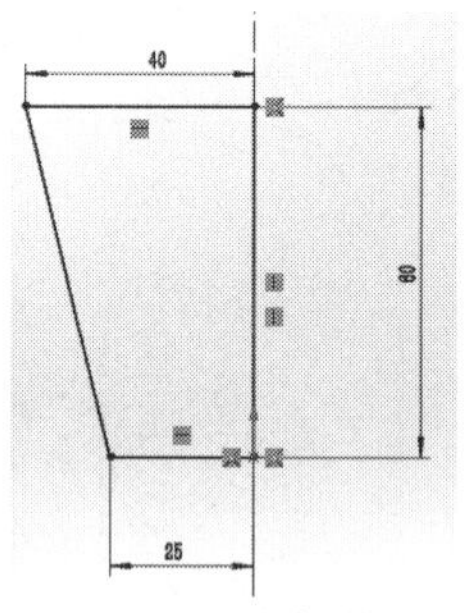

图 4-123　绘制草图 1

（3）抽壳：单击“特征”工具栏中的“抽壳”按钮，出现“抽壳”属性管理器，指定“抽壳厚度”为 3 mm，“移除的面”在绘图区域选择被杯体的上端面“面<1>”，然后单击“确定”按钮，如图 4-125 所示。

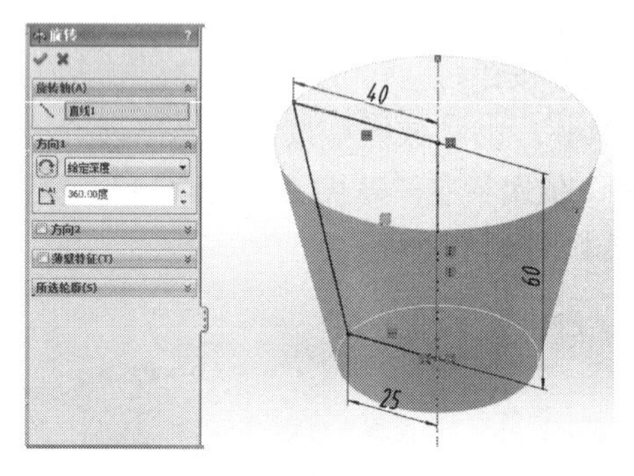

图 4-124　旋转得到杯体

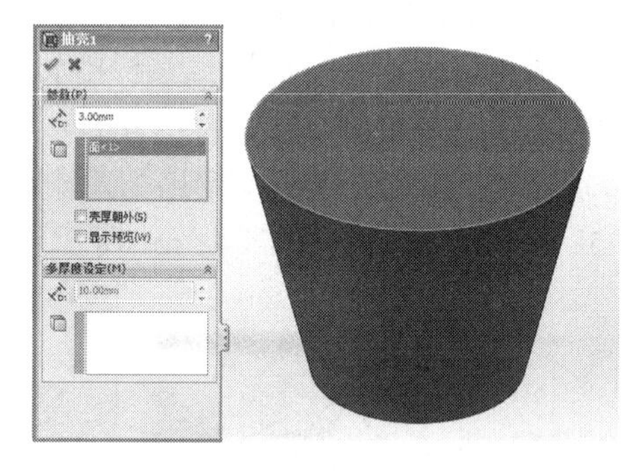
图 4-125　抽壳

（4）创建草图 2：在 FeatureManager 设计树中选择“前视基准面”，单击“正视于”按钮，然后单击“草图”工具栏中的“草图绘制”按钮创建草图 2。使用样条曲线绘制如图 4-126 所示的图形作为杯柄放样的中心线，曲线的两个端点分别与杯体轮廓线重合。

（5）建立两个基准面：单击“参考几何体”工具栏中的“建立基准面”按钮，建立如图 4-127 所示的基准面 1 和基准面 2。

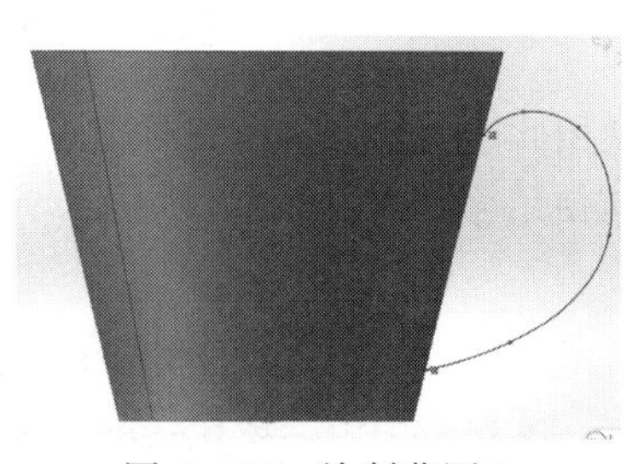
图 4-126　绘制草图 2

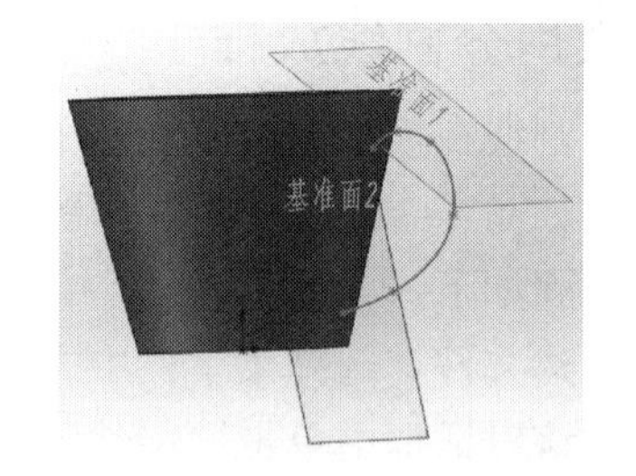

图 4-127　建立基准面

（6）创建草图 3：单击 Feature Manager 设计树中的基准面 1，单击“正视于”按钮，然后单击“草图”工具栏中的“草图绘制”按钮创建草图 3。以原点为圆心绘制一个椭圆，其中长轴为 8 mm，短轴为 3.5 mm，如图 4-128 所示，关闭“草图”工具栏中的“草图绘制”按钮。

（7）创建草图 4：用上述同样的方法，在基准面 2 上绘制草图 4。以原点为圆心绘制一个椭圆，其中长轴为 6 mm，短轴为 3 mm，如图 4-129 所示，关闭“草图”工具栏中的“草图绘制”按钮。

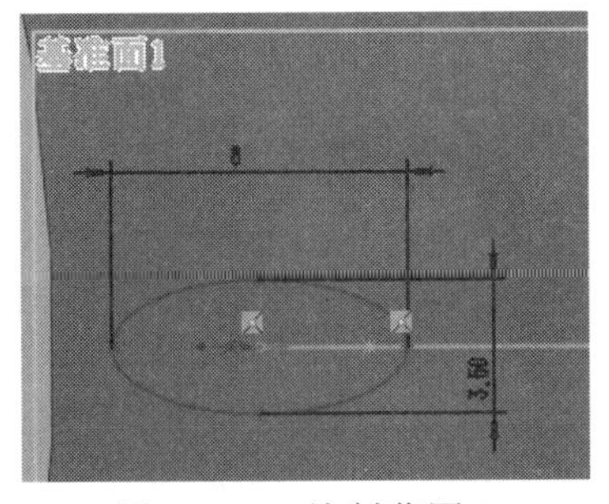

图 4–128　绘制草图 3

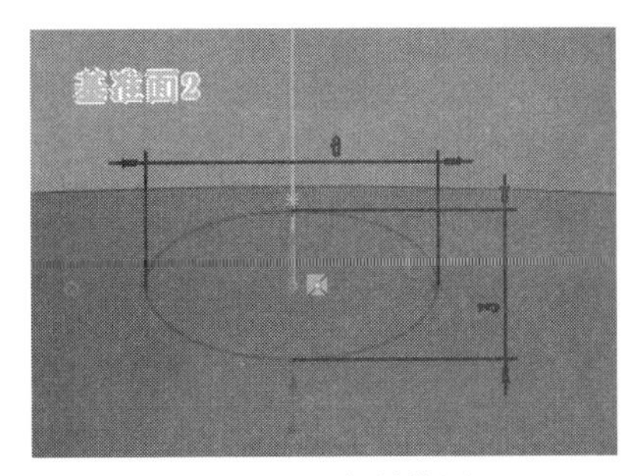

图 4–129　绘制草图 4

（8）生成分割线 1：单击“曲线”工具栏中的“分割线”按钮，在弹出的“分割线”属性管理器中，指定“要投影的草图”为“草图 3”，“要分割的面”为杯体回转表面“面<1>”，如图 4–130 所示。

（9）生成分割线 2：用上述同样的方法，由草图 4 向杯体回转表面投影生成分割线 2，如图 4–131 所示。

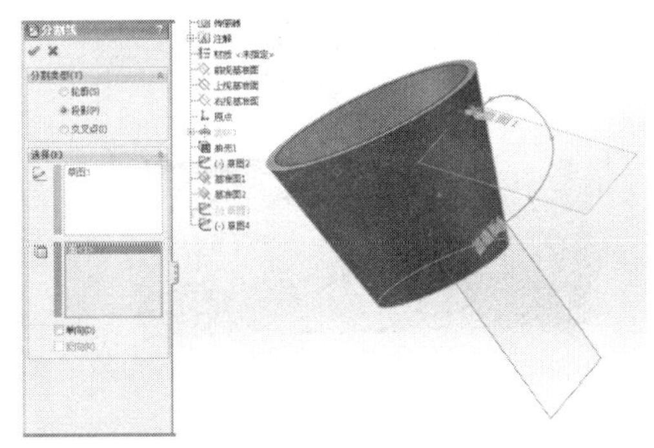
图 4–130　生成分割线 1

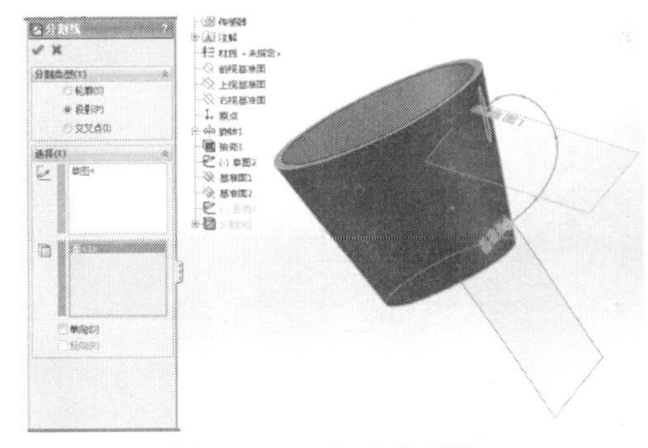
图 4–131　生成分割线 2

（10）使用分割线放样：单击“等轴测”按钮，单击“特征”工具栏中的“放样”按钮，出现“放样”属性管理器，“中心线参数”指定“草图 2”，“轮廓”依次指定分割线 1 中的“边线<1>”和分割线 2 中的“边线<2>”，单击“确定”按钮，如图 4–132 所示。

（11）杯口倒圆：单击“特征”工具栏中的“圆角”按钮，出现“圆角”属性管理器，“圆角半径”文本框中输入 1mm，“倒圆面”选择“面<1>”，单击“确定”按钮，如图 4–133 所示。最后结果如图 4–122 所示。

图 4–132　分割线放样

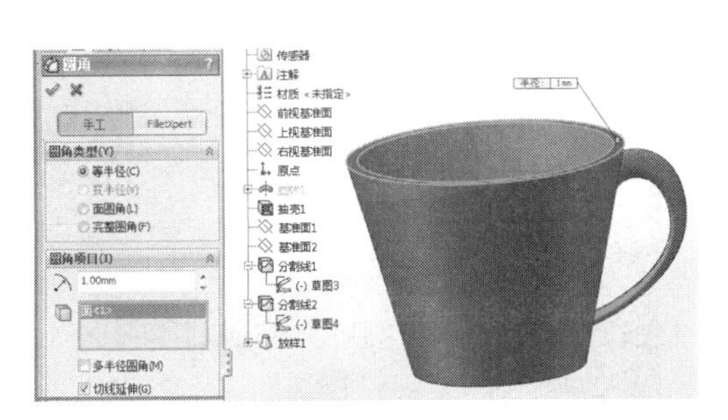
图 4–133　杯口倒圆

4.4.6 切除-放样

下面以建立如图 4-134 所示的模型为例，介绍如何使用引导线建立切除-放样。

建模步骤如下：

（1）新建文件：选择菜单栏中的“文件”｜“新建”命令，出现“新建 SolidWorks 文件”对话框，在该对话框中单击“零件”图标，单击“确定”按钮，单击“保存”按钮，将文件命名为“使用引导线建立切除-放样.SLDPRT”。

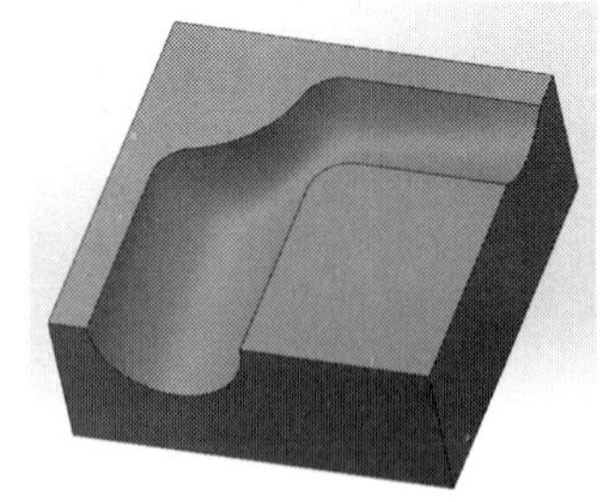

图 4-134　使用引导线建立切除-放样

（2）创建基体：在 Feature Manager 设计树中选择“前视基准面”，单击“正视于”按钮，然后单击“草图”工具栏中的“草图绘制”按钮创建草图 1，如图 4-135 所示。单击“特征”工具栏中的“拉伸凸台/基体”按钮，出现“拉伸”属性管理器，在“开始条件”下拉列表框中选择“深度”选项，在“深度”文本框中输入 40.00 mm，单击“确定”按钮，如图 4-136 所示。

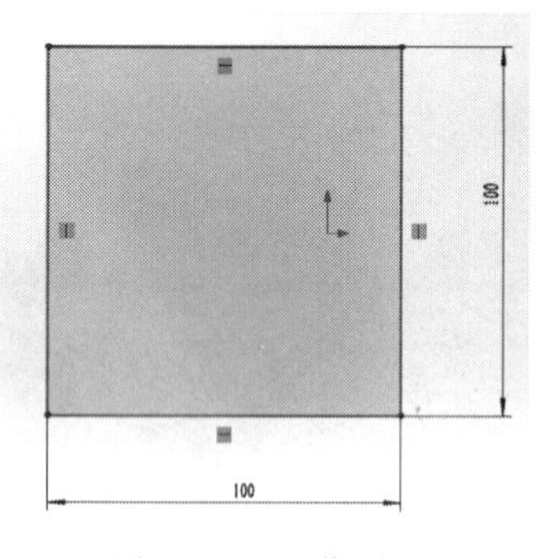

图 4-135　草图 1

图 4-136　创建基体

（3）创建草图 2：选择基体前端面，单击“正视于”按钮，然后单击“草图”工具栏中的“草图绘制”按钮创建草图 2，如图 4-137 所示，关闭“草图”工具栏中的“草图绘制”按钮。

（4）创建草图 3：选择基体右端面，单击“正视于”按钮，然后单击“草图”工具栏中的“草图绘制”按钮创建草图 3，如图 4-138 所示，关闭“草图”工具栏中的“草图绘制”按钮。

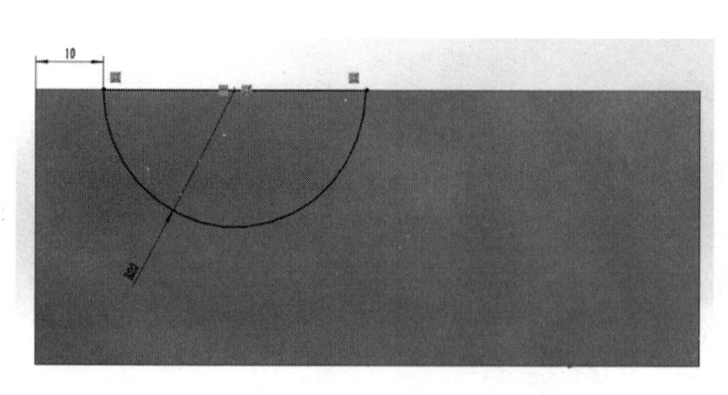

图 4-137　草图 2

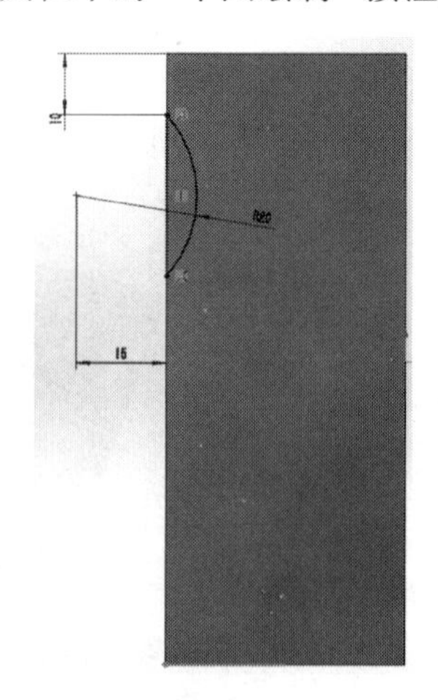

图 4-138　草图 3

（4）创建草图 4（引导线 1）：选择基体上平面，单击“正视于”按钮，然后单击“草图”工具栏中的“草图绘制”按钮创建草图 4，如图 4–139 所示，关闭“草图”工具栏中的“草图绘制”按钮。

（5）创建草图 5（引导线 2）：选择基体上平面，单击“正视于”按钮，然后单击“草图”工具栏中的“草图绘制”按钮创建草图 5，如图 4–140 所示，关闭“草图”工具栏中的“草图绘制”按钮。

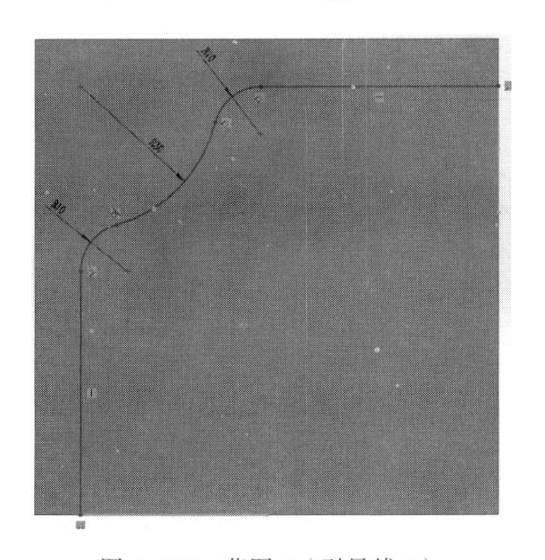

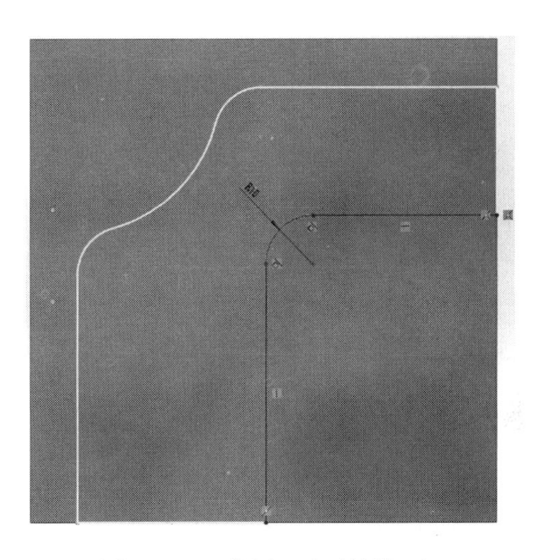

图 4–139　草图 4（引导线 1）　　图 4–140　草图 5（引导线 2）

（6）切除–放样：单击“特征”工具栏中的“放样切割”按钮，出现“切除–放样”属性管理器，在图形中选择“草图 3”和“草图 4”作为放样“轮廓”，选择“草图 5”和“草图 6”作为放样“引导线”，如图 4–141 所示，单击单击“确定”按钮，最后结果如图 4–134 所示。

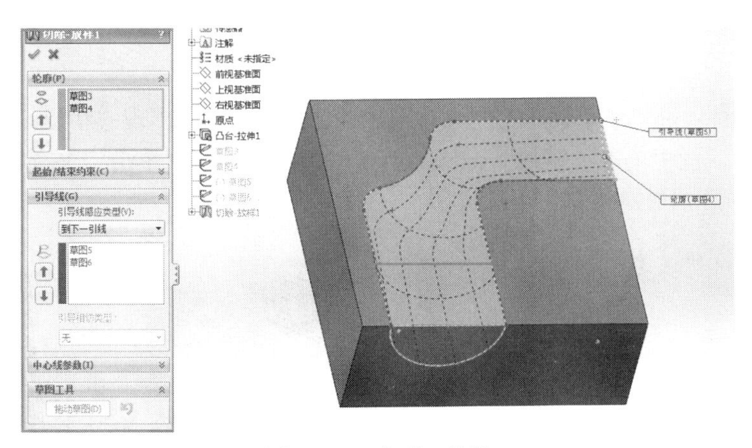

图 4–141　切除–放样

4.4.7　放样特征的综合应用——创建支撑模型

应用放样特征创建支承模型，如图 4–142 所示。

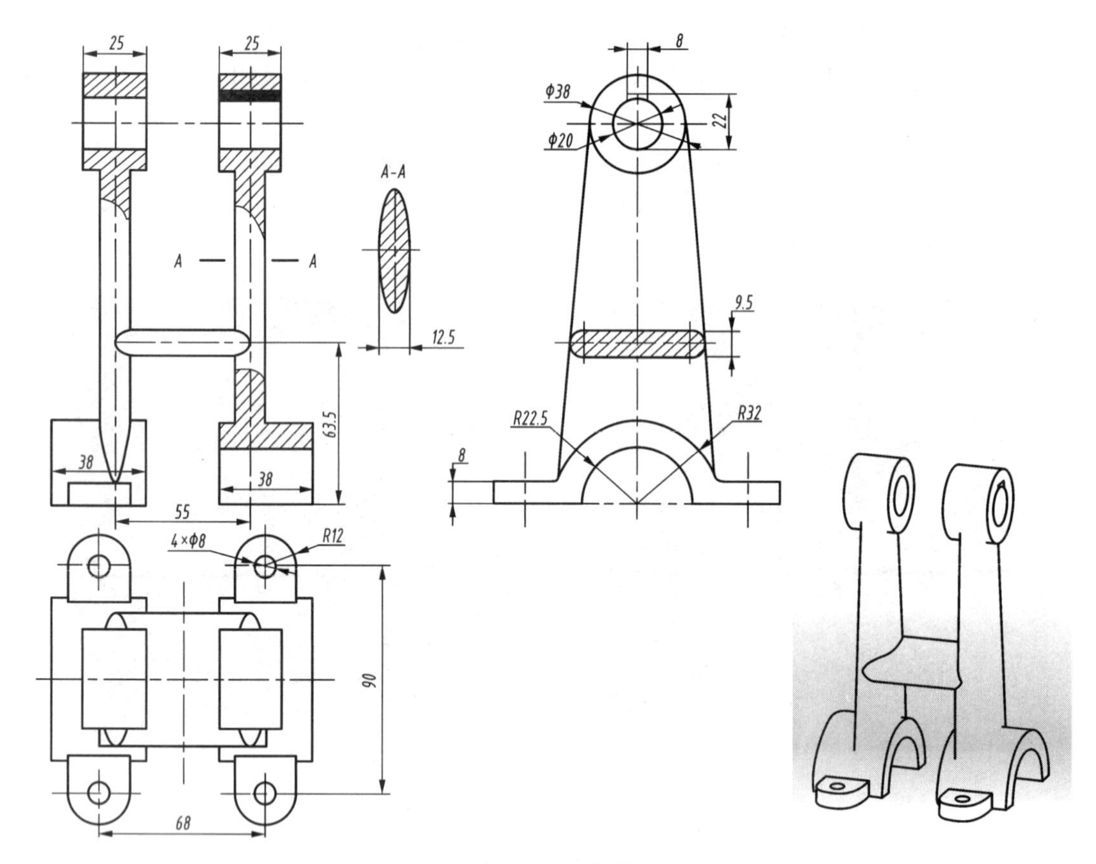

图 4-142　支承

建模分析：

支承是由大端、小端和连接部分组成，此模型的创建分为 10 部分来完成，如图 4-143 所示。

建模步骤：

（1）新建文件：选择菜单栏中的“文件” | “新建”命令，出现“新建 SolidWorks 文件”对话框，在该对话框中单击“零件”图标，单击“确定”按钮，单击“保存”按钮，将文件命名为“支承.SLDPRT”。

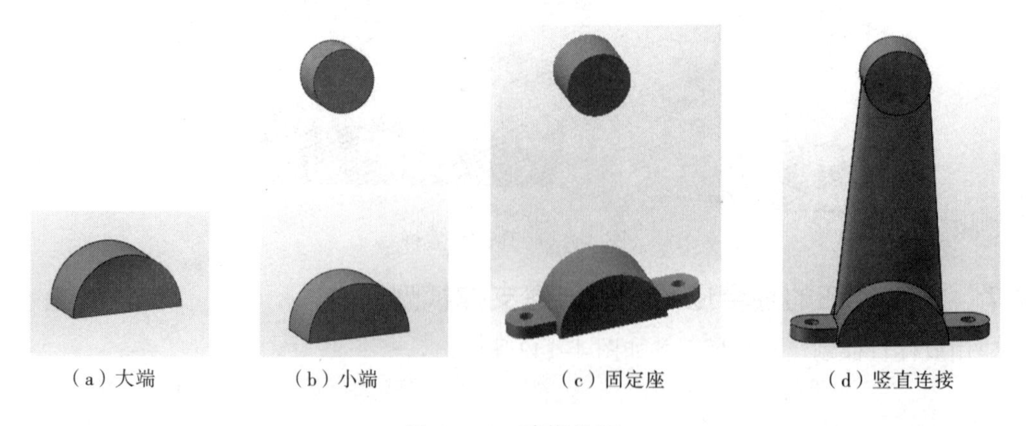

（a）大端　（b）小端　（c）固定座　（d）竖直连接

图 4-143　建模分析

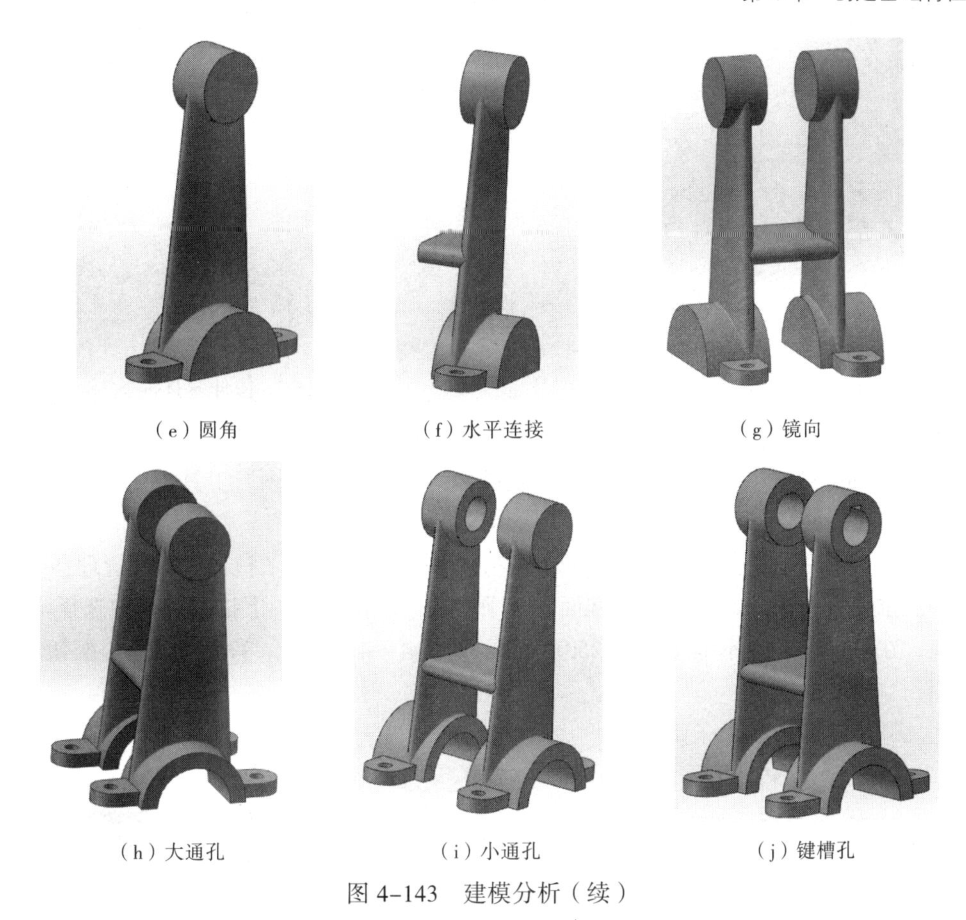

（e）圆角　（f）水平连接　（g）镜向

（h）大通孔　（i）小通孔　（j）键槽孔

图 4-143　建模分析（续）

（2）A 部分（大端）：

① 单击“参考几何体”工具栏中的“基准面”按钮，出现“基准面”属性管理器，在 Feature Manager 设计树中选择“右视基准面”，在“距离”文本框中输入 27.50 mm，如图 4-144 所示，基准面 1 即可建立，单击“确定”按钮。

图 4-144　创建基准面 1

② 在 Feature Manager 设计树中选择“基准面 1”，单击“草图”工具栏中的“草图绘制”按钮，进入草图绘制，绘制如图 4-145 所示的草图 1。

③ 单击“特征”工具栏中的“拉伸凸台/基体”按钮，出现“凸台-拉伸”属性管理器，在“开始条件”下拉列表框中选择“草图基准面”选项，在“终止条件”下拉列表框中选择“给定深度”选项，在“深度”文本框中输入 25.50 mm，选中“方向 2”选项组，在“终止条件”下拉列表框内选择“给定深度”选项，在“深度”文本框中输入 12.50 mm，如图 4-146 所示，单击“确定”按钮。

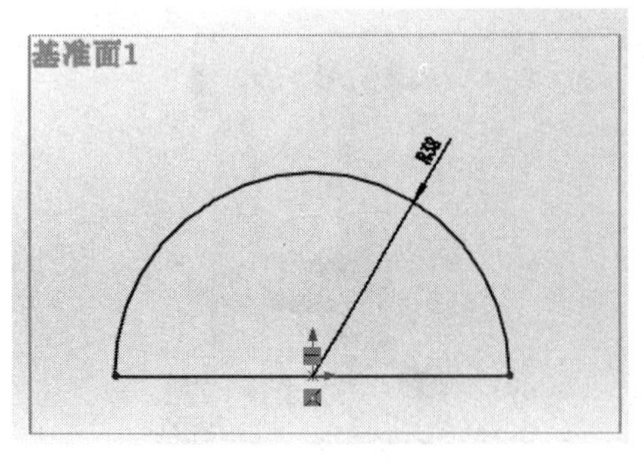

图 4-145　绘制草图 1

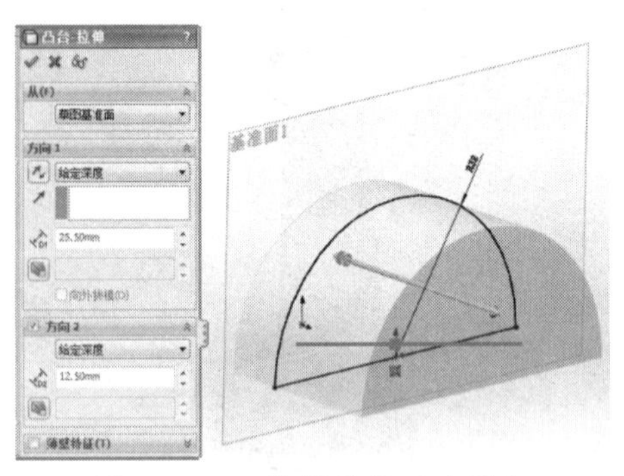

图 4-146　拉伸基体（大端）

（3）B 部分（小端）：

① 在 Feature Manager 设计树中选择“基准面 1”，单击“草图”工具栏中的“草图绘制”按钮，进入草图绘制，绘制如图 4-147 所示的草图 2。

② 单击“特征”工具栏中的“拉伸凸台/基体”按钮，出现“拉伸”属性管理器，在“开始条件”下拉列表框中选择“草图基准面”选项，在“终止条件”下拉列表框中选择“两侧对称”选项，在“深度”文本框中输入 25.00 mm，如图 4-148 所示，单击“确定”按钮。

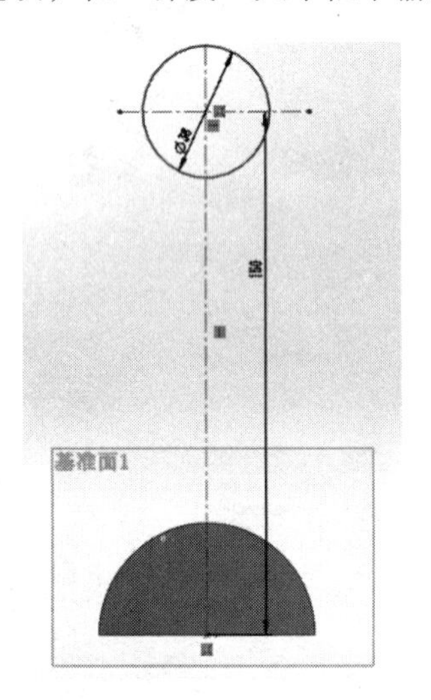

图 4-147　绘制草图 2

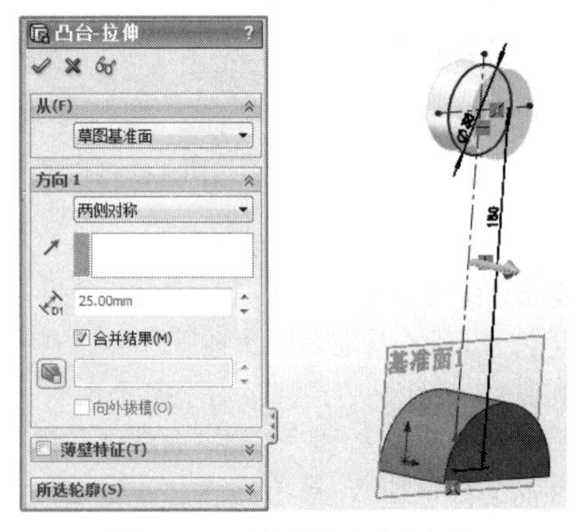

图 4-148　拉伸基体（小端）

（4）C 部分（固定座）：

① 在图形区选择“下底面”，单击“正视于”按钮，然后单击“草图”工具栏中的“草图绘制”按钮创建草图 3，如图 4-149 所示，关闭“草图”工具栏中的“草图绘制”按钮。

② 单击“特征”工具栏中的“拉伸凸台/基体”按钮，出现“凸台-拉伸”属性管理器，在“开始条件”下拉列表框中选择“草图基准面”选项，在“终止条件”下拉列表框中选择“给定深度”选项，在“深度”文本框中输入 8.00 mm，单击“确定”按钮，如图 4-150 所示。

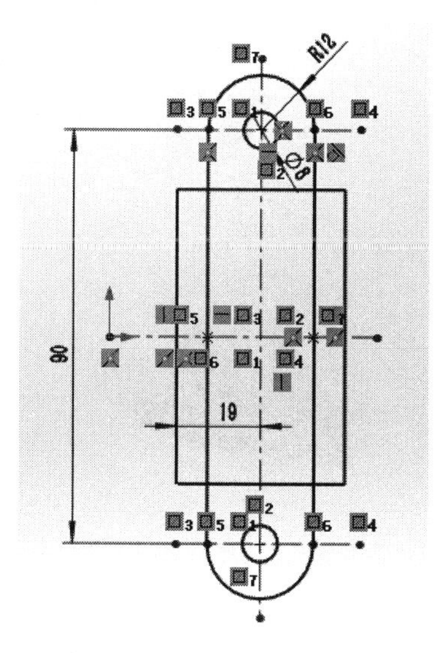

图 4-149　绘制草图 3

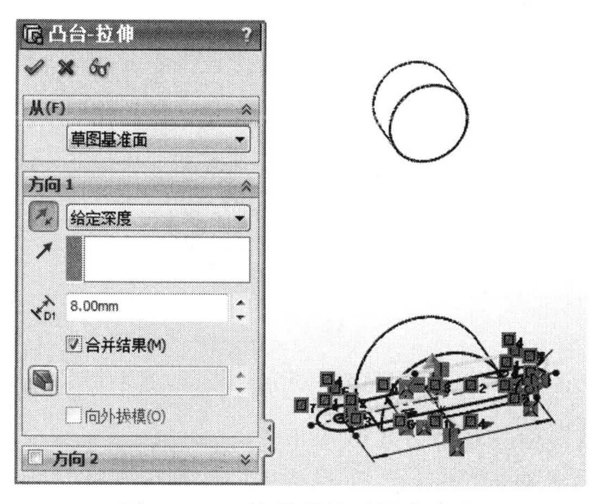

图 4-150　拉伸基体（固定座）

（5）D 部分（竖直连接）：

① 在 Feature Manager 设计树中选择“基准面 1”，单击“草图”工具栏中的“草图绘制”按钮，进入草图绘制，绘制如图 4-151 所示的草图 4。

② 单击“参考几何体”工具栏中的“基准面”按钮，出现“基准面”属性管理器，在图形区选择“点”和“下底面”，如图 4-152 所示，建立基准面 2。

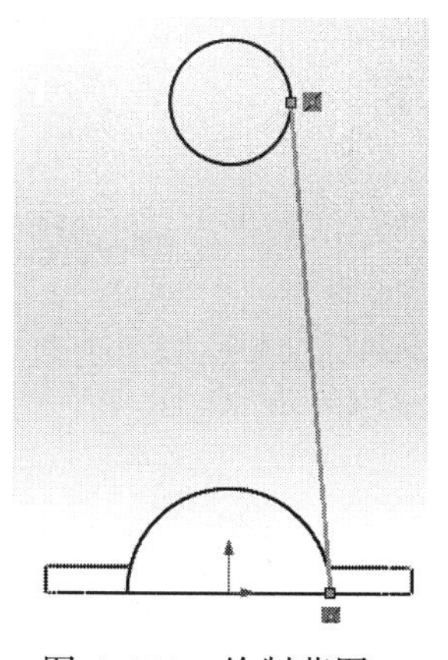

图 4-151　绘制草图 4

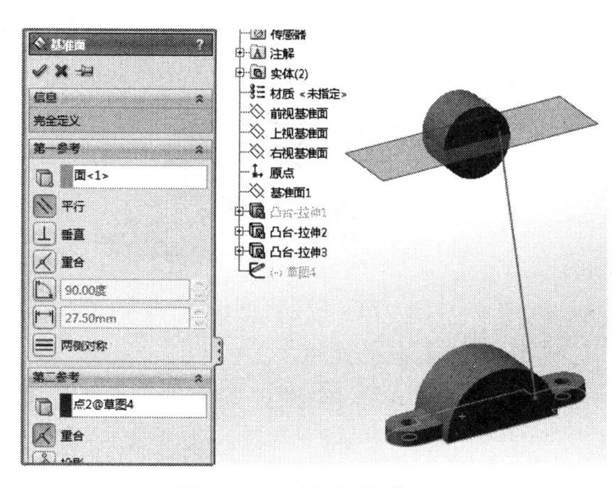

图 4-152　建立基准面 2

③ 在 Feature Manager 设计树中选择“基准面 2”，单击“草图”工具栏中的“草图绘制”按钮，进入草图绘制，绘制如图 4-153 所示的草图 5，关闭“草图”工具栏中的“草图绘制”按钮。

④ 在图形区选择“下底面”，然后单击“草图”工具栏中的“草图绘制”按钮创建草图 6，如图 4-154 所示，关闭“草图”工具栏中的“草图绘制”按钮。

⑤ 单击“特征”工具栏中的“放样”按钮，出现“放样”属性管理器，“引导线”指定“草图 4”，“轮廓”依次指定“草图 5”和“草图 6”，单击“确定”按钮，如图 4-155 所示。

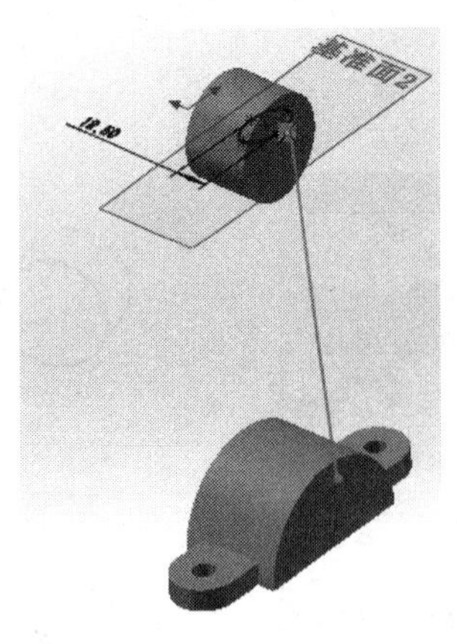

图 4-153　绘制草图 5

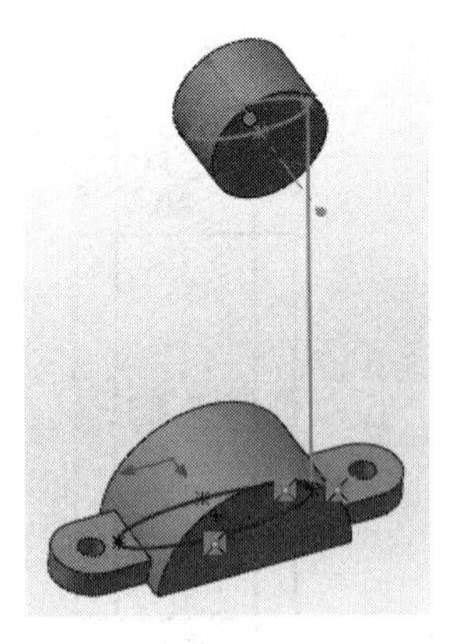

图 4-154　绘制草图 6

（6）E 部分（圆角）:

单击“特征”工具栏中的“圆角”按钮，出现“圆角”属性管理器，“圆角半径”文本框中输入 1.00 mm，选择“边线<1>、边线<2>、边线<3>和边线<4>”，单击“确定”按钮，如图 4-156 所示。

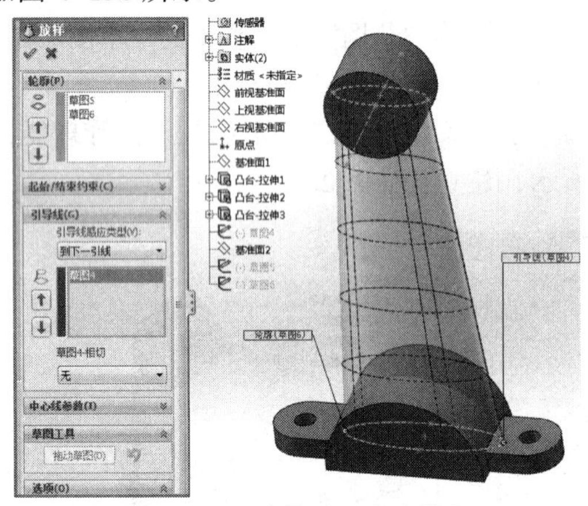

图 4-155　放样（竖直连接）

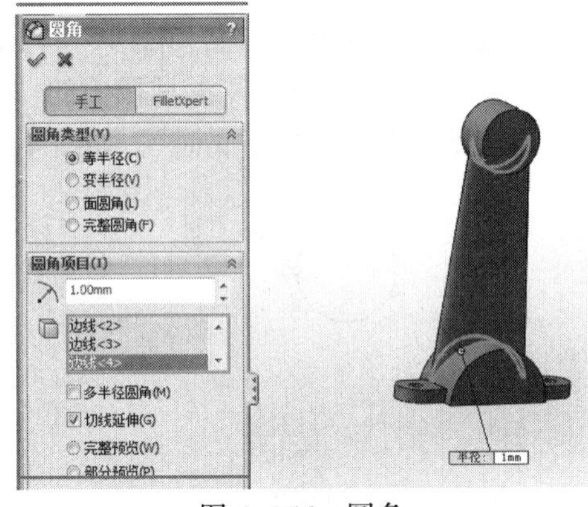

图 4-156　圆角

（7）F 部分（水平连接）:

① 在 Feature Manager 设计树中选择“右视基准面”，单击“草图”工具栏中的“草图绘制”按钮，进入草图绘制，绘制如图 4-157 所示的草图 7。

② 单击“特征”工具栏中的“拉伸凸台/基体”按钮，出现“拉伸”属性管理器，在“开始条件”下拉列表框中选择“草图基准面”选项，在“终止条件”下拉列表框中选择“成形到下一面”选项，单击“确定”按钮如图 4-158 所示。

（8）G 部分（镜向）:

单击“特征”工具栏中的“镜向”按钮，出现“镜向”属性管理器，选择“右视基准面”作为“镜向面”，在图形区中选择“实体”作为“要镜向的实体”，

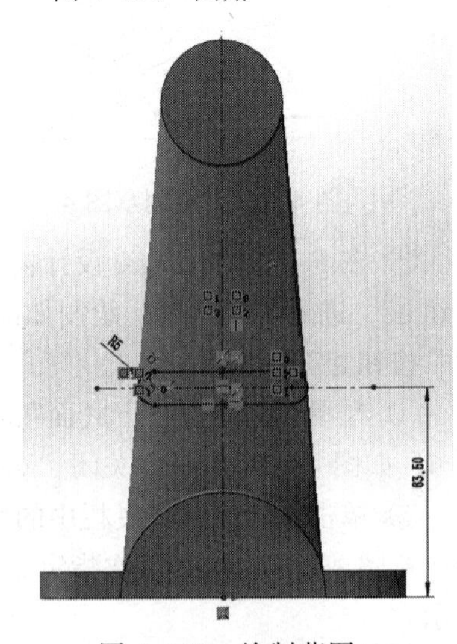

图 4-157　绘制草图 7

如图 4–159 所示。

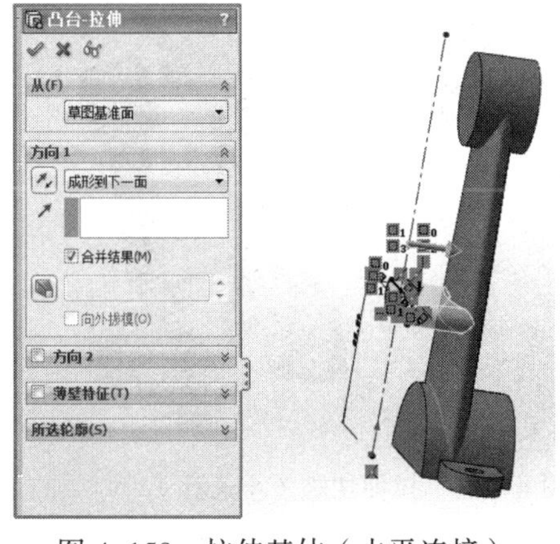

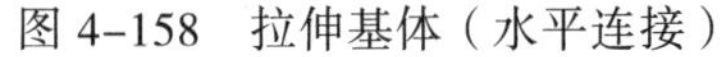

图 4–158　拉伸基体（水平连接）

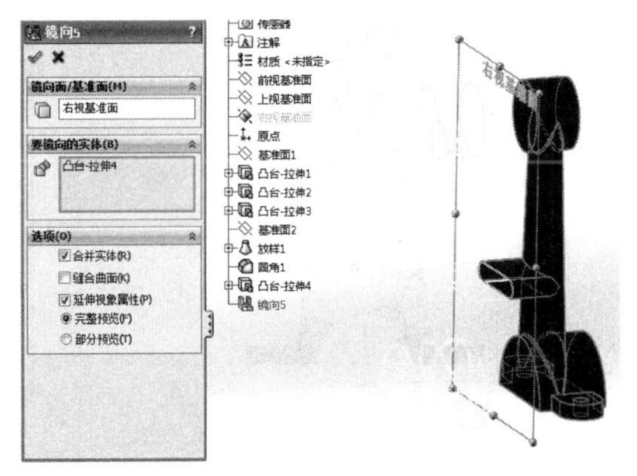

图 4–159　镜向

（9）H 部分（大通孔）：

① 在 Feature Manager 设计树中选择“右视基准面”，单击“草图”工具栏中的“草图绘制”按钮，进入草图绘制，绘制如图 4–160 所示的草图 8。

② 单击“特征”工具栏中的“拉伸切除”按钮，出现“切除–拉伸”属性管理器，在“开始条件”下拉列表框中选择“草图基准面”选项，在“终止条件”下拉列表框中选择“完全贯穿”选项，选中“方向 2”复选框，在“终止条件”下拉列表框中选择“完全贯穿”选项，单击“确定”按钮，如图 4–161 所示。

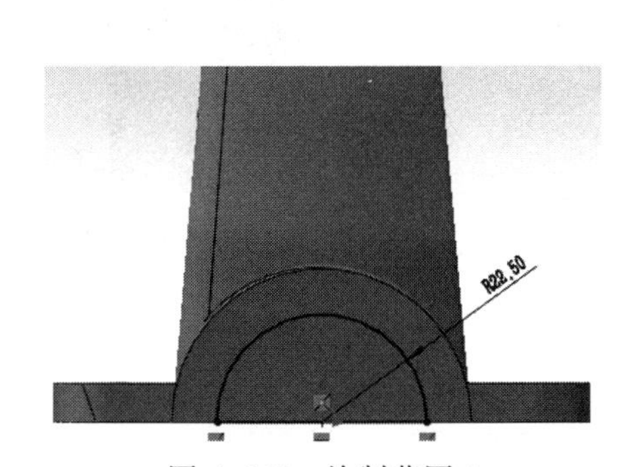

图 4–160　绘制草图 8

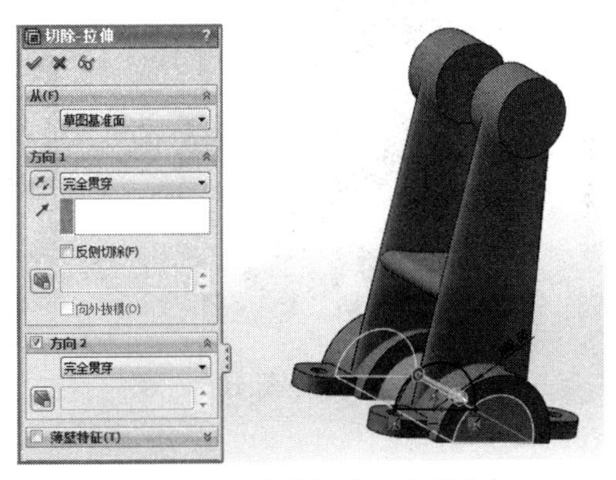

图 4–161　拉伸切除（大通孔）

（10）I 部分（小通孔）：

① 在 Feature Manager 设计树中选择“右视基准面”，单击“草图”工具栏中的“草图绘制”按钮，进入草图绘制，绘制如图 4–162 所示的草图 9。

② 单击“特征”工具栏中的“拉伸切除”按钮，出现“切除–拉伸”属性管理器，在“开始条件”下拉列表框选择“草图基准面”选项，在“终止条件”下拉列表框中选择“完全贯穿”选项，单击“确定”按钮，如图 4–163 所示。

（11）J 部分（键槽孔）

① 在 Feature Manager 设计树中选择“右视基准面”，单击“草图”工具栏中的“草图绘制”按钮，进入草图绘制，绘制如图 4–164 所示的草图 10。

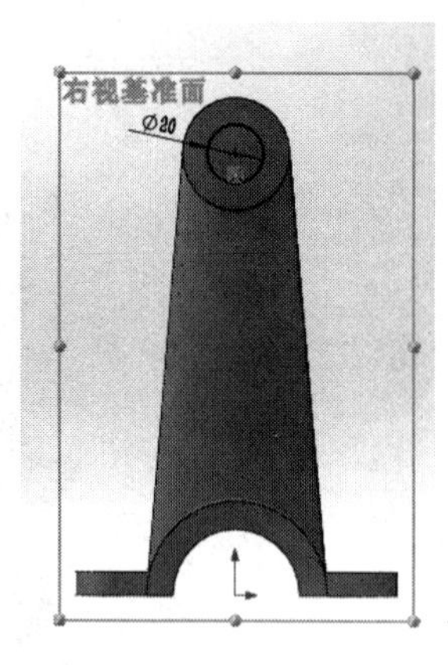

图 4-162　绘制草图 9

图 4-163　拉伸切除（小通孔）

② 单击“特征”工具栏中的“拉伸切除”按钮，出现“切除-拉伸”属性管理器，在“开始条件”下拉列表框中选择“草图基准面”选项，在“终止条件”下拉列表框中选择“完全贯穿”选项，单击“反向”按钮，单击“确定”按钮。最后结果如图 4-143（j），如图 4-165 所示。

图 4-164　绘制草图 10

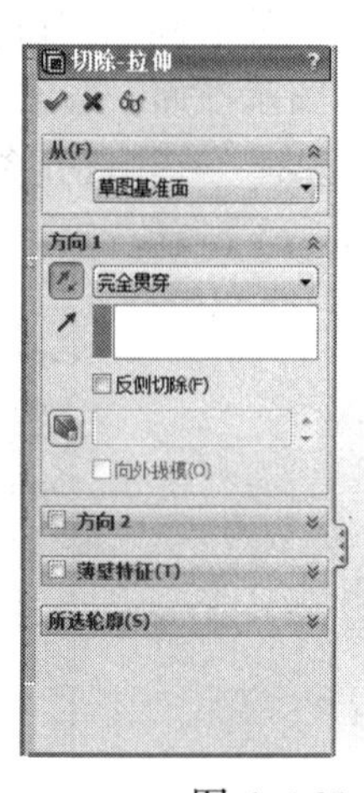

图 4-165　拉伸切除（键槽孔）

4.5　圆 角 特 征

使用圆角特征可以在零件上生成内圆角或外圆角。圆角特征在零件设计中起着重要作用。大多数情况下，如果能在零件特征上加入圆角，则有助于造型上的变化，或是产生平滑的效果。

SolidWorks2 012 可以为面上的所有边线、多个面、多个边线或边线环创建圆角特征。圆角的类型包括：等半径圆角、多半径圆角、圆形角圆角、逆转圆角、变半径圆角、混合面圆角等。

4.5.1　等半径圆角

等半径圆角是指对所选边线以相同的圆角半径进行倒圆角操作。

1. 单一边线圆角

单击“特征”工具栏中的“圆角”按钮，出现“圆角”属性管理器，选中“等半径”单选按钮，在图形区选择实体的单一边线，在“半径”文本框中输入 10.00 mm，单击“确定”按钮，生成圆角，如图 4–166 所示。

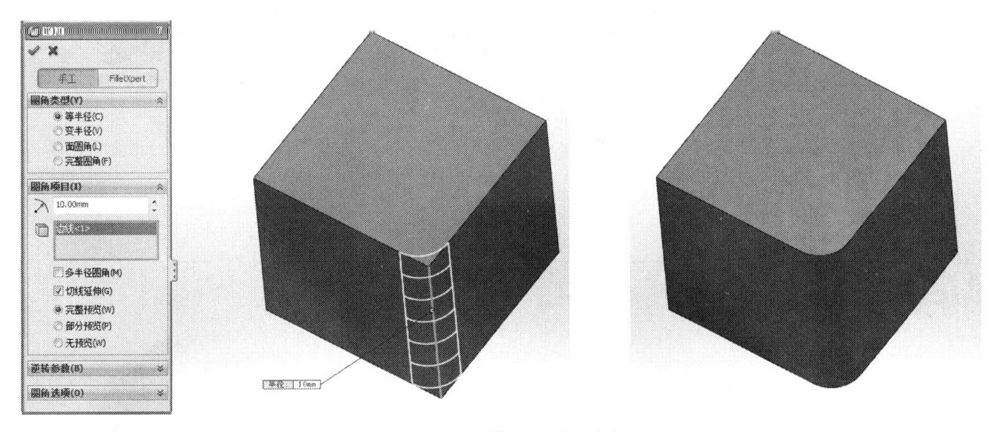

图 4–166　单一边线圆角

2. 多边线圆角

单击“特征”工具栏中的“圆角”按钮，出现“圆角”属性管理器，选中“等半径”单选按钮，在图形区选择多条实体的边线，在“半径”文本框中输入 10.00 mm，单击“确定”按钮，生成圆角如图 4–167 所示。

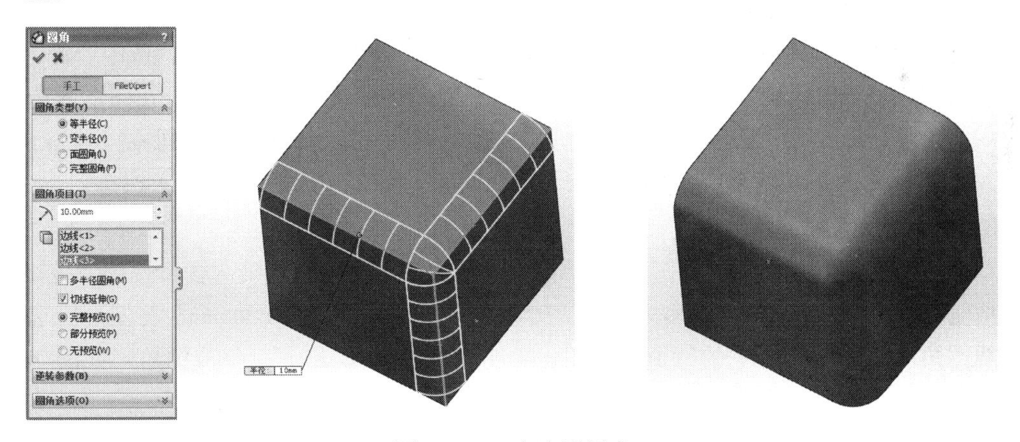

图 4–167　多边线圆角

3. 面边线圆角

单击“特征”工具栏中的“圆角”按钮，出现“圆角”属性管理器，选中“等半径”单选按钮，在图形区选择实体面，在“半径”文本框中输入 10.00 mm，单击“确定”按钮，生成圆角，如图 4–168 所示。

4. 多半径圆角

单击“特征”工具栏中的“圆角”按钮，出现“圆角”属性管理器，选中“等半径”单选按钮，选中“多半径圆角”复选框，在图形区选择多条边线，分别指定每一边线的圆角半径，单击“确定”按钮，生成圆角，如图 4–169 所示。

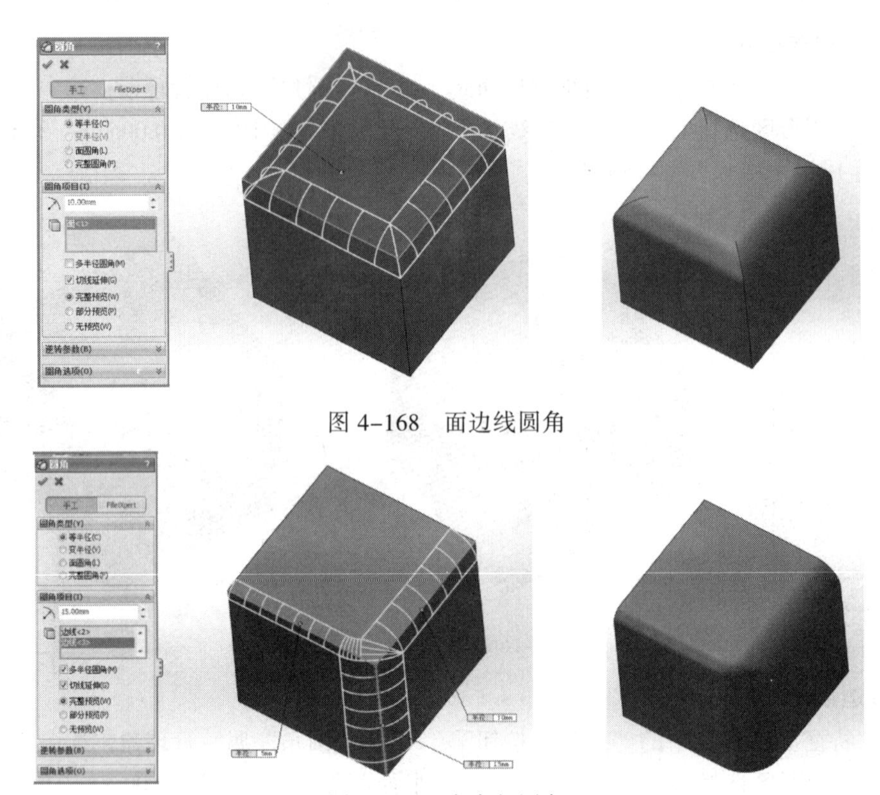

图 4-168　面边线圆角

图 4-169　多半径圆角

5．沿相切面生成圆角

单击“特征”工具栏中的“圆角”按钮，出现“圆角”属性管理器，选中“等半径”单选按钮，选中“切线延伸”复选框，在“半径”文本框中输入 20.00 mm，在图形区选择单一边线圆角时，会自动沿着与该边线相切的边线生成圆角，单击“确定”按钮，生成圆角，如图 4-170（a）所示。未选中“切线延伸”复选框时，效果如图 4-170（b）所示。

6．保持特征生成圆角

单击“特征”工具栏中的“圆角”按钮，出现“圆角”属性管理器，选中“等半径”单选按钮，选中“保持特征”复选框，在“半径”文本框中输入 20.00 mm，在图形区选择单一边线圆角时，受圆角影响的特征会保留，单击“确定”按钮，生成圆角，如图 4-171 所示。

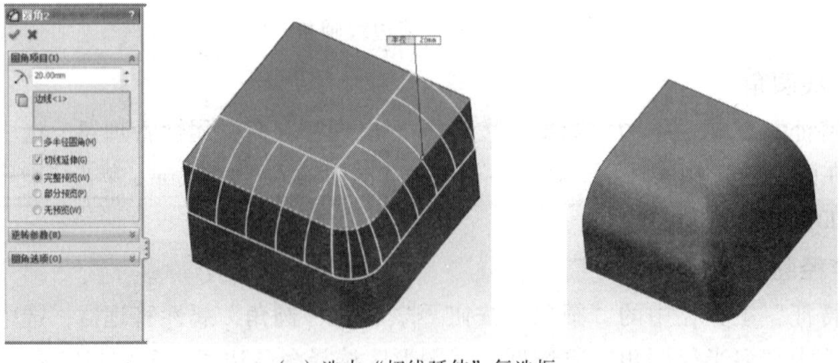

（a）选中“切线延伸”复选框

图 4-170　沿相切面生成圆角

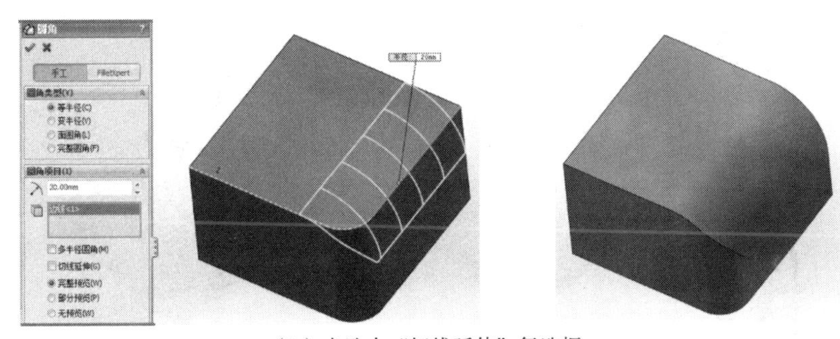

（b）未选中“切线延伸”复选框

图 4–170　沿相切面生成圆角（续）

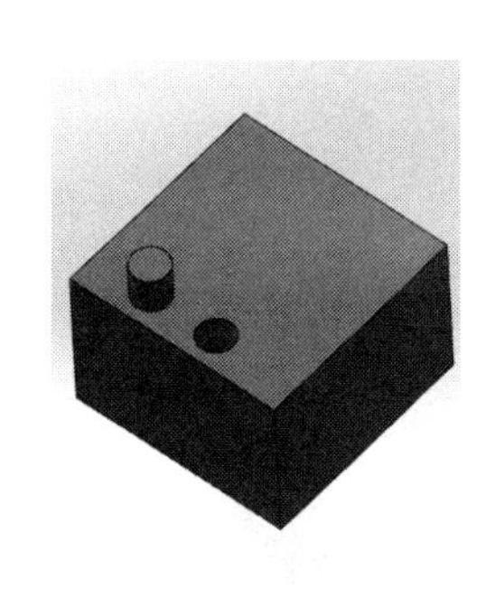

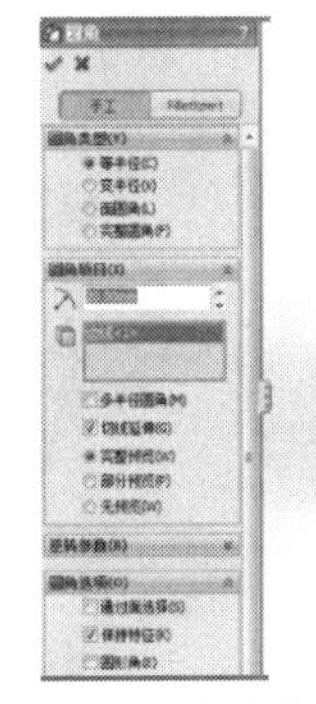

（a）原图　　（b）选中“保持特征”复选框　　（c）结果

图 4–171　保持特征生成圆角

7．圆形角圆角

单击“特征”工具栏中的“圆角”按钮，出现“圆角”属性管理器，选中“等半径”单选按钮，选中“圆形角”复选框，在“半径”文本框内输入 10.00 mm，在图形区选择四条边线，单击“确定”按钮，生成圆角，如图 4–172（a）所示。未选中“图形角”复选框时，效果如图 4–172（b）所示。

8．圆角的扩展方式

单击“特征”工具栏上的“圆角”按钮，出现“圆角”属性管理器，选中“等半径”单选按钮，选中“圆形角”复选框，在“半径”文本框内输入 15.00 mm，在图形区选择单一边线，选中“保持边线”复选框或“保持曲面”复选框，单击“确定”按钮，生成圆角，如图 4–173 所示。

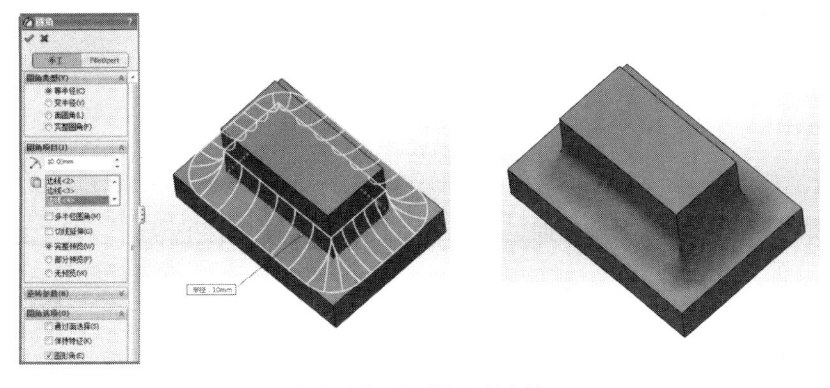

（a）选中“圆形角”复选框

图 4–172　圆形角圆角

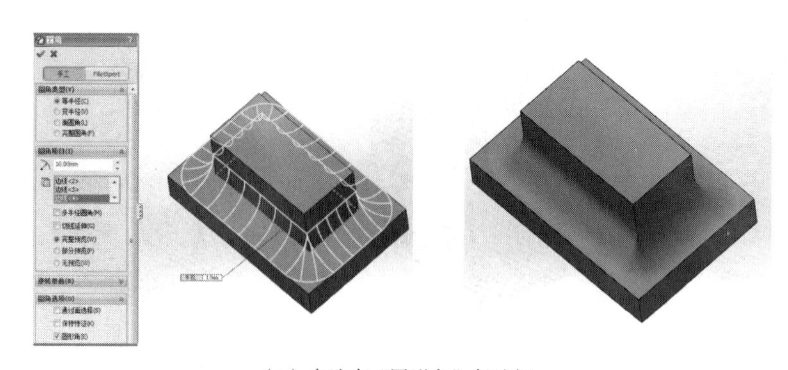

（b）未选中“圆形角”复选框

图 4-172　圆形角圆角（续）

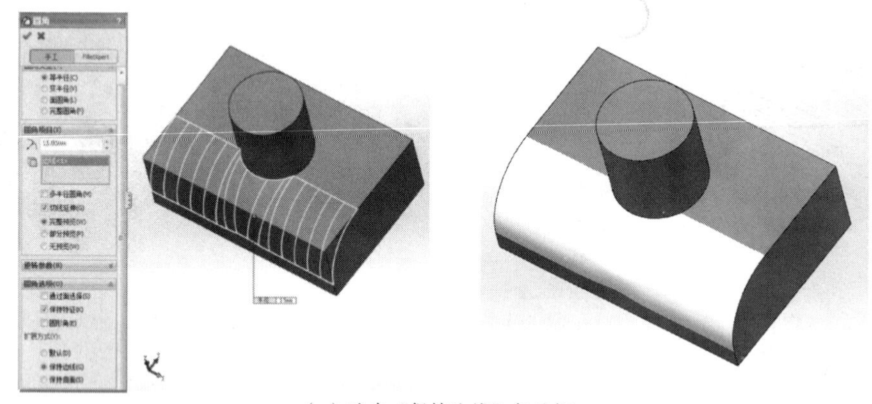

（a）选中“保持边线”复选框

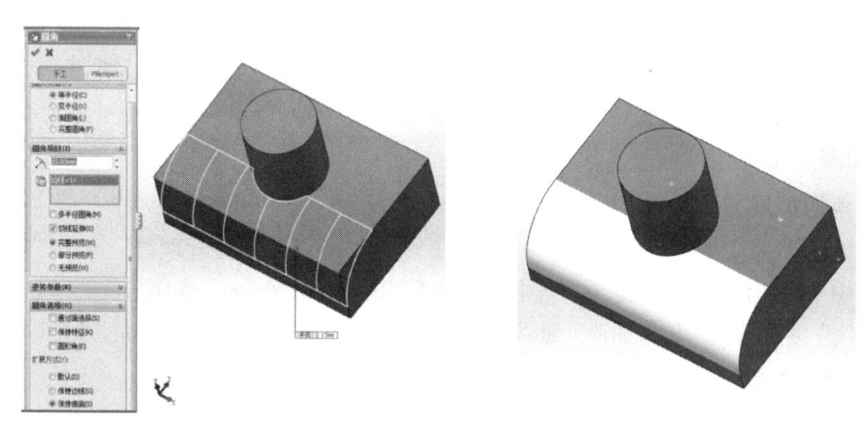

（b）选中“保持曲面”复选框

图 4-173　圆角的扩展方式

9．设置逆转参数

设置逆转参数是为了改善圆角面，避免尖点，使圆角面更趋平滑。

单击“特征”工具栏中的“圆角”按钮，出现“圆角”属性管理器，选中“等半径”单选按钮，在“半径”文本框中输入 10.00 mm，激活“边线、面、特征和环”列表框，在图形区选择 3 条边线，激活“逆转顶点”列表框，在 3 个逆转标示中分别输入逆转值 12.00 mm、5.00 mm 和 12.00 mm，单击“确定”按钮，生成圆角，如图 4-174 所示。

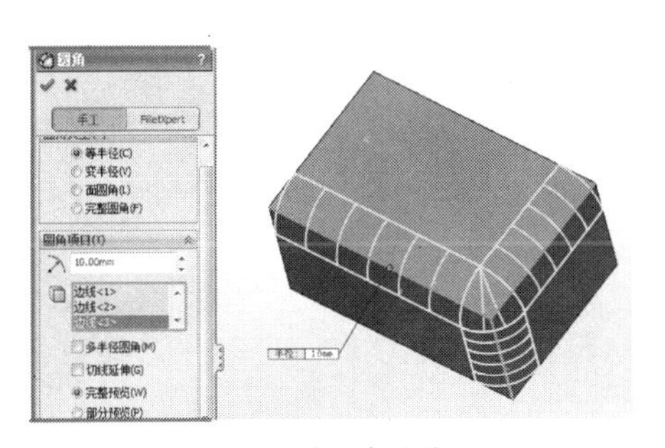

（a）选中 3 条边线

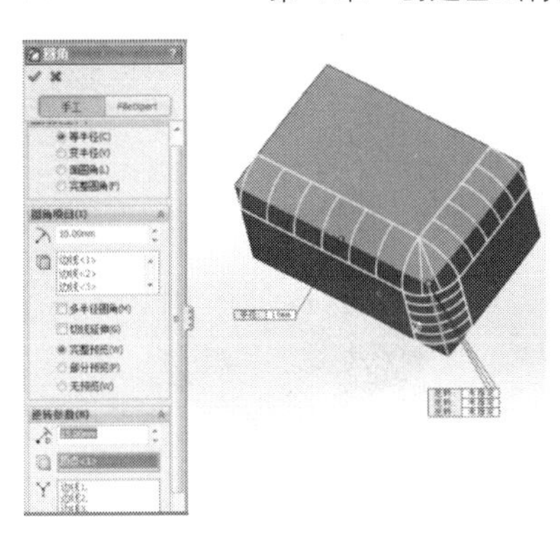

（b）激活“逆转顶点”复选框

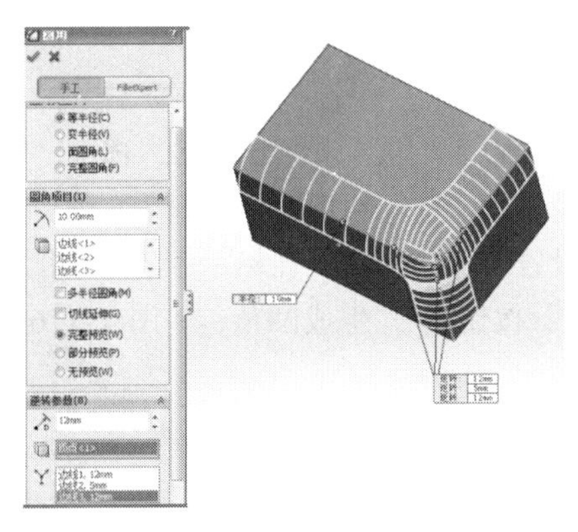

（c）输入 3 个逆转参数

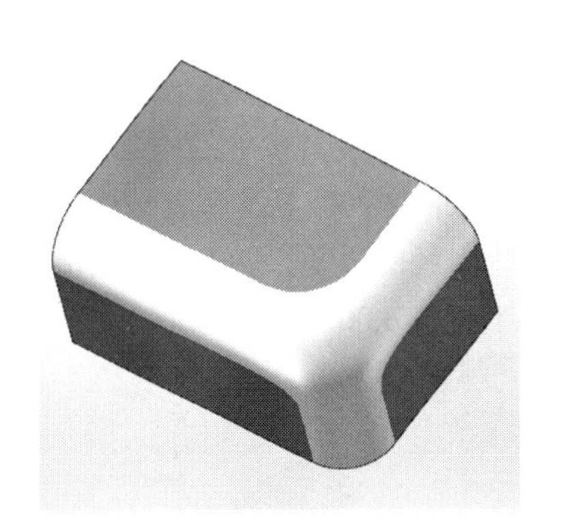

（d）设置逆转参数

图 4-174　选择“逆转顶点”，设置逆转值

4.5.2　变半径圆角

变半径圆角必须有一连续的边线才可进行。

1．单一边线变半径圆角

单击“特征”工具栏中的“圆角”按钮，出现“圆角”属性管理器，选中“变半径”单选按钮，在图形区选择要变半径的边线，在边线的两端点会出现设置半径的标示，在标示中的“未指定”部分分别输入半径值 15.00 mm 和 5.00 mm，选中“平滑过渡”或“直线过渡”单选按钮，单击“确定”按钮，生成圆角，如图 4-175 所示。

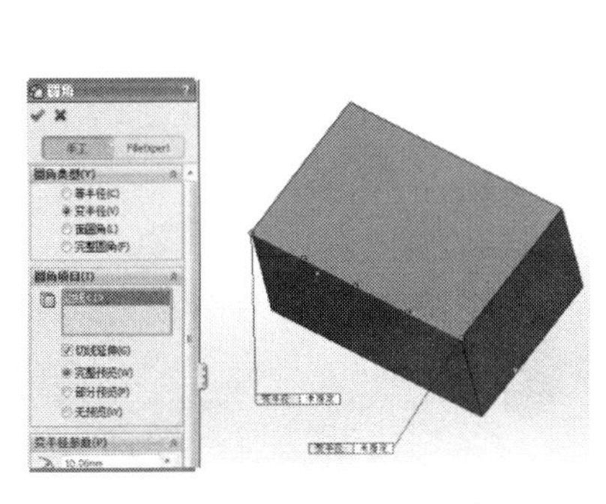

（a）选中“变半径”及边线

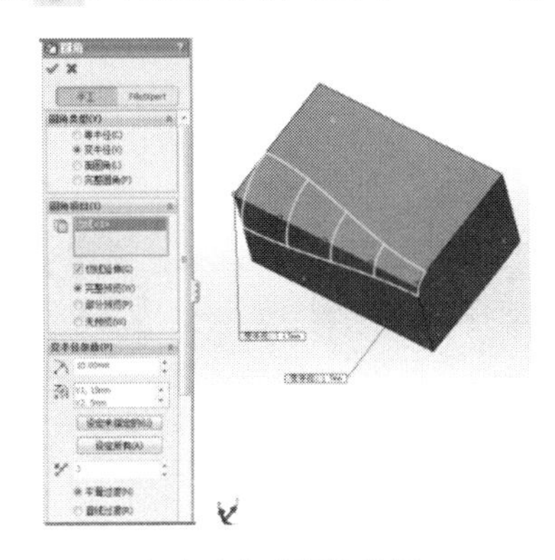

（b）选中“平滑过渡”

（c）“平滑过渡”的结果

图 4-175　单一边线变半径圆角

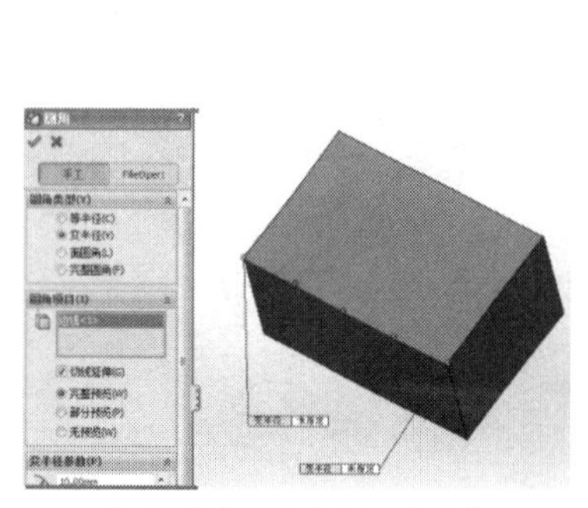
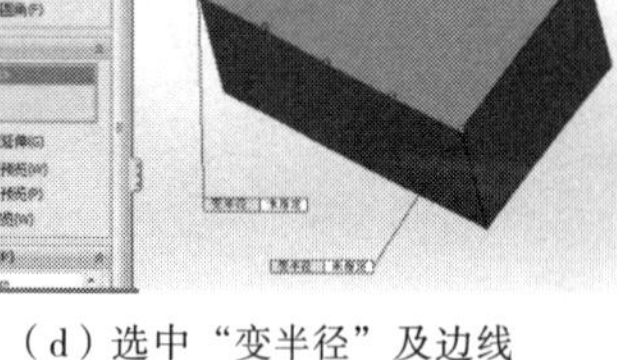

（d）选中“变半径”及边线

（e）选中“直线过渡”

（f）“直线过渡”的结果

图 4-175　单一边线变半径圆角（续）

2．多边线连续变化圆角

单击“特征”工具栏中的“圆角”按钮，出现“圆角”属性管理器，选中“变半径”单选按钮，取消“切线延伸”复选框，激活“边线、面、特征和环”列表框，在图形区域中依次选择要变半径的边线，在边线的两端点会出现设置半径的标示，在标示中的“未指定”部分分别输入半径值 3.00 mm 和 6.00 mm，单击“确定”按钮，生成圆角，如图 4-176 所示。

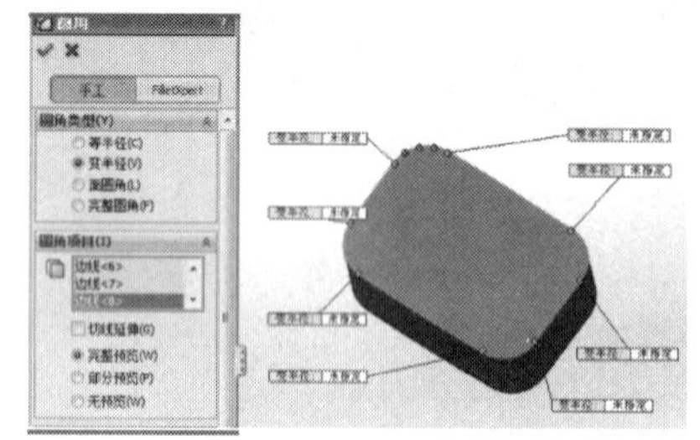

（a）选中“变半径”及边线

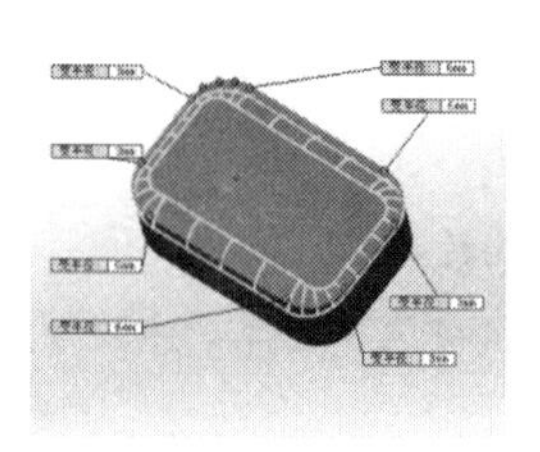

（b）输入半径值

（c）最后的结果

图 4-176　多边线连续变化圆角

3．使用变半径控制点圆角

单击“特征”工具栏中的“圆角”按钮，出现“圆角”属性管理器，选中“变半径”单选按钮，取消选中“切线延伸”复选框，激活“边线、面、特征和环”列表框，在图形区域中选择实体的单一边线，选中变半径圆角顶点之间的控制点并指定半径值，在标示中的“未确定”部分分别输入半径值 3.00 mm、5.00 mm、15.00 mm、5.00 mm 和 3.00 mm，单击“确定”按钮，生成圆角，如图 4-177 所示。

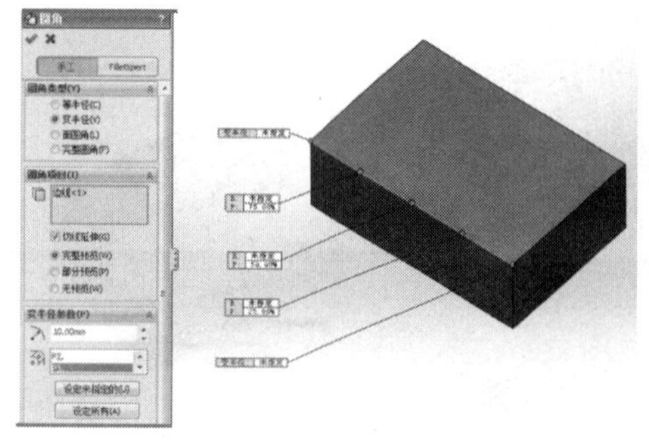

（a）选中“变半径”及边线

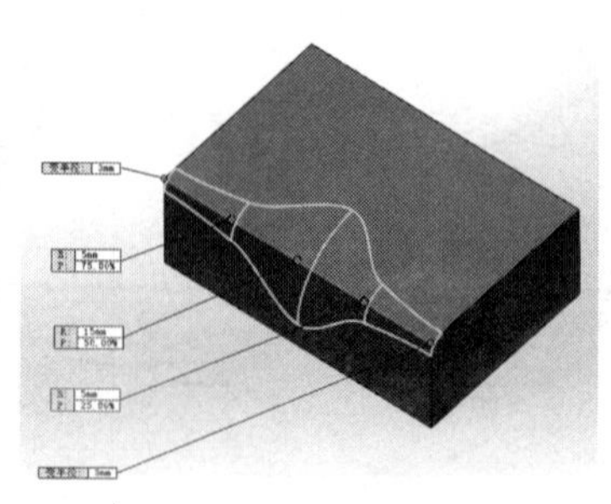

（b）输入各个半径值

（c）最后的结果

图 4-177　使用变半径控制点圆角

4.5.3　面圆角

单击“特征”工具栏中的“圆角”按钮，出现“圆角”属性管理器，选中“面圆角”单选按钮，在“半径”文本框中输入 10.00 mm，激活“面组 1”列表框，在图形区域中选择“面组 1”，激活“面组 2”列表框，在图形区域中选择“面组 2”，单击“确定”按钮，生成圆角，如图 4-178 所示。

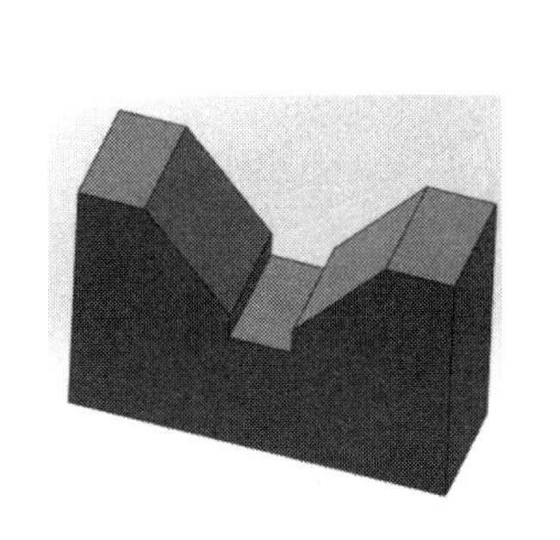

（a）原图

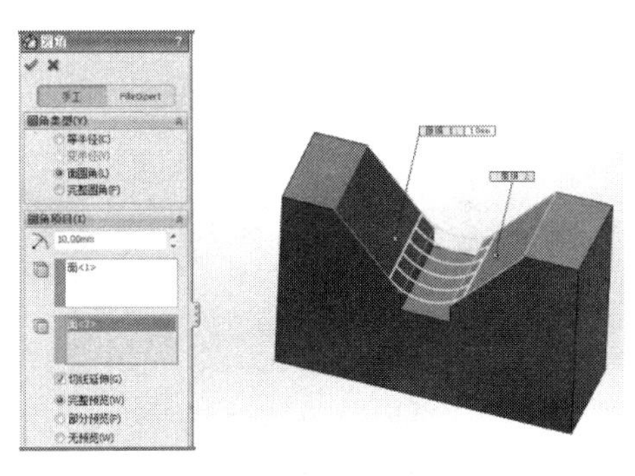

（b）选中“面圆角”“面组 1”和“面组 2”

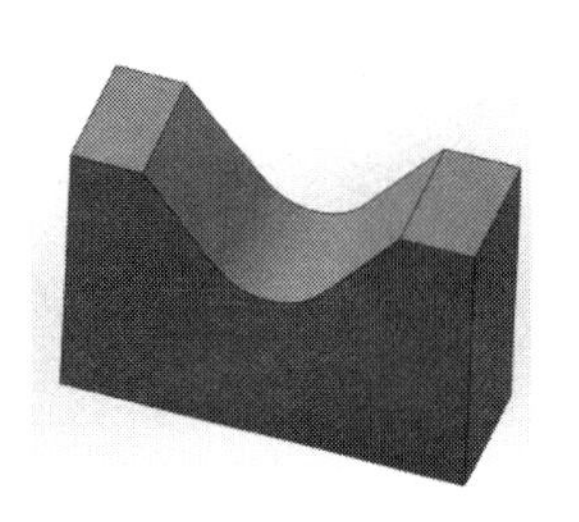

（c）结果

图 4-178　面圆角

4.5.4　完整圆角

单击“特征”工具栏中的“圆角”按钮，出现“圆角”属性管理器，选中“完整圆角”单选按钮，激活“边侧面组 1”列表框，在图形区域中选择“边侧面组 1”，激活“中央面组”列表框，在图形区域中选择“中央面组”，激活“边侧面组 2”列表框，在图形区域中选择“边侧面组 2”，单击“确定”按钮，生成圆角，如图 4-179 所示。

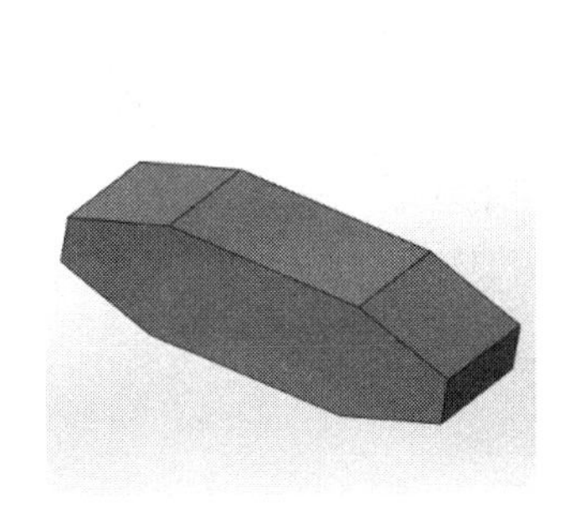

（a）原图

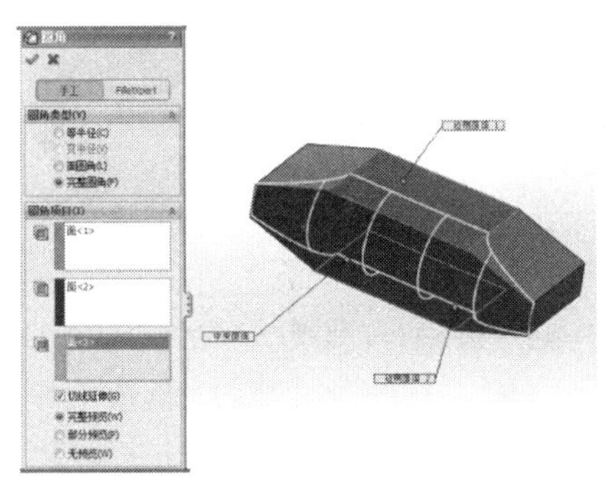

（b）选中“完整圆角”，再选“边侧面组 1”、“中央面组”及“边侧面组 2”

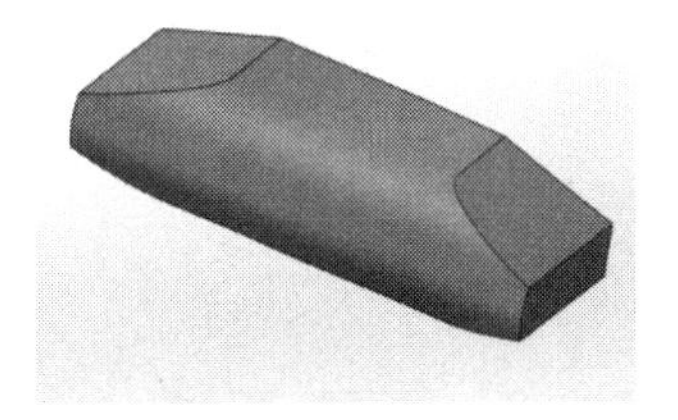

（c）结果

图 4-179　完整圆角

4.6　倒角特征

倒角特征在所选边线、面或顶点上生成一倾斜特征。

4.6.1　角度距离

选中“角度距离”单选按钮，设置其他属性管理器选项来生成不同的倒角类型。

1. 单一边线倒角

单击“特征”工具栏中的“倒角”按钮，出现“倒角”属性管理器，选中“角度距离”单选按钮，激活“边线、面或顶点”列表框，在图形区域中选择实体的单一边线，在“距离”文本框中输入 10.00 mm，在“角度”文本框中输入“30.00 度”，单击“确定”按钮，生成倒角，如图 4-180 所示。

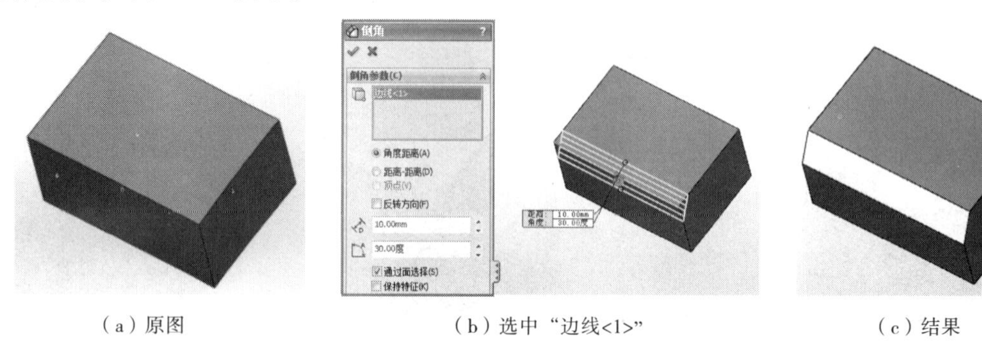

（a）原图　（b）选中“边线<1>”　（c）结果

图 4-180　单一边线倒角

2. 多边线同时倒角

单击“特征”工具栏中的“倒角”按钮，出现“倒角”属性管理器，选中“角度距离”单选按钮，激活“边线、面或顶点”列表框，在图形区域中选择实体的多条边线，在“距离”文本框中输入 10.00 mm，在“角度”文本框中输入“30.00 度”，单击“确定”按钮，生成倒角，如图 4-181 所示。

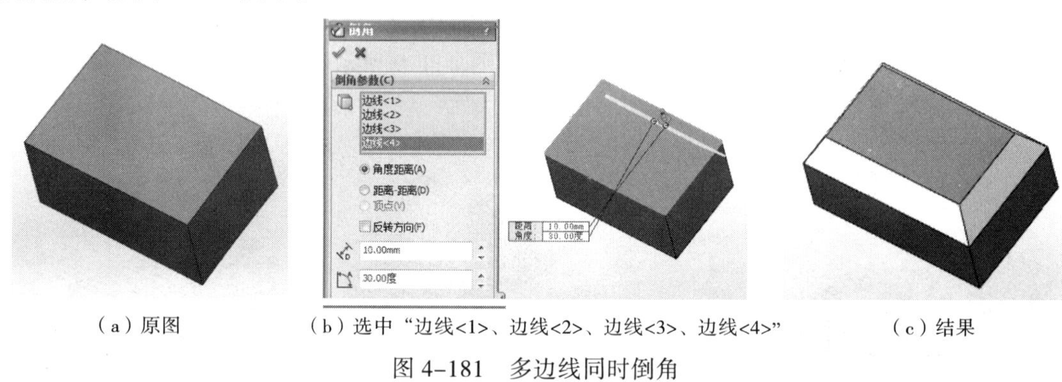

（a）原图　（b）选中“边线<1>、边线<2>、边线<3>、边线<4>”　（c）结果

图 4-181　多边线同时倒角

4.6.2　距离-距离

选中“距离-距离”单选按钮，设置其他属性管理器选项来生成不同倒角类型。

1. 等距倒角

单击“特征”工具栏中的“倒角”按钮，出现“倒角”属性管理器，选中“距离-距离”单选按钮，选中“相等距离”复选框，则两侧距离长度相等，激活“边线、面或顶点”列表框，在图形区域中选择实体的一条边线，在“距离 1”文本框中输入 10.00 mm，单击“确定”按钮，生成倒角，如图 4-182 所示。

2. 不等距倒角

单击“特征”工具栏中的“倒角”按钮，出现“倒角”属性管理器，选中“距离-距离”单选按钮，取消选中“相等距离”复选框，则两侧距离长度相等，激活“边线、面或顶点”列表框，在图形区域中选择实体的一条边线，在“距离 1”文本框中输入“10.00mm”，在“距离 2”文本框中输入 20.00 mm，单击“确定”按钮，生成倒角，如图 4–183 所示。

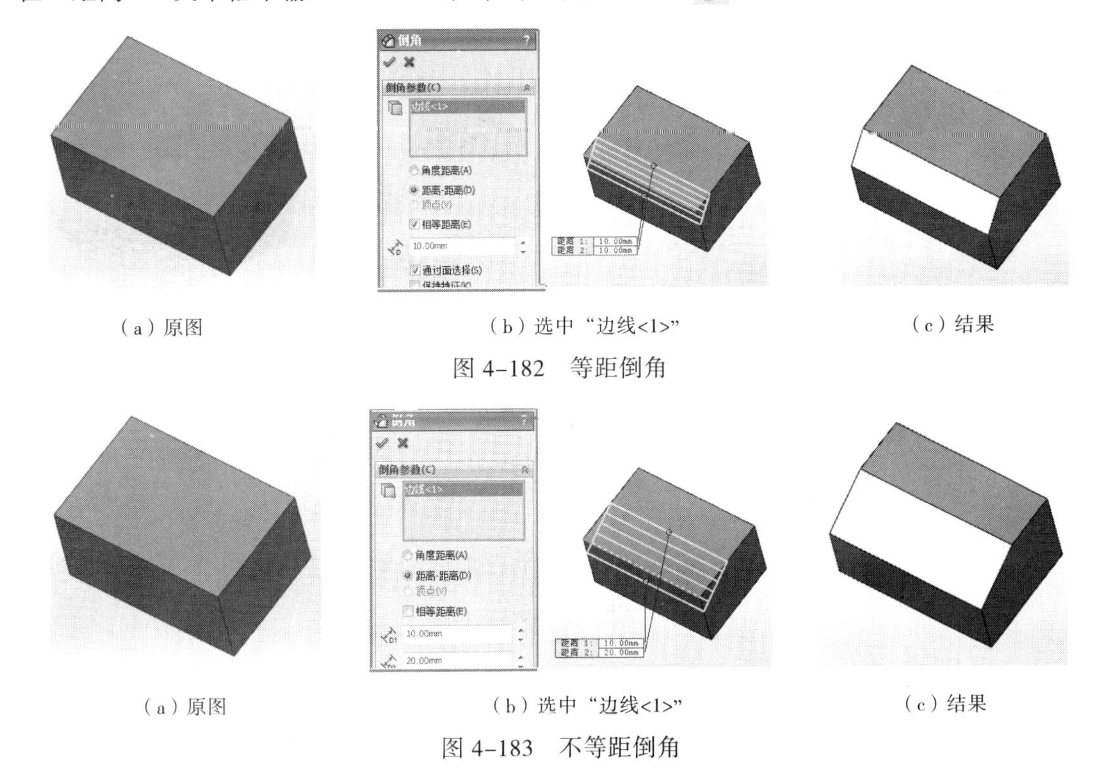

（a）原图　（b）选中“边线<1>”　（c）结果

图 4–182　等距倒角

（a）原图　（b）选中“边线<1>”　（c）结果

图 4–183　不等距倒角

4.6.3　顶点

选中“顶点”单选按钮，设置其他属性管理器选项来生成不同的倒角类型。

1. 等距倒角

单击“特征”工具栏中的“倒角”按钮，出现“倒角”属性管理器，选中“顶点”单选按钮，选中“相等距离”复选框，激活“边线、面或顶点”列表框，在图形区域中选择实体的顶点，在“距离”文本框中输入 10.00 mm，单击“确定”按钮，生成倒角，如图 4–184 所示。

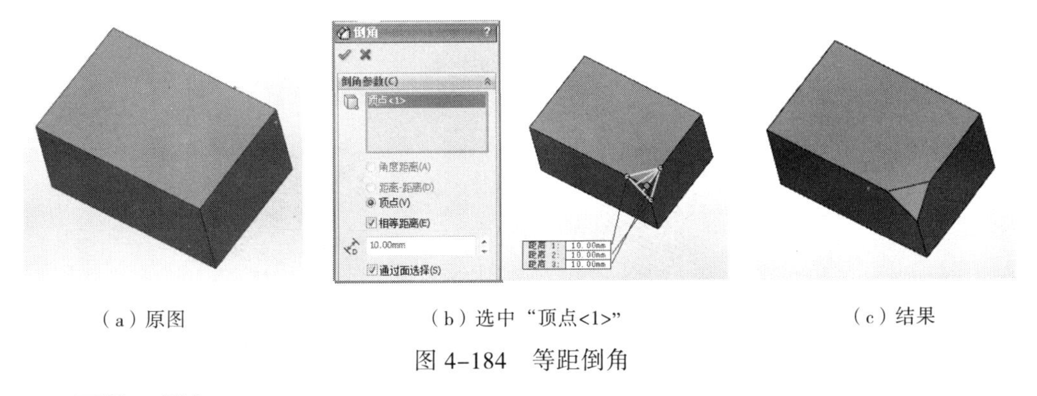

（a）原图　（b）选中“顶点<1>”　（c）结果

图 4–184　等距倒角

2. 不等距倒角

单击“特征”工具栏中的“倒角”按钮，出现“倒角”属性管理器，选中“顶点”单选按钮，取消选中“相等距离”复选框，激活“边线、面或顶点”列表框，在图形区域中选择实体的顶点，在“距离 1”文本框中输入 10.00 mm，在“距离 2”文本框中输入 20.00 mm，在“距离 3”文本框中输入 30.00 mm，单击“确定”按钮，生成倒角，如图 4-185 所示。

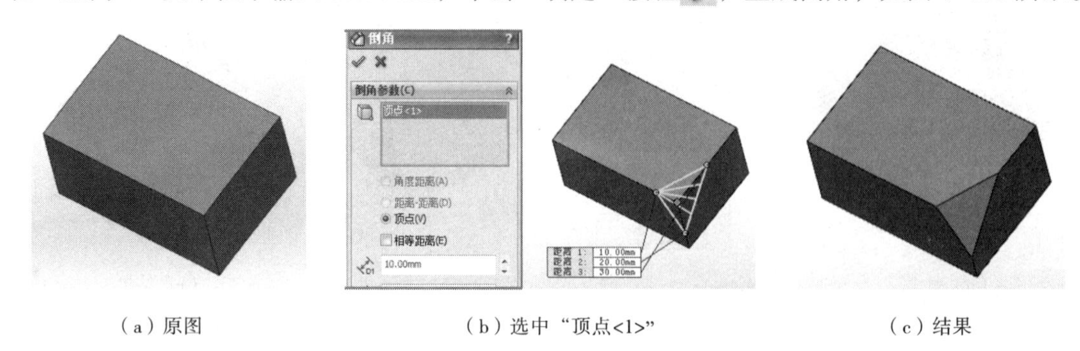

（a）原图　　（b）选中“顶点<1>”　　（c）结果

图 4-185　不等距倒角

4.7 筋　特　征

筋是指在零件上增加结构强度的部分。生成筋特征前，必须先绘制一个与零件相交的草图，该草图可以是开环的，也可以是闭环的。

4.7.1 筋的厚度方向

筋的厚度方向有 3 种形式，分别为“第一边”“两边”和“第二边”。

单击“特征”工具栏中的“筋”按钮，出现“筋”属性管理器，在“筋厚度”文本框中输入 10.00 mm，设置“筋的厚度方向”为“第一边”，单击“确定”按钮，生成筋，如图 4-186 所示。

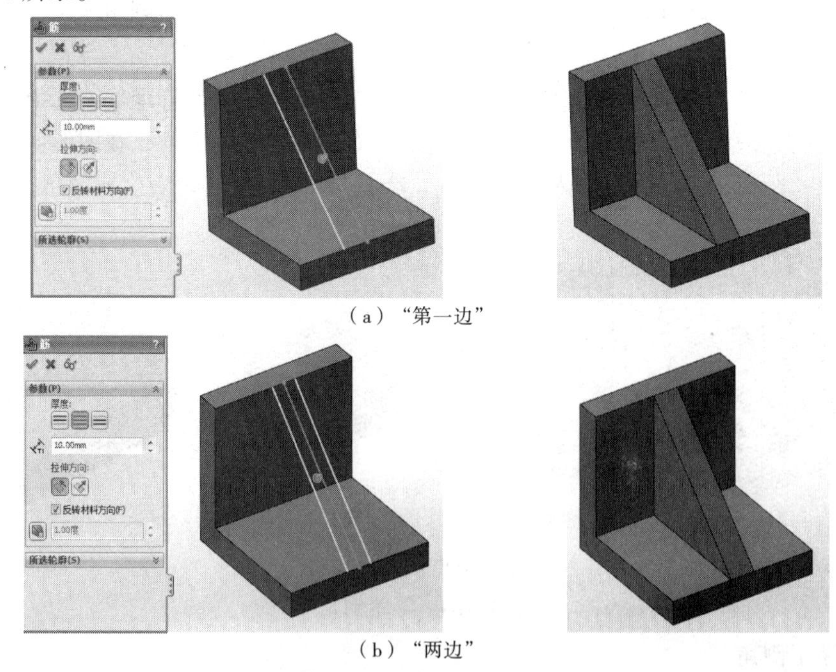

（a）“第一边”

（b）“两边”

图 4-186　筋的厚度方向

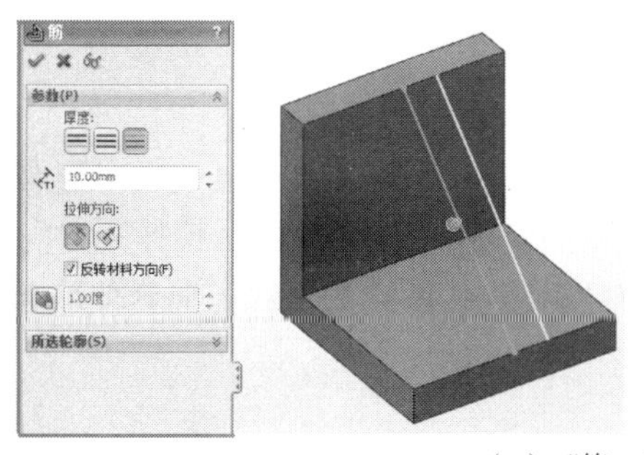

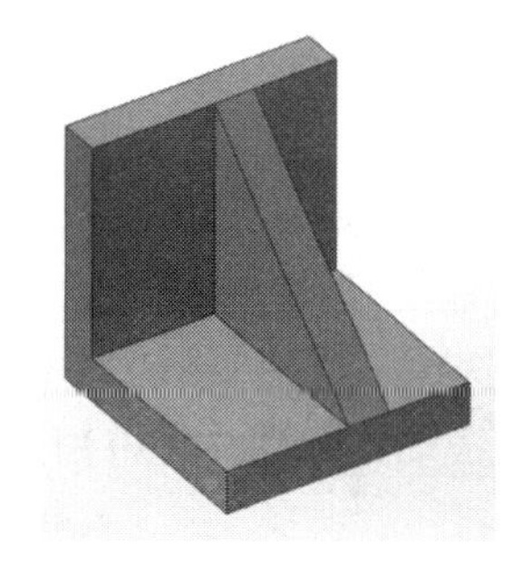

（c）“第二边”

图 4-186　筋的厚度方向（续）

4.7.2　筋的拉伸方向

筋的拉伸方向分为平行于草图及垂直于草图两种。

1. 平行于草图（平行于草图生成拉伸筋）

单击“特征”工具栏中的“筋”按钮，出现“筋”属性管理器，在“筋厚度”文本框中输入 10.00 mm，设置筋的“厚度”方向为“第二边”，设置筋的“拉伸”方向为“平行于草图”，选中“反转材料方向”复选框，单击“确定”按钮，生成筋，如图 4-187 所示。

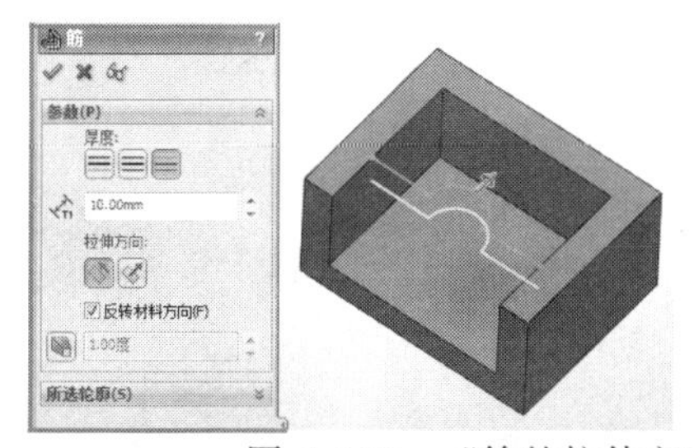

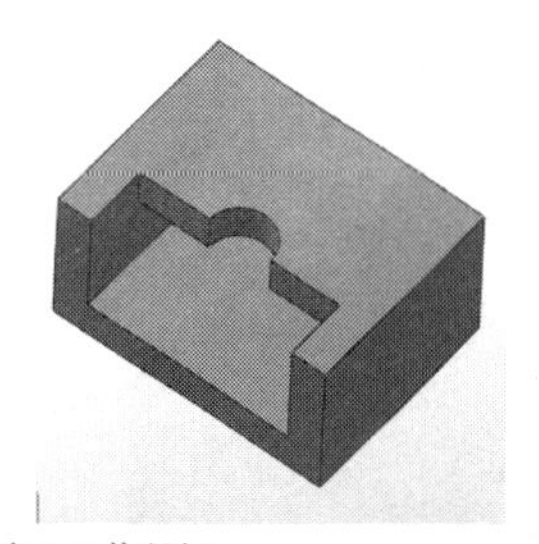

图 4-187　“筋的拉伸方向”为“平行于草图”

2. 垂直于草图（垂直于草图生成拉伸筋）

单击“特征”工具栏中的“筋”按钮，出现“筋”属性管理器，在“筋厚度”文本框中输入 6.00mm，设置筋的“厚度”方向为“两边”，设置筋的“拉伸”方向为“垂直于草图”，如图 4-188 所示，单击“确定”按钮，生成筋。

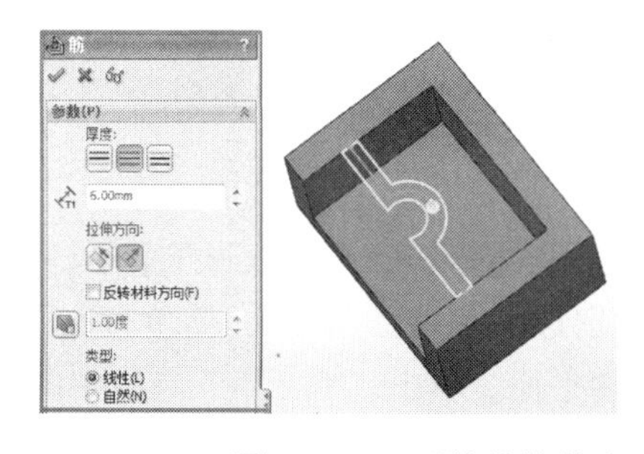

图 4-188　“筋的拉伸方向”为“垂直于草图”

4.7.3　筋的延伸方向

当筋沿草图的垂直方向拉伸时，如果草图未完全与实体边线接触，则会自动将草图延伸至实体边。

1．线性延伸

单击“特征”工具栏中的“筋”按钮，出现“筋”属性管理器，在“筋厚度”文本框中输入 6.00 mm，设置筋的“厚度”方向为“两边”，设置筋的“拉伸”方向为“垂直于草图”，选中“线性”单选按钮，将沿筋草图弧线的两端的切线方向延伸筋单击“确定”按钮，生成筋，如图 4–189 所示，。

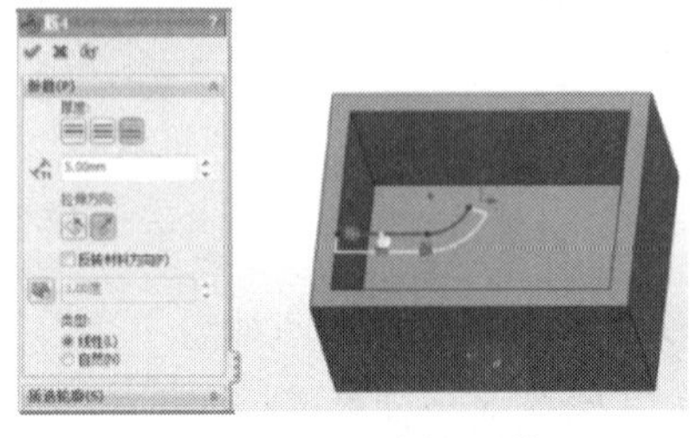

图 4–189　线性延伸

2．自然延伸

单击“特征”工具栏中的“筋”按钮，出现“筋”属性管理器，在筋“厚度”文本框中输入 6.00 mm，设置筋的“厚度”方向为“两边”，设置筋的“拉伸”方向为“垂直于草图”，选中“自然”单选按钮，将沿筋草图弧线曲率方向延伸筋，单击“确定”按钮，生成筋，如图 4–190 所示。

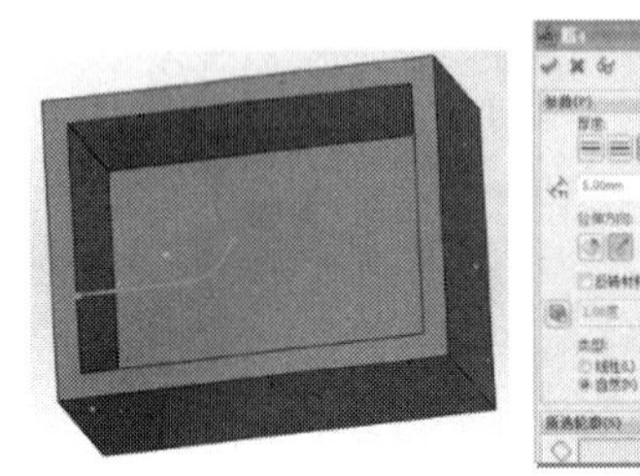

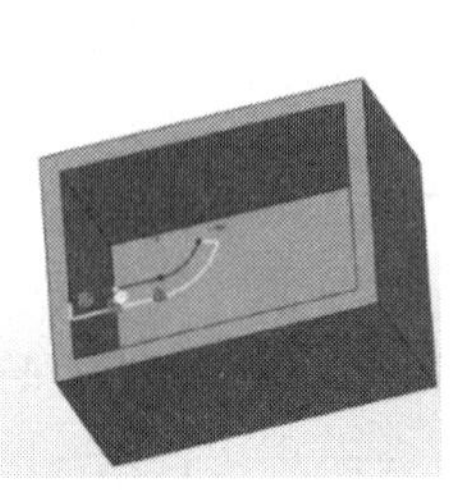

图 4–190　自然延伸

4.8　孔　特　征

孔特征可以在模型上生成各种类型的孔，可以在平面上放置孔并设置深度，也可以通过标注尺寸来指定它的位置。孔特征分为简单直孔和异型孔向导两种类型。

4.8.1　创建简单直孔

在默认的“特征”工具栏中，没有“简单直孔”按钮，这时选择菜单栏中的“工具”|“自定义”命令，单击“命令”选项卡，类别选择“特征”，将“简单直孔”按钮拖动到窗口中的“特征”工具栏中。选择凸台的顶端平面，单击“特征”工具栏中的“简单直孔”按钮，出现“孔”属性管理器，在“开始条件”下拉列表框中选择“草图基准面”选项，在“终止条件”下拉列表框中选择“完全贯穿”选项，在“孔直径”文本框中输入 15.00 mm，单击“确定”按钮，生成简单直孔，如图 4–191 所示。

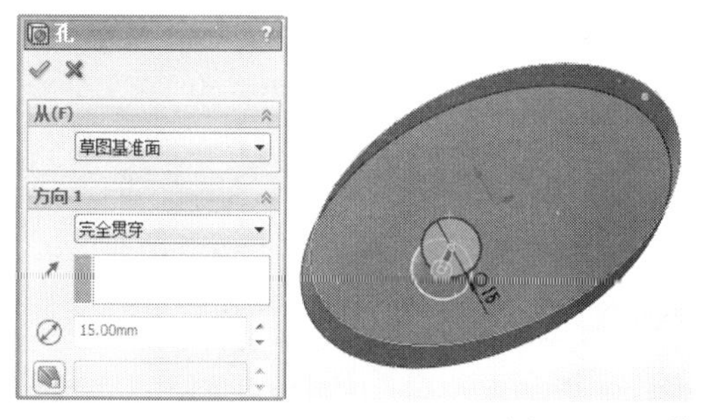

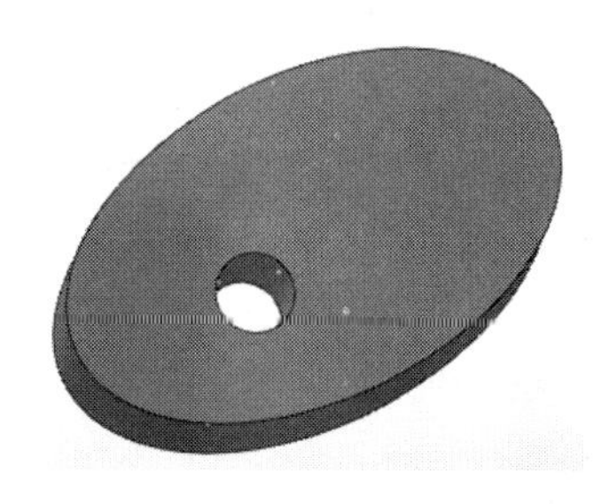

图 4-191　简单直孔

说明　孔定位在 Feature Manager 设计树中右击刚选择建立的孔特征，在弹出的快捷菜单中选择“编辑草图”命令，设置圆心位置，退出草图编辑状态，如图 4-192 所示。

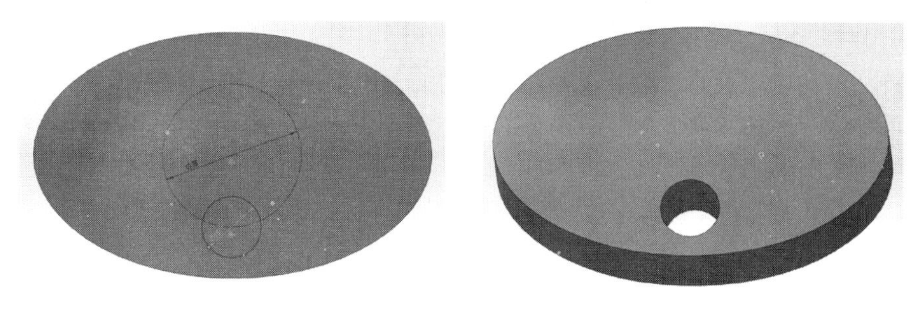

图 4-192　孔定位

4.8.2　创建异型孔向导

选择凸台的顶端平面，单击“特征”工具栏中的“异型孔向导”按钮，出现“孔规格”属性管理器，单击“类型”选项卡，在“孔类型”中单击“柱孔”按钮，在“标准”下拉列表框中选择 ISO 选项，在“类型”下拉列表框中选择“六角凹头”选项，在“大小”下拉列表框中选择“M12”选项，在“配合”下拉列表框中选择“正常”选项，在“终止条件”下拉列表框中选择“完全贯穿”选项。单击“位置”选项卡，在凸台的顶端平面上单击，确定孔放置的位置，单击“确定”按钮，完成柱形沉头孔的建立，如图 4-193 所示。

图 4-193 柱形沉头孔

说明　异型孔定位在 Feature Manager 设计树中单击新建孔特征前面的“+”符号，展开特征包含的定义。选择孔特征的第 1 草图，这是孔特征的定位草图，右击第 1 个草图，在弹出的快捷菜单中选择“编辑草图”命令，设置圆心位置，退出草图编辑状态，如图 4-194 所示。

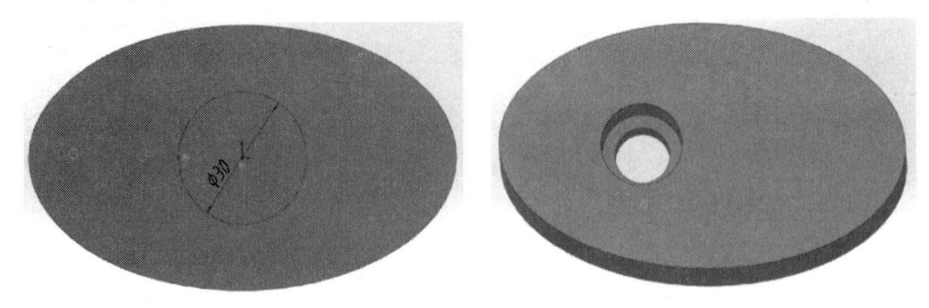

图 4-194 异型孔定位

4.9 抽 壳 特 征

抽壳特征会使所选择的面敞开，并在剩余的面上生成薄壁特征。如果没有选择模型上的任何面，可抽壳一实体零件，生成一闭合的空腔。建成的空心实体可以分为等厚度及不等厚度两种。

4.9.1 等厚度抽壳

单击“特征”工具栏中的“抽壳”按钮，出现“抽壳”属性管理器，在“厚度”文本框中输入 5.00 mm，激活“移除面”列表框，在图形区选择放开面，创建相同厚度实体，单击“确定”按钮，生成壳，如图 4-195 所示。

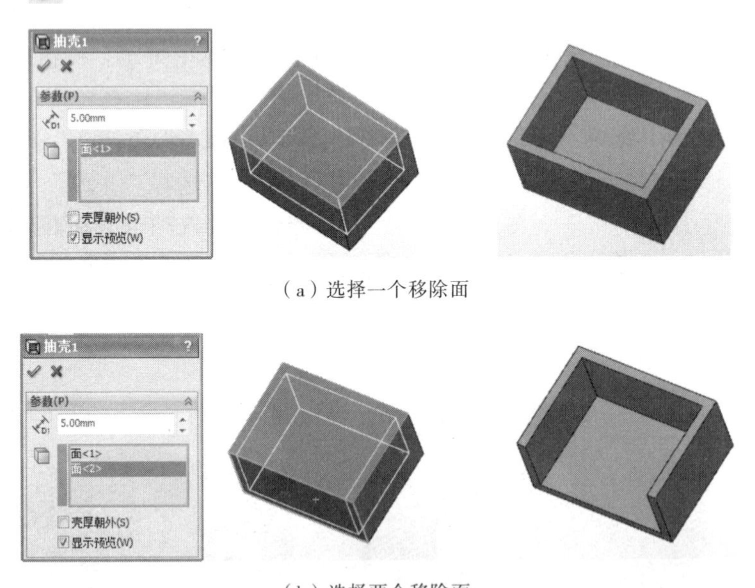

（a）选择一个移除面

（b）选择两个移除面

图 4-195 等厚度抽壳

4.9.2 不等厚度抽壳

单击“特征”工具栏中的“抽壳”按钮，出现“抽壳”属性管理器，在“厚度”文本框中输入 5.00 mm，激活“移除面”列表框，在图形区选择“放开面<1>和面<2>”，在“多厚度”文本框输入 2.00 mm，激活“多厚度面”列表框，在图形区选择欲设置“不等厚度面<3>”，单击“确定”按钮，生成壳，如图 4–196 所示。

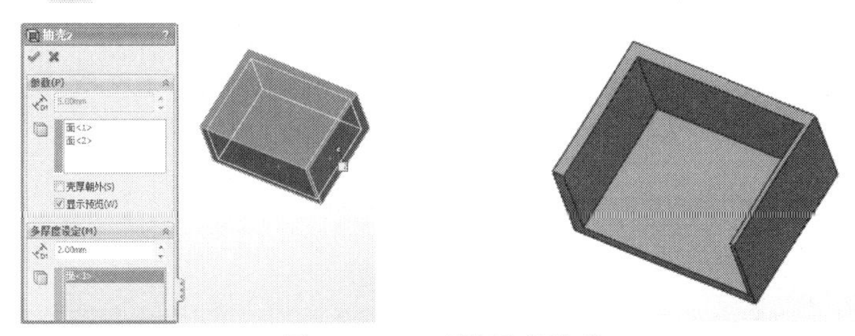

图 4–196　不等厚度抽壳

4.10　阵列特征

将特征沿一条或两条直线路径阵列称为线性阵列。将特征绕一轴线生成多个特征实例称为圆周阵列。圆周阵列必须有一个供环状排列的轴，此轴可为实体边线、基准轴、临时轴。

4.10.1　线性阵列特征

单击“特征”工具栏中的“线性阵列”按钮，出现“线性阵列”属性管理器，选择水平边线为方向 1，在“间距”文本框中输入 40.00 mm，在“实例数”文本框中输入 3，选择垂直边线为方向 2，在“间距”文本框中输入 30.00 mm，在“实例数”文本框中输入 2。激活“要阵列的特征”列表框，在 Feature Manager 设计树中选择“拉伸 2”和“切除–拉伸 1”，单击“确定”按钮，创建线性阵列特征，如图 4–197 所示。

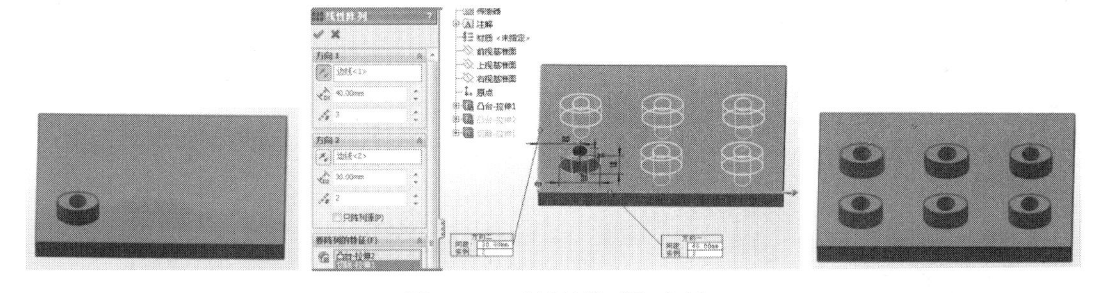

图 4–197　“线性阵列”实例

如果在 Feature Manager 设计树中右击“线性阵列 1”，在弹出的快捷菜单中选择“编辑特征”命令，出现“阵列线性”属性管理器，选中“只阵列源”复选框，单击“确定”按钮，创建只阵列源阵列实例，如图 4–198 所示。

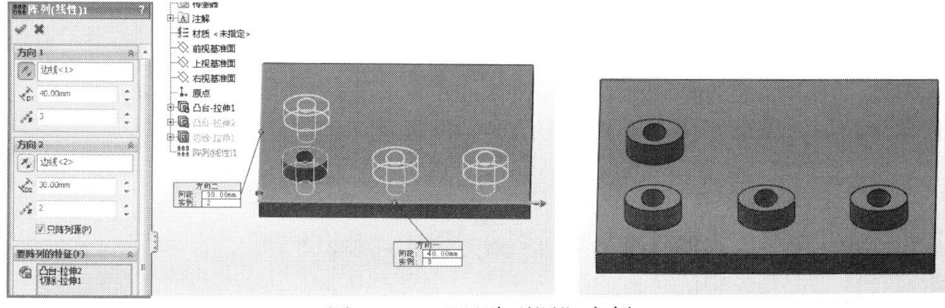

图 4–198　“只阵列源”实例

如果在 Feature Manager 设计树中右击“线性阵列 1”，在弹出的快捷菜单中选择“编辑特征”命令，出现“阵列线性”属性管理器，激活“要跳过的实例”列表框，在图形区单击不需要的阵列，单击“确定”按钮，创建删除阵列实例，如图 4-199 所示。

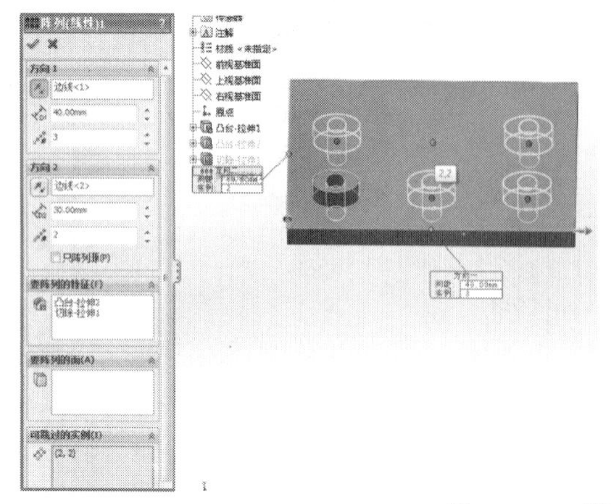

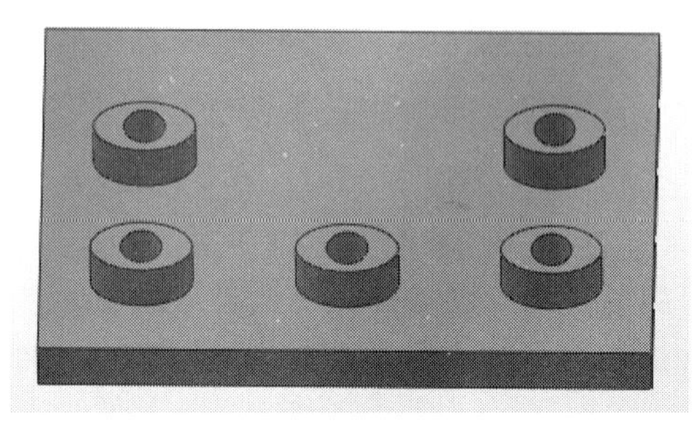

图 4-199 “删除”实例

4.10.2 圆周阵列特征

选择菜单栏中的“视图” | “临时轴”命令，显示临时轴。单击“特征”工具栏中的“圆周阵列”按钮，出现“圆周阵列”属性管理器，选择临时轴为“阵列轴”，在“实例数”文本框输入“5”，选中“等间距”复选框，激活“要阵列的特征”列表框，在 Feature Manager 设计树中选择“切除-拉伸 1”，单击“确定”按钮，创建圆周阵列，如图 4-200 所示。

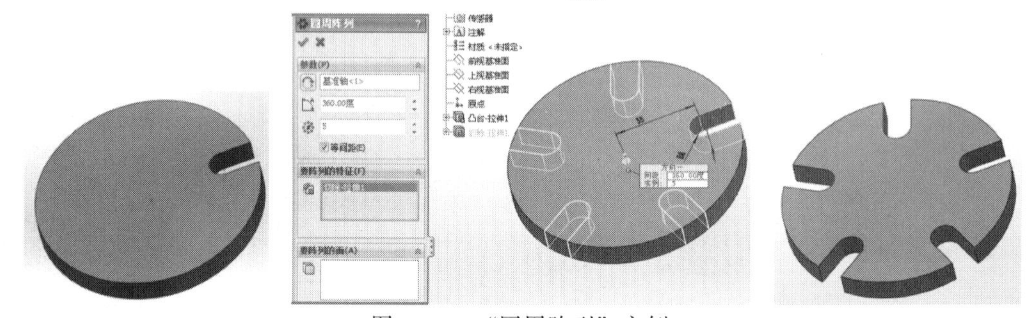

图 4-200 “圆周阵列”实例

4.11 镜向特征与镜向实体

如果零件的结构是对称的，用户可以只创建零件模型的一半，然后使用镜向特征的方法生成零件的模型。镜向特征是将一个或多个特征沿指定的平面复制，生成平面另一侧的特征。镜向所生成的特征是与源特征相关的，源特征的修改会影响到镜向的特征。

镜向命令按照对象的不同，可以分为镜向特征和镜向实体。

4.11.1 镜向特征

镜向特征是指以某一平面或者基准面作为参考面，对称复制一个或者多个特征。

单击“特征”工具栏中的“镜向”按钮，出现“镜向”属性管理器，激活“镜向面”列表框，在 Feature Manager 设计树中选择“前视基准面”，激活“要镜向的特征”列表框，在 Feature Manager 设计树中选择“凸台–拉伸 1”和“凸台–拉伸 2”，单击“确定”按钮 ✔，创建镜向特征，如图 4–201 所示。

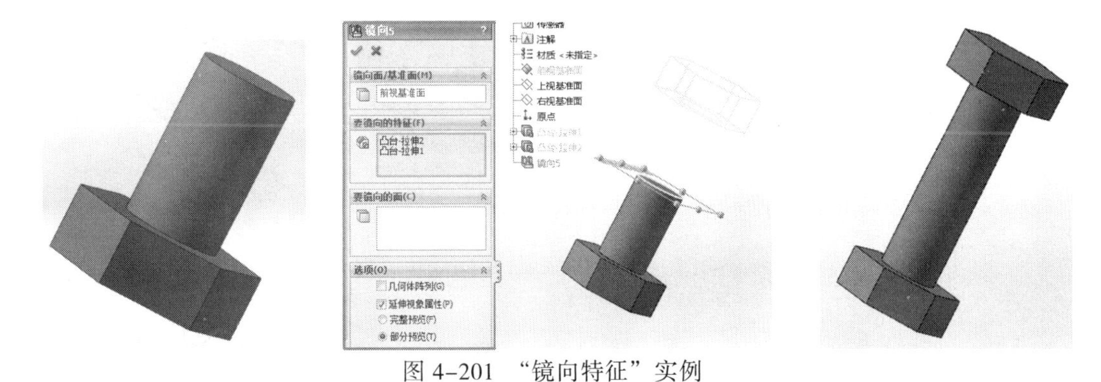

图 4–201　“镜向特征”实例

4.11.2　镜向实体

镜向实体是指以某一平面或者基准面作为参考面，对称复制视图中的模型实体。

单击“特征”工具栏中的“镜向”按钮，出现“镜向”属性管理器，激活“镜向面”列表框，在 Feature Manager 设计树中选择“上端面”，激活“要镜向的实体”列表框，在 Feature Manager 设计树中选择“镜向 1”，单击“确定”按钮 ✔，创建镜向实体，如图 4–202 所示。

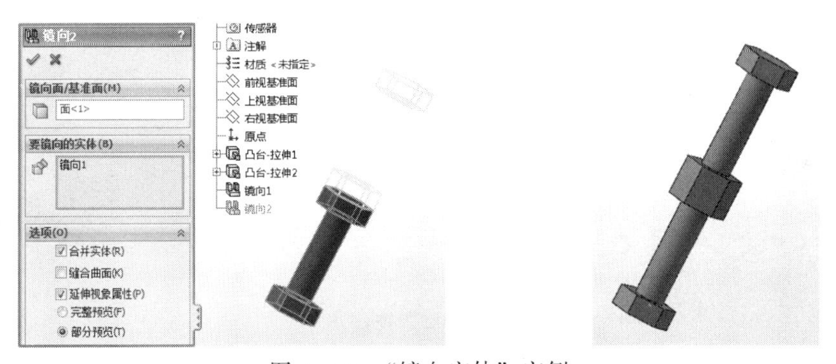

图 4–202　“镜向实体”实例

4.12　比 例 缩 放

比例缩放是指相对于零件或者曲面模型的重心或模型原点来进行缩放。比例缩放仅缩放几何体，常在数据输出、型腔等使用。它不会缩放尺寸、草图或参考几何体。对于多实体零件，可以缩放其中一个或多个模型的比例。

比例缩放分为统一比例缩放和非等比例缩放，统一比例缩放即等比例缩放，该缩放比较简单，不在赘述。

单击“特征”工具栏中的“比例缩放”按钮，出现“缩放比例”属性管理器，取消选中“统一比例缩放”复选框，并为 X 比例因子、Y 比例因子及 Z 比例因子单独设置比例因子数值，单击“确定”按钮 ✔，创建比例缩放实例，如图 4–203 所示。

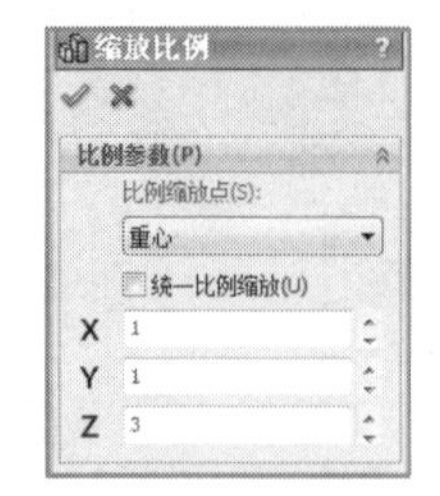

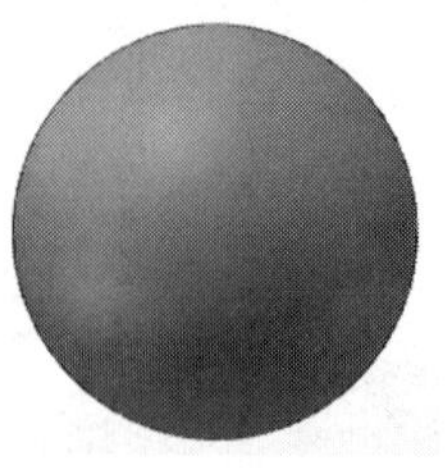
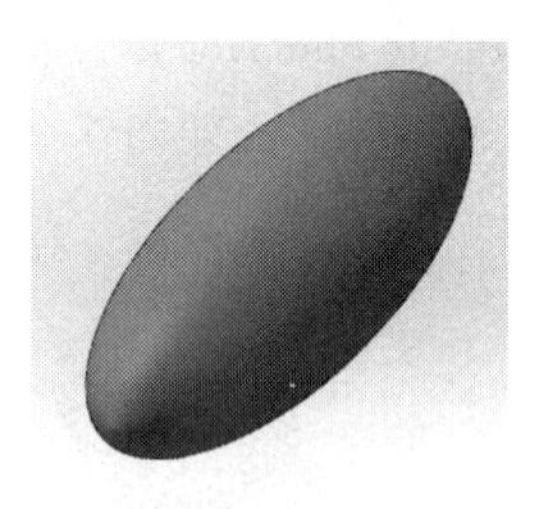

图 4-203 “比例缩放”实例

4.13 综合应用示例——创建管接头模型

应用各种特征来创建管接头模型，如图 4-204 所示。

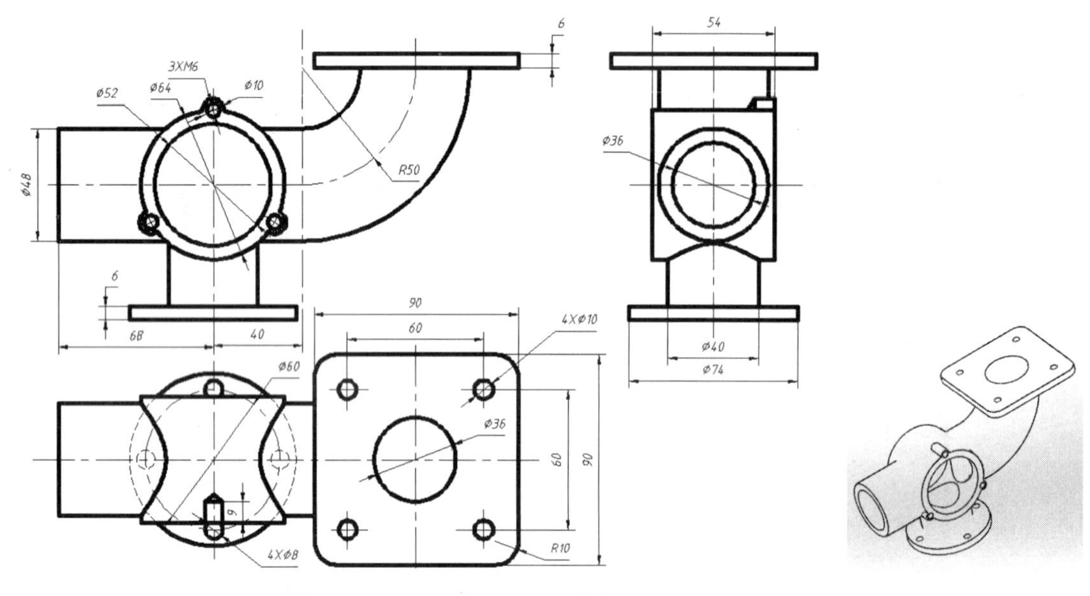

图 4-204 管接头

建模分析：

建立模型时，此模型的创建分为 9 部分来完成，如图 4-205 所示。

建模步骤：

（1）新建模型：选择菜单栏中的“文件”｜“新建”命令，弹出“新建 SolidWorks 文件”对话框，在该对话框中单击“零件”图标，单击“确定”按钮。

（2）A 部分（中间部分）：

① 在 Feature Manager 设计树中选择“前视基准面”，单击“草图”工具栏中的“草图绘制”按钮，进入草图绘制，绘制如图 4-206 所示的草图 1。

② 单击“特征”工具栏中的“旋转凸台/基体”按钮，出现“旋转”属性管理器，在“角度”文本框中输入“360.00 度”，然后单击“确定”按钮，如图 4-207 所示。

（a）中间部分　（b）直管　（c）弯管

（d）底座　（e）连接板　（f）抽壳与倒角

（g）线性阵列连接孔　（h）圆周阵列连接孔　（i）盖孔

图 4-205　建模分析

图 4-206　绘制草图 1　　图 4-207　“旋转”特征

（3）B 部分（直管）：

① 在 Feature Manager 设计树中选择“上视基准面”，单击“草图”工具栏中的“草图绘制”按钮，进入草图绘制，绘制如图 4-208 所示的草图 2。

② 单击单击“特征”工具栏中的“旋转凸台/基体”按钮，出现“旋转”属性管理器，在“旋转类型”下拉列表框中选择“单向”选项，在“角度”文本框内输入“360.00 度”，然后单击“确定”按钮，如图 4-209 所示。

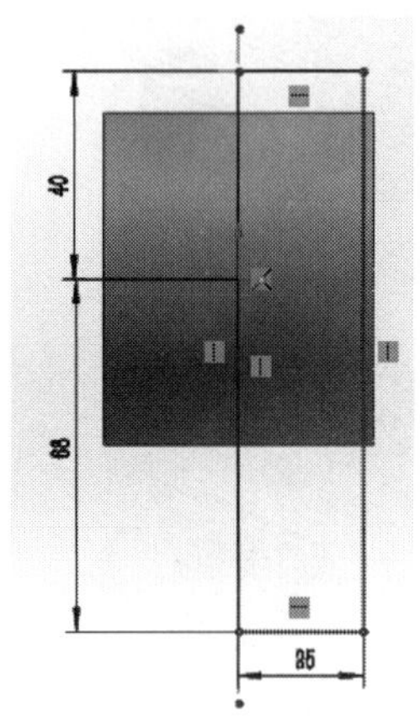

图 4-208　绘制草图 2

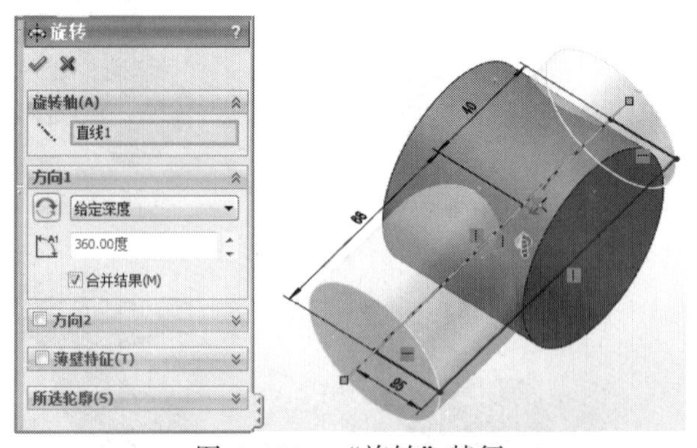

图 4-209　“旋转”特征

（4）C 部分（弯管）：

① 选取右端面为基准面，单击“正视于”按钮，然后单击“草图”工具栏中的“草图绘制”按钮，进入草图绘制，绘制如图 4-210 所示的草图 3。

② 单击单击“特征”工具栏中的“旋转凸台/基体”按钮，出现“旋转”属性管理器，在“旋转类型”下拉列表框中选择“单向”选项，在“角度”文本框中输入“90.00 度”，然后单击“确定”按钮，如图 4-211 所示。

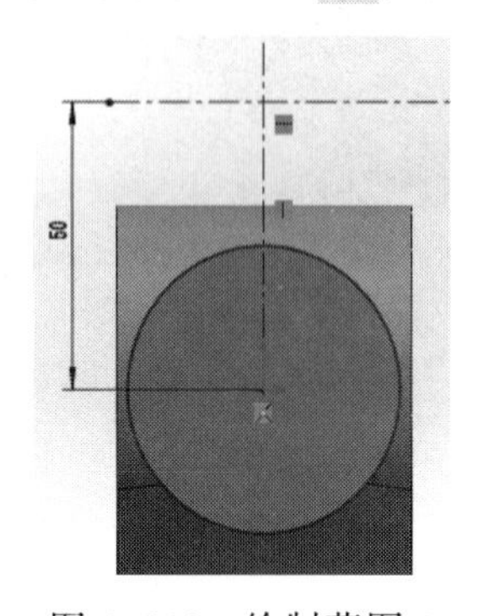

图 4-210　绘制草图 3

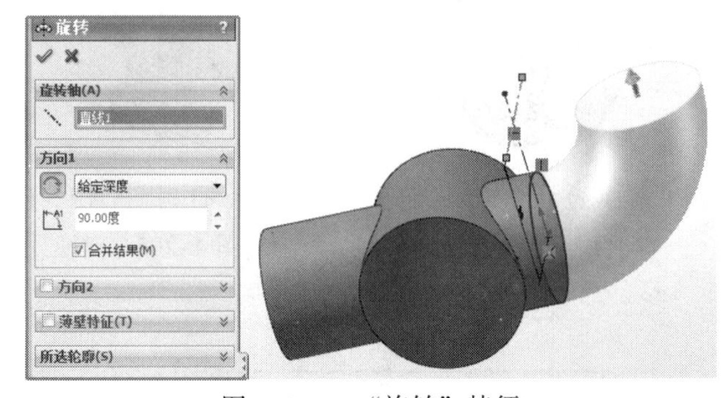

图 4-211　“旋转”特征

（5）D 部分（底座）：

① 在 Feature Manager 设计树中选择“前视基准面”，单击“草图”工具栏中的“草图绘制”按钮，进入草图绘制，绘制如图 4-212 所示的草图 4。

② 单击单击“特征”工具栏中的“旋转凸台/基体”按钮，出现“旋转”属性管理器，在“旋转类型”下拉列表框中选择“单向”选项，在“角度”文本框内输入“360.00 度”，然后单击“确定”按钮，如图 4-213 所示。

（6）E 部分（连接板）

① 选取弯管上端面为基准面，单击“正视于”按钮，然后单击“草图”工具栏中的“草图绘制”按钮，进入草图绘制，绘制如图 4-214 所示的草图 5。

② 单击“特征”工具栏中的“拉伸凸台/基体”按钮，出现“凸台-拉伸”属性管理器，在“开始条件”下拉列表框中选择“草图基准面”选项，在“终止条件”下拉列表框中选择“给定深度”选项，在“深度”文本框中输入 6.00mm，单击“确定”按钮，如图 4-215 所示。

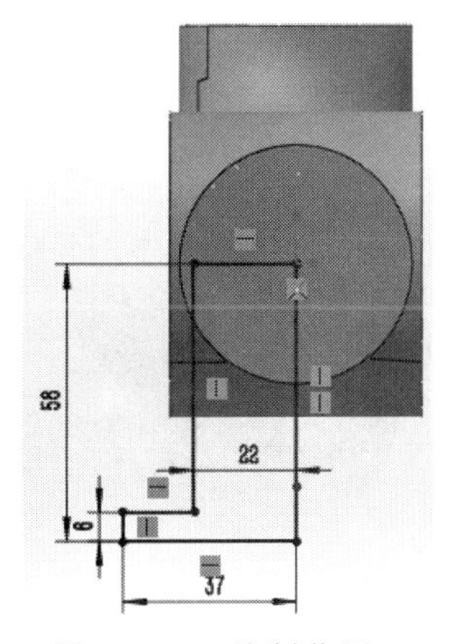

图 4-212　绘制草图 4

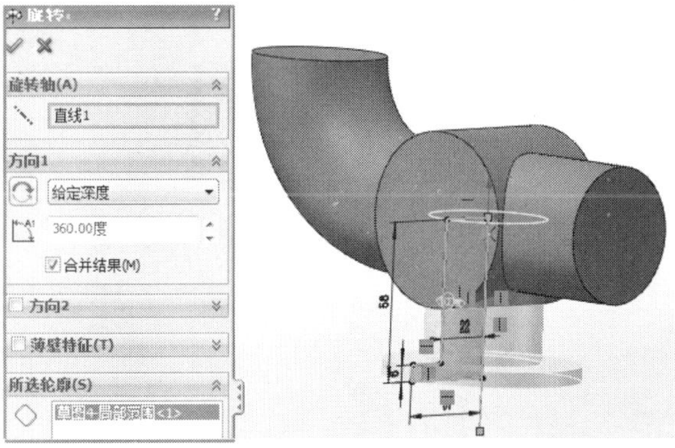

图 4-213　“旋转”特征

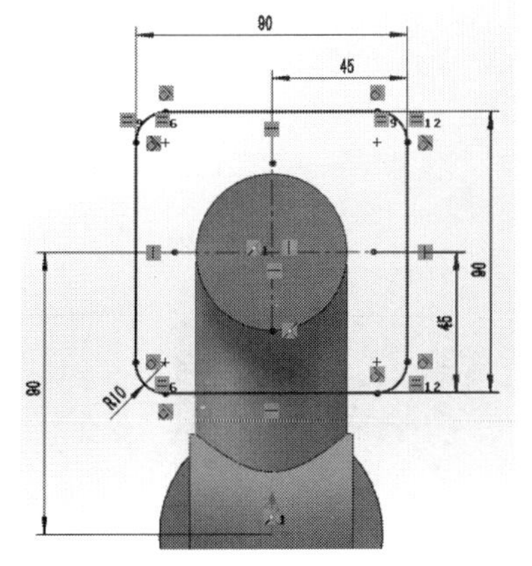

图 4-214　绘制草图 5

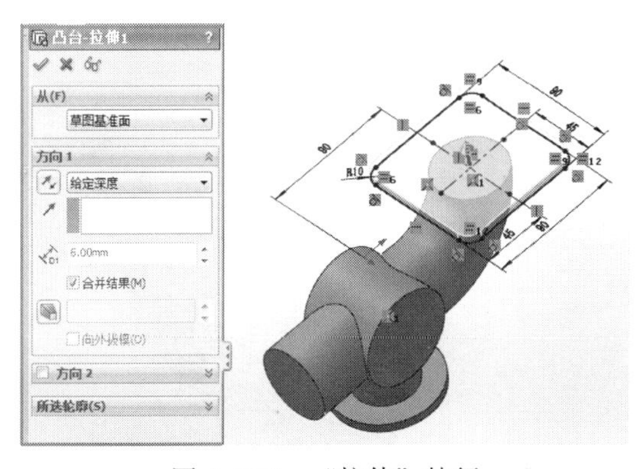

图 4-215　“拉伸”特征

（7）F 部分（抽壳、倒角）：

① 单击“特征”工具栏中的“抽壳”按钮，出现“抽壳”属性管理器，在“移出的面”中选择“面 1”、“面 2”和“面 3”，在“厚度”文本框中输入 6.00mm，单击“确定”按钮，如图 4-216 所示。

② 单击“视图”工具栏中的“剖面视图”按钮，出现“剖面视图”属性管理器，单击“右视”按钮，单击“确定”按钮，如图 4-217 所示。

③ 再次单击“剖面视图”按钮，恢复原状。

④ 单击“特征”工具栏中的“圆角”按钮，出现“圆角”属性管理器，选中“等半径”单选按钮，在“半径”文本框中输入 3.00 mm，在图形区选择边线，单击“确定”按钮，如图 4-218 所示。

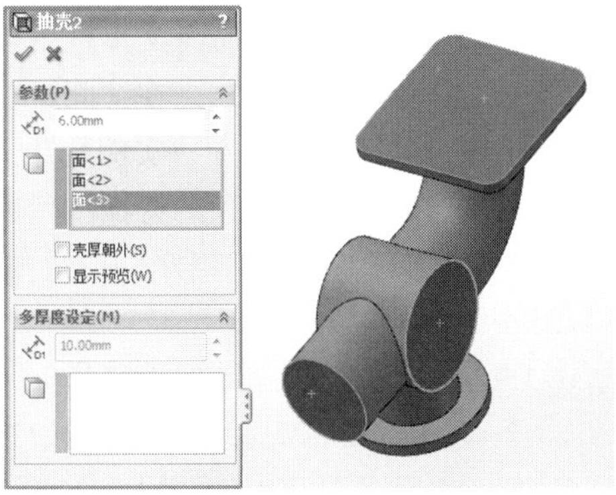

图 4-216　“抽壳”特征

（8）G 部分（线性阵列连接孔）：

① 在图形区域选择凸台的顶端平面，选择菜单栏中的“插入”｜“特征”｜“孔”｜“简单直孔”命令，出现“孔”属性管理器，在“终止条件”下拉列表框中选择“给定深度”选项，在“深度”文本框中输入 10.00 mm，在“孔直径”文本框中输入 6.00 mm，单击“确

定”按钮，如图 4-219 所示。

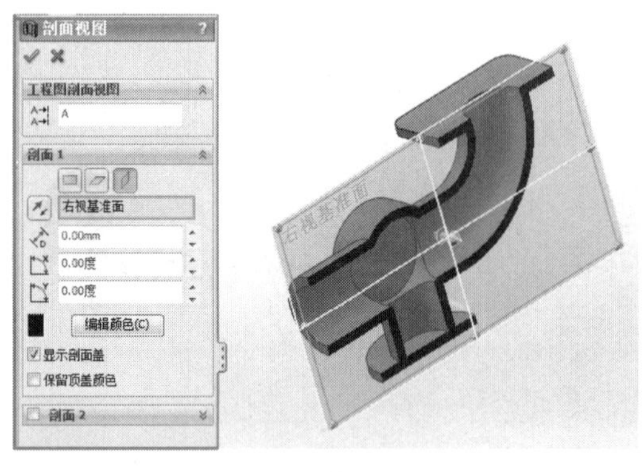

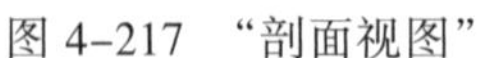
图 4-217 “剖面视图”

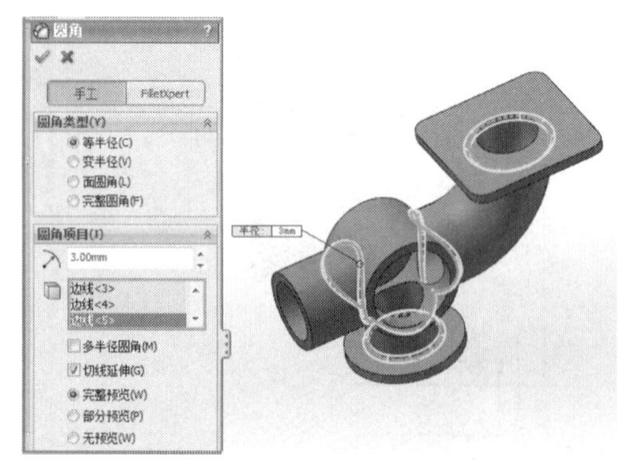

图 4-218 “圆角”特征

② 在 Feature Manager 设计树中右击刚刚建立的孔特征，在弹出的快捷菜单中选择“编辑草图”命令，在编辑草图状态下，添加尺寸，确定孔的位置，单击“重建模型”按钮，如图 4-220 所示。

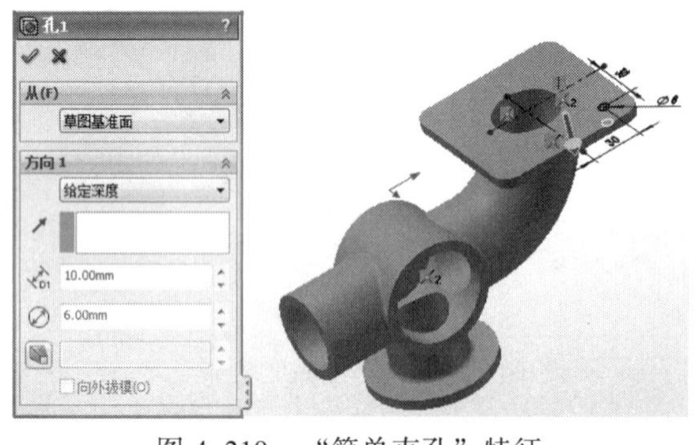

图 4-219 “简单直孔”特征

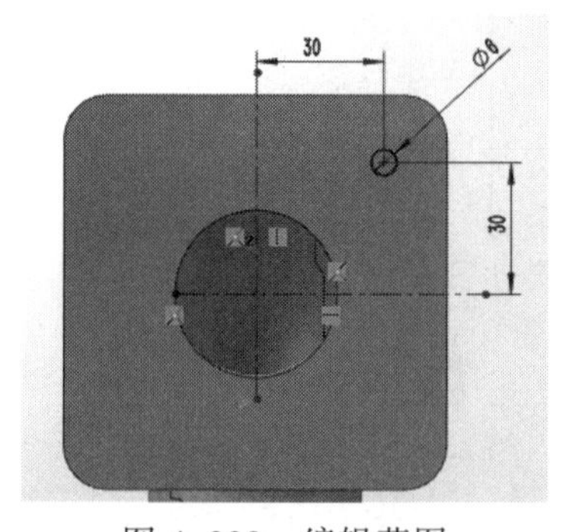

图 4-220 编辑草图

③ 单击“特征”工具栏中的“线性阵列”按钮，出现“线性阵列”属性管理器，选择阵列“方向 1”，在“间距”文本框中输入 60.00 mm，在“实例数”文本框中输入“2”，选择阵列“方向 2”，在“间距”文本框中输入 60.00 mm，在“实例数”文本框中输入 2。在“要阵列的特征”列表框中选择“孔 1”，单击“确定”按钮，如图 4-221 所示。

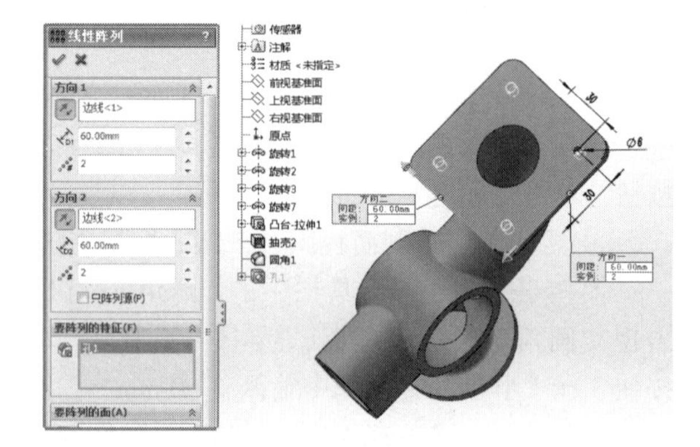

图 4-221 “线性阵列”特征

（9）H 部分（圆周阵列连接孔）：

① 在 Feature Manager 设计树中选择“孔 1”，选择菜单栏中的“编辑”|“复制”命令。在图形区选择底部端面，选择菜单栏中的“编辑”|“粘贴”命令。

② 在 Feature Manager 设计树中右击刚刚复制的孔特征，在弹出的快捷菜单中选择“编辑草图”命令，在编辑草图状态下，添加尺寸，确定孔的位置，单击“重建模型”按钮，

如图 4-222 所示。

③ 单击“特征”工具栏中的“圆周阵列”按钮，出现“圆周阵列”属性管理器，“阵列轴”选择“基准轴 1”，在“角度”文本框中输入“360.00 度”，在“实例数”文本框中输入“4”，选中“等间距”复选框，激活“要阵列的特征”列表框，选择“孔 2”，单击“确定”按钮，如图 4-223 所示。

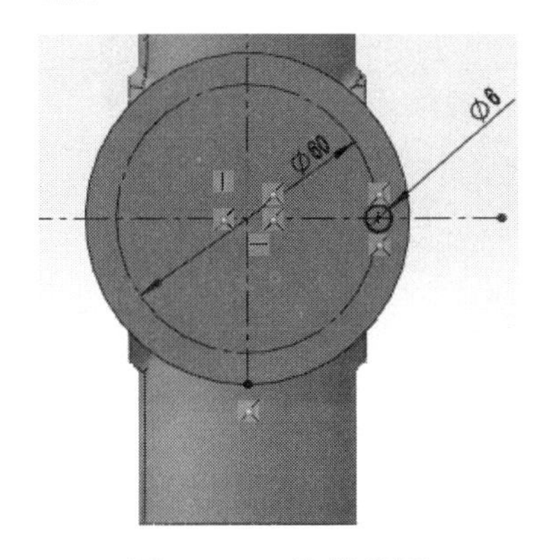

图 4-222　编辑草图

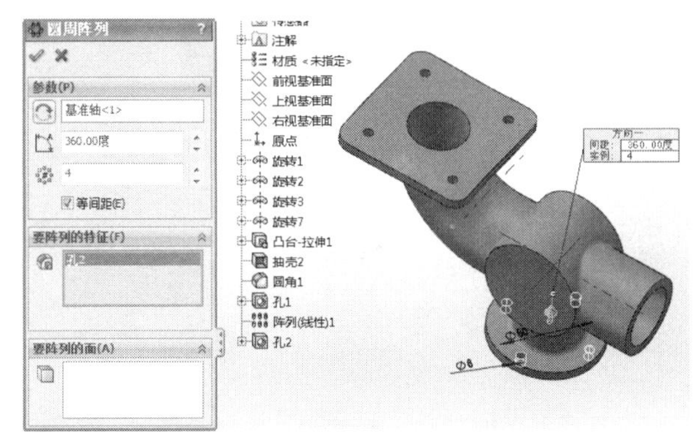

图 4-223　“圆周阵列”特征

（10）I 部分（盖孔）：

① 在 Feature Manager 设计树中选择“前视基准面”，单击“草图”工具栏中的“草图绘制”按钮，绘制草图。单击单击“特征”工具栏中的“旋转凸台/基体”按钮，出现“旋转”属性管理器，在“旋转类型”下拉列表框内选择“单向”选项，在“角度”文本框中输入“360.00 度”，然后单击“确定”按钮，如图 4-224 所示。

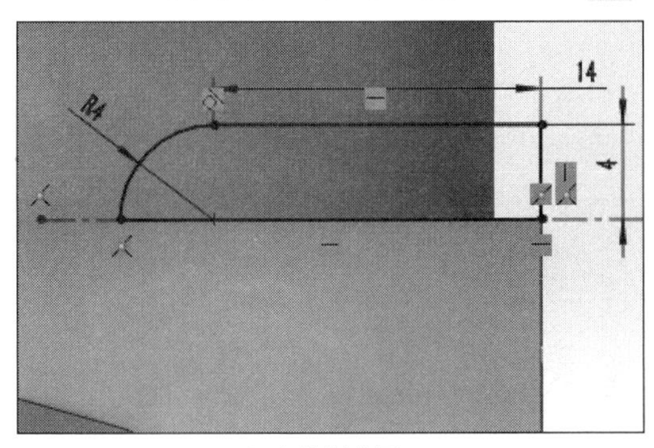

（a）绘制草图

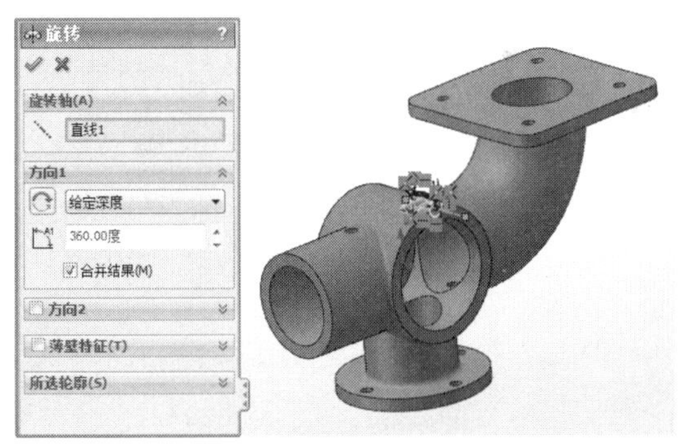

（b）“旋转”特征

图 4-224　“旋转”特征

② 选择新建凸台的顶端平面，单击“特征”工具栏中的“异型孔向导”按钮，出现“孔规格”属性管理器，单击“类型”选项卡，在“孔规格”中单击“直螺纹孔”按钮，在“标准”下拉列表框中选择 ISO 选项，在“类型”下拉列表框中选择“底部螺纹孔”选项，在“大小”下拉列表框中选择“M6”选项，在“终止条件”下拉列表框中选择“给定深度”选项，在“螺纹线深度”文本框中输入 12.00 mm，选中“装饰螺纹线”复选框，单击“确定”按钮，如图 4-225 所示。

③ 在 Feature Manager 设计树中单击新建“M6 六角凹头螺钉的柱形沉头孔 1”前面的+符号，展开特征包含的定义。右击“草图 12”，在弹出的快捷菜单中选择“编辑草图”

命令，在编辑草图状态下，添加几何关系，确定孔的位置，单击“重建模型”按钮，如图 4-226 所示。

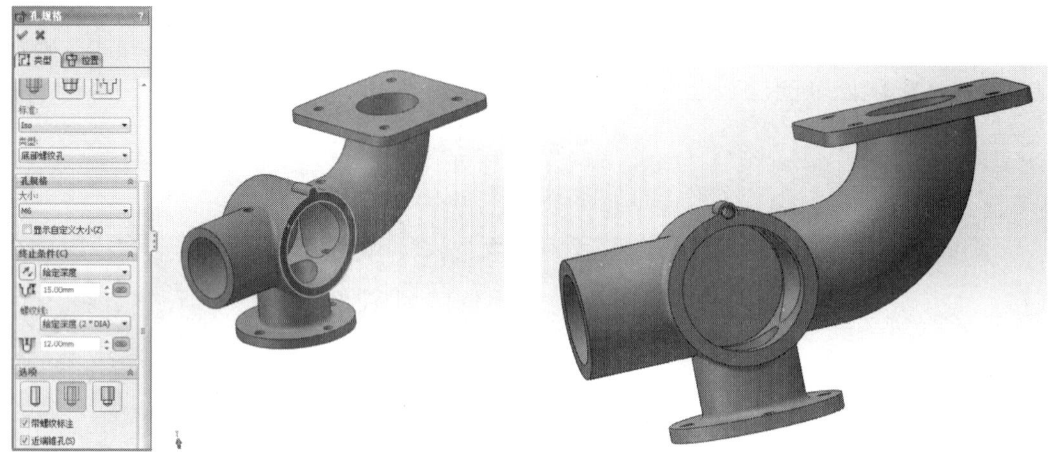

图 4-225　定义螺纹孔　　　　图 4-226　编辑草图后的结果

④ 选择菜单栏中的“视图”｜“临时轴”命令，显示临时轴。单击“特征”工具栏中的“圆周阵列”按钮，出现“圆周阵列”属性管理器，“阵列轴”选择临时轴为“基准轴 1”，在“角度”文本框中输入“360.00 度”，在“实例数”文本框中输入“3”，选中“等间距”复选框，激活“要阵列的特征”列表框，选择“旋转 5”“M6 螺孔 1”，单击“确定”按钮，如图 4-227 所示。最后结果如图 4-205（i）所示。

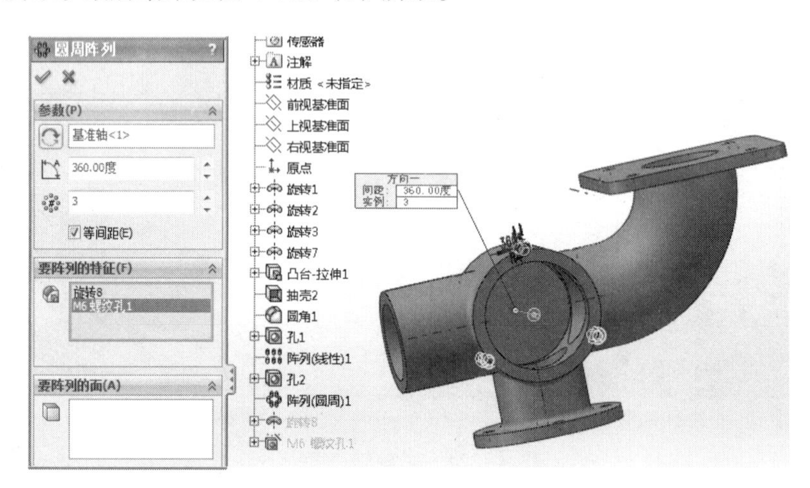

图 4-227　“圆周阵列”特征

（11）存盘。

上 机 练 习

1. 根据组合体的三视图及轴测图（见图 4-228），建立该组合体的三维实体模型。

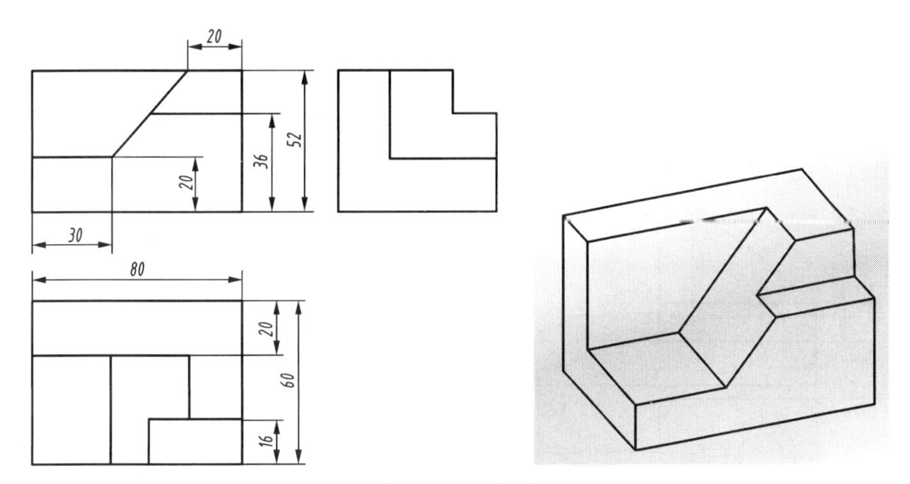

图 4-228　练习 1

2. 根据支架的视图及轴测图（见图 4-229），建立该支架的三维实体模型。

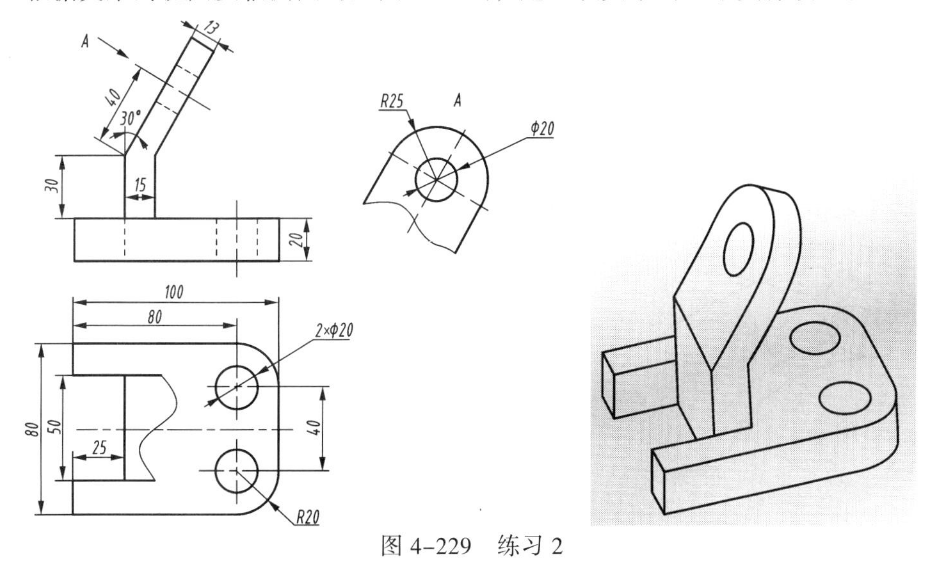

图 4-229　练习 2

3. 根据皮带轮的视图及轴测图（见图 4-230），建立该皮带轮的三维实体模型。

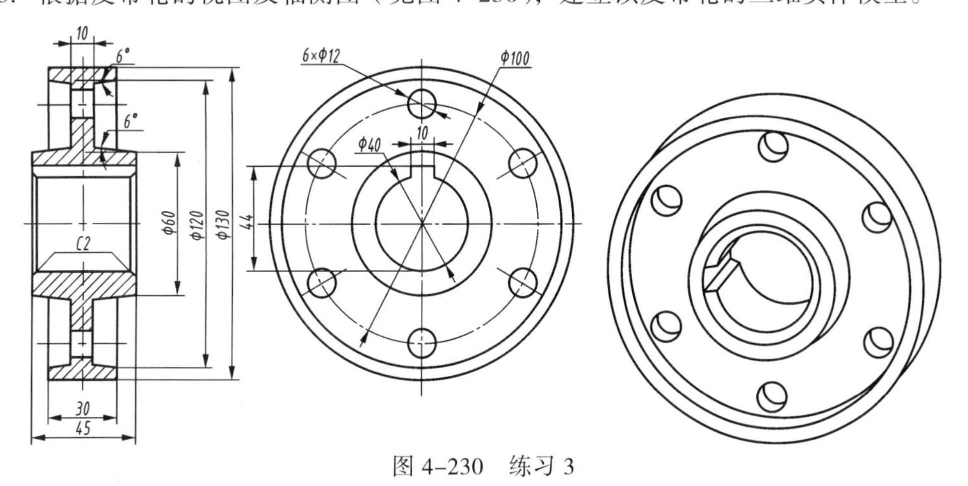

图 4-230　练习 3

4. 根据支架的主视图和俯视图及轴测图（见图 4-231），建立该支架的三维实体模型。

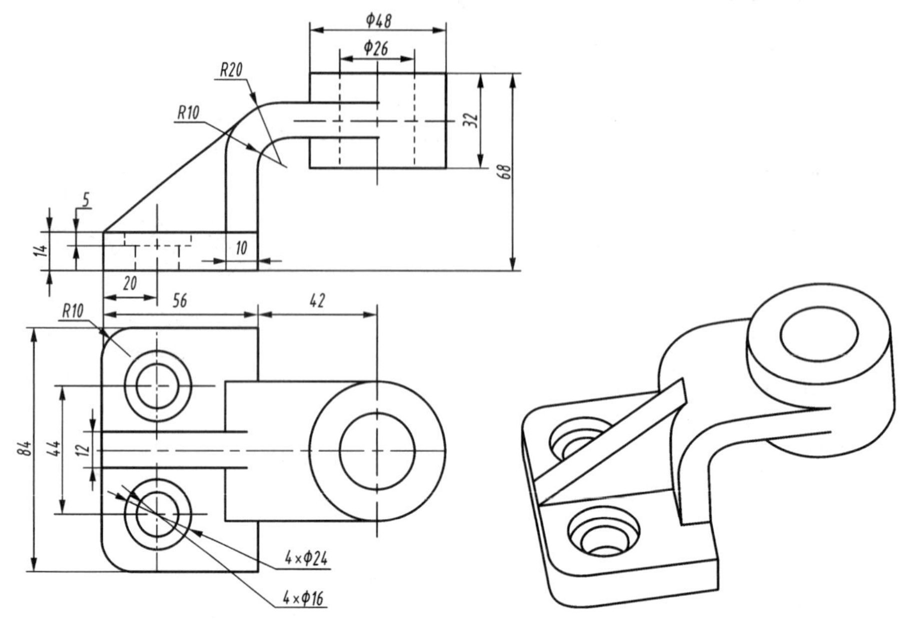

图 4-231　练习 4

5. 根据支架的主视图和俯视图及轴测图（见图 4-232），建立该支架的三维实体模型。

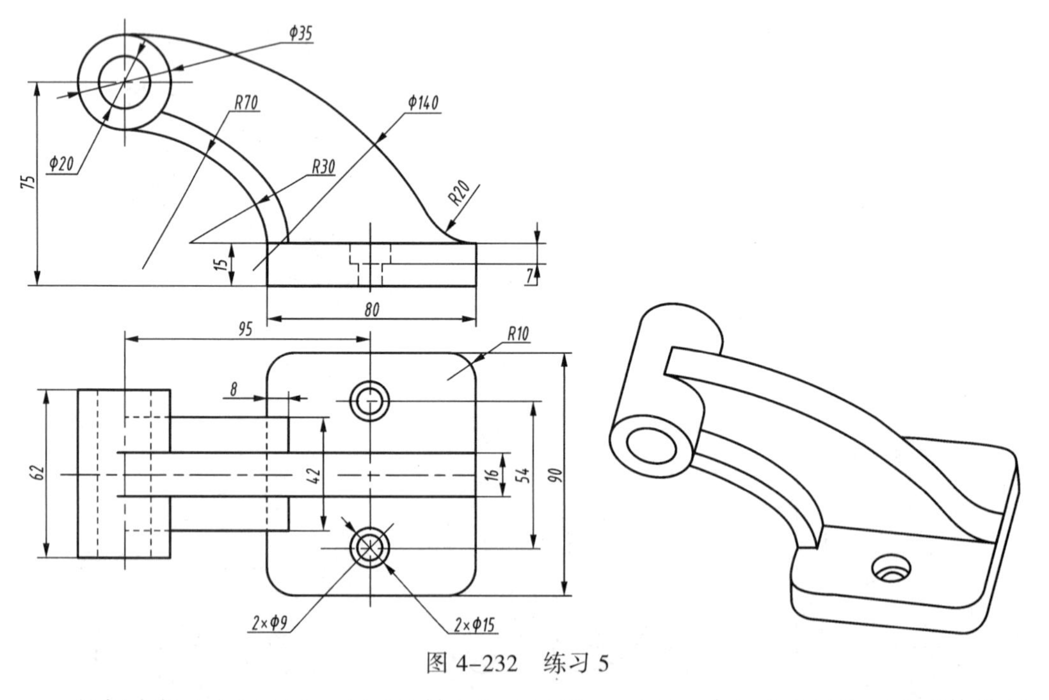

图 4-232　练习 5

6. 根据支架的主视图和左视图及轴测图（见图 4-233），建立该支架的三维实体模型。

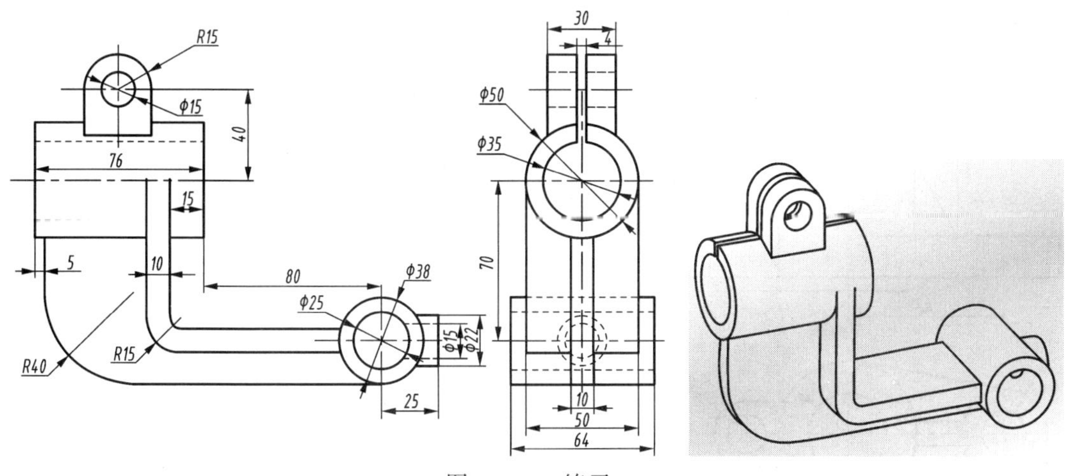

图 4–233　练习 6

7. 根据座盖的三视图及轴测图（见图 4–234），建立该支架的三维实体模型。

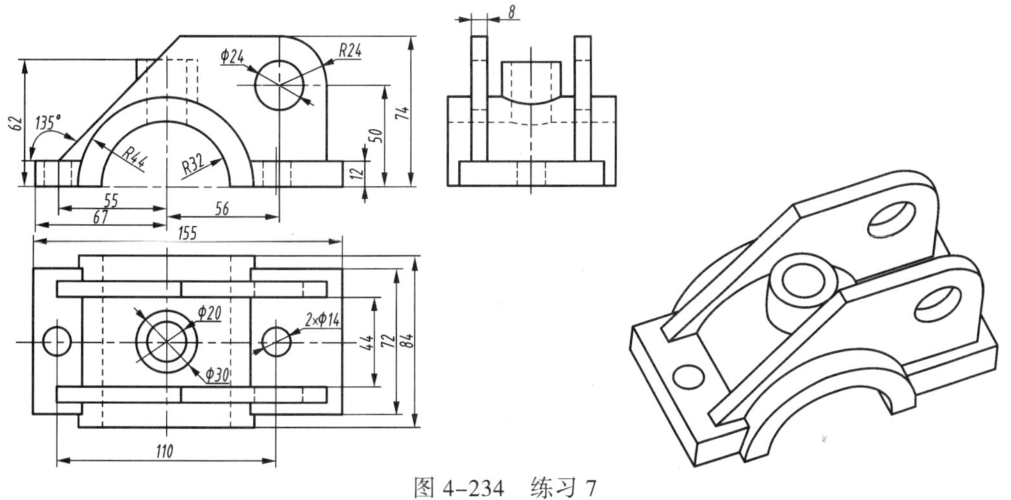

图 4–234　练习 7

8. 根据组合体的三视图及轴测图（见图 4–235），建立该组合体的三维实体模型。

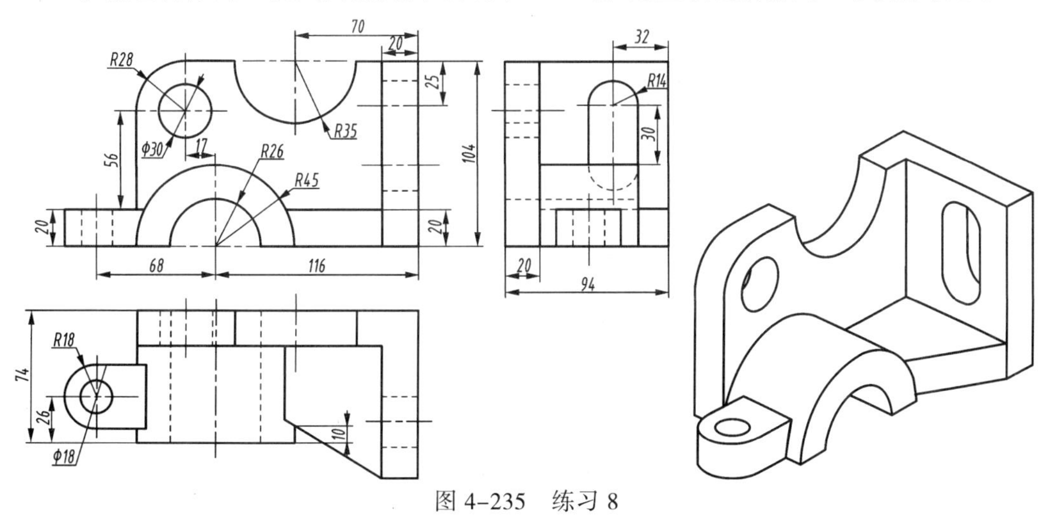

图 4–235　练习 8

9. 根据支架的三视图及轴测图（见图 4-236），建立该支架的三维实体模型。

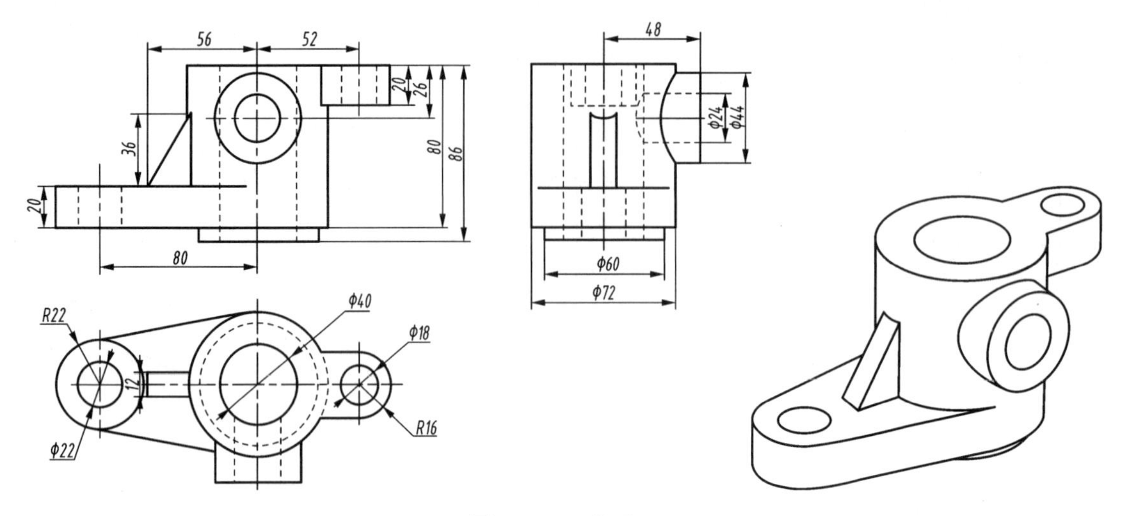

图 4-236 练习 9

10. 根据泵体的视图及轴测图（见图 4-237），建立该泵体的三维实体模型。

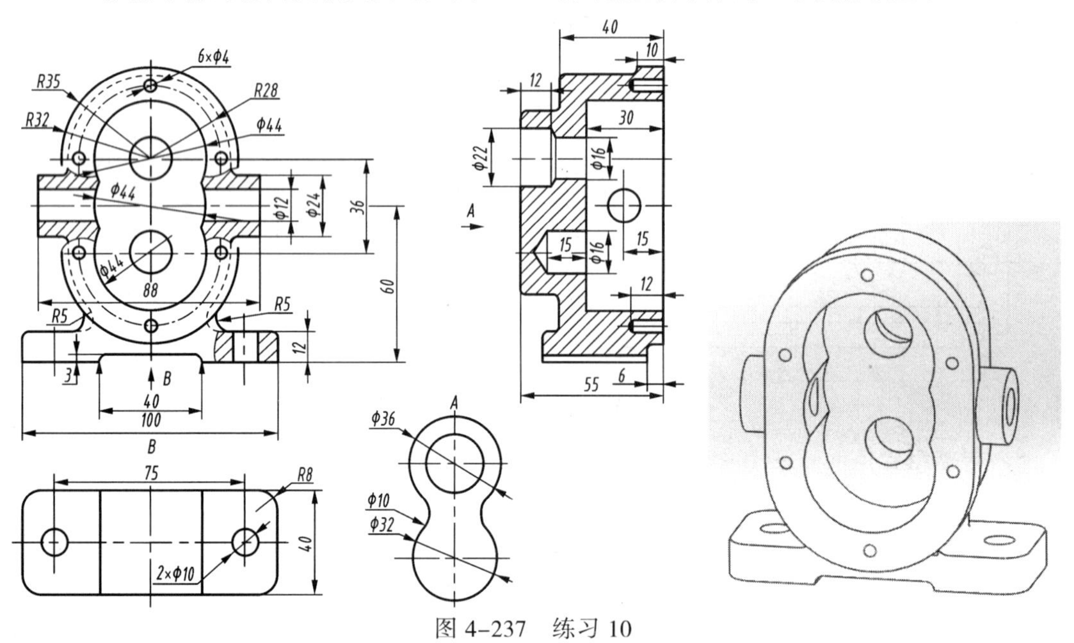

图 4-237 练习 10

第 5 章 创建高级特征

本章提要

- 理解各种高级特征建模的概念；
- 熟练掌握各种高级特征建模的操作方法；
- 能综合应用各种高级特征完善三维模型。

SolidWorks 除了能提供基础特征建模的功能，还可通过创建高级特征实现产品的辅助设计，使模型创建更精细化，以便更广泛地应用于各行业。高级特征建模主要包括圆顶特征、弯曲特征、包覆特征、拔模特征、扣合特征、实体分割、变形特征、自由形特征、特型特征、压凹特征、加厚特征、曲线驱动的阵列、草图驱动的阵列、表格驱动的阵列、填充阵列、特征状态的压缩与解除压缩等。

5.1 圆 顶 特 征

圆顶特征是对模型的一个面进行变形操作，从选择的平面开始平滑过渡到指定距离的点上所形成的特征，可在同一模型上同时生成一个或多个圆顶特征。

创建基础模型后，单击“特征”工具栏中的“圆顶”按钮，或者选择菜单栏中的“插入”｜“特征”｜“圆顶”命令，出现“圆顶”属性管理器，如图 5-1 所示。

设置“圆顶”属性管理器，激活（到圆顶的面）列表框，在图形区选择需要的“面 1”，在“距离”文本框中输入 10 mm，结果如图 5-2 所示。“距离”文本框左侧为反向按钮，单击改变圆顶的方向，形成凹顶。默认选中“显示预览”复选框，可在图形区观察其预览效果，单击“确定”按钮，生成圆顶。

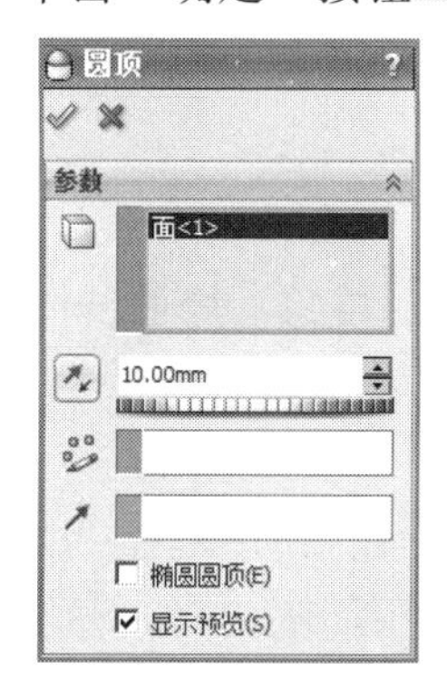

图 5-1 “圆顶”属性管理器

（a）正常圆顶

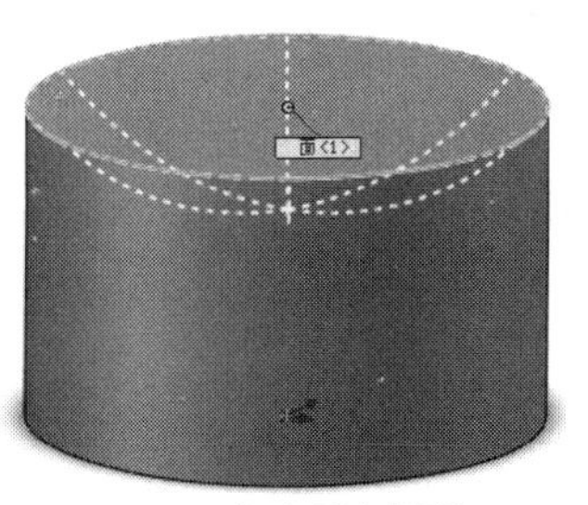

（b）反向圆顶

图 5-2 圆顶

在“圆顶”属性管理器选项中选中“椭圆圆顶”复选框，在“距离”文本框中输入 10 mm，预览效果如图 5-3（a）所示；在“距离”文本框中输入 40 mm，椭圆圆顶预览效果如图 5-3（b）所示；取消“椭圆圆顶”复选框，如图 5-3（c）所示。

在圆柱和圆锥模型上，可将“距离”设置为 0，此时系统会使用圆弧半径作为圆顶的基础来计算距离。

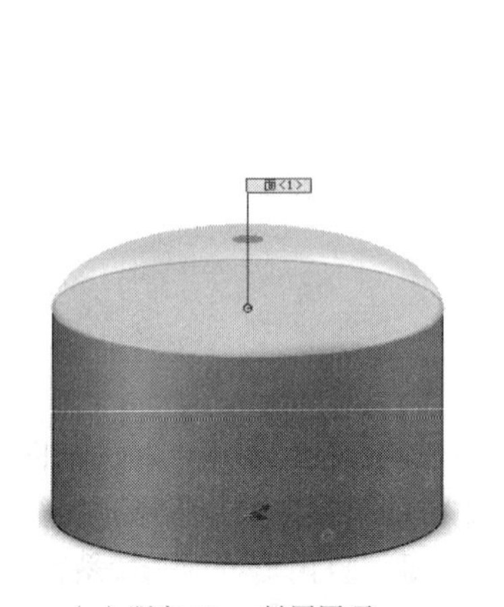

（a）距离 10mm 椭圆圆顶

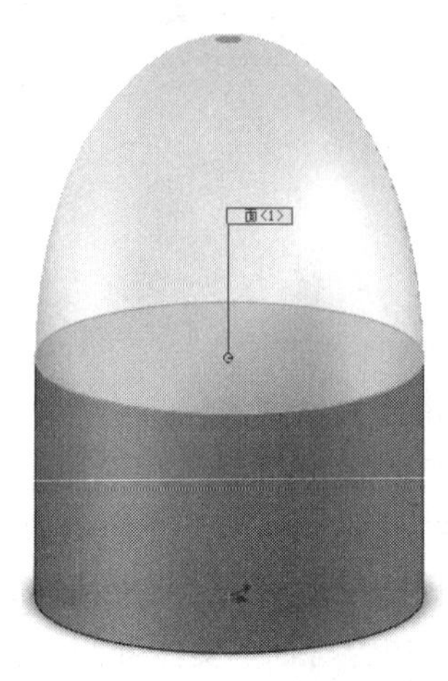

（b）距离 40 mm 椭圆圆顶

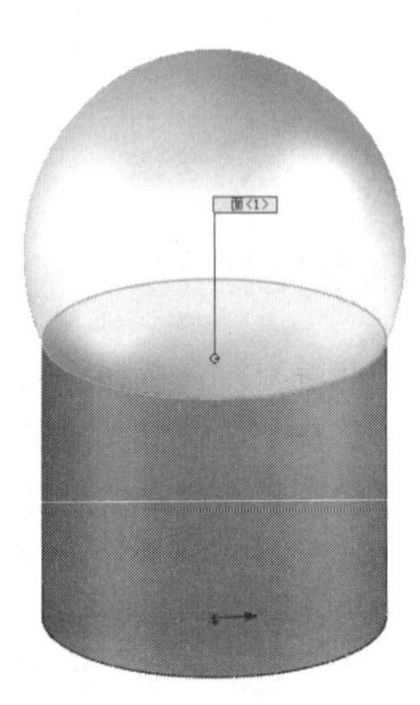

（c）距离 40 mm 取消椭圆圆顶

图 5-3　椭圆圆顶

在属性管理器选项选中和取消“连续圆顶”复选框，结果如图 5-4（a）所示；取消选中“连续圆顶”复选框，结果如图 5-4（b）所示。

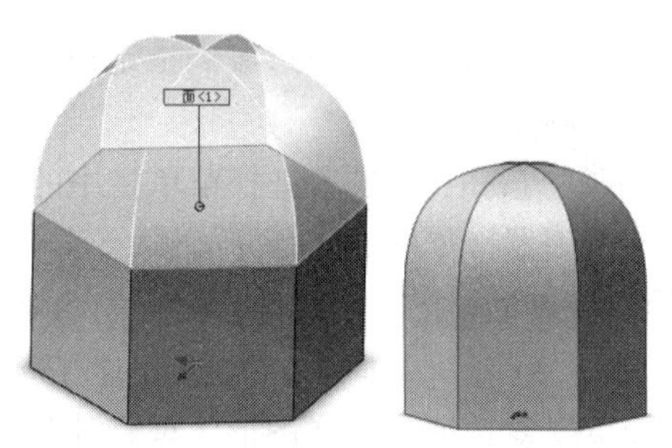

（a）选中“连续圆顶”

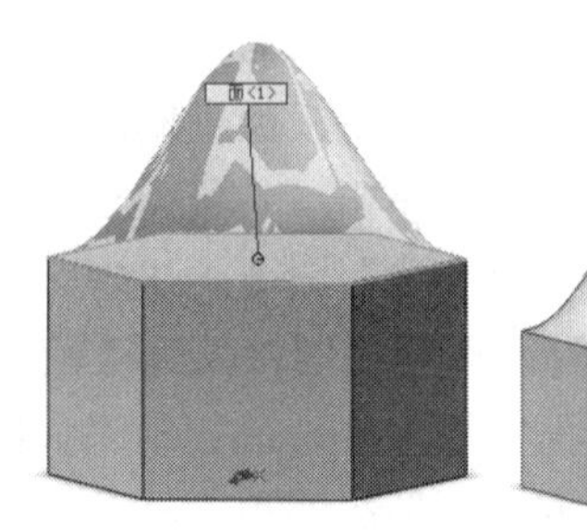

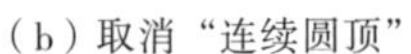

（b）取消“连续圆顶”

图 5-4 连续圆顶

5.2　弯 曲 特 征

弯曲特征只能应用于实体，是以直观的方式对复杂的应用模型进行变形。弯曲特征包括 4 种类型：折弯、扭曲、锥削、伸展。

先建立基础模型，建模步骤如下：

（1）在 SolidWorks 2012 中新建一个零件文件，在 Feature Manager 设计树中选择“前视基准面”，单击“正视于”按钮，然后单击“草图”工具栏中的“草图绘制”按钮，进入草图绘制，绘制如图 5-5 所示的草图 1，注意圆弧和直线添加“相切”几何关系。

（2）单击“特征”工具栏中的“拉伸凸台/基体”按钮，出现“拉伸”属性管理器，选择“草图基准面”选项，选中“方向 2”复选框，在“方向 1”和“方向 2”选项组列表框中均选择“给定深度”选项，在“深度 1”和“深度 2”文本框中均输入 5 mm，单击“确定”按钮生成凸台–拉伸 1 特征，如图 5–6 所示。

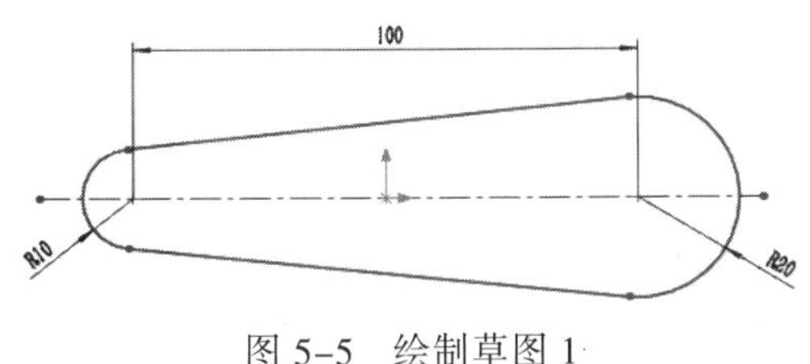

图 5–5　绘制草图 1

图 5–6　凸台–拉伸 1

（3）在 Feature Manager 设计树中选择“前视基准面”，单击“正视于”按钮，然后单击“草图”工具栏中的“草图绘制”按钮，绘制如图 5–7 所示的草图 2，该草图的两个圆要与拉伸实体的圆弧同心且尺寸相同。

（4）单击“特征”工具栏中的“拉伸凸台/基体”按钮，类似步骤（2）操作，在“深度 1”和“深度 2”文本框中均输入 10 mm，单击“确定”按钮生成凸台–拉伸 2 特征，如图 5–8 所示。

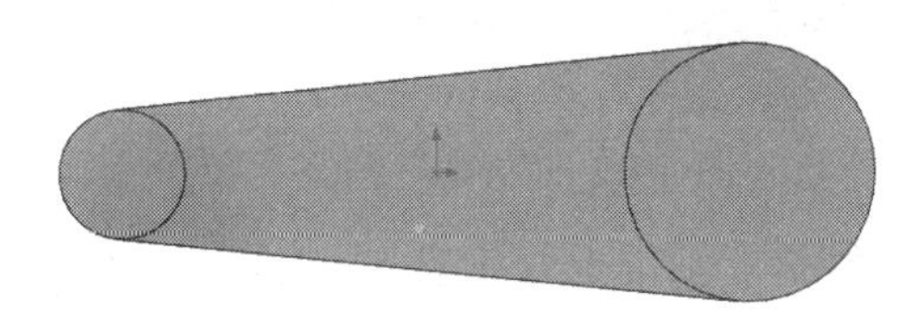

图 5–7　绘制草图 2

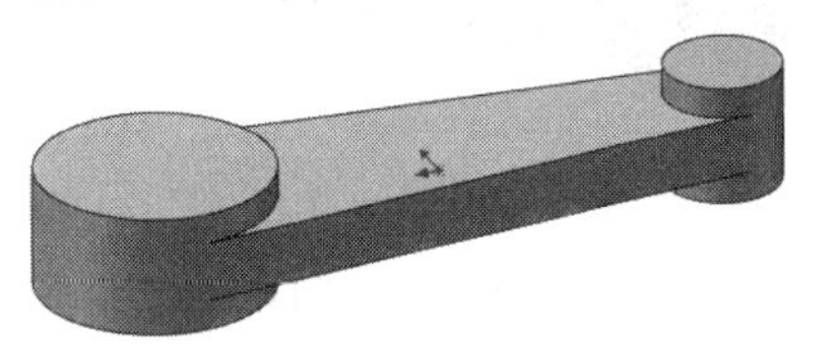

图 5–8　凸台–拉伸 2

（5）在图形区单击拉伸 2 实体的上表面，绘制两个半径分别是 5 mm 和 15 mm 的圆，完成草图 3 的绘制。单击“特征”工具栏中的“拉伸切除”按钮，出现“切除–拉伸”属性管理器，在“终止条件”下拉列表框中选择“完全贯穿”选项，单击“确定”按钮，生成切除–拉伸 1 特征，基础模型创建完毕，如图 5–9 所示。

单击“特征”工具栏中的“弯曲”按钮，或者选择菜单栏中的“插入”｜“特征”｜“弯曲”命令，出现“弯曲”属性管理器，如图 5–10 所示。

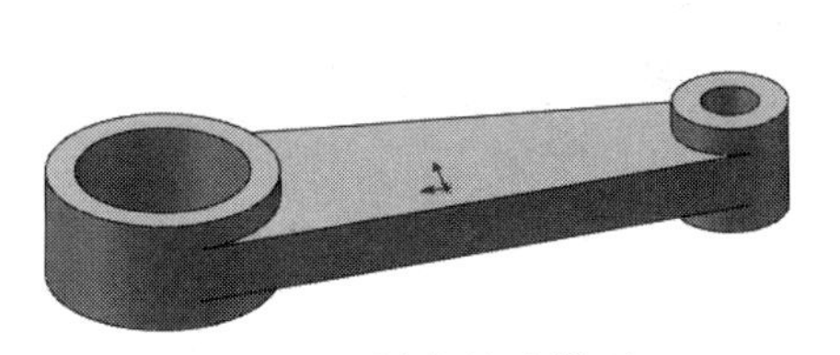

图 5–9　创建基础模型

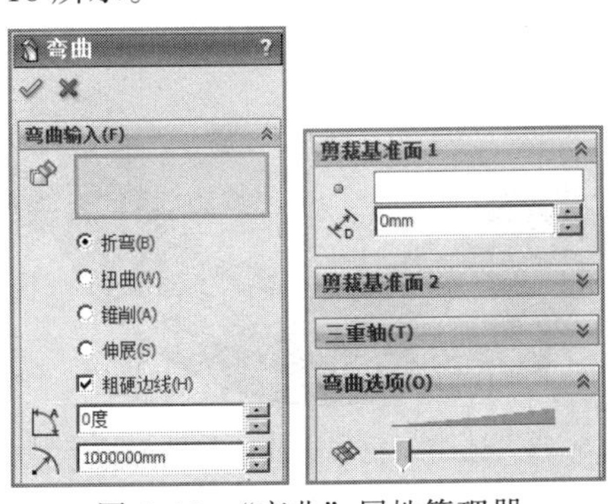

图 5–10　“弯曲”属性管理器

5.2.1　折弯

折弯是绕一折弯轴折弯零件实体，弯曲区域由两个剪裁基准面的位置决定。折弯轴在折弯过程中与三重轴的 X 轴重合，折弯的中性面通过三重轴的原点，位于三重轴的 X–Z 平面上，可绕折弯轴折弯一个或多个实体，定位三重轴和剪裁基准面，可控制折弯的角度、位置和界限，通过折弯可以创建出复杂的曲面形状。

在折弯过程中，沿中性面的剪裁基准面之间的弧长始终保持不变。可利用两个剪裁基准面的位置来决定弯曲区域，剪裁基准面默认位置位于实体的边界处，并垂直于三重轴的 Z 轴。可以改变剪裁基准面的位置，从而改变折弯的区域。

设置“弯曲”属性管理器中各选项。“弯曲输入”中激活（弯曲的实体）列表框，选择整个模型为弯曲实体。选择“折弯”单选项，勾选“粗硬边线”复选框，防止创建样条曲线类型的几何体。此时模型上会出现两个折弯基准面、三重轴和两个折弯基准面（即剪裁基准面 1 和 2），如图 5-11 所示。在“剪裁基准面 1”（基准面 1 剪裁距离）文本框中输入“20”，在“剪裁基准面 2”（基准面 2 剪裁距离）文本框中输入“40”，在（角度）文本框中输入“90”，当定义了折弯角度和剪裁基准面 1 和 2 的位置后，系统将自动计算折弯半径的大小，若改变折弯半径，折弯角度也会随之发生改变。折弯 1 特征的预览如图 5-12 所示。

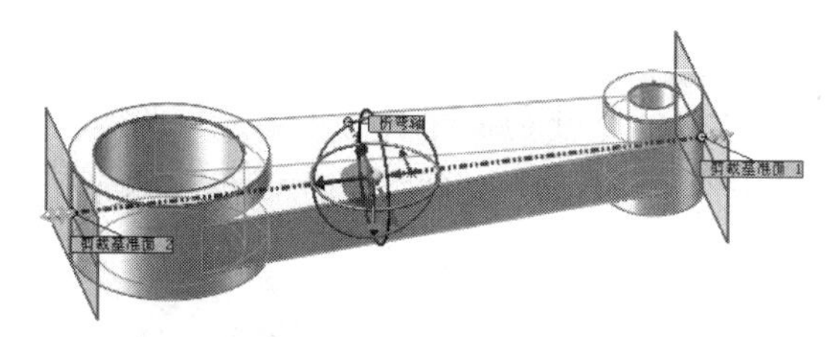

图 5-11　折弯基准面、折弯轴和三重轴

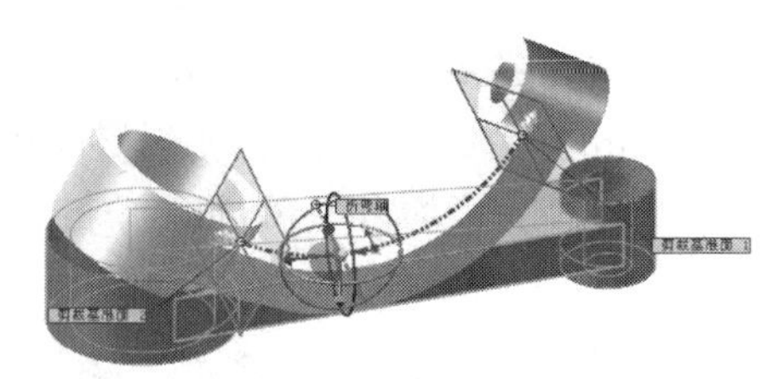

图 5-12　“折弯”预览效果

在零件的顶部和底部生成剪裁基准面，三重轴和折弯轴位于剪裁基准面之间。也可移动光标到“剪裁基准面 1”或“剪裁基准面 2”上，出现折弯光标后，拖动该平面使其产生需要的弯曲。右击三重轴，在弹出的快捷菜单中选择“重设弯曲”命令，可删除拖动产生的弯曲。

在该弯曲中，可以使用“角度”或“半径”选项来添加更多的精度控制。单击“确定”按钮，完成“弯曲”特征创建。

在“弯曲”属性管理器中选中“粗硬边线”复选框后，会生成圆锥面、圆柱面及平面等分析曲面，这通常会形成剪裁基准面与实体相交的分割面，如图 5-13 所示；如果取消选中复选框，则将基于样条曲线生成结果，因此剪裁基准面与实体的相交处会平滑过渡，曲面和平面会显得更光滑，而原有面保持不变，如图 5-14 所示。

图 5-13　选中“粗硬边线”复选框折弯特征

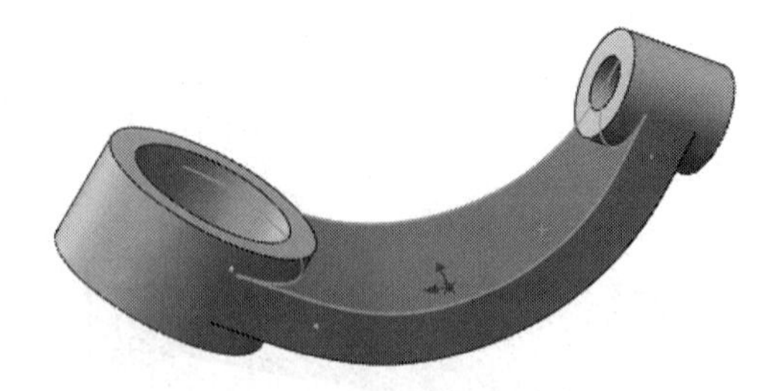
图 5-14　取消“粗硬边线”复选框折弯特征

5.2.2　扭曲

扭曲是利用两个剪裁基准面的位置来决定扭曲区域，然后按照用户在三重轴上指定的旋转轴进行扭曲实体。

设置“弯曲”属性管理器，“弯曲输入”中激活（弯曲的实体）列表框，选择整个模型为弯曲实体。选择“扭曲”单选按钮，利用弯曲特征的“扭曲”功能，可以把上述零件扭转 90°。在“剪裁基准面 1”（基准面 1 剪裁距离）文本框中输入“20”，在“剪裁基准面 2”（基准面 2 剪裁距离）文本框中输入“40”，在（角度）文本框中输入“90”，扭曲 1 特征的预览如图 5-15 所示。单击“确定”按钮生成“扭曲”特征，如图 5-16 所示。

也可移动光标到“剪裁基准面 1”或“剪裁基准面 2”上，出现扭曲光标后，拖动该平面使其产生需要的扭曲。

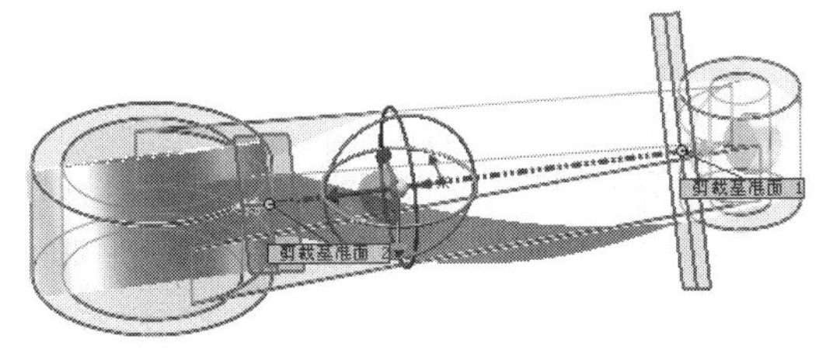

图 5-15 “扭曲”预览效果

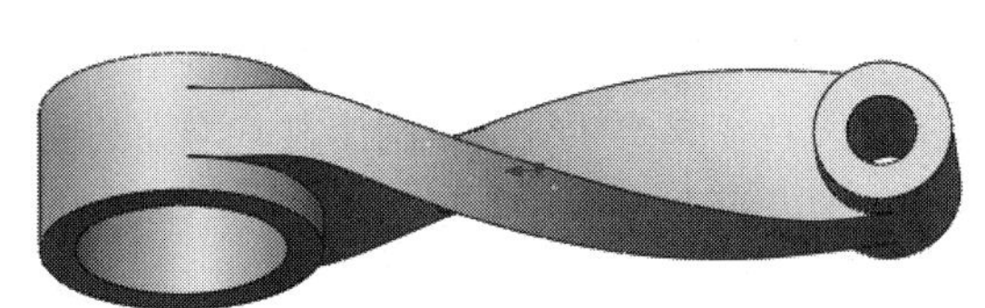

图 5-16 生成“扭曲”特征

5.2.3 锥削

锥削是通过定位三重轴的 Y 轴和剪裁基准面，控制模型的锥度、位置和界限。利用定位三重轴和剪裁基准面，按照三重轴的 Z 轴方向进行锥削，并利用控制锥削角度、位置和界限等手段改变锥削对象的形状。利用弯曲特征的“锥削”功能可以锥削实体零件和曲面实体。

设置“弯曲”属性管理器，“弯曲输入”中激活（弯曲的实体）列表框，选择整个模型为弯曲实体，选择“锥削”单选按钮。在“剪裁基准面 1”（基准面 1 剪裁距离）文本框中输入“30”，在“剪裁基准面 2”（基准面 2 剪裁距离）文本框中输入“0”，在“锥削因子”文本框中输入“1.1”，锥削 1 特征的预览如图 5-17 所示。单击“确定”按钮生成“锥削”特征，如图 5-18 所示。也可移动光标到“剪裁基准面 1”或“剪裁基准面 2”上，出现锥削光标后，拖动该平面使其产生需要的锥削。

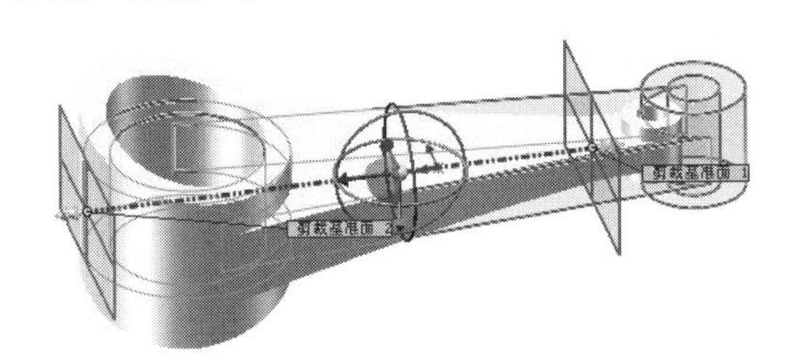

图 5-17 “锥削”预览效果

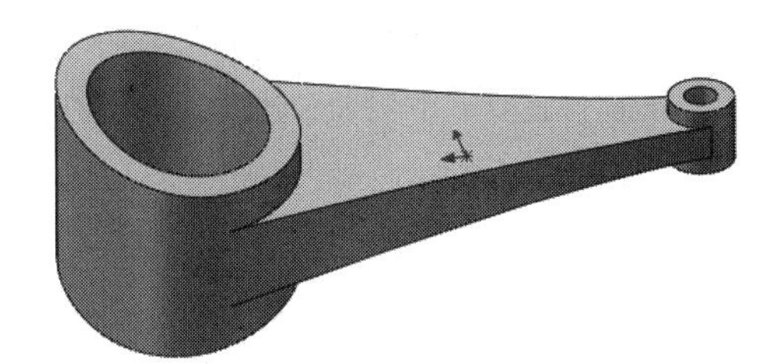

图 5-18 生成“锥削”特征

5.2.4 伸展

伸展通过指定剪裁基准面间的距离和伸展距离，模型将按照三重轴的 Z 轴方向在剪裁基准面间进行伸展。利用弯曲特征的“伸展”功能可以拉伸、展开实体零件和曲面实体。

设置“弯曲”属性管理器，“弯曲输入”中激活（弯曲的实体）列表框，选择整个模型为弯曲实体，选择“伸展”单选按钮。在“剪裁基准面 1”（基准面 1 剪裁距离）文本框中输入“0”，在“剪裁基准面 2”（基准面 2 剪裁距离）文本框中输入“0”，在“伸展距离”文本框中输入“45”，伸展 1 特征的预览如图 5-19 所示。单击“确定”按钮生成“伸展”特征，如图 5-20 所示。也可移动光标到“剪裁基准面 1”或“剪裁基准面 2”上，出现伸展光标后，拖动剪裁基准面的边线使其产生需要的伸展。

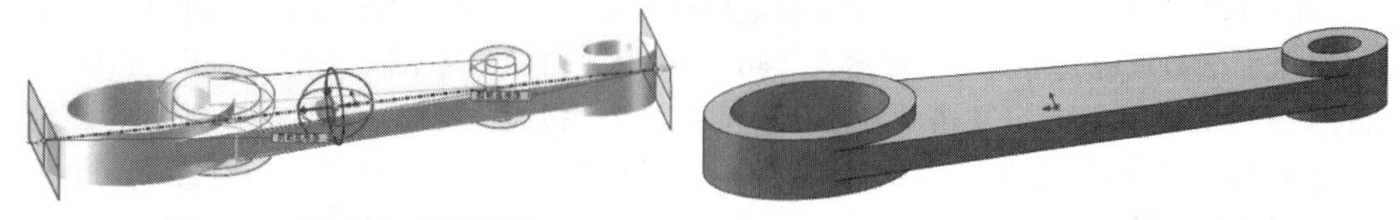

图 5-19 “伸展”预览效果　　　　图 5-20 生成“伸展”特征

5.3 包覆特征

包覆特征是将闭合的草图沿其基准面的法线方向投影到模型的表面，然后根据投影后曲线在模型的表面生成凹陷或突起的形状，即将草图包覆到平面或非平面上，类似于滚筒印刷，可以从圆柱、圆锥或拉伸的模型生成一个平面，也可以选择一个平面轮廓来添加多个闭合的样条曲线草图。包覆特征支持轮廓选择和草图重用，用于包覆特征的草图基准面必须与面相切，从而允许面法线和草图法线在最近点处平行，要包覆的草图只能包含闭合轮廓，不能包含任何开环轮廓。

将草图包覆到平面或非平面上，创建“包覆特征”的操作步骤如下：

（1）在 Feature Manager 设计树中选取需要包覆的草图。例如，选择“工具”｜“草图绘制实体”｜“文本”命令，弹出“草图文字”对话框。在文本框中输入文字，设置合适的字体和大小，将文字置于合适的位置，单击“确定”按钮完成草图 2 的绘制。

（2）单击“特征”工具栏中的“包覆”按钮，或者选择菜单栏中的“插入”｜“特征”｜“包覆”命令，出现“包覆”属性管理器，如图 5-21 所示。在“包覆参数”选项组中选中“浮雕”单选按钮。单击“包覆草图的面”选择框按钮，在图形区选择基础模型的外表面，面的名称会显示在“包覆草图的面”选择框中。在“厚度”文本框中输入 1 mm。单击“确定”按钮生成“包覆”特征，如图 5-22 所示。SolidWorks 的包覆特征可直接将平面二维草图创建成三维模型，但要注意，包覆特征只支持拉伸面、圆柱/圆锥面、旋转面等，对于任意曲面，包覆特征就不适用了。另外，注意包覆中浮雕与蚀雕、刻线的区别。包覆中浮雕是在模型的表面生成凸起的特征；而蚀雕是在模型的表面生成凹陷的特征；而刻线是在模型的表面生成草图轮廓印记。

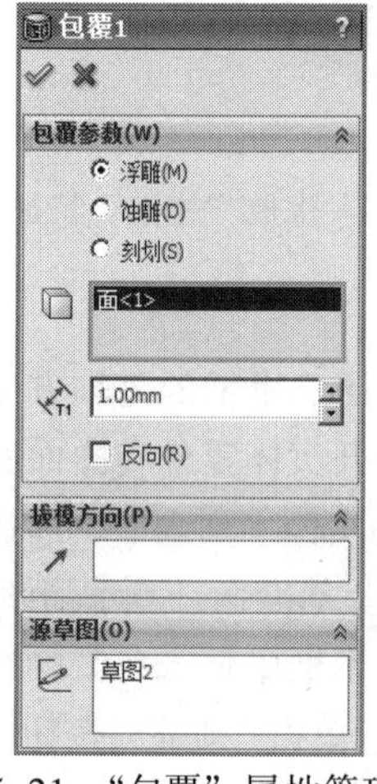

图 5-21 “包覆”属性管理器

图 5-22 包覆应用

5.4 拔 模 特 征

铸造零件时，常利用拔模（起模）斜度使型腔零件更容易脱出模具，即在铸件的内、外壁沿起模方向设计一定的斜度。SolidWorks 中拔模是零件模型上常见的特征，是以指定的角度斜削模型中所选的面。用户既可以在现有的零件上插入拔模特征，也可以在拉伸特征的同时进行拔模。

拔模特征使用过程中，中性面是指拔模操作中的参考面，是在拔模的过程中大小不变的固定面，用于指定拔模角的旋转轴。拔模面是指选取的零件实体中的某一个面，此面将生成拔模斜度。拔模方向是用于确定拔模角度的方向。

在现有的零件上插入拔模特征的操作步骤如下：

（1）单击“特征”工具栏中的“拔模”按钮，或者选择菜单栏中的“插入”｜“特征”｜“拔模”命令，出现“拔模”属性管理器，分为“手工”和 DraftXpert，单击可进行切换，如图 5-23 所示。

（a）拔模

（b）DraftXpert

图 5-23 “拔模”属性管理器

（2）在“拔模类型”中选择“中性面”单选按钮，即选择中性面指定拔模方向，再定义拔模角度对所选面进行拔模操作。“分型线拔模”是以分型线为拔模参考，即插入或选择现有曲线分割拔模面，再指定拔模方向用于定义移除材料。“阶梯拔模”是以中性面为拔模参考，使用分型线控制拔模操作范围，即创建一条分割线并指定拔模方向，系统将会绕定义拔模方向的基准面旋转生成一个面形成阶梯特征，阶梯拔模可归类为分型线拔模。利用“分型线拔模”可以对分型线周围的曲面进行拔模，拔模分型线必须满足以下条件：①在每个拔模面上至少有一条分型线段与基准面重合；②其他所有分型线段处于基准面的拔模方向；③没有分型线段与基准面垂直。

（3）在“拔模角度”（角度）文本框中设置拔模角度，是垂直于中性面进行测量的。

（4）单击“中性面”中的列表框，然后在图形区中选择面或基准面作为中性面定义拔模的方向。图形区中的控标会显示拔模的方向，如果要向相反的方向生成拔模，可单击按钮改变方向。

（5）单击“拔模面”图标右侧的列表框，然后在图形区中选择拔模面，如图 5-24 所示。

（6）如果要将拔模面延伸到其他的面，从“拔模沿面延伸”下拉列表框中选择可选项：

- 沿切面：将拔模延伸到所有与所选面相切的面。
- 所有面：所有从中性面拉伸的面都进行拔模。
- 内部的面：所有与中性面相邻的内部面都进行拔模。
- 外部的面：所有与中性面相邻的外部面都进行拔模。
- 无：拔模面不进行延伸。

（7）单击“确定”按钮，完成中性面拔模特征，如图 5-25 所示。

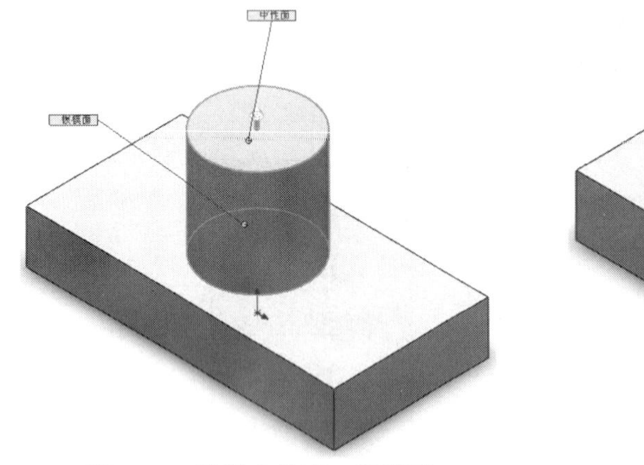

图 5-24　选择中性面、拔模面

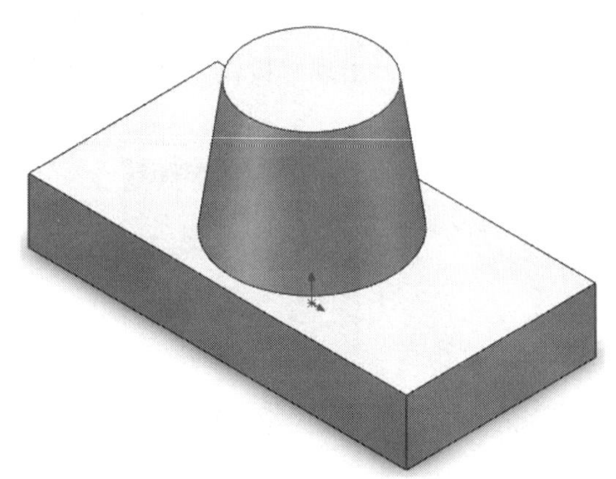
图 5-25　拔模特征

5.5　扣 合 特 征

扣合特征主要是为了方便产品的装配，提高产品的设计效率，简化了在塑料和钣金零件生成共同特征的过程。扣合特征包括：装配凸台、弹簧扣、弹簧扣凹槽、通风口、唇缘/凹槽。

用户可调用“扣合工具栏”或设置相应的命令。“扣合特征”工具栏如图 5-26 所示。单击“扣合特征”工具栏中的图标，在对应属性管理器中设置相应参数以完成扣合的特征。

图 5-26　“扣合特征”工具栏

1. 装配凸台

生成各种装配凸台，在模型装配时起到定位和支撑等作用。单击“扣合特征”工具栏中的“装配凸台”按钮，或者选择菜单栏中的“插入”｜“扣合特征”｜“装配凸台”命令，出现“装配凸台”属性管理器，由“定位”栏、“凸台”栏、“翅片”栏、“装配孔/销”栏和“收藏”栏组成，如图 5-27 所示。

要在创建装配凸台时将其置于准确的预定义位置，可以先在窗口中创建一个草图，并将其中的某个点位于所需创建凸台的位置，再在创建凸台时选择该点作为放置面参照。

属性管理器中的“定位”区域文本框中选取 3D 草图为装配凸台的定位点，选择用于放置装配凸台的平面或空间，系统将会在所选面的位置创建一个点，如图 5-28 所示。单击图标以激活文本框指定模型表面为装配凸台的参考方向，激活后的文本框选取草图中的圆为参考边线。若不进行指定创建凸台的方向，则会垂直于放置面创建。选择圆形边线对装配凸台的中心轴进行定位。圆形边线的投影中心必须与放置装配凸台的面相交，否则将不能创建凸台。

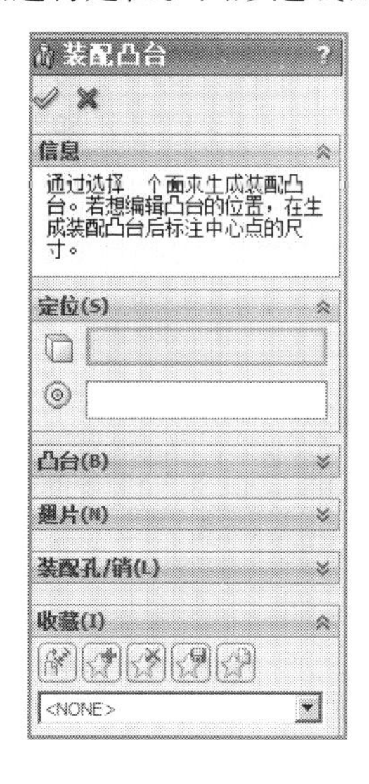

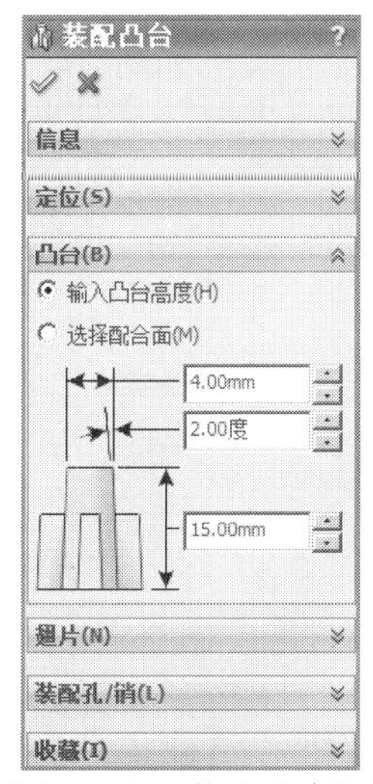

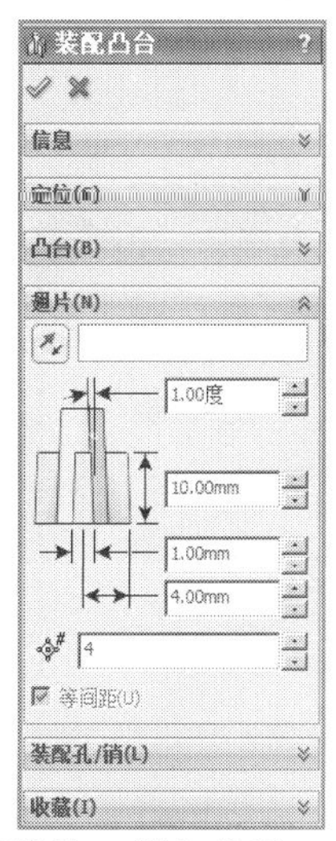

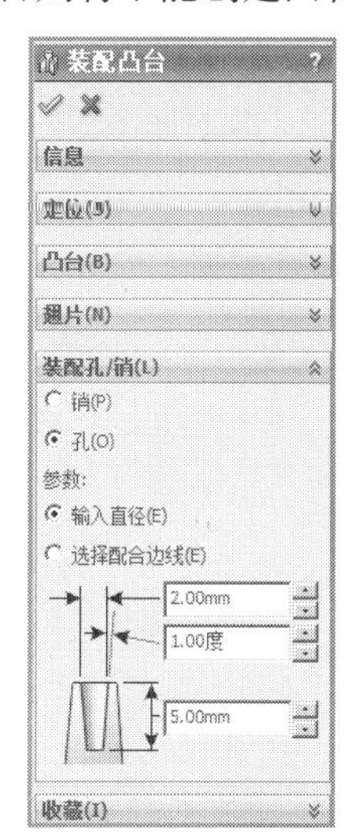

图 5-27　“装配凸台”属性管理器各分栏

“凸台”主要用于定义凸台的高度、直径与拔模角度。有“输入凸台高度”“选择配合面”两项。选中“输入凸台高度”单选按钮，凸台直径输入 4 mm，主凸台拔模角度输入“2.00度”，凸台高度输入 15 mm。选择配合面是通过选择一个面与凸台顶部相配合，系统将会自动计算凸台的高度。若更改所选配合面的高度，凸台的高度也会相应改变。

以下设置可使用默认值或根据需要进行输入，使用默认值单击“确定”按钮✔，完成装配凸台，如图 5-29 所示。

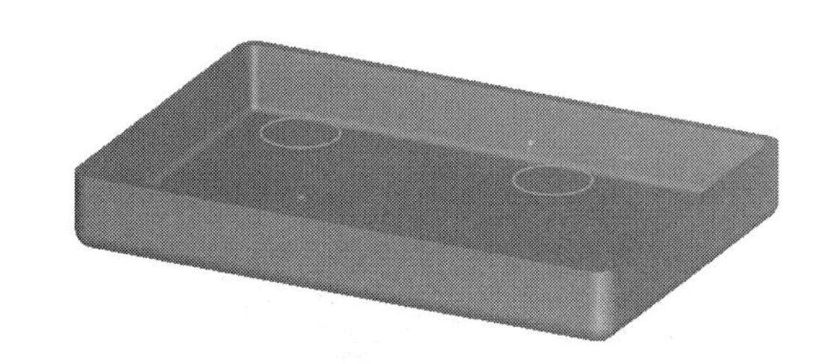

图 5-28　3D 草图 1

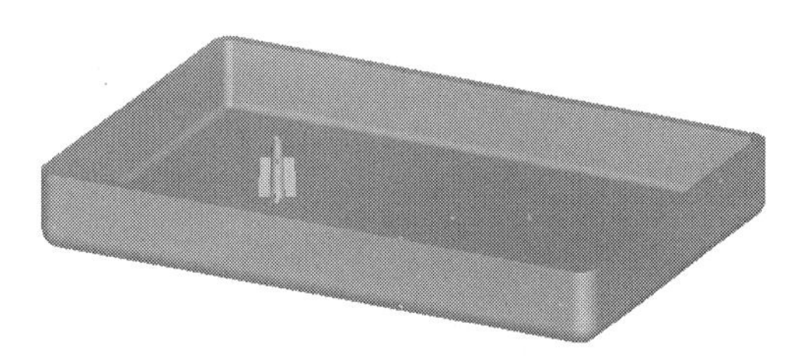

图 5-29　装配凸台

“翅片”主要用于设置翅片的高度、宽度或长度等参数。可根据需要进行输入，后的文本框中输入的是翅片数，用于指定翅片的数量，翅片的数量也可以定义为零个，创建出一个 BOSS 柱特征。

“装配孔/销”中单选孔或销，指定是创建装配销钉还是创建装配孔。“输入直径”主要用于定义孔/销的高度、直径与拔模角度。“选择配合边线”定义参数时，“孔/销”直径参数值框不可定义，通过选择边线参照定义孔或销的直径，所选择的边线参照应是零件中的实体边线，装配销钉和装配孔如图 5-30 所示。

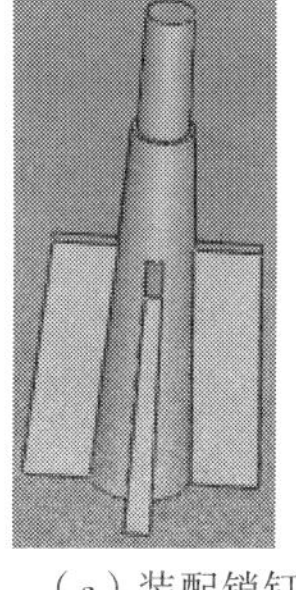

（a）装配销钉

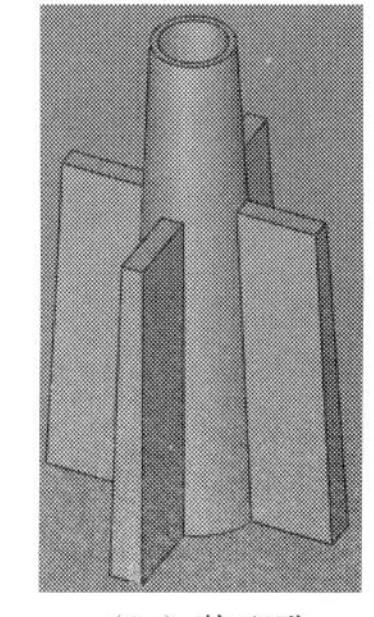

（b）装配孔

图 5-30　装配孔/销

2．弹簧扣

弹簧扣在产品装配或拆卸时非常方便快捷。单击“扣合特征”工具栏中的“弹簧扣”按钮，或者选择下拉菜单“插入”｜“扣合特征”｜“弹簧扣”菜单命令，出现“弹簧扣”属性管理器，如图 5–31 所示。

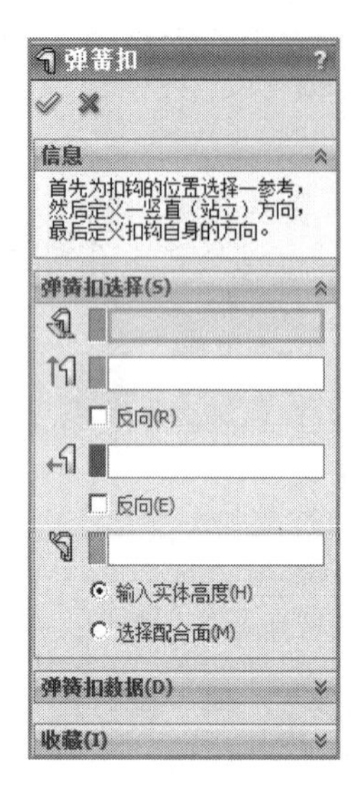

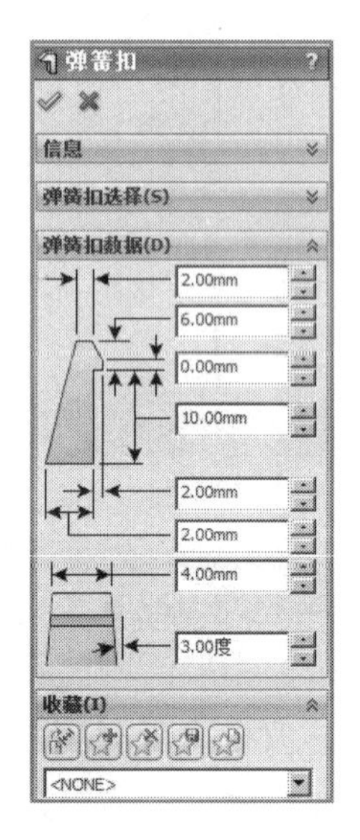

图 5–31 “弹簧扣”属性管理器

在“弹簧扣选择”中单击以激活后的文本框，为扣钩的位置选择定位，可选择一个面或边线，如图 5–32 所示。激活后的文本框，可选取一边线、面或轴来定义扣钩的竖直方向，如图 5–33 所示。激活后的文本框，可选取一边线、面或轴来定义扣钩的方向，如图 5–34 所示。激活后的文本框，选择一个面来配合扣钩实体，可选取一面为弹簧扣扣钩底部的重合面，可“输入实体高度”或“选择配合面”。

图 5–32 定位扣钩位置

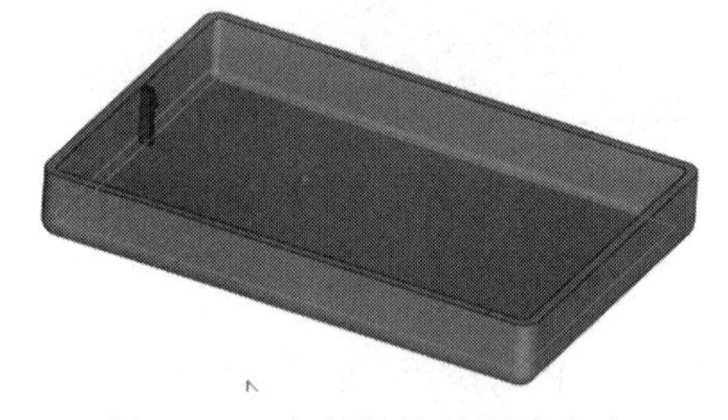

图 5–33 定义扣钩的竖直方向

“弹簧扣数据”中有“扣钩顶部深度”“扣钩高度”“扣钩唇缘高度”“实体高度”“扣钩悬垂片长度”“扣钩基体深度”“总宽度”“顶部拔模角度”。单击“确定”按钮，生成弹簧扣特征，如图 5–35 所示。

3．弹簧扣凹槽

弹簧扣凹槽在一个整体模型中与弹簧扣成对存在。单击“扣合特征”工具栏中的“弹簧扣凹槽”按钮，或者选择菜单栏中的“插入”｜“扣合特征”｜“弹簧扣凹槽”命令，出现“弹簧扣凹槽”属性管理器，如图 5–36 所示。必须首先生成弹簧扣，然后才能生成弹簧扣凹槽。

图 5-34　定义扣钩的方向

图 5-35　弹簧扣特征

单击“特征和实体选择”后的文本框，从设计树或窗口中选择一个已创建的弹簧扣特征作为创建凹槽的参照，结果如图 5-37 所示。单击“特征和实体选择”后的文本框，选择一个实体，作为创建凹槽的基体参照，扣钩的底部会自动接触凹槽的底部，如图 5-38 所示，凹槽局部放大如图 5-39 所示。接下来对“弹簧扣凹槽”的参数进行设置，主要有“从弹簧扣的等距高度”“缝隙高度”“凹槽间隙”“缝隙距离”“从弹簧扣的等距宽度”。单击“确定”按钮生成“弹簧扣凹槽”特征。

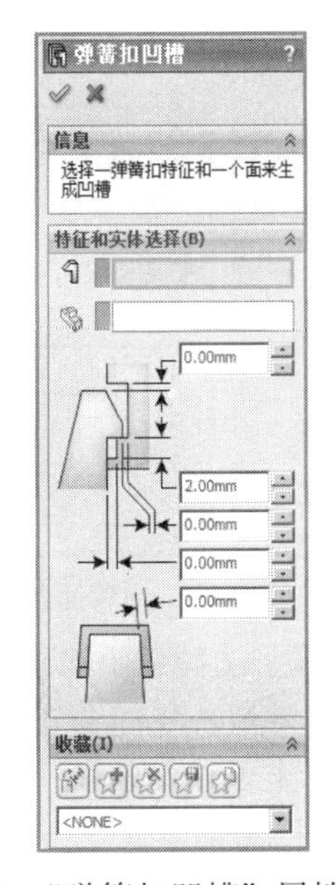

图 5-36　“弹簧扣凹槽”属性管理器

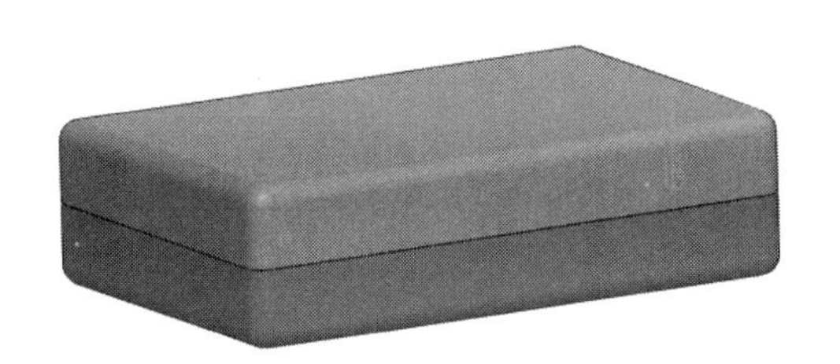
图 5-37　选择弹簧扣特征

图 5-38　选择一实体

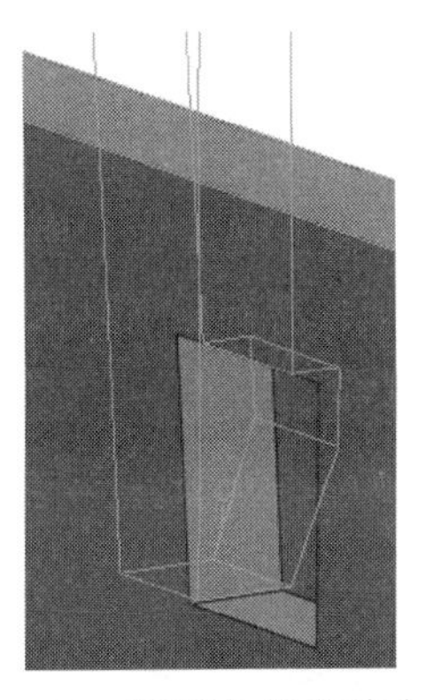
图 5-39　弹簧扣凹槽放大图

4．通风口

通风口主要用于机械零件或场地等散热口，能方便地一次性创建复杂的去除材料特征生成各种通风口并自动计算流动区域。

通风口的形状根据草图而不同，先在零件表面绘制如图 5–40 所示的通风口草图。为使草图清晰，可执行“视图”｜“草图几何关系”使草图几何关系不显示，或单击工具栏中“隐藏/显示项目”图标下“观阅草图关系”图标。

单击“扣合特征”工具栏中的“通风口”按钮，或者选择菜单栏中的“插入”｜“扣合特征”｜“通风口”命令，出现“通风口”属性管理器，由“边界”“几何体属性”“流动区域”“翼梁”“填充边界”“收藏”组成，如图 5–41 所示。

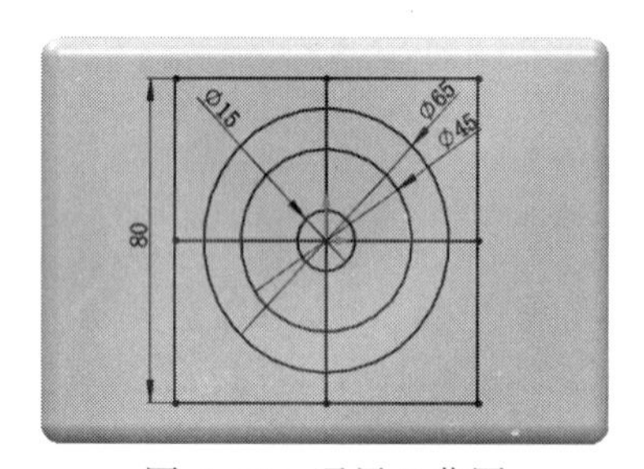

图 5–40　通风口草图

图 5–41　“通风口”属性管理器

在“通风口”属性管理器中单击以激活“边界”后的文本框，选择封闭的草图线段作为外部通风口边界，如图 5–42 所示。激活“几何体属性”后的文本框选择面参照，如图 5–43 所示。激活后的文本框可定义通风口的拔模角度。激活后的文本框指定圆角，应用于边界、筋、翼梁和填充边界之间的所有相交处。勾选“显示预览”可在窗口中预览通风口创建的状态。“流动区域”展开后包括面积与开阔面积两项。面积用于显示所选择草图边界内的总面积，在创建通风口时保持不变，以平方毫米作为单位。开阔面积显示边界内供气流流动的开放区域，以百分比的形式表示，在更改拔模、圆角、筋、翼梁或填充边界时会自动进行更新。

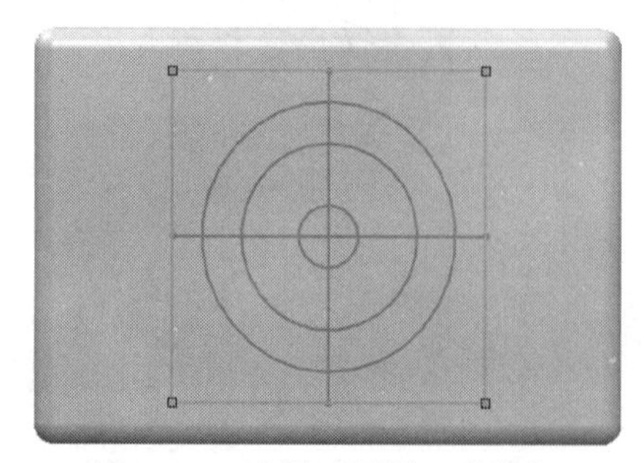
图 5–42　选择“通风口边界”

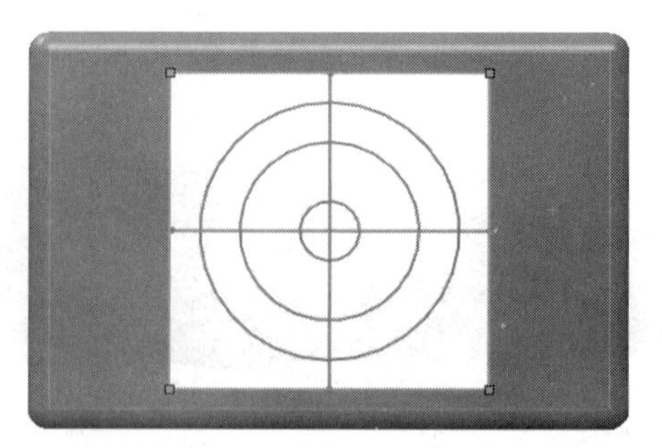
图 5–43　选择“面参照”

“筋”用于选择创建通风口中筋的草图截面以及定义筋的大小。激活“筋”下面的文本框，在窗口中选择草图中的一个或多个线段作为创建筋的参照，激活后的文本框筋的深度用于定义筋的高度，激活后的文本框筋的宽度用于定义筋的厚度。下面的等距文本框是使所有筋与曲面之间等距，单击按钮可以反向等距，如图 5-44 所示。

在创建翼梁之前必须先创建出一条筋，否则将不能创建。“翼梁”用于选择创建通风口中翼梁的草图截面及定义翼梁的大小，通常所选择的草图参照为截面中的圆，如图 5-45 所示。“填充边界”用于选择创建通风口支撑区域的草图参照，只能定义深度与等距值。所选择的草图线段参照必须有一个筋与填充边界相交，选取后系统会自动将草图内部的区域填充，如图 5-46 所示。单击“确定”按钮生成“通风口”特征，如图 5-47 所示。

图 5-44　选择“筋”

图 5-45　选择“翼梁”

图 5-46　选择“填充边界”

图 5-47　完成“通风口”特征

5. 唇缘/凹槽

唇缘和凹槽特征支持多实体和装配体，主要用于对齐、配合和扣合两个塑料零件。可在唇缘和开槽之间的界面包含多个面时生成唇缘和开槽特征。单击“扣合特征”工具栏中的“唇缘/凹槽”按钮，或者选择菜单栏中的“插入”｜“扣合特征”｜“唇缘/凹槽”命令，出现“唇缘/凹槽”属性管理器，如图 5-48 所示。

激活“实体/零件选择”后的文本框，选取生成凹槽的实体或零部件，出现定义凹槽参数，包括生成凹槽的面、为凹槽选取内边线或外边线以移除材料，如图 5-49 所示。激活后的文本框选取生成唇缘的实体或零部件出现唇缘选择参数，包括选取在其上生成唇缘的面、为唇缘选取内边线或外边线以添加材料，如图 5-50 所示。激活“实体/零件选择”后的文本框选取一个基准面、平面或直边线来定义唇缘/凹槽的方向。

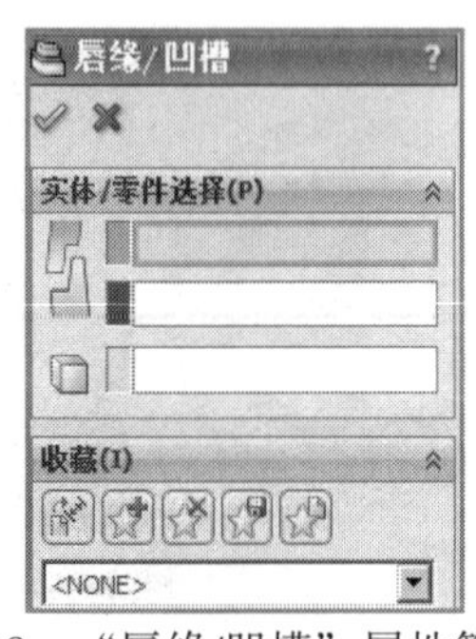

图 5-48 “唇缘/凹槽”属性管理器

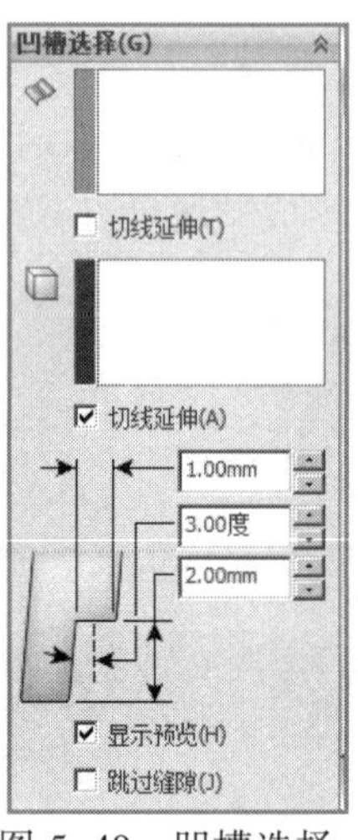

图 5-49 凹槽选择

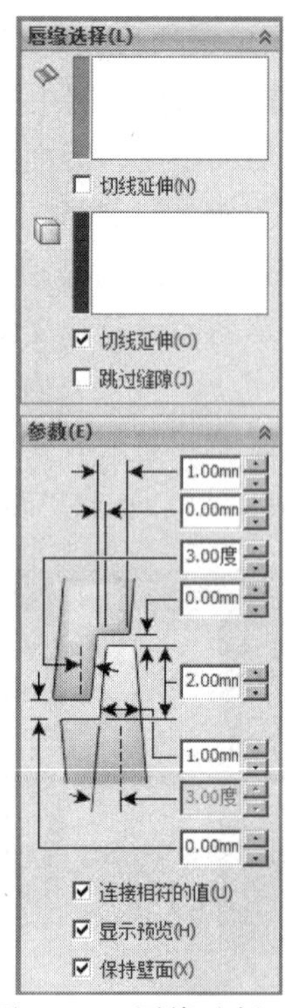

图 5-50 唇缘选择

5.6 实 体 分 割

实体分割是将一个整体模型通过基准面或曲面分割成两个或多个模型，将分割后的模型单独保存并进行细节建模，最后在整体模型中打开成为一个包含多个实体的整体，最后生成装配体。实体分割可用于外形美观且要求紧密配合的产品设计中，首先设计整体模型，然后将其分割，最后将分割后的模型经过细节设计进行装配从而形成产品。

创建基础模型如图 5-51 所示。单击“特征”工具栏中的“分割”按钮，或者选择菜单栏中“插入”｜“特征”｜“分割”命令，出现“分割”属性管理器，如图 5-52 所示。

图 5-51 基础模型

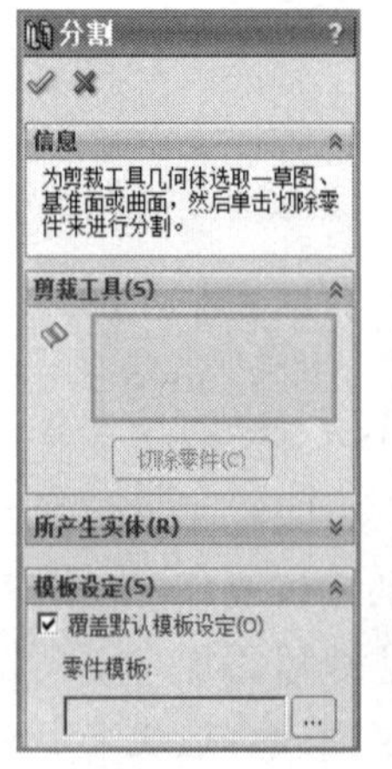

图 5-52 “分割”属性管理器

在 Feature Manager 设计树中选择“上视基准面”为剪裁工具，单击“切除零件”，系统会自动将整体模型分割成两部分，如图 5-53 所示。鼠标移动到单个实体会高亮显示分，如图 5-54 所示。

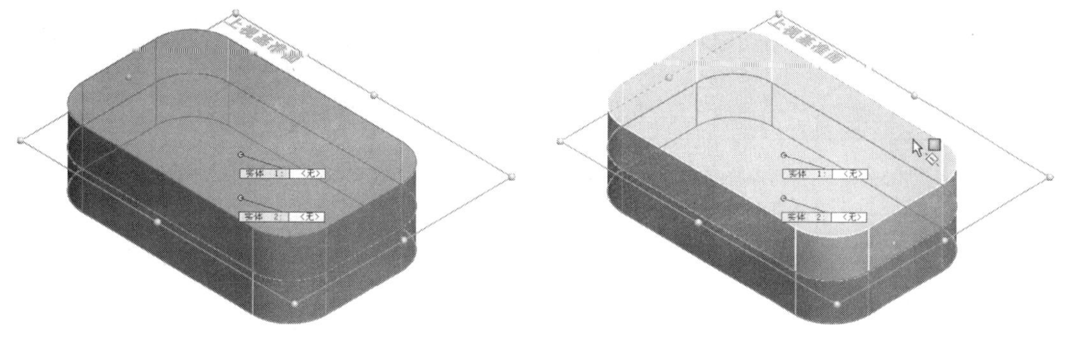

图 5-53　基础模型　　　　图 5-54　“分割”属性管理器

在“所产生实体”选项组中，双击第一个文本框，弹出“另存为”对话框，默认文件名“实体 1.sldprt”，保存第 1 个分割零件。双击第二个文本框，默认文件名为“实体 2.sldprt”，保存第 2 个分割零件，如图 5-55 所示。在保存实体时若弹出窗口显示“默认模板无效”，应先单击“取消”按钮，再单击“确定”按钮，系统才会弹出另存为对话框。单击“确定”按钮生成分割实体特征，如图 5-56 所示。

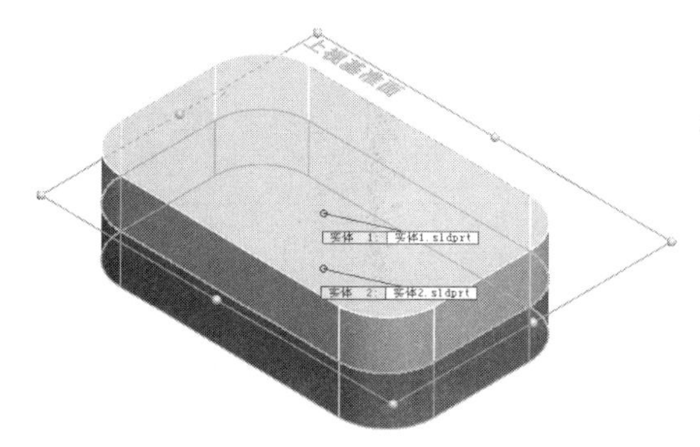

图 5-55　保存实体

图 5-56　完成分割实体

5.7 变形特征

变形特征是指根据选定的面、点及边线来改变复杂曲面或实体模型的局部或整体形状，无须考虑用于生成模型的草图或特征约束。变形包括 3 种类型：点变形、曲线到曲线变形、曲面推进变形。

按照图 5-57 草图创建菱形基础模型，厚度为 10 mm，如图 5-58 所示。单击“特征”工具栏中的“变形”按钮，或者选择菜单栏中的“插入”｜“特征”｜“变形”命令，出现“变形”属性管理器，如图 5-59 所示。根据选择的“变形类型”设置相关的参数，完成变形特征的创建。

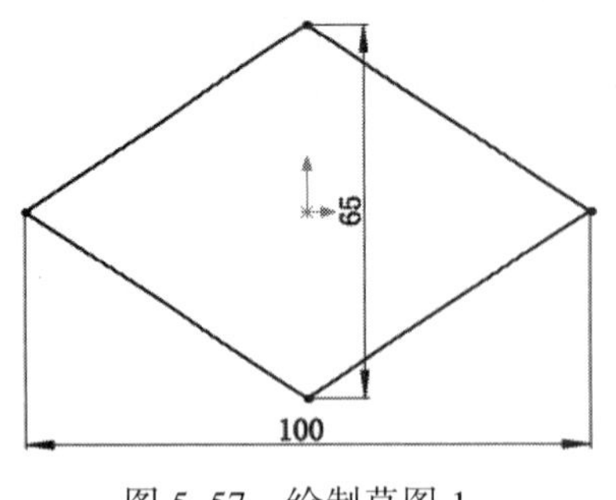

图 5-57　绘制草图 1

图 5-58　菱形基础模型

（a）点

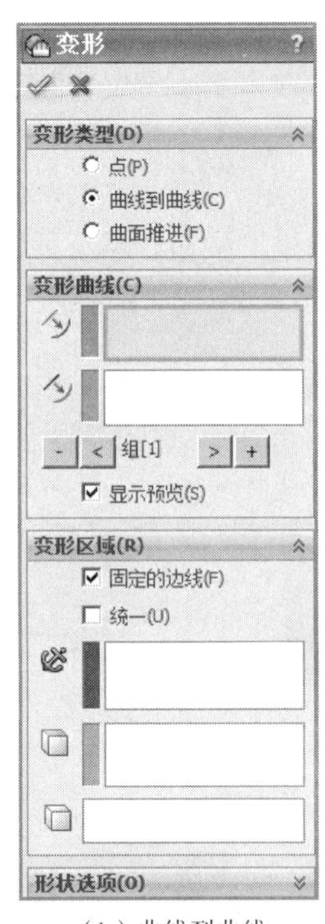

（b）曲线到曲线

（c）曲面推进

图 5-59　“变形”属性管理器

5.7.1　点变形

从“变形类型”中选择“点”，属性管理器如图 5-59（a）所示。点变形是选择零件表面、边线或顶点上的一点来控制零件变形的形状，其原理是根据一个点来改变方向的向量。

在“变形点”中激活后的变形点文本框，选取模型上的顶点为变形点，如图 5-60 所示。单击可设置变形方向，激活其后文本框选择“上视基准面”，如图 5-61 所示。激活后的变形距离文本框，输入 20 mm。选中“显示预览”复选框，可在图形中预览创建的变形特征，如图 5-62 所示。

图 5-60　选取变形点

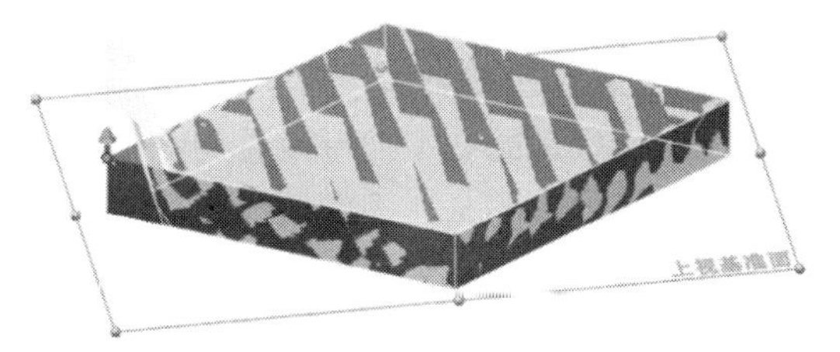

图 5-61　设置变形方向

在“变形区域”中激活后的变形半径文本框，输入 80 mm，激活后的文本框选择要变形的实体。单击“确定”按钮，生成点变形，如图 5-63 所示。

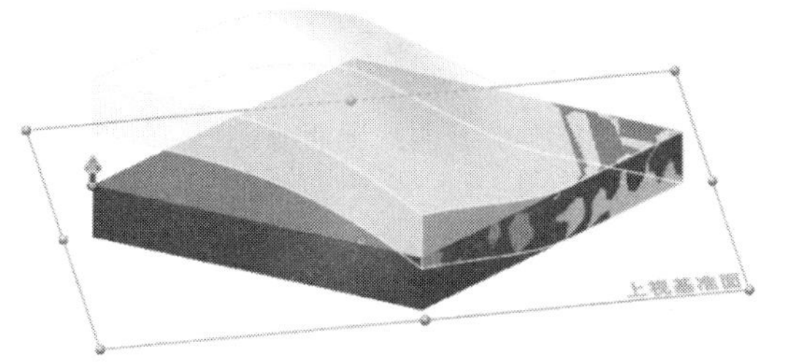

图 5-62　点变形预览

图 5-63　点变形后模型

5.7.2　曲线到曲线变形

曲线到曲线变形是改变复杂形状的一种精确方法，通过一条初始曲线和一条目标曲线，使弯曲的或线性的实体变成形状复杂的实体。

采用图 5-58 所示的基础模型，选取上表面为草图平面，绘制如图 5-64 所示的草图 2。选取前视基准面为草图平面，绘制如图 5-65 所示的草图 3，退出草图绘制。

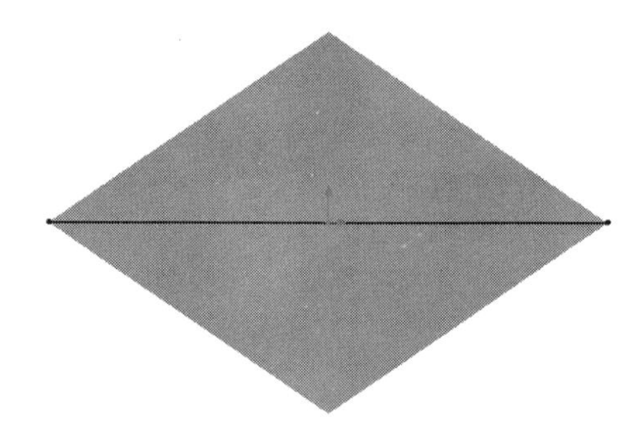

图 5-64　草图 2

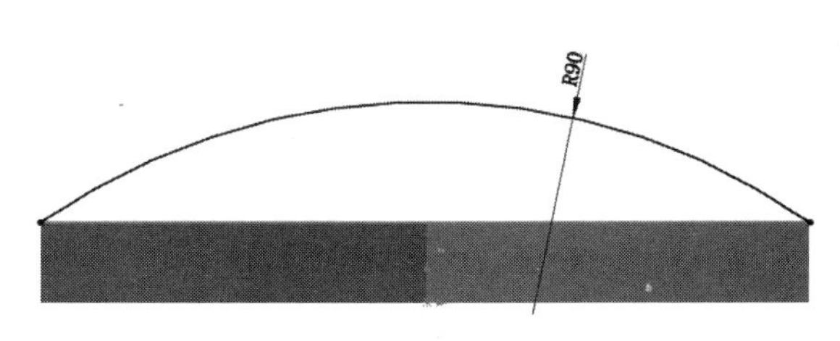

图 5-65　草图 3

“变形”属性管理器中“变形类型”选择“曲线到曲线”，其属性管理器如图 5-59（b）所示。激活后的初始曲线文本框，选择草图 2 作为初始曲线，初始曲线可以选择曲线、边线、草图曲线组、单一曲线或相邻曲线等。激活后的目标曲线文本框，选择草图 3 作为目标曲线，目标曲线可以选择曲线、边线、草图曲线组、单一曲线或相邻曲线等。选择初始曲线与目标曲线后，在选择的曲线处自动显示两处箭头方向，如图 5-66 所示。两处箭头方向必须在同一方向，可直接单击箭头来改变箭头方向。

在“变形区域”中选中“固定的边线”复选框，“固定曲线/边线/面”与“要变形的其他面”才能使用，若不选中“固定的边线”，则只能选择“要变形的实体”。激活后文本框可设置固定曲线/边线/面文本框，可通过选择零件内固定的曲线、边线或面来限制变形区域的特征。激活后的文本框可设置要变形的其他面，激活后文本框可设置要变形的实体，当选择的初始曲线不是实体面或曲面时，可以选择多个零件进行变形操作。选择顶面作为要变形的表面，单击“确定”按钮，生成曲线到曲线变形，如图 5-67 所示。

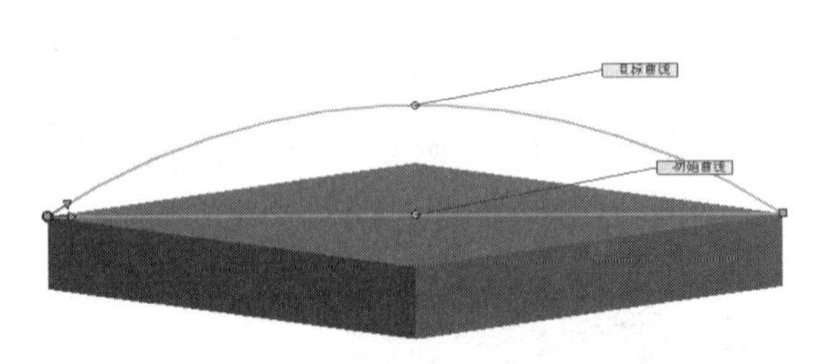

图 5-66 设置初始曲线和目标曲线

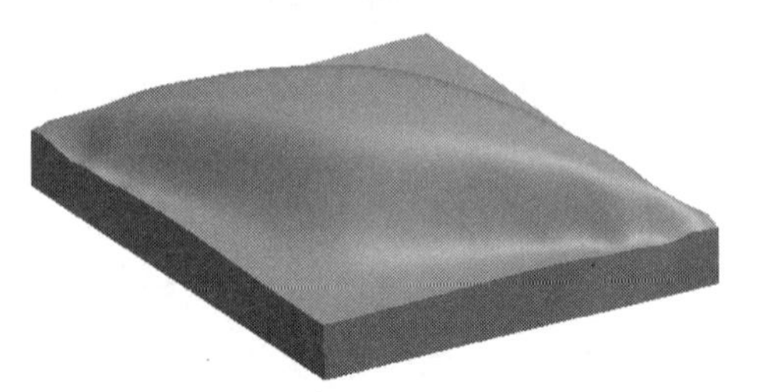

图 5-67 曲线到曲线变形

5.7.3 曲面推进变形

曲面推进变形是把曲面作为工具实体，使工具实体的形状推进到目标实体，以改变目标实体的形状。工具实体相对于目标实体的位置由三重轴进行控制。在图形区域中使用三重轴标注可以调整工具实体的大小，拖动三重轴或者在 Feature Manager 设计树中进行设置可以控制工具实体的移动。

曲面推进变形可以设计自由形状的曲面、模具、塑料、软包装、钣金等。与点变形相比，曲面推进变形可以对变形形状提供更有效的控制，同时还是基于工具实体形状生成特定特征的可预测的方法。

基础模型如图 5-68 所示，完成曲面推进变形如图 5-69 所示。

图 5-68 设置初始曲线和目标曲线

图 5-69 曲线到曲线变形

“变形”属性管理器中“变形类型”选择“曲面推进”，其属性管理器如图 5-59（c）所示。激活“推进方向”下的文本框设置变形时推进的方向，可选择一平面、基准面、线性边线或者两个点来定义推进方向，如图 5-70 所示。选择顶面为推进方向，单击方向按钮，改变推进方向。

“变形区域”中可激活后的文本框设置要变形的其他面。激活后的文本框设置要变形的实体。选择对要变形的实体（目标实体）创建变形的工具实体，工具实体可以选择系统预定义的“多边形”“矩形”“球形”“椭面”“椭圆”等。若列表中没有合适的工具实体，可激活后的文本框选择其他的零件作为工具实体。激活后的文本框设置变形误差，指定工具实体与目标面或实体的相交处呈圆角状的半径值。

“工具实体位置”中的选项允许通过输入正确的数值重新定位工具实体，此方法比使用三重轴更精确。通过输入△X、△Y、△Z、旋转角度、旋转原点数值来重新定位工具实体，如图 5-70 所示。修改“△X、△Y、△Z”中的数值工作窗口中的坐标系（三重轴）相应进行移动。将△Y 后文本框中输入“-60 mm”表示工具体沿 Y 轴移动距离，如图 5-71 所示。在移动的同时，“旋转原点”栏中的 X、Y、Z 轴数值也进行修改。旋转角度是绕 X、Y 或 Z 轴及旋转原点旋转工具实体。旋转原点数值是定位工作窗口中的坐标系（三重轴）位置。单击“确定”按钮，生成曲线到曲线变形。

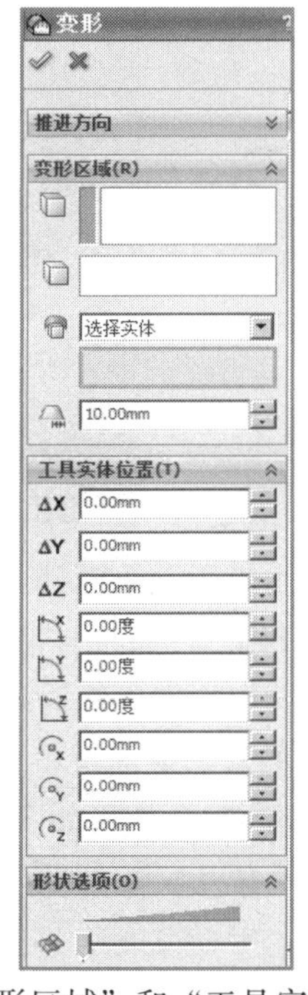

图 5-70　“变形区域”和“工具实体位置”选项

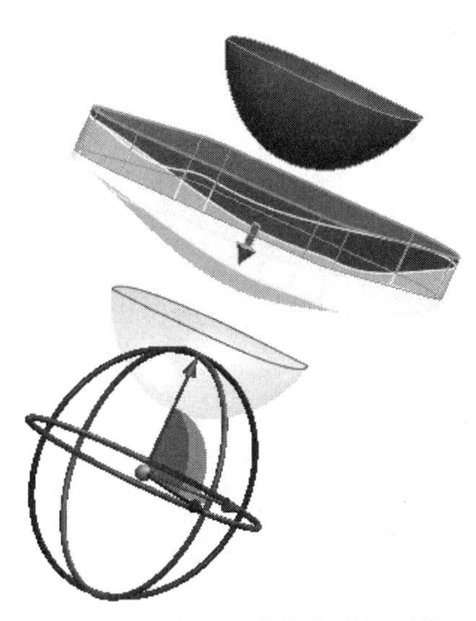

图 5-71　“曲线到曲线变形”预览

5.8　自由形特征

自由形特征是通过修改四边形面上点的位置，使曲面实体的表面自由凹陷或凸起来改变实体表面的形状。自由形特征与圆顶特征都是针对模型表面进行的变形操作，自由形特征通过展开、约束或拉紧所选曲面在模型上形成变形，可用于修改曲面或实体的面，每次只能修改一个面，该面可以有任意条边线。由于不会生成额外的面自由形特征不影响模型拓扑。与变形特征相比，自由形可提供更多的方向控制，而且可以满足生成曲线产品设计的要求。

可以使用分割线将草图投影到任何面，来生成包含 4 条边线的面，这在使用自由形平滑曲面中的褶皱时非常有用。在基础模型中选择“上视基准面”为草图平面，绘制如图 5-72 所示的草图 4。选择菜单栏中“插入”|“曲线”|“分割线”命令，出现“分割线”属性管理器，如图 5-73 所示。在“分割类型”中选择“投影”单选按钮，在设计树中选择草图 4 为分割工具来定义投影草图。选取模型表面为要分割的面，选中“单向”复选框，单击“确定”按钮，完成分割线 1 的创建。

单击“特征”工具栏中的“自由形”按钮，或者选择菜单栏中的“插入”|“特征”

"自由形"命令，出现"自由形"属性管理器，如图 5-74 所示。

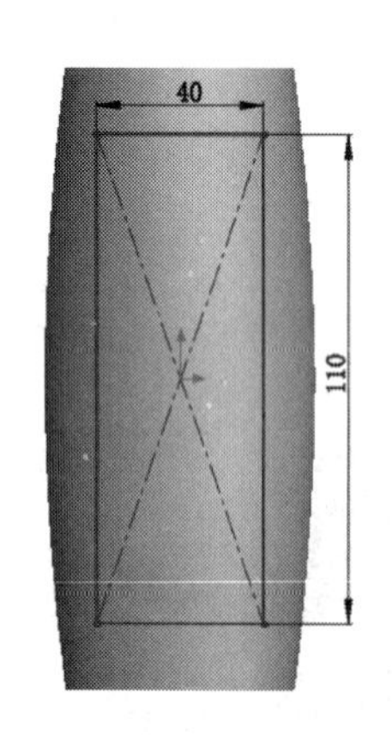

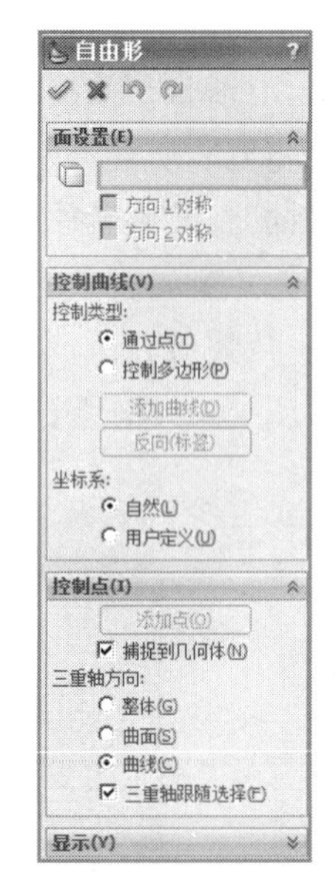

图 5-72　草图 4　　图 5-73　"分割线"属性管理器　　图 5-74　"自由形"属性管理器

激活"面设置"中 （要变形的面）列表框，在图形中选择要变形的模型表面，注意是选择一个四边形的面作为要变形的面。若要变形的面只在一个方向上对称，则"方向 1 对称"与"方向 2 对称"复选框只有一个处于激活状态。若变形的面在两个方向上都对称，则"方向 1 对称"与"方向 2 对称"复选框将同时激活。选择一个另一侧的模型表面也将对称发生变化。"显示"中可选择"面透明度""网格预览""风格密度"等选项，默认效果如图 5-75 所示。

在所选面边界处出现引线，引出的"边界条件"下拉列表中有以下可选项："可移动/相切""可移动""接触""相切""曲率"。其中"可移动/相切"指原始边界可以移动，并且会保持其与原始面平行的原始相切，可以使用控制点拖动和修改它，就像修改面一样，选择边界控标或控点以进行拖动；"可移动"指原始边界可以移动，但不会保持原始相切。可以使用控制点拖动和修改边界，就像修改面一样，选择边界控标或控点并拖动；"接触"指沿原始边界保持接触，不保持相切和曲率；"相切"指沿原始边界保持相切，例如面原来与边界相遇时的角度为 10°，则修改之后也会保持该角度；"曲率"指保持原始边界的曲率。例如，面原来沿边界的曲率普通半径为 10 m，则在修改之后会保持相同的半径。选择"相切"，如图 5-76 所示。

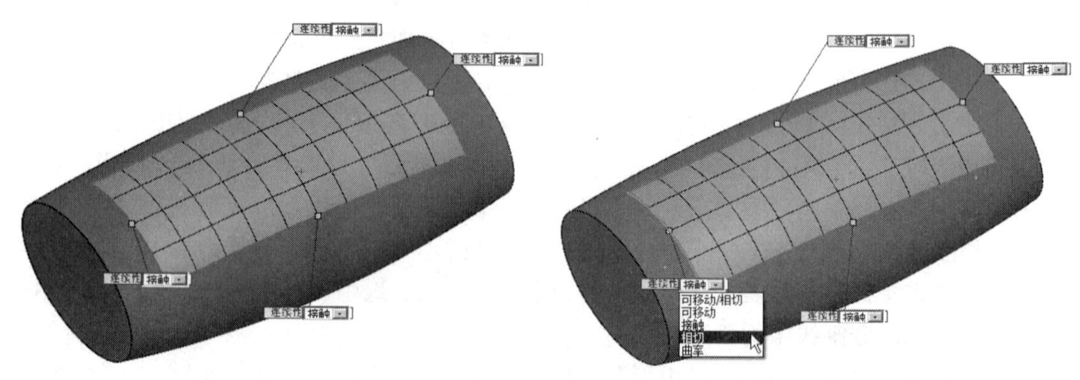

图 5-75　网格预览　　图 5-76　编辑边界条件

在“控制曲线”中，“控制类型”选择“通过点”单选按钮。单击“添加曲线”按钮，依照网格的分布，在网格线上均匀创建 5 条曲线，如图 5–77 所示。在“控制曲线”中单击“反向(标签)”，在另一方向按所选面上的网格分布在中间位置创建一条控制曲线，如图 5–78 所示。完成后鼠标指针变为，右击完成控制曲线的创建。

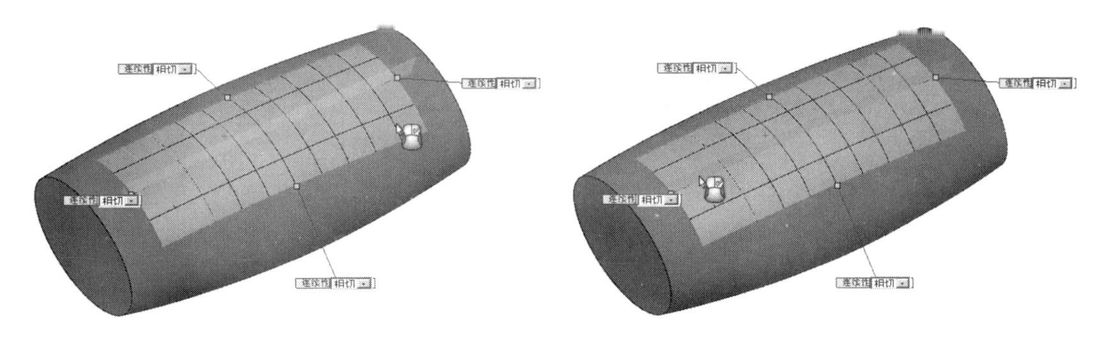

图 5–77　创建第一方向控制曲线　　　　图 5–78　创建第二方向控制曲线

在“控制点”中单击“添加点”按钮，然后在已添加的其中一条控制曲线处单击，右击完成第一个控制点的选择，用同样方法添加所有控制点，如图 5–79 所示。

单击第一个控制点，图形区出现三重轴，如图 5–80 所示。同时属性管理器“控制点”中出现 3 个文本框，分别用于设置控制点 X、Y、Z 方向的位置，如图 5–81 所示。可在 3 个文本框中输入需要的数值，也可通过推拉控制点来修改面，对变形进行直接的交互式控制，以及使用三重轴约束推拉方向，如图 5–82 所示。采用同样方法调整其余控制点，如图 5–83 所示。

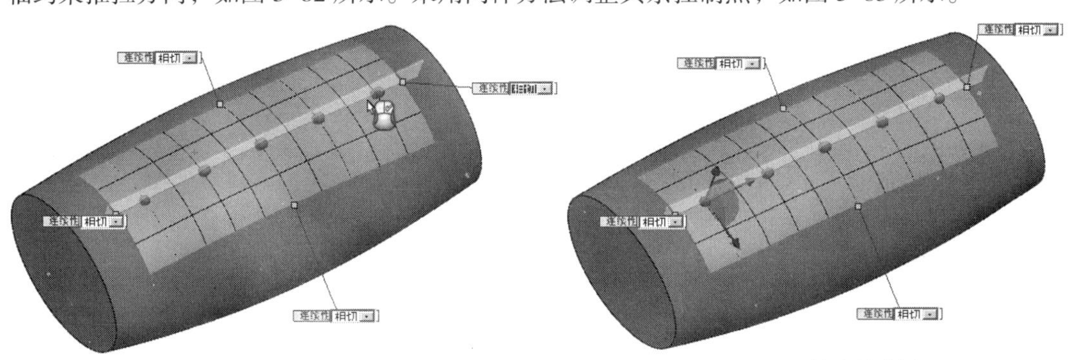

图 5–79　添加控制点　　　　图 5–80　单击控制点

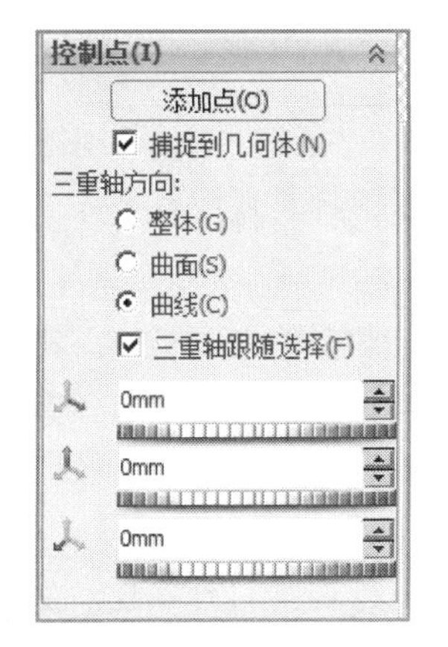

图 5–81　“控制点”属性管理器

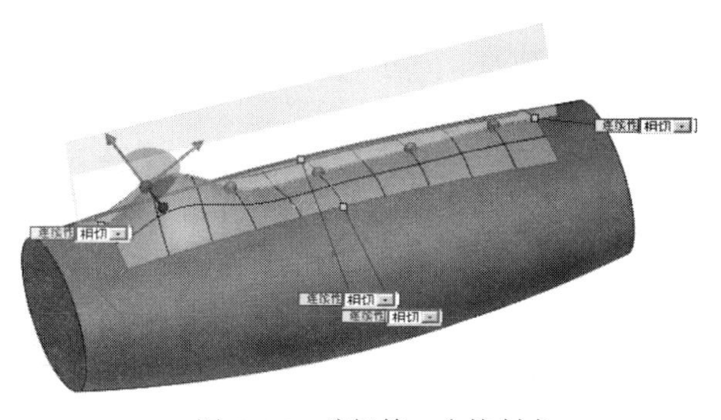

图 5–82　编辑第 1 个控制点

单击“确定”按钮，生成自由形特征，如图 5-84 所示。

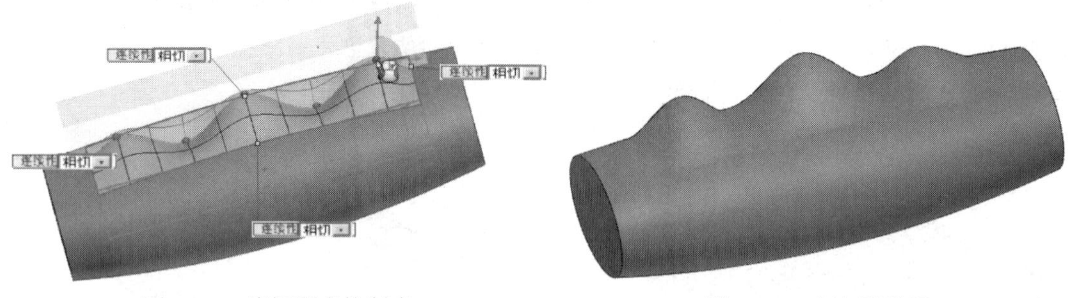

图 5-83 编辑所有控制点　　　　图 5-84 自由形特征

5.9 压凹特征

压凹特征是指在目标实体上生成与所选工具实体的轮廓非常接近的等距凹陷或突起的特征。根据所选实体类型，指定目标实体和工具实体之间的间隙数值，并为压凹特征指定厚度生成特征，可变形或者从目标实体中切除材料。压凹特征可用于以指定厚度和间隙值进行复杂等距的多种应用，其应用包括封装、冲印、铸模以及机器的压入配合等。

基础模型如图 5-85 所示。单击“特征”工具栏中的“压凹”按钮，或者选择，菜单栏中的“插入”｜“特征”｜“压凹”命令，出现“压凹”属性管理器，如图 5-86 所示。

图 5-85 基础模型

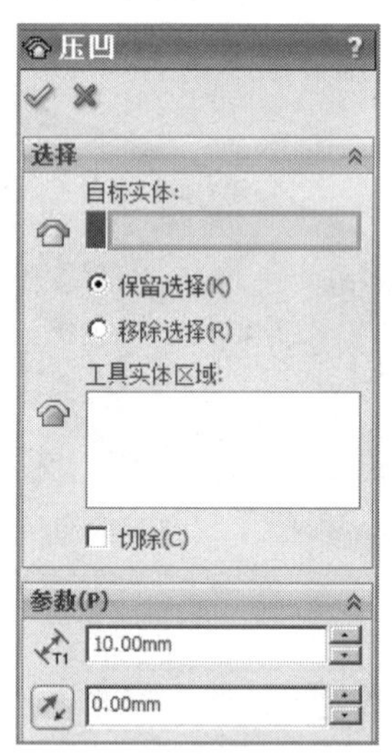

图 5-86 “压凹”属性管理器

属性管理器中包括“选择”和“参数”两部分，主要用作选择目标实体与工具实体，以及设置其相关的参数。

激活“目标实体”图标后的文本框，选择要压凹的实体或者曲面实体。激活“工具实体区域”图标后的文本框，选择一个或多个实体、曲面实体作为工具实体对象。通过选择“保留选择”或“移除选择”单选按钮来选择要保留压凹后的压凹特征，如图 5-87、图 5-88 所示。

选中“切除”复选框，创建的压凹特征将根据切割方向进行切割目标实体。生成压凹特征时，要求目标实体和工具实体中必须有一个为实体。若进行压凹，目标实体必须与工具实体接触，或者间隙值必须允许穿越目标实体的突起；若进行切除，目标实体和工具实体不必相互接触，但间隙值必须大到可足够生成与目标实体的交叉；如果想以曲面工具实体压凹（切除）实体，则曲面必须与实体完全相交。

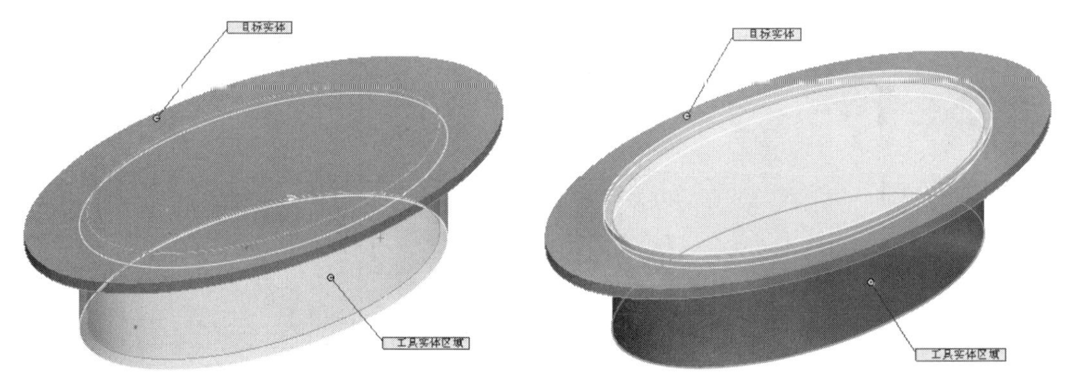

图 5-87　单击“保留选择”　　　　图 5-88　单击“移除选择”

在“参数”中激活图标后的“厚度”文本框，确定压凹特征的厚度，输入 2 mm。“间隙”文本框确定目标实体和工具实体之间的间隙。

单击“确定”按钮，完成压凹特征的创建，如图 5-89 所示。

在管理器设计树中右键单击“拉伸 2”特征，在弹出的快捷菜单中选择（隐藏实体），结果如图 5-90 所示。

压凹特征在最终实体中比在原始实体中显示更多的面、边线和顶点。这与变形特征不同，变形特征中的面、边线和顶点数在最终实体中保持不变。如果更改用于生成凹陷的原始工具实体的形状，则压凹特征的形状将会更新。

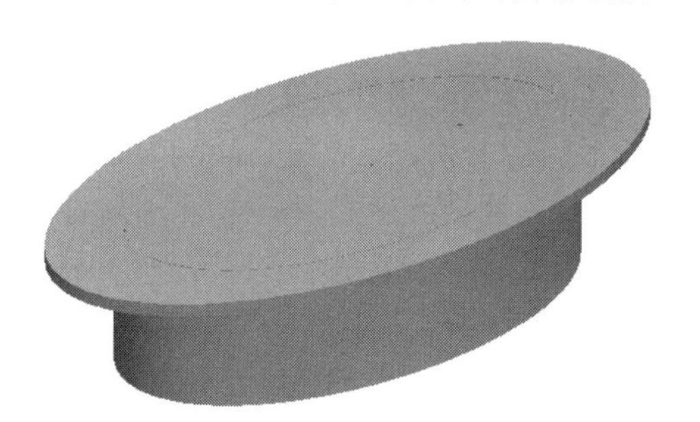

图 5-89　压凹特征

图 5-90　隐藏实体后压凹特征

5.10　曲线驱动的阵列

曲线驱动的阵列是指特征可以沿着平面曲线或空间曲线进行阵列，定义阵列所选择的曲线可以是任何草图线段，或沿平面的面的边线（实体或曲面）定义阵列，可将阵列基于开环曲线或者闭环曲线（如圆）。通过选择绘制的曲线作为阵列方向，再设置实例数、间距选择要阵列的特征等，根据需要设置要阵列的实体、可跳过的实体等，最终完成创建曲线驱动的阵列。

创建基础模型，如图 5-91 所示。单击“特征”工具栏中的“曲线驱动的阵列”按钮，或者选择菜单栏中的“插入”｜“阵列/镜向”｜“曲线驱动的阵列”命令，出现“曲线驱动的阵列”属性管理器，由“方向 1”“方向 2”“要阵列的特征”“要阵列的面”“要阵列的实体”“可跳过的实例”“选项”7 个项目栏组成，如图 5-92 所示。

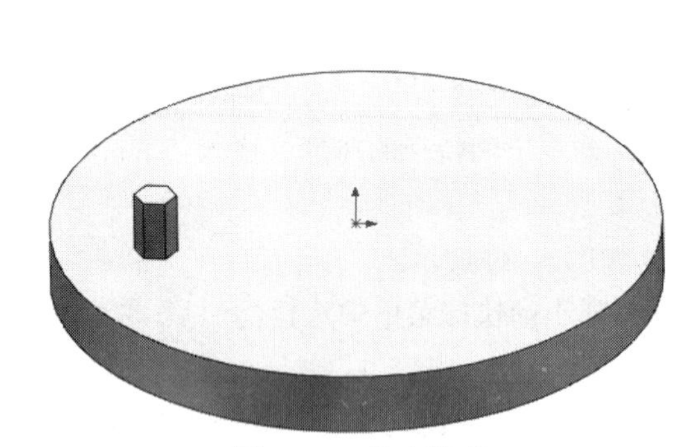

图 5-91　基础模型

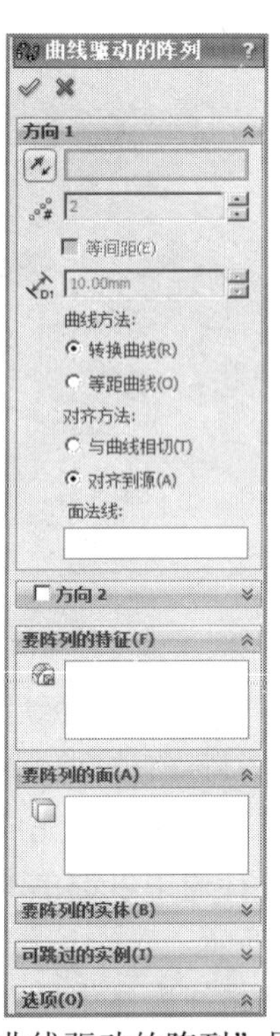

图 5-92　“曲线驱动的阵列”属性管理器

绘制曲线草图，如图 5-93 所示。“曲线驱动的阵列”属性管理器中“曲线方法”选中“转换曲线”单选按钮，“对齐方法”选中“与曲线相切”或“对齐到源”单选按钮，激活“阵列方向”列表框，在图形区选择“样条曲线 1”，如图 5-94 所示。激活文本框，输入实例数 10，选中“等间距”复选框，在“要阵列的特征”中激活后的列表框，在 Feature Manager 设计树中选择“凸台-拉伸 2”，如图 5-95 所示。类似线性或圆周阵列类型一样，“可跳过的实例”中激活后的文本框，可选择要跳过的跳过阵列实例及从一个或两个方向阵列。单击“确定”按钮，完成曲线驱动的阵列，如图 5-96 所示。

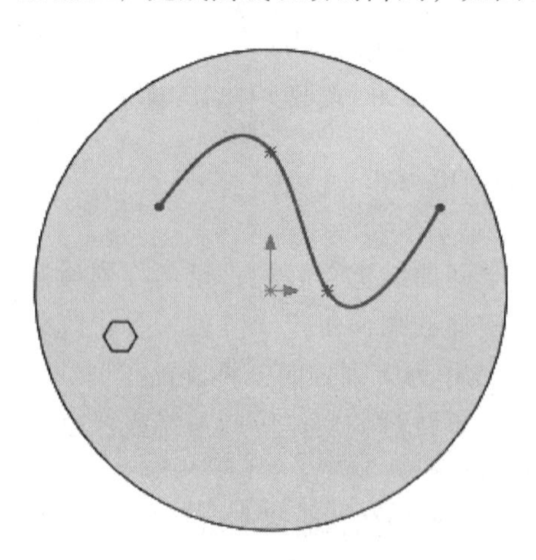

图 5-93　样条曲线草图

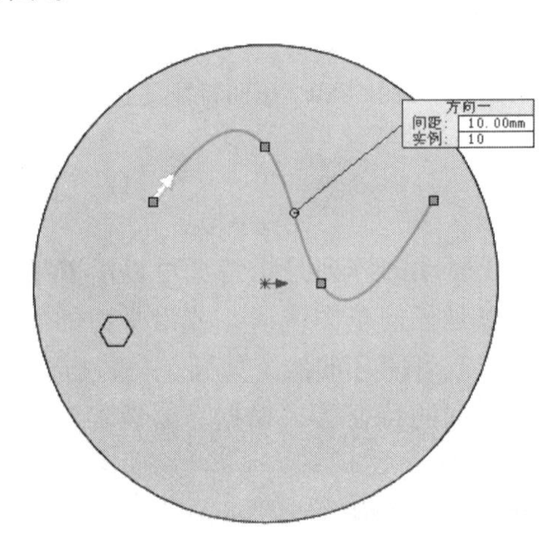

图 5-94　选择阵列方向

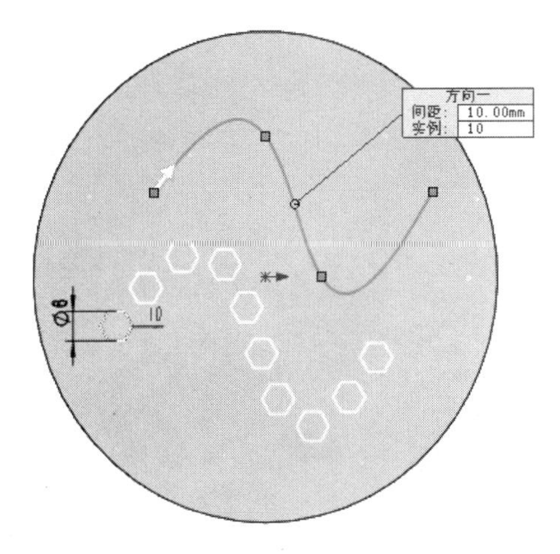

图 5-95　预览效果

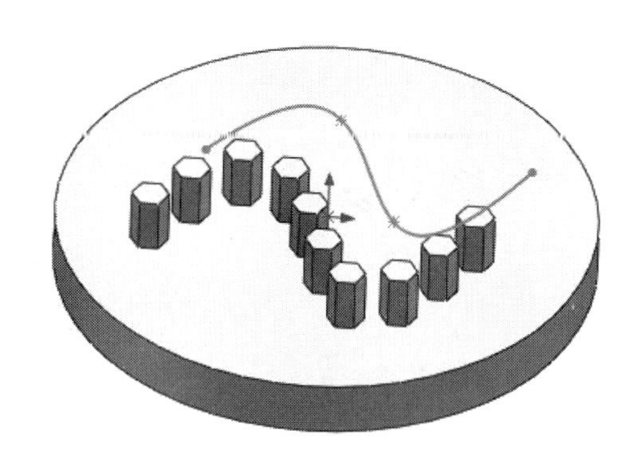
图 5-96　曲线驱动的阵列

5.11　草图驱动的阵列

草图驱动的阵列是使用草图中的草图点进行特征阵列，原有特征将整个阵列扩散到草图中的每个点。使用草图中的草图点可以指定特征阵列，对于孔或其他特征，可以运用由草图驱动的阵列。

创建基础模型，选择基准面后单击“草图”工具栏中的“草图绘制”按钮，进入草图绘制，单击“草图”工具栏中的“点”按钮 * 或选择菜单栏中的“工具”｜“草图绘制实体”｜“点”命令，然后添加多个草图点来代表要生成的阵列。

单击“特征”工具栏中的“草图驱动的阵列”按钮，或者选择菜单栏中的“插入”｜“阵列/镜向”｜“草图驱动的阵列”命令，出现“由草图驱动的阵列”属性管理器，由“选择”“要阵列的特征”“要阵列的面”“要阵列的实体”“选项”5 个项目栏组成，如图 5-97 所示。

“选择”主要用作选择一处草图作为参考草图，并选择参考点定义阵列特征的位置。激活后的文本框选择参考草图，可通过 Feature Manager 设计树来选择参考草图用作阵列。参考点可单选“重心”和“所选点”。选择“重心”作为阵列的参考点时，程序将根据所选择的阵列特征来决定重心。当选择圆形形状的实体作为阵列特征时，重心为圆形特征的轴线。当选择由直线组成的特征（如矩形、多边形）且选择的草图平面平行于 X-Y 基准平面时，重心为草图重心。选择“所选点”作为阵列的参考点时，在“选择”栏中自动显示“参考顶点”项，根据所选定的顶点来定义阵列编辑特征的位置。在由草图驱动的阵列中，可以使用源特征的重心、草图原点、顶点或另一个草图点作为参考点。

“要阵列的面”是生成基于构成特征的面的阵列，激活后的文本框在图形区域选择所有面。这对于只输入构成特征的面而不是特征本身的模型很有用。当使用要阵列的面时，阵列必须保持在同一面或边界内，不能跨越边界。例如，横切整个面或不同的层（如凸起的边线）将会生成一条边界和单独的面，阻止阵列延伸。“要阵列的实体”是生成基于多实体零件的阵列，在要阵列的实体下，在图形区域选择要阵列的实体。针对多实体零件，选择一个单独实体来生成草图驱动的阵列。

单击“确定”按钮，完成曲线驱动的阵列，如图 5-98 所示。草图驱动的阵列与前面几种阵列方法类似，区别是“草图驱动的阵列”方式需选择一处草图来作为阵列方向，并指定参考点。

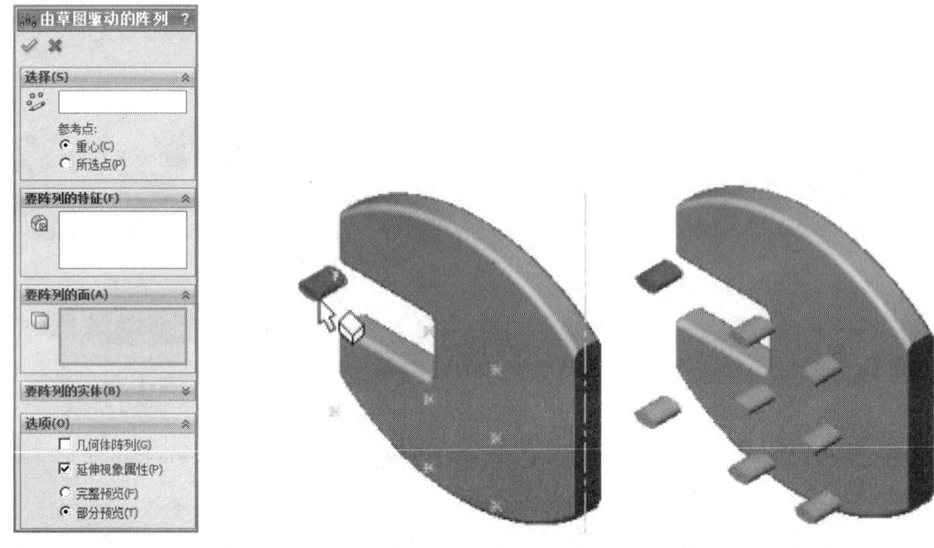

图 5-97 “草图驱动的阵列”属性管理器　　　　图 5-98 草图驱动的阵列

5.12 表格驱动的阵列

表格驱动的阵列是使用 X-Y 坐标指定特征阵列。适用于呈不规则排列，但其位置尺寸相同特征的阵列，使用 X-Y 坐标的孔、凸台阵列是由表格驱动的阵列的常见应用。

生成一个或多个将要用来复制的特征，如图 5-99 所示。单击“参考几何体”工具栏中的“坐标系”按钮，出现“坐标系”属性管理器，创建一个参考坐标系，如图 5-100 所示。其原点将成为表格阵列的原点，即 X 轴和 Y 轴定义阵列发生的基准面。单击“特征”工具栏中的“表格驱动的阵列”按钮，或者选择菜单栏中的“插入”|“阵列/镜向”|“表格驱动的阵列”命令，弹出“表格驱动的阵列”对话框，如图 5-101 所示。

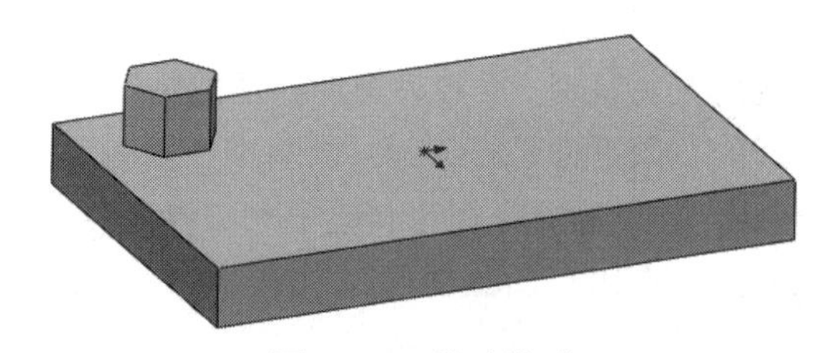

图 5-99 基础模型

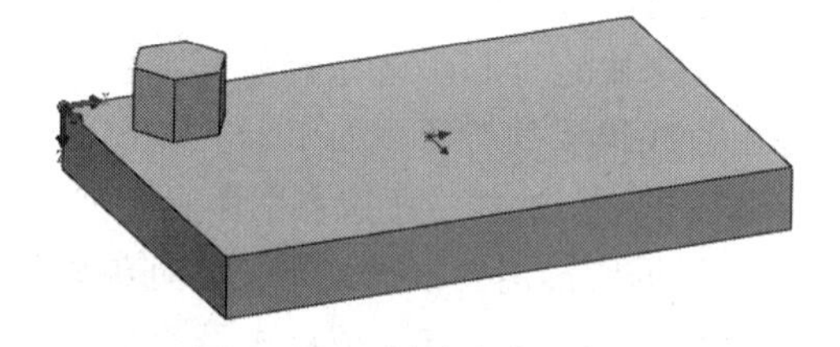

图 5-100 创建参考坐标系

“读取文件”中可输入已有的带 X-Y 坐标的阵列表或文字文件。单击“浏览”按钮，然后选择一阵列表(*.sldptab) 文件或文字(*.txt)文件来输入现有的 X-Y 坐标。用于表格驱动的阵列的文本文件应只包含两个列：左列用于 X 坐标，右列用于 Y 坐标。两个列应由一分隔符分开，如空格、逗号或制表符。可在同一文本文件中使用不同分隔符组合，但不要在文本文件中包括任何其他信息，这可能引发输入失败。“参考点”是指定在放置阵列实例时 X-Y 坐标所适用的点，参考点的 X-Y 坐标在阵列表中显示为点 0。可单选“所选点”和“重心”，“所选点”是将参考点设置到所选顶点或草图点。“重心”是将参考点设置到源特征的重心。“坐标系”是设置用来生成表格阵列的坐标系，激活“坐标系”选项框，从 Feature Manager 设计树中选择需要生成的坐标系。

“要复制的特征”是根据特征生成阵列，可选择多个特征。激活“要复制的特征”选项框，在 Feature Manager 设计树中选择特征，按各个特征的顺序输入坐标值。“要复制的面”是根据构成特征的面生成阵列。选择图形区域中的所有面。这对于只输入构成特征的面而不是特征本身的模型很有用。当使用要复制的面时，阵列必须保持在同一面或边界内。它不能跨越边界。例如，横切整个面或不同的层（如凸起的边线）将会生成一条边界和单独的面，阻止阵列延伸。激活“要复制的实体”选择要阵列的实体，可根据多实体零件生成阵列。“几何体阵列”只使用对特征的几何体（面和边线）来生成阵列。几何体阵列选项可以加速阵列的生成及重建，而对于具有与零件其他部分合并的特征不能生成几何体阵列。“延伸视象属性”是将 SolidWorks 的颜色、纹理和装饰螺纹数据延伸给所有阵列实例。

X-Y 坐标表是使用 X-Y 坐标为阵列实例生成位置点。若要为由表格阵列的每个实例输入 X-Y 坐标，双击 0 以下的区域，参考点的 X-Y 坐标为点 0 显示，如图 5-102 所示。可以使用正或负坐标。如要输入负坐标，请在输入的数值前添加“-”符号。如果输入了阵列表或文本文件就不需要置入 X-Y 坐标。输入数值后预览效果如图 5-103 所示。设置好后可单击“保存”或“另存为”按钮，弹出保存窗口，保存类型默认为 PatternTable(*.sldptab)，输入名称保存文件，方便以后读取。

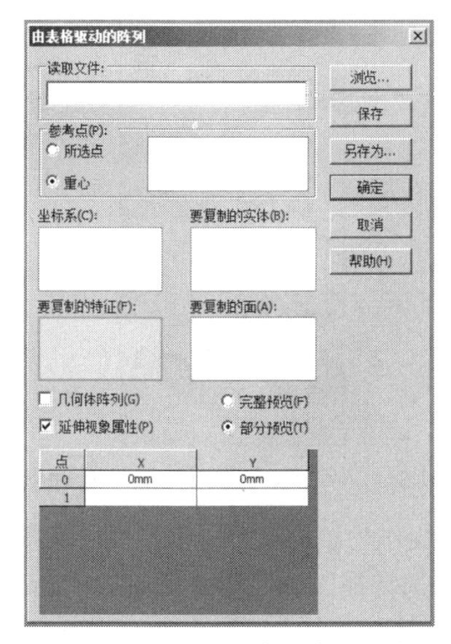

图 5-101　“表格驱动的阵列”窗口

点	X	Y
0	0mm	0mm
1	20mm	10mm
2	40mm	20mm
3	60mm	30mm

图 5-102　X-Y 坐标表

单击“确定”按钮✔，完成表格驱动的阵列，如图 5-104 所示。

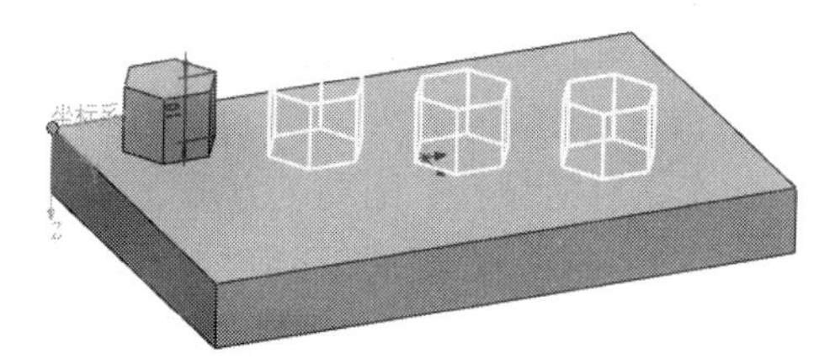

图 5-103　设置过程中预览效果

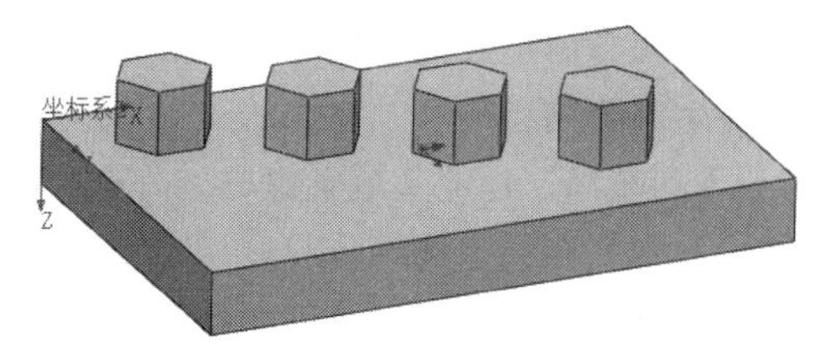

图 5-104　表格驱动的阵列

5.13 填充阵列

填充阵列是指在一个平面上先创建一个用作阵列的对象，阵列对象的形状可以是圆形、矩形、多边形等。程序将根据用户设置的阵列形状进行切割并阵列。通过新增的填充阵列特征，可以选择由共有平面的面定义的区域或位于共有平面的面上的草图，该命令使用特征阵列或预定义的切割形状来填充定义的区域。

创建基础模型，如图 5-105 所示。单击“特征”工具栏中的“填充阵列”按钮，或者选择菜单栏中的“插入”|“阵列/镜向”|“阵列”命令，出现“填充阵列”属性管理器，由“填充边界”“阵列布局”“要阵列的特征”“要阵列的面”“要阵列的实体”“可跳过的实例”“选项”7 个项目栏组成，如图 5-106 所示。完成后的“填充阵列”如图 5-107 所示。

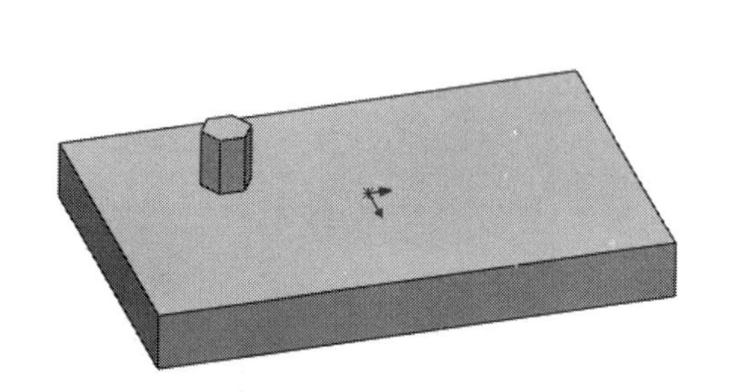

图 5-105 基础模型

图 5-106 “填充阵列”属性管理器

“填充边界”是选择面或共平面上的草图、平面曲线作为填充区域，激活后文本框选择填充边界“要阵列的特征”包含了两个单选按钮：“所选特征”和“生成源切”。“所选特征”是选择一处特征作为阵列对象来生成阵列特征。可选择凸台特征，也可以选择切除特征。“生成源切”是选择程序提供的特征形状作为阵列特征（只可生成切除特征），如图 5-108 所示。“要阵列的面”选择要阵列特征的面进行阵列。当选择此项时，选择阵列的对象必须保持在同一个面或闭合的边界内且选择的面必须呈封闭状态。“要阵列的实体”在多个实体的零件中选择实体生成阵列特征。

“阵列布局”是定义填充边界内阵列特征的布局状态，包括穿孔、圆周、方形、多边形 4 种类型。阵列布局当选择凸起或切除特征作为要阵列的特征时，根据所选定阵列特征为中心向四周分布。当选择程序提供的特征形状作为阵列特征时，阵列布局中心则为填充边界面的中心。当选择某个顶点或点时，阵列布局则根据选择的顶点向四周分布。

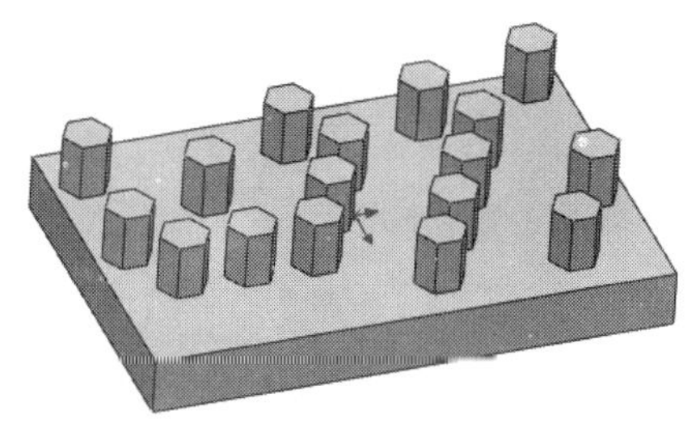
图 5-107　完成“填充阵列”

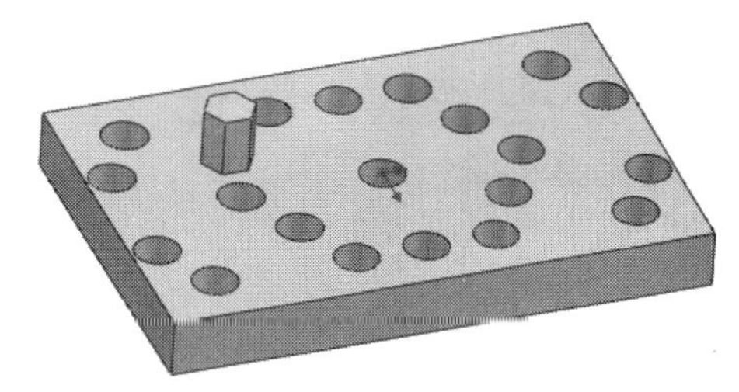
图 5-108　填充阵列（生成源切）

（1）穿孔：可定义实例间距、交错断续角度、边距、阵列方向，阵列布局设置如图 5-109 所示，预览效果如图 5-110 所示。

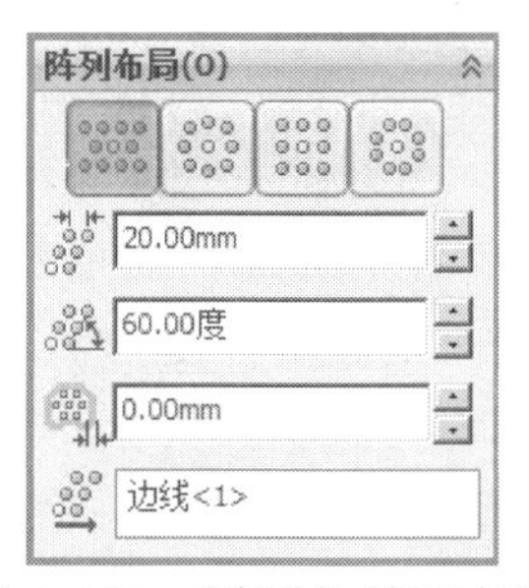

图 5-109　“穿孔”阵列布局

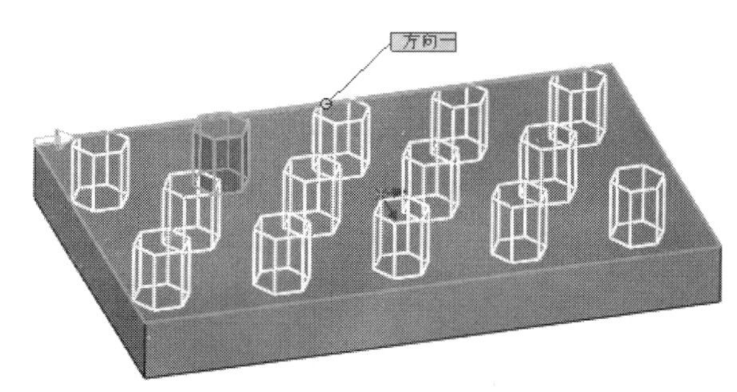

图 5-110　“穿孔”预览效果

（2）圆周：选择此类型时，可定义环间距、边距、阵列方向，阵列布局设置如图 5-111 所示，预览效果如图 5-112 所示。

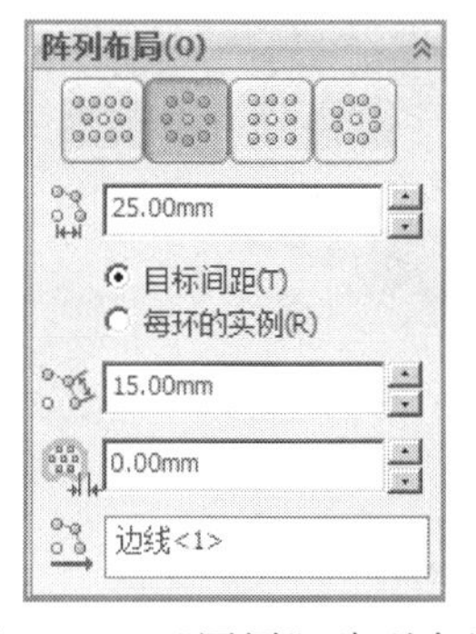

图 5-111　“圆周”阵列布局

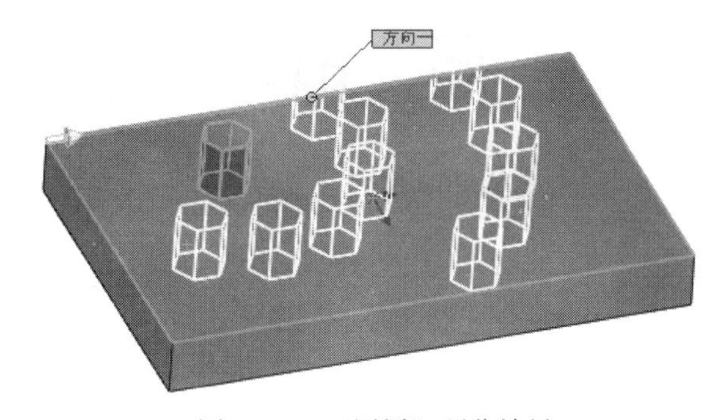

图 5-112　“圆周”预览效果

（3）方形：可定义环间距、边距、阵列方向，阵列布局设置如图 5-113 所示，预览效果如图 5-114 所示。

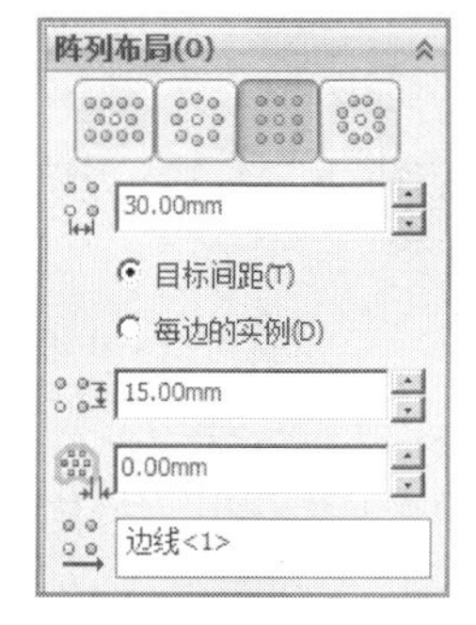

图 5-113　“方形”阵列布局

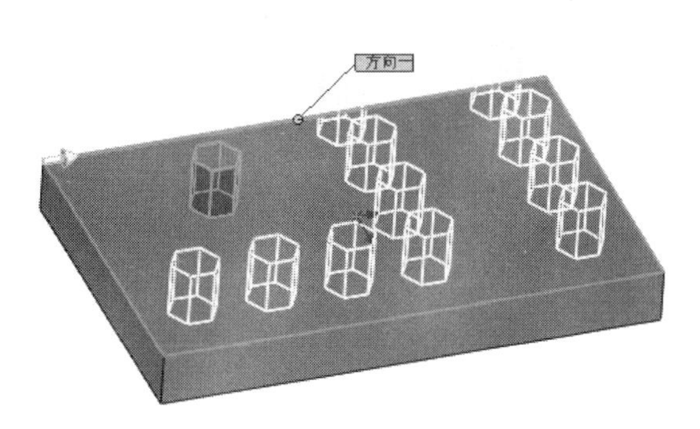

图 5-114　“方形”预览效果

（4）多边形：选择此类型时，可定义环间距、多边形边数、边距、阵列方向，阵列布局设置如图 5-115 所示，预览效果如图 5-116 所示。

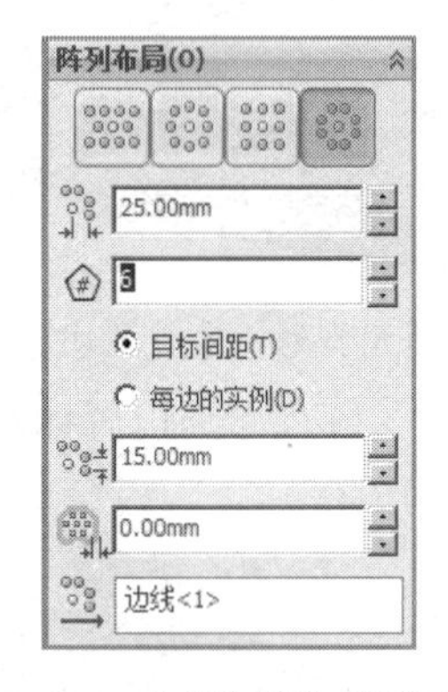

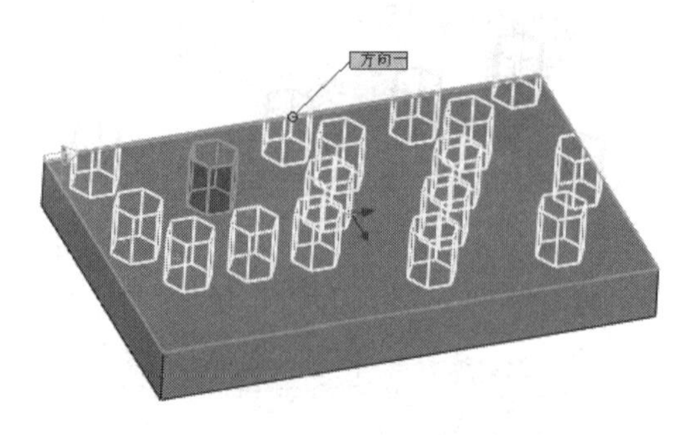

图 5-115 “多边形”阵列布局

图 5-116 “多边形”预览效果

“可跳过的实例”是在工作窗口预览创建的“阵列”编辑特征时，单击此项目栏，选择创建的阵列特征中的点。可根据需要设置可跳过的实体，此时鼠标指针变为手形，如图 5-117 所示，在阵列特征中单击点，可将其跳过。若想恢复阵列特征，再次单击阵列实例中的点即可，如图 5-118 所示。单击“确定”按钮，完成填充阵列。

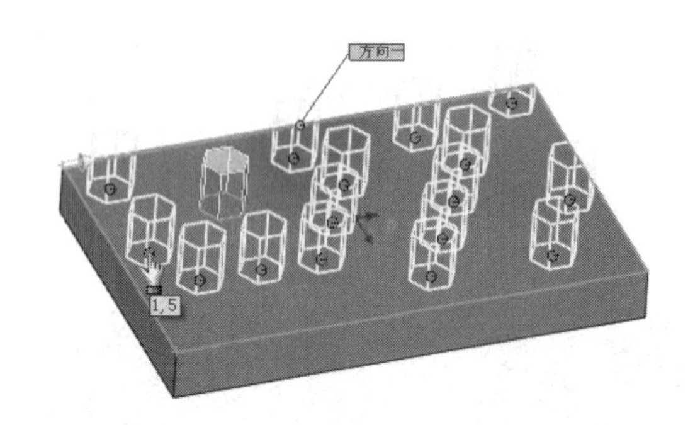

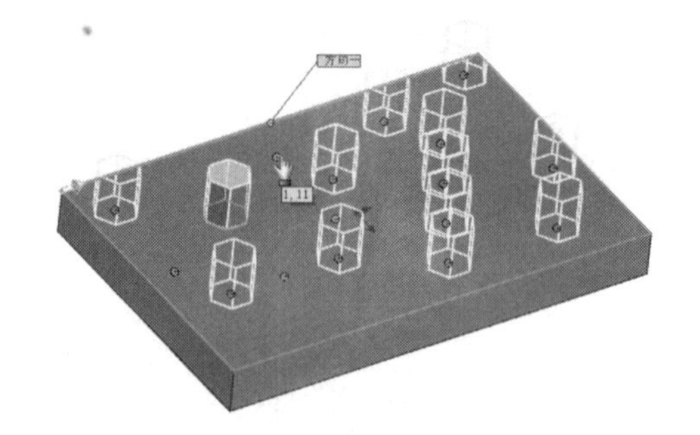

图 5-117 “可跳过的实例”手形

图 5-118 “可跳过的实例”预览效果

5.14 特征状态的压缩与解除压缩

特征状态的压缩是从模型移除一个或多个特征或零部件，压缩并不删除特征。压缩特征不仅可以使特征不显示在图形区域，同时还可以避免参与可能的计算。在模型建立的过程中，可以压缩一些对下一步建模无影响的特征，这样可以加快复杂模型的重建速度。

5.14.1 压缩特征

使用图 5-107 所示的基础模型。选中已创建的特征后，单击“特征”工具栏中的“压缩”按钮，或者选择菜单栏中的“编辑”|“压缩”|“此配置”命令，或者在 Feature Manager 设计树中右击需压缩的特征，在弹出的快捷菜单中选择“压缩”命令，或者在 Feature Manager 设计树中右击需要压缩的特征，在弹出的快捷菜单中选择“属性”命令，弹出“特征属性”对话框，选中“压缩”复选框，单击“确定”按钮。对于包含其他配置的零件，在压缩时，可以同时压缩其他配置的特征。选择菜单栏中的“编辑”|“压缩”|“所有配置”命令或选择菜单栏中的“编辑”|“压缩”|“指定配置”命令，在弹出的对话框中选择需要压

缩的配置。通过以上任一操作特征将不显示在图形区域，压缩后在特征管理区该特征以灰色显示。

在零件文件中，可以压缩任何特征。在装配体文件中，可以压缩属于装配体的特征。包括配合、装配特征孔和切除以及零部件阵列。草图和参考几何体也有可能属于装配体。在系列零件设计表中，有两种方法可以指定特征的压缩状态。

注意：特征被压缩后是从模型中移出，并没有删除特征，特征从模型视图上消失并在 Feature Manager 设计树中显示为灰色。

5.14.2　解除压缩特征

如果要将压缩的特征显示出来，则应用解除压缩。解除压缩是压缩的逆操作，即将压缩的特征或零部件放回到模型。只有特征被压缩以后，相应菜单中"解除压缩"命令才能发挥其作用。可以采用以下方法对压缩特征进行解除压缩操作：在 Feature Manager 设计树中选择被压缩的特征，单击"特征"工具栏中的"解除压缩"按钮；选择菜单栏中的"编辑"|"解除压缩"命令；在 Feature Manager 设计树中右击被压缩的特征，在弹出的快捷菜单中选择"解除压缩"命令；在 Feature Manager 设计树中右击被压缩的特征，在弹出的快捷菜单中选择"属性"命令，弹出"特征属性"对话框，取消"压缩"复选框，单击"确定"按钮；对于包含其他配置的零件，可以对被压缩的特征同时解除压缩或指定解除压缩的配置。选择菜单栏中的"编辑"|"解除压缩"|"所有配置"命令，解除该特征所有配置的压缩状态。或选择菜单栏中的"编辑"|"解除压缩"|"指定有配置"命令，解除该特征指定配置的压缩状态。

由于特征在压缩时，其相关的子特征也同时被压缩，如果需要在解除父特征压缩状态的同时解除所有子特征的压缩状态，应采用"带从属关系解除压缩"，将压缩的特征或带从属关系的零部件返回到模型。单击"特征"工具栏中的"带从属关系解除压缩"按钮，或选择菜单栏中的"编辑"|"解除压缩"|"带从属关系解除压缩"命令。

如果在快捷菜单中选择隐藏实体，则整个模型都将从绘图区中暂时消失，可通过显示实体重新显示整个模型。

5.15　高级功能综合应用示例——创建水杯模型

应用高级特征创建水杯模型，如图 5-119 所示。

建模步骤：

（1）新建文件：选择标准工具栏中的"新建"按钮，或选择菜单栏中的"文件"|"新建"，弹出"新建 SolidWorks 文件"对话框，从中单击"零件"图标，单击"确定"按钮。

（2）创建杯体：

① 在设计树中选择"前视基准面"，单击"草绘"工具栏中的"草图绘制"按钮，进入草图绘制，绘制如图 5-120 所示的草图。

② 单击"特征"工具栏中的"旋转凸台/基体"按钮，出现"旋转"属性管理器，其设置及预览如图 5-121 所示。

图 5-119　水杯模型

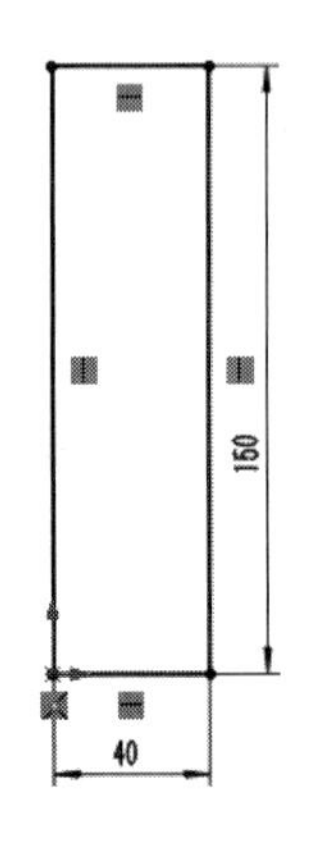

图 5-120　杯体草图

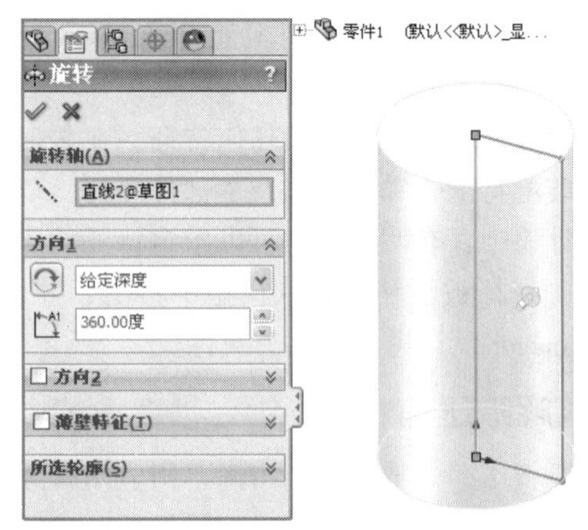

图 5-121　“旋转”属性管理器设置及结果预览

③ 单击属性管理器中的“确定”按钮✓或绘图区域右上角的“确定”按钮✓完成杯体的创建。

（3）创建杯子底部圆顶特征：

① 单击“特征”工具栏中的“圆顶”按钮，出现“圆顶”属性管理器。

② 单击“上视基准面”所在的面为要圆顶的面，单击按钮使圆顶类型为凹陷，其他设置及预览如图 5-122 所示。

③单击属性管理器中的“确定”按钮✓或绘图区域右上角的“确定”按钮✓，完成圆顶特征的创建。

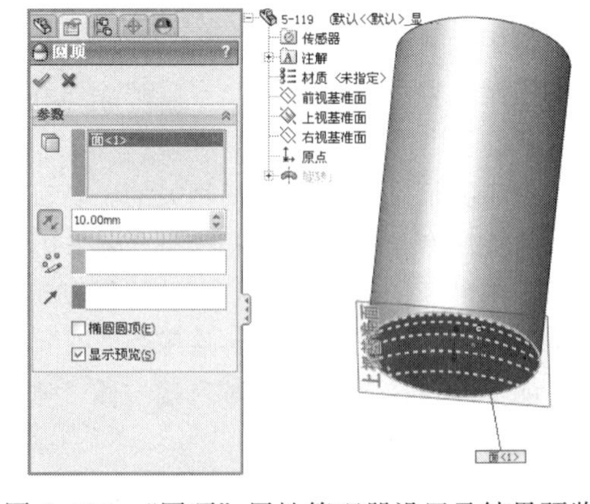

图 5-122　“圆顶”属性管理器设置及结果预览

（4）创建杯子底部倒圆角特征：

创建如图 5-123 所示的倒圆角特征。

（5）创建杯子口拉伸凸台特征：

① 单击“特征”工具栏中的“拉伸”按钮，出现“凸台-拉伸”属性管理器。

② 单击杯体上底面为草绘平面，绘制直径为 ϕ70 的圆。“凸台-拉伸”属性管理器其他设置及结果预览如图 5-124 所示。

图 5-123“倒圆角”属性管理器设置及结果预览

图 5-124　“凸台-拉伸”属性管理器设置及结果预览

③单击属性管理器中的“确定”按钮✔或绘图区域右上角的“确定”按钮✔完成杯子口拉伸特征的创建。

（6）创建杯子口与杯体之间的倒圆角特征：

① 单击“特征”工具栏中的“倒圆角”按钮，其属性管理器设置及预览如图 5–125（a）和图 5–125（b）所示。

（a）倒圆角 1

（b）倒圆角 2

图 5–125　“倒圆角”属性管理器设置及结果预览

② 单击属性管理器中的“确定”按钮✔或绘图区域右上角的“确定”按钮✔完成倒圆角特征的创建。

（7）创建杯子底部的旋转特征：

① 单击“特征”工具栏中的“旋转”按钮，选择右视基准面作为草图平面，绘制如图 5–126 所示的草图。

②“旋转”特征属性管理器设置如图 5–127 所示。

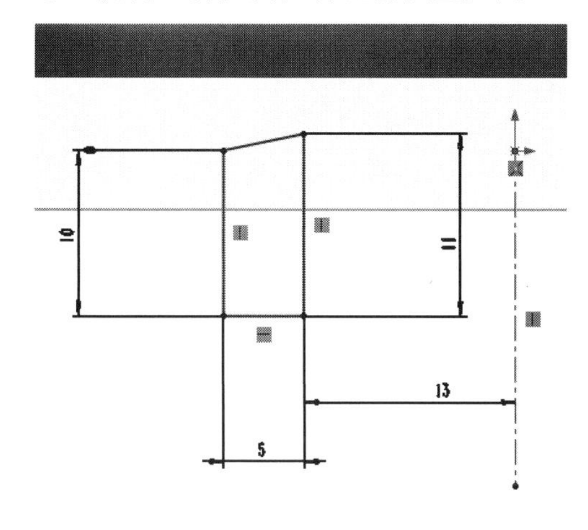

图 5–126　“旋转”特征草图

图 5–127　“旋转”特征属性管理器

③ 单击属性管理器中的“确定”按钮✔或绘图区域右上角的“确定”按钮✔完成旋转特征的创建。

（8）创建倒圆角特征：

① 在绘图区域选取杯体，右击，在弹出的快捷菜单中单击隐藏按钮以隐藏杯体。

② 创建如图 5–128 所示的倒圆角特征，圆角半径均为 1 mm。

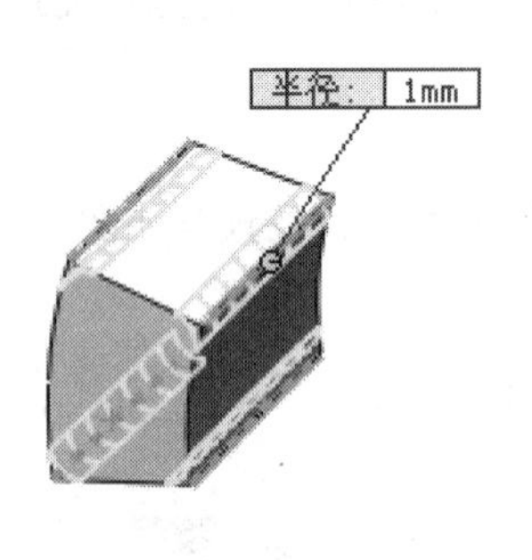

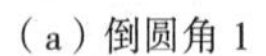
（a）倒圆角 1

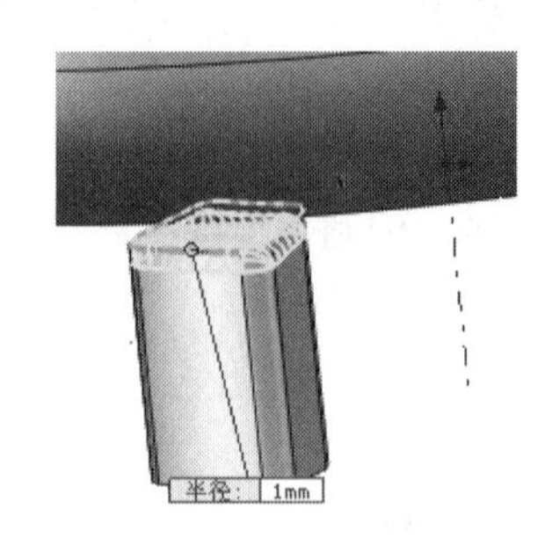

(b) 倒圆角 2

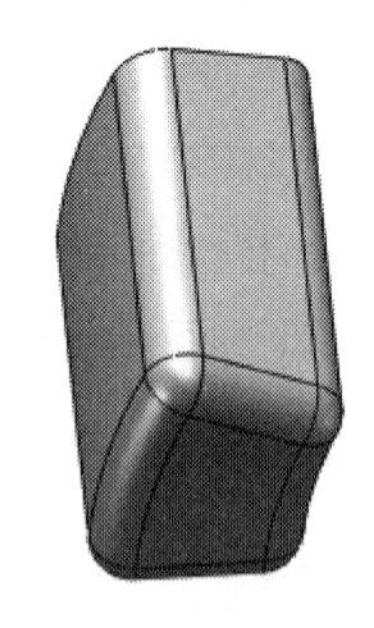

(c) 倒圆角 3

图 5-128 “倒圆角”特征

③ 显示杯体。在 Feature Manager 设计树中单击展开实体（2），在弹出的快捷菜单中单击按钮，显示杯体。

（9）创建圆周阵列特征：

① 单击“特征”工具栏中的“圆周阵列”按钮，打开“圆周阵列”属性管理器。

② 定义阵列轴。选择“视图”菜单中的临时轴，然后在绘图区域选取临时轴作为阵列轴。其属性管理器设置及预览如图 5-129 所示。

③ 单击属性管理器中的“确定”按钮或绘图区域右上角的“确定”按钮完成圆周阵列特征的创建。

（10）创建杯子底部压凹特征：

① 选择菜单栏中的“插入”|“特征”|“压凹”命令，出现“压凹”属性管理器。

② “压凹”属性管理器设置及预览，如图 5-130 所示。

图 5-129 “圆周阵列”属性管理器及预览

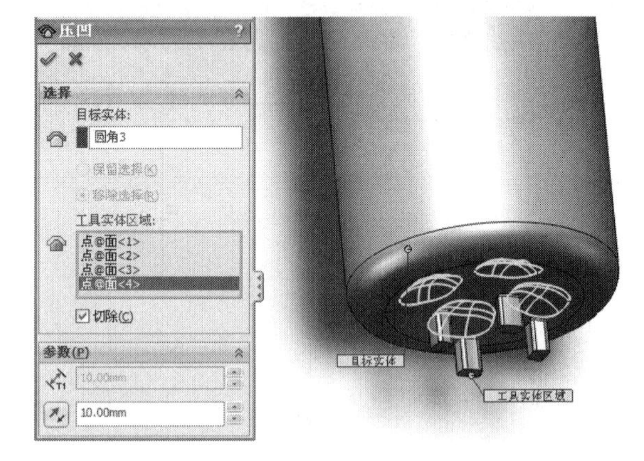

图 5-130 “压凹”属性管理器及预览

③ 单击属性管理器中的“确定”按钮或绘图区域右上角的“确定”按钮，完成压凹特征的创建。

（11）隐藏实体。在设计树中依次单击步骤（7）中的旋转特征、步骤（8）中的圆角特征、步骤（9）中的阵列特征，在弹出的快捷菜单中单击按钮，隐藏实体。

（12）创建如图 5-131 所示的圆角特征，圆角半径值为 4 mm。

（13）创建包覆特征：

① 单击菜单栏中的“插入”|“特征”|“包覆”命令图标。

② 在设计树中选择前视基准面为草绘平面，绘制如图 5-132 所示的草图。

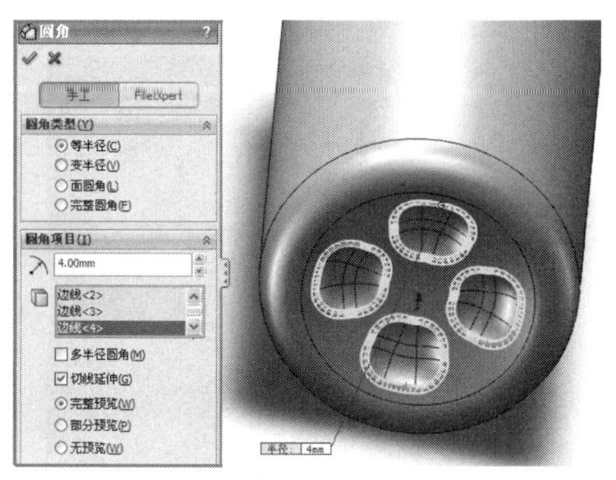

图 5-131　“圆角”属性管理器及预览

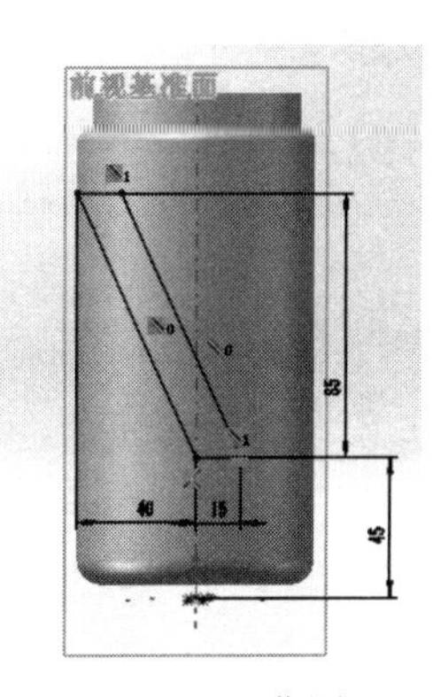

图 5-132　草图

③“包覆”属性管理器设置及预览如图 5-133 所示。

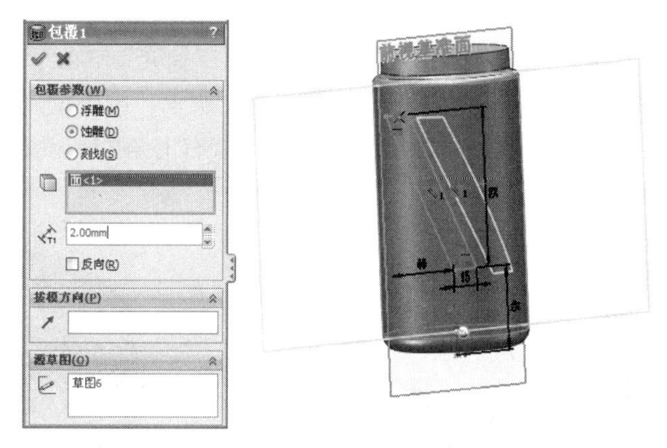

图 5-133　“包覆”属性管理器及预览

④ 单击属性管理器中的“确定”按钮或绘图区域右上角的“确定”按钮完成包覆特征的创建。

（14）创建如图 5-134 所示的倒圆角特征，圆角半径为 3 mm。

（15）创建圆周阵列特征：

① 单击“特征”工具栏中的“圆周阵列”按钮，出现“圆周阵列”属性管理器。

② 定义阵列轴。选择“视图”菜单栏中的临时轴，然后在绘图区域选取临时轴作为阵列轴。其属性管理器设置及预览如图 5-135 所示。

③ 单击属性管理器中的“确定”按钮

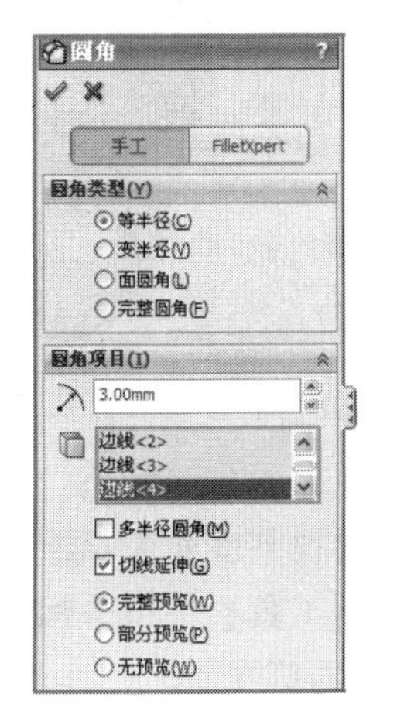

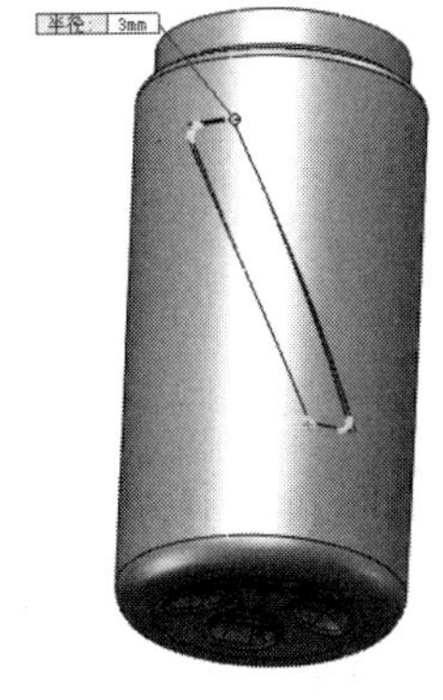

图 5-134　“圆角”属性管理器及预览

或绘图区域右上角的“确定”按钮✔完成圆周阵列特征的创建。

（16）创建倒圆角特征。选取上一步创建的阵列特征的 12 条边线为要倒圆角的对象，圆角半径值为 2 mm，其结果如图 5–136 所示。

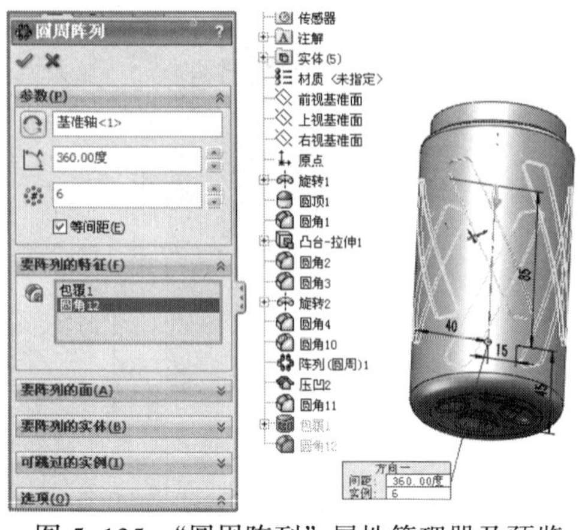

图 5–135 “圆周阵列”属性管理器及预览

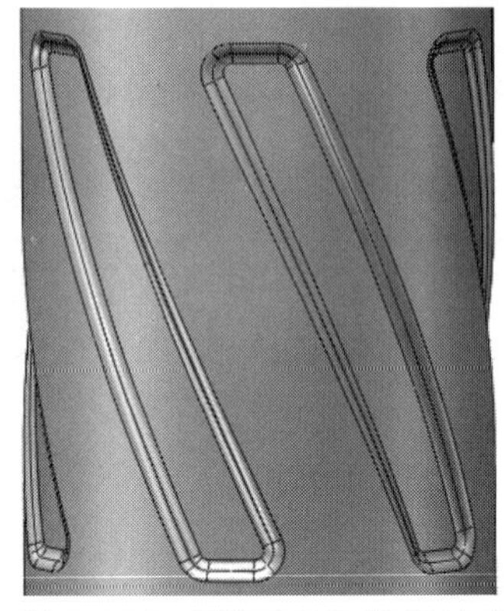

图 5–136 “倒圆角”特征结果

（17）创建抽壳特征：

① 单击“特征”工具栏中的“抽壳”按钮，打开“抽壳”属性管理器。

② “抽壳”特征属性管理器设置及预览如图 5–137 所示，抽壳壁厚为 1 mm。

③ 单击属性管理器中的“确定”按钮✔或绘图区域右上角的“确定”按钮✔完成抽壳特征的创建，结果如图 5–138 所示。

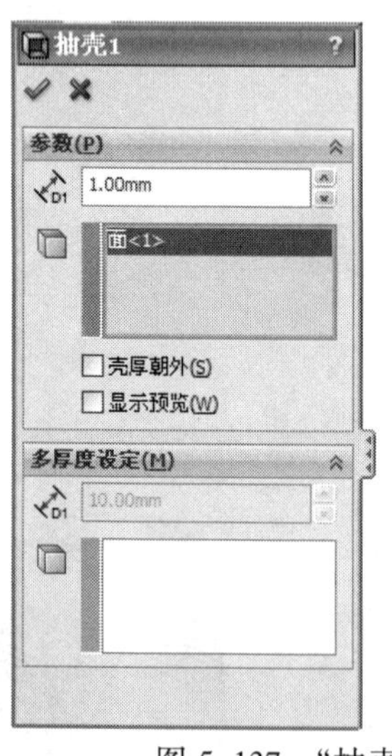

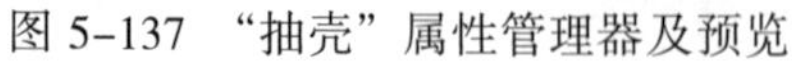

图 5–137 “抽壳”属性管理器及预览

图 5–138 “抽壳”结果

（18）创建杯体外壁底部的包覆特征：

① 在设计树中选择前视基准面为草绘平面，绘制如图 5–139 所示的草图。

② 阵列草图。在草图工具栏中单击线性阵列按钮，其属性管理器如图 5–140 所示，阵列对象如图 5–139 所示的草图。

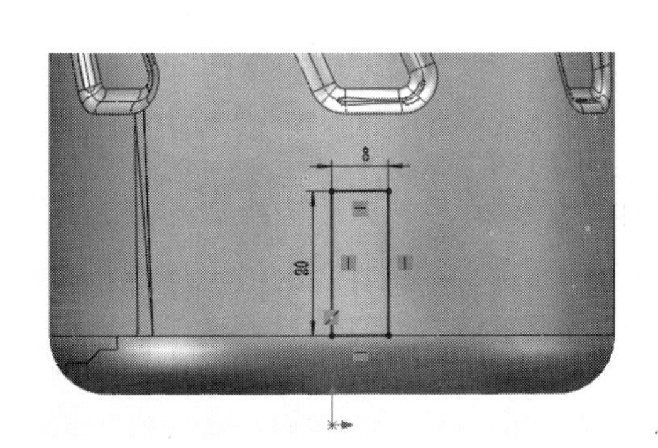

图 5-139　草图

图 5-140　“线性阵列”属性管理器

③ 单击属性管理器中的“确定”按钮✔或绘图区域右上角的“确定”按钮✔完成线性草图阵列的创建，结果如图 5-141 所示。

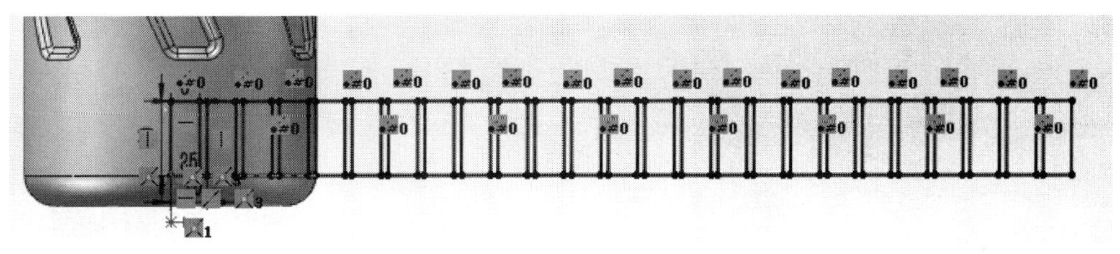

图 5-141　“线性草图阵列”结果

④ 单击菜单栏中的“插入”|“特征”|“包覆”命令图标，系统弹出“包覆”属性管理器，其设置及预览如图 5-142 所示，包覆的厚度为 0.5 mm。

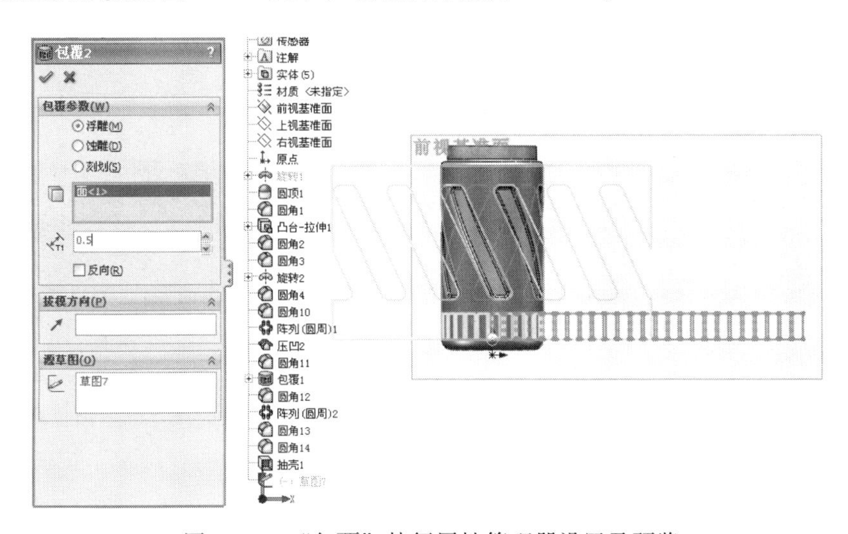

图 5-142　“包覆”特征属性管理器设置及预览

⑤ 单击属性管理器中的“确定”按钮✔或绘图区域右上角的“确定”按钮✔完成包覆特征

的创建。

（19）创建杯口扫描特征：

① 选择杯口的环面作为草绘平面，使用“转换实体引用”命令将杯口的内边线作为截面草图，创建如图 5-143 所示的草图。

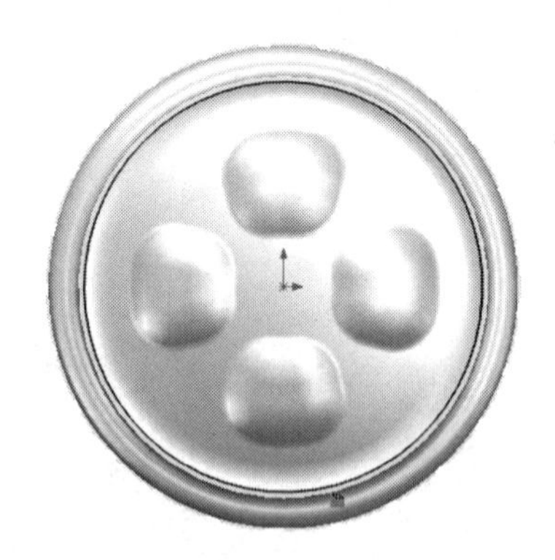

图 5-143　草图

② 单击“特征”工具栏中的螺旋线/涡状线图标，其属性管理器设置如图 5-144 所示。

③ 单击属性管理器中的“确定”按钮或绘图区域右上角的“确定”按钮完成螺旋线/涡状线的创建，其结果如图 5-145 所示。

④ 选择右视基准面为草绘平面，创建如图 5-146 所示的草图。

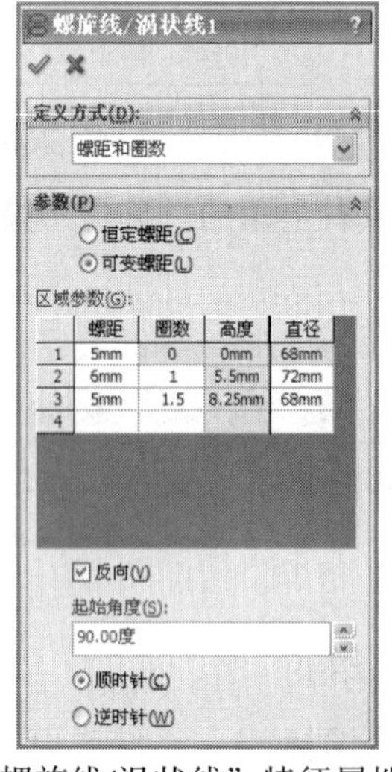

图 5-144　“螺旋线/涡状线”特征属性管理器设置

图 5-145　“螺旋线/涡状线”结果

⑤ 单击“特征”工具栏中的扫描按钮，其属性管理器设置及预览如图 5-147 所示。

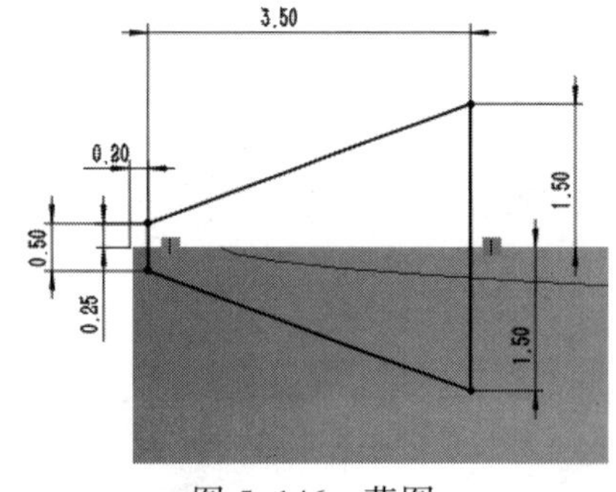

图 5-146　草图

图 5-147　“扫描”特征属性管理器设置及其预览

⑥ 单击属性管理器中的“确定”按钮或绘图区域右上角的“确定”按钮完成扫描特征的创建。

（20）创建杯口拉伸切除特征 1：

① 选择右视基准面为草绘平面，创建如图 5-148 所示的草图。

② 单击“特征”工具栏中的拉伸切除图标，其属性管理器设置及其预览如图 5-149 所示。

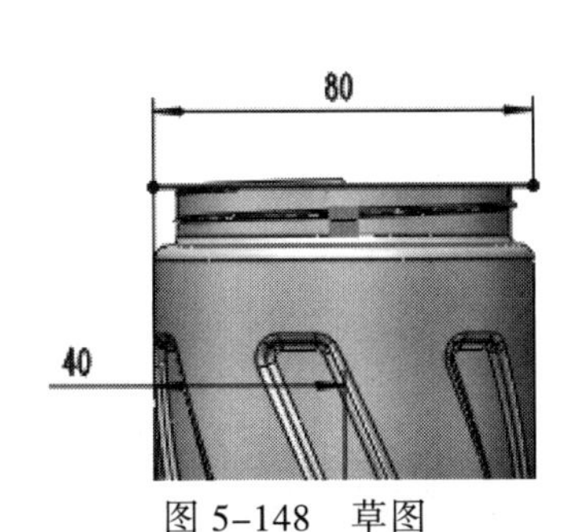

图 5-148　草图

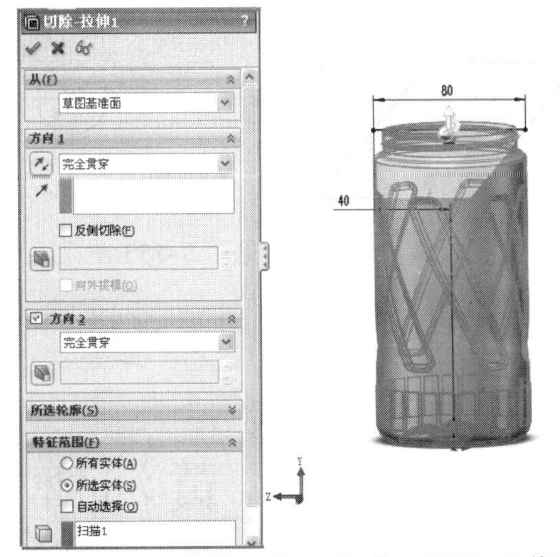

图 5-149　“切除-拉伸”特征属性管理器设置及其预览

③ 单击属性管理器中的“确定”按钮或绘图区域右上角的“确定”按钮完成切除-拉伸特征 1 的创建。

（21）创建杯口拉伸切除特征 2：

① 选取杯口横截面为草绘平面，绘制如图 5-150 所示的草图。

② 单击“特征”工具栏中的拉伸切除图标，其属性管理器设置及其预览如图 5-151 所示。

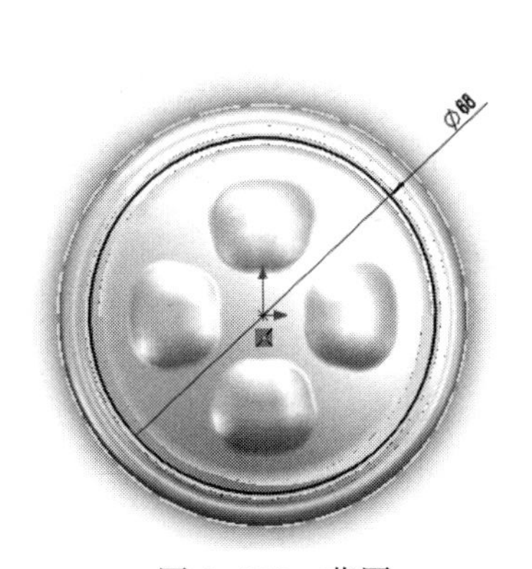

图 5-150　草图

图 5-151　“切除-拉伸”特征属性管理器设置及其预览

③ 单击属性管理器中的“确定”按钮或绘图区域右上角的“确定”按钮完成切除-拉伸特征 2 的创建。

（22）保存文件。

上 机 练 习

1. 根据投影及轴测图（见图 5-152），利用包覆和圆顶等高级特征建立子弹的三维实体模型。

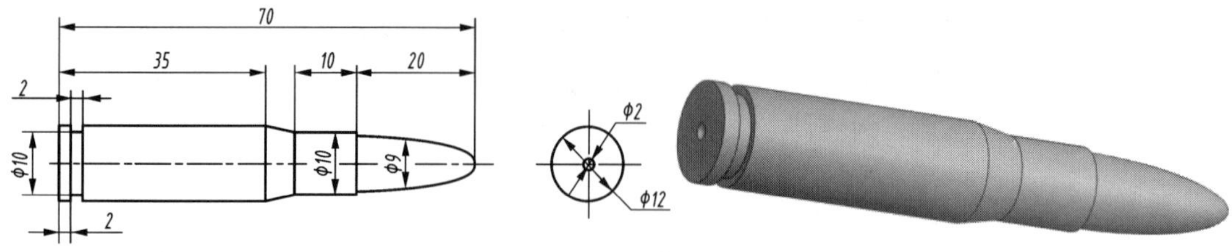

图 5-152　练习 1

2. 根据投影及轴测图（见图 5-153），利用高级特征建立三维实体模型。

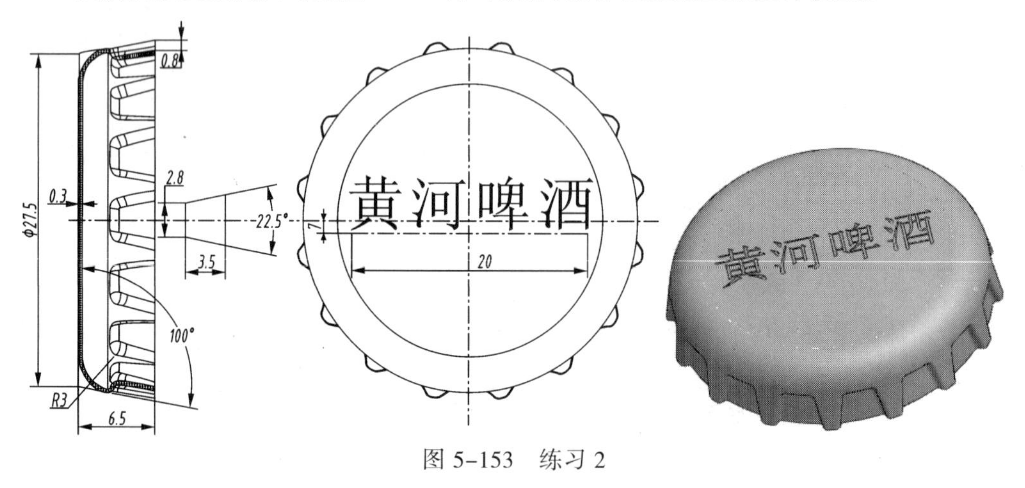

图 5-153　练习 2

3. 根据投影及轴测图（见图 5-154），利用高级特征建立三维实体模型。

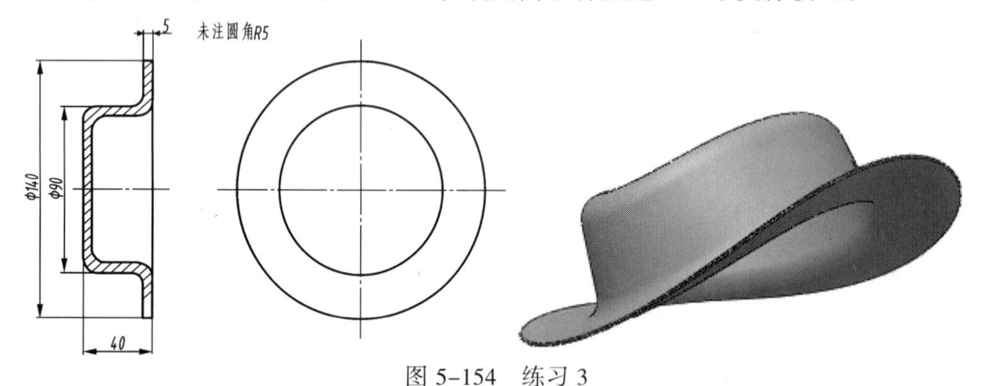

图 5-154　练习 3

4. 根据轴测图（见图 5-155），利用高级特征建立三维实体模型。

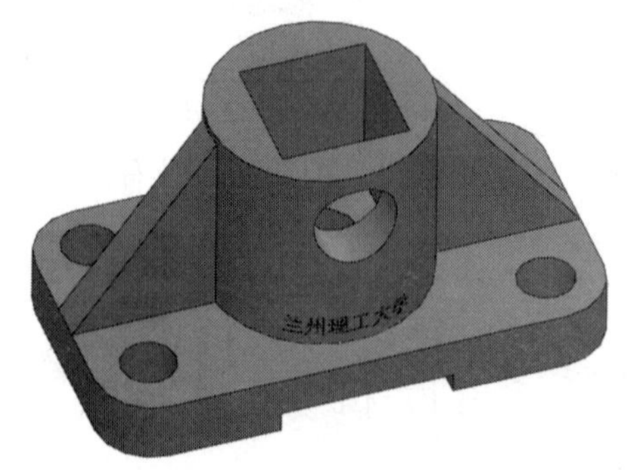

图 5-155　练习 4

第6章 曲线设计

本章提要

- 熟练掌握曲线的建立方法;
- 熟练掌握曲线的应用;
- 熟练掌握 3D 草图的绘制;
- 熟练掌握复杂曲线的绘制。

曲线设计是曲面设计的基础，可以用来生成实体特征或曲面特征。SolidWorks 2012 提供了多种生成曲线的方法，包括分割线，投影曲线，组合曲线，通过 X、Y、Z 点的曲线，通过参考点的曲线，螺旋线/涡状线等。

SolidWorks 2012 除了提供基本的二维草图绘制功能之外，还提供了 3D 草图绘制及一些复杂曲线的功能，如曲面上的样条曲线、面部曲线、交叉曲线等。

6.1 曲线创建

曲线是构成曲面的基本元素，在绘制许多形状不规则的零件时，经常要用到曲线工具。SolidWorks 提供了多种生成曲线的方法，主要有分割线，投影曲线，组合曲线，通过 X、Y、Z 点的曲线，通过参考点的曲线，螺旋线/涡状线。创建曲线的工具栏如图 6-1 所示。

图 6-1 曲线工具栏

6.1.1 分割线

分割线命令可以将草图、实体边缘、曲面、面、基准面或曲面样条曲线投影到曲面或平面，并将所选的面分割为多个分离的面，从而允许对分离的面进行操作。分割线可以进行分割线放样、分割线拔模等操作。

1. 创建分割线的操作步骤

（1）单击“曲线”工具栏中的“分割线”按钮，或选择“插入”|“曲线”|“分割线”命令，系统弹出如图 6-2 所示的“分割线”属性管理器。

（2）在“分割类型”下，从轮廓、投影、交叉点中设置其中的一项。

（3）设置参数，会出现分割曲线预览。

（4）单击“确定”按钮，生成分割线。

2. 分割线的应用

（1）轮廓：打开“使用轮廓建立分割线.SLDPRT”。单击“曲线”工具栏中的“分割线”

按钮，打开“分割线”属性管理器；选中“分割类型”中的“轮廓”单选按钮，单击（拔模方向）右侧的列表框，然后从 Feature Manager 设计树选中“右视基准面”，激活（要分割的面）列表框，在图形区选中图中要分隔的球面；单击属性管理器中的“确定”按钮，生成轮廓类型的分割线，结果如图 6-3 所示。

图 6-2 “分割线”属性管理器

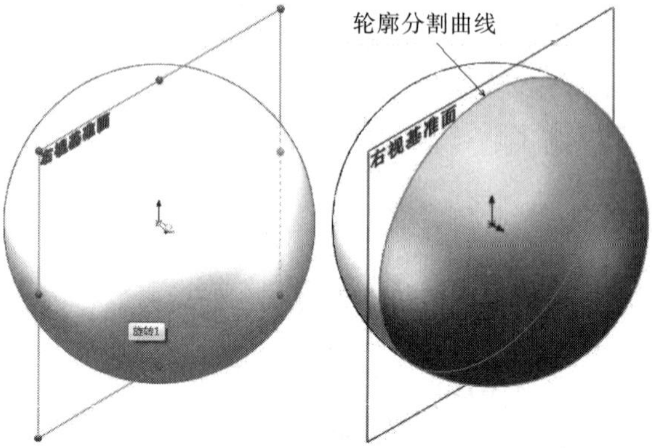

图 6-3 使用轮廓建立分割线

说明 生成轮廓类型的分割线中要分割的面必须是曲面，不能是平面。

（2）投影：打开“使用投影建立分割线.SLDPRT”。单击“曲线”工具栏中的“分割线”按钮，出现“分割线”属性管理器；选中“分割类型”中的“投影”单选按钮，单击（文本框）右侧的列表框，然后在图形区域选择如图 6-4（a）所示的草图，单击（要分割的面）右侧的列表框，然后在图形区域选择如图 6-4（a）所示的要分割的面；单击属性管理器中的“确定”按钮，生成投影类型的分割线，结果如图 6-4（b）所示。

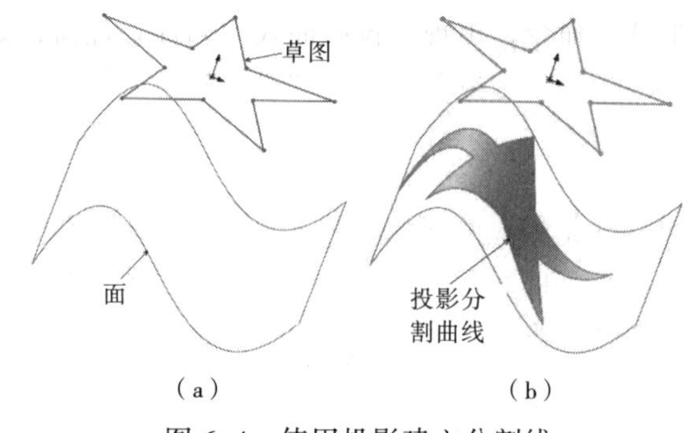

图 6-4 使用投影建立分割线

说明 在使用投影类型生成分割线时，要投影的草图在投影面上的投影必须穿过要投影的面，否则系统会提示错误，而不能生成分割线。

（3）交叉点：打开“使用交叉点建立分割线.SLDPRT”。单击“曲线”工具栏中的“分割线”按钮，打开“分割线”属性管理器；选中“分割类型”中的“交叉点”单选按钮，单击（分割实体/面/基准面）右侧的列表框，然后在图形区域选择前视基准面、右视基准面；单击（要分割的面）右侧的列表框，然后在图形区域选择圆柱上表面；单击属性管理器中的“确定”按钮，生成交叉点类型的分割线，结果如图 6-5 所示，分割线位于分割面和被分割面的交叉处。

说明 在使用交叉点类型生成分割线时，分割实体和目标实体必须相交，否则不能生成分割线。

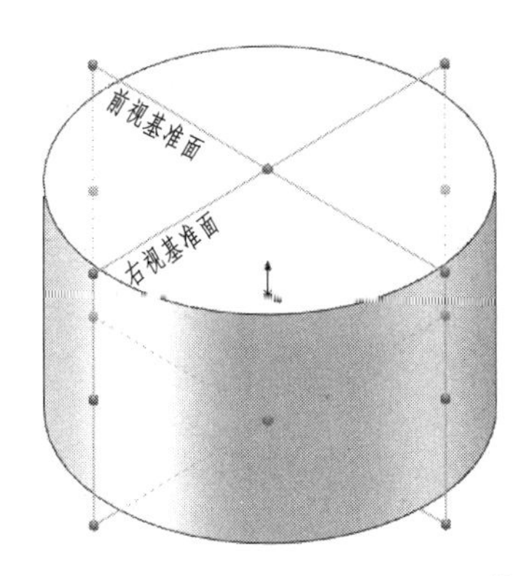

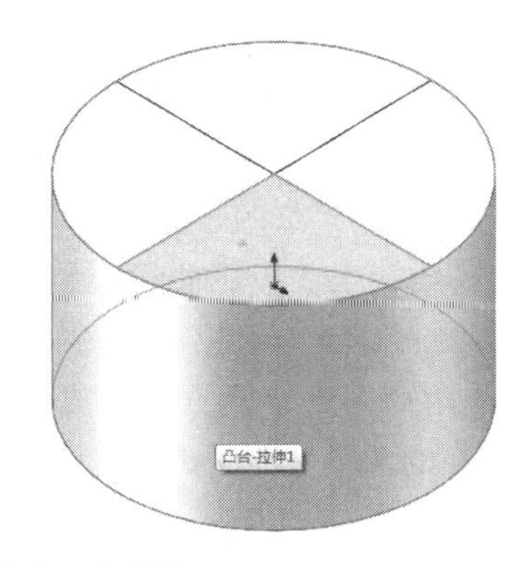

图 6-5 使用投影建立分割线

6.1.2 投影曲线

投影曲线就是将曲线沿其所在平面的法向投射到指定曲面上而生成的曲线。也可以用另一种方法生成曲线，首先在两个相交的基准上分别绘制草图，此时系统会将每一个草图沿所在平面的垂直方向投射得到一个曲面，最后这两个曲面在空间中相交而生成一条 3D 曲线。投影曲线的生成包括“面上草图”和“草图上草图”两种方式。

1. 创建投影曲线的操作步骤

（1）单击“曲线”工具栏中的“投影曲线”按钮，或选择“插入”|“曲线”|“投影曲线”命令，出现“投影曲线”属性管理器，如图 6-6 所示。

（2）在“选择”下，将“投影类型”设置为面上草图或者草图上草图。

（3）选取要投影的草图或面，就会出现投影曲线的预览。

（4）单击“确定”按钮，生成投影曲线。

2. 投影曲线的应用

（1）面上草图：打开“草图到面投影曲线.SLDPRT”。单击“曲线”工具栏中的“投影曲线”按钮，出现“投影曲线”属性管理器，在“选择”下拉列表中选择“面上草图”单选按钮，激活“要投影的草图”列表框，在图形区选择“草图”，激活“投影面”列表框，在图形区选择“面”，选中“反转投影”复选框，单击“确定”按钮，生成投影曲线，结果如图 6-7 所示。

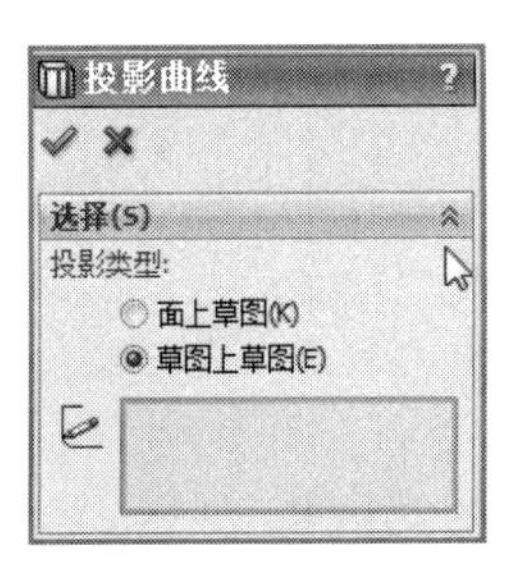

图 6-6 “投影曲线”属性管理器

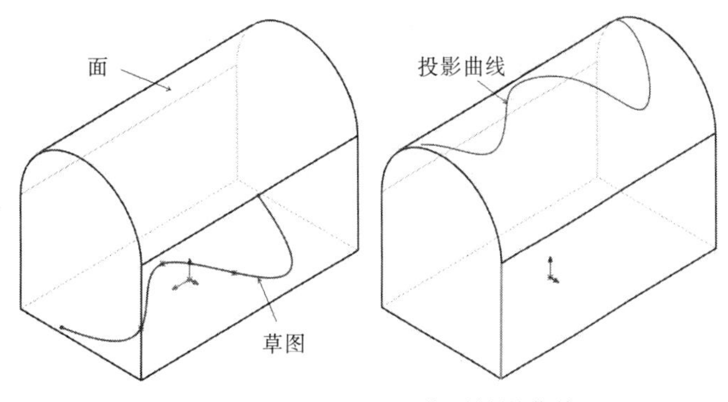

图 6-7 面上草图投影曲线

（2）草图上草图：打开“草图到草图投影曲线.SLDPRT”，单击“曲线”工具栏中的

“投影曲线”按钮，出现“投影曲线”属性管理器，在“选择”下拉列表中选择“草图上草图”单选按钮，激活“要投影的一些草图”列表框，在图形区选择“草图 1”“草图 2”，单击“确定”按钮，生成投影曲线，如图 6-8 所示。

说明 在使用草图到草图方式生成的投影曲线时，草图所在的两个基准面必须相交，否则不能生成投影曲线。

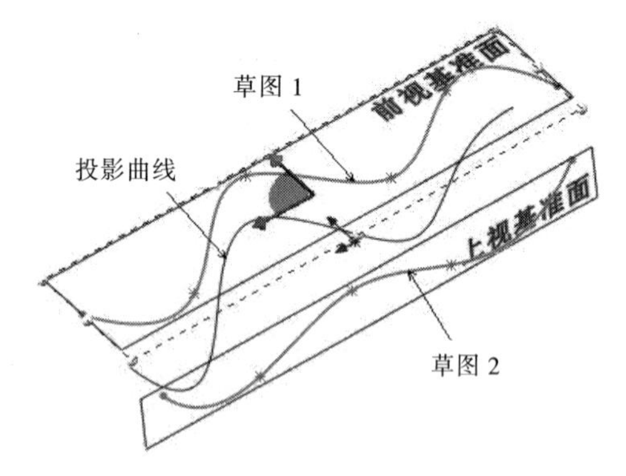

图 6-8 草图上草图投影曲线

6.1.3 组合曲线

组合曲线就是将所绘制的曲线、模型边线或者草图进行组合使之成为单一的曲线。使用组合曲线可以作为生成扫描或放样操作的路径、中心线或引导线。

1. 创建组合曲线的操作步骤

（1）单击“曲线”工具栏中的“组合曲线”按钮，或选择菜单栏中的“插入”｜“曲线”｜“组合曲线”命令，出现“组合曲线”属性管理器，如图 6-9 所示。

（2）在图形区选取要组合的曲线。

（3）单击“确定”按钮，生成组合曲线。

2. 组合曲线的应用

打开“组合曲线.SLDPRT”。单击“曲线”工具栏中的“组合曲线”按钮，出现“组合曲线”属性管理器，激活“要连接的实体”列表框，在图形区选择“边线<1>”“边线<2>”“边线<3>”“边线<4>”“边线<5>”“边线<6>”，单击“确定”按钮，生成组合曲线，如图 6-10 所示。

说明 组合曲线是一条连续的曲线，可以是开环的，也可以是闭环的，因此选择组合曲线的对象时，它们必须是连续的，中间不能间隔。

图 6-9 “组合曲线”属性管理器

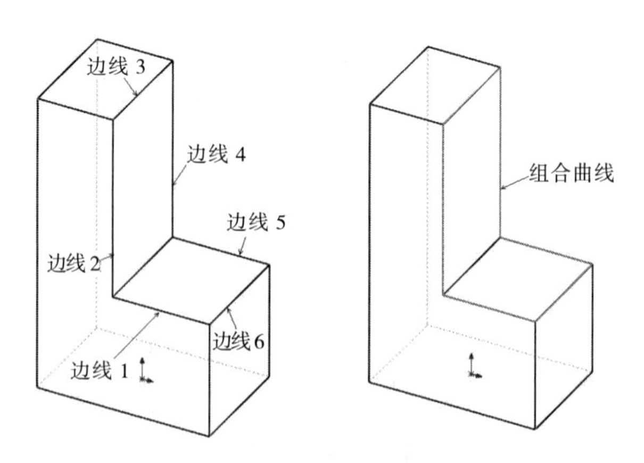

图 6-10 使用组合曲线

6.1.4 通过 X、Y、Z 点的曲线

通过 X、Y、Z 点的曲线是通过系统坐标系输入 X、Y、Z 的坐标数值建立点后，系统将

这些点平滑过渡连接成曲线。

坐标点可以通过手工输入，也可以通过外部文本文件给定并读入到当前文件中。利用通过 X、Y、Z 点的曲线可以建立复杂的曲线，如函数曲线。

1. 创建通过 X、Y、Z 点的曲线的操作步骤

（1）单击“曲线”工具栏中的“通过 XYZ 点的曲线”按钮，或选择菜单栏中的“插入”|“曲线”|“通过 XYZ 点的曲线”命令，弹出“曲线文件”对话框，如图 6-11 所示。

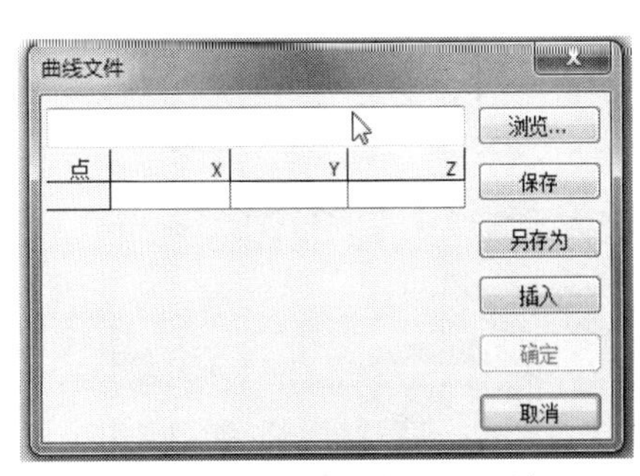

图 6-11 “曲线文件”对话框

（2）单击“浏览”按钮指定需要输入的数据文件的名称，系统将文本文件中的数据读入到设计环境。或者在点下面直接输入所需的数据。

（3）双击数据值，可以对数据进行局部修改。

（4）单击“保存”按钮，保存数据文件。

（5）单击“确定”按钮，生成通过 X、Y、Z 点的曲线。

2. 组合曲线的应用

新建“通过 XYZ 点的曲线.SLDPRT”。单击“曲线”工具栏中的“通过 XYZ 点的曲线”按钮，弹出“曲线文件”对话框，定义曲线通过的点，如图 6-12 所示，单击“保存”按钮，保存数据文件，单击“确定”按钮，生成通过 X、Y、Z 点的曲线，如图 6-13 所示。

说明 生成 X、Y、Z 点的曲线的点的顺序，是按照曲线文件中点的序列进行连接的。

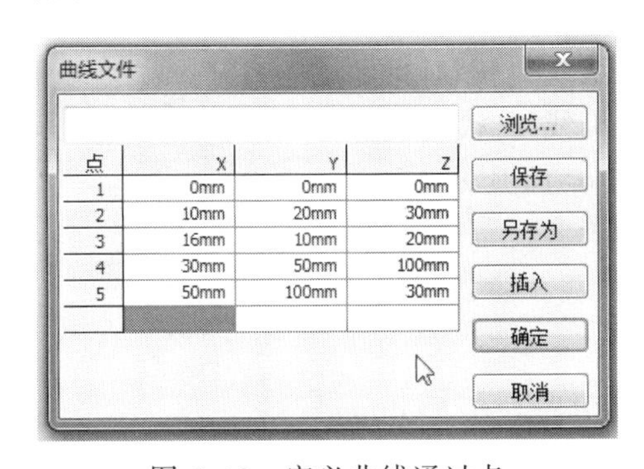

图 6-12 定义曲线通过点

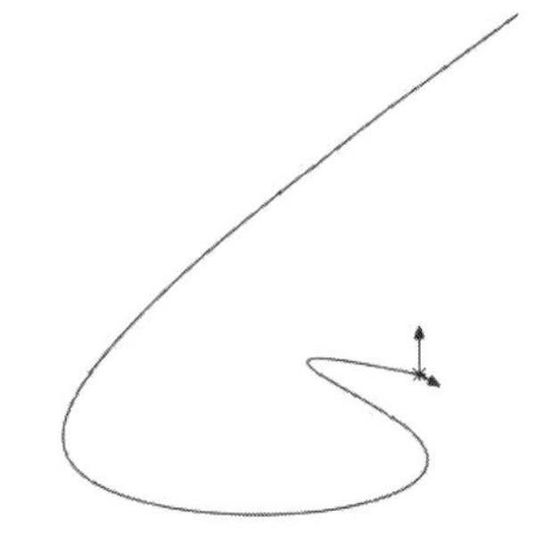

图 6-13 通过 X、Y、Z 点生成的曲线

6.1.5 通过参考点的曲线

通过参考点的曲线就是通过已有的点来创建曲线。

1. 创建通过参考点的曲线的操作步骤

（1）单击“曲线”工具栏中的“通过参考点的曲线”按钮，或选择菜单栏中的“插入”|“曲线”|“通过参考点的曲线”命令，出现“通过参考点的曲线”属性管理器，如图 6-14 所示。

（2）在绘图区选取参考点。

（3）单击“确定”按钮，生成通过参考点的曲线。

2．通过参考点的曲线的应用

打开“通过参考点的曲线.SLDPRT”。单击“曲线”工具栏中的“通过参考点的曲线”按钮，出现“通过参考点的曲线”属性管理器，在图形区选取点 1、点 2、点 3、点 4、点 5，单击“确定”按钮，生成通过参考点的曲线，如图 6–15 所示。

说明 如果选中对话框中的“闭环曲线”复选框并改变选取点的顺序使起点和终点间连线不产生自相交叉。

图 6–14 “通过参考点的曲线”属性管理器

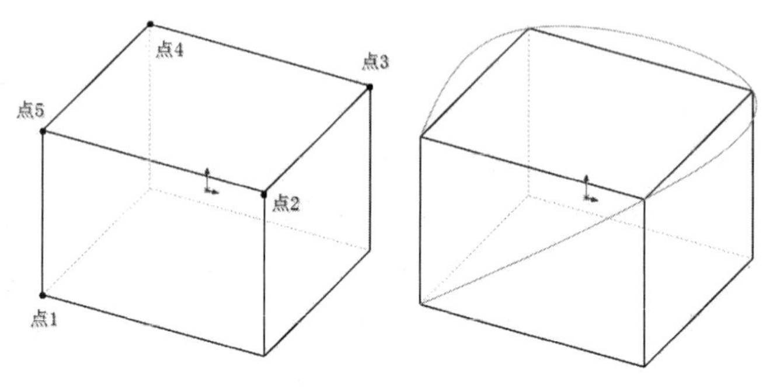

图 6–15 通过参考点生成的曲线

6.1.6 螺旋线/涡状线

“螺旋线/涡状线”是机械设计中经常使用的一种曲线，比如弹簧、螺纹等都是由“螺旋线/涡状线”生成的。这两种曲线通常被当作一个路径或者引导曲线用在扫描特征上，或作为放样特征的引导曲线。

1．创建螺旋线/涡状线的操作步骤

（1）单击“曲线”工具栏中的“螺旋线/涡状线”按钮，或选择菜单栏中的“插入”｜“曲线”｜“螺旋线/涡状线”命令，出现“螺旋线/涡状线”属性管理器，如图 6–16 所示。

（2）在“螺旋线/涡状线”属性管理器中，设置参数。

（3）单击“确定”按钮，生成螺旋线/涡状线。

2．螺旋线/涡状线的应用

（1）恒定螺距：新建“恒定螺距螺旋线.SLDPRT”。在 FeatureManager 设计树中选择右视基准面，单击“草图”工具栏中的“草图绘制”按钮，进入草图绘制，绘制 ϕ40 mm 圆。单击“曲线”工具栏中的“螺旋线/涡状线”按钮，出现“螺旋线/涡状线”属性管理器，在“定义方式”下拉列表中选择“螺距和圈数”选项。在“参数”选项中选中“恒定螺距”单选按钮，在“螺距”文本框输入 20 mm，在“圈数”文本框输入“5”，在“起始角度”文本框输入“0”，选中“顺时针”单选按钮，单击“确定”按钮，生成螺旋线，如图 6–17 所示。

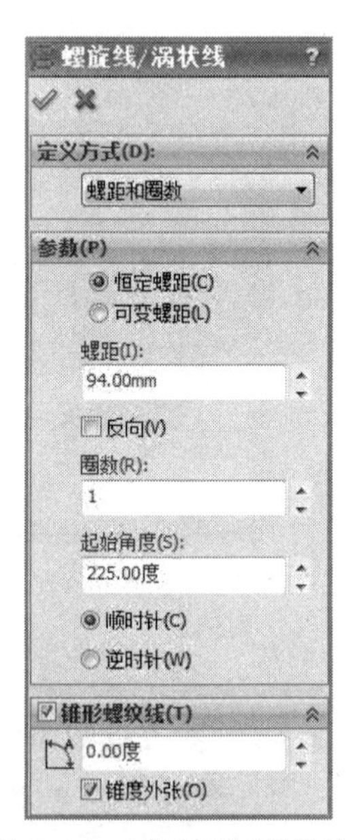

图 6–16 “螺旋线/涡状线”属性管理器

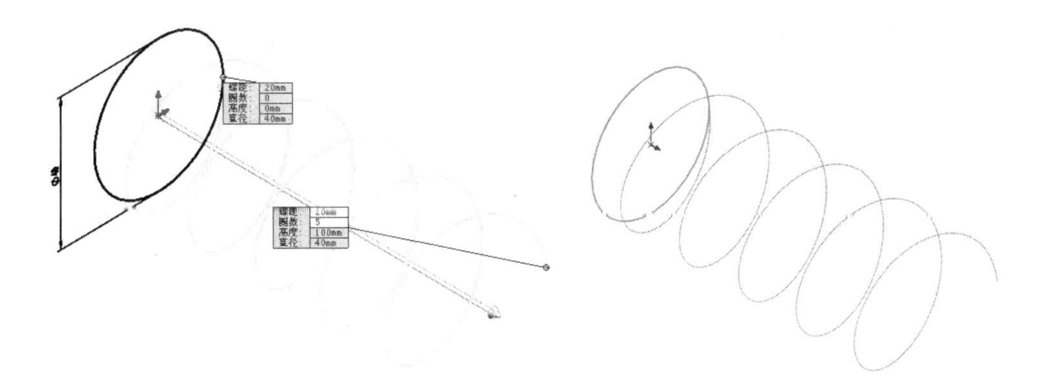

图 6-17　恒定螺距螺旋线

（2）可变螺距：新建“可变螺距螺旋线.SLDPRT”。在 Feature Manager 设计树中选择右视基准面，单击“草图”工具栏中的“草图绘制”按钮，进入草图绘制，绘制 ϕ40 mm 圆。单击“曲线”工具栏中的“螺旋线/涡状线”按钮，出现“螺旋线/涡状线”属性管理器，在“定义方式”下拉列表中选择“螺距和圈数”选项。在“参数”选项中选中“可变螺距”单选按钮，在“区域参数”列表框输入参数，如图 6-18（a）所示，在“起始角度”文本框输入“0 度”，选择“顺时针”单选按钮，单击“确定”按钮，生成可变螺旋线，如图 6-18（b）所示。

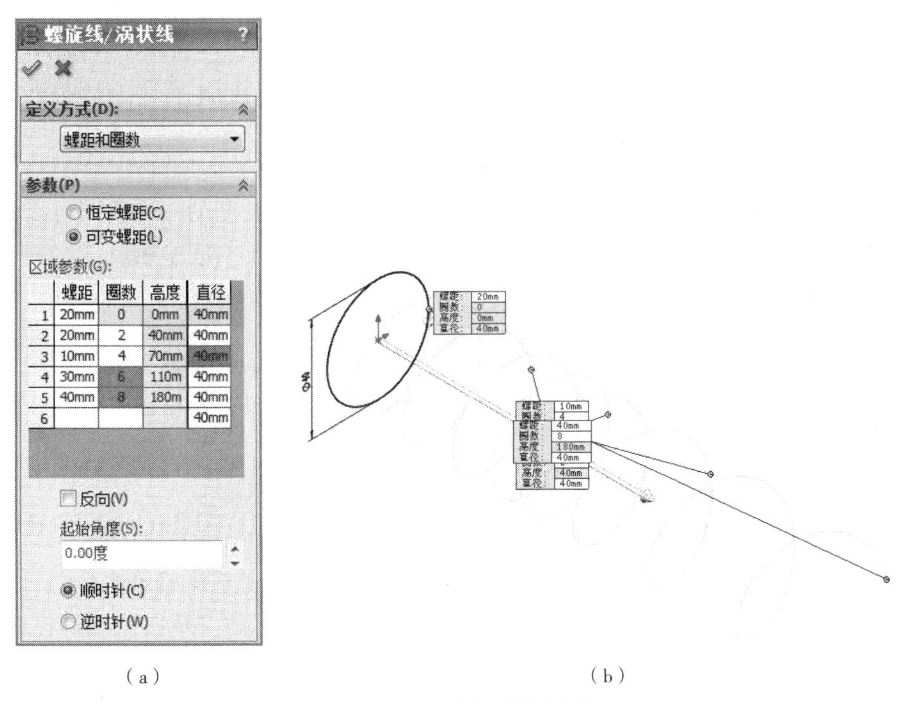

（a）　　　　　　　　　　　　（b）

图 6-18　可变螺距螺旋线

（3）涡状线：新建“恒定螺距螺旋线.SLDPRT”。在 Feature Manager 设计树中选择右视基准面，单击“草图”工具栏中的“草图绘制”按钮，进入草图绘制，绘制 ϕ40 mm 圆。单击“曲线”工具栏中的“螺旋线/涡状线”按钮，出现“螺旋线/涡状线”属性管理器，在“定义方式”下拉列表中选择“涡状线”选项。在“螺距”文本框输入 20 mm，在“圈数”文本框输入 5，在“起始角度”文本框输入 0，选择“顺时针”单选按钮，单击“确定”按钮✔，生成涡状线，如图 6-19 所示。

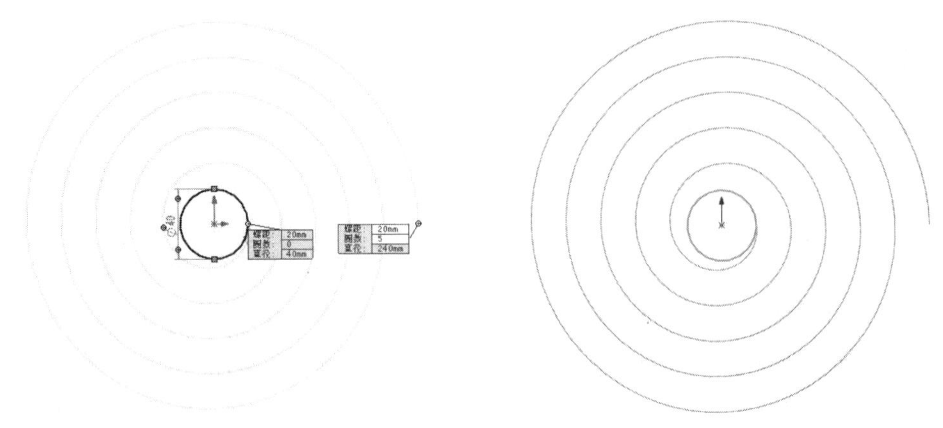

图 6-19　涡状线

6.2　三维草图绘制

三维草图为空间轮廓，由一系列直线和圆弧、样条曲线等构成。绘制 3D 草图的方法有两种：一种是在选定基准面上生成 3D 草图。使用“基准面上的 3D 草图”命令绘制，通过添加一“3D 草图基准面”来激活平面，以 2D 方式沿基准面绘制草图，然后每次在需要移动草图实体来生成 3D 草图时添加 3D 草图基准面。另一种是在三维空间中绘制 3D 草图。单击“3D 草图”按钮，在 3D 空间打开一 3D 草图，然后在每次需要移动草图实体到不同平面时按 Tab 键。

SolidWorks 2012 中可以直接在三维空间中绘制 3D 草图，绘制的三维草图可以作为扫描路径、扫描引线、放样路径或放样的中心线等。下面就介绍三维空间中绘制 3D 草图。

6.2.1　三维空间中的 3D 草图

生成 3D 草图时，在默认情况下，通常是相对于模型中默认的坐标系进行绘制。如要切换到另外两个默认基准面中的一个，则单击所需的草图绘制工具，然后按 Tab 键，当前的草图基准面的原点就会显示出来。

1. 创建 3D 草图的操作步骤

（1）新建一个零件文档。

（2）单击“草图绘制”工具栏中的“3D 草图”按钮，或者选择菜单栏中的“插入”|“3D 草图”命令，可以进入 3D 草图编辑状态，进入绘制状态后的“草图”工具栏如图 6-20 所示。此时，应将视图方向切换到“等轴测”。

图 6-20　3D 草图状态下的“草图”工具栏

（3）单击绘图命令，系统默认首先在 X-Y 平面绘制草图，鼠标指针变为形状，绘图区出现“空间控标”，默认位置是绘图区原点，移动鼠标在合适位置单击可以改变“空间控标”

的定位点，再次单击以完成草图的绘制。

（4）按 Tab 键，切换到 Y-Z 平面、Z-X 平面完成草图绘制。

（5）在绘图区右击弹出快捷菜单，单击退出草图按钮，结束“3D 草图”绘制。

2．3D 草图的应用

三维空间中 3D 草图的绘制比较麻烦，下面通过如图 6-21 所示的搁架详细介绍其绘制过程。该搁架造型需要绘制一个 3D 草图，然后通过扫描特征来生成框架造型，最后生成中间的拉伸特征及其阵列，其中较为困难的部分就是 3D 草图的绘制。为方便描述，本例将其基础草图的各条线段进行了命名，如图 6-22 所示。

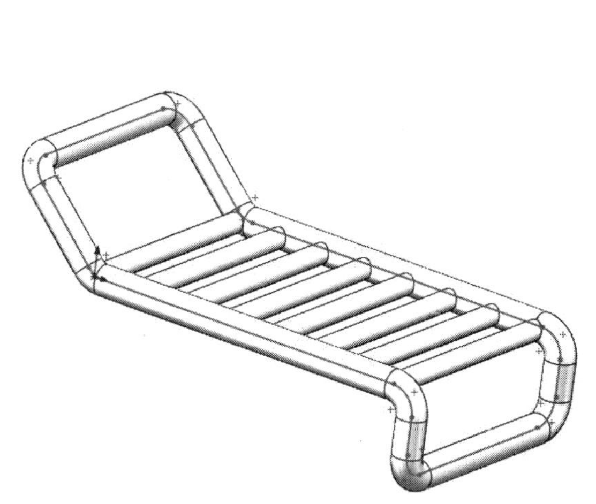

图 6-21　3D 草图应用实例——搁架

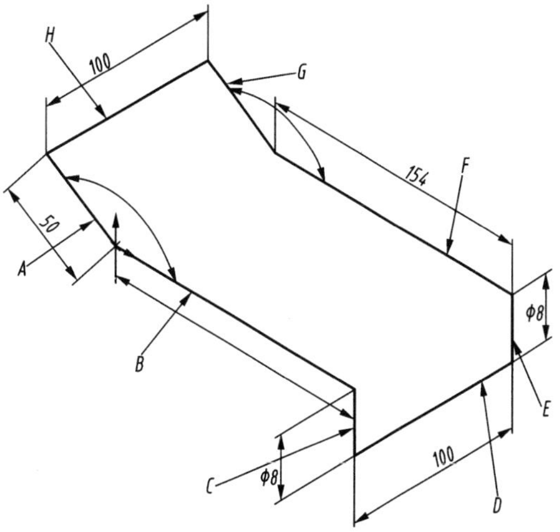

图 6-22　3D 草图及各条线段命名

（1）新建一个零件文档。

（2）单击“草图绘制”工具栏中的“3D 草图”按钮，或者选择菜单栏中的“插入”｜“3D 草图”命令，可以进入 3D 草图编辑状态，切换视图方向为“等轴测”。

（3）绘制 3D 草图：

① 绘制 A 线段。单击“草图绘制工具”工具栏中的“直线”按钮，鼠标指针变成形状，在绘图区中单击确定直线的第一点，如图 6-23 左图所示，移动鼠标到绘图区的坐标原点，单击，A 线段绘制完成，如图 6-23 右图所示。

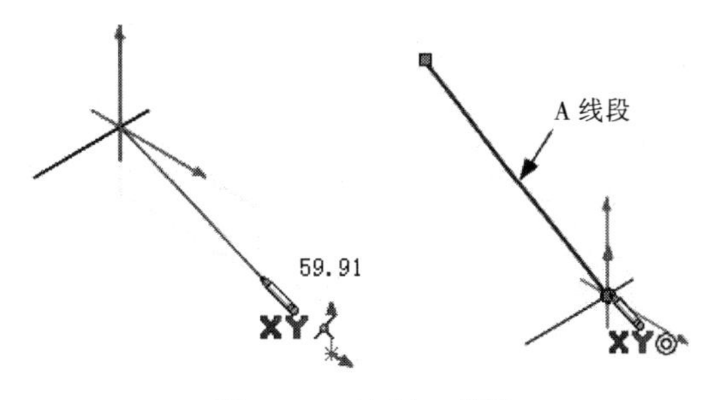

图 6-23　绘制 A 线段

② 绘制 B、C 线段。继续移动鼠标，尽量保持绘制的直线与 X 轴重合，在合适的位置当鼠标变为形状时，如图 6-24 左图所示，单击绘制出一直线 B 线段，如图 6-24 中图所示，维持鼠标指针为形状，竖直向下移动鼠标，指针变为在合适位置单击，完成 C 线段的绘制，如图 6-24 右图所示。

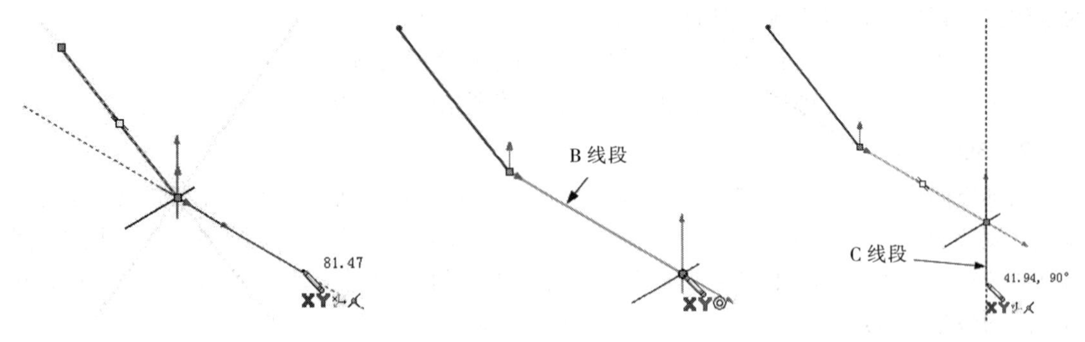

图 6-24　绘制 B、C 线段

③ 绘制 D 线段。按 Tab 键切换绘图平面为 Y-Z 平面。此时鼠标指针变为状态，在 Y-Z 平面上绘制直线并与 Z 轴重合，如图 6-25 左图所示，在合适的位置单击，完成 D 线段的绘制，如图 6-25 中图所示。继续在 Y-Z 平面向上与 Y 轴重合绘制直线，在合适的位置单击，完成 E 线段的绘制，如图 6-25 右图所示。

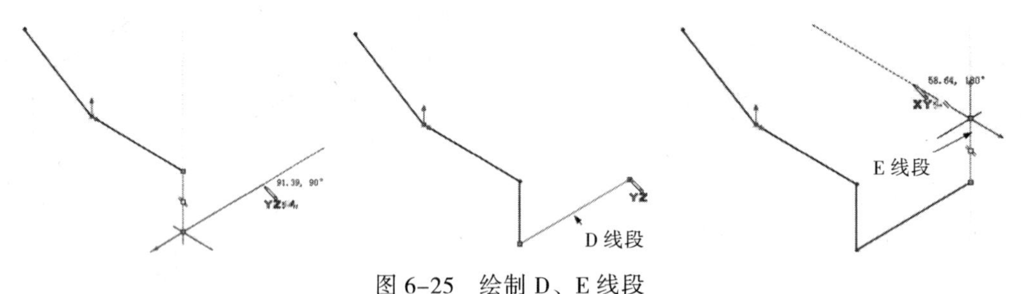

图 6-25　绘制 D、E 线段

④ 绘制 F 线段。按 Tab 键切换到 X-Y 绘图平面，在 X-Y 绘图平面绘制直线，尽量使所绘制的直线与 X 轴重合，在合适的位置单击，F 线段绘制完成，如图 6-26 左图所示。继续在 X-Y 绘图平面绘制直线，在合适位置单击，G 线段绘制完成，如图 6-26 右图所示。

⑤ 绘制 H 线段。按 Tab 键切换绘图平面为 Y-Z 平面。在 Y-Z 平面上绘制直线并移动鼠标到 A 线段的起点，单击鼠标左键，完成 H 线段的绘制，如图 6-27 所示。

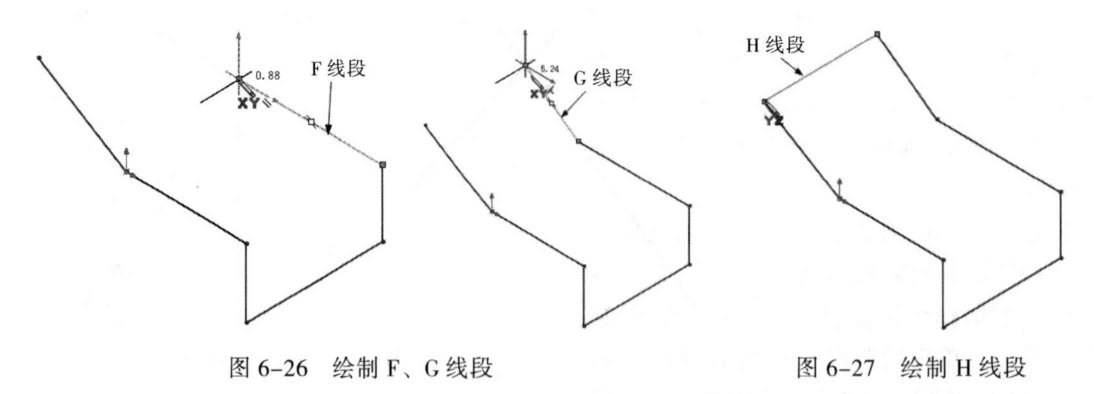

图 6-26　绘制 F、G 线段　　　　图 6-27　绘制 H 线段

⑥ 精确控制模型。为 3D 草图标注尺寸，单击“标注几何尺寸”工具栏中的“尺寸标注”按钮，首先标注角度尺寸，然后依次添加直线尺寸，尽量用尺寸约束使草图“完全定义”。如果尺寸标注完成，草图还处于欠定义状态，如图 6-28 左图所示，需要添加必要的“几何关系”进行约束。本例中，在 A 线段和 H 线段间添加了“垂直”的几何关系，如图 6-28 右图所示。

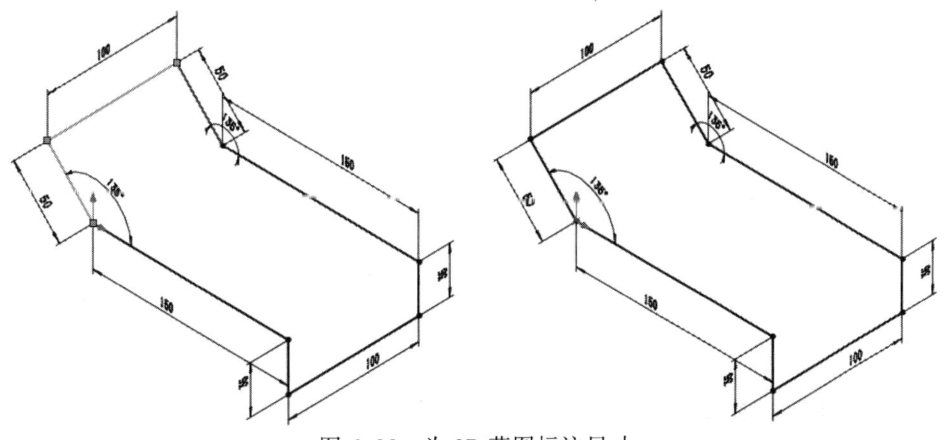

图 6-28　为 3D 草图标注尺寸

⑦ 对 3D 草图进行圆角操作。单击“草图绘制工具”工具栏中的“绘制圆角”按钮，设置圆角半径为 10.00 mm，依次单击各直线段交点处，完成圆角操作，如图 6-29 所示。

⑧ 在绘图区右击弹出快捷菜单，单击退出草图按钮，结束“3D 草图”绘制。

（4）建立一基准面用于绘制“轮廓草图” ϕ12 的圆，如图 6-30 所示。

（5）单击“特征”工具栏中的“扫描”按钮，选择 3D 草图为扫描路径，二维草图为扫描轮廓，生成如图 6-31 所示的扫描特征。

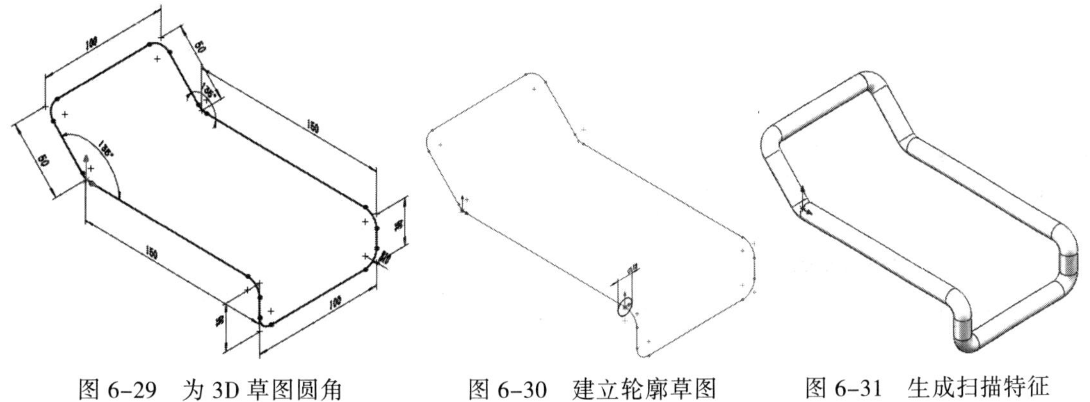

图 6-29　为 3D 草图圆角　　图 6-30　建立轮廓草图　　图 6-31　生成扫描特征

（6）生成拉伸特征。在“前视”基准面上绘制 ϕ8 的圆，如图 6-32 左图所示，以“成形到一面”方向拉伸该草图，如图 6-32 右图所示。

（7）最后“阵列”拉伸特征。单击“特征”工具栏中的“线性阵列”按钮，弹出“线性阵列”属性管理器，在 Feature Manager 设计树中双击扫描特征，使该特征的尺寸值显示出来，选择其中长度为 150 的尺寸方向作为阵列方向，输入阵列间距为 20，阵列实例数为 8，如图 6-33 左图所示，生成预览如图 6-33 右图所示，单击属性管理器中的“确定”按钮。

（8）选择“文件”|“另存为”命令，选择合适的路径及文件夹，更改文件名为搁架，单击“保存”按钮，完成全部操作，结果如图 6-21 所示。

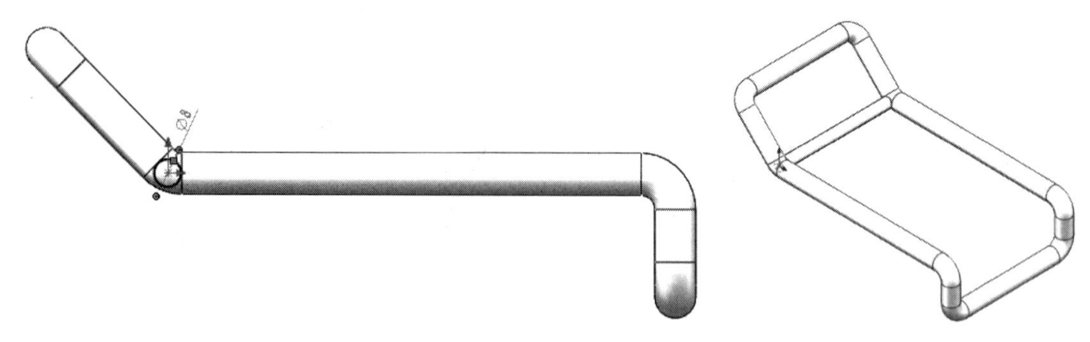

图 6-32　生成拉伸特征

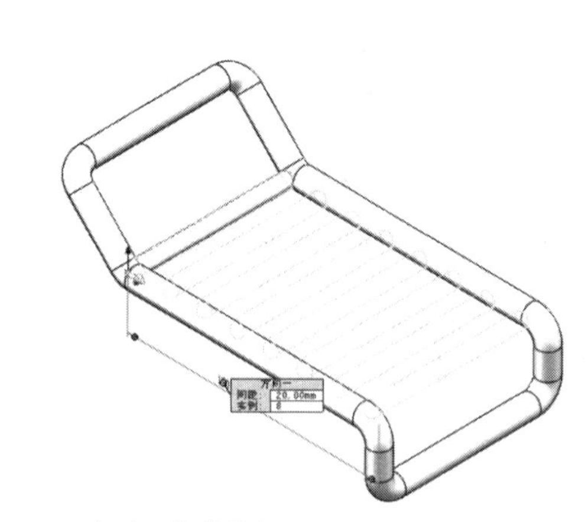

图 6-33　阵列“拉伸特征”

6.2.2　曲面上的样条曲线

曲面上的样条曲线是指绘制通过多个曲面的样条曲线，这些曲面必须相切，可以是曲面和实体曲面的组合。

新建曲面上样条曲线.SLDPRT。单击“草图工具”栏中的“曲面上的样条曲线”按钮，在曲面上放置第一个点并且拖动出曲线的第一段，出现样条属性管理器。每次单击时，出现“空间控标”来帮助拾取点，如图 6-34 左图所示，移动鼠标到合适位置，单击，重复步骤，完成样条曲线的绘制，如图 6-34 右图所示。

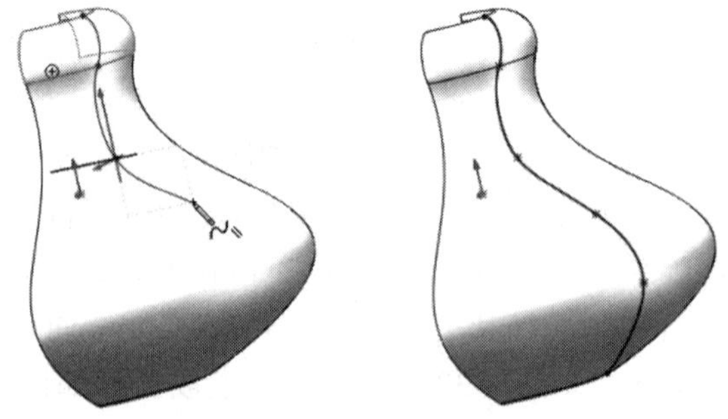

图 6-34　曲面上的样条曲线

6.2.3　面部曲线的绘制

面部曲线工具可以从面、曲面或者实体表面上提取 *U*、*V* 参数曲线。面部曲线不可以编辑，但可以利用。应用这一功能，可以为输入的曲面提取曲线，然后使用面部曲线进行局部清理。

1. 创建面部曲线的操作步骤

（1）建立一个曲面模型。

（2）单击“草图工具”栏中的“面部曲线”按钮，弹出“面部曲线”属性管理器，如图 6-35 所示。在“选择”选项下，激活“面”列表框，在图形区选择“面 1”，激活“网格”选项框，设置“方向 1”-*U* 向曲线数；“方向 2”-*V* 向曲线数，生成预览。

（3）单击“面部曲线”属性管理器上的“确定”按钮，生成面部曲线。

2. 面部曲线的应用

（1）新建面部曲线.SLDPRT。

（2）单击“草图工具”栏中的“面部曲线”按钮，弹出“面部曲线”属性管理器，如图 6-36 左图所示。在“选择”选项下，激活“面”列表框，在绘图区选择“面 1”，激活“网格”选项框，设置“方向 1”-*U* 向曲线数为 6；“方向 2”-*V* 向曲线数为 4，生成预览，如图 6-36 右图所示。

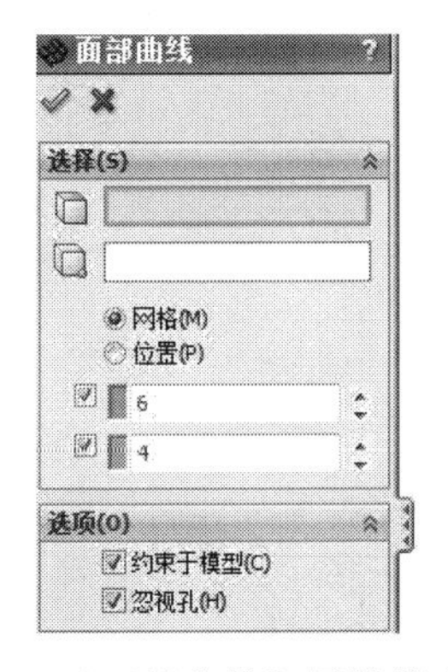

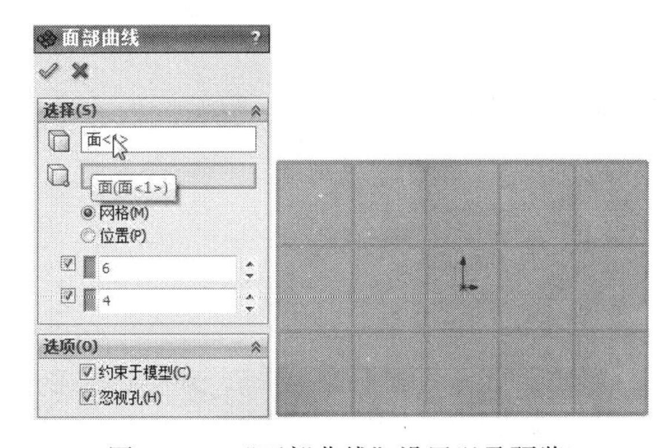

图 6-35 “面部曲线”属性管理器

图 6-36 “面部曲线”设置以及预览

（3）单击“面部曲线”属性管理器中的“确定”按钮，生成面部曲线，如图 6-37 所示。

（4）选择“插入”｜“3D 草图”命令，配合 Ctrl 键在绘图区单击如图 6-38 左图所示的 4 条曲线，单击“转换实体引用”按钮，结果如图 6-38 中图所示；单击“剪裁实体”按钮，执行裁剪操作，结果如图 6-38 右图所示。

（5）在绘图区右击弹出快捷菜单，单击“退出草图”按钮，结束草图的编辑。

（6）单击“曲面”工具栏中的“剪裁曲面”按钮，在“剪裁工具”选择“3D 草图 11”，“保留选择”项选择“3D 草图 11”以外的区域，选中“分割所有”复选框，如图 6-39 所示。

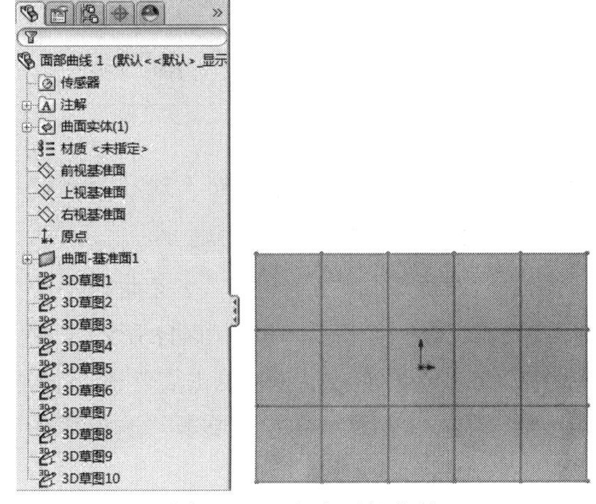

图 6-37 生成面部曲线

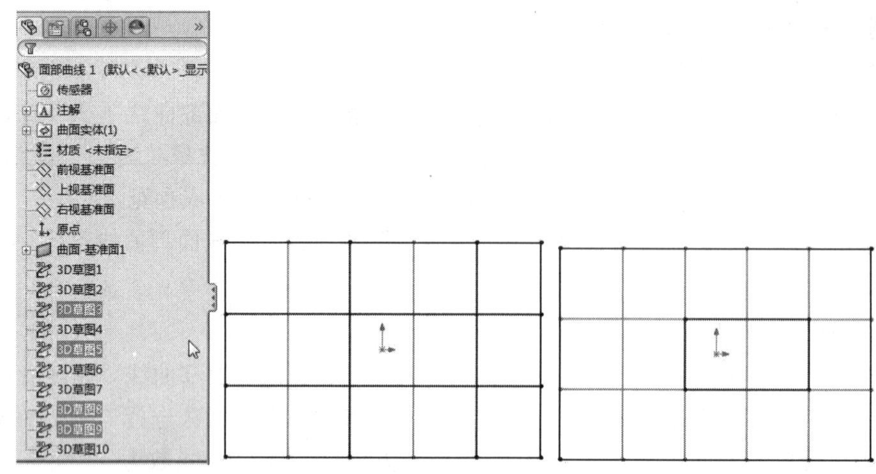

图 6-38　编辑“面部曲线”

（7）单击“剪裁曲面”属性管理器中的“确定”按钮✔，面部曲线局部清理后的结果如图 6-40 所示。

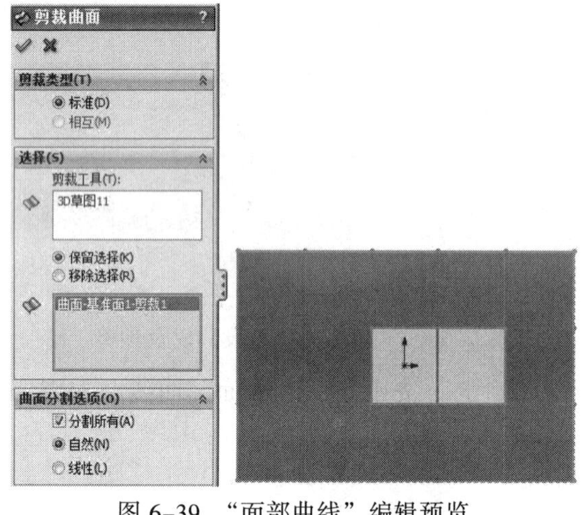

图 6-39　“面部曲线”编辑预览

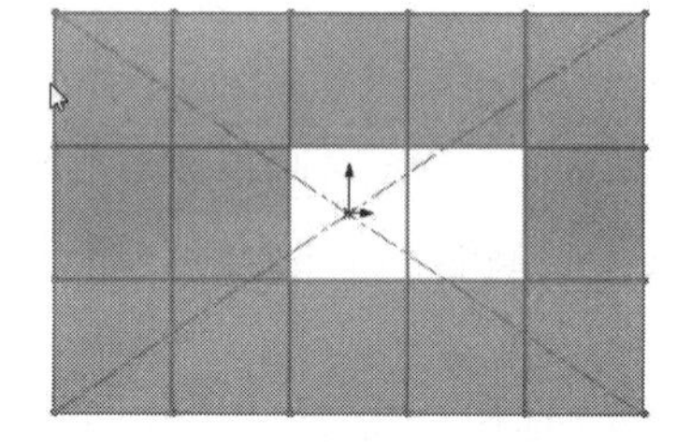

图 6-40　面部曲线局部清理后的结果

6.2.4　交叉曲线的绘制

交叉曲线工具可以提取曲面、基准面和模型面之间的交线，交叉曲线也是 3D 草图。

1. 创建交叉曲线的操作步骤

单击“草图工具”栏中的“交叉曲线”按钮，弹出“交叉曲线”属性管理器，如图 6-41 所示。在绘图区单击实体的表面和基准面或曲面，单击属性管理器中的“确定”按钮✔。然后在绘图区右击，单击“退出草图”即可。

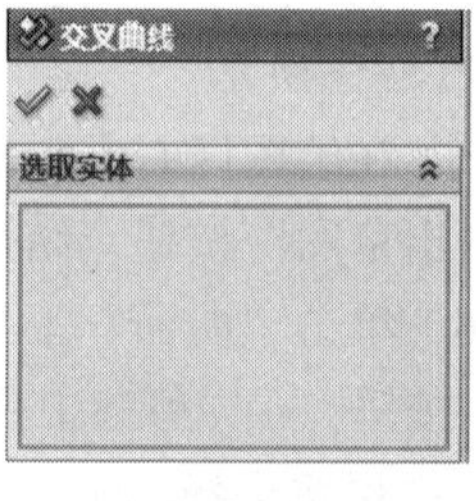

图 6-41　“交叉曲线”属性管理器

2. 交叉曲线的应用

（1）新建交叉曲线.SLDPRT。

（2）单击“草图工具”栏中的“交叉曲线”按钮，弹出“交叉曲线”属性管理器，在绘图区单击实体的面 1、面 2、面 3、面 4，然后从 Feature Manager 设计树选中“右视基准面”，如图 6-42 所示。

（3）单击属性管理器中的“确定”按钮，生成交叉曲线，如图 6-43 所示。

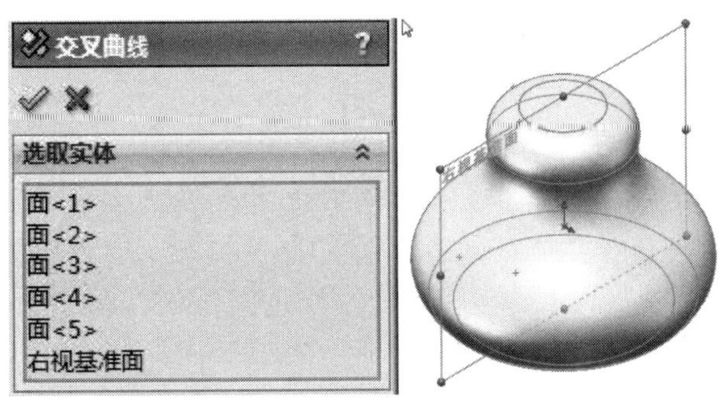

图 6-42 “交叉曲线”参数设置

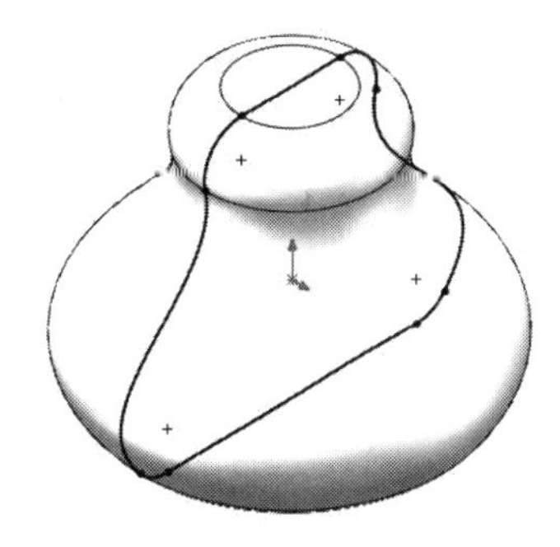

图 6-43 实体与“右视基准面”的交叉曲线

6.3 曲线综合应用示例——创建拉伸弹簧模型

应用曲线建模扫描创建拉伸弹簧模型，如图 6-44 所示。

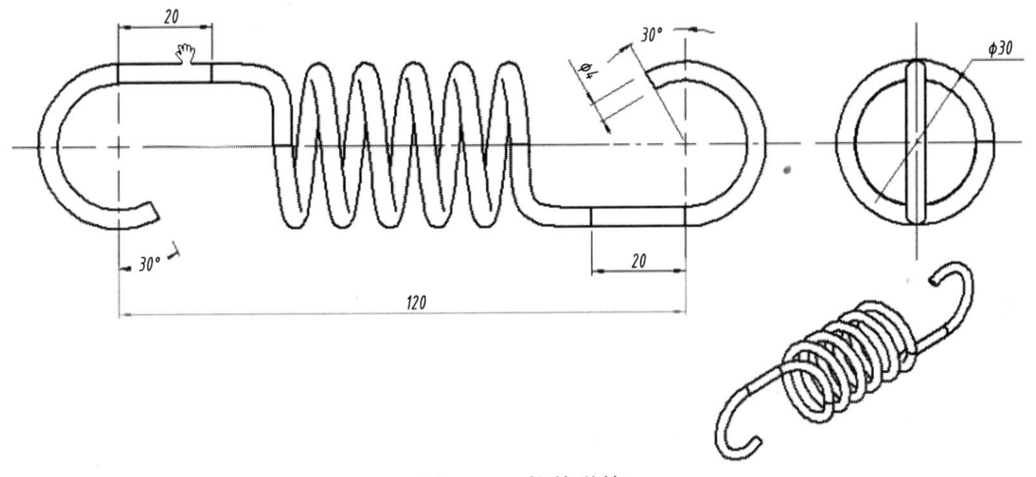

图 6-44 拉伸弹簧

建模分析：

支架是由两端拉钩和螺旋弹簧部分组成，此模型的建立将分为 4 部分完成，如图 6-45 所示。

建模步骤：

（1）新建文件：选择菜单栏中的“文件”｜“新建”命令，弹出“新建 SolidWorks 文件”对话框，在对话框中单击“零件”图标，单击“确定”按钮。

（2）A 部分：在 Feature Manager 设计树中选择“前视基准面”，单击“草图”工具栏中的“草图绘制”按钮，进入草图绘制，以原点为中心，绘制 ϕ30 mm 的圆，单击“曲线”工具栏中的“螺旋线/涡状线”按钮，出现“螺旋线/涡状线”属性管理器，在“定义方式”下拉列表框中选择“螺距和圈数”，选择“恒定螺距”单选按钮，在“螺距”文本框中输入 10 mm，选中“反向”复选框，在“圈数”文本框中输入“5”，在“起始角度”文本框中输入

“0.00 度”，选择“顺时针”单选按钮，单击“确定”按钮✔，生成螺旋线曲线，如图 6-46 所示。

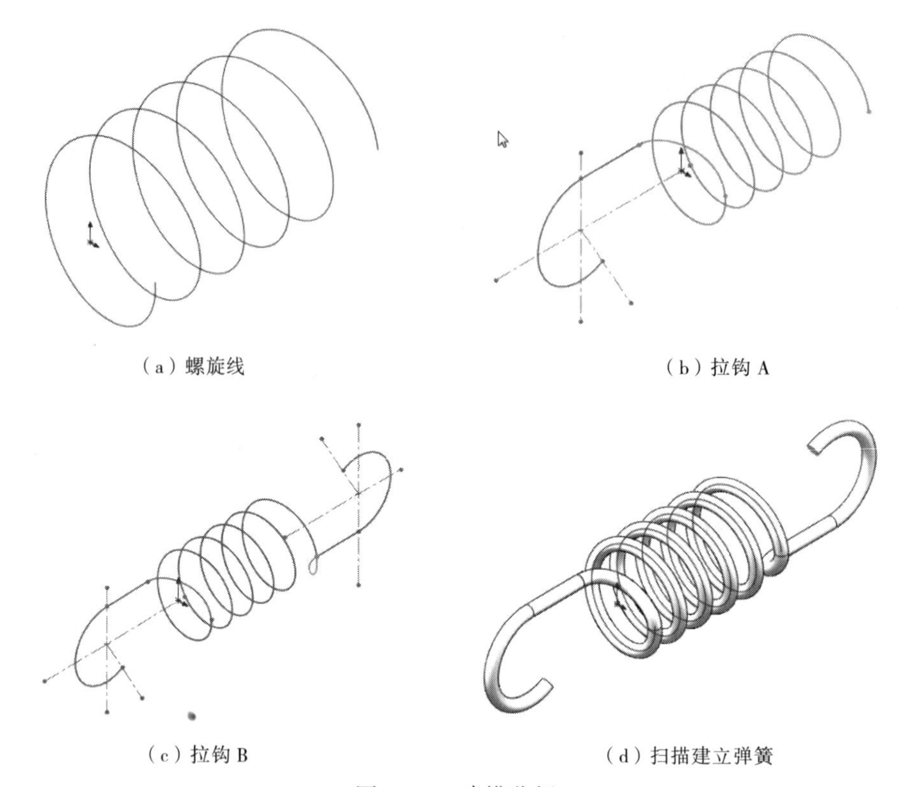

（a）螺旋线　（b）拉钩 A

（c）拉钩 B　（d）扫描建立弹簧

图 6-45　建模分析

（3）B 部分：

① 选择“右视视基准面”，单击“草图”工具栏中的“草图绘制”按钮，进入草图绘制，在右视基准面绘制如图 6-47 所示的草图 2，退出草图。

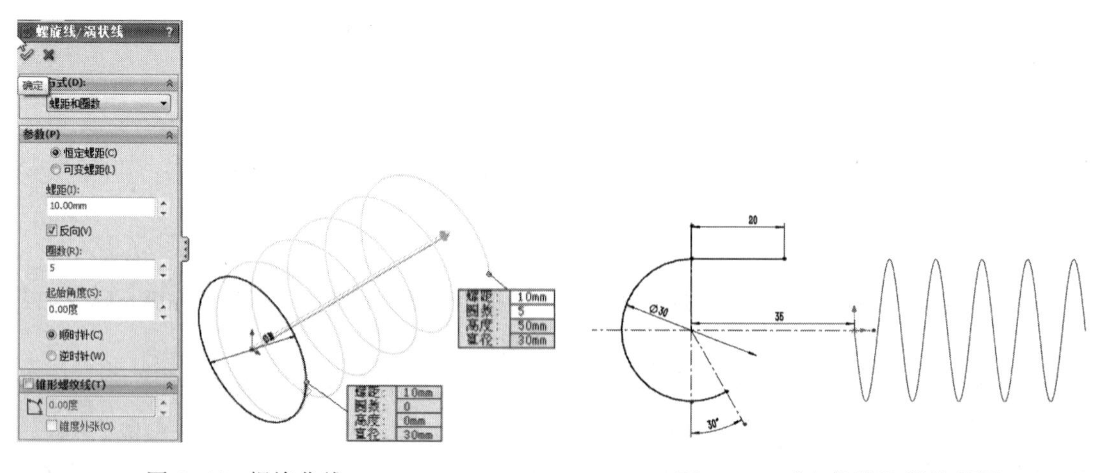

图 6-46　螺旋曲线　图 6-47　“左拉钩”部分草图

② 单击“草图绘制”工具栏中的“3D 草图”按钮，单击“样条曲线”命令，在草图 2 右端点与螺旋线之间绘制一条 3D 样条曲线，并将螺旋线利用“转换实体引用”绘制在同一 3D

草图。在螺旋线与样条曲线之间、样条曲线与尺寸为 20 直线之间分别添加“相切”的几何关系。在绘图区右击，单击退出草图按钮，完成左拉钩草图绘制，如图 6-48 所示。

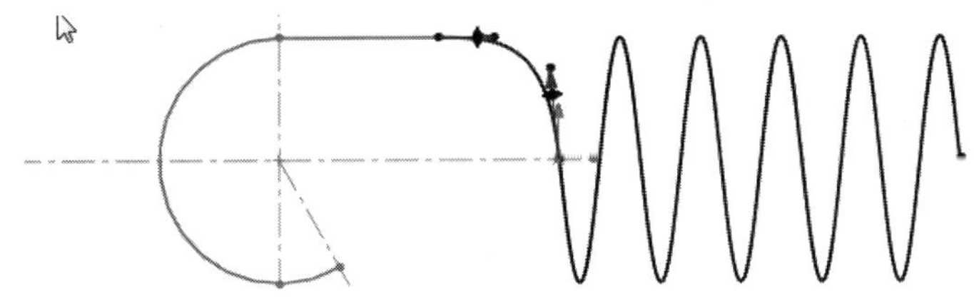

图 6-48　“左拉钩”全部草图

（4）C 部分：

① 选择“右视视基准面”，单击“草图”工具栏中的“草图绘制”按钮，进入草图绘制，在右视基准面上绘制如图 6-49 所示的草图 3，退出草图。

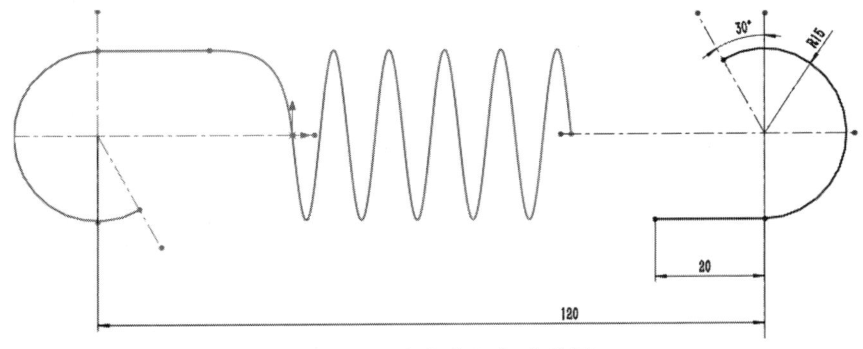

图 6-49　“右拉钩”部分草图

② 单击“草图绘制”工具栏中的“3D 草图”按钮，单击“样条曲线”命令，在草图 3 左端点与螺旋线之间绘制一条 3D 样条曲线，在螺旋线与样条曲线之间、样条曲线与尺寸为 20 直线之间分别添加“相切”的几何关系。在绘图区右击，单击退出草图按钮，完成右拉钩草图绘制，如图 6-50 所示。

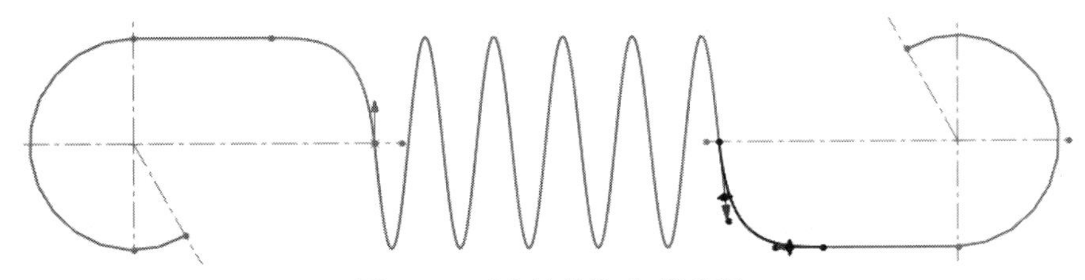

图 6-50　“右拉钩”全部草图

（5）D 部分：

① 单击“曲线”工具栏中的“组合曲线”按钮，出现“组合曲线”属性管理器，激活“要连接的实体”列表框，在 Feature Manager 设计树中选择“3D 草图 1”“3D 草图 2”“草图 2”和“草图 3”，如图 6-51 所示，单击“确定”按钮，完成组合曲线。

② 单击“参考几何体”工具栏中的“基准面”按钮，出现“基准面”属性管理器，选取“点”及“边线<1>”，单击“确定”按钮，完成基准面的建立，进入草图绘制，早该基准面上绘制“轮廓”草图 ϕ4 mm 圆，退出草图，如图 6-52 所示。

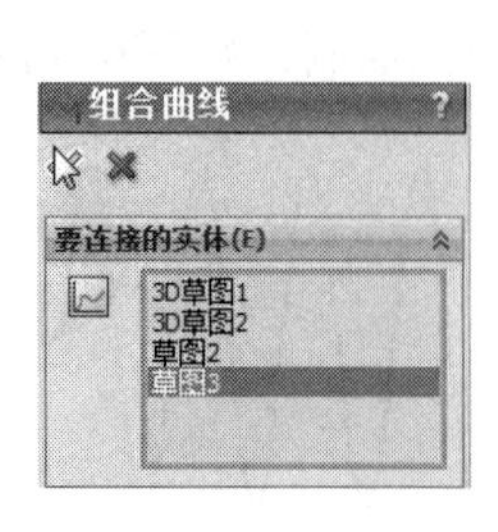

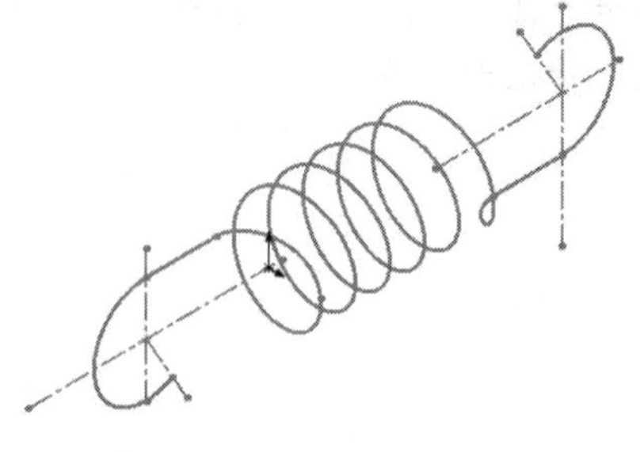

图 6-51 “组合曲线”特征

③ 单击“特征”工具栏中的“扫描”按钮，出现“扫描”属性管理器，激活“轮廓”列表框，选择“草图 4”，激活“路径”列表框，选择“组合曲线 1”，展开“选项”标签，在“方向/扭转控制”下拉列表框中选择“随路径变化”，单击“确定”按钮，如图 6-53 所示。

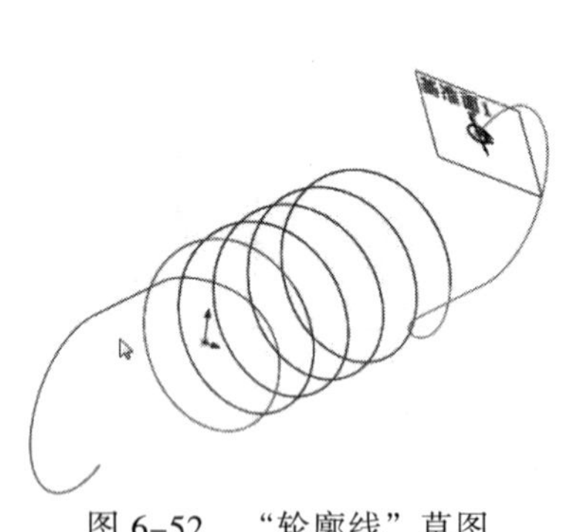

图 6-52 “轮廓线”草图

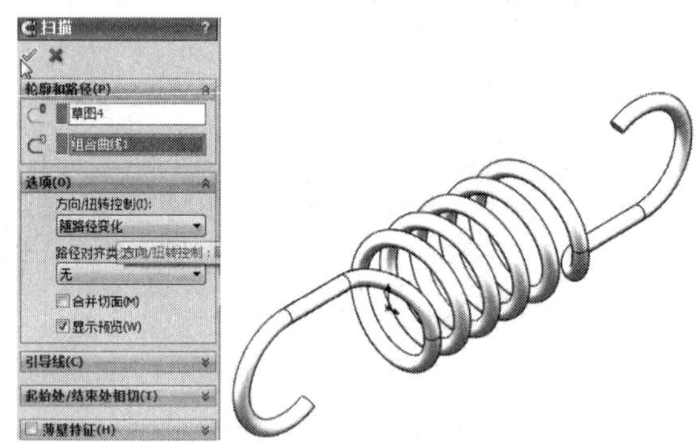

图 6-53 “扫描”特征

（6）存盘。

上 机 练 习

1. 用以前讲解过的五角星草图编辑更改，在球面上投影生成投影曲线，如图 6-54 所示。

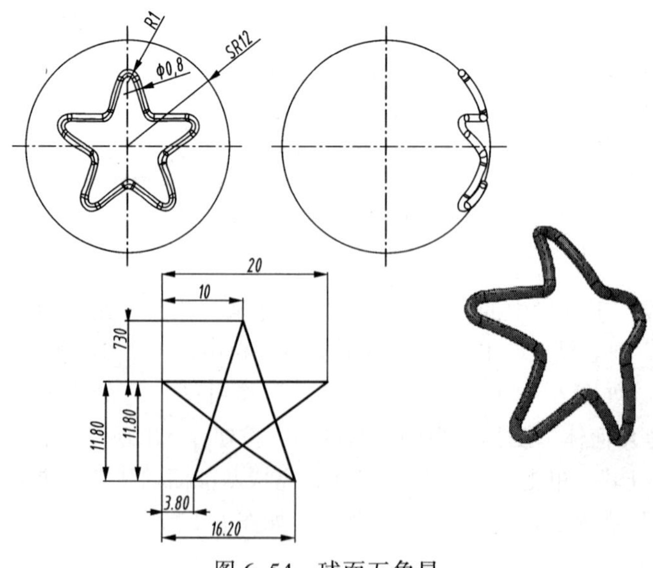

图 6-54 球面五角星

2. 利用 3D 曲线螺旋线组合成扭簧路径，再经过扫描得到如图 6-55 所示的扭簧。

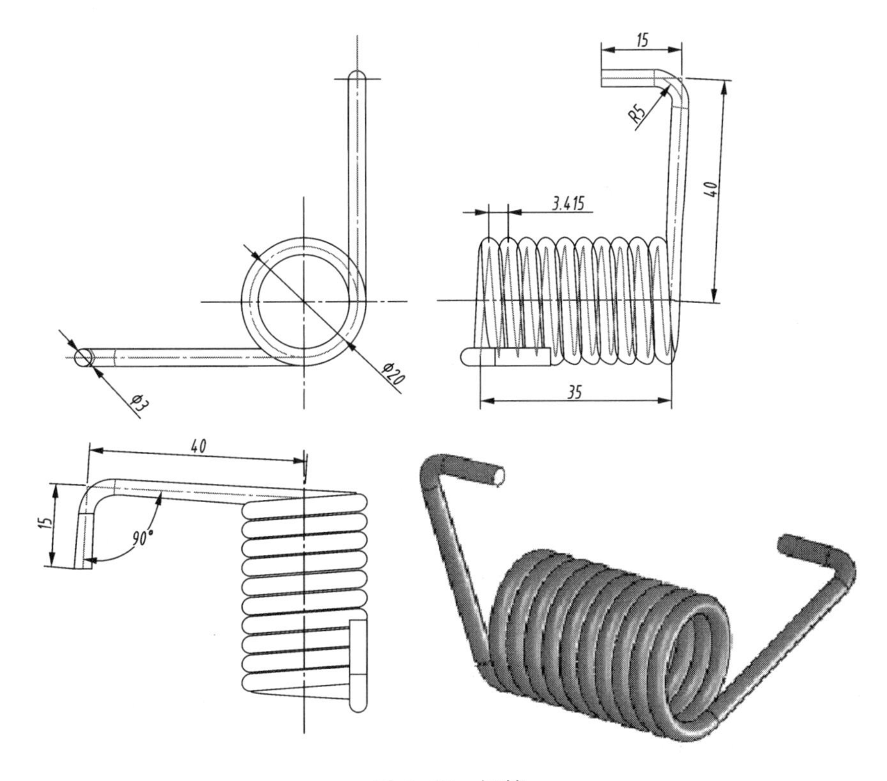

图 6-55 扭簧

3. 建立分割线，形成 3D 草图，通过曲线驱动阵列从而建立如图 6-56 所示的球面立体环模型。

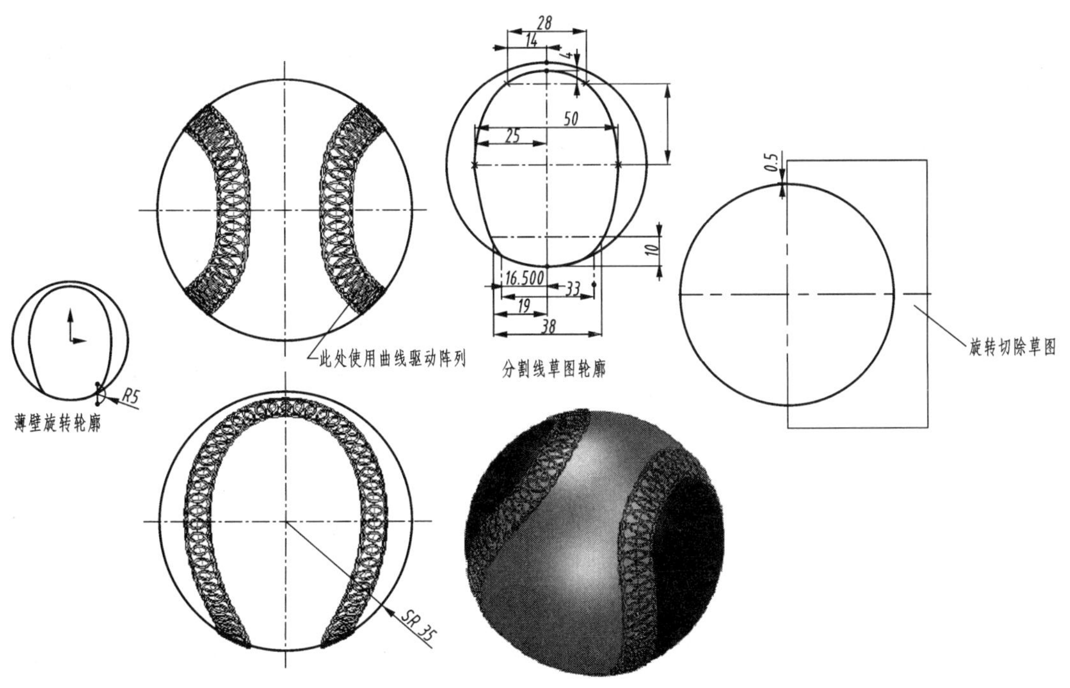

图 6-56 球面立体环

第7章 曲面设计

本章提要

- 掌握曲面建模的概念；
- 掌握各种曲面建模的操作方法；
- 掌握各种曲面编辑的操作方法；
- 通过本章学习能够利用曲面建立实体特征。

随着现代制造业对外观、功能、实用设计等要求的提高，曲面造型越来越被广大工业领域的产品设计所引用，这些行业主要包括电子产品外形设计行业、航空航天领域，以及汽车零部件业等。

实体模型的外表面是由曲面组成的，曲面定义了实体的外形。曲面可以是平的，也可以是弯曲的。曲面模型与实体模型的区别在于实体模型总是封闭的，没有任何缝隙和重叠边；曲面模型可以不封闭，几个曲面之间可以不相交，可以有缝隙和重叠。可以把曲面看作是极薄的“薄壁特征”，曲面只有形状，没有厚度。当把多个曲面结合在一起，使得曲面的边界重合并且没有缝隙后，可以把结合的曲面进行“填充”，将曲面转化成实体。

曲面建模技术在某种程度上和实体建模的命令相似，也可以建立拉伸曲面、旋转曲面、扫描曲面和放样曲面等，只不过这些特征形成的结果是曲面，而不是实体。但曲面建模也有自己特有的命令，如曲面的剪裁和缝合、曲面填充等命令。

7.1 曲面生成

SolidWorks 提供了绘制曲面的菜单命令和工具栏。

选择“插入” | “曲面”命令可以选择绘制曲面的相应命令，如图 7-1 所示，或者右击“特征”工具栏，在弹出的快捷菜单中选择“曲面”命令调用“曲面”工具栏，还可以选择“工具” | “自定义”命令调用“曲面”工具栏，如图 7-2 所示。

7.1.1 拉伸曲面

拉伸曲面的造型方法和特征造型中的对应方法相似，不同点在于曲面拉伸操作的草图对象可以封闭也可以不封闭，生成的是曲面而不是实体。

拉伸曲面有几种开始条件，将在下面分别介绍，可以根据需要进行选择。

单击“曲面”工具栏中的“拉伸曲面”按钮，或选择“插入” | “曲面” | “拉伸曲面”命令，然后选择任意基准平面进行草绘，完成后退出草绘，软件自动打开如图 7-3 所示的“曲面-拉伸”属性管理器。拉伸曲面对应不同的开始条件，图 7-4 所示为属性管理器中“从”

选项组对应的开始条件下拉菜单。

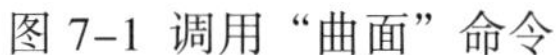
图 7-1 调用“曲面”命令

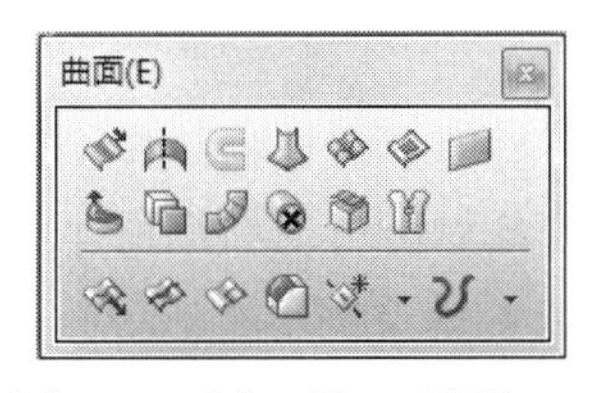

图 7-2 “曲面”工具栏

图 7-3 “曲面-拉伸”属性管理器

不同的开始条件对应不同的选项组，图 7-5 所示为在“从”下拉列表框中选择“曲面/面/基准面”选项；图 7-6 所示为在“从”下列列表框中选择“顶点”选项；图 7-7 所示为在“从”下列列表框中选择“等距”选项。

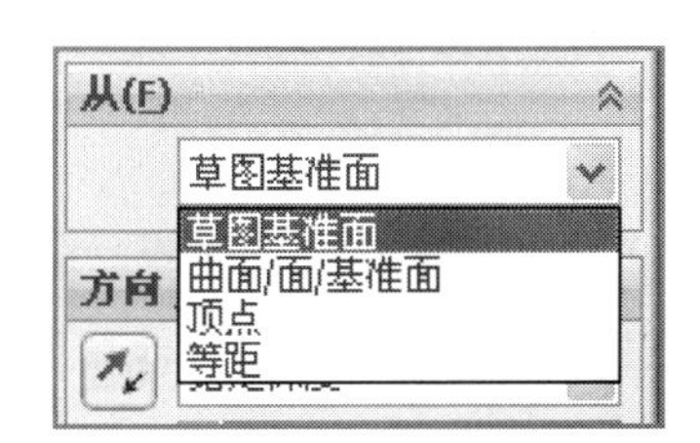

图 7-4 “从”选项组的下拉列表框

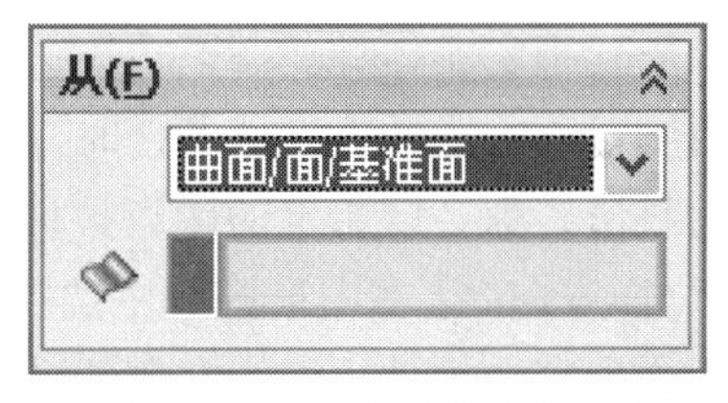

图 7-5 “曲面/面/基准面”选项

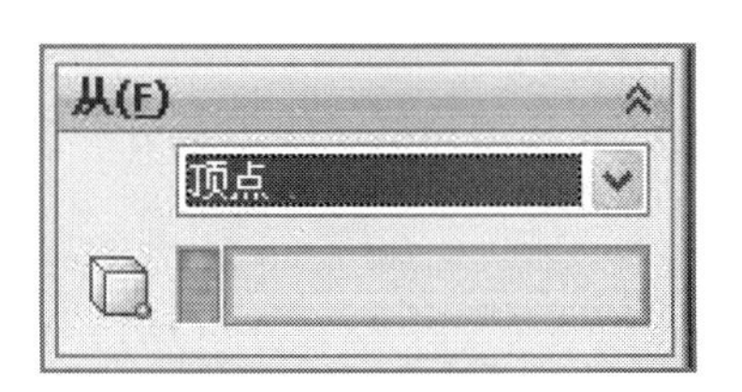

图 7-6 “顶点”选项

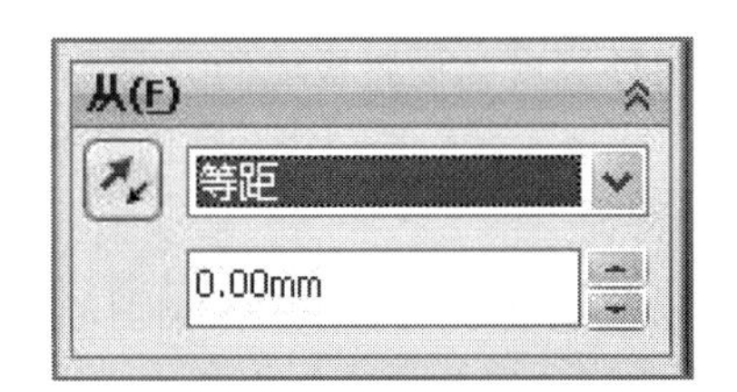

图 7-7 “等距”选项

其选项说明如下：

（1）“从”选项组：用来指定拉伸曲面开始的条件，有 4 种开始条件。

- 草图基准面：从草图所在的基准面开始拉伸。
- 曲面/面/基准面：选择一个面作为拉伸曲面的开始条件，当选定一个面后，选择的面的名称会出现在右侧的列表框中。
- 顶点：选择一个顶点作为拉伸曲面的开始条件，当选定一个指定的顶点后，选择的顶点名称会出现在右侧的列表框中。

- 等距：从与当前草图基准面等距的基准面上开始拉伸曲面，用于在微调框中输入等距值。

（2）"方向 1"和"方向 2"选项组：在两个方向上设置拉伸曲面的参数。

① 终止条件：决定拉伸曲面的方式，在下拉列表框中选择终止条件的类型。可以根据需要调整曲面拉伸的方向，单击"终止条件"选项左侧的反向按钮，可以改变曲面的拉伸方向。曲面拉伸有 6 种类型的终止条件。

- 给定深度：选择该终止条件时，在选项组中会出现深度按钮，在"深度"微调框中输入数值，就是曲面的拉伸深度。
- 成形到一顶点：选择该终止条件时，在选项组中会出现顶点按钮，在图形区域中选择一个顶点，则所选择的顶点名称会出现在顶点右侧的列表框中。曲面会从草图基准面拉伸特征到模型的一个顶点所在的平面，这个平面平行于草图基准面且穿越指定的顶点。
- 成形到一面：选择该终止条件时，在选项组中会出现面/平面按钮，在图形区域中选择一个面，则所选择的面的名称会出现在面/平面右侧的列表框中。曲面会从草图基准面拉伸特征到指定的面或者基准面。
- 到离指定面指定的距离：选择该终止条件时，在选项组中会出现面/平面按钮和深度按钮。在面/平面右侧列表框中指定选择的面，在深度微调框中输入指定的数值，则会从草图基准面拉伸特征到离指定面的指定距离处生成拉伸曲面。
- 成形到实体：选择该终止条件时，在选项组中会出现实体/曲面实体按钮，在实体/曲面实体右侧列表框中指定选择的曲面或者曲面实体，则曲面会从草图基准面拉伸特征到指定实体处。
- 两侧对称：选择该终止条件时，在选项组中会出现深度按钮，在深度微调框中输入数值，则会以指定的距离拉伸曲面，并且拉伸的曲面关于草图基准面对称。

② 拉伸方向：在图形区域中选择方向向量以垂直于草图轮廓的方向拉伸草图，确定的方向向量会出现在拉伸方向右侧的列表框中。

③ 拔模开/关：用来设置拔模的角度，主要考虑制造工艺，方便加工。

④ 向外拔模：设置拔模的方向，用于向外拔模。

（3）"所选轮廓"选项组：在图形区域中选择草图轮廓和模型边线，使用部分草图来生成曲面拉伸特征。

1．从草图基准面拉伸曲面类型的操作方法

（1）选择前视基准面作为草绘平面绘制如图 7-8 所示的样条曲线。

（2）单击"曲面"工具栏中的"拉伸曲面"按钮，出现"曲面-拉伸"属性管理器。

（3）在"从"选项组的下拉列表框中选择"草图基准面"选项。

（4）在"方向 1"选项组的"终止条件"下拉列表框中选择"给定深度"选项，在"深度"微调框中输入 30 mm，其他设置如图 7-9 所示。

（5）单击属性管理器中的"确定"按钮或绘图区域右上角的"确定"按钮，生成从草图基准面开始类型的拉伸曲面，结果如图 7-10 所示。

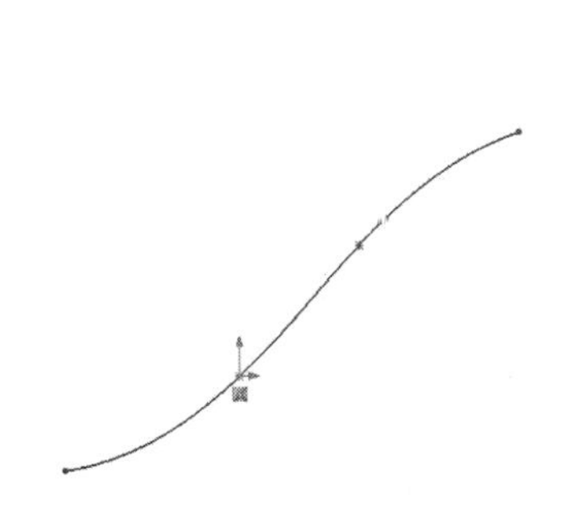

图 7-8　拉伸的草图

图 7-9　“曲面–拉伸”属性管理器

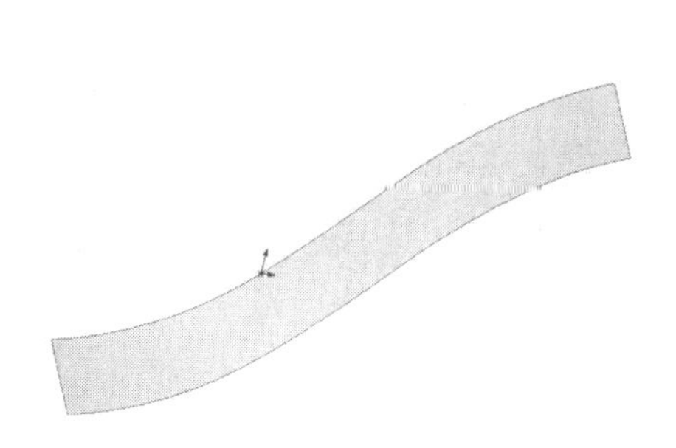

图 7-10　拉伸的曲面

2．从曲面/面/基准面拉伸曲面类型的操作方法

（1）选择右视基准平面作为参照创建基准平面 1，然后在基准平面 1 绘制如图 7-11 所示的草图。

（2）单击“曲面”工具栏中的“拉伸曲面”按钮，出现如图 7-12 所示的“拉伸”提示框。

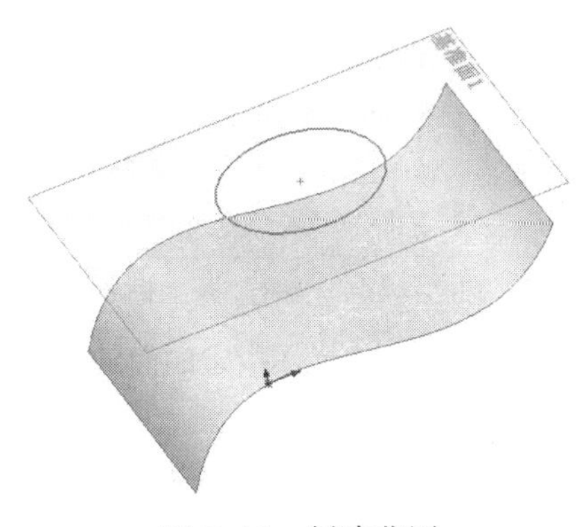

图 7-11　创建草图

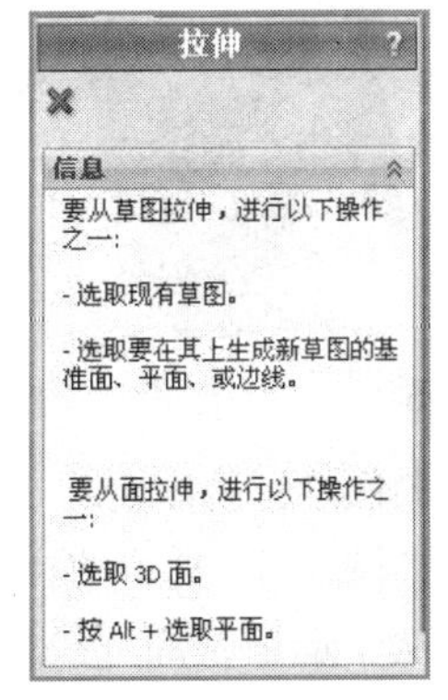

图 7-12　“拉伸”提示框

（3）单击如图 7-11 所示的基准平面 1 的草图，出现“曲面–拉伸”属性管理器。

（4）在“从”选项组的下拉列表框中选择“曲面/面/基准面”选项，单击面/平面右侧的列表框，在图 7-11 中选择曲面。

（5）在“方向 1”选项组的“终止条件”下拉列表框中选择“给定深度”选项，在“深度”微调框中输入 30 mm，其他设置如图 7-13 所示，预览如图 7-14 所示。

（6）单击属性管理器中的“确定”按钮或绘图区域右上角的“确定”按钮，生成从曲面/面/基准面开始类型的拉伸曲面，结果如图 7-15 所示。

注意　从曲面/面/基准面开始类型的拉伸曲面，其拉伸的曲面外形和指定的面的外形相同。

3．从顶点拉伸曲面类型的操作方法

（1）创建如图 7-16 所示的正六棱柱和样条曲线 3。

（2）单击“曲面”工具栏上的“拉伸曲面”按钮，此时出现如图 7-17 所示的“拉伸”提示框。

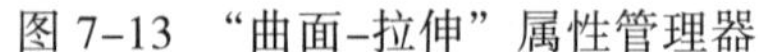
图 7-13 “曲面-拉伸”属性管理器

图 7-14 “曲面-拉伸”预览

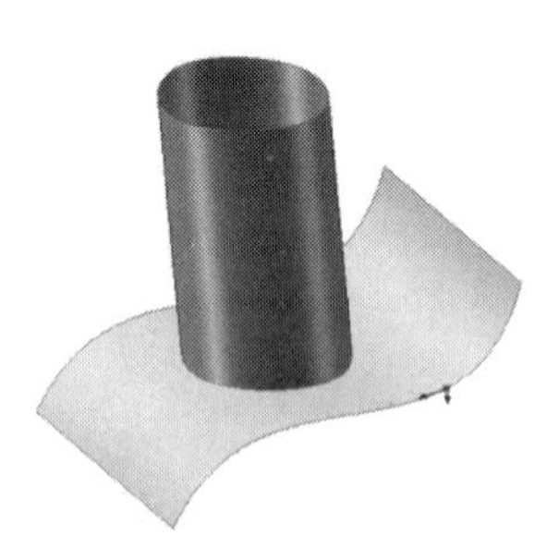
图 7-15 拉伸的曲面

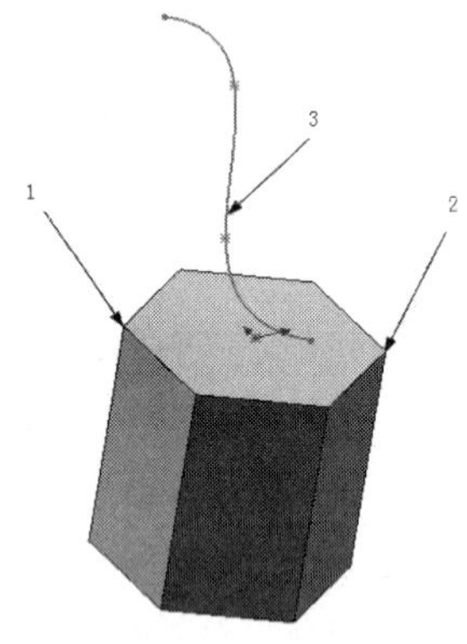

图 7-16 正六棱柱和样条曲线 3

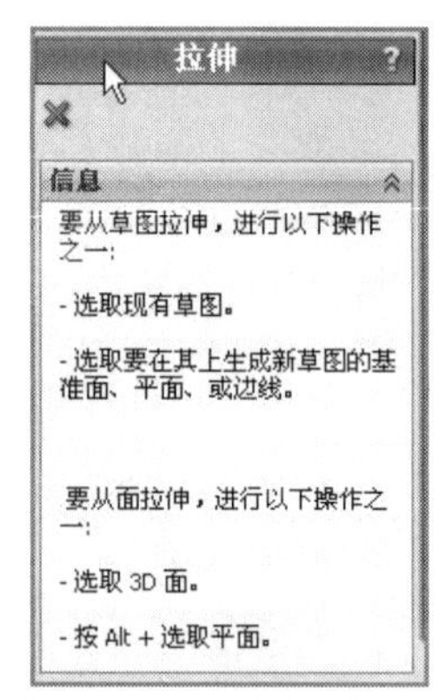

图 7-17 “拉伸”提示框

说明 从曲面/面/基准面开始类型的拉伸曲面，其拉伸的曲面外形和指定的面的外形相同。

（3）单击如图 7-16 所示的样条曲线 3，出现“曲面-拉伸”属性管理器。

（4）在“从”选项组的下拉列表框中选择“顶点”选项，单击顶点右侧的列表框，在图 7-16 中选择顶点 1。

（5）在“方向 1”选项组的“终止条件”下拉列表框中选择“成形到一顶点”选项，单击顶点右侧的列表框，在图 7-16 中选择顶点 2，其他设置如图 7-18 所示，预览效果如图 7-19 所示。

（6）单击属性管理器中的“确定”按钮或绘图区域右上角的“确定”按钮，生成从顶点开始类型的拉伸曲面，结果如图 7-20 所示。

图 7-18 “曲面-拉伸”属性管理器

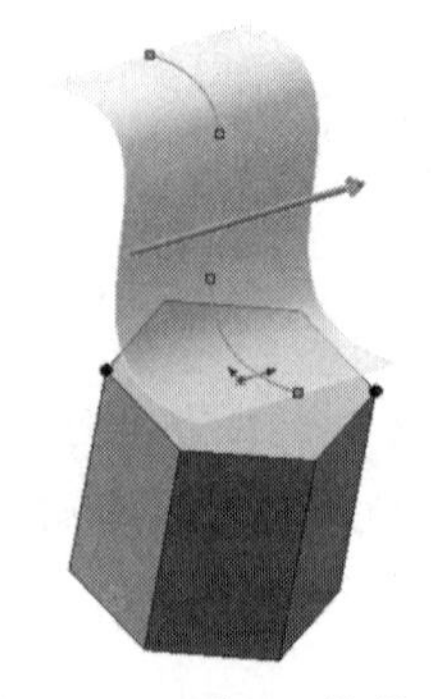
图 7-19 “曲面-拉伸”预览

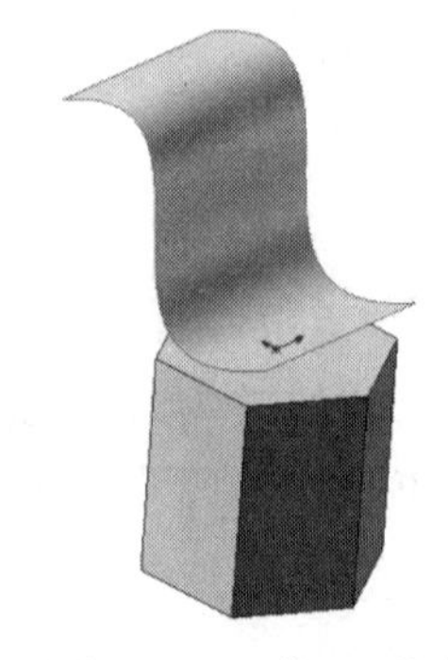
图 7-20 “曲面-拉伸”结果

说明 在上例的拉伸曲面中，顶点 1 和顶点 2 的距离决定了拉伸曲面的距离，拉伸方向并不是从顶点 1 到顶点 2，需要另行设置。

4．从等距拉伸曲面类型的操作方法

（1）选择前视基准平面作为草绘平面，绘制如图 7–21 所示的草图。

（2）单击“曲面”工具栏中的“拉伸曲面”按钮，出现如图 7–22 所示的“拉伸”提示框。

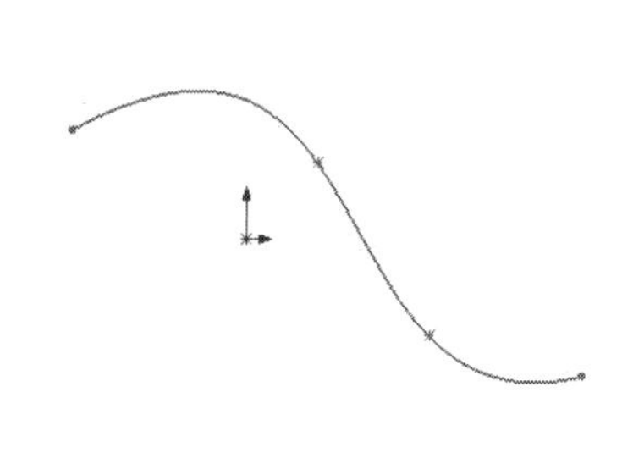

图 7–21 “拉伸”草图

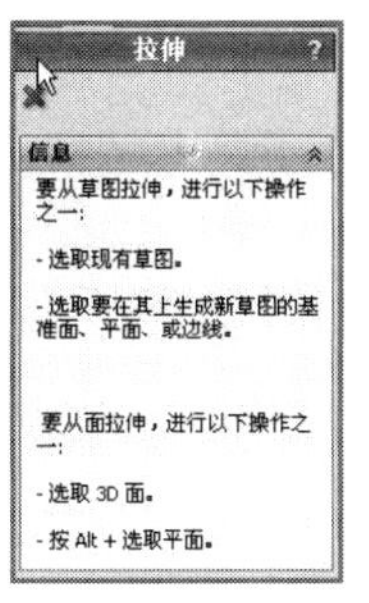

图 7–22 “拉伸”提示框

（3）单击如图 7–21 所示的草图，出现“曲面–拉伸”属性管理器。

（4）在“从”选项组的下拉列表框中选择“等距”选项，在“等距”微调框中输入 30 mm。

（5）在“方向 1”选项组的“终止条件”下拉列表框中选择“给定深度”选项，在“深度”微调框中输入 40 mm，其他设置如图 7–23 所示，预览效果如图 7–24 所示。

（6）单击属性管理器中的“确定”按钮或绘图区域右上角的“确定”按钮，生成从等距开始类型的拉伸曲面，结果如图 7–25 所示。

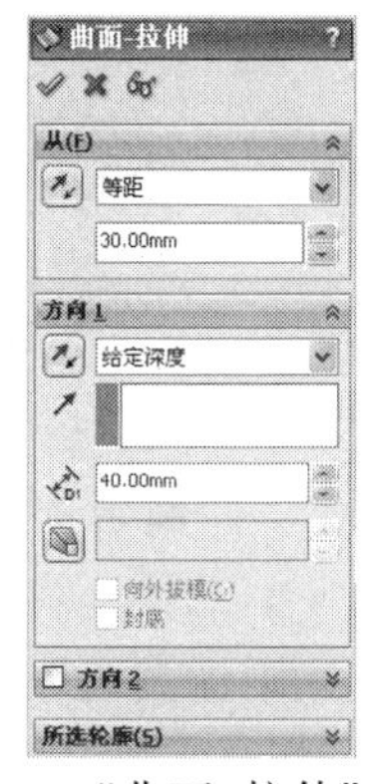

图 7–23 “曲面–拉伸”属性管理器

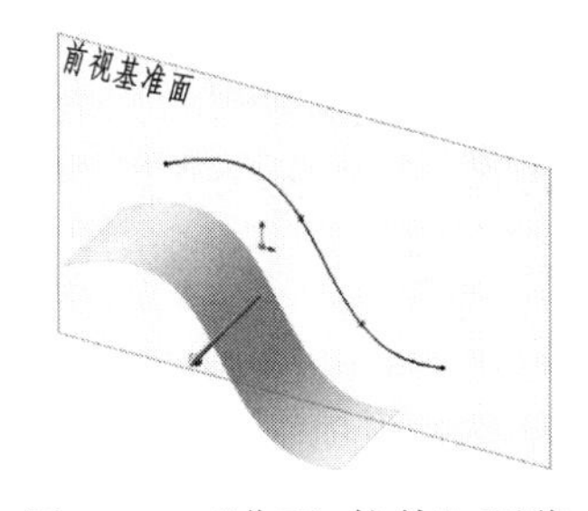

图 7–24 “曲面–拉伸”预览

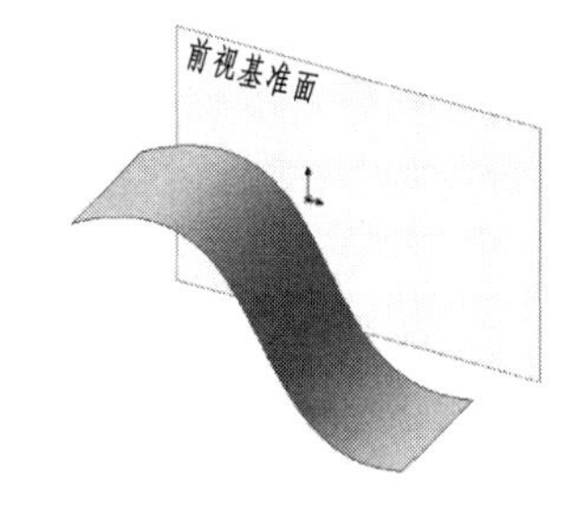

图 7–25 “曲面–拉伸”结果

说明 在上面 4 种拉伸曲面的类型中，都可以设置两个方向的拉伸曲面，也可以生成拔模类型的曲面。

7.1.2 旋转曲面

可以从交叉或非交叉的草图选择不同的草图用所选轮廓指针生成旋转面，生成的曲面称为旋转曲面。生成旋转曲面有 3 个基本要素，分别是旋转轴、旋转类型和旋转角度。

单击“曲面”工具栏中的“旋转曲面”按钮，或选择“插入” | “旋转曲面”命令，

然后选择任意基准平面绘制如图 7-26 所示的草图，完成后退出草绘，软件自动打开如图 7-27 所示的“曲面-旋转”属性管理器。

旋转曲面有 5 种旋转类型，可以从“旋转类型”下拉列表框中进行选择，如图 7-28 所示。

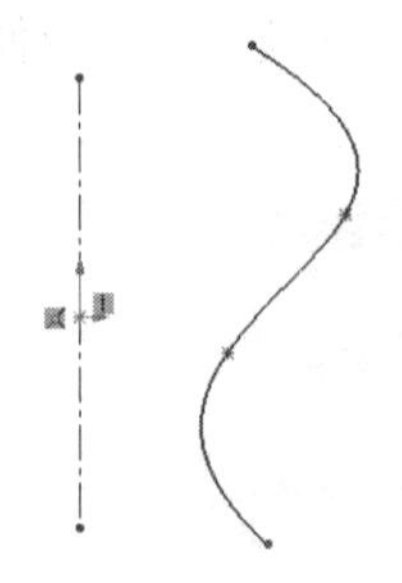

图 7-26 “旋转”草图

图 7-27 “曲面-旋转”属性管理器

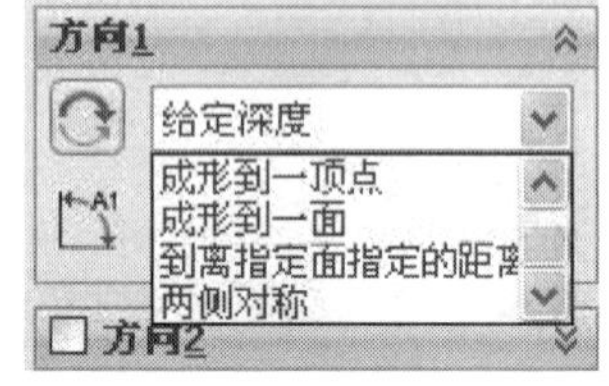

图 7-28 “旋转类型”下拉列表框

其选项说明如下：

（1）“旋转参数”选项组：用来设置生成旋转曲面的各个参数。

- 旋转轴：用来指定曲面旋转所绕的轴，所选择的轴既可以是中心线、直线，也可以是一条边线。
- 反向：用来改变旋转曲面的方向。
- 角度：用来定义旋转曲面所包罗的角度，系统默认的角度为 360°，角度以顺时针方向从所选草图基准面开始。

（2）“旋转类型”下拉列表框用来设置生成旋转曲面的类型。其各选项说明如下：

- 给定深度：选择该终止条件时，在选项组中会出现角度按钮，在“角度”微调框中输入数值，就是曲面的旋转角度。
- 成形到一顶点：选择该终止条件时，在选项组中会出现顶点按钮，在图形区域中选择一个顶点，则所选择的顶点名称会出现在顶点右侧的列表框中。曲面会从草图基准面旋转特征到模型的一个顶点所在的平面。
- 成形到一面：选择该终止条件时，在选项组中会出现面/平面按钮，在图形区域中选择一个面，则所选择的面的名称会出现在面/平面右侧的列表框中。曲面会从草图基准面旋转特征到指定的面或者基准面。
- 到离指定面指定的距离：选择该终止条件时，在选项组中会出现面/平面按钮和深度按钮。在面/平面右侧列表框中指定选择的面，在深度微调框中输入指定的数值，则会从草图基准面旋转特征到离指定面的指定距离处生成旋转曲面。
- 两侧对称：选择该终止条件时，在选项组中会出现角度按钮，在角度微调框中输入数值，则会以指定的角度旋转曲面，并且旋转的曲面关于草图基准面对称。

旋转曲面的操作方法如下：

（1）单击“曲面”工具栏中的旋转曲面按钮，或选择“插入”→“旋转曲面”命令，然后选择任意基准平面绘制草图，完成后退出草绘，软件自动打开如图 7-27 所示的“曲面-旋转”属性管理器。

（2）此时属性管理器中的旋转轴列表框中会自动选择如图 7-26 所示的旋转轴，即中心线，其他设置如图 7-27 所示。

（3）单击属性管理器中的“确定”按钮✔或绘图区域右上角的“确定”按钮✔，生成旋转曲面，结果如图 7–29 所示。

说明 生成旋转曲面的草图可以是交叉或非交叉的草图，绘制的样条曲线可以和中心线相交，但是不能穿越。

图 7–29 “曲面–旋转”结果

7.1.3 扫描曲面

通过轮廓和路径方式生成的曲面被称为扫描曲面，扫描曲面和扫描特征类似，也可以通过引导线生成扫描曲面。

单击“曲面”工具栏中的“扫描曲面”按钮，或选择“插入”|“曲面”|“扫描曲面”命令，弹出如图 7–30 所示的“曲面–扫描”属性管理器。

其各选项说明如下：

（1）“轮廓和路径”选项组：用来设置生成扫描曲面的轮廓和路径。

- 轮廓：用来设置扫描曲面的草图轮廓，在图形区域中或者特征管理器设计树中选取草图轮廓，选择的轮廓会出现在右侧的列表框中。扫描曲面的轮廓可以是开环也可以是闭环。
- 路径：用来设置扫描曲面的路径，在图形区域中或者特征管理器设计树中选取路径，选择的路径会出现在右侧的列表框中。

（2）“选项”选项组：用来设置生成扫描曲面的效果。

- 方向/扭转控制：用来控制轮廓沿路径扫描的方向，有 6 个选项，分别为：随路径变化、保持法向不变、随路径和第一引导线变化、随第一和第二引导线变化、沿路径扭转以及以法向不变沿路径扭曲。随路径变化表示截面相对于路径任时刻处于同一角度；保持法向不变表示截面时刻与开始截面平行；沿路径扭转表示沿路径扭转截面；法向不变沿路径扭曲表示通过将截面在沿路径扭曲时保持与开始截面平行而沿路径扭曲截面。
- 路径对齐类型：当路径上出现少许波动和不均匀波动，使轮廓不能对齐时，可以将轮廓稳定下来。有 4 个选项，分别为：无、最小扭转、方向向量及所有面。无表示垂直于轮廓而对齐轮廓，而不进行纠正；最小扭转表示阻止轮廓在随路径变化时自我相交，只对于 3D 路径而言；方向向量表示以方向向量所选择的方向对齐轮廓；所有面表示当路径包括相邻面时，使扫描轮廓在几何关系可能的情况下与相邻面相切。
- 合并切面：在扫描曲面时，如果扫描轮廓具有相切线段，可使所产生的扫描中的相应曲面相切。保持相切的面可以是基准面、圆柱面或锥面。在合并切面时，其他相邻面被合并，轮廓被近似处理，草图圆弧可以转换为样条曲线。
- 显示预览：以上色方式显示扫描结果的预览，如果取消选中该复选框，则只会显示扫描曲面的轮廓和路径。

（3）“引导线”选项组：用来设置生成扫描曲面的引导线。

- 引导线：扫描曲面时，使轮廓沿路径扫描时加以引导，引导线需要在图形区域选择。
- 上移：调整引导线的顺序，使指定的引导线上移。
- 下移：调整引导线的顺序，使指定的引导线下移。
- 合并平滑的面：以改进带引导线扫描的性能，并在引导线或路径不是曲率连续的所有点处进行分割扫描。

- 显示截面：显示扫描的截面，单击右侧的上下箭头按钮可以进行滚动预览。

（4）“起始处/结束处相切”选项组：用来设置生成扫描曲面的起始处和结束处的参数。

- 起始处相切类型：有“无”和“路径相切”2 个选项，“无”表示不应用相切；“路径相切”表示路径垂直于开始点而生成扫描。
- 结束处相切类型：有 4 个选项，分别是无、路径切线、方向向量及所有面。无表示不应用相切；路径切线表示路径垂直于结束点而生成扫描；方向向量表示生成与所选线性边线或轴线相切的扫描，或与所选基准面的法线相切的扫描；所有面表示生成在起始处和终止处与现有几何体的相邻面相切的扫描，此选项只有在扫描附加于现有几何时才可以使用。

扫描曲面的操作方法如下:

（1）绘制如图 7-31 所示的草图。

图 7-30 “曲面-扫描”属性管理器

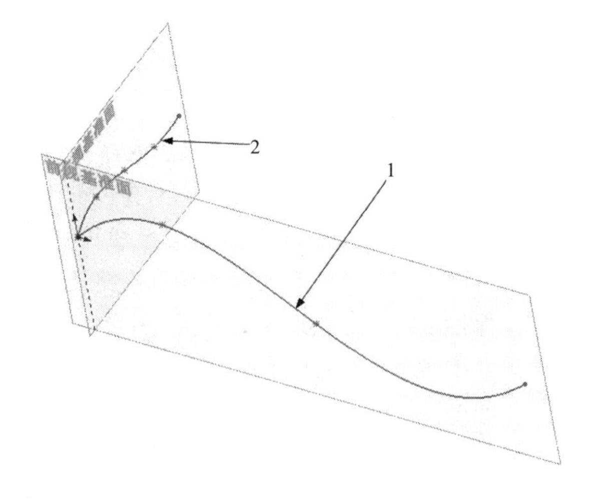

图 7-31 “曲面-扫描”草图

（2）单击“曲面”工具栏中的“扫描曲面”按钮，或选择“插入”|“曲面”|“扫描曲面”命令，出现“曲面-扫描”属性管理器。

（3）单击属性管理器中的轮廓右侧的列表框，选择如图 7-31 所示的草图 1；单击属性管理器的路径右侧的列表框，选择图 7-31 所示的草图 2。其他设置如图 7-32 所示。

（4）单击属性管理器中的“确定”按钮或绘图区域右上角的“确定”按钮，生成扫描曲面，结果如图 7-33 所示。

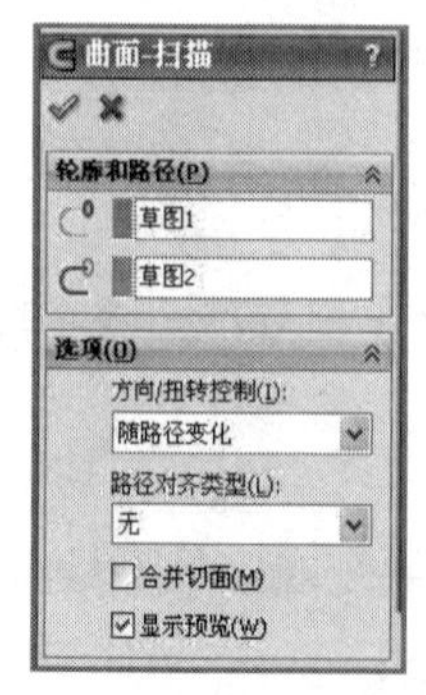

图 7-32 “曲面-扫描”属性管理器

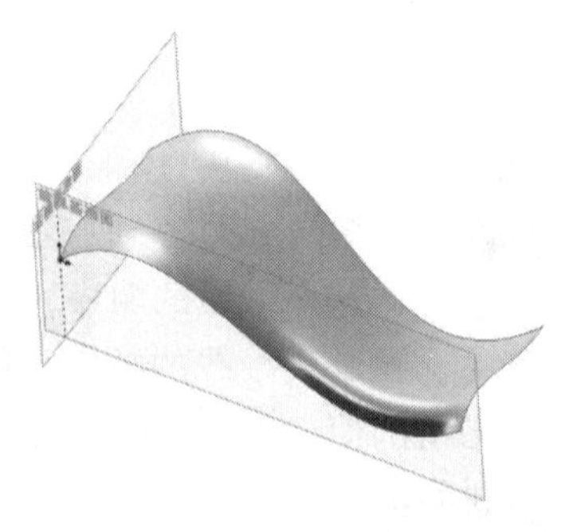

图 7-33 生成的扫描曲面

说明 在扫描曲面时，如果使用引导线，则引导线与轮廓之间必须建立重合或穿透几何关系，否则会提示错误。

7.1.4 放样曲面

通过曲线之间的平滑过渡方式生成的曲面成为放样曲面。放样的曲面由放样的轮廓曲线组成，也可以根据需要使用引导线。应用放样生成曲面之前必须创建两个或两个以上的轮廓曲线。

单击“曲面”工具栏中的“放样曲面”按钮，或选择“插入”|“曲面”|“放样曲面”命令，出现如图 7-34 所示的“曲面-放样”属性管理器。

其各选项说明如下：

（1）“轮廓”选项组：用来设置生成放样曲面的轮廓。

- 轮廓：用来指定放样曲面的草图轮廓，可以在图形区域中或者特征管理器设计树中选取草图轮廓，选择的轮廓会出现在右侧的列表框中。
- 上移：调整轮廓草图的顺序，选择右侧列表框中的某一轮廓草图，使指定的轮廓草图上移。
- 下移：调整轮廓草图的顺序，选择右侧列表框中的某一轮廓草图，使指定的轮廓草图下移。

（2）“起始/结束约束”选项组：用来应用约束以控制开始和结束轮廓的相切。开始约束和结束约束有相同的选项，各项的意义如下：

- 无：不应用相切约束，即曲率为零。
- 方向向量：根据方向向量的所选实体而应用相切约束。
- 垂直于轮廓：应用垂直于开始或结束轮廓的相切约束。

（3）“引导线”选项组：用来设置生成控制放样曲面。

- 引导线：选择引导线来控制放样曲面。
- 上移：调整引导线的顺序，选择右侧列表框中的某一引导线，使指定的引导线上移。
- 下移：调整引导线的顺序，选择右侧列表框中的某一引导线，使指定的引导线下移。
- 引导相切类型：控制放样与引导线相遇处的相切。有 3 个选项，分别是“无”“垂直于轮廓”和“方向向量”。“无”表示不应用相切约束；“垂直于轮廓”表示垂直于引导线的基准面应用相切约束；“方向向量”表示为方向向量的所选实体而应用约束。

（4）“中心线参数”选项组：用来设置中心线的各个参数。

- 中心线：使用中心线引导放样形状，中心线可以和引导线是同一条线。
- 截面数：在轮廓之间并绕中心线添加截面，截面数可以通过移动滑杆来调整。
- 显示截面：显示放样截面，单击箭头来显示截面。

（5）“草图工具”选项组：用于在同一草图内，特别是 3D 草图内的轮廓中定义放样截面和引导线时用。

（6）“选项”选项组：用来设置生成放样曲面的效果。

- 合并切面：在生成放样曲面时，如果对应的线段相切，则在所生成的放样中的曲面保持相切。
- 闭合放样：沿放样方向生成一闭合实体，此选项会自动连接最后一个和第一个草图。
- 显示预览：显示放样的上色预览，如果取消选中该复选框则只观看路径和引导线。

放样曲面的操作方法如下：

（1）以前视基准面为草绘平面绘制一条样条曲线，然后退出草绘。

（2）单击“参考几何体”工具栏中的“基准面”按钮，出现如图 7-35 所示的“基准面”属性管理器，按照图示进行设置，在前视基准面左侧添加一个基准面 1。

（3）以基准平面 1 为草绘平面绘制一条样条曲面，然后退出草绘。

（4）单击“参考几何体”工具栏中的“基准面”按钮，以基准平面 1 为参照，创建基准面 2。

（5）以基准平面 2 为草绘平面绘制一条样条曲面，然后退出草绘，结果如图 7-36 所示。

图 7-34 “曲面-放样”属性管理器

图 7-35 “基准面”属性管理器

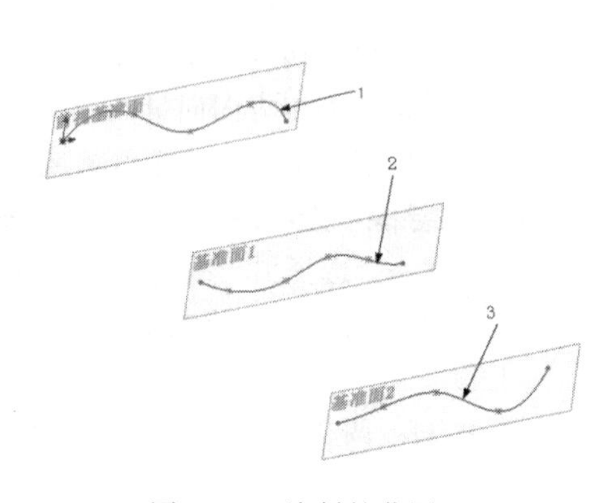

图 7-36 绘制的草图

（6）单击“曲面”工具栏中的“放样曲面”按钮，或选择“插入”|“曲面”|“放样曲面”命令，出现“曲面-放样”属性管理器。

（7）单击属性管理器中轮廓右侧的列表框，然后依次选择图 7-36 中的草图 1、草图 2 和草图 3。其他设置如图 7-37 所示。

（8）单击属性管理器中的“确定”按钮或绘图区域右上角的“确定”按钮，生成放样曲面，结果如图 7-38 所示。

7.1.5 等距曲面

将已经存在的曲面以指定的距离生成另一个曲面称为等距曲面，该曲面既可以是模型的轮廓面，也可以是绘制的曲面。

单击“曲面”工具栏中的“等距曲面”按钮，或选择“插入”｜“曲面”｜“等距曲面”命令，出现如图 7-39 所示的“等距曲面”属性管理器。

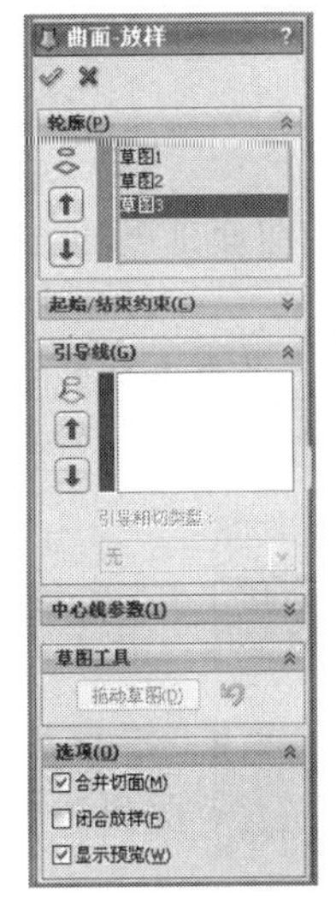

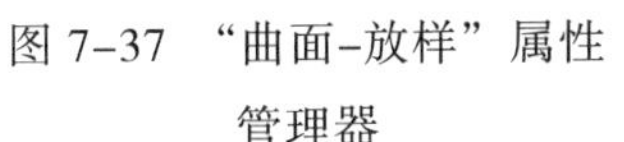
图 7-37 “曲面-放样”属性管理器

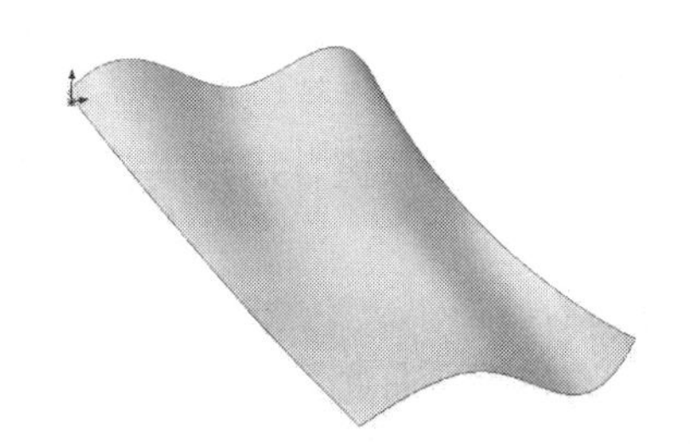

图 7-38　生成的放样曲面

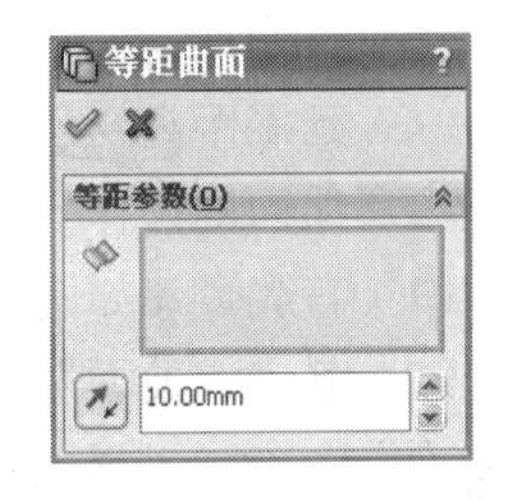

图 7-39 “等距曲面”属性管理器

说明　在生成放样曲面时，轮廓草图的基准面不一定要平行。可以使用引导线来控制放样曲面的形状。

其各选项说明如下：

（1）要等距的曲面和面：在图形区域中选择要等距的曲面或者面。

（2）等距距离：在“等距距离”微调框中输入等距距离值。

（3）反转等距方向：用来改变等距的方向。

等距曲面的操作方法如下:

（1）绘制如图 7-40 所示的曲面。

（2）单击“曲面”工具栏中的“等距曲面”按钮，或选择“插入”｜“曲面”｜“等距曲面”命令，出现“等距曲面”属性管理器。

（3）单击属性管理器中的要等距的曲面和面按钮右侧的列表框，然后选择如图 7-40 所示的曲面，在“等距距离”微调框中输入 30 mm。其他设置如图 7-41 所示。

（4）单击属性管理器中的“确定”按钮或绘图区域右上角的“确定”按钮，生成等距曲面，结果如图 7-42 所示。

图 7-40　曲面

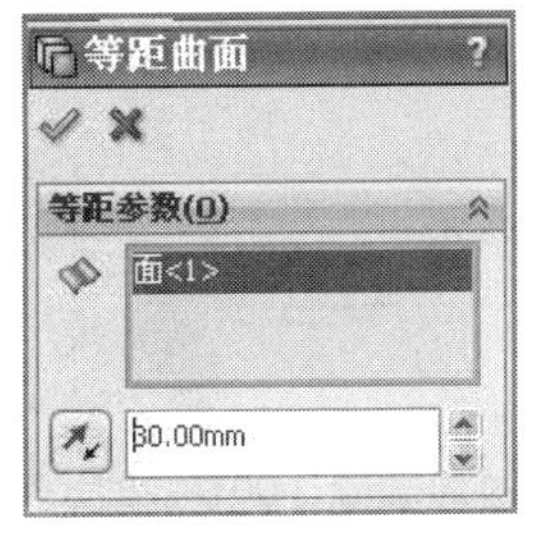

图 7-41 “等距曲面”属性管理器

图 7-42　生成等距曲面后的图形

7.1.6 延展曲面

通过沿所选平面方向延展实体或者曲面的边线来生成的曲面称为延展曲面。

单击“曲面”工具栏中的“延展曲面”按钮，或选择“插入”|“曲面”|“延展曲面”命令，出现如图 7-43 所示的“延展曲面”属性管理器。

其各选项说明如下：

“延展参数”选项组：在图形区域中选择一个面或基准面，以及想使曲面延展的方向。

（1）反转延展方向按钮：改变曲面延展的方向。

（2）要延展的边线：在图形区域中选择一条边线或一组连续边线，选择的边线会出现在右侧的列表框中。

（3）沿切面延伸：使曲面模型中相切面继续延展。

（4）延展距离：在其微调框中输入数值，用来决定延展的曲面的宽度。

延展曲面的操作方法如下：

（1）首先创建如图 7-44 所示的特征。

（2）单击“曲面”工具栏中的“延展曲面”按钮，或选择“插入”|“曲面”|“延展曲面”命令，出现“延展曲面”属性管理器。

图 7-43 “延展曲面”属性管理器

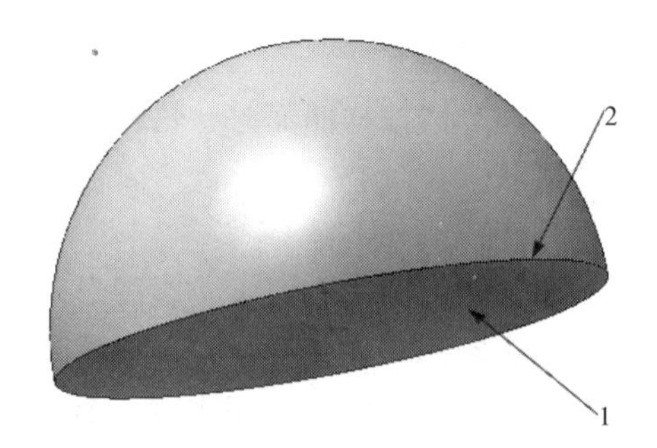

图 7-44 实体延展特征

（3）单击属性管理器中反转延展方向右侧的列表框，然后选择图 7-45 中的曲面 1；单击要延展的边线右侧的列表框，然后选择图 7-44 所示中的曲面 2；在“延展距离”微调框中输入 20 mm。其他设置如图 7-45 所示。

（4）单击属性管理器中的“确定”按钮或绘图区域右上角的“确定”按钮，生成等距曲面，结果如图 7-46 所示。

图 7-45 “延展曲面”属性管理器

图 7-46 “延展曲面”结果

7.1.7　边界曲面

边界曲面可用于生成在两个方向上相切或曲率连续的曲面。边界曲面是填充曲面的一个特例，要求闭合边界必须是一个四边形（因为需要 2 个方向），形成的曲面质量比填充曲面和放样曲面都要高。

单击“曲面”工具栏中的“边界曲面”按钮，或选择“插入”｜“曲面”｜“边界曲面”命令，出现如图 7-47 所示的“边界-曲面”属性管理器。

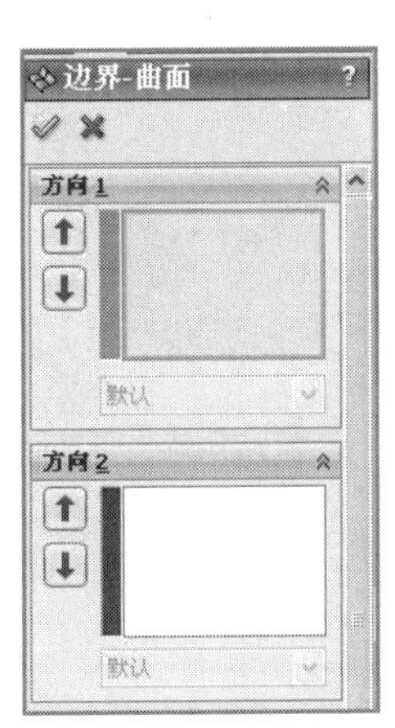

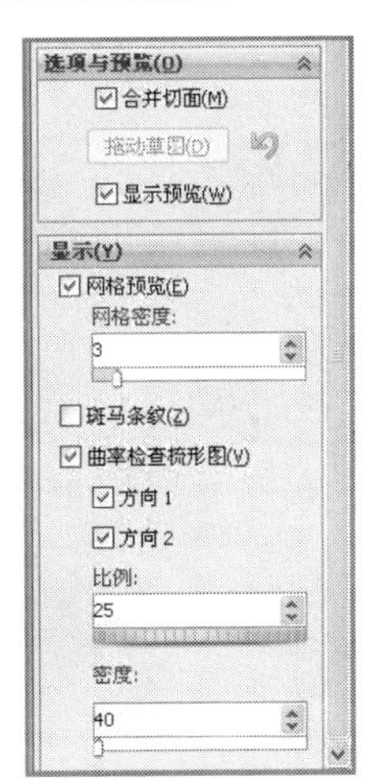

图 7-47　“边界-曲面”属性管理器

其各选项说明如下：

（1）“方向 1”和“方向 2”选项组：

① 边界曲线：在绘图区域选择方向上生成边界曲面的曲线。边界曲面根据曲线选择的顺序而生成。单击“上移”按钮和“下移”按钮来调整曲线的顺序。

②“相切类型”：包括无、方向向量、垂直于轮廓、与面相切和与面的曲率。

- 无：不应用相切约束，此时曲率为零。
- 方向向量：根据方向向量的所选实体而应用相切约束。
- 垂直于轮廓：垂直曲线应用相切约束。
- 与面相切：使相邻面在所选曲线上相切。
- 与面的曲率：在所选曲线处应用平滑、具有美感的曲率连续曲面。

（2）“选项与预览”选项组：

- “合并切面”：如果对应的线段相切，则会使所生成的边界特征中的曲面保持相切。
- “拖动草图”：单击此按钮，撤销先前的草图拖动并将预览返回到其先前状态。

（3）“显示”选项组：

- “网格预览”：选中此复选框，显示网格，并在网格密度中调整网格行数。
- “曲率检查梳形图”：沿方向 1 或方向 2 的曲率检查梳形图显示。在比列选项中调整曲率检查梳形图的大小。在密度选项中调整曲率检查梳形图的显示行数。

其操作步骤如下：

（1）创建如图 7-48 所示的图形。

（2）单击“曲面”工具栏中的“边界曲面”按钮，或者选择“插入”｜“曲面”｜“边界曲面”命令，出现“边界-曲面”属性管理器。

（3）单击“方向 1”选项组下方的列表框，在视图区域选中边线 1 和边线 3；单击“方向 2”选项组下方的列表框，在视图区域选中边线 2 和边线 4，其他按默认设置，其属性管理器如图 7-49 所示，其预览结果如图 7-50 所示。

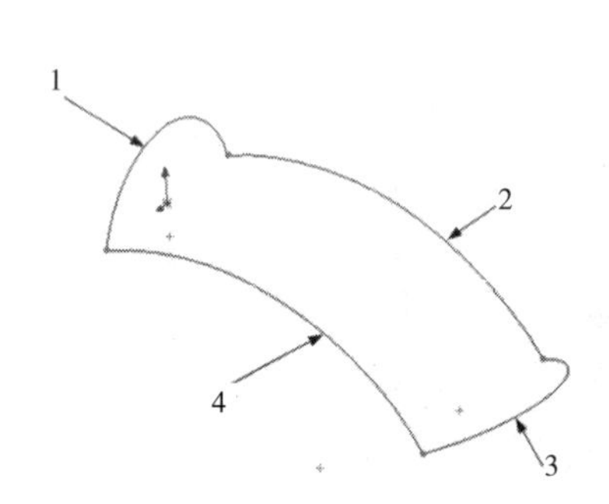

图 7-48　要产生边界曲面的图形

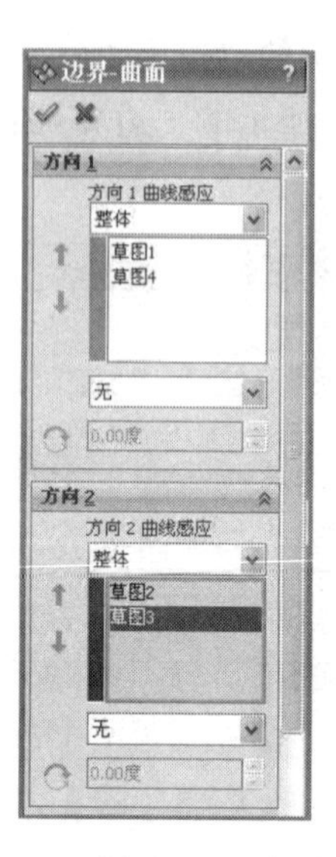

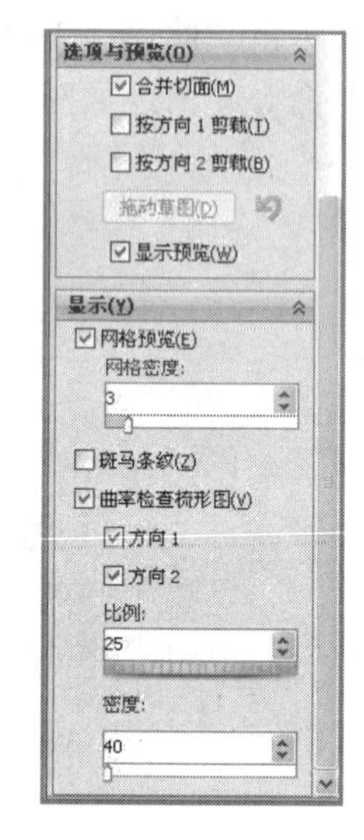

图 7-49“边界-曲面”属性管理器

（4）单击属性管理器中的“确定”按钮 或绘图区域右上角的“确定”按钮 ，完成边界曲面的创建，结果如图 7-51 所示。

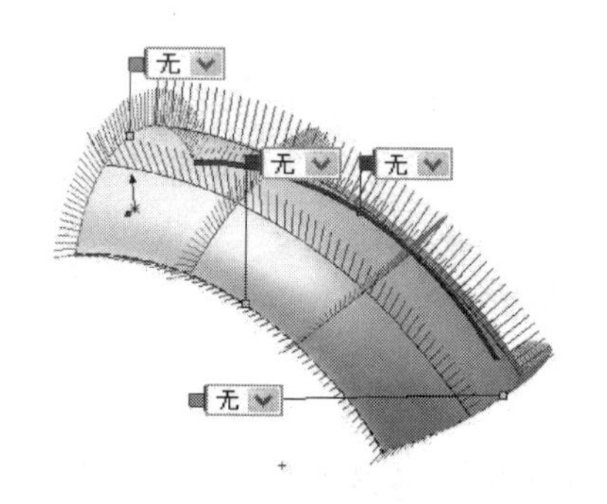

图 7-50 “边界-曲面”预览

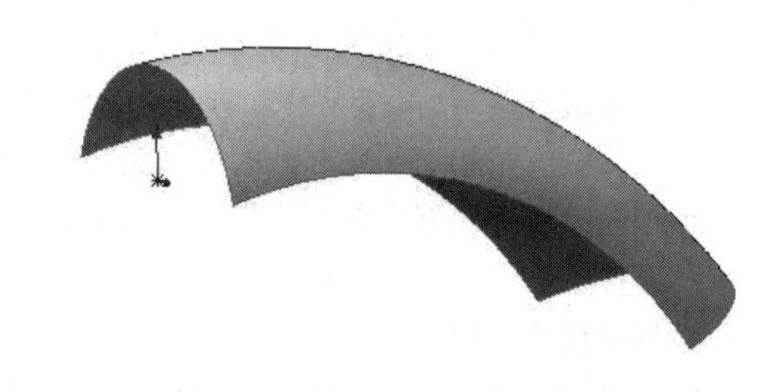

图 7-51 “边界-曲面”结果

7.2　曲 面 编 辑

在 SolidWorks 中，既可以生成曲面，也可以对生成的曲面进行编辑。编辑曲面的命令位于“曲面”工具栏中，其调用方式和生成曲面相同，可以通过菜单方式进行调用，也可以通过工具栏方式调用。SolidWorks 提供了圆角曲面、填充曲面、中面、延伸曲面、裁剪曲面、缝合曲面、平面区域、边界曲面、替换曲面、分型面、删除曲面等多种曲面编辑方式，下面将分别进行介绍。

7.2.1 圆角曲面

将曲面实体中以一定角度相交的两个相邻面，使用圆角使其之间的边线平滑过渡，则生成的圆角称为圆角曲面。圆角曲面命令与圆角特征命令基本相同。

单击“曲面”工具栏中的“圆角”按钮，或选择“插入”|“曲面”|“圆角”命令，出现如图 7-52 所示的“圆角”属性管理器，在“圆角类型”选项组中选中“面圆角”单选按钮即可执行面圆角命令。

其各选项说明如下：

- 半径：用于在“半径”微调框中输入圆角曲面的半径值。
- 面组 1：在图形区域中选择要圆角化的第一个面，视图中预览箭头指示为面圆角的方向。单击面组 1 前面的反转正交按钮，可以改变面圆角的方向。
- 面组 2：在图形区域中选择要圆角化的第二个面，视图中预览箭头指示为面圆角的方向。单击面组 2 前面的反转正交按钮，可以改变面圆角的方向。
- 切线延伸：沿圆角边缘的切线方向延伸。

圆角曲面的操作方法如下：

（1）创建如图 7-53 所示的曲面实体。

（2）单击“曲面”工具栏中的“圆角”按钮，或选择“插入”|“曲面”|“圆角”命令，出现“圆角”属性管理器。

（3）选中“圆角类型”选项组中的“面圆角”单选按钮。

（4）在“圆角项目”选项组中单击“面组 1”右侧的列表框，然后选中图 7-53 中的曲面 1；单击“面组 2”右侧的列表框，然后选中图 7-53 中的曲面 2。其他设置如图 7-54 所示，此时视图中会出现圆角曲面的预览效果，要注意箭头所指的方向，如果方向不正确，系统会提示错误或者生成不同效果的面圆角。

图 7-52 “圆角”属性管理器

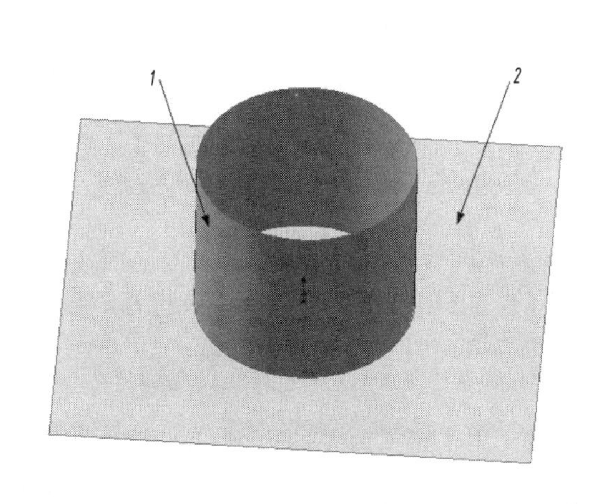

图 7-53 曲面实体

图 7-54 “圆角”属性管理器

（5）单击属性管理器中的“确定”按钮或绘图区域右上角的“确定”按钮，生成圆角曲面。

图 7-55 所示为一种面圆角箭头所指示的方向，图 7-56 所示为面圆角后的图形。

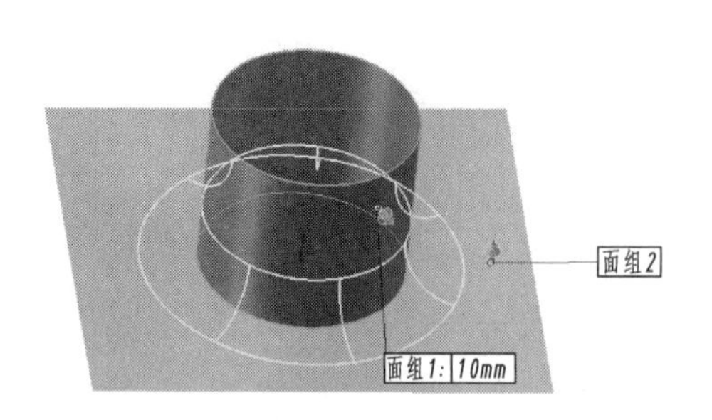

图 7-55 “圆角曲面”预览

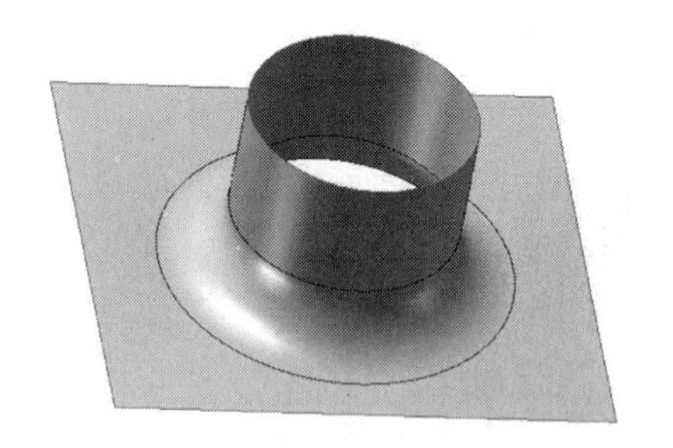

图 7-56 “圆角曲面”结果

图 7-57 所示为一种面圆角箭头所指示的方向，图 7-58 所示为面圆角后的图形。

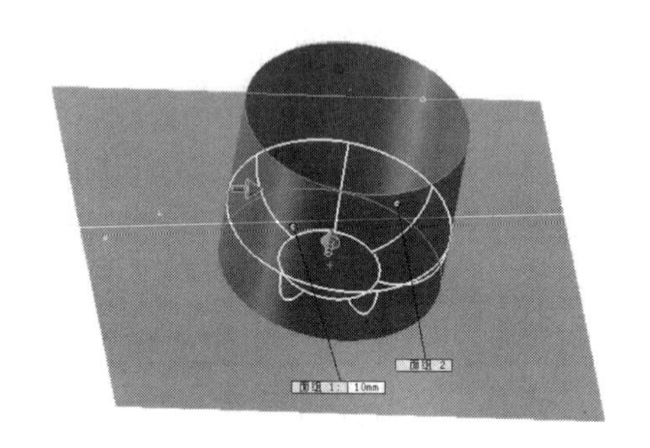

图 7-57 “圆角曲面”预览

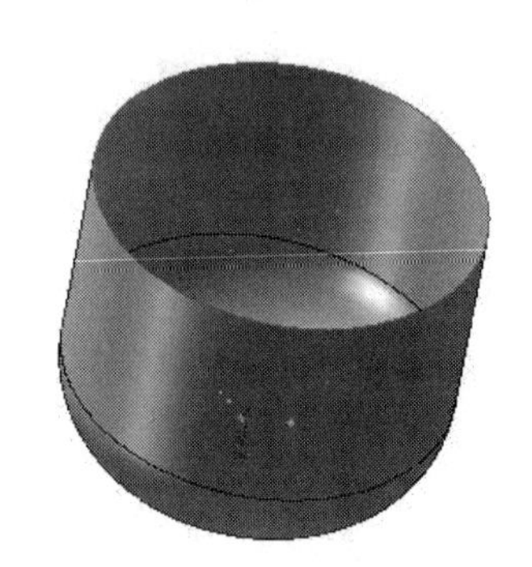

图 7-58 “圆角曲面”结果

说明 在圆角曲面中，圆角处理的是曲面实体的边线，可以生成多半径曲面圆角。圆角曲面只能在曲面和曲面之间生成，不能在曲面和实体之间生成。

7.2.2 填充曲面

在现有模型边线、草图或者曲线定义的边界内组成具有任何边数的曲面修补称为填充曲面，填充曲面可用来构造填充模型中缝隙的曲面。通常在以下几种情况下使用填充曲面：

（1）纠正没有正确输入到 SolidWorks 中的零件，比如该零件丢失的面。

（2）填充用于型心和型腔造型的零件中的孔。

（3）构建用于工业设计应用的曲面。

（4）生成实体模型。

（5）用于包括作为独立实体的特征或合并这些特征。

单击“曲面”工具栏中的“填充曲面”按钮，或选择“插入”|“曲面”|“填充”命令，出现如图 7-59 所示的“填充曲面”属性管理器。

其各选项说明如下：

（1）“修补边界”选项组：用于定义修补的边线，以及对修补效果的控制。

- 修补边界：定义所应用的修补的边线，所选择的边线的名称出现在右侧的列表框中。对于曲面或者实体边线，可以使用 2D 和 3D 草图作为修补的边界；对于所有草图边界，只可以使用接触修补为曲率控制类型。
- 交替面：交替面只在实体模型上生成修补时使用，用于控制修补曲率的反转边界面。
- 曲率控制：在生成的修补上进行控制，曲率控制有相触、相切和曲率 3 种方式，可以在同一修补中应用不同的曲率控制。

- 应用到所有边线：选中该复选框可以将相同的曲率控制应用到所有边线中。
- 优化曲面：用于对两边面或者四边曲面进行优化，当加快重建时间以及与模型中的其他特征一起使用时，其潜在的优势在于增强稳定性。
- 显示预览：以上色方式显示预览曲面填充。
- 预览网格：在修补上显示网格线以直观地查看曲率变化。

（2）“约束曲线”选项组：用于在填充曲面时添加斜面控制，约束曲线主要用于工业设计中。可以使用如草图点或者样条曲线之类的草图实体来生成约束曲线。

（3）“选项”选项组：为生成的曲面填充添加多个选项，使之更加符合设计要求。

- 修复边界：该复选框用于自动修复填充曲面的边界。
- 合并结果：如果边界至少有一条边线是开环薄边，那么合并结果会用边线所属的曲面缝合。
- 尝试形成实体：如果边界实体都是开环边线，可以选中该复选框生成实体，默认情况下，该复选框不会被选中。
- 反向：该复选框用于纠正填充曲面时不符合填充需要的方向。

填充曲面的操作方法如下：

（1）绘制如图 7-60 所示的曲面。

（2）单击“曲面”工具栏中的“填充曲面”按钮，或选择“插入”|“曲面”|“填充”命令，出现“填充曲面”属性管理器。

（3）单击修补边界右侧的列表框，然后选择图 7-60 中的边线 1，其他设置如图 7-61 所示。

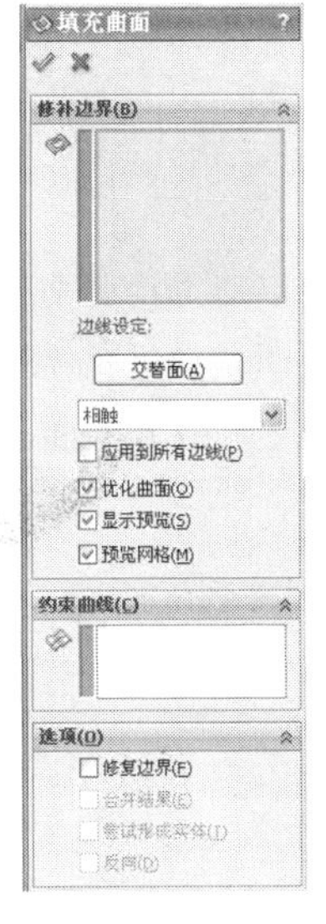

图 7-59 “填充曲面”属性管理器

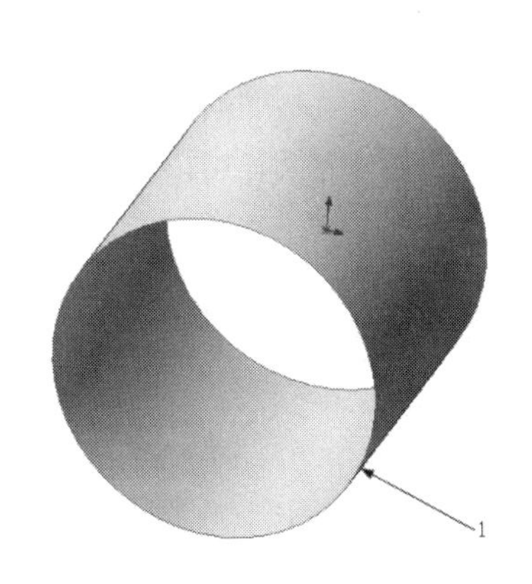

图 7-60 曲面实体

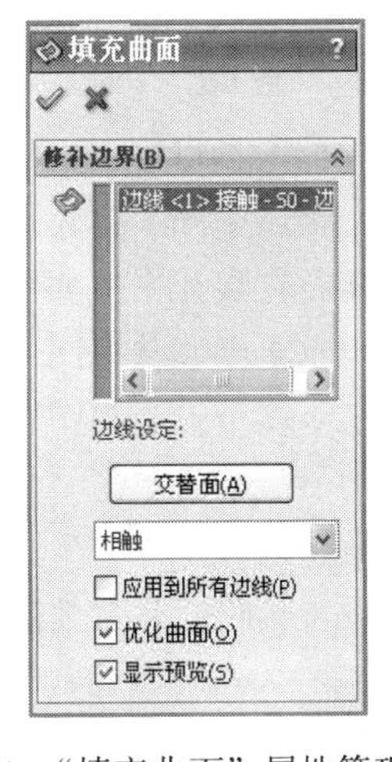

图 7-61 “填充曲面”属性管理器

（4）单击属性管理器中的“确定”按钮或绘图区域右上角的“确定”按钮，生成填充曲面，结果如图 7-62 所示。

在填充曲面时，可以使用曲率方式进行填充，使填充面更加平滑。在“修补边界”选项组中的“曲率控制”下拉列表框中，选择“曲率”选项，如图 7-63 所示。

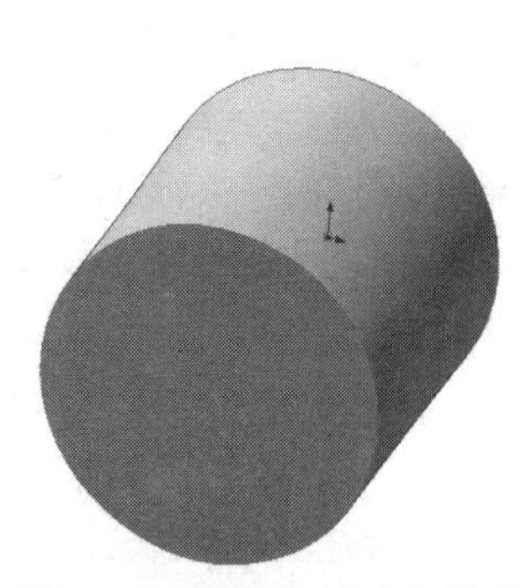

图 7-62　填充曲面后的图形

图 7-63　“曲率”选项

图 7-64 所示为使用曲率设置生成的填充曲面。图 7-65 所示为单击图 7-63 中的“反转曲面”按钮生成的填充曲面。

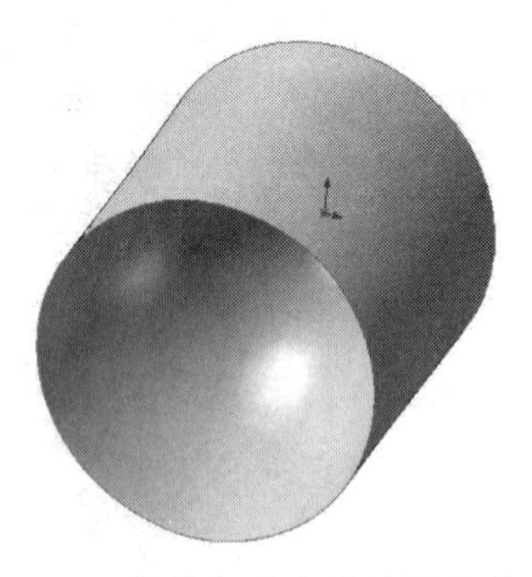

图 7-64　曲率方式生成的填充曲面

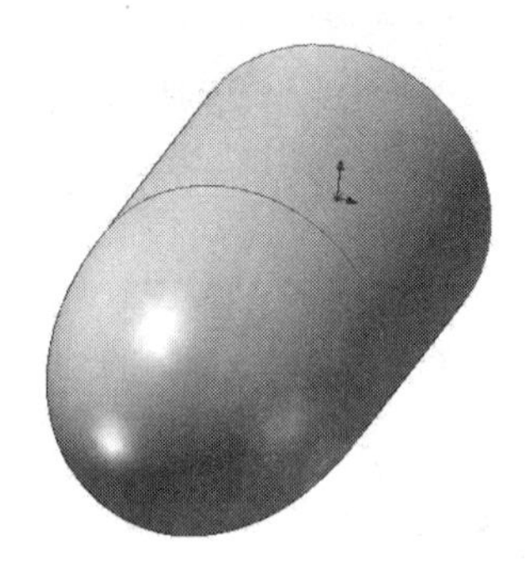

图 7-65　反转曲面方式生成的填充曲面

7.2.3　中面

中面工具可以在实体上所选合适的双对面之间生成中面。合适的双对面应该处处等距，并且必须属于同一实体。例如，两个平行的基准面或两个同心圆柱面即是合适的双对面。中面对于在有限元素造型中生成二维元素网格很有用。SolidWorks 可以生成以下中面：

（1）单个：从视图区域中选择单个等距面生成中面。

（2）多个：从视图区域中选择多个等距面生成中面。

（3）所有：单击“中面”属性管理器中的“查找双对面”按钮，系统会自动选择模型上所有合适的等距面，生成所有等距面的中面。

单击“曲面”工具栏中的“中面”按钮，或选择“插入”｜“曲面”｜“中面”命令，出现如图 7-66 所示的“中面”属性管理器。

其各选项说明如下：

（1）“选择”选项组：选择用于生成中面的面以及设置生成中面的位置。

- 面 1：选择生成中面的其中一个面，选择的面的名称会出现“面 1”右侧的列表框中。
- 面 2：选择生成中面的另一个面，选择的面的名称会出现“面 2”右侧的列表框中。
- 查找双对面：单击该按钮，系统会自动查找图形中合适的双对面，该功能可以自动滤去不合适的双对面，查找的双对面会出现在“双对面”右侧的列表框中。

- 识别阈值：由阈值运算符和阈值厚度两部分组成。阈值运算符为数学操作符，阈值厚度为壁厚。
- 定位：设置生成中面的位置，系统默认的位置为从面 1 开始的 50%位置处。

（2）“选项”选项组：用于设置生成的中面和实体特征之间的关系。

- 缝合曲面：该复选框用于将中面和临近面缝合，不选中该复选框，则会保留单个曲面。

中面的操作方法如下：

（1）创建如图 7-67 所示的实体。

图 7-66 “中面”属性管理器

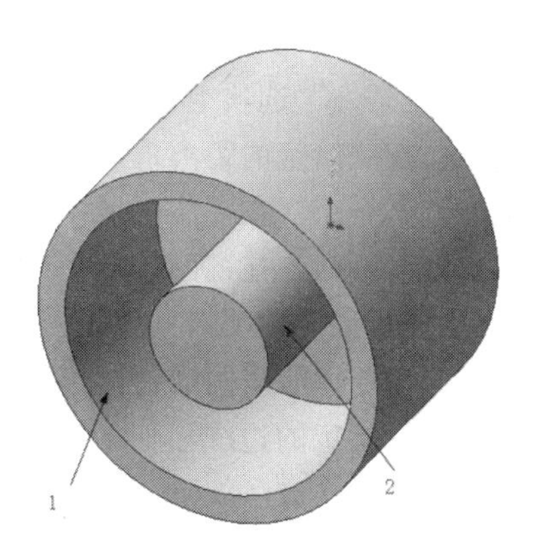

图 7-67 要生成中面的图形

（2）单击“曲面”工具栏中的“中面”按钮，或选择“插入”｜“曲面”｜“中面”命令，出现“中面”属性管理器。

（3）单击“面 1”右侧的列表框，然后在视图区域中选择如图 7-67 所示中的面 1；单击“面 2”右侧的列表框，然后在视图区域中选择如图 7-67 中的面 2。在“定位”微调框中输入“50%”，其他设置如图 7-68 所示。

（4）单击属性管理器中的“确定”按钮或绘图区域右上角的“确定”按钮，生成中面，结果如图 7-69 所示。

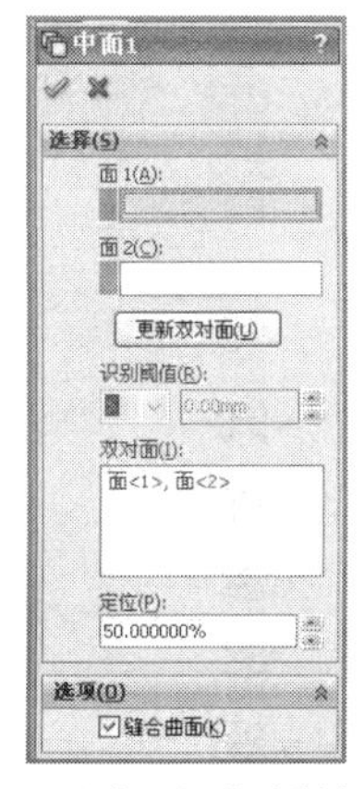

图 7-68 “中面 1”属性管理器

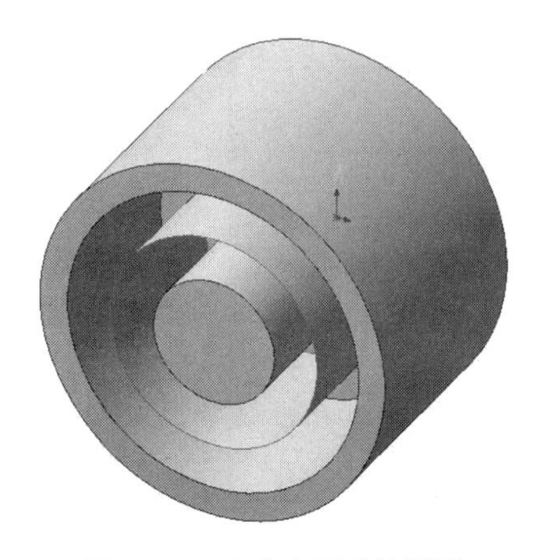

图 7-69 生成中面后的图形

说明 生成中面的两个面必须位于同一个实体中，定位值从面 1 开始，位于面 1 和面 2

之间，即定位值必须小于 1。

7.2.4　延伸曲面

将现有曲面的边缘沿着切线方向进行延伸形成的曲面称为延伸曲面。

单击“曲面”工具栏中的“延伸曲面”按钮，或选择“插入”｜“曲面”｜“延伸曲面”命令，出现如图 7–70 所示的“延伸曲面”属性管理器。

其各选项说明如下：

（1）“拉伸的边线/面”选项组：用于设置选择的延伸曲面的边线或者面。

- 所选面/边线：在视图区域中选择延伸的边线或者面，所选择的面会出现在右侧的列表框中。

（2）“终止条件”选项组：用于确定延伸面的终止条件。

- 距离：按照给定的距离值确定延伸曲面的距离。
- 成形到某一点：在视图区域中选择某一个顶点，将曲面延伸到指定的点。
- 成形到某一面：在视图区域中选择某一个面，将曲面延伸到指定的面。

（3）“延伸类型”选项组：用于确定延伸曲面的延伸类型。

- 同一曲面：以原来曲面的曲率沿曲面的几何体进行延伸。
- 线性：沿指定的边线相切于原有曲面来进行延伸。

延伸曲面的操作方法如下：

（1）创建如图 7–71 所示的曲面。

（2）单击“曲面”工具栏中的“延伸曲面”按钮，或选择“插入”｜“曲面”｜“延伸曲面”命令，出现“延伸曲面”属性管理器。

（3）在“拉伸的边线/面”选项组中单击右侧的列表框，然后在视图区域中选择图 7–71 中的边线 1，此时所选择的边线出现在右侧的列表框中。

（4）在“终止条件”选项组中选中“距离”单选按钮，在“距离”微调框中输入 40 mm。

（5）在“延伸类型”选项组中选中“同一曲面”单选按钮，其他设置如图 7–72 所示。

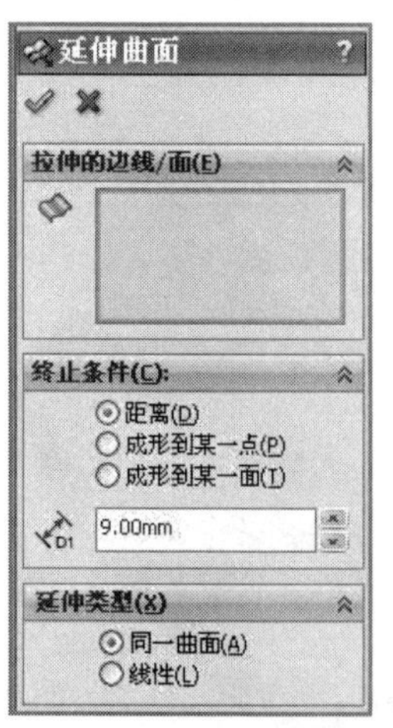

图 7–70　“延伸曲面”属性管理器

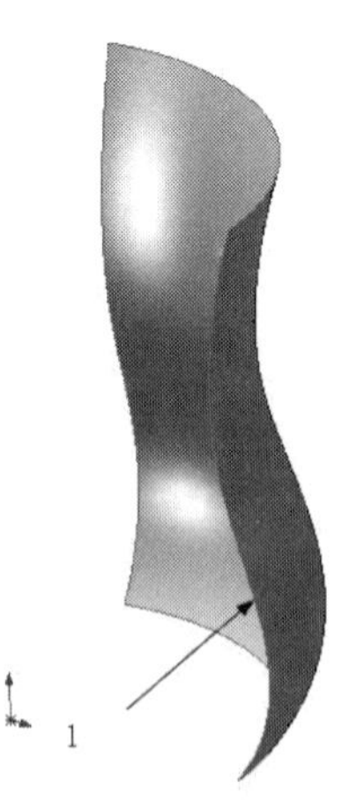

图 7–71　要延伸曲面的图形

图 7–72　“延伸曲面”属性管理器

（6）单击属性管理器中的“确定”按钮或绘图区域右上角的“确定”按钮，完成延伸曲面，结果如图 7–73 所示。

延伸曲面有两种类型，图 7–73 所示为使用同一曲面类型进行延伸曲面生成的延伸曲面。保持图 7–72 所示的“延伸曲面”属性管理器中其他参数不变，改变延伸类型为线性，图 7–74 所示为生成的线性延伸曲面。

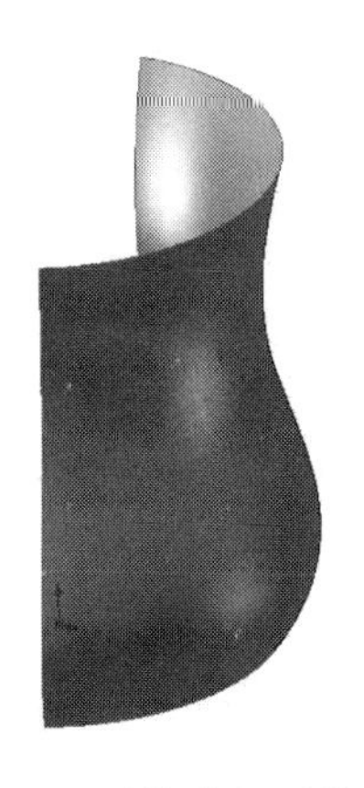
图 7–73　延伸曲面后的图形

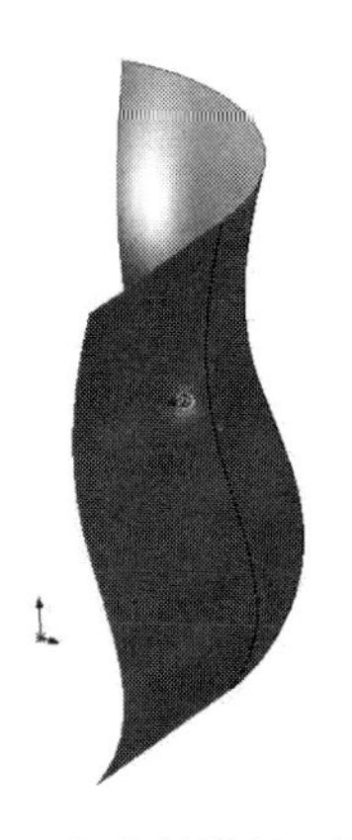
图 7–74　生成的线性延伸曲面

7.2.5　剪裁曲面

可以使用曲面、基准面或者草图作为剪裁工具来剪裁相交曲面，也可以将曲面和其他曲面联合使用作为相互的剪裁工具。

单击“曲面”工具栏中的“剪裁曲面”按钮，或选择“插入”|“曲面”|“剪裁曲面”命令，出现如图 7–75 所示的“剪裁曲面”属性管理器。

其各选项说明如下：

（1）“剪裁类型”选项组：用于选择剪裁曲面的类型。

- 标准：使用曲面、草图实体、曲线或者基准面等来剪裁曲面。
- 相互：使用曲面本身剪裁多个曲面。

（2）“选择”选项组：用于设置剪裁工具、曲面、要保留部分和要移除的部分。

- 剪裁工具：在图形区域中选择曲面、草图实体、曲线或者基准面作为剪裁其他曲面的工具，选择的剪裁工具会出现在右侧的列表框中。
- 保留选择：设置剪裁曲面中选择的部分为要保留的部分，选择的部分会出现在右侧的列表框中。
- 移除选择：设置剪裁曲面中选择的部分为要移除的部分，选择的部分会出现在右侧的列表框中。

（3）“曲面分割选项”选项组：在分割曲面时，指定某一选项。

- 分割所有：显示曲面中的所有分割。
- 自然：强迫边界边线随曲面形状变化。
- 线性：强迫边界边线随剪裁点的线性方向变化。

1．标准类型剪裁曲面的操作步骤

（1）创建如图 7–76 所示的要剪裁曲面的图形。

（2）单击“曲面”工具栏中的“剪裁曲面”按钮，或选择“插入”|“曲面”|“剪裁曲面”命令，出现“剪裁曲面”属性管理器。

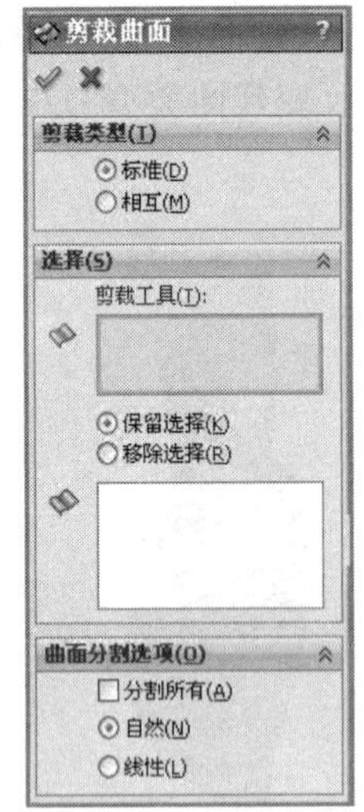

图 7-75 “剪裁曲面”属性管理器

图 7-76 要剪裁曲面的图形

（3）在属性管理器中的“剪裁类型”选项组中，选中“标准”单选按钮。

（4）在“选择”选项组中，单击“剪裁工具”下方的列表框，然后在视图区域中选择图 7-76 中的曲面 2，此时选择的曲面出现在“剪裁工具”列表框中；选中“保留选择”单选按钮，单击保留的部分右侧的列表框，选择图 7-76 中曲面 1 所标注处。其他设置如图 7-77 所示。

（5）单击属性管理器中的“确定”按钮或绘图区域右上角的“确定”按钮，完成剪裁曲面，结果如图 7-78 所示。

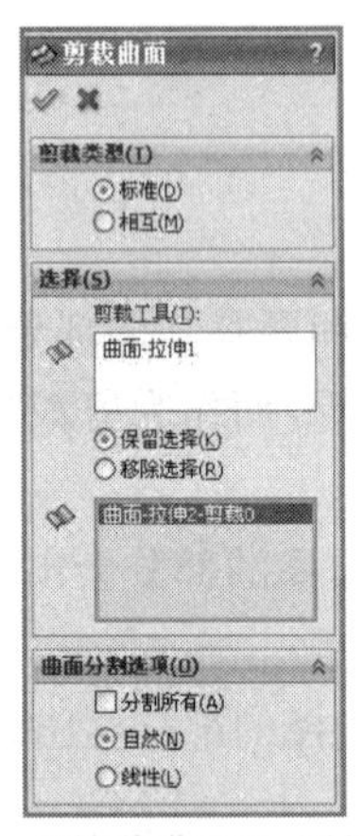

图 7-77 “剪裁曲面”属性管理器

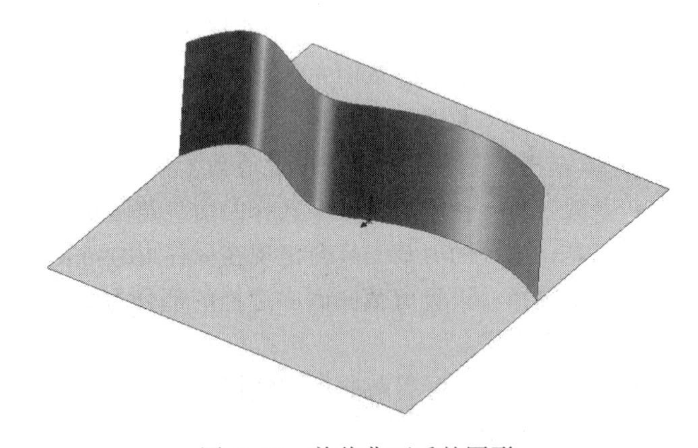

图 7-78 剪裁曲面后的图形

2. 相互类型剪裁曲面的操作步骤

（1）单击“曲面”工具栏中的“剪裁曲面”按钮，或选择“插入”|“曲面”|“剪裁曲面”命令，出现“曲面-剪裁”属性管理器。

（2）在属性管理器中的“剪裁类型”选项组中，选中“相互”单选按钮。

（3）在“选择”选项组中，单击“曲面”下方的列表框，然后在视图区域中选择图 7-76 中的曲面 1 和曲面 2，此时选择的曲面出现在“曲面”列表框中；选中“保留选择”单选按钮，单击保留的部分右侧的列表框，选择图 7-76 中的曲面 1 和曲面 2 所标注处。其他设置如图 7–79 所示。

（4）单击属性管理器中的“确定”按钮✔或绘图区域右上角的“确定”按钮✔，完成剪裁曲面，结果如图 7–80 所示。

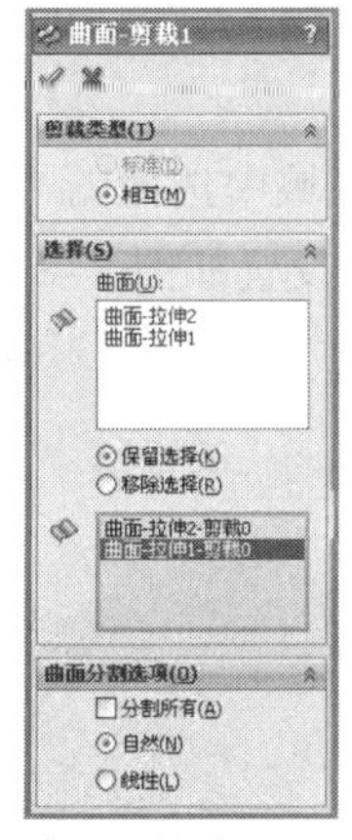

图 7–79 “曲面–剪裁 1”属性管理器

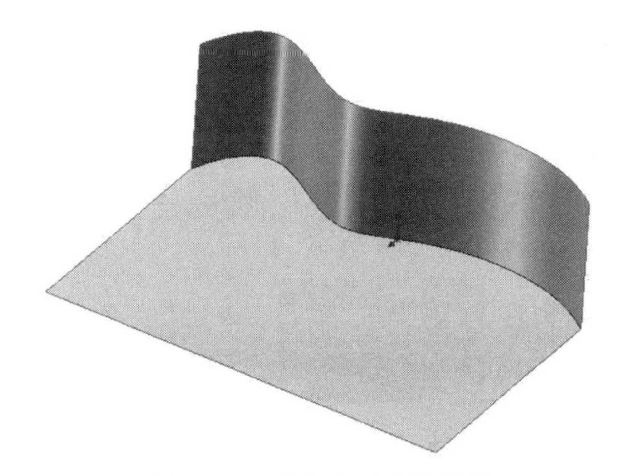

图 7–80 剪裁曲面后的图形

7.2.6 缝合曲面

缝合曲面是指将两张或多张相邻不相交的曲面组合在一起形成一张曲面。用于缝合的曲面不必处于同一基准面上，但曲面的边线必须相邻并且不重叠。对于缝合曲面，可以选择整个曲面实体。曲面不吸收用于生成它们的曲面，也就是说，那些曲面仍然可以单独选中。

单击“曲面”工具栏中的“缝合曲面”按钮，或选择“插入”|“曲面”|“缝合曲面”命令，出现如图 7–81 所示的“缝合曲面”属性管理器。

图 7–81 “缝合曲面”属性管理器

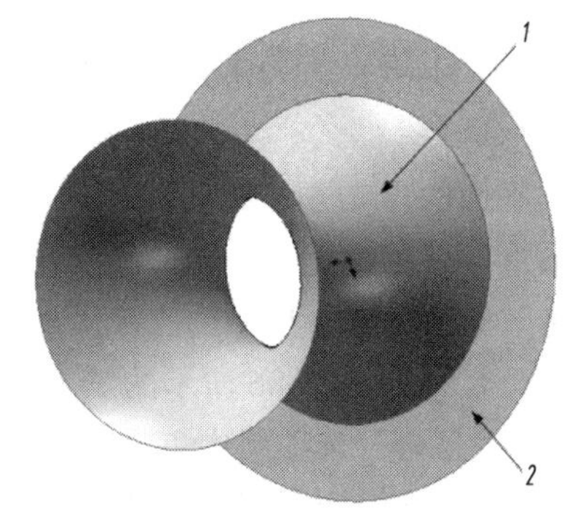

图 7–82 需要缝合的曲面

其各选项说明如下：

（1）“选择”选项组：用于选择需要缝合的曲面。

- 要缝合的曲面和面：在视图区域中选择需要缝合的曲面，所选择的面会出现在右侧的列表框中。
- 尝试形成实体：从闭合曲面生成实体模型。
- 合并实体：将面与相同的内在几何体进行合并。

（2）“缝隙控制”选项组：用来控制缝合曲面的间隙。

- 缝合公差：其范围为大于或等于 0.001 并且小于 0.1 的数值。

- 显示范围中的缝隙：显示最小缝隙和最大缝隙。

缝合曲面的操作方法如下：

（1）创建如图 7-82 所示的需要缝合的曲面。

（2）单击“曲面”工具栏中的“缝合曲面”按钮，或选择“插入”|“曲面”|“缝合曲面”命令，出现“缝合曲面”属性管理器。

（3）在“选择”选项组中单击右侧的列表框，然后在视图区域中选择图 7-82 中的曲面 1 和曲面 2，此时所选择的曲面出现在右侧的列表框中。其他设置如图 7-83 所示。

（4）单击属性管理器中的“确定”按钮或绘图区域右上角的“确定”按钮，生成缝合曲面，结果如图 7-84 所示。

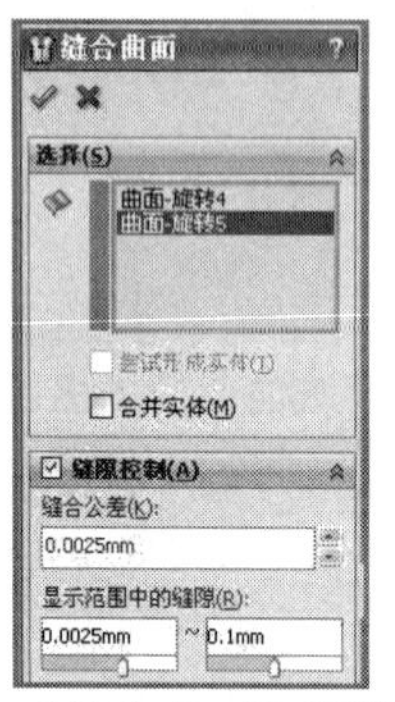

图 7-83 “缝合曲面”属性管理器

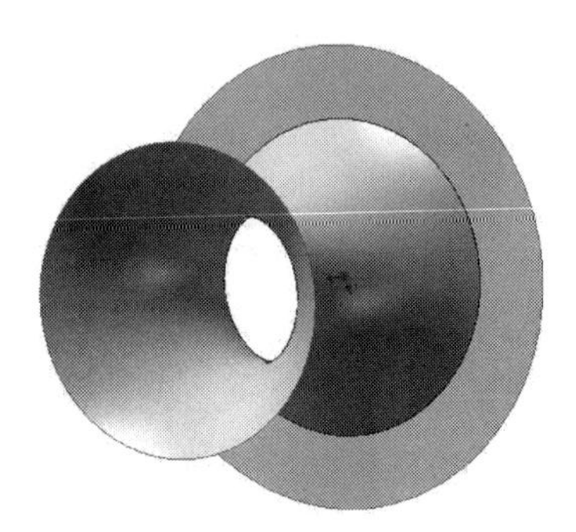

图 7-84 生成的缝合曲面

说明 空间曲面经过剪裁、拉伸和圆角等操作后，可以自动缝合，而不需要进行缝合曲面操作。曲面缝合前后，曲面和面的外观没有任何变化。

7.2.7 平面区域

使用草图或一组边线来生成平面区域。

1. 草图平面

生成草图平面的操作方法如下：

（1）在图形区域中，创建一个非相交的、单一轮廓的闭环草图，如图 7-85 所示。

（2）单击“曲面”工具栏中的“平面区域”按钮，或选择“插入”|“曲面”|“平面区域”命令，打开如图 7-86 所示的“平面”属性管理器。

（3）在“边界实体”选项组中单击右侧的列表框，然后在视图区域中选择图 7-85 中的草图，此时所选择的草图出现在右侧的列表框中。

（4）单击属性管理器中的“确定”按钮或绘图区域右上角的“确定”按钮，可生成一个平面，结果如图 7-87 所示。

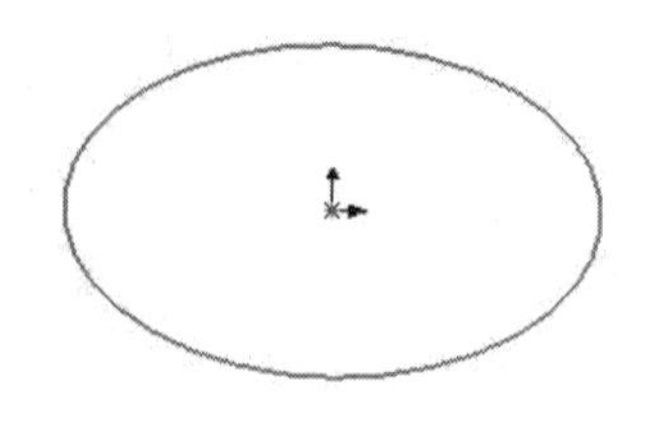

图 7-85 生成平面区域的草图

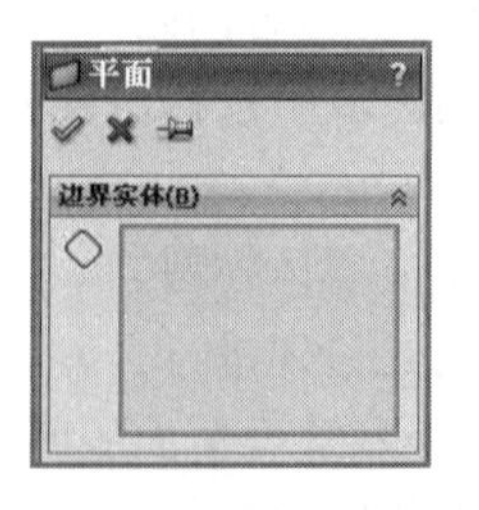

图 7-86 “平面”属性管理器

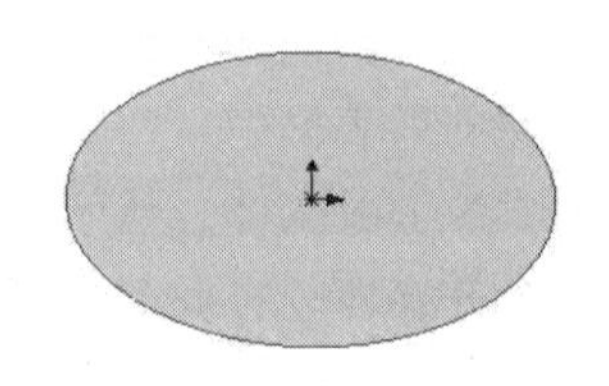

图 7-87 由草图生成的平面区域

2．实体边线平面

生成实体边线平面的操作方法如下：

（1）在图形区域中，创建如图 7-88 所示的实体特征。

（2）单击“曲面”工具栏中的“平面区域”按钮，或选择“插入”｜“曲面”｜“平面区域”命令，打开“平面区域”属性管理器。

（3）在“边界实体”选项组中单击◇右侧的列表框，然后在视图区域中选择图 7-88 中的拉伸实体的边线 1 和边线 2，此时所选择的边线出现在◇右侧的列表框中，其属性管理器如图 7-89 所示。

（4）单击属性管理器中的“确定”按钮✔或绘图区域右上角的“确定”按钮✔，生成实体边线平面特征，结果如图 7-90 所示。

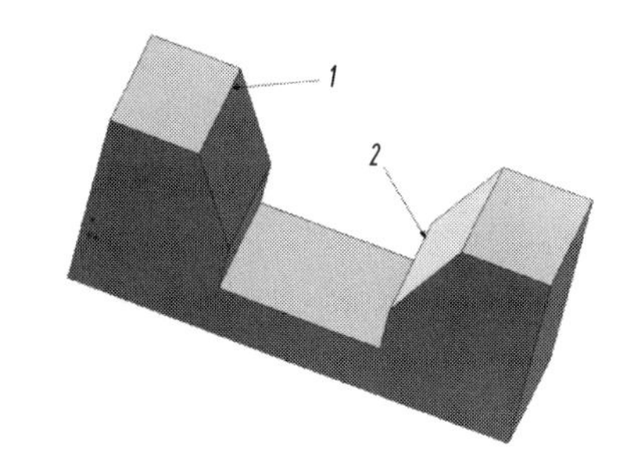

图 7-88　拉伸实体特征

图 7-89　实体边线平面特征属性管理器

图 7-90　生成实体边线平面特征

说明　生成平面的草图要求是非相交、单一封闭的轮廓。实体或装配体上的闭环边线必须位于同一平面内。

7.2.8　替换面

用新曲面实体来替换曲面或者实体中的面的方式称为替换面。替换曲面实体不必与旧的面具有相同的边界。在替换面时，原来实体中的相邻面自动延伸并剪裁到替换曲面实体。

以下几种情况下可以通过替换面命令来实现：

（1）以一曲面实体替换另一或者一组相邻的面。

（2）在单一操作中，用一相同的曲面实体替换一组以上相邻的面。

（3）在实体或者曲面实体中替换面。

替换曲面实体可以是以下类型：

（4）任何类型的曲面特征，如拉伸曲面、放样曲面等。

（5）缝合曲面实体或者复杂的输入曲面实体。

（6）通常替换曲面要比替换的面宽和长。当替换曲面实体比要替换的面小的时候，替换曲面实体会自动延伸以与相邻面相遇。

替换面通常具有以下特点：

（1）替换面必须相邻。

（2）替换面不必相切。

单击“曲面”工具栏中的“替换面”按钮，或者选择“插入”｜“面”｜“替换”命令，出现如图 7-91 所示的“替换面”属性管理器。

其各选项说明如下:

（1）替换的目标面：在图形区域中选择曲面、草图实体、曲线或者基准面作为要替换的面。

（2）替换曲面：选择的剪裁工具会出现在右侧的列表框中。

替换面的操作方法和步骤如下:

（1）创建如图 7–92 所示的要替换面的图形。

（2）单击“曲面”工具栏中的“替换面”按钮，或者选择“插入” | “面” | “替换”命令，出现“替换面”属性管理器。

（3）单击替换的目标面右侧的列表框，然后选中图 7–92 中的面 2 和面 3，此时所选择的面出现在右侧的列表框中；单击替换曲面右侧的列表框，然后选择图 7–92 中的面 1，此时所选择的面出现在替换曲面右侧的列表框中，如图 7–93 所示。

图 7–91 “替换面”属性管理器

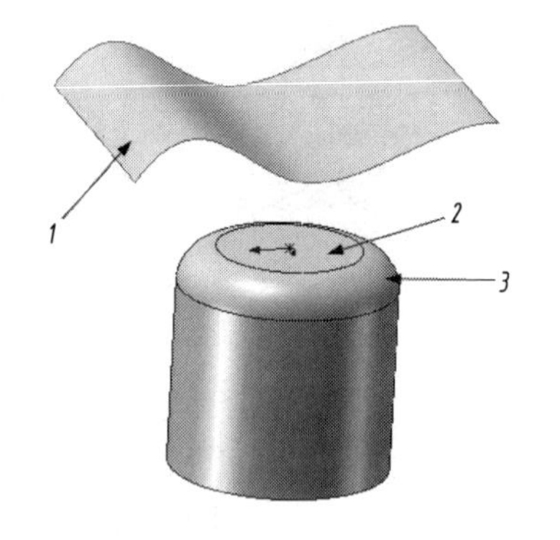

图 7–92 要替换面的图形

图 7–93 “替换面 1”属性管理器

（4）单击属性管理器中的“确定”按钮或绘图区域右上角的“确定”按钮，完成替换面，结果如图 7–94 所示。

（5）单击替换面，在弹出的浮动菜单中选择“隐藏”命令，如图 7–95 所示。执行此命令会将替换的目标面隐藏，结果如图 7–96 所示。

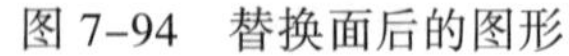
图 7–94 替换面后的图形

图 7–95 快捷菜单

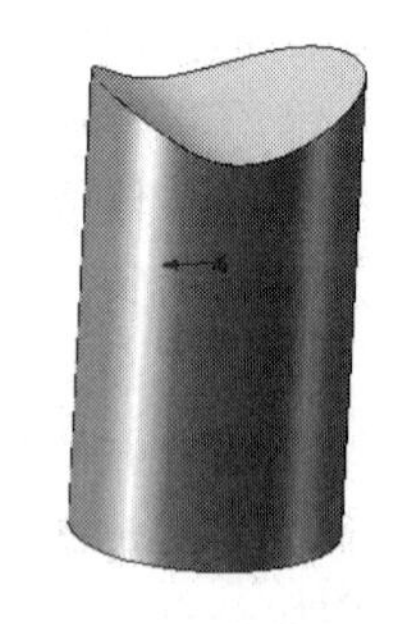
图 7–96 隐藏面后的图形

7.2.9 删除曲面

删除曲面是将存在的面删除并进行编辑。

单击“曲面”工具栏中的“删除面”按钮，或者选择“插入” | “面” | “删除”命令，出现如图 7–97 所示的“删除面”属性管理器。

其各选项说明如下:

（1）“选择”选项组：用于选择要删除的面。

- 要删除的面▢：单击要删除的面▢右侧的列表框，然后在视图区域中选择要删除的面，所选择的面会出现在▢右侧的列表框中。

（2）“选项”选项组：用于选择删除面时执行哪种编辑方式。

- 删除：从曲面实体删除面，或者从实体中删除一个或多个面来生成曲面。
- 删除并修补：从曲面实体或者实体中删除一个面，并自动对实体进行修补和剪裁。
- 删除并填补：删除存在的面并生成单一面，将缝隙填补起来。

删除面的操作步骤如下：

（1）创建如图 7–98 所示的实体。

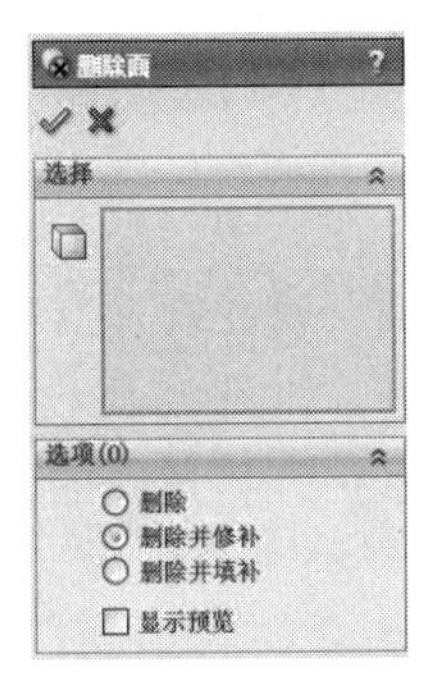

图 7–97　“删除面”属性管理器

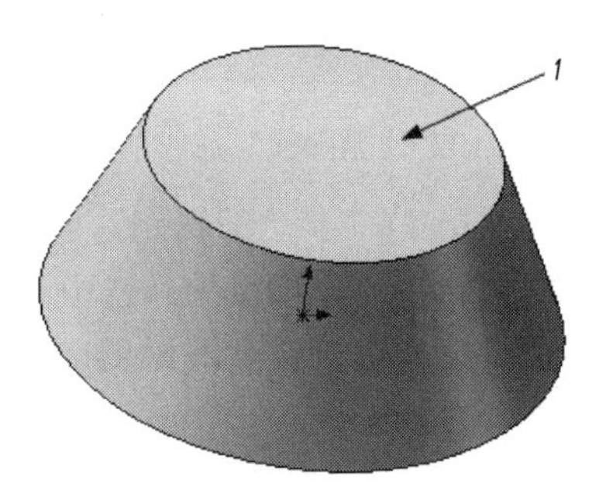

图 7–98　要删除面的图形

（2）单击“曲面”工具栏中的“删除面”按钮，或者选择“插入”｜“面”｜“删除”命令，出现“删除面”属性管理器。

（3）在“选择”选项组中，单击要删除的面▢右侧的列表框，然后在视图区域中选择图 7–98 中的面，此时所选择的面出现在▢右侧的列表框中。

（4）在“选项”选项组中，选中“删除”单选按钮，如图 7–99 所示。

（5）单击属性管理器中的确定按钮✔或绘图区域右上角的“确定”按钮✔，将选择的面删除，结果如图 7–100 所示。

（6）在特征管理器设计树中单击前一步中的删除面，在弹出的快捷菜单中选择“编辑特征”单选按钮，如图 7–101 所示。

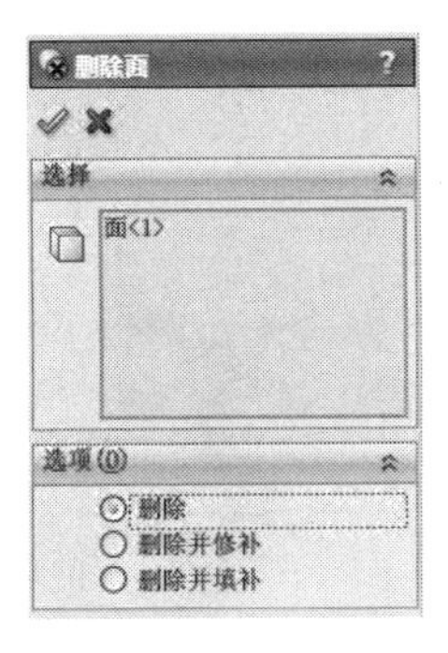

图 7–99　“删除面”属性管理器

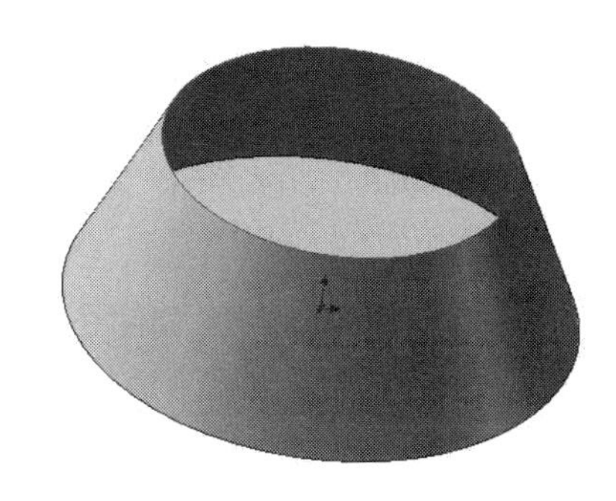

图 7–100　删除面后的图形

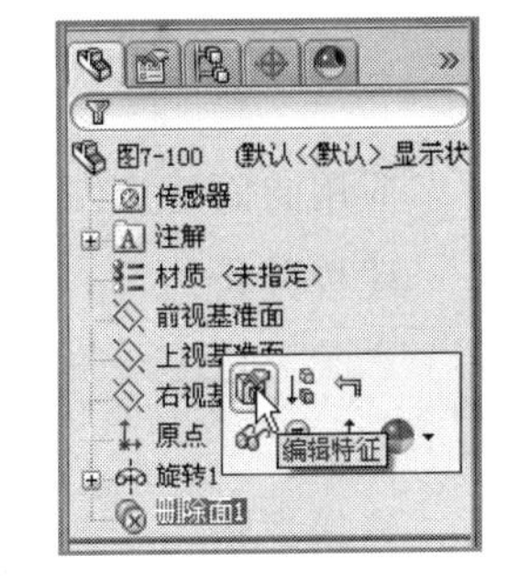

图 7–101　快捷菜单

（7）此时弹出“删除面”属性管理器，保持其他设置不变，在“选项”选项组中，选中

“删除并修补”单选按钮，如图 7-102 所示。单击属性管理器中的“确定”按钮✔或绘图区域右上角的“确定”按钮✔，将选择的面删除并修补，结果如图 7-103 所示。

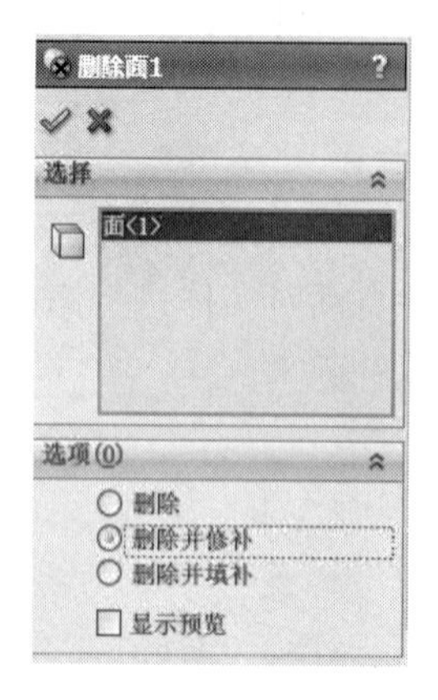

图 7-102 “删除面”属性管理器

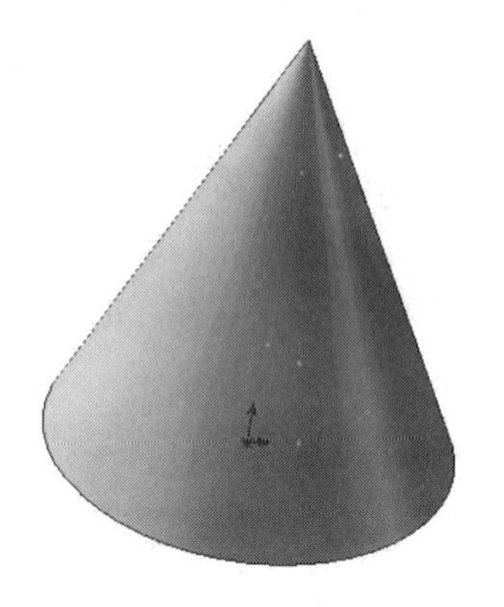

图 7-103 删除并修补面后的图形

（8）重复第（6）步，编辑删除面特征，在出现的“删除面”属性管理器中，保持其他设置不变，在“选项”选项组中，选中“删除并填补”单选按钮，如图 7-104 所示。单击属性管理器中的“确定”按钮✔或绘图区域右上角的“确定”按钮✔，将选择的面删除并修补，结果如图 7-105 所示。

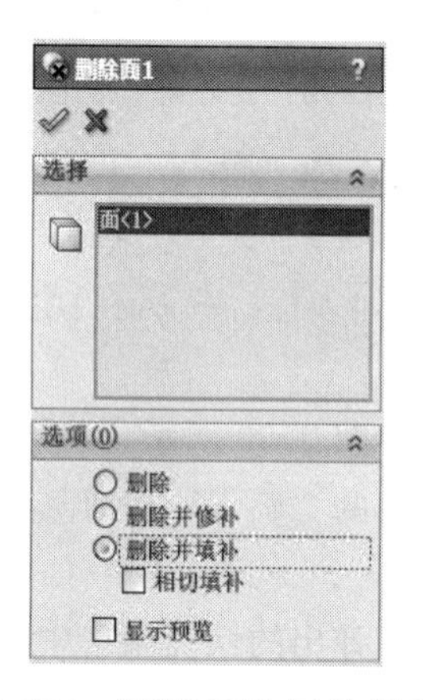

图 7-104 “删除面”属性管理器

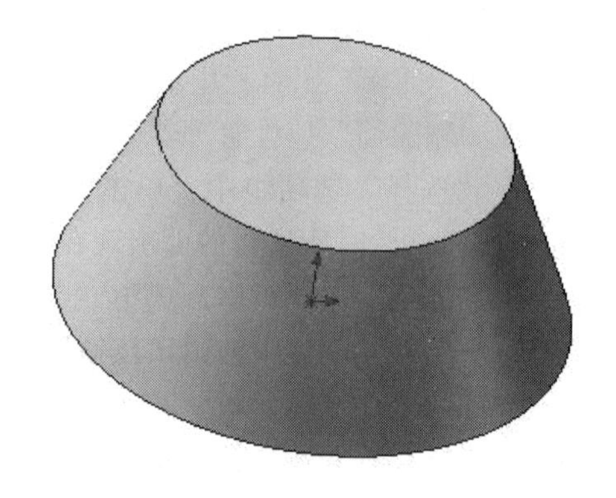

图 7-105 删除并填充面后的图形

7.3 曲面综合建模示例——创建水龙头模型

应用曲面建模创建水龙头模型，如图 7-106 所示。

建模分析：

水龙头是由开关、水龙头体和水龙头嘴组成的，如图 7-107 所示。

建模步骤：

（1）新建文件：选择标准工具栏中的“新建”按钮或选择菜单栏中的“文件”｜“新建”命令，弹出“新建 SolidWorks

图 7-106 水龙头模型

文件”对话框，在对话框中单击“零件”图标，单击“确定”按钮。

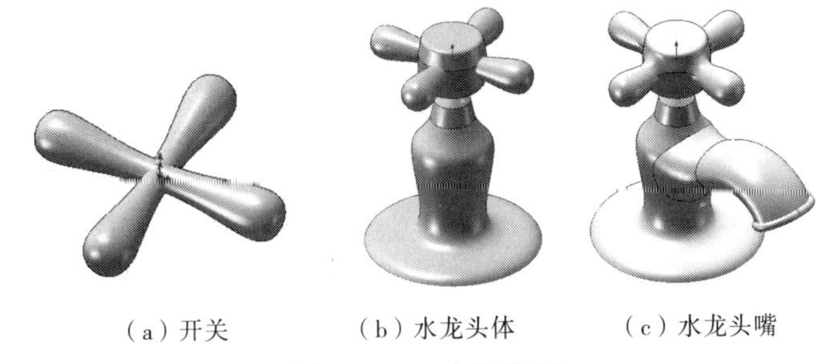

（a）开关　（b）水龙头体　（c）水龙头嘴

图 7-107　建模分析

（2）开关设计：

① 在设计树中选择“前视基准面”，单击“草绘”工具栏中的“草图绘制”按钮，进入草图绘制，绘制如图 7-108 所示的草图。

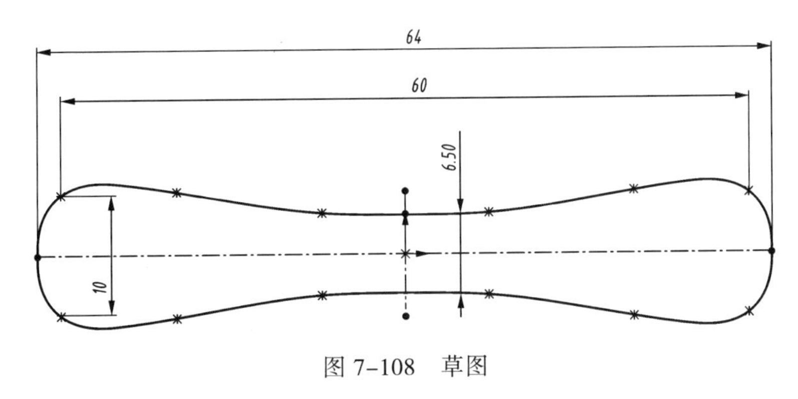

图 7-108　草图

② 在设计树中选择“前视基准面”，单击“草绘”工具栏中的“草图绘制”按钮，进入草图绘制，运用“转换实体引用”按钮绘制水平中心线上半部分草图，单击“重建模型”按钮，结束草图绘制。在特征管理区右击“草图 1”，在弹出的快捷菜单中选择“隐藏”命令，隐藏“草图 1”，如图 7-109 所示。

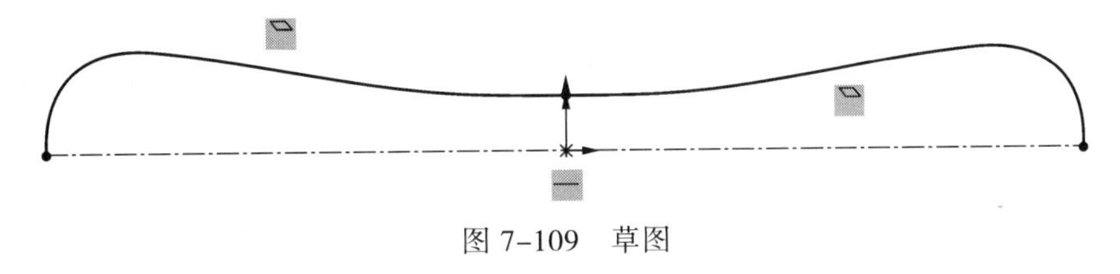

图 7-109　草图

说明　运用上述方法建立草图，能够保证两端点连续。

③ 单击“曲面”工具栏中的“旋转曲面”按钮，出现“曲面-旋转”属性管理器，在“旋转类型”下拉列表框中选择“给定深度”选项，在“角度”文本框中输入“360.00 度”，其他设置如图 7-110 所示。单击属性管理器中的“确定”按钮或绘图区域右上角的“确定”按钮，结果如图 7-111 所示。

图 7-110 “曲面-旋转”属性管理器

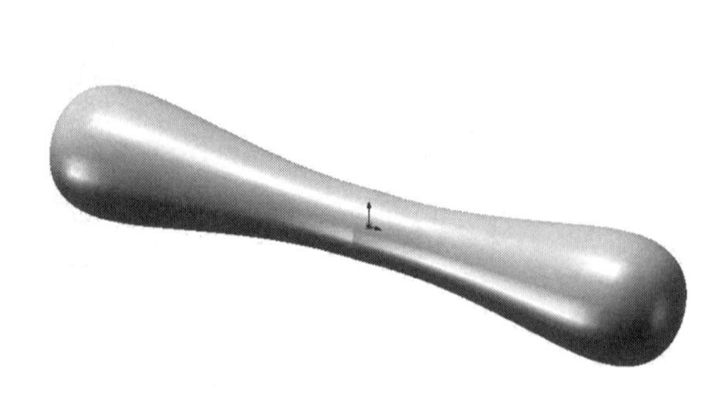

图 7-111 “曲面-旋转”结果

④ 单击“参考几何体”工具栏中的“基准轴”，出现“基准轴”属性管理器，单击“两平面”按钮，激活“参考实体”列表框，在设计树中选择“前视基准面”和“右视基准面”，如图 7-112 所示，单击“确定”按钮，建立基准轴 1。

⑤ 选择“插入”|“特征”|“移动/复制”命令，出现“移动/复制实体”属性管理器，单击“要移动/复制实体”右侧的列表框，在绘图区域中选择“曲面-旋转 1”，选中“复制”复选框，在“份数”右侧的文本框中输入“1”，其他设置如图 7-113 所示，单击“确定”按钮，结果如图 7-114 所示。

图 7-112 “基准轴”管理器

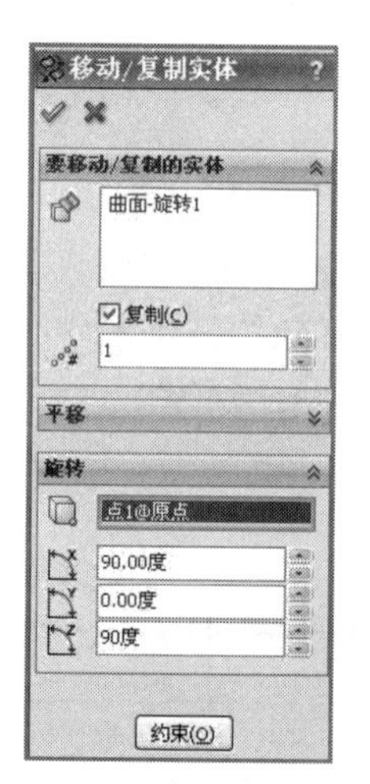

图 7-113 “移动/复制实体”属性管理器

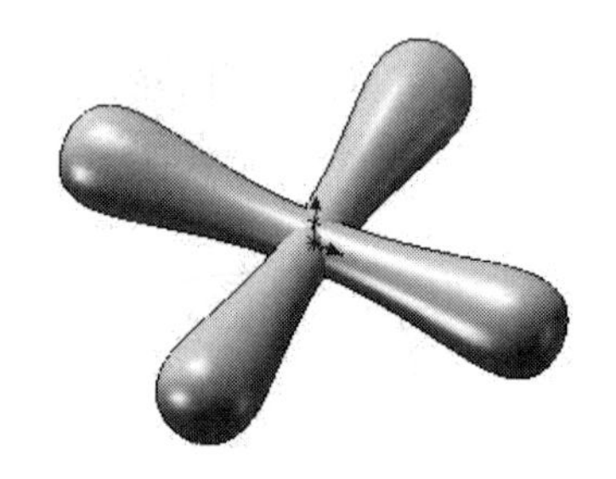

图 7-114 “移动/复制实体”结果

（3）水龙头设计：

① 在设计树中选取前视基准面，单击“草图”工具栏中的“草图绘制”按钮，进入草图绘制，绘制如图 7-115 所示的草图。

② 单击“曲面”工具栏中的“旋转曲面”按钮，出现“曲面-旋转”属性管理器，在“旋转类型”下拉列表框中选择“给定深度”选项，在“角度”文本框中输入“360.00 度”，其他设置如图 7-116 所示。单击属性管理器中的“确定”按钮或绘图区域右上角的“确定”按钮，结果如图 7-117 所示。

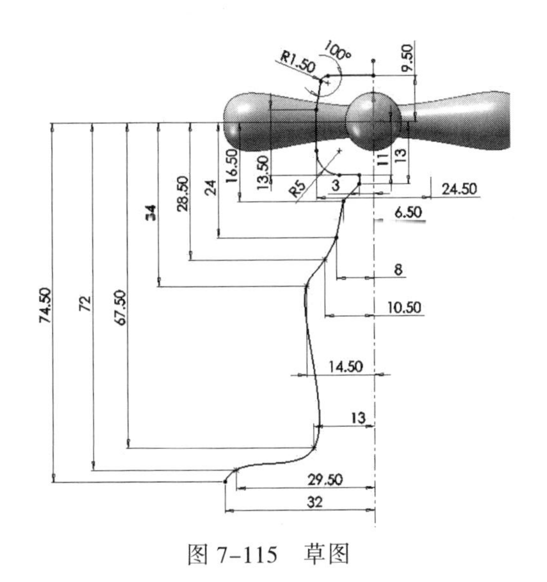

图 7-115　草图

图 7-116　“曲面-旋转”属性管理器

（4）水龙头嘴设计：

① 在设计树中选取前视基准面，单击“草图”工具栏中的“草图绘制”按钮，进入草图绘制，绘制如图 7-118 所示的路径草图。

图 7-117　“曲面-旋转”结果

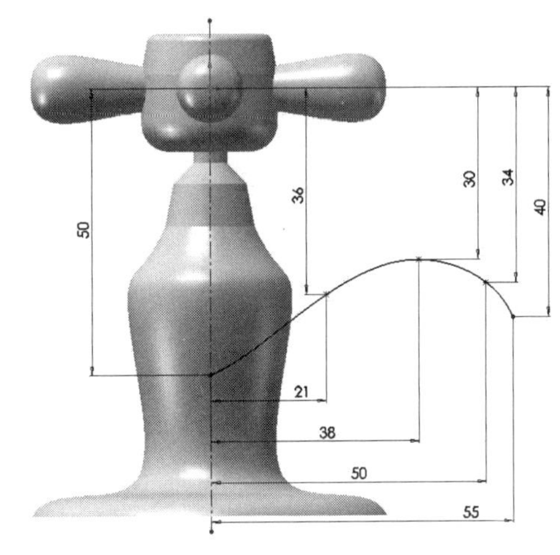

图 7-118　路径草图

② 单击“参考几何体”工具栏中的“基准面”按钮，出现“基准面”属性管理器，选中“第一参考”选项组按钮右侧的列表框，在绘图区域选取图 7-118 所示路径线的右侧端点；然后，选中“第二参考”选项组按钮右侧的列表框，在绘图区域选取图 7-118 所示路径线，其他设置如图 7-119 所示，单击“确定”按钮，建立基准面 1，如图 7-120 所示。

③ 选取基准面 1，单击“草图”工具栏中的“草图绘制”按钮，进入草图绘制，绘制如图 7-121 所示的草图。单击“添加几何体关系”按钮，选取椭圆中心点和样条曲面，单击“穿透”约束按钮，单击“确定”按钮，结束轮廓线草绘。

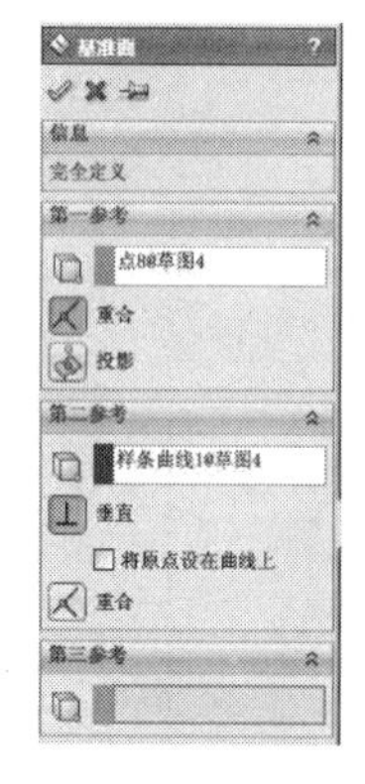

图 7-119 “基准面”管理器

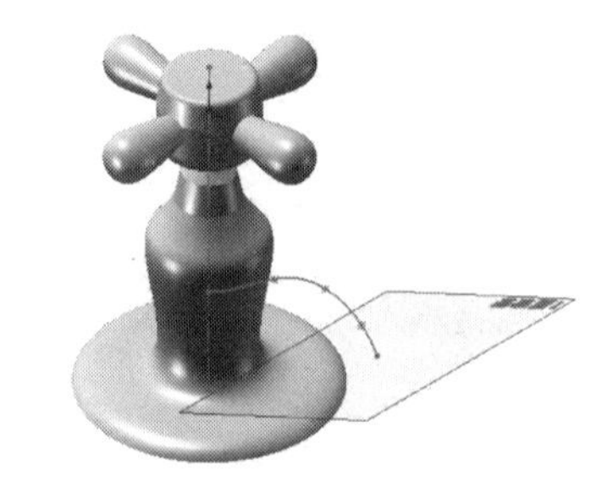

图 7-120 建立基准面

图 7-121 轮廓线草图

④ 单击“曲面”工具栏中的“扫描曲面”按钮，或选择“插入”|“曲面”|“扫描曲面”命令，出现“曲面-扫描”属性管理器；单击属性管理器中的轮廓右侧的列表框，选择图 7-121 中的轮廓线草图；单击属性管理器的路径右侧的列表框，选择图 7-118 中的路径草图，其他设置如图 7-122 所示，其预览效果如图 7-123 所示；单击属性管理器中的“确定”按钮或绘图区域右上角的“确定”按钮，完成扫描曲面，结果如图 7-124 所示。

图 7-122 “曲面-扫描”属性管理器

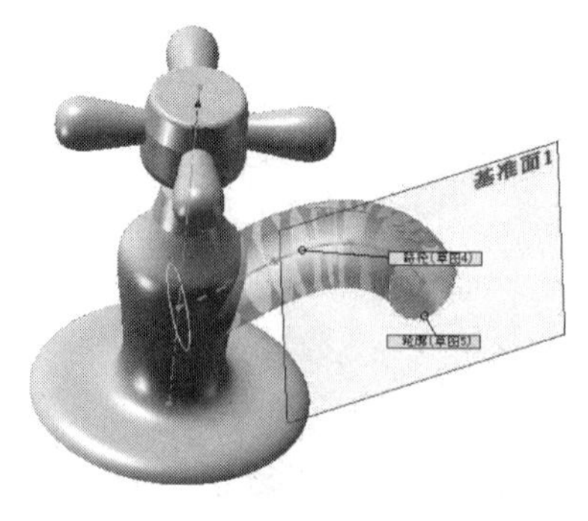

图 7-123 “曲面-扫描”预览

（5）建立过渡面：

① 在设计树中选取前视基准面，单击“草图”工具栏中的“草图绘制”按钮，进入草图绘制，绘制如图 7-125 所示的草图。

图 7-124 “曲面-扫描”结果

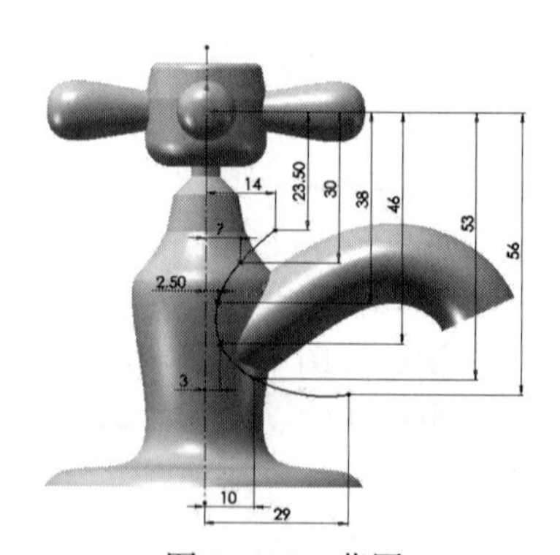

图 7-125 草图

② 单击“曲面”工具栏中的“剪裁曲面”按钮，或选择“插入”|“曲面”|“剪裁曲面”命令，出现“剪裁曲面”属性管理器。在“剪裁类型”选项组中，选中“标准”单选按钮。在“选择”选项组中，单击“剪裁工具”下方的列表框，然后在视图区域中选择图 7-125 中的草图，此时选择的草图出现在“剪裁工具”列表框中；选中“保留选择”单选按钮，单击“保留的部分”右侧的列表框，选择图 7-117 中的“旋转-曲面 2”，其他设置如图 7-126 所示，剪裁曲面结果如图 7-127 所示。

③ 在设计树中选取前视基准面，单击“草图”工具栏中的“草图绘制”按钮，进入草图绘制，绘制如图 7-128 所示的草图。

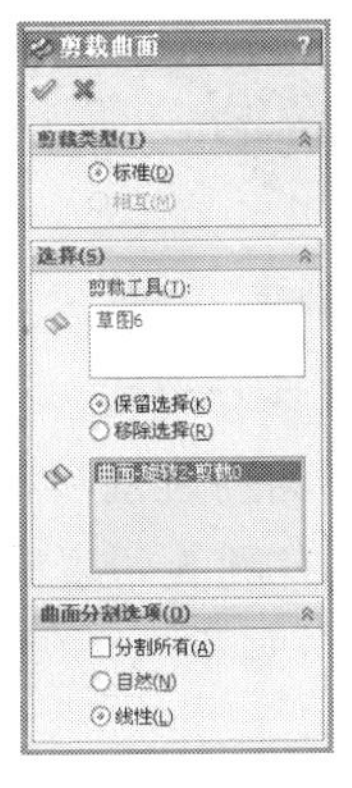

图 7-126　“剪裁曲面”管理器

图 7-127　“剪裁曲面”结果

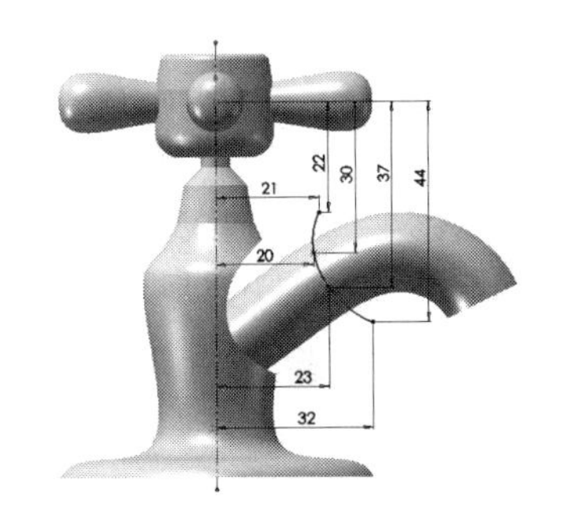

图 7-128　草图

④ 单击“曲面”工具栏中的“剪裁曲面”按钮，或选择“插入”|“曲面”|“剪裁曲面”命令，出现“曲面-剪裁”属性管理器。在“剪裁类型”选项组中，选中“标准”单选按钮。在“选择”选项组中，单击“剪裁工具”下方的列表框，然后在视图区域中选择图 7-128 中的草图，此时选择的草图出现在“剪裁工具”下方的列表框中；选中“保留选择”单选按钮，单击“保留的部分”按钮右侧的列表框，选择图 7-124 中的“曲面-扫描”，其他设置如图 7-129 所示，剪裁曲面结果如图 7-130 所示。

⑤ 在设计树中选择右视基准面，单击“草图”工具栏中的“草图绘制”按钮，进入草图绘制，绘制草图，单击“重建模型”按钮，如图 7-131 所示。

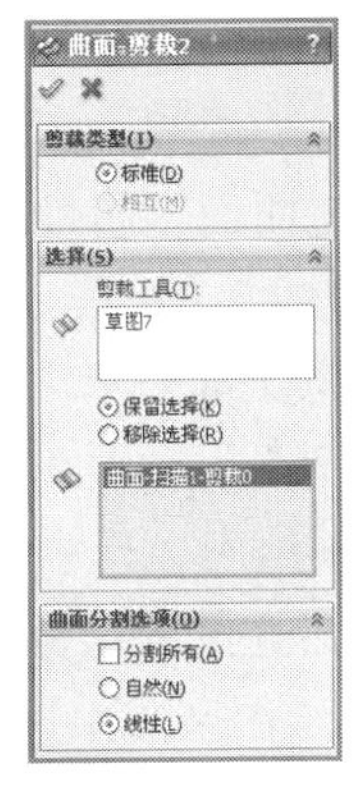

图 7-129　“曲面-剪裁”属性管理器

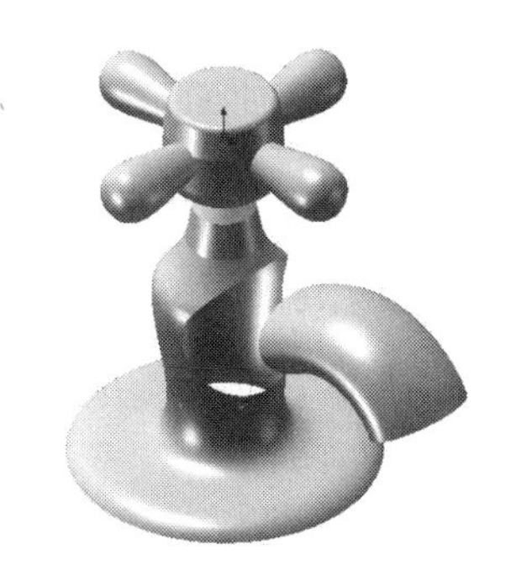

图 7-130　“剪裁曲面”结果

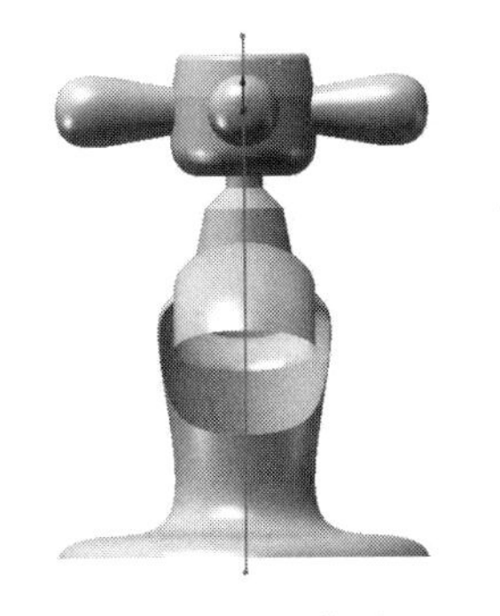

图 7-131　草图

⑥ 单击“曲线”工具栏中的“分割线”按钮，出现“分割线”属性管理器；在“分割类型”选项组中选择“投影”单选按钮，在“选择”选项组按钮右侧的列表框中单击，然

后在绘图区域选择图 7-131 所示草图；单击“要分割的面”按钮右侧的列表框，在绘图区域选择图 7-117 所示的“曲面-旋转”结果，其他设置如图 7-132 所示，预览如图 7-133 所示。

图 7-132 “分割线”属性管理器

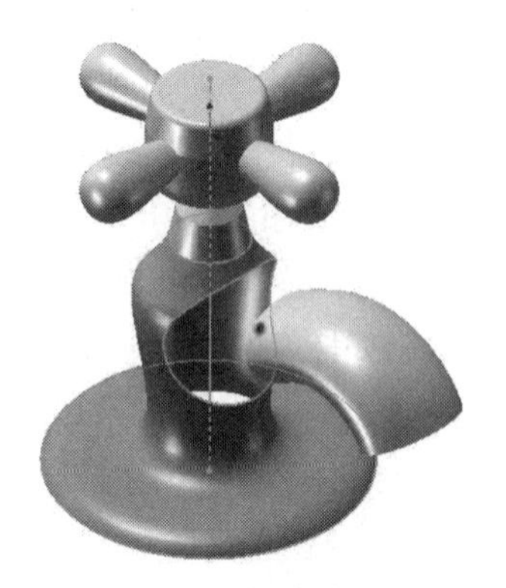

图 7-133 “分割线”预览

⑦ 单击“曲线”工具栏中的“分割线”按钮，出现“分割线”属性管理器；在“分割类型”选项组中选择“投影”单选按钮，在“选择”选项组按钮右侧的列表框中单击，然后在绘图区域选择如图 7-131 所示草图；单击“要分割的面”按钮右侧的列表框，在绘图区域选择如图 7-124 所示的“曲面-扫描”结果，其他设置如图 7-134 所示，预览效果如图 7-135 所示，“分割线”结果如图 7-136 所示。

图 7-134 “分割线”属性管理器

图 7-135 “分割线”预览

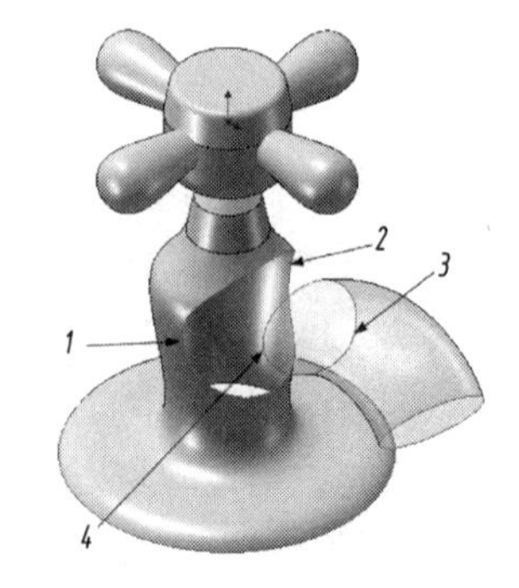

图 7-136 “分割线”结果

⑧ 单击“曲面”工具栏中的“填充曲面”按钮，打开“填充曲面”属性管理器；单击修补边界按钮右侧的列表框，然后选择图 7-136 中的边线 1、边线 2、边线 3 和边线 4，其他设置如图 7-137 所示，其预览效果如图 7-138 所示，结果如图 7-139 所示。

⑨ 单击“曲面”工具栏中的“剪裁曲面”按钮，或选择“插入”|“曲面”|“剪裁曲面”命令，出现“曲面-剪裁”属性管理器；在“剪裁类型”选项组中，选中“相互”单选按钮；在“选择”选项组中单击“剪裁曲面”右侧的列表框，然后在绘图区域中选择“开关”和“水龙头体”，单击“保留的部分”右侧的列表框，然后在绘图区域中选择“开关”和“水龙头体”；在“曲面分割选项”选项组中选择“线性”单选按钮，其他设置如图 7-140 所示，结果如图 7-141 所示。

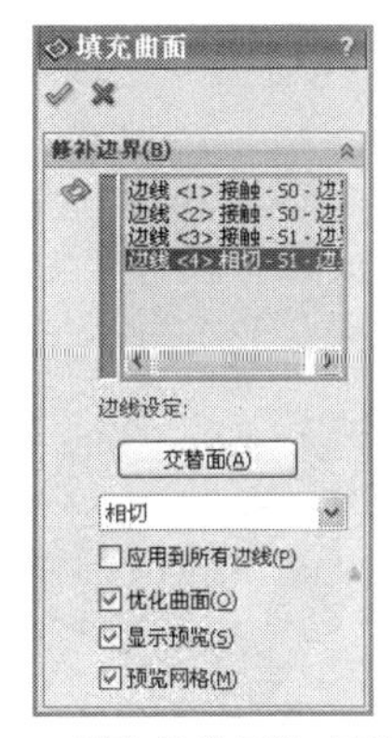

图 7-137　“填充曲面”属性管理器

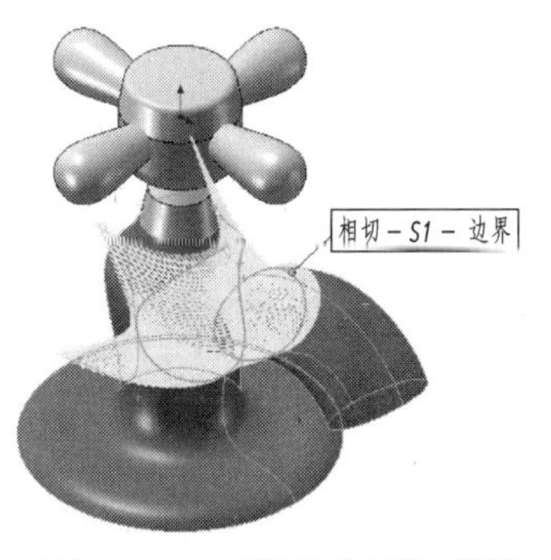

图 7-138　“填充曲面”预览

图 7-139　“填充曲面”结果

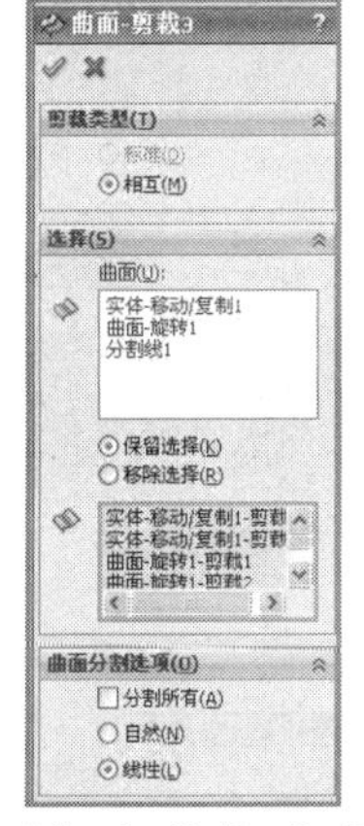

图 7-140　“曲面-剪裁 3”属性管理器

图 7-141　“曲面-剪裁 3”结果

剪裁曲面前后结果对比如剖面视图 7-142 所示。

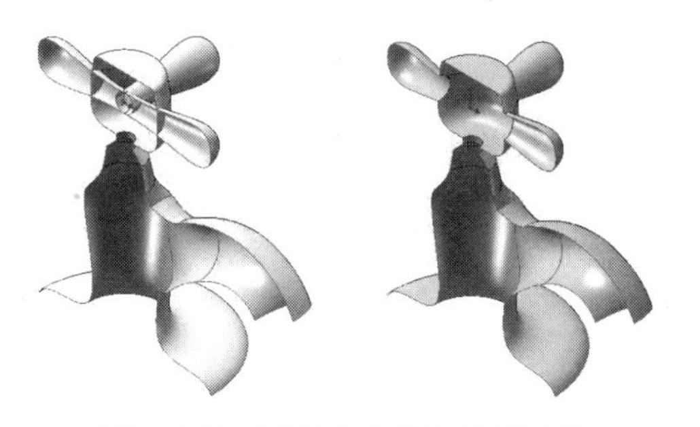

图 7-142　剪裁曲面前后结果对比

（6）修饰水龙头嘴：

① 单击“曲线”工具栏中的“组合曲线”按钮，打开“组合曲线”属性管理器，单击“要连接的实体”下方的列表框，在绘图区域选择图 7-143 中的“边线 1”和“边线 2”，其属性管理器如图 7-144 所示。单击属性管理器中的“确定”按钮或绘图区域右上角的“确定”按钮，组合曲线。

② 在设计树中选择“前视基准面”，单击“草图”工具栏中的“草图绘制”按钮，进入草图绘制，绘制草图。单击“添加几何关系”按钮，打开“添加几何关系”属性管理器，单击“所选实体”下方的列表框，在绘图区域选取“圆心”和“组合曲线”，单击“穿透”约束按钮，单击“确定”按钮，如图 7-145 所示。

③ 单击“曲面”工具栏中的“扫描曲面”按钮，或选择“插入”|“曲面”|“扫描曲面”命令，出现“曲面-扫描”属性管理器；单击轮廓右侧的列表框，在绘图区域选择图 7-145 中的轮廓线草图；单击路径右侧的列表框，在绘图区域选择图 7-145 中的组合曲

线，其他设置如图 7-146 所示，其预览如图 7-147 所示；单击属性管理器中的“确定”按钮✔或绘图区域右上角的“确定”按钮✔，完成扫描曲面。

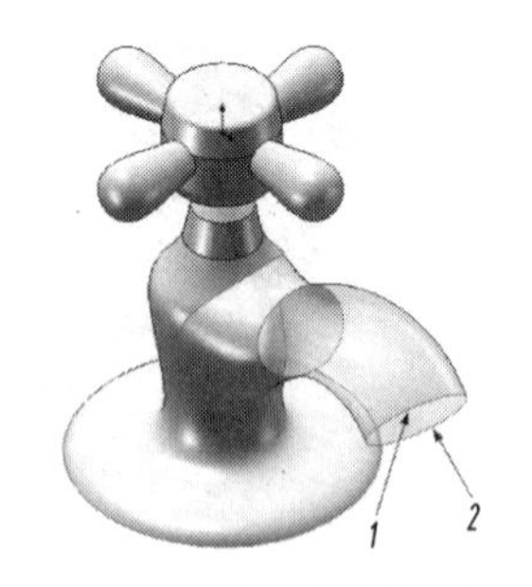

图 7-143 “组合曲线”要选择的边线

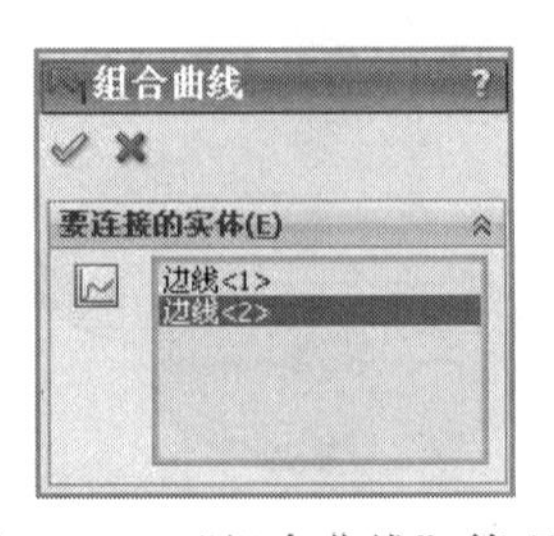

图 7-144 “组合曲线”管理器

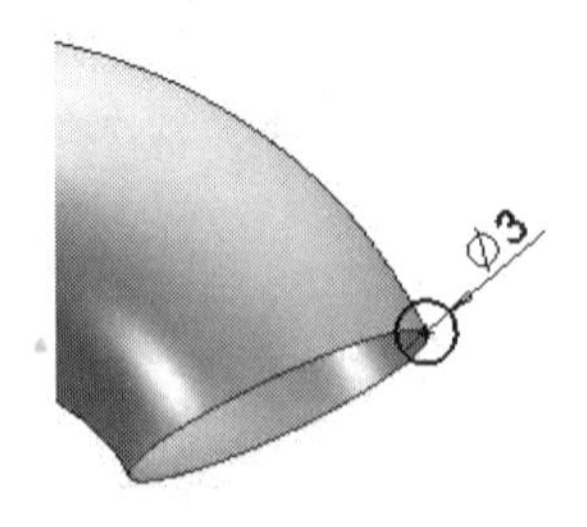

图 7-145 组合曲线与轮廓线草图

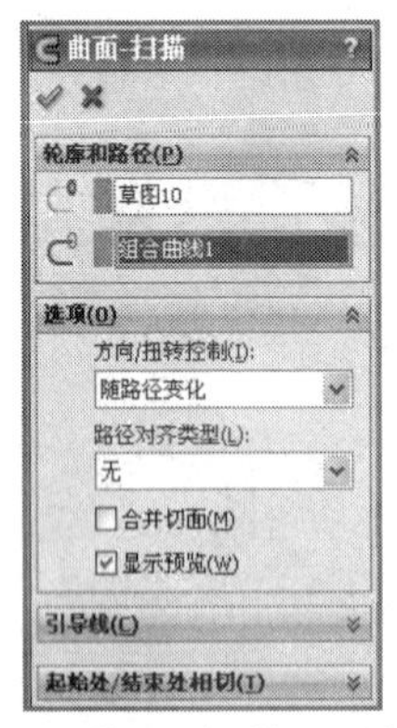

图 7-146 “曲面-扫描”属性管理器

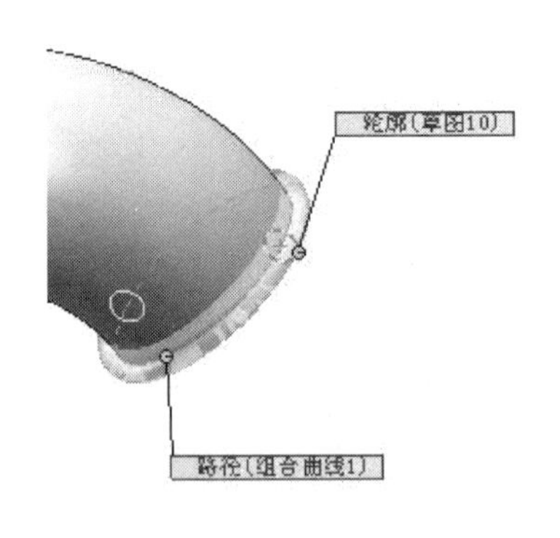

图 7-147 “曲面-扫描”预览

④ 单击“曲面”工具栏中的“缝合曲面”按钮，或选择“插入”|“曲面”|“缝合曲面”命令，出现“缝合曲面”属性管理器，在绘图区域选择“水龙头体”“过渡面”和“水龙头嘴”，其属性管理器如图 7-148 所示，预览如图 7-149 所示。

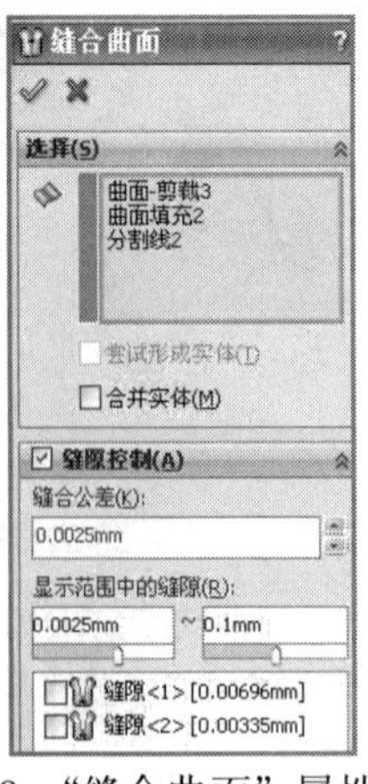

图 7-148 “缝合曲面”属性管理器

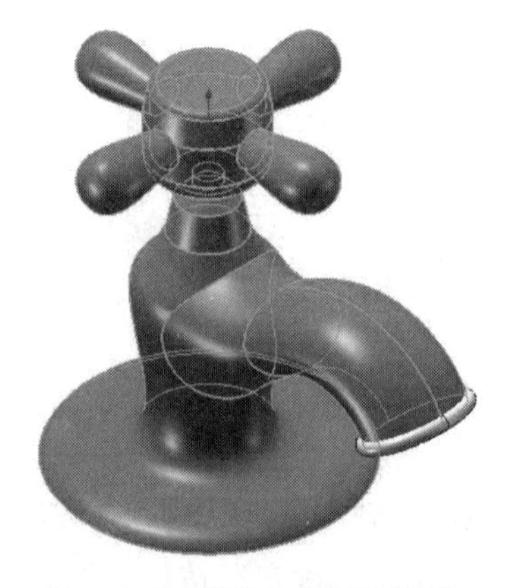
图 7-149 “缝合曲面”预览

⑤ 单击“曲面”工具栏中的“圆角”按钮，或选择“插入”|“曲面”|“圆角”命令，出现“圆角”属性管理器，在“圆角类型”选项组中选中“等半径”单选按钮，其他设置如图 7-150 所示，其预览效果如图 7-151 所示。

（7）存盘。

图 7-150 “圆角”属性管理器

图 7-151 “圆角”特征预览

上 机 练 习

1. 根据图 7-152 所示草图，创建如图 7-153 所示果盘模型。

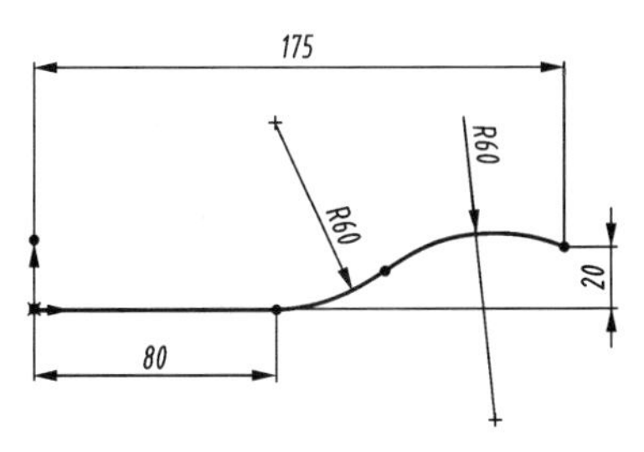

图 7-152 绘制草图

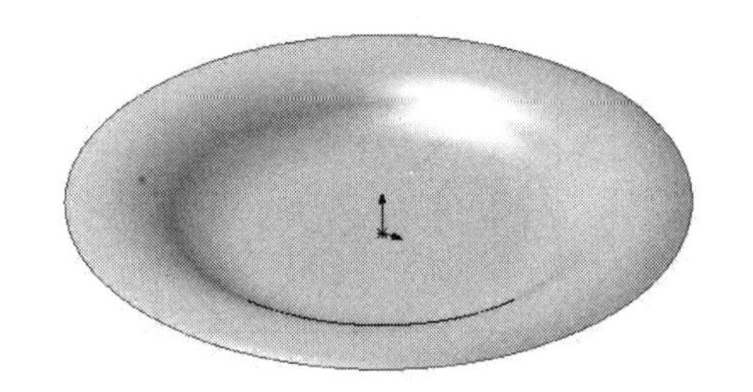

图 7-153 果盘模型

2. 根据图 7-154、图 7-155 所示草图，创建如图 7-156 所示灯罩模型。

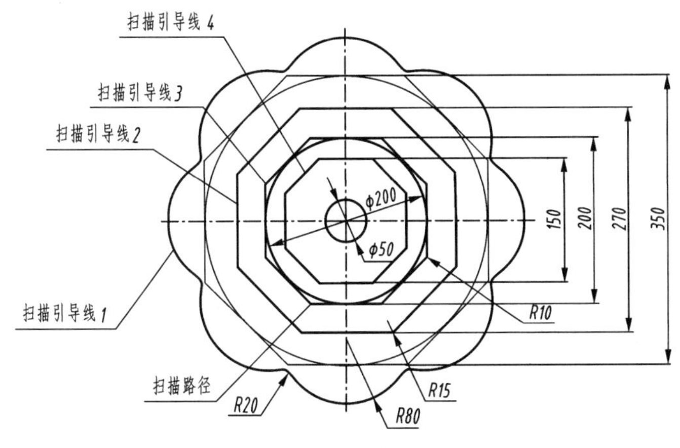

图 7-154 草图 1

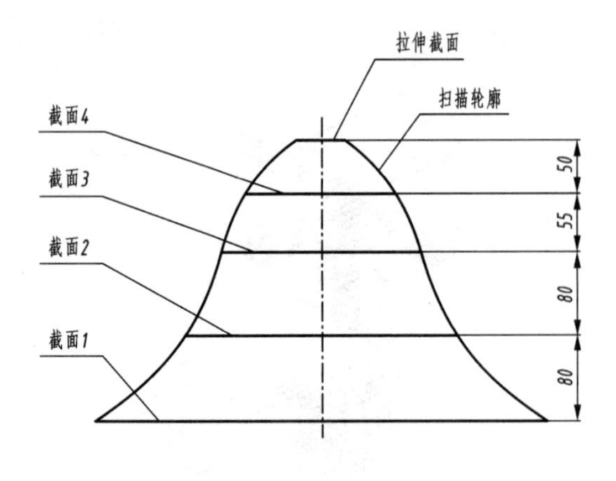

图 7-155　草图 2　　　　图 7-156　灯罩模型

3. 根据图 7-157～图 7-160 所示图形，创建如图 7-161 所示心形立体模型。

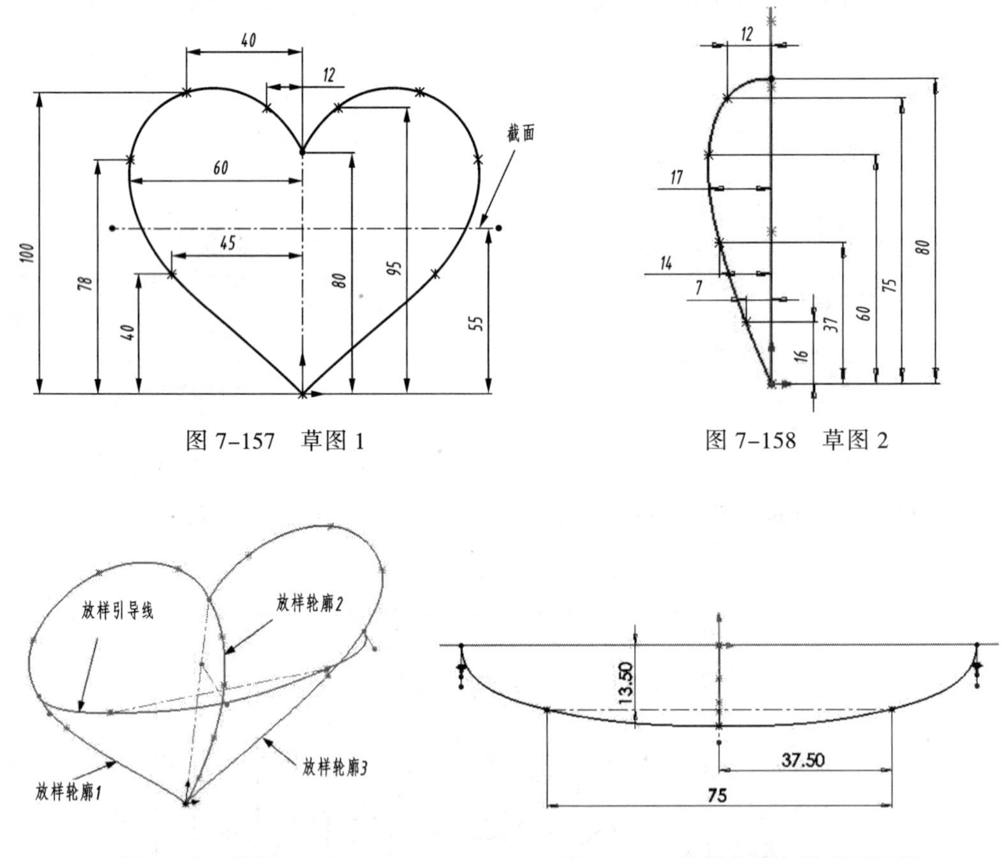

图 7-157　草图 1　　　　图 7-158　草图 2

图 7-159　草图 3　　　　图 7-160　放样轮廓与放样引导线

4. 根据图 7-162～图 7-178 所示图形，创建图 7-179 所示风扇叶片模型。

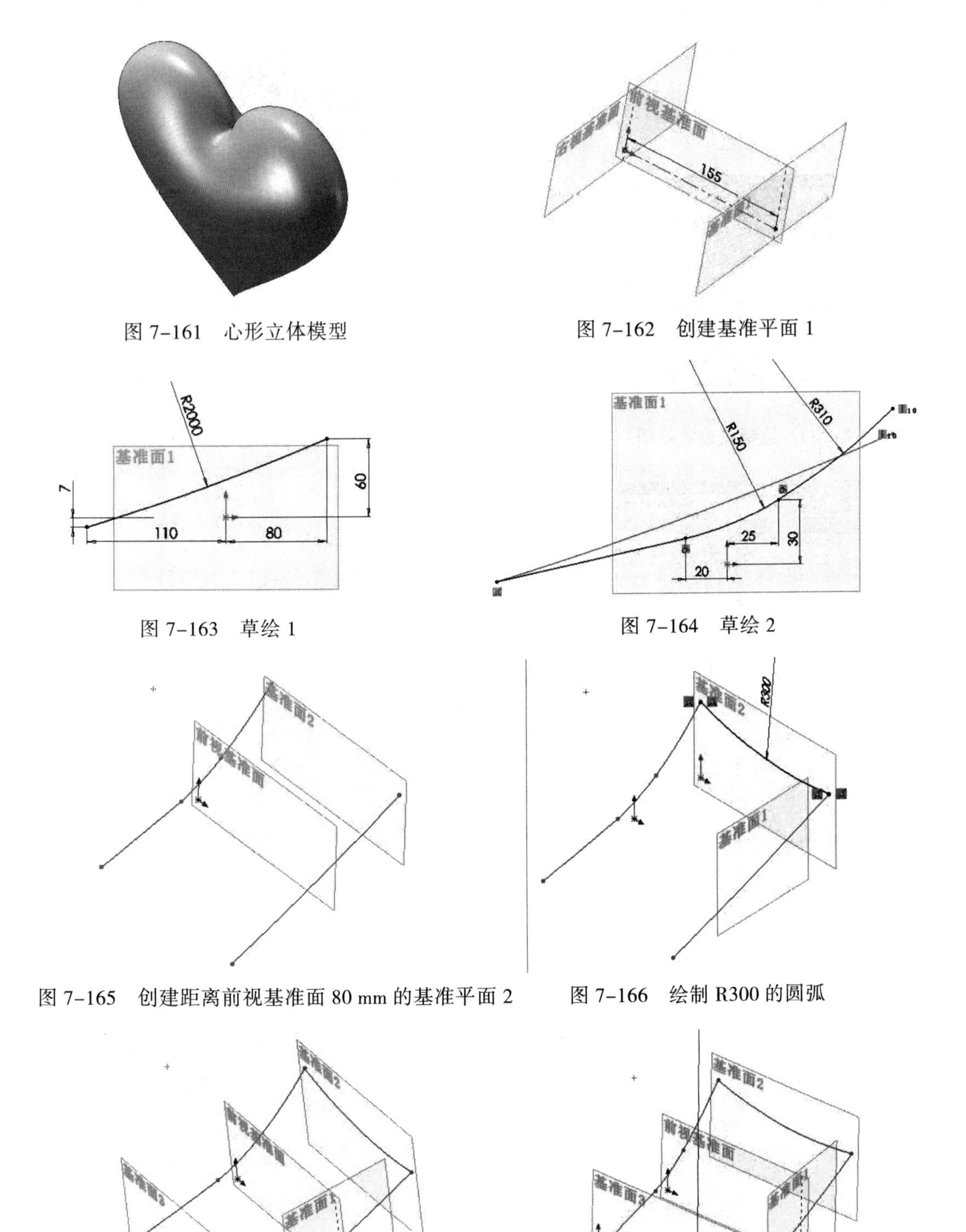

图 7-161 心形立体模型

图 7-162 创建基准平面 1

图 7-163 草绘 1

图 7-164 草绘 2

图 7-165 创建距离前视基准面 80 mm 的基准平面 2

图 7-166 绘制 R300 的圆弧

图 7-167 创建距离前视基准面 110 mm 的基准平面 2

图 7-168 绘制 R2500 的圆弧

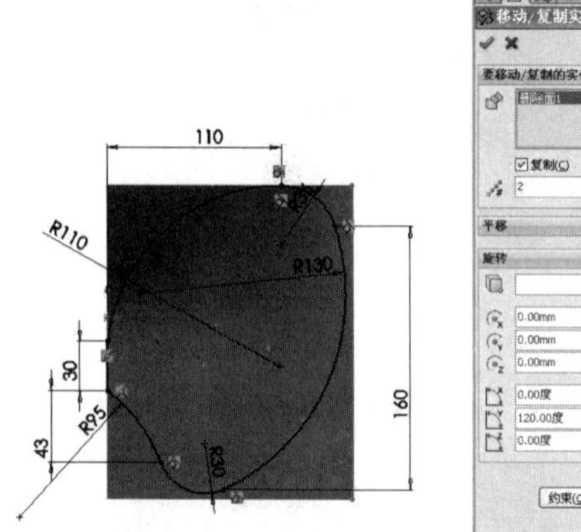

图 7-169　绘制风扇叶草图

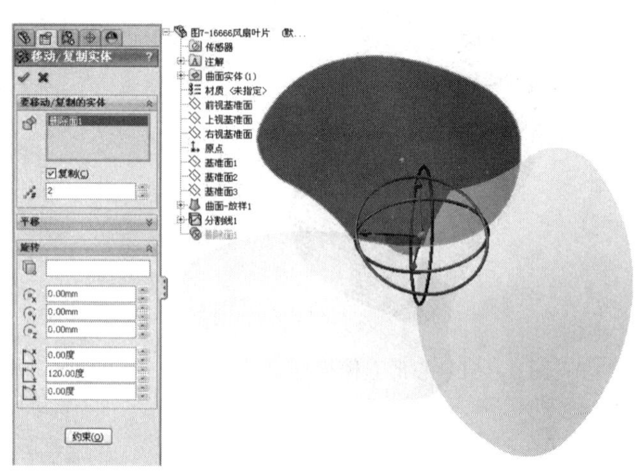

图 7-170　创建另外两片风扇叶属性管理器

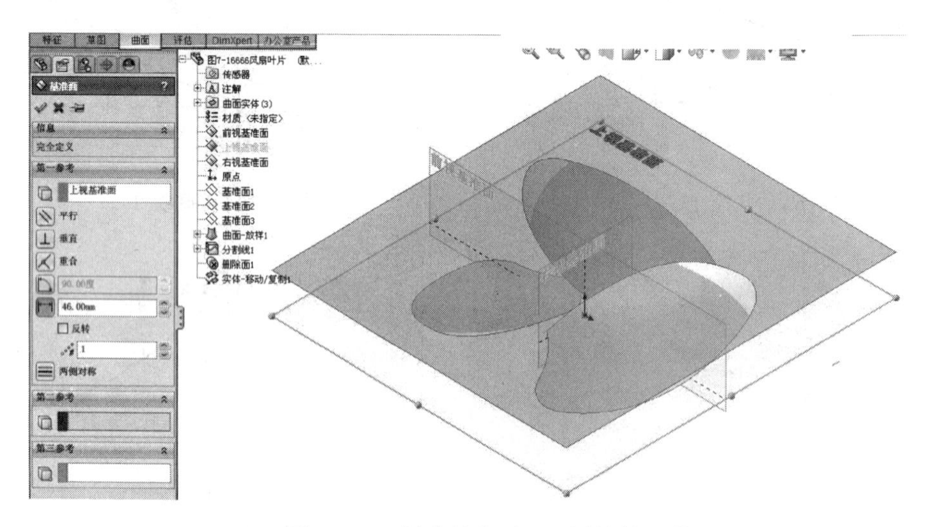

图 7-171　创建基准平面 4 属性管理器

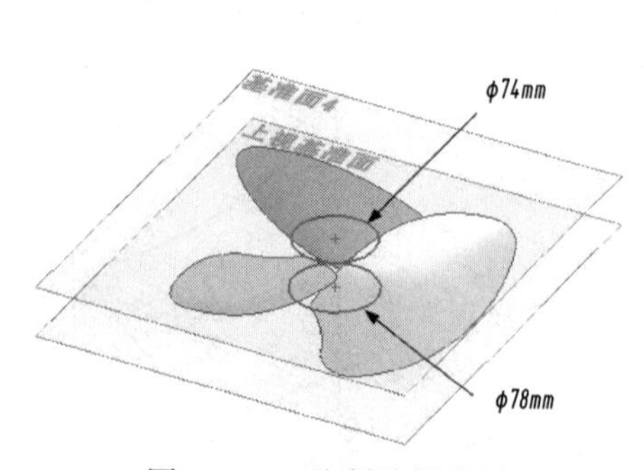

图 7-172　绘制放样草图

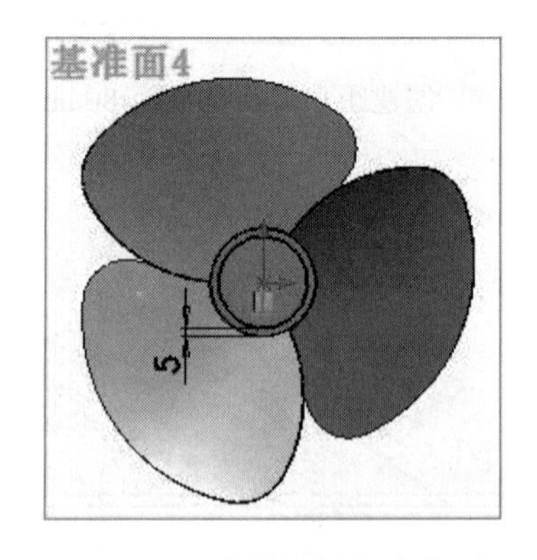

图 7-173　绘制拉伸切除草图

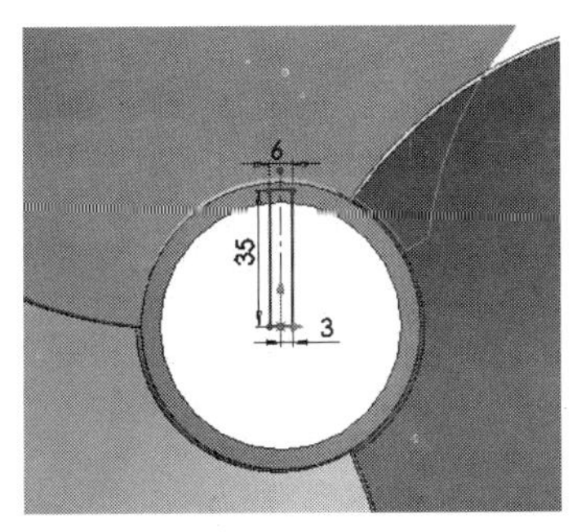

图 7-174　绘制凸台拉伸草图

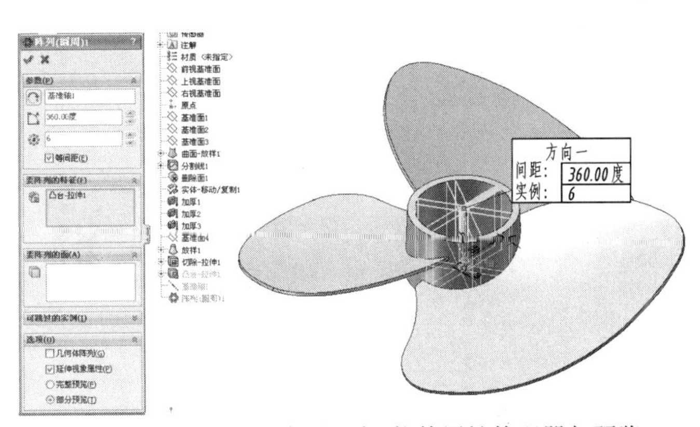

图 7-175　阵列凸台-拉伸属性管理器与预览

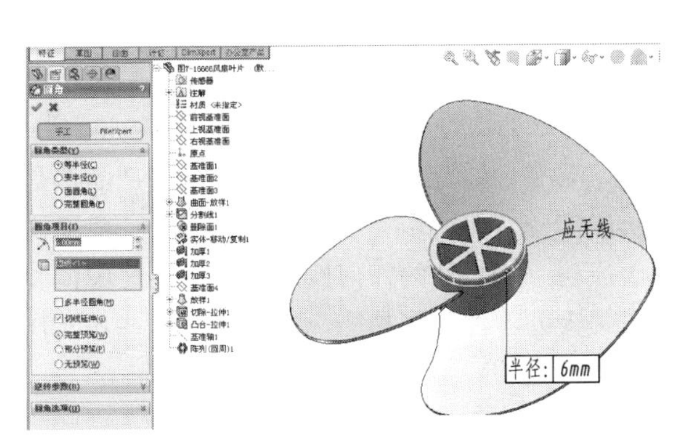

图 7-176　倒圆角属性管理器与预览

图 7-177　拉伸凸台草图

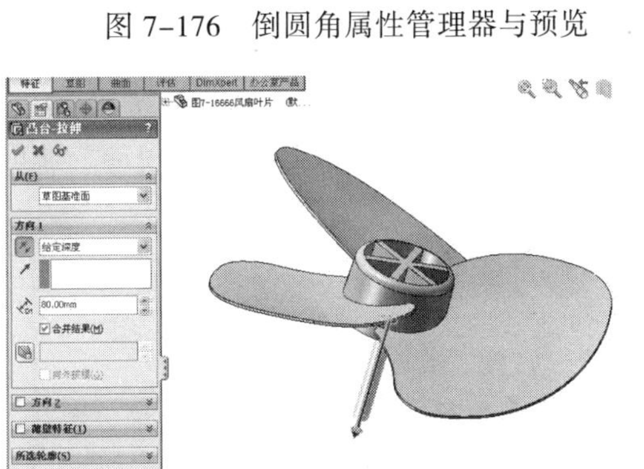

图 7-178　凸台-拉伸属性管理器与预览

图 7-179　风扇叶片

第8章 编辑零件

本章提要

- 掌握编辑草图与编辑特征的方法；
- 掌握零件的外观的操作方法；
- 掌握特征复制和移动的操作方法；
- 掌握系列化零件设计方法。

在 SolidWorks 2012 中存在 3 种基本文件类型：零件、装配体和工程图。设计的产品都是由一系列零件组成的，零件是机械设计的基本组成部分。在初步完成零件设计后，一般来说需要对设计进行必要的调整和修改，不可能一次成功。对零件的任何修改都可以在装配体和工程图中反映出来，SolidWorks 2012 软件提供了强大的零件编辑功能。本章将对这些功能作简要介绍。

8.1 编辑草图与编辑特征

在 SolidWorks 2012 零件的设计过程中，可以随时编辑草图或特征来改变其参数。例如，由拉伸特征命令生成了一个零件后，如果想改变它的厚度，可以编辑拉伸特征的深度。如果想改变零件的形状或尺寸，可以编辑草图。

编辑草图或特征的操作步骤如下：

（1）在特征管理器或图形区域中，选择一个需要编辑的特征。

（2）选择“菜单栏”中的“编辑”|“草图”或“定义”命令，如图 8-1 所示。或者右击，单击“编辑草图”或“编辑特征”按钮，如图 8-2 所示。

（3）执行完成第（2）步操作后，则出现相应的拉伸特征属性管理器或进入草图编辑状态，在属性管理器中输入新的特征参数或进行草图编辑。例如，图 8-3 在“凸台-拉伸 1”属性管理器中对拉伸深度参数的修改，可以重新确定拉伸的深度。

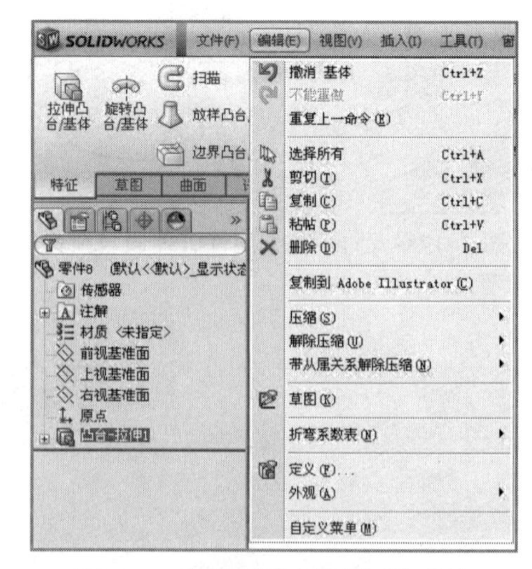

图 8-1　编辑草图或特征下拉菜单

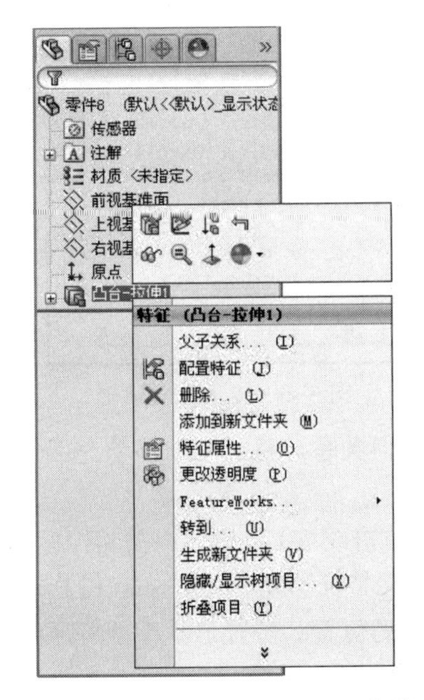

图 8-2　编辑草图或特征快捷菜单

图 8-3　“凸台-拉伸 1”属性管理器

8.2　动态编辑特征

SolidWorks 2012 中的“动态编辑特征”就是 Instant3D（实时三维）工具，利用该工具可以编辑装配体内的零部件特征，也可以编辑装配体层级草图、配合尺寸，以及编辑内部草图轮廓。

Instant3D 支持点击和拖放，并有直观的标尺，可以观察变更尺寸，能够更直观地进行尺寸的编辑修改，而无须进行烦琐的重定义，直接修改实体，无须通过变更草图。新的拖动控标会在用户选择某个设计区域时出现，从而允许实时编辑和创建设计。没有任何对话框或输入字段，用户只须选择面，然后将它们拖动和捕捉到屏幕标尺，就可以得到精确的值。在该按钮打开状态下可以进行任意拖拉模型而不需要右击编辑来修改参数。

8.2.1　显示和使用特征控标

显示和使用特征控标的操作步骤如下：

（1）首先创建如图 8-4 所示的实体特征。

（2）单击“特征”工具栏中的 Instant3D 按钮。

（3）在图形区双击特征可显示特征的控标和尺寸。

（4）拖动“旋转”控标或“调整大小”控标，可以旋转特征或调整特征的大小，如图 8-5 所示。

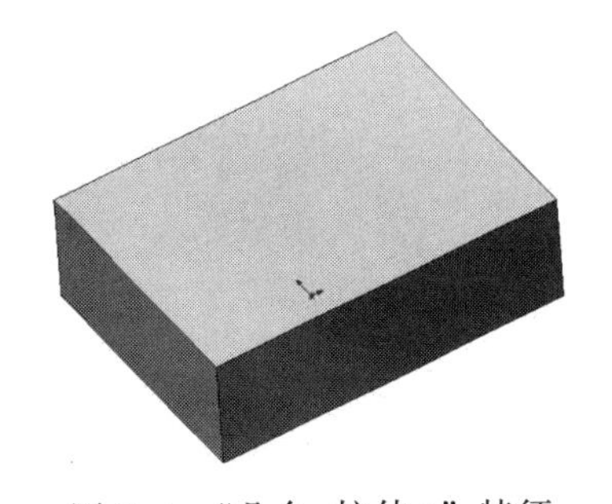

图 8-4　“凸台-拉伸 1”特征

（5）如果要移动特征，可以使用移动控标将特征拖动到一个新位置。

如果特征具有限制其移动的定位尺或几何关系，系统会弹出如图 8-6 所示的提示性对话框，询问用户是否想删除或保留几何关系或尺寸。

图 8-5 “Instant3D”特征控标

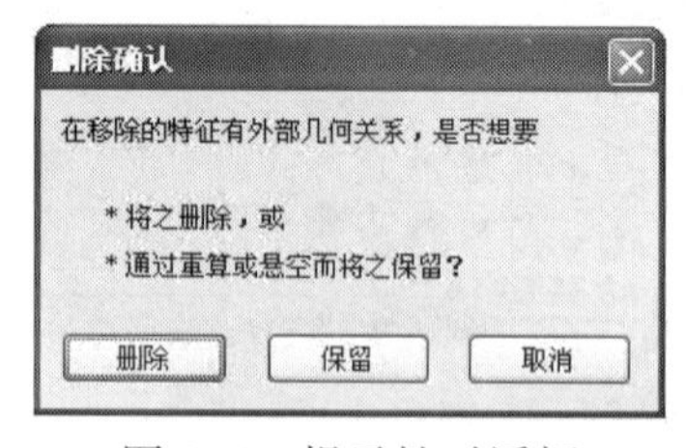

图 8-6 提示性对话框

（6）拖动时按住 Alt 键可以保持特征上的尺寸和几何关系。特征可以移动，但仅限于在未被尺寸或几何关系控制的方向上。

（7）当完成特征的动态修改后，在图形区的空白处单击或按 Esc 键，以关闭控标的显示。

使用移动控标拖动父特征时，所有子特征都将随着父特征移动。按住 Shift 键拖动父特征并拖动子特征时，系统会尝试保持子特征相对于父特征的位置。位置是基于子特征的尺寸和几何关系确定的。

但是，在某些情况下（例如，当子特征定义不足或它的尺寸不是标记在父特征上时），子特征可能不会随父特征移动。

8.2.2 编辑草图时显示动态预览

具体操作步骤如下：

（1）首先创建如图 8-7 所示的实体特征。

（2）单击“特征”工具栏中的 Instant3D 按钮。

（3）在图形区域双击特征可以对该特征进行编辑，如图 8-8 所示。

（4）在设计树单击草图可以对草图进行编辑，如图 8-9 所示。通过拖动草图实体、改变尺寸、添加几何关系等对草图进行修改。在用户修改草图时，系统会同通过预览显示生成特征的外观。

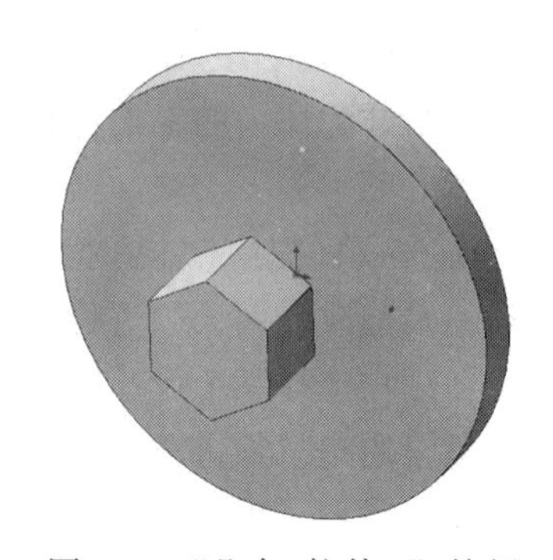

图 8-7 “凸台-拉伸 1”特征

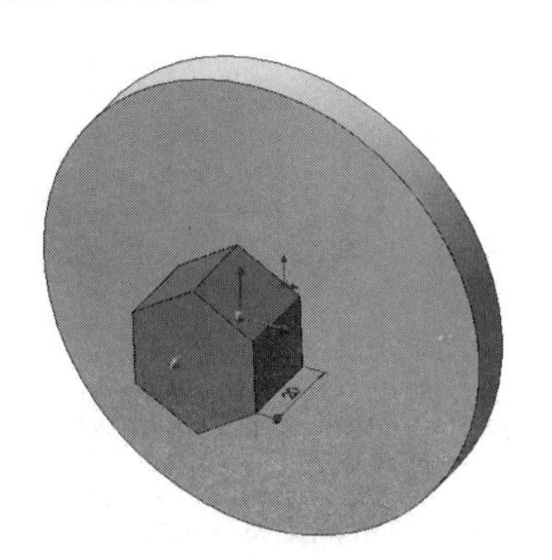

图 8-8 编辑特征

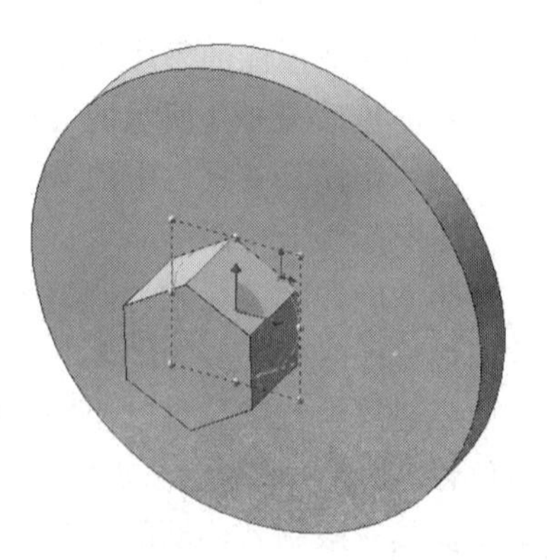

图 8-9 编辑草图

8.3　特征属性编辑与面属性编辑

零件特征属性包括名称、颜色和材质（材料属性）等。由于特征材质的变化受光源的影响较大，操作时必须和光源一起调整。

8.3.1　特征属性编辑

特征属性编辑的操作步骤如下：

（1）右击特征设计树中的某个特征，弹出如图 8-10 所示的快捷菜单。

（2）选择“特征属性”命令，弹出如图 8-11 所示的“特征属性”对话框。

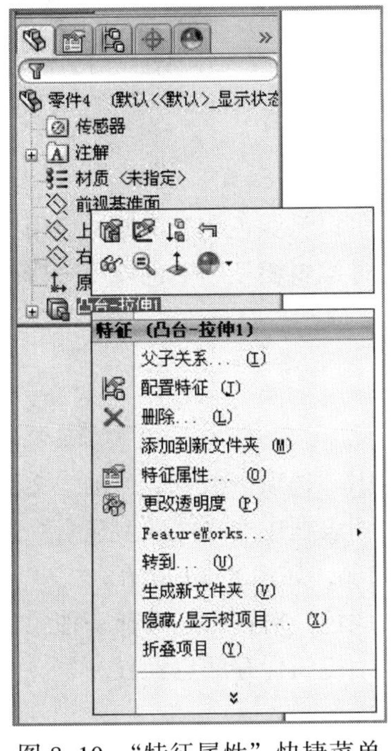

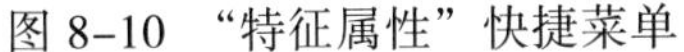

图 8-10　“特征属性”快捷菜单

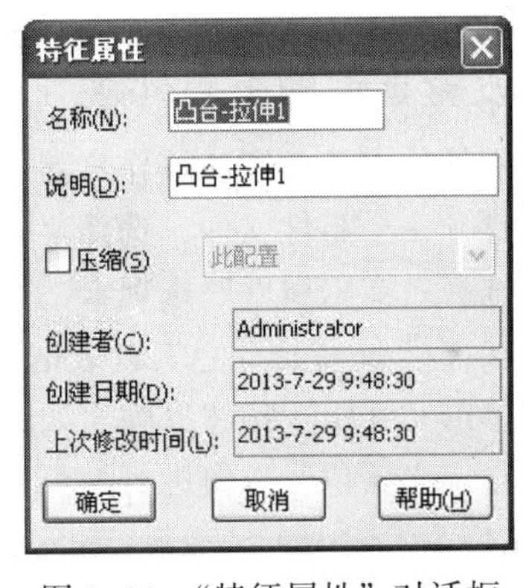

图 8-11　“特征属性”对话框

（3）可以在“名称”文本框中输入新的特征名称。

（4）如果要压缩该特征，须选中“压缩”复选框。

（5）单击“确定”按钮，完成特征属性的修改。

此外，“特征属性”对话框中还会显示该零件的创建者名称、创建日期，以及上次修改的时间等属性。

8.3.2　面属性编辑

面属性编辑的操作步骤如下：

（1）在绘图区域实体表面右击，弹出如图 8-12 所示的快捷菜单。

（2）选择“面属性”命令，弹出如图 8-13 所示的“实体属性”对话框。

（3）可以在“名称”文本框中输入新的名称。

（4）单击“确定”按钮，完成面属性的修改。

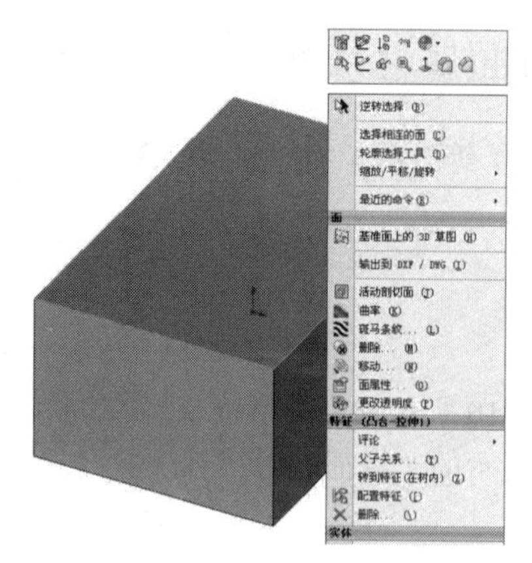

图 8-12 “面属性”快捷菜单

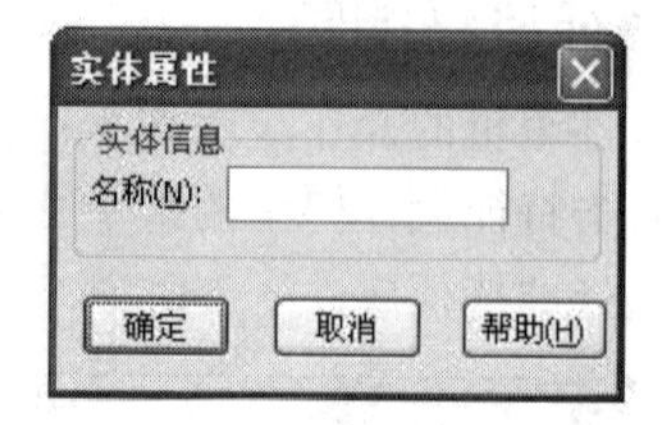

图 8-13 “实体属性”对话框

8.4 零件的外观

用户可以根据需要对零件的颜色和外观进行更改。可以将颜色和光学属性应用到整个零件、所选面、特征（包括曲线或曲面）或实体，也可通过编辑模型的上色外观来修改颜色，还可以根据需要隐藏或显示特征。

8.4.1 设置零件的上色外观

设置零件的上色外观的操作步骤如下：

（1）打开一个零件文件，选择菜单栏中的“工具” | “选项”命令，弹出“文档属性”对话框。选择“文档属性”选项卡，在该选项卡左侧的列表框中选择“模型显示”选项。

（2）在“模型/特征颜色”列表框中选择“上色”选项，如图 8-14 所示。

（3）单击“编辑”按钮，弹出如图 8-15 所示的“颜色”对话框，选择一种颜色，或单击“规定自定义颜色”按钮进行颜色设置，单击“确定”按钮保存颜色设置。

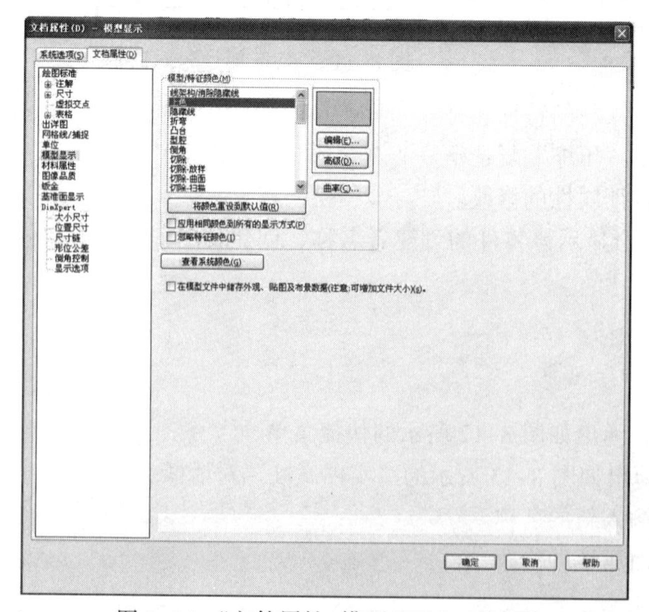

图 8-14 “文件属性-模型显示”对话框

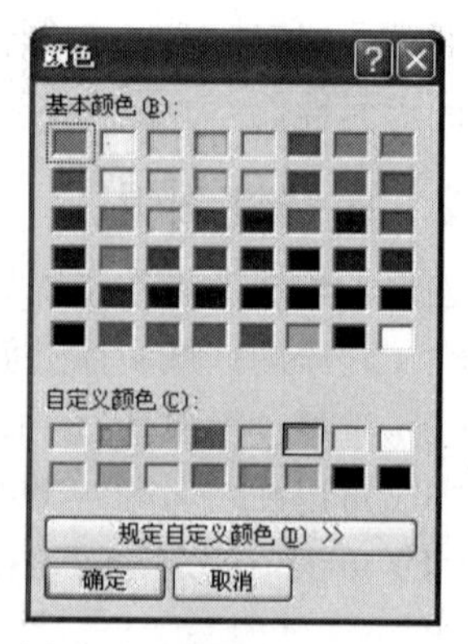

图 8-15 “颜色”对话框

（4）单击“确定”按钮关闭“文档属性”对话框，零件以新定义的颜色上色显示。

8.4.2 编辑特征、零件或装配体的颜色

1. 在零件文件中编辑颜色

在零件文件中，使用“颜色”命令可以在上色模式下改变面、零件和特征的颜色。更改颜色的操作步骤如下：

（1）打开一个零件文件。

（2）在菜单栏中选择“编辑”|“颜色”|“颜色”命令，出现如图 8-16 所示的“颜色”属性管理器。

（3）用户可以在其中进行参数设置，修改颜色属性和光学属性。

（4）修改完毕后单击属性管理器中的“确定”按钮或绘图区域右上角的“确定”按钮，零件以新定义的颜色上色显示。

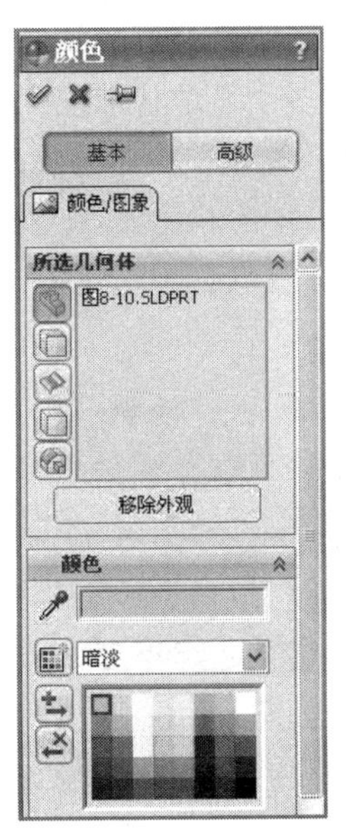

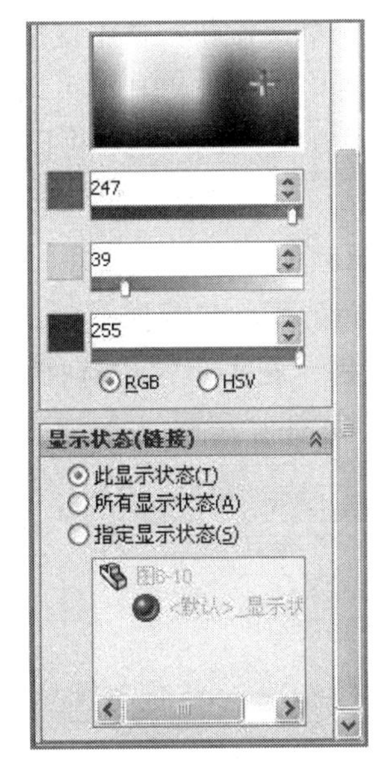

图 8-16 零件“颜色”属性管理器

2. 利用“颜色”属性管理器编辑颜色

“颜色”属性管理器中主要选项说明如下：

（1）“所选几何体”选项组：

- “选择零件”按钮：用于选择零件，指定所选的零件外观颜色。
- “选取面”按钮：用于选择平面，指定模型的一个或多个平面的外观颜色。
- “选择曲面”按钮：用于选择曲面，指定模型的一个或多个曲面的外观颜色。
- “选择实体”按钮：用于指定模型实体的外观颜色。
- “选择特征”按钮：用于选择特征，指定模型的一个或多个特征的外观颜色。
- “移除外观”按钮：单击该按钮，可以从零件的所有实体中删除应用在面、特征或实体层次上的颜色和光学属性，所有实体将返回到与零件相同的颜色。

（2）“颜色”选项组：

- “主要颜色”样块显示框：在该显示框中显示当前所选的颜色。

- “生成新样块”下拉列表框：用于选择 SolidWorks 软件预定义的样块显示效果，包括：暗淡、光亮、标准和透明。单击按钮可以生成新的样块。
- “选择现有颜色，或挑选一颜色”样块库：用于显示包含在所选样块中的颜色。
- “添加当前颜色到样块”按钮：单击该按钮，可以将所选颜色添加到自定义样块。
- “移除所选样块颜色”按钮：单击该按钮，可以将所选颜色从自定义样块中移除。
- RGB 单选按钮：以红色、绿色及蓝色数值定义一种颜色。可以使用滑杆或直接输入数值来调整颜色。

（3）“显示状态”或“配置”选项组：

- “此显示状态”单选按钮：选中该按钮，则所做的更改只反映在当前装配体的显示状态或零件配置中。
- “所有显示状态”单选按钮：选中该按钮，则所做的更改将反映在每个装配体的显示状态或每个零件配置中。
- “指定显示状态”单选按钮：选中该按钮，则所做的更改将反映在所选的装配体的显示状态或零件配置中。按住 Ctrl 键可以选择多个显示状态或配置。

设置完成后，要移除所应用的颜色，可以单击“撤销”按钮，或在菜单栏中选择“编辑”|“撤销编辑颜色”命令。

3. 在装配体中编辑颜色

在装配体中更改颜色的操作步骤如下：

（1）打开装配体文件，在菜单栏中选择“编辑”|“外观”|“颜色”命令，出现如图 8-17 所示的“颜色”属性管理器。

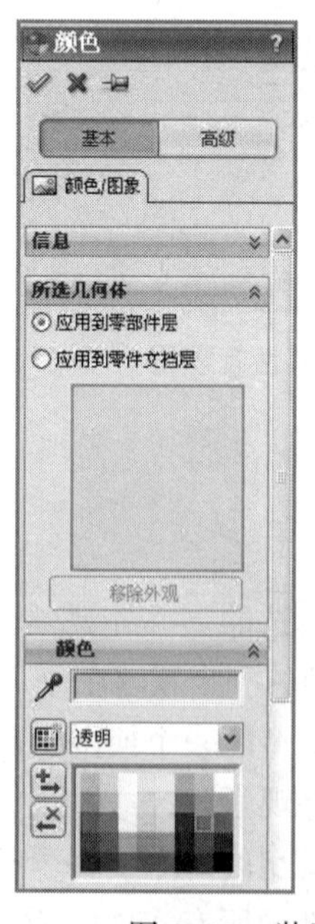

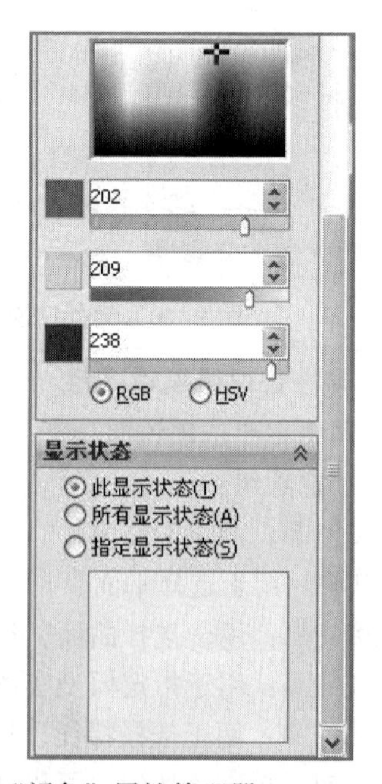

图 8-17　装配体“颜色”属性管理器

（2）该属性管理器的大部分选项与零件的“颜色”属性管理器中选项的使用方法相同，只是在“所选几何体”选项组不同，其功能介绍如下：

- “应用到零部件层”单选按钮：单击该按钮，则所选择的实体影响装配体零部件，子装配体和零件文档不发生变更。
- “应用到零件文档层”单选按钮：单击该按钮，则所选择的实体影响零件文档。

（3）修改完毕后单击属性管理器中的“确定”按钮✔或绘图区域右上角的“确定”按钮✔，装配体中的零件以新定义的颜色上色显示。

8.5 特征复制和移动

在 SolidWorks 2012 中，可以在同一模型中将特征从一个面复制或移动到另一个面上，也可以在不同模型之间复制特征。

8.5.1 在同一模型中复制特征

复制特征的操作步骤如下：

（1）创建如图 8-18 所示的实体特征。

（2）在设计树中选中特征 1，被选中的特征高亮显示，然后在绘图区域用鼠标左键按住特征 1，再按下 Ctrl 键，然后拖动特征 1，其预览效果如图 8-19 所示，拖到所需位置松开鼠标左键和 Ctrl 键，即完成了特征复制，其结果如图 8-20 所示。

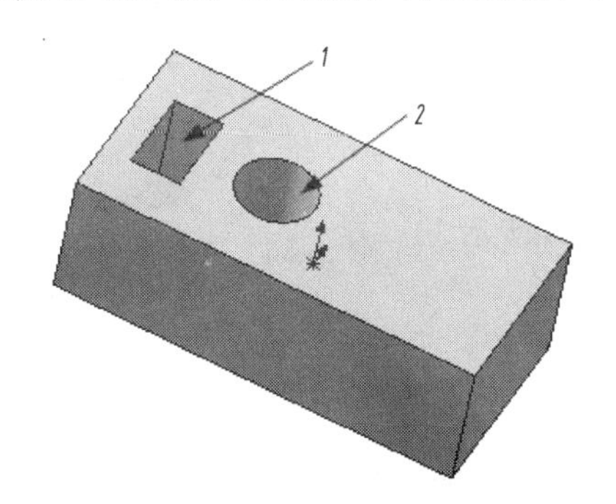

图 8-18 要复制特征的实体

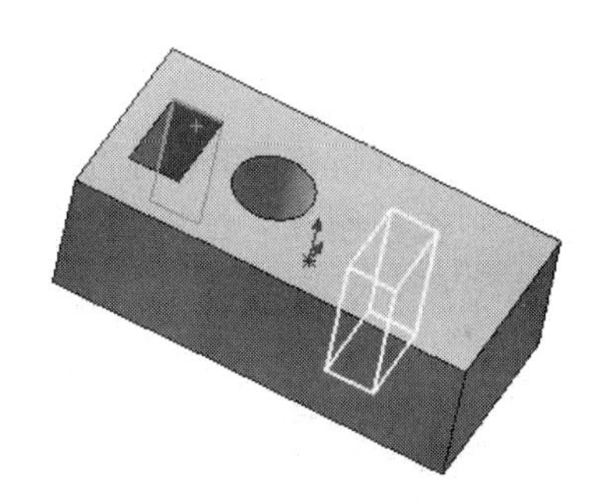

图 8-19 复制特征预览

如果要复制多个特征，则在选择特征时按住 Ctrl 键，将特征放在同一个面上或其他面上，如图 8-21 所示。

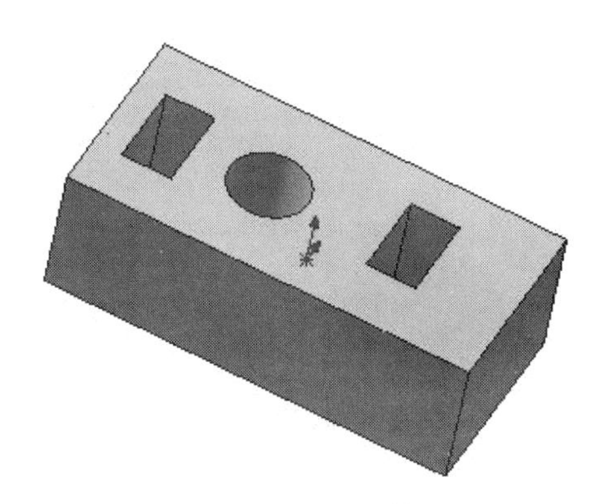

图 8-20 复制特征结果 1

图 8-21 复制特征结果 2

如果特征具有限制其移动的定位尺寸或几何关系，系统会弹出如图 8-22 所示的“复制确认”对话框，单击“删除”按钮，删除这些几何关系或尺寸，才能完成复制。

8.5.2 将特征移到模型中的新位置

按住 Shift 键将图 8-18 所示特征 1 拖到另一位置，松开鼠标左键可以将特征放置在模型其他平面上，其预览效果如图 8-23 所示，结果如图 8-24 所示。

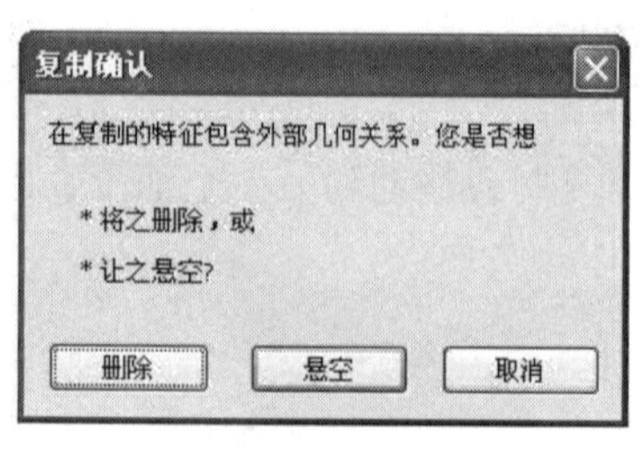

图 8-22 “复制确认”对话框

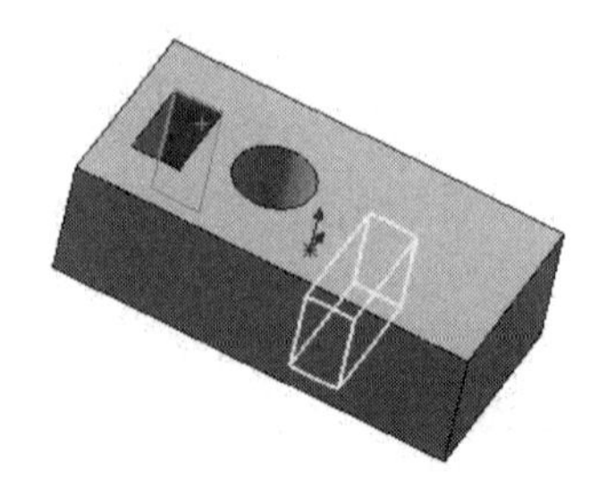

图 8-23 移到特征预览

图 8-24 移到特征结果

8.5.3 将特征从一个零件复制到另一个零件

具体操作步骤如下：

（1）同时打开图 8-18 和图 8-25 所示的零件。

（2）在菜单栏选择“窗口”｜“横向平铺”命令，平铺两个零件的显示窗口。

（3）按住 Shift 键将将光标定位在特征平面上，然后将该特征从一个窗口拖放到另一个窗口，其预览效果如图 8-26 所示，结果如图 8-27 所示。

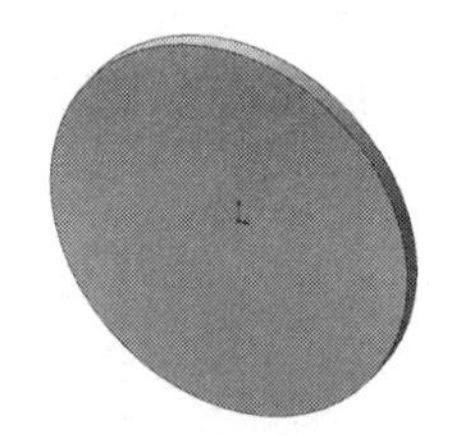

图 8-25 要复制特征的实体

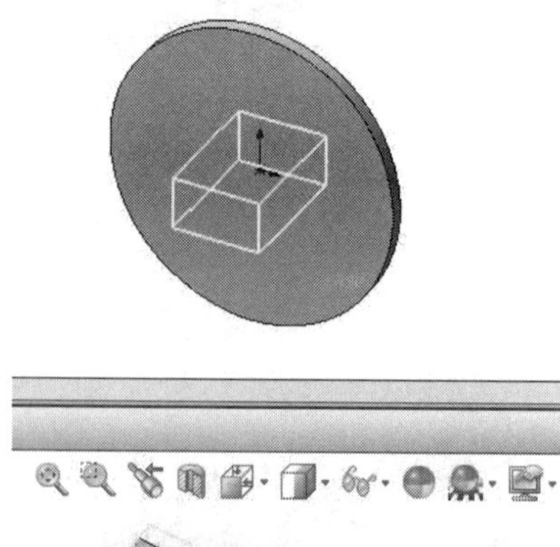

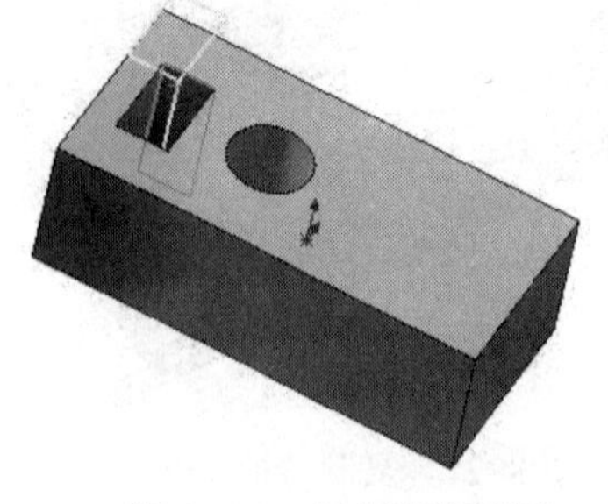

图 8-26 复制特征预览

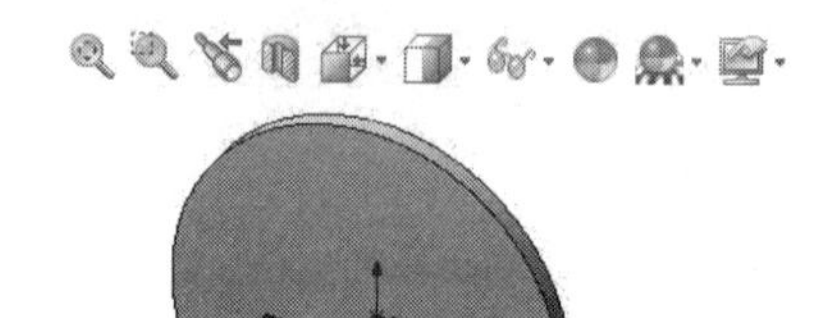

图 8-27 复制特征结果

8.6　系列化零件设计

SolidWorks 不仅提供了强大的造型功能，而且提供了实用性很强的产品设计系列化功能，包括方程式和数值连接、配置、系列零件设计表、库特征等。通过方程式和数值连接的方式可以控制特征间的数据关系。通过配置可以在同一个文件中同时反映产品零件的多种特征构成和尺寸规格。采用 Excel 表格建立系列零件设计表方式反映零件的尺寸规格和特征构成，表中的实例将成为零件中的配置。将建立的特征按照文件库的方式存储，即生成库特征，可以在零件造型中调用。

8.6.1　方程式

绘制草图时，可以利用“中点”“相等”等几何关系添加相应的尺寸约束，但有时为了更明确设计意图，在草图中利用这些简单的几何关系往往无法实现。这种情况下，应该使用方程式明确设计意图。

1. 尺寸名称

SolidWorks 是一个全相关的设计软件，对任何一个尺寸的修改都会影响到装配、工程图等方面。因此，SolidWorks 中每个尺寸都有一个特殊的名称。

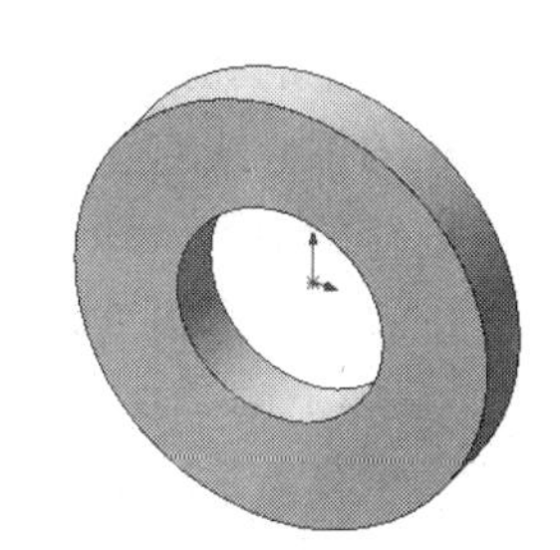

图 8-28　“拉伸-凸台”实体模型

(1) 显示尺寸名称：创建如图 8-28 所示的拉伸实体模型，然后在设计树中右击注解文件夹按钮，弹出如图 8-29 所示的快捷菜单，在该快捷菜单中选择“显示特征尺寸”命令，此时在绘图区域中零件的所有特征尺寸都显示出来，如图 8-30 所示。

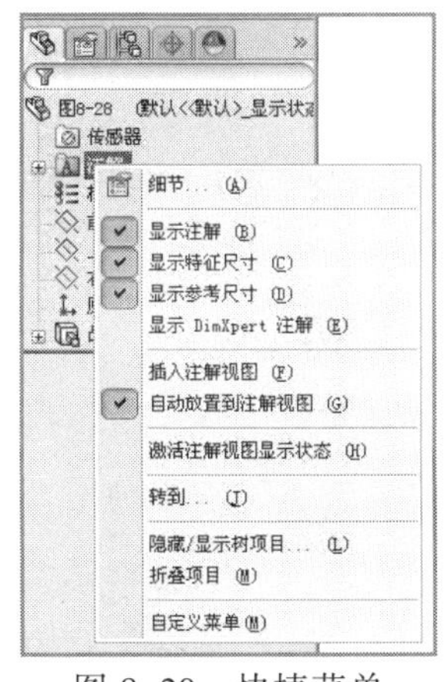

图 8-29　快捷菜单

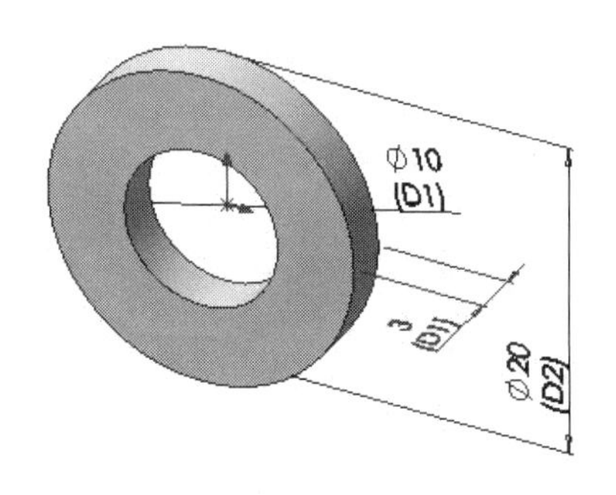

图 8-30　显示实体模型尺寸名称

(2) 更改尺寸名称：在绘图区域中，单击尺寸值，出现“尺寸”属性管理器。在“数值”选项卡的“主要值”选项组的文本框中输入尺寸名称“直径”，如图 8-31 所示。单击属性管理器中的“确定”按钮，完成尺寸名称的更改。

2. 方程式

使用方程式可以对任何特征的草图尺寸或参数进行控制。

新建法兰零件，如图 8–32 所示。法兰包括 3 个特征：基本拉伸、孔和圆周阵列。

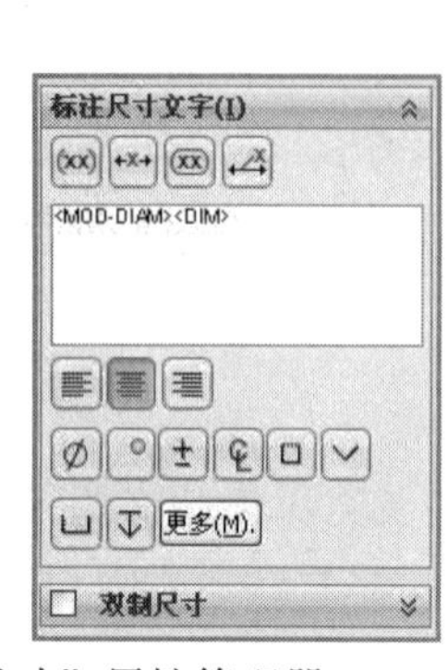

图 8–31 “尺寸”属性管理器

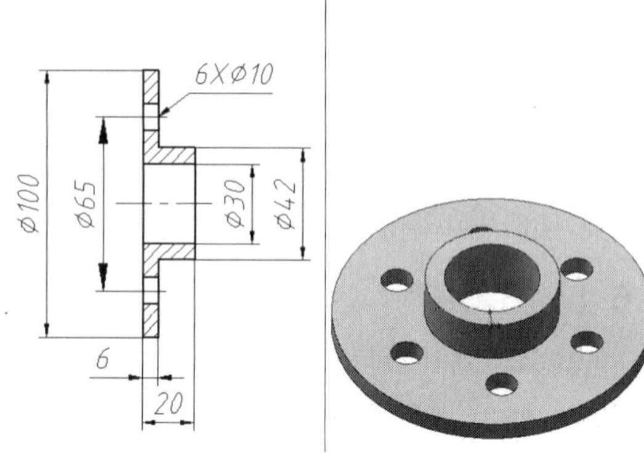

图 8–32 法兰零件

图示零件中的孔是采用阵列特征建立的。对于这些孔可能存在下列两种设计意图。

（1）孔的中心线直径与法兰的外径和套筒的内径有如下数学关系：阵列位于法兰的外径和套筒的内径的中间，即 ϕ65=（ ϕ100+ ϕ30）/2。

（2）孔的数量与法兰的外径有如下数学关系：孔阵列的实例数为法兰外径除以 16，然后取整，即 6=int（100/16）。

对法兰零件添加方程式的步骤如下：

（1）修改尺寸名称：

① 在设计树中右击注解文件夹按钮，在弹出的快捷菜单中选择“显示注解”和“显示特征尺寸”命令，此时在绘图区域中零件的所有特征尺寸都显示出来，如图 8–33 所示。

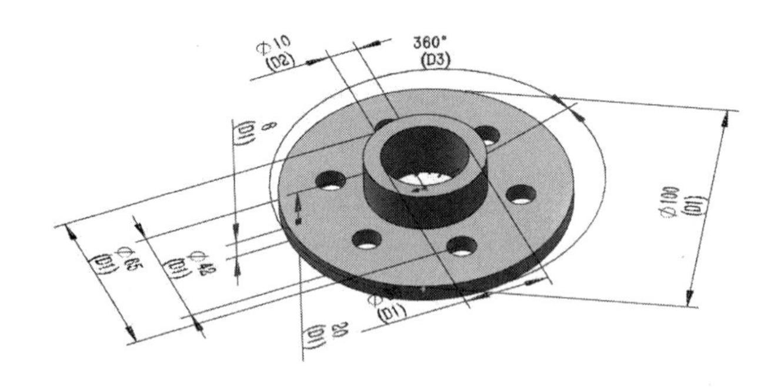

图 8–33 显示法兰零件尺寸

② 单击尺寸 ϕ100，弹出“尺寸”属性管理器，切换到“数值”选项卡，在“主要值”选项组中的名称栏中将名称改为 outD，如图 8–34 所示，单击属性管理器中的“确定”按钮，完成尺寸名称更改。

③ 单击尺寸 ϕ30，弹出“尺寸”属性管理器，切换到“数值”选项卡，在“主要值”选项组的名称栏中将名称改为 inD，如图 8–35 所示，单击属性管理器中的“确定”按钮，完成尺寸名称更改。

④ 单击尺寸 ϕ65，出现“尺寸”属性管理器，切换到“数值”选项卡，在“主要值”选

项组中的名称栏中将名称改为 midD，如图 8-36 所示，单击属性管理器中的“确定”按钮，完成尺寸名称更改。

⑤ 单击阵列数量“6”，弹出“尺寸”属性管理器，切换到“数值”选项卡，在“主要值”选项组的名称栏中将名称改为 num，如图 8-36 所示，单击属性管理器中的“确定”按钮，完成尺寸名称更改。

图 8-34　更改 ϕ100 尺寸名称

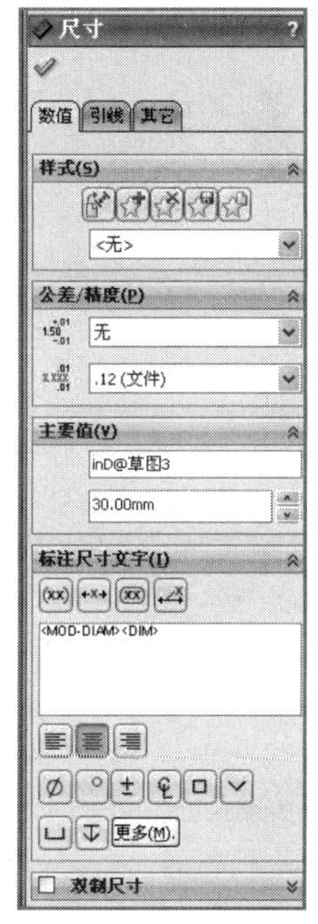

图 8-35　更改 ϕ30 尺寸名称

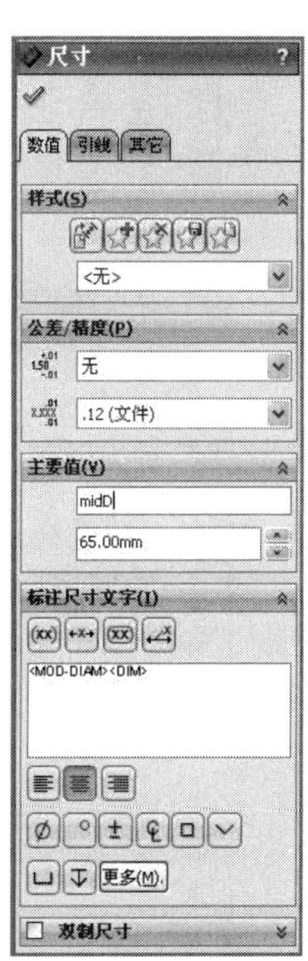

图 8-36　更改 ϕ65 尺寸名称

（2）建立方程式：

① 选择“工具”|“方程式”命令，弹出如图 8-37 所示“方程式、整体变量、及尺寸”对话框。在“方程式、整体变量、及尺寸”对话框左上角依次有方程式视图按钮、尺寸视图按钮和按序排列的视图按钮，默认显示为方程式视图按钮处于打开状态。

- 方程式视图按钮：显示所有变量及特征尺寸方程式。
- 尺寸视图：显示零件中的所有尺寸，可以集中设置方程式。
- 按序排列的视图：以排序的方式仅显示设置的方程式。

② 在图 8-37 所示“方程式、整体变量、及尺寸”对话框中“全局变量”下方的“添加整体变量”处单击并输入尺寸名称 outD，然后单击“数值/方程式”下方对应的位置处，在出现的“=”后输入尺寸数值 100，完成第一个全局变量的添加。用同样的方法添加全局变量 inD。

③ 在如图 8-37 所示“方程式、整体变量、及尺寸”对话框中“方程式”下方的“添加方程式”处单击，并在绘图区域单击尺寸 midD；然后在“数值/方程式”下方对应位置处出现的“=”后输入方程式（"outD"+"inD"）/2，完成第一个方程式的添加。用同样的方法添加第二个方程式 num=int("outD"/16)，结果如图 8-38 所示。

方程式、整体变量、及尺寸

过滤所有栏区

名称	数值/方程式	估算到	评论
⊟ 全局变量			
添加整体变量			
⊟ 特征			
添加特征压缩			
⊟ 方程式			
添加方程式			

确定　取消　输入(I)...　输出(E)...　帮助(H)

☐ 自动重建　角度方程单位: 度数　☑ 自动求解组序

☐ 链接至外部文件:

图 8-37 “方程式、整体变量及尺寸”对话框

方程式、整体变量、及尺寸

过滤所有栏区

名称	数值/方程式	估算到	评论
⊟ 全局变量			
"outD"	= 100	100	
"inD"	= 30	30	
添加整体变量			
⊟ 特征			
添加特征压缩			
⊟ 方程式			
"midD@草图4"	= ("outD" + "inD") / 2	65mm	
"num@阵列(圆周)1"	= int ("outD" / 16)	6	
添加方程式			

确定　取消　输入(I)...　输出(E)...　帮助(H)

☐ 自动重建　角度方程单位: 度数　☐ 自动求解组序

☐ 链接至外部文件:

（a）方程式对话框

方程式、整体变量、及尺寸

过滤所有栏区

名称	数值/方程式	估算到	评论
⊟ 全局变量			
"outD"	= 100	100	
"inD"	= 30	30	
添加整体变量			
⊟ 特征			
添加特征压缩			
⊟ 尺寸			
outD@草图1	100mm	100mm	
D1@凸台-拉伸1	6mm	6mm	
D1@草图2	42mm	42mm	
D1@凸台-拉伸2	20mm	20mm	
inD@草图3	30mm	30mm	
midD@草图4	= ("outD" + "inD") / 2	65mm	
D2@草图4	10mm	10mm	
D3@阵列(圆周)1	360度	360度	
num@阵列(圆周)1	= int ("outD" / 16)	6	

确定　取消　输入(I)...　输出(E)...　帮助(H)

☐ 自动重建　角度方程单位: 度数　☐ 自动求解组序

☐ 链接至外部文件:

（b）尺寸对话框

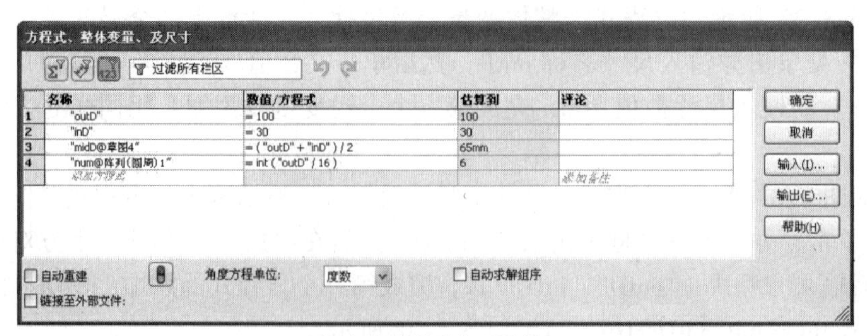

（c）按序排列的对话框

图 8-38 “方程式、整体变量及尺寸”对话框

④ 单击“确定”按钮，完成方程式的添加，结果如图 8-39 所示。

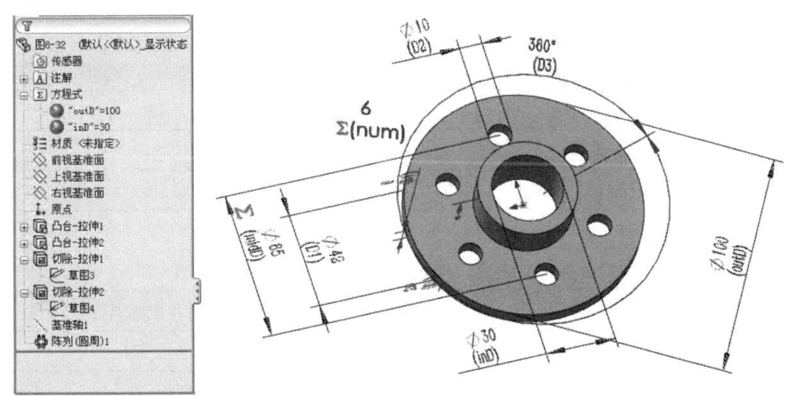

图 8-39　添加方程式结果

（3）管理方程式：完成方程式的建立后，设计树中出现“方程式”选项。右击“方程式”选项，在弹出的快捷菜单中选择“管理方程式”命令，可以对方程式进行编辑、删除添加等操作，如图 8-40 所示。

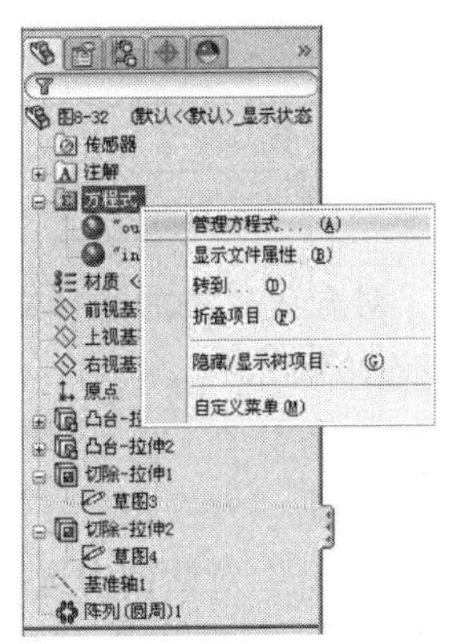

图 8-40　“管理方程式”快捷菜单

说明　被方程式驱动的尺寸无法在模型中以编辑尺寸值的方式来改变。

方程式支持的运算符、函数及常数如表 8-1～表 8-3 所示。

表 8-1　方程式支持的运算符

运算符	名　　称	注　　释
+	加号	加法
-	减号	减法
*	星号	乘法
/	正斜线	除法
^	^符号	求幂

表 8-2　方程式支持的函数

函　　数	名　　称	注　　释
sin(a)	正弦	a 为角度；返回正弦率
cos(a)	余弦	a 为角度；返回余弦率
tan(a)	正切	a 为角度；返回正切率
sec(a)	正割	a 为角度；返回正割率
cosec(a)	余割	a 为角度；返回余割率
cotan(a)	余切	a 为角度；返回余切率
arcsin(a)	反正弦	a 为正弦率；返回角度
arccos(a)	反余弦	a 为余弦率；返回角度

续表

函　　数	名　　称	注　　释
arctan(a)	反正切	a 为正切率；返回角度
arcsec(a)	反正割	a 为正割率；返回角度
arccosec(a)	反余割	a 为余割率；返回角度
arccotan(a)	反余切	a 为余切率；返回角度
abs(a)	绝对值	返回 a 的绝对值
exp(n)	指数	返回 e 的 n 次方
log(a)	对数	返回 a 的以 e 为底数的自然对数
sqr(a)	平方根	返回 a 的平方根
int(a)	整数	返回 a 的整数
sgn(a)	符号	返回 a 的符号（-1 或 1），如 sgn(-21)返回-1

表 8-3　方程式支持的常数

常　　数	名　　称	注　　释
pi	圆周率	圆周到圆直径的比率（3.141……）

3. 对方程式添加注释文字

操作步骤如下：

（1）可直接在“方程式”选项下方的空白框中输入内容，如图 8-38（a）所示。

（2）单击“方程式、整体变量、及尺寸”对话框中的“输入”按钮，在弹出的如图 8-41 所示的“打开”对话框中选择要添加注释的方程式，即可添加外部方程式文件。

（3）单击“方程式、整体变量、及尺寸”对话框中的“输出”按钮，弹出的如图 8-42 所示的“另存为”对话框，可输出外部方程式文件。

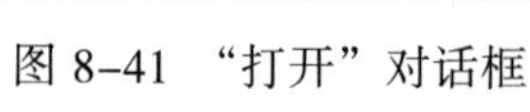
图 8-41　“打开”对话框

图 8-42　“另存为”对话框

8.6.2　配置

配置可以在单一的文件中对零件或装配体生成多个设计变化。配置提供了简便的方法来开发与管理一组有着不同尺寸、零部件或其他参数的模型。要生成一个配置，先指定名称与属性，然后再根据需要来修改模型以生成不同的设计变化。

配置的应用：

（1）在零件文件中，配置可以生成具有不同尺寸、特征和属性（包括自定义属性）的零件系列。

（2）在装配体文件中，配置可以通过压缩零部件来生成简化的设计。使用不同的零部件配置、不同的装配体特征参数、不同的尺寸或配置特定的自定义属性来生成装配体系列。

（3）在工程图文件中，可以显示在零件和装配体文件中所生成的配置的视图。

可以手动建立配置，或者使用系列零件设计表同时建立多个配置。系列零件设计表提供了一种简便的方法，可在简单易用的工资表中建立和管理配置。可以在零件和装配体文件中使用系列零件设计表，而且可以在工程图中显示系列零件设计表。

1. 手动建立配置

（1）创建如图 8-43 所示的凸缘模柄零件 B30 × 75。该零件包含 3 个特征：旋转基体特征、孔和六角凹头螺钉的柱形沉头孔特征。

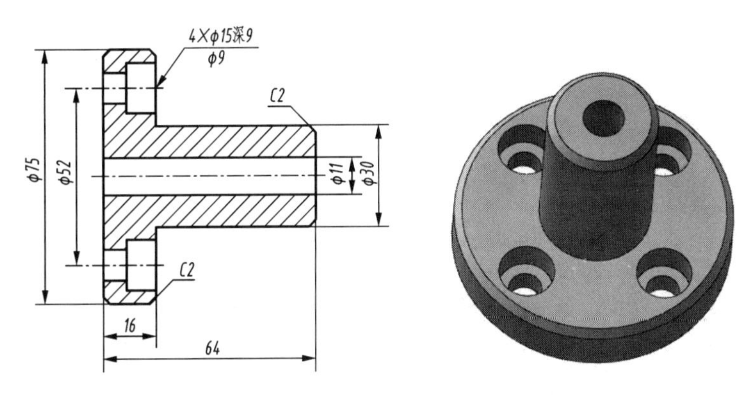

图 8-43　凸缘模柄零件 B30 × 75

（2）修改尺寸的配置：

① 指定名称与属性：单击窗口顶部的 Configuration Manager 选项卡，激活零件的“配置管理”；右击“凸缘模柄配置”，在如图 8-44 所示的快捷菜单中选择“添加配置”命令，打开添加配置属性管理器，在“配置名称”文本框中输入 A40 × 85，在“备注”文本框中输入“模柄 d=40 mm、H=85 mm”，如图 8-45 所示，单击属性管理器中的“确定”按钮，完成“添加配置”属性设置。

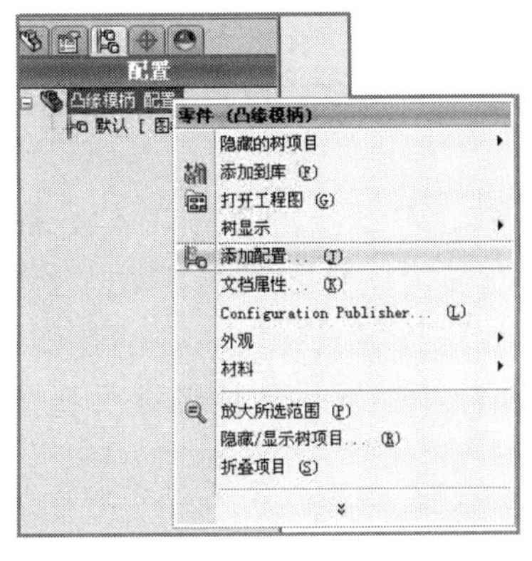

图 8-44　“凸缘模柄配置”快捷菜单

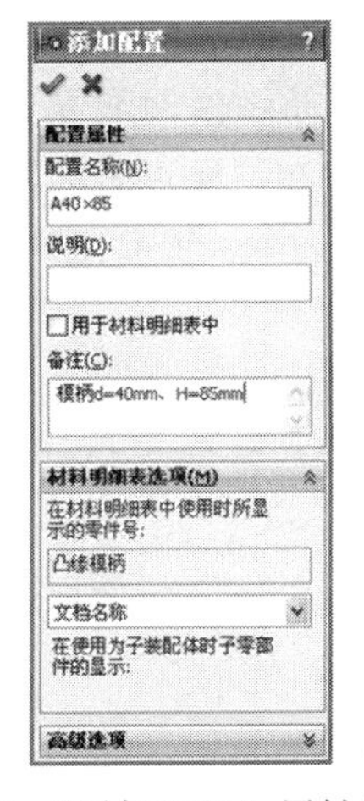

图 8-45　“添加配置”属性管理器

② 修改尺寸：在绘图区域双击旋转基体特征，并双击显示的尺寸 ϕ30 mm，在“修改”对话框中将尺寸改为 40mm，选择“此配置”，只对该配置修改尺寸，单击“重建模型”按钮 ，如图 8-46 所示，单击属性管理器中的“确定”按钮 ，完成修改尺寸。用同样的方法修改高度尺寸 64 mm 为 78 mm，ϕ75 mm 为 ϕ85 mm，ϕ52 mm 为 ϕ62 mm。

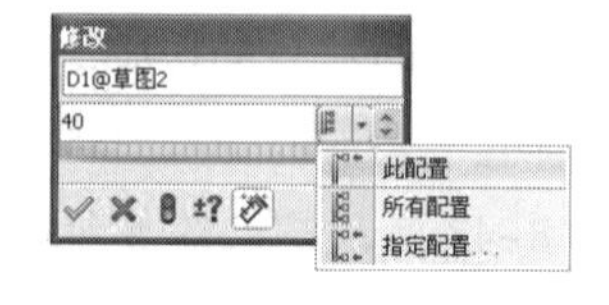

图 8-46　修改尺寸

③ 显示配置：单击 Configuration Manager 选项卡 ，进入配置管理状态，分别双击各配置，观察模型变化，如图 8-47 所示。

（a）默认配置

（b）A40 × 85

图 8-47　模型变化情况

（3）压缩特征的配置：

① 指定名称与属性：单击窗口顶部的 Configuration Manager 选项卡 ，激活零件的配置管理；右击“凸缘模柄配置”，在弹出的快捷菜单中选择“添加配置”命令，出现添加配置属性管理器，在“配置名称”文本框中输入“A 型凸缘模柄”，在“备注”文本框中输入“无通孔”，如图 8-48 所示，单击属性管理器中的“确定”按钮 ，完成“添加配置”属性设置。

② 压缩特征：单击窗口顶部的“设计树”选项卡 ，在设计树中右击 ϕ11 mm 的孔，即“切除-拉伸 1”特征，在弹出的快捷菜单中选择“配置特征”命令 ，弹出“修改配置”对话框，进行如图 8-49 所示的设置，单击“确定”按钮，完成 ϕ11 mm 的孔即“切除-拉伸 1”特征的压缩。按照同样的方法压缩“M6 六角凹头螺钉”的柱形沉头孔特征，压缩结果如图 8-50 所示。

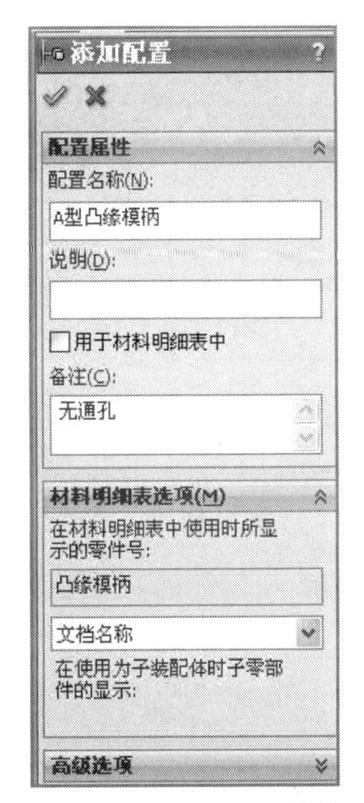

图 8-48　“添加配置”属性管理器

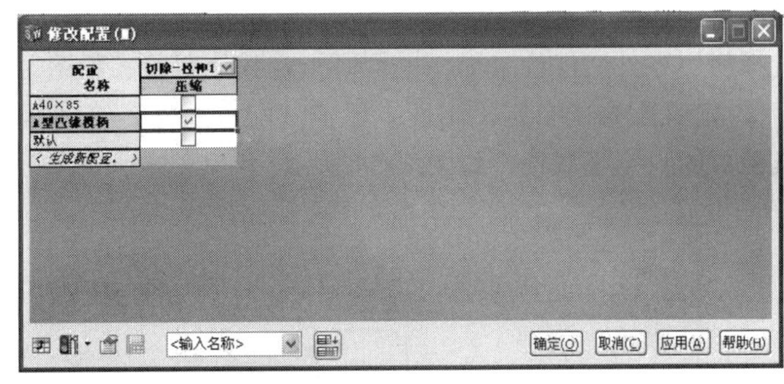

图 8-49　“修改配置”对话框

③ 显示配置：单击 Configuration Manager 选项卡，进入配置管理状态，分别双击各配置，观察模型变化，如图 8-51 所示。

（a）压缩 ϕ11 mm 的孔

（b）压缩沉头孔

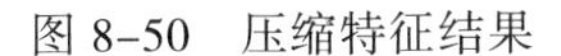

图 8-50　压缩特征结果

（a）默认配置

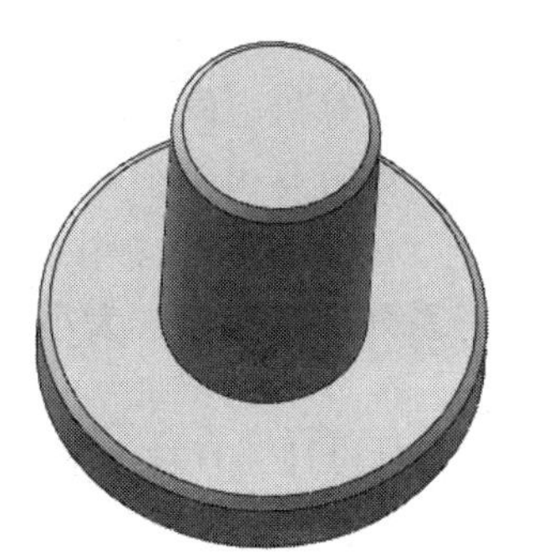

（b）A 型凸缘模柄

图 8-51　模型变化情况

手动建立配置完成后，凸缘模柄零件的“配置管理”如图 8-52 所示。

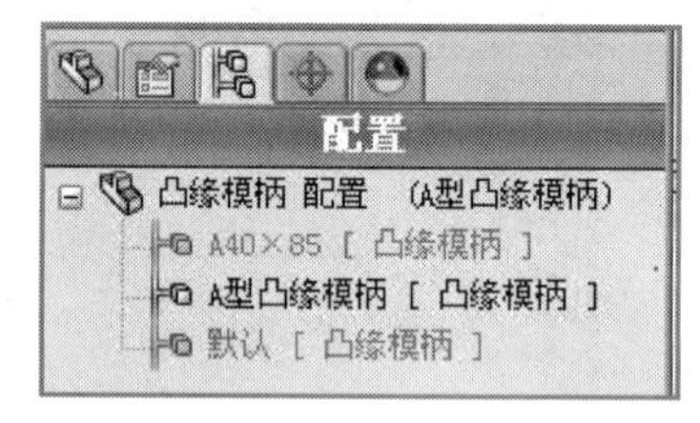

图 8-52　凸缘模柄零件的配置管理器

2．管理配置

对零件配置的管理包括定义配置的高级属性、显示配置和删除配置。

（1）指定材料明细表中使用的零件文件的名称。在凸缘模柄零件配置管理器中右击“A40 × 85”，在弹出的快捷菜单中选择“属性”命令，出现“配置属性”管理器，在“材料明细表选项”选项组中，可选择使用零件文件的名称，也可以指定其他名称，如图 8-53 所示。

② 定义配置的自定义属性。单击“配置属性”管理器中的“自定义属性”按钮，可以定义配置的自定义属性，如图 8-54 所示。

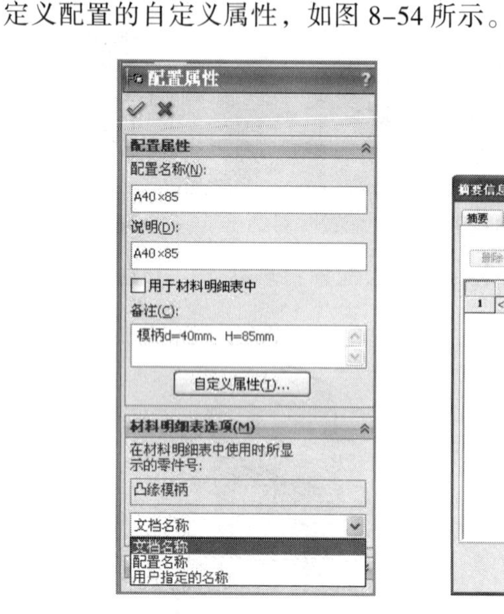

图 8-53　指定使用零件文件的名称

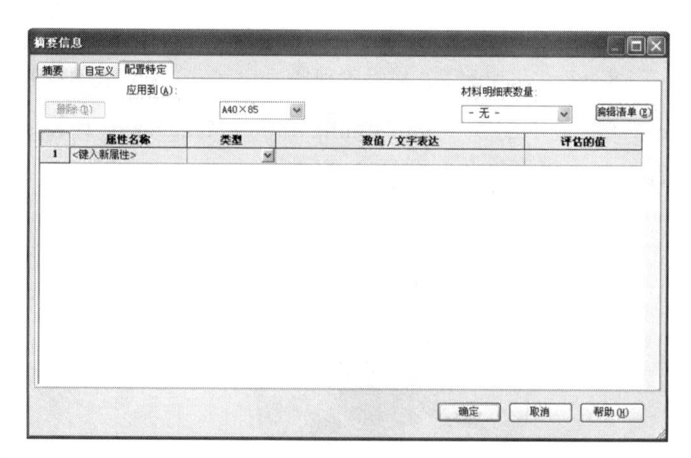

图 8-54　自定义属性

③ 删除配置：在“配置管理”中右击 A40 × 85，在弹出的快捷菜单中选择“删除”命令，即可以删除该配置。

8.6.3　系列零件设计表

如果用户的计算机上同时安装了 Microsoft Excel，就可以使用 Excel 在零件文件中直接嵌入新的配置。配置是由一个零件或一个部件派生而成的形状相似、大小不同的一系列零件或部件集合。在 SolidWorks 中大量使用的配置是系列零件设计表，用户可以利用该表很容易地生成一系列形状相似、大小不同的标准零件，如螺母、螺栓等，从而形成一个标准零件库。

使用系列零件设计表具有如下优点：

（1）可以采用简单的方法生成大量的相似零件，对于标准化零件管理有很大帮助。

（2）使用系列零件设计表，不必一一创建相似零件，对于标准化零件管理有很大帮助。

（3）使用系列零件设计表，在零件装配中很容易实现零件的互换。

生成的系列零件设计表保存在模型文件中，不会连接到原来的 Excel 文件，在模型中所进行的更改不会影响原来的 Excel 文件。

1. 在模型中插入一个新的空白的系列零件设计表

（1）创建如图 8-55 所示的连杆零件模型。

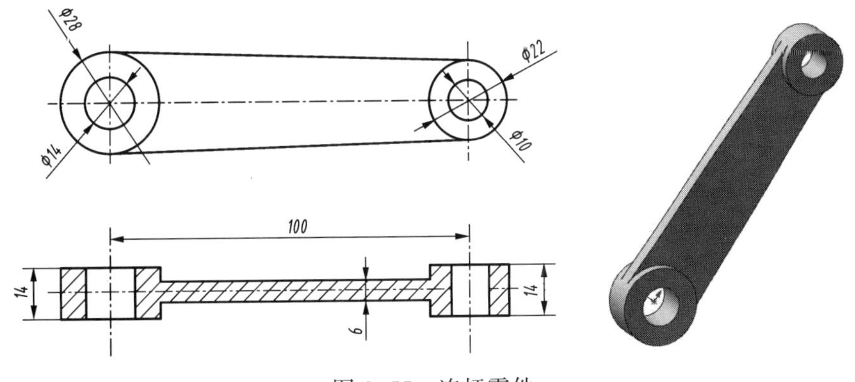

图 8-55 连杆零件

（2）选择菜单栏中的“插入”｜“表格”｜“设计表”命令，系统弹出“系列零件设计表”属性管理器，如图 8-56 所示。在“源”选项组中单击“空白”单选按钮，然后单击属性管理器中的“确定”按钮✔。系统弹出如图 8-57 所示的“添加行和列”对话框和一个 Excel 工作表，单击“确定”按钮，Excel 工具栏取代了 SolidWorks 工具栏，如图 8-58 所示。

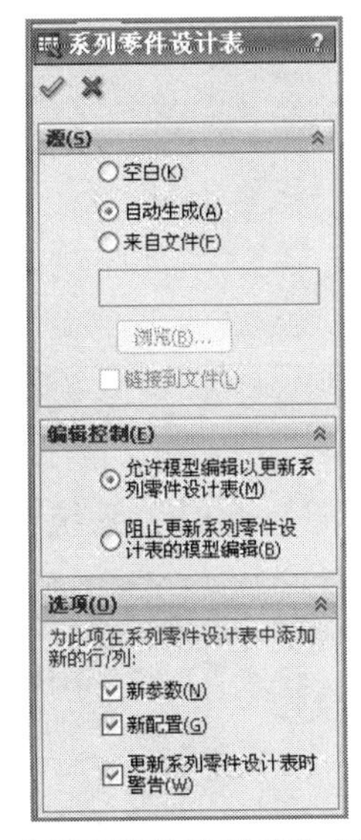

图 8-56 “系列零件设计表”属性管理器

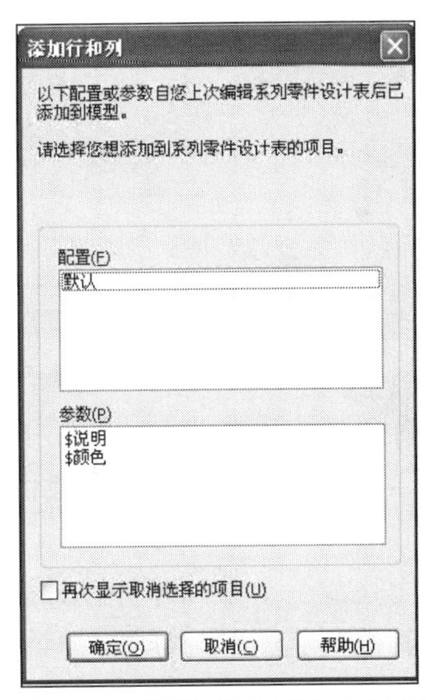

图 8-57 “添加行和列”对话框

（3）在表的第 2 行输入要控制的尺寸名称，也可以在图形区域中双击要控制的尺寸，则相关的尺寸名称出现在第 2 行中，同时该尺寸名称对应尺寸值出现在“第一实例”行中。

（4）重复步骤（3），直到定义完模型中所有要控制的尺寸。

（5）如果要建立多种型号，则在列 A（单元格 A4、A5……）中输入想生成的型号名称。

（6）在对应的单元格中输入该型号对应控制尺寸的尺寸值，如图 8-59 所示。

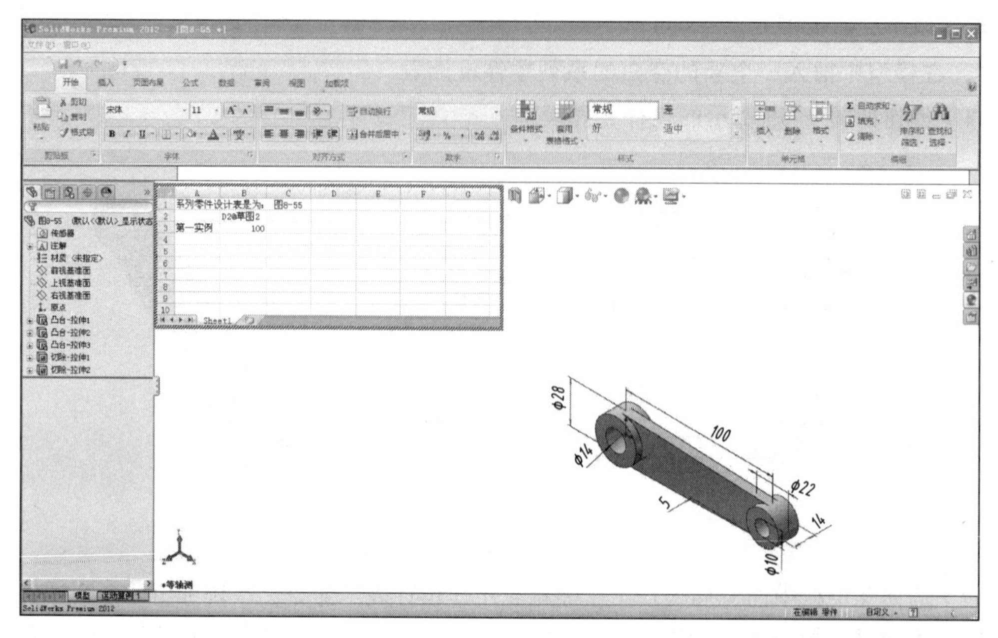

图 8-58　插入的 Excel 工作表

	A	B	C	D	E	F	G	H	I	J
1	系列零件设计表是为:	图8-55								
2		D2@草图2	D1@草图1	D1@草图4	D1@凸台-拉伸1	D1@草图2	D1@草图5	D1@凸台-拉伸2	D1@凸台-拉伸3	
3	第一实例	100	28	14	14	22	10	14	6	
4	型号2	80	20	12	14	18	10	14	6	
5	型号3	60	20	10	14	16	10	14	6	
6										
7										
8										
9										
10										
11										
12										
13										
14										

Sheet1

图 8-59　输入控制尺寸的尺寸值

（7）向工作表中添加信息后，在表格外单击，将其关闭。此时，系统会显示一条信息，如图 8-60 所示，列出所生成的型号，单击“确定”按钮。

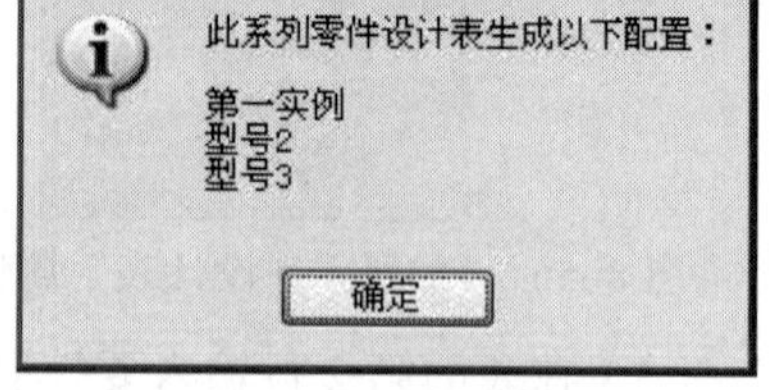

图 8-60　信息对话框

当创建完成一个系列零件设计表后，其原始样本零件就是其他所有型号的样板，原始零件的所有特征、尺寸、参数等均有可能被系列零件设计表中的型号复制使用。

2．将系列零件设计表应用于零件设计

（1）单击绘图区域左侧面板顶部的 Configuration Manager 选项卡，显示该模型中系列零件设计表生成的所有型号。

（2）右击要应用的型号，在弹出的快捷菜单中选择“显示配置”命令，系统会按照系列零件设计表中该型号的模型尺寸重建模型，如图 8-61 所示。

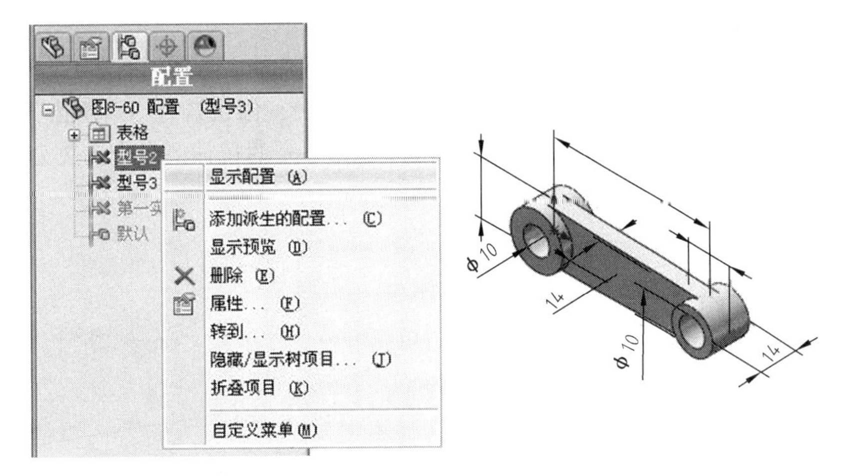

图 8-61　快捷菜单与重建模型

3. 对已有的系列零件设计表进行编辑

（1）单击绘图区域左侧面板顶部的 Configuration Manager 选项卡。

（2）在 Configuration Manager 设计树中单击“表格”按钮，然后右击“系列零件设计表”按钮，弹出如图 8-62 所示的快捷菜单，选择“编辑表格”命令，打开如图 8-59 所示的 Excel 工作表，就可以对系列零件设计表进行编辑。

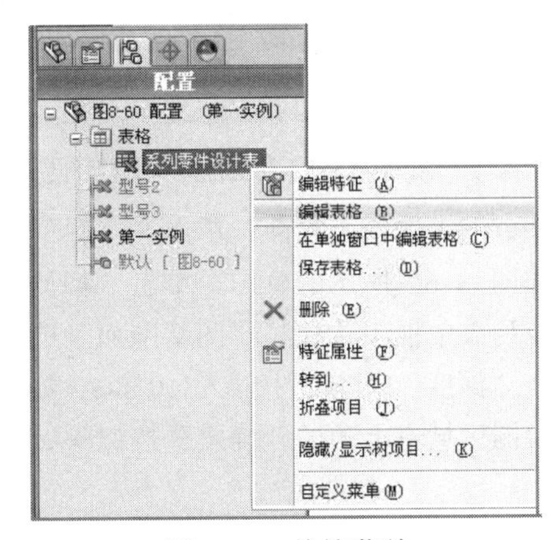

图 8-62　快捷菜单

（3）如果要删除该系列零件设计表，则选择“删除”命令。

在任何时候都可以在原始样本零件中加入或删除特征。如果是加入特征，则加入后的特征将是系列零件设计表中所有型号成员的共有特征。若某个型号成员正在被使用，则系统将会依照所加入的特征自动更新该型号成员。如果是删除原样本零件中的某个特征，则系列零件设计表中的所有型号成员的该特征都将被删除。若某个型号成员正在被使用，则系统会将工作窗口自动切换到现在的工作窗口，完成更新被使用的型号成员。

8.6.4　库特征

SolidWorks 2012 允许将常用的特征或特征组（如具有公用尺寸的孔或槽等）保存到库中，便于日后使用。用户可以使用几个库特征作为块来生成一个零件，这样既可以节省时间，又有助于保持模型中的统一性。

用户可以编辑插入零件的库特征。当库特征添加到零件后，目标零件与库特征零件就没有关系了，对目标零件中库特征的修改不会影响到包含该库特征的其他零件。

库特征只能应用于零件，不能添加到装配体中。

1. 库特征的创建与编辑

如果要创建一个库特征，首先要创建一个基体特征来承载作为库特征的其他特征，也可以将零件中的其他特征保存为库特征。

库特征创建的操作步骤如下：

（1）在绘图区域右侧的任务窗格中单击“设计库”按钮，弹出如图 8-63 所示的“设计库”对话框。单击该对话框顶部的“新建文件夹”按钮，创建名为“六角孔”的文件夹。

（2）创建如图 8-64 所示的 100 mm × 100 mm × 10 mm 的拉伸凸台作为创建库特征的基体特征。

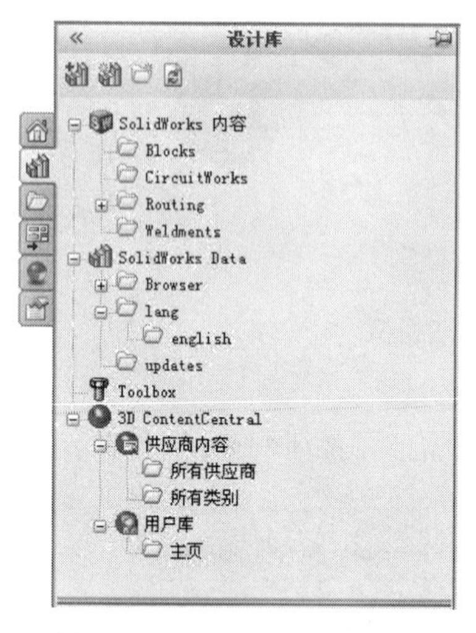

图 8-63 “设计库”对话框

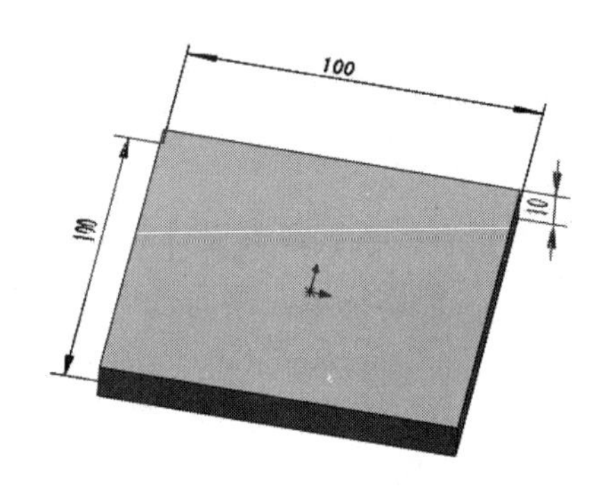

图 8-64 库特征基体特征

（3）选择上端面，单击“草图”工具栏中的“草图绘制”按钮，进入草图绘制，绘制如图 8-65 所示的草图。单击“特征”工具栏中的“拉伸切除”按钮，在“开始条件”下拉列表中框中选择“草图基准面”选项，在“终止条件”下拉列表中框中选择“给定深度”，在“深度”文本框中输入 10 mm，如图 8-66 所示，单击属性管理器中的“确定”按钮或绘图区域右上角的“确定”按钮，完成六角孔的创建。

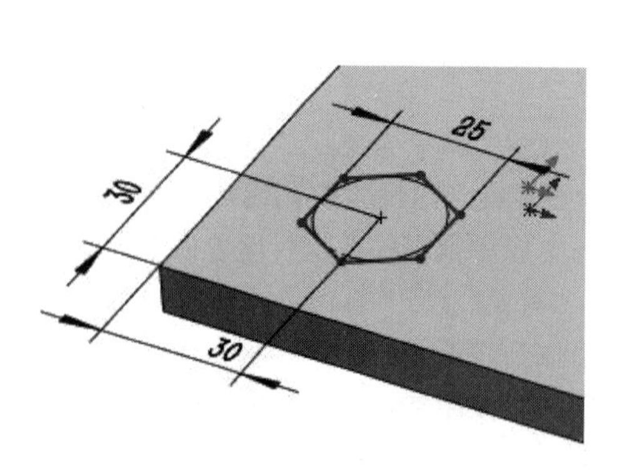

图 8-65 创建“六角孔”

图 8-66 “切除-拉伸”属性管理器

（4）在设计树中选择六角孔作为库特征。如果要同时选择多个特征，则在选择特征的同时按住 Ctrl 键。

（5）选择菜单栏中的“文件”|“另存为”命令，弹出“另存为”对话框。选择“保存类型”为Lib Feat Part(*.sldlfp)，并输入文件名称，如图8-67所示。单击“保存”按钮，生成库特征。

此时，在Feature Manager设计树中，零件图标将变为库特征图标（见图8-68），其中库特征包括的每个特征都用字母“L”标记。

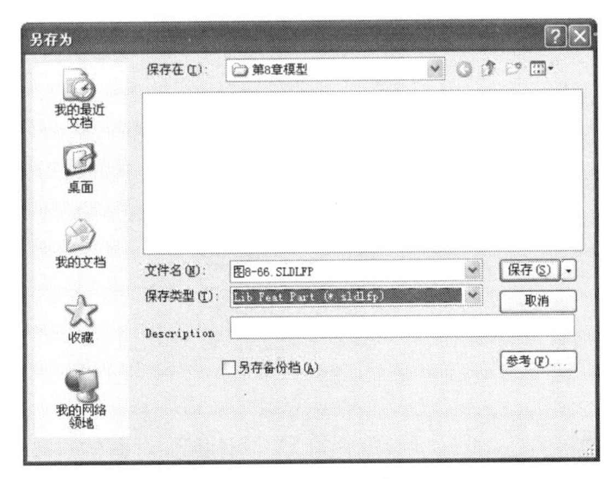

图8-67 保存库特征图

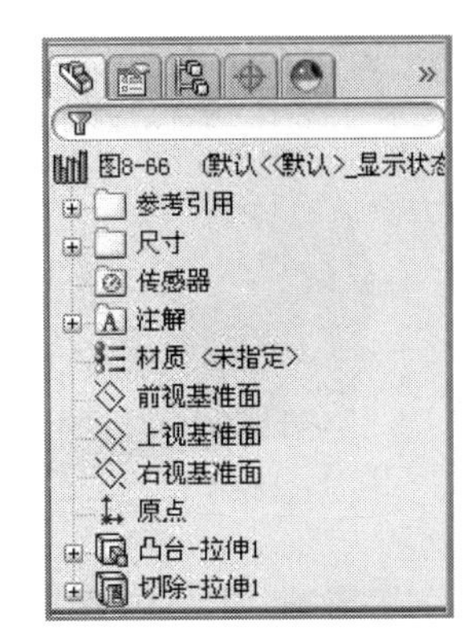

图8-68 库特征图标

（6）选中名为“六角孔”的文件夹，单击“设计库”对话框顶部的“添加到库”按钮，出现“添加到库”属性管理器，在设计树中选中“六角孔”特征，如图8-69所示。单击属性管理器中的“确定”按钮或绘图区域右上角的“确定”按钮，完成库特征的添加。

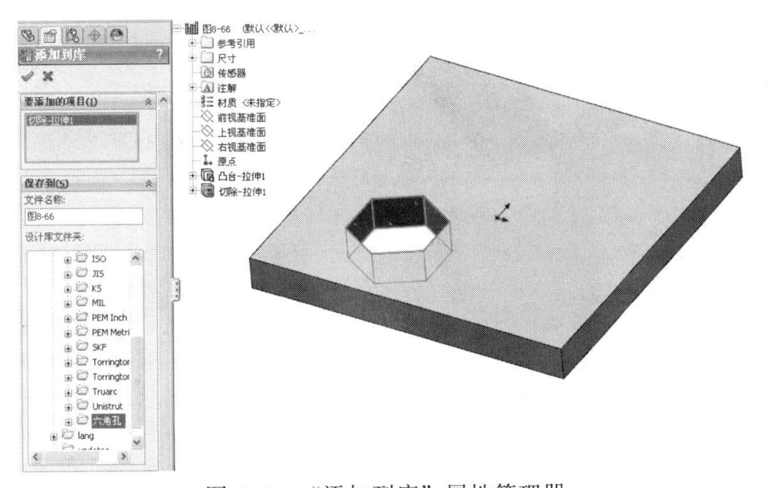

图8-69 “添加到库”属性管理器

在库特征零件文件中（*.sldlfp）还可以对库特征进行编辑。如果要添加另一个特征，则右击要添加的特征，在弹出的快捷菜单中选择“添加到库”命令。如果要从库特征中移除一个特征，则右击该库特征，在弹出的快捷菜单中选择“从库中删除”命令。

2．将库特征添加到零件中

在库特征创建完成后，就可以将库特征添加到零件中。

将库特征添加到零件中的操作步骤如下：

（1）创建如图8-70所示的实体模型。

（2）在绘图区域右侧的任务窗格中单击“设计库”按钮，弹出如图 8-71 所的“设计库”对话框。浏览到库特征所在的名为“六角孔”的文件夹，从下窗格中选择库特征，然后将其拖动到零件的面上，如图 8-72 所示。

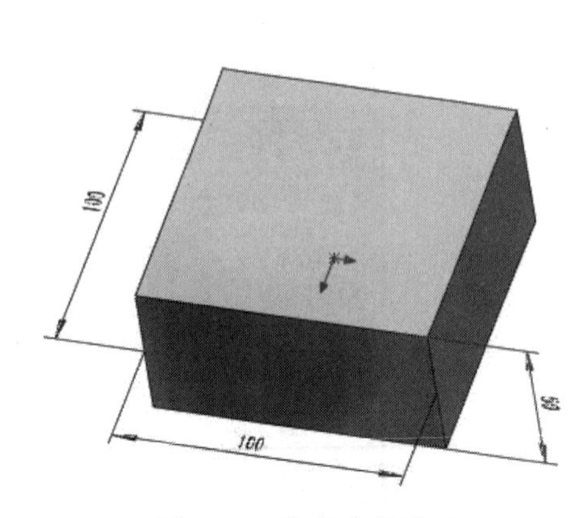

图 8-70 拉伸实体模型

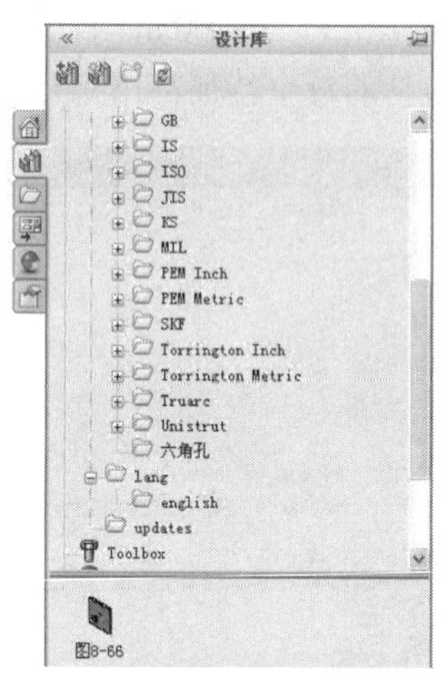

图 8-71 “设计库”对话框

（3）在“参考”选项组中选中零件实体模型的两条边线，单击属性管理器中的“确定”按钮，完成将六角孔库特征添加到零件中，结果如图 8-73 所示。

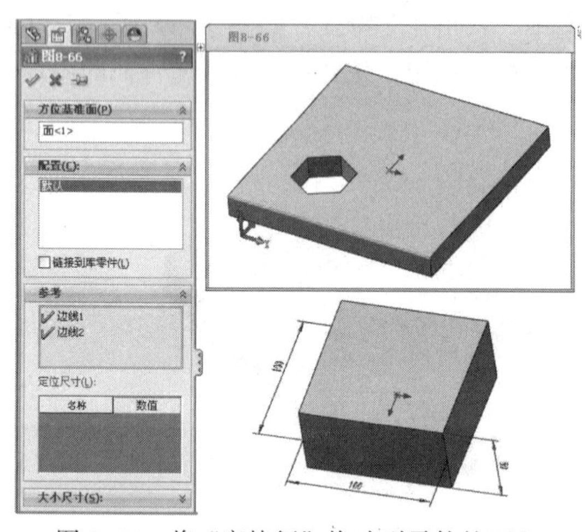

图 8-72 将“库特征”拖动到零件的面上

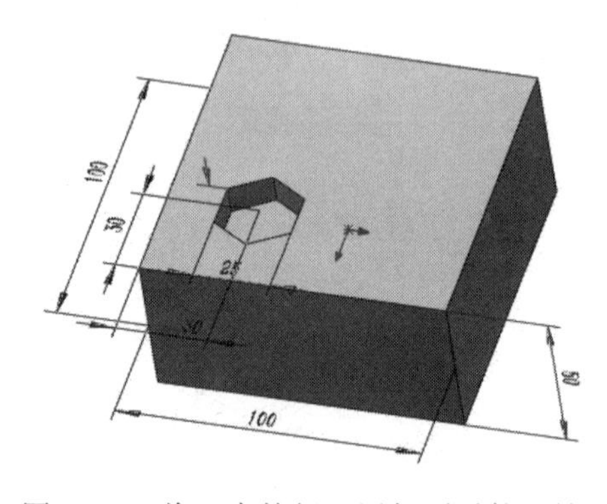

图 8-73 将“库特征”添加到零件的结果

在将库特征插入到零件中后，可以使用下列方法编辑库特征：

（1）在设计树中单击“库特征”，在弹出的快捷面板中单击“编辑特征”按钮或“编辑草图”按钮，可以对“库特征”进行编辑，如图 8-74 所示。

（2）通过修改定位尺寸将库特征移动到目标零件的另一位置。

此外，还可以将库特征分解为该库特征中包含的每个单个特征。只须在设计树中右击库特征图标，然后在

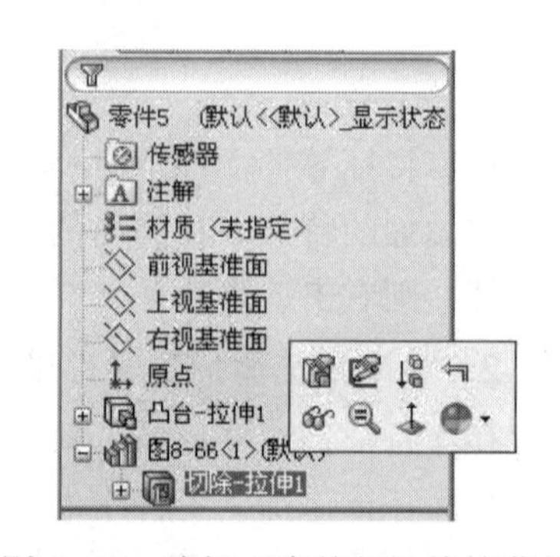

图 8-74 编辑“库特征”快捷菜单

弹出的快捷菜单中选择“解散库特征”命令，则库特征图标被移除。库特征中包含的所有特征都在设计树中单独列出。

8.7 查　询

查询功能主要是查询所建模型的表面积、体积及质量等相关信息，计算设计零部件的结构强度、安全因子等。SolidWorks 提供了 3 种查询功能，即测量、质量特性与截面属性。这 3 个命令按钮位于“工具”菜单。

8.7.1 测量

测量功能可以测量草图、三维模型、装配体或者工程图中直线、点、曲面、基准面的距离、角度、半径、大小，以及它们之间的距离、角度、半径或尺寸。当测量两个实体之间的距离时，deltaX、Y 和 Z 的距离会显示出来。当选择一个顶点或草图点时，会显示其 X、Y 和 Z 的坐标值。

测量点坐标、测量距离、测量面积与周长的操作步骤如下：

（1）创建如图 8-75 所示的实体模型。

（2）选择“工具”菜单中的“测量”命令，或者单击“评估”工具栏中的“测量”按钮，弹出“测量”对话框。

（3）测量点坐标：主要用来测量草图中的点、模型中的顶点坐标。单击如图 8-75 所示的点 1，在“测量”对话框中便会显示该点的坐标值，如图 8-76 所示。

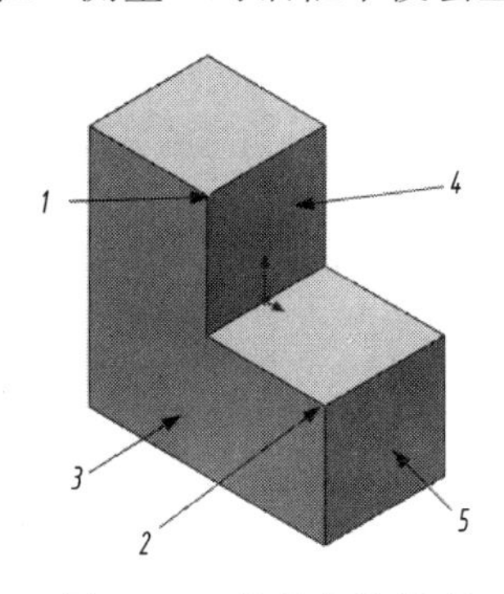

图 8-75　拉伸实体模型

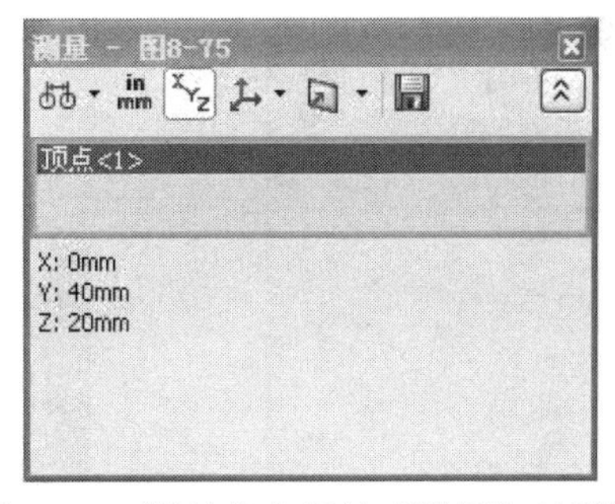

图 8-76　测量点坐标的“测量”对话框

（4）测量距离：主要用来测量两点、两条边和两面之间的距离。单击如图 8-75 所示的点 1 和点 2，在“测量”对话框中便会显示所选两点的绝对距离以及 X、Y 和 Z 坐标的差值，如图 8-77 所示。

（5）测量面积与周长：主要用来测量实体某一表面的面积与周长。单击如图 8-75 所示的面 3，在“测量”对话框中便会显示该面的面积与周长，如图 8-78 所示。

说明　执行“测量”命令时，可以不必关闭对话框而切换不同的文件。当前激活的文件名会出现在“测量”对话框的顶部，如果选择了已激活文件中的某一测量项目，则对话框中的测量信息会自动更新。

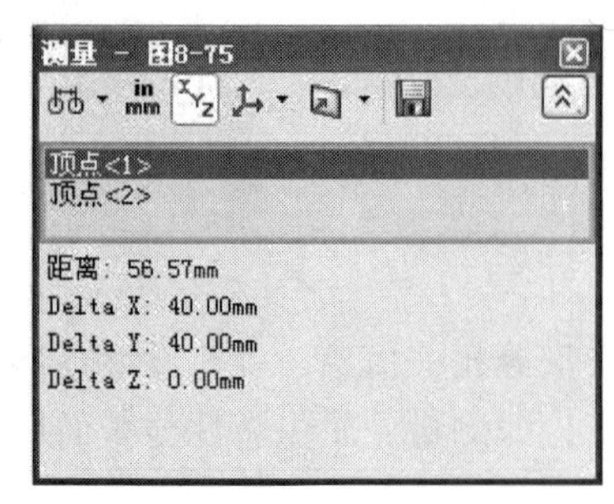

图 8-77　测量距离的“测量”对话框

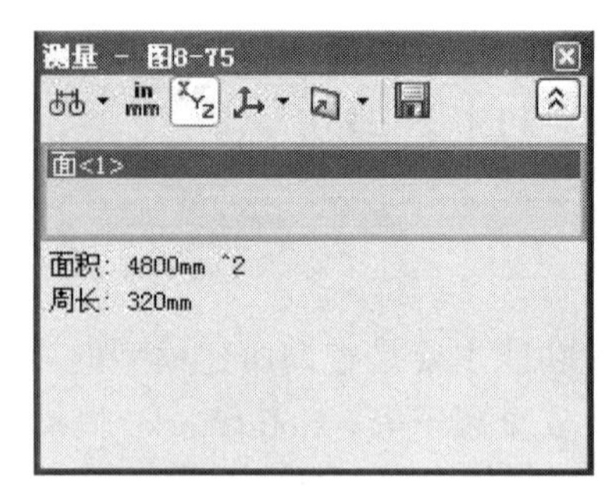

图 8-78　测量面积与周长的“测量”对话框

8.7.2　质量特性

质量特性功能可以测量模型实体的质量、体积、表面积与惯性矩等。

质量特性的操作步骤如下：

（1）打开如图 8-75 所示的实体模型。

（2）选择“工具”菜单栏中的“质量特性”命令，或者单击“评估”工具栏中的“质量属性”按钮，弹出“质量特性”对话框，如图 8-79 所示。在该对话框中会自动计算出该模型实体的质量、体积、表面积与惯性矩等，同时模型实体的主轴和质量中心显示在视图中，如图 8-80 所示。

（3）单击“质量特性”对话框中的“选项”按钮，弹出“质量/剖面属性选项”对话框，如图 8-81 所示。选中“使用自定义设置”单选按钮，在“材料属性”选项组的“密度”文本框中可以设置模型实体的密度。

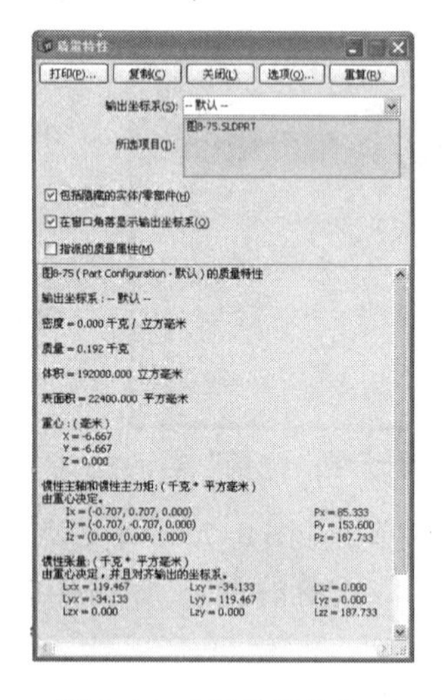

图 8-79 “质量特性”对话框

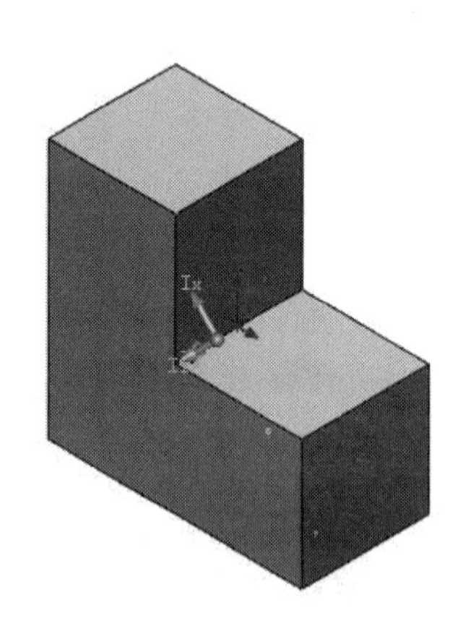

图 8-80　显示主轴和质量中心

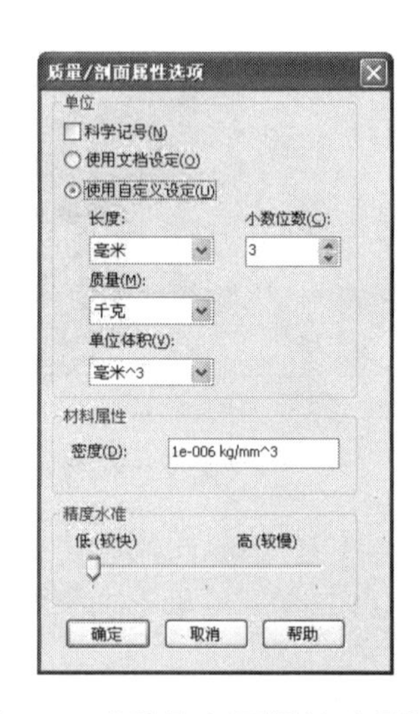

图 8-81 “质量/剖面属性选项”对话框

说明　在计算另一个零件的质量特性时，不需要关闭“质量特性”对话框，选择需要计算的零部件，然后单击“重算”按钮即可。

8.7.3　截面属性

截面属性可以查询草图、模型实体重平面或者剖面的某些特性，如截面面积、截面重心的坐标、在重心的面惯性矩、在重心的面惯性极力矩、位于主轴和零件轴之间的角度，以及面心的二次矩等。

截面属性的操作步骤如下：

（1）打开如图 8–75 所示的实体模型。

（2）选择“工具”菜单栏中的“截面属性”命令，或者单击“评估”工具栏中的“剖面属性”按钮，弹出“截面属性”对话框。

（3）单击如图 8–75 所示的面 4，然后单击“截面属性”对话框中的“重算”按钮，计算结果出现在该对话框中，如图 8–82 所示。所选截面的主轴和重心显示在视图中，如图 8–83 所示。

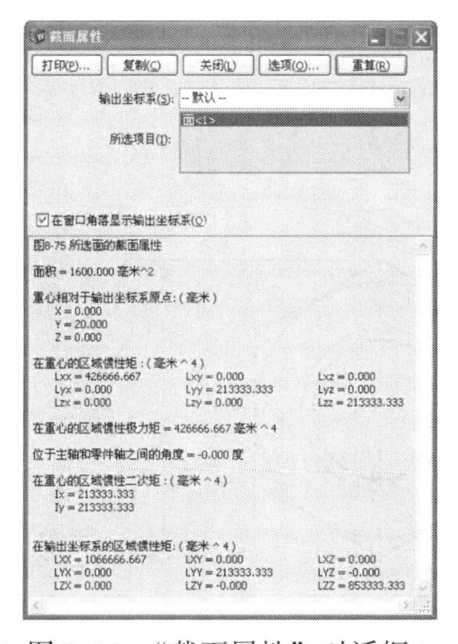

图 8–82　“截面属性”对话框 1

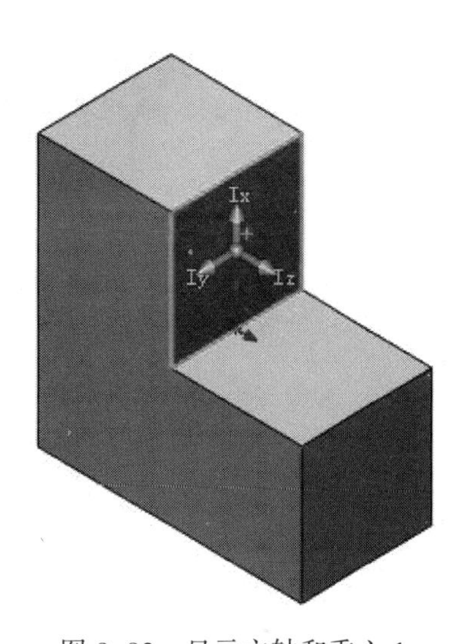

图 8–83　显示主轴和重心 1

截面属性不仅可以查询单个截面的属性，还可以查询多个平行截面的联合属性。图 8–84 所示为图 8–75 中面 4 和面 5 的联合属性，图 8–85 所示为面 4 和面 5 的主轴和重心显示。

图 8–84　“截面属性”对话框 2

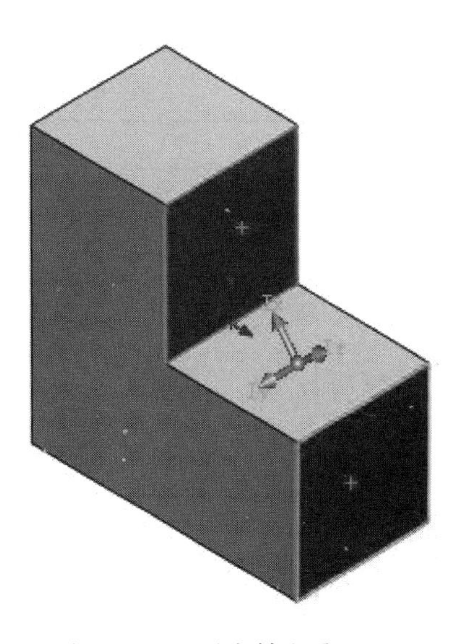

图 8–85　显示主轴和重心 2

8.8 综合应用示例——螺母紧固件系列

在机器或仪器中，有些大量使用的机件，如螺栓、螺母、螺钉、键、销、轴承等，它们的结构和尺寸均已标准化，设计时可根据有关标准选用。

螺栓和螺母是最常用的紧固件之一。这种连接构造简单、成本较低、安装方便、使用不受被连接材料限制，因而应用广泛，一般用于被连接厚度尺寸较小或能从被连接件两边进行安装的场合。

螺纹的加工方法有车削、铣削、攻丝、套丝、按压及磨削等。根据螺纹的使用功能与使用量不同，尺寸大小、牙型等不同而选择不同的加工方法。

本节将创建符合标准 QJ 3146.3/2—2002H（中华人民共和国航天行业标准）的 M12、M14、M16、M18、M20 的一系列六角薄螺母，如图 8-86 和表 8-4 所示。

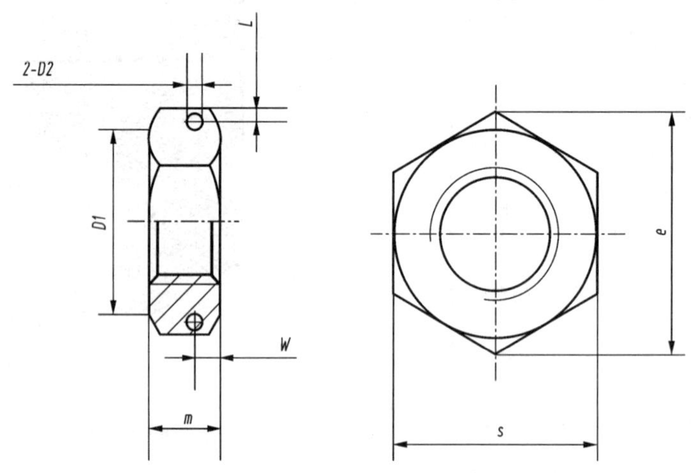

图 8-86 QJ 3146.3/2—2002H 有金属丝孔型螺母

建模的过程是首先建立一个符合标准的 M12 螺母，然后利用系列零件设计表来生成一系列大小相同、形状相似的标准零件。

表 8-4 QJ 3146.3/2—2002H 螺母参数表

螺纹规格		S		e	m		L	D1	D2	W
公称直径 D	螺距	基本尺寸	极限偏差		基本尺寸	极限偏差				
M12	1.5	19	0 -0.33	21.1	7.2	0 -0.36	1.2	18	1.5	2.6
M14		22		24.5	8.4			21		3.1
M16		24		26.8	9.6			23		3.6
M18		27		30.2	10.8	0 -0.43		26		4.1
M20		30		33.6	12			29		4.6

建模步骤：

（1）新建文件：选择菜单栏中的“文件”｜“新建”命令，或者单击“标准”工具栏中的“新建”按钮，在弹出的“新建 SolidWorks 文件”对话框中先单击“零件”按钮，再单击“确定”按钮，创建一个新的零件文件。

（2）绘制螺母外形轮廓：选择“前视基准面”作为草图绘制平面，单击“草图绘制”按钮，进入草图绘制状态。单击“草图”工具栏中的“多边形”按钮，以坐标原点为多边形内切圆圆心绘制一个正六边形，根据 SolidWorks 提供的自动跟踪功能将正六边形的一个顶点放置到水平位置。

（3）标注尺寸：选择菜单栏中的“工具”｜“标注尺寸”｜“智能尺寸”命令，或者单击“草图”工具栏中的“智能尺寸”图标，标注圆的直径尺寸为 19 mm。

（4）拉伸实体：选择菜单栏中的“插入”｜“凸台/基体”｜“拉伸”命令，或者单击“特征”工具栏中的“拉伸凸台/基体”按钮，设置拉伸的终止条件为“两侧对称”；在图标右侧的微调框中设置拉伸深度为 7.2 mm；其余选项如图 8-87 所示。单击“确认”按钮，生成螺母基体。

（5）绘制边缘倒角：选择“上视基准面”，单击“草图绘制”按钮，在其上新建一个草图。

（6）绘制草图：单击“草图”工具栏中的“中心线”按钮，绘制一条通过原点的竖直中心线；单击“草图”工具栏中的“点”按钮，绘制两个点；单击“草图”工具栏中的“直线”按钮，通过前面绘制的两个点绘制一个封闭的图形，如图 8-88 所示。

图 8-87　“凸台-拉伸”属性管理器

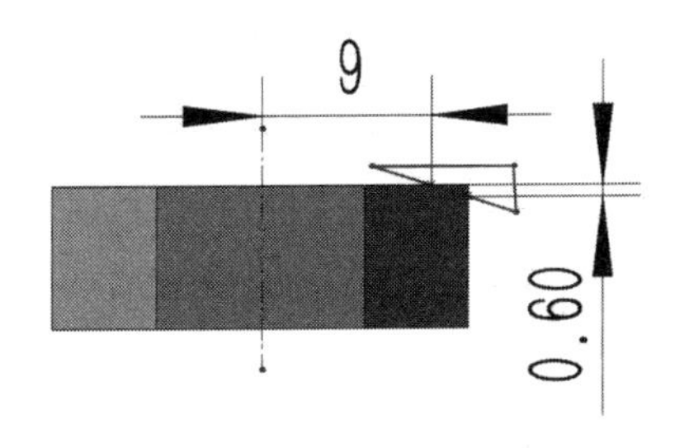

图 8-88　草图

（7）旋转切除实体：选择菜单栏中的“插入”｜“切除”｜“旋转”命令，或者单击“特征”工具栏中的“旋转切除”按钮，在图形区域选择通过坐标原点的竖直中心线作为旋转的中心轴，其他选项如图 8-89 所示。单击“确认”按钮，生成旋转切除特征。

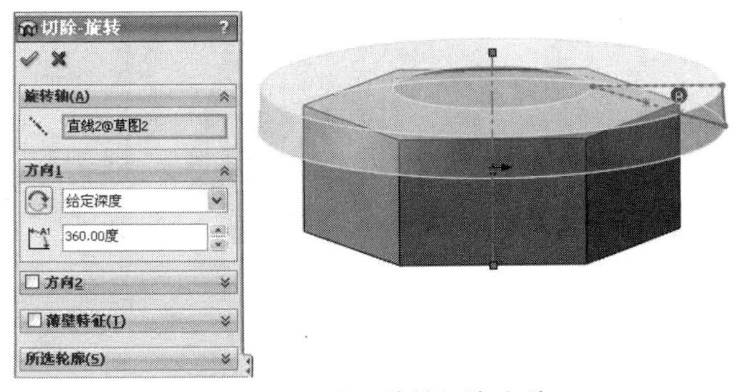

图 8-89　设置旋转切除选项

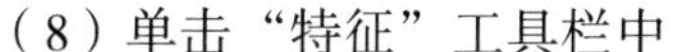

（8）单击“特征”工具栏中的“镜像”按钮，或选择菜单栏中的“插入”｜“阵列／镜像”｜“镜像”命令，选择设计树中的“前视基准面”作为镜像面；选择刚生成的“切除-旋转”特征作为要镜像的特征，其他的选项如图 8-90 所示。单击“确认”按钮，创建镜像特征。

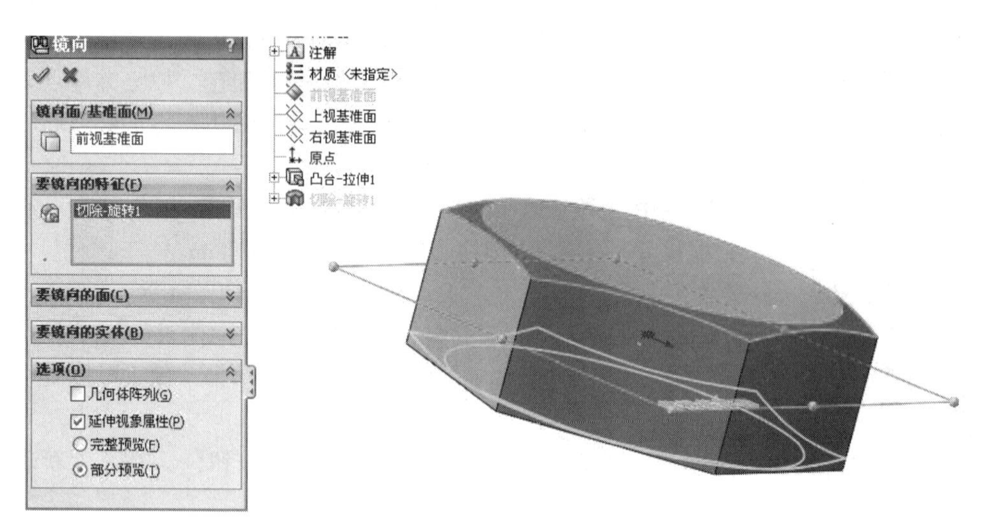

图 8-90　设置镜像特征参数

（9）绘制草图：选择螺母基体的上端面，单击“草图绘制”按钮，在其上新建一个草图。单击“草图”工具栏中的“圆”按钮，以坐标原点为圆心绘制一个圆，圆的直径为 10.5 mm。

（10）拉伸切除实体：选择菜单栏中的“插入”|“切除”|“拉伸”命令，或者单击“特征”工具栏中的“拉伸切除”图标，设置拉伸类型为“完全贯穿”，具体的选项如图 8-91 所示。单击“确认”按钮，完成拉伸切除特征。

（11）生成螺纹线：选择菜单栏中的“插入”|“注解”|“装饰螺纹线”命令，单击螺纹孔的边线作为“螺纹设置”中的圆形边线；选择终止条件为“通孔”；在图标右侧的微调框中设置“次要直径”为 12 mm；具体的选项如图 8-92 所示。单击“确认”按钮，完成螺纹孔的创建。

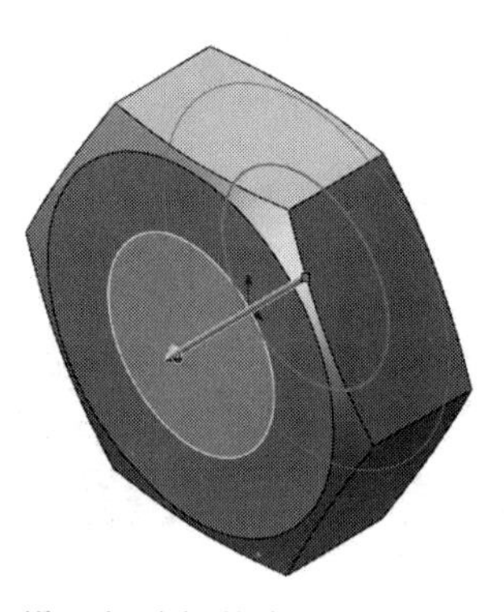

图 8-91　设置切除拉伸参数

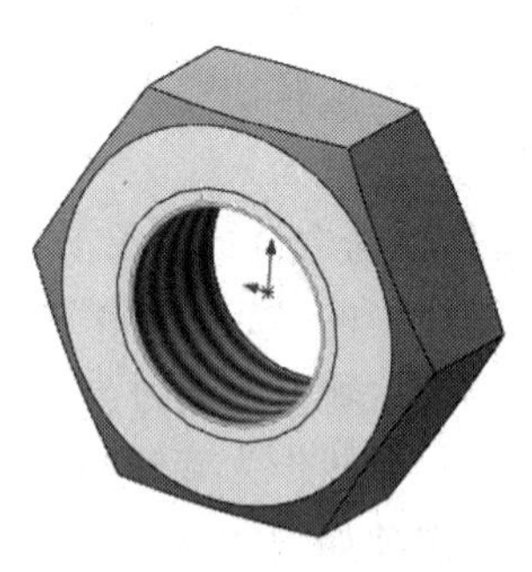

图 8-92　设置装饰螺纹参数

（12）生成系列零件设计表：如果用户的计算机上同时安装了 Microsoft Excel，就可以使用 Excel 在零件文件中直接嵌入新的配置。配置是指由一个零件或一个部件派生而成的形状相似、大小不同的一系列零件或部件集合。在 SolidWorks 中大量使用的配置是系列零件设计表，利用系列零件设计表用户可以很容易生成一系列大小相同、形状相似的标准零件，如螺母、螺栓等，从而形成一个标准零件库。

① 右击设计树中的注解文件夹，在弹出的快捷菜单中选择“显示特征尺寸”命令。这时，在图形区域中零件的所有特征尺寸都显示出来。作为特征定义尺寸，它们的颜色是蓝色的，而对应特征中的草图尺寸则显示为黑色，如图 8-93 所示。

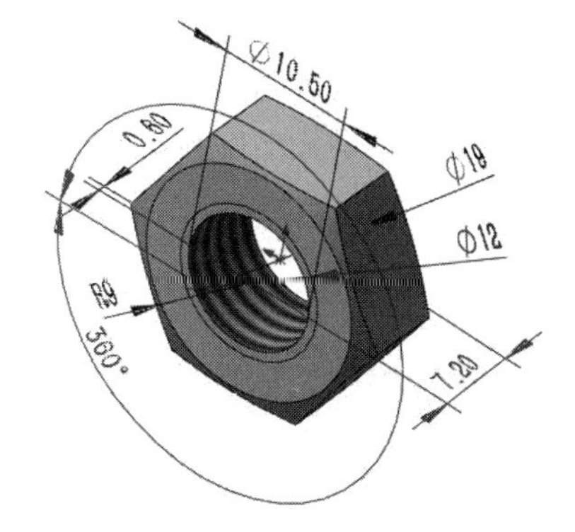

图 8-93 显示特征尺寸与草图尺寸

② 选择菜单栏中的“插入” | “表格” | “设计表”命令。在“系列零件设计表”属性编辑器中的“源”栏中选择“空白”。单击“确认”按钮，在弹出的“添加行和列”对话框中，单击“确认”按钮，如图 8-94 所示。这时，出现一个 Excel 工作表出现在零件文件窗口中，Excel 工具栏取代了 SolidWorks 工具栏，在图形区域中双击各个驱动尺寸。

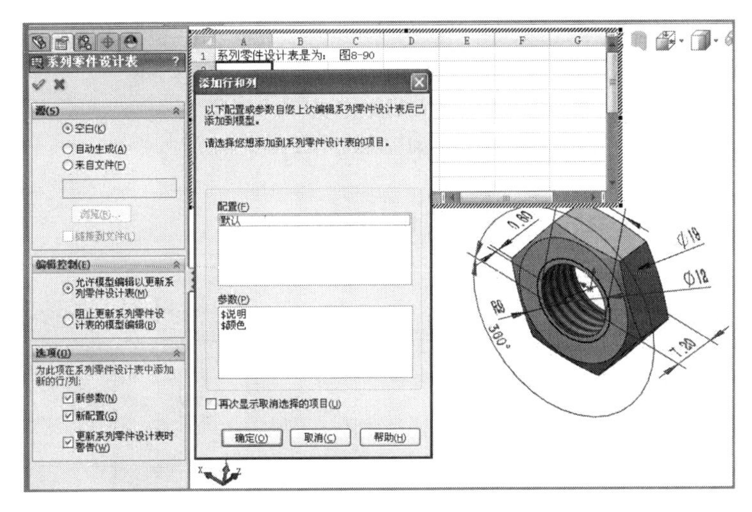

图 8-94 选择添加到系列零件设计表中的尺寸

③ 在系列零件设计表中输入如图 8-95 所示的数据。

	A	B	C	D	E	F
1	系列零件设计表是为： 图8-93					
2		D2@装饰螺纹线1	D1@草图1	D1@凸台-拉伸1	D1@草图2	
3	M12	12	19	7.2	9	
4	M14	14	22	8.4	21	
5	M16	16	24	9.6	23	
6	M18	18	27	10.8	26	
7	M20	20	30	12	29	
8						
9						

Sheet1

图 8-95 系列零件设计表数据

④ 单击图形的空白区域，从而生成 M12、M14、M16、M18 和 M20 的螺母，单击如图 8-96 所示的“确认”按钮完成系列零件设计表的制作。

⑤ 单击 SolidWorks 窗口左边面板顶部的“配置管理器”选项卡。在设计树中显示了该模型中系列零件设计表生成的所有型号。

右击要应用的型号，在弹出的快捷菜单中选择“显示配置”命令，如图 8-97 所示。系统就会按照系列零件设计表中该型号的模型尺寸重建模型。

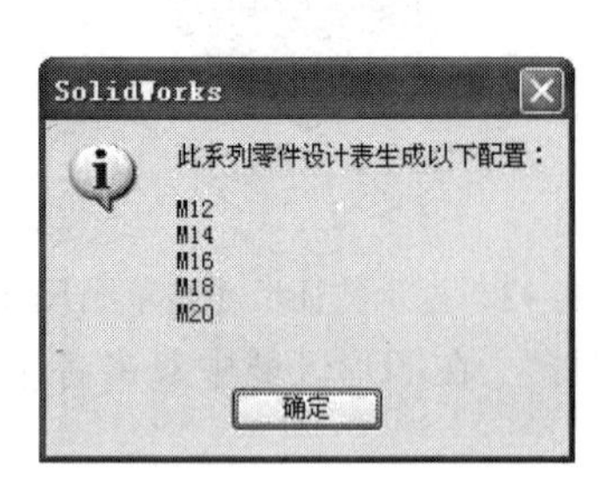

图 8-96　提示生成的配置

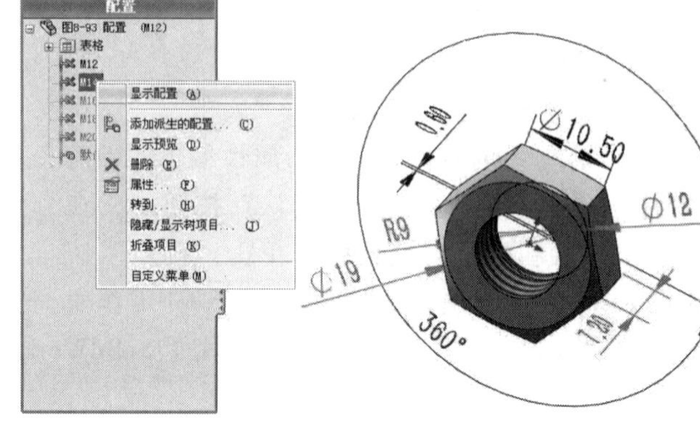

图 8-97　设置配置

⑥ 完成模型的构建后，单击“保存”按钮。

上 机 练 习

根据图 8-98 和表 8-5 完成“压入式模柄”标准件库。

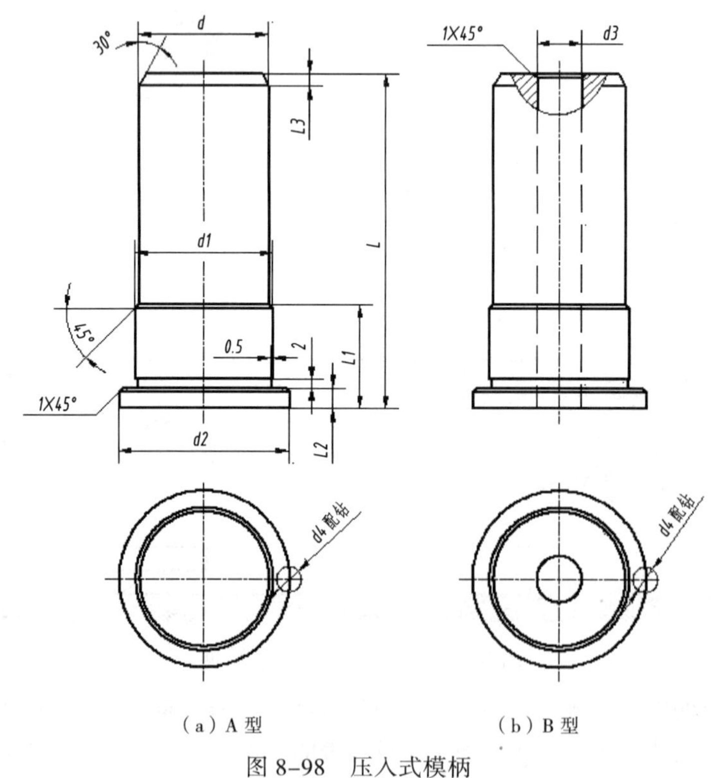

（a）A 型　　（b）B 型

图 8-98　压入式模柄

表 8-5 冲模模柄——压入式模柄

d(js10) 基本尺寸	d(js10) 极限偏差	d1(m6) 基本尺寸	d1(m6) 极限偏差	d2	L	L1	L2	L3	d3	d4 基本尺寸	d4 极限偏差
20	± 0.042	22	+0.021 +0.008	29	60	20	4	2	7	6	+0.0120
					65	25					
					70	30					
25		26		33	65	20		2.5			
					70	25					
					75	30					
					80	35					
32	± 0.050	34	+0.025 +0.009	42	80	25	5	3	11		
					85	30					
					90	35					
					95	40					
40		42		50	100	30	6	4			
					105	35					
					110	40					
					115	45					
					120	50					
50		52	+0.030 +0.011	61	105	35	8	5	15	8	+0.0150
					110	40					
					115	45					
					120	50					
					125	55					
					130	60					
60	± 0.060	62	+0.030 +0.011	71	115	40					
					120	45					
					125	50					
					130	55					
					135	60					
					140	65					
					145	70					

摘自中华人民共和国机械行业标准（JB/T 7646.1—2008）

第9章 装配体设计

本章提要

- 熟悉并理解各种装配约束类型；
- 熟练掌握自底向上和自上向底两种装配设计方法；
- 能进行零部件的干涉检查；
- 熟练掌握生成装配体爆炸图的方法。

零件的装配在设计中占有非常重要的地位，一般来说，一台机器（或部件）总是由若干个零件组成的，各个零件在设计完成之后就必须对零件进行装配。SolidWorks 中可以在零件与零件之间、零件与子装配体之间、子装配体与子装配体之间添加各种配合关系。在进行装配过程中还可以对装配体进行碰撞检查，并可以很方便地生成装配体爆炸图、轴测剖视图。除此之外，SolidWorks 还提供了压缩状态和装配体统计工具。

9.1 装配体文件的建立

装配体设计是将各种零件模型插入到装配体文件中，利用配合方式来限制各个零件的相对位置，使其构成一部件。在 SolidWorks 2012 中创建装配体文件与创建零件和工程图文件的方法类似，通常使用装配体模板来创建新装配体文件。装配体的工作界面与零件的工作界面基本相同，只是在特征管理器中出现一个（配合组），在工具栏中出现装配体工具栏，如图 9-1 所示。

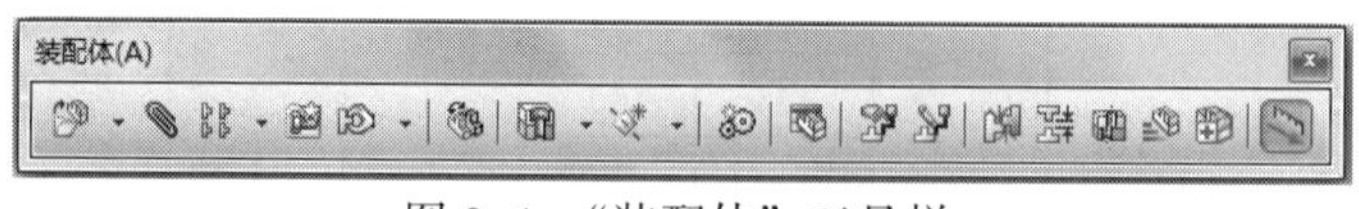

图 9-1 “装配体”工具栏

9.1.1 装配体文件的建立方法

单击“标准”工具栏中的“新建”按钮，弹出“新建 SolidWorks 文件”对话框，选择“装配体”，单击“确定”按钮，进入装配体窗口，出现“开始装配体”属性管理器，如图 9-2 所示。在图形区域单击将零件添加到装配体或者单击“开始装配体”属性管理器中的“浏览”按钮打开现有零件文件。可以固定零部件的位置，这样它就不能相对于装配体原点移动。默认情况下，装配体中的第一个零件是固定的，但是可以随时使之浮动。

装配体文件的扩展名为.sldasm。

装配体设计的基本操作步骤如下：

（1）设置装配体的第一个零部件零件，其位置设置为固定，为固定零件。

（2）将其他零部件调入装配体环境，这些零件未指定装配关系，可以随意移动和转动，是浮动零件。

（3）为浮动零件添加装配关系。

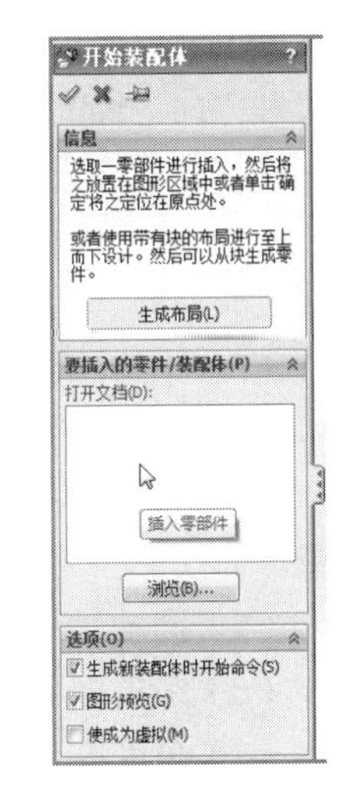

图 9–2　“开始装配体”属性管理器

9.1.2　设计装配体的两种方法

在 SolidWorks 2012 中，可采用的装配设计方法有自下而上、自上而下，以及两种方法相结合。

1. 自下而上设计装配体

在自下而上设计装配体时，首先单独创建好所需的零件并插入装配体文件，然后根据设计要求配合零部件。

自下而上设计装配体的特点如下：

（1）这是传统的设计方法。

（2）零部件文件独立于装配体文件存在。

（3）零部件的相互关系及重建行为更加简单。

（4）可以专注于单个零部件的设计工作。

（5）可以使用以前生成的不在线的零部件设计装配体。当使用以前生成的不在线的零部件时，自下而上的设计方案是首选的方法。

（6）当不需要建立控制零件大小和尺寸的参考关系时，该方法较为适用。

2. 自上而下设计装配体

在自上而下设计装配体时，零件的形状、大小及位置是在装配体中开始设计的，并且可以在关联装配体中生成和修改零部件。可在零件的某些特征、整个零件或整个装配体上使用自上而下的设计方法。

自上而下设计的优点是在设计更改发生时所需改动更少，零件根据所创建的方法而知道如何自我更新。在实践中，设计师通常使用自上而下的设计方法来布局其装配体，并捕捉对其装配体特定的自定义零件的关键方面。自上而下设计装配体的特点如下：

（1）可以将布局草图作为设计的开端，定义固定的零件位置、基准面等，然后参考这些定义来设计零件。

（2）可以使用一个零件的几何体来帮助定义另一个零件。

（3）当在零件之间建立参考关系后，模型将完全相关联。对参考零部件所做的改变会使对应的零部件进行更新。

（4）组装零部件后，才能添加切除或孔等装配体特征。

（5）通过参考其中一个零部件的阵列特征，或通过在装配体中生成一个阵列，来放置多个零部件阵列。

9.2　装配体中的常用配合方式

对于一个装配体而言，组成装配体的所有零部件之间的位置是按照一定的关系组合起来的，因此，零部件之间必须进行定位，定位零部件所使用的工具就是“配合”。装配体中的配合实际上就是在组成装配体的零部件之间加入一些约束关系，以此来定义零部件之间的相互位置和方向。SolidWorks 中提供的配合方式分为标准配合、高级配合和机械配合 3 类，其中常用的标准配合方式包括重合、平行、垂直、相切、同轴心、距离、角度等。

（1）重合：将所选择的面、边线及基准面(它们之间相互组合或与单一顶点组合)定位以使之共享同一无限长的直线。

（2）平行：定位所选的项目使之保持相同的方向，并且彼此间保持相同的距离。

（3）垂直：将所选项目以 90°相互垂直定位。

（4）相切：将所选的项目放置到相切配合中(至少有一选择项目必须为圆柱面、圆锥面或球面)。

（5）同轴心：将所选的项目定位于共享同一中心点。

（6）距离：将所选的项目以彼此间指定的距离定位。

（7）角度：将所选项目以彼此间指定的角度定位。

9.2.1 添加配合关系

1. 添加配合的步骤

（1）单击“装配体”工具栏中的“配合”按钮，或选择菜单栏中的“插入”｜“配合”命令，出现“配合”属性管理器，如图 9-3 所示。

（2）激活“要配合的实体”列表框，在图形区选择需配合的实体。

（3）选择符合设计要求的配合方式。

（4）单击“确定”按钮，生成添加配合。

图 9-3 “配合”属性管理器

2. 添加配合的应用

（1）新建文件：单击“标准”工具栏中的“新建”按钮，弹出“新建 SolidWorks 文件”对话框，选择“装配体”，单击“确定”按钮，进入装配体窗口，出现“开始装配体”属性管理器。

（2）插入零件：在“开始装配体”属性管理器“选项”中，选中“生成新装配体时开始命令”“图形预览”复选框，单击“浏览”按钮，弹出“打开”对话框，选择要插入的零件“支架”，单击“打开”按钮，单击原点，则插入“支架”，定位在原点，插入“连杆”，单击“标准”工具栏中的“保存”按钮，保存为“连杆机构”，如图 9-4 所示。

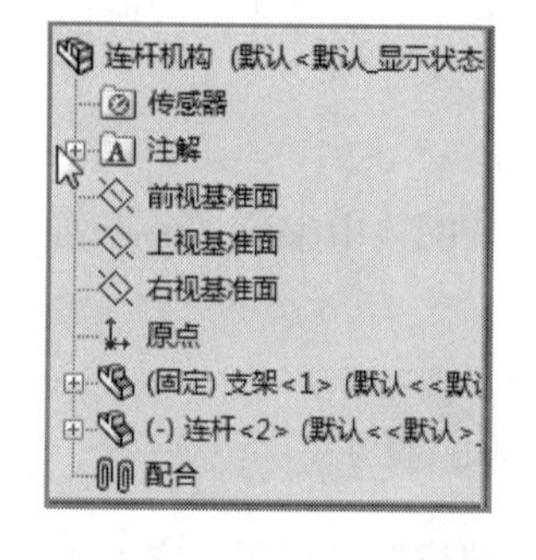

图 9-4 连杆机构

（3）添加配合：

① 单击“装配体”工具栏中的“配合”按钮，出现“配合”属性管理器，激活“要配合的实体”列表框，在图形区选择“底座”孔和“连接杆”孔，单击“同轴心”按钮，单击“确定”按钮，添加同轴心配合，如图 9-5 所示。

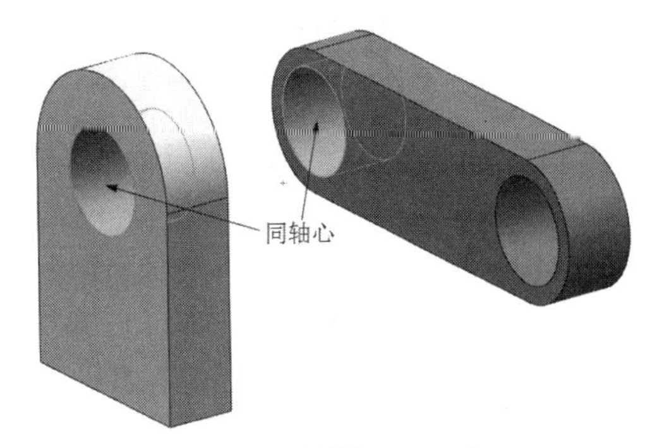

图 9-5 “同轴心”配合

② 激活“要配合的实体”列表框，在图形区选择“底座”后端面和“连接杆”前端面，单击“重合”按钮，单击“确定”按钮，添加重合配合，如图 9-6 所示。

③ 单击“确定”按钮 ，完成连杆机构配合，如图 9-7 所示。

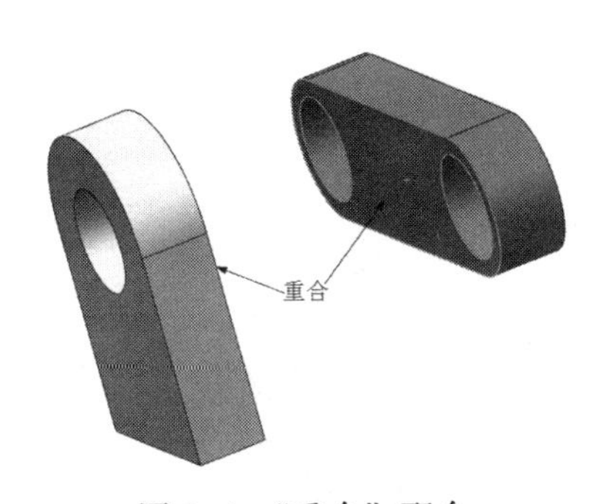

图 9-6 “重合”配合

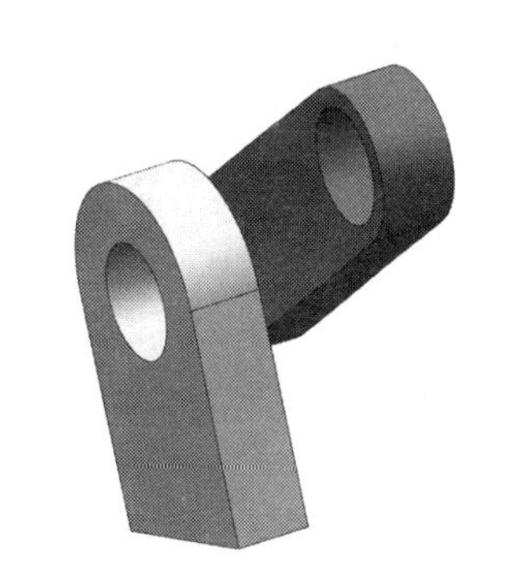

图 9-7 完成连杆机构配合

（4）存盘。

9.2.2 修改配合关系

在 Feature Manager 设计树中展开“配合”项目，分别单击不同的配合关系，可以在图形区显示配合的参考，右击配合关系，选择“编辑特征”命令，可以在属性管理器中修改配合关系或修改配合关系的参数，如图 9-8 所示。

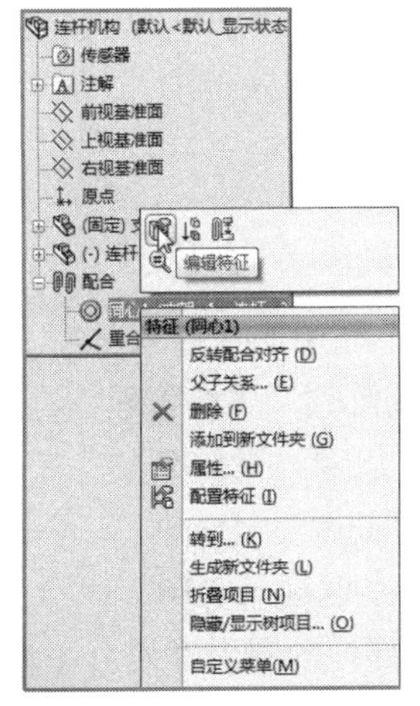

图 9-8 修改配合关系

9.3　装配体中零件的操作

装配体中的零部件操作包括：利用复制、阵列或镜向等方法生成重复零件；在装配体中修改已有的零部件；通过隐藏/显示零部件的功能简化复杂的装配。

9.3.1　零部件的复制

与其他 Windows 软件相同，SolidWorks 可以复制已经在装配体文件中存在的零部件。按住 Ctrl 键，在 Feature Manager 设计树中，选择需要复制零部件的文件名，并拖动零件至绘图区中需要的位置后释放鼠标，即可实现零部件的复制，此时，可以看到在 Feature Manager 设计树中添加一个相同的零部件，在零件名后存在一个引用次数的注释，如图 9-9 所示。

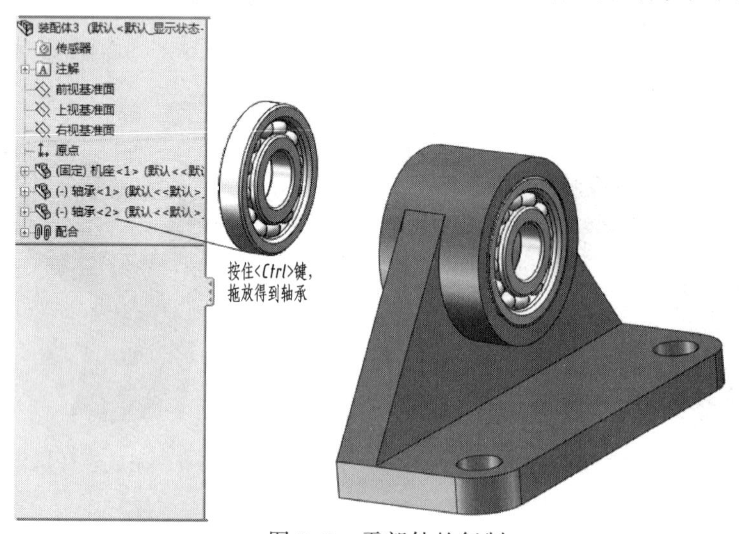

图 9-9　零部件的复制

9.3.2　零部件的圆周阵列

可以在装配体中生成一零部件的圆周阵列。

1. 生成零部件圆周阵列

（1）选择菜单栏中的“插入”｜“零部件阵列”｜“圆周阵列”命令，出现“圆周阵列”属性管理器，如图 9-10 所示。

（2）在“圆周阵列”属性管理器中，设置参数。

（3）单击“确定”按钮✔，完成零部件的圆周阵列。

图 9-10 “圆周阵列”属性管理器

2. 生成零部件圆周阵列应用

打开“零部件圆周阵列应用.sldasm”，选择菜单栏中的“插入”｜“零部件阵列”｜“圆周阵列”命令，出现“圆周阵列”属性管理器，激活“阵列轴”列表框，在图形区选取临时轴，激活“要阵列的零部件”列表框，在图形区选取“滚子”，选中“等间距”复选框，在“角度”文本框输入“360 度”，在“实例数”文本框输入“16”，结果如图 9-11 所示，单击“确定”按钮✔，完成零部件的圆周阵列，同时在 Feature Manager 设计树中会出现局部圆周阵列2 的标记。

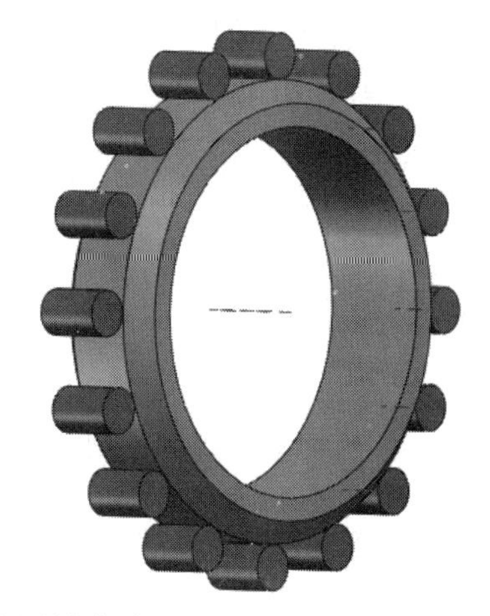

图 9-11　零部件圆周阵列

9.3.3　零部件的线性阵列

线性阵列可以将一个部件沿指定的方向进行阵列复制，可以在一个或两个方向在装配体中生成零部件线性阵列。

1．生成零部件线性阵列

（1）选择菜单栏中的“插入”｜“零部件阵列”｜“线性阵列”命令，出现“线性阵列”属性管理器，如图 9-12 所示。

（2）在“线性阵列”属性管理器中，设置参数。

（3）单击“确定”按钮✓，完成零部件的线性阵列。

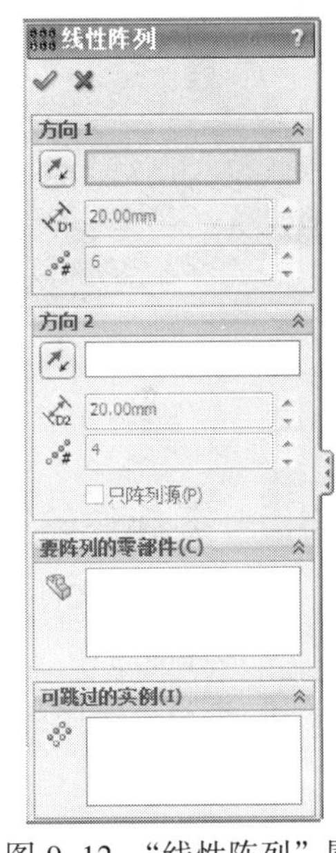

图 9-12 “线性阵列”属性管理器

2．生成零部件线性阵列应用

打开“零部件线性阵列应用.sldasm”，选择菜单栏中的“插入”｜“零部件阵列”｜“线性阵列”命令，出现“线性阵列”属性管理器，激活“方向 1”列表框，在图形区选取边线 1，在“间距”文本框输入“20mm”，在“实例数”文本框输入“6”，激活“方向 2”列表框，在“间距”文本框输入“20mm”，在“实例数”文本框输入“4”，在图形区选取“支承钉”，选中“只阵列源”复选框，结果如图 9-13。单击“确定”按钮✓，完成零部件的线性阵列，同时在 Feature Manager 设计树中会出现 局部线性阵列1 标记。

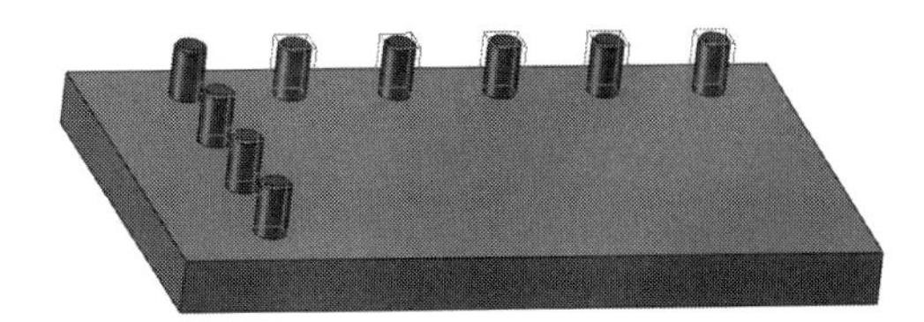

图 9-13　零部件的线性阵列

9.3.4 零部件的特征驱动阵列

特征驱动是以装配体中某一部件的阵列特征为参照来进行部件的复制。

1. 生成零部件特征驱动阵列

（1）选择菜单栏中的“插入”｜“零部件阵列”｜“特征驱动”命令，出现“特征驱动”属性管理器，如图 9-14 所示。

（2）在“特征阵列”属性管理器中，设置参数。

（3）单击“确定”按钮，完成零部件的特征驱动阵列。

2. 生成零部件特征驱动阵列应用

打开“零部件特征驱动阵列应用.sldasm”，选择菜单栏中的“插入”｜“零部件阵列”｜“特征驱动”命令，出现“特征驱动”属性管理器，激活“要阵列的零部件”列表框，在图形区选取“支承钉”，激活“驱动阵列”列表框，在图形区“阵列(线性)1@底板”，结果如图 9-15 所示。单击“确定”按钮，完成零部件的特征驱动阵列，同时在 Feature Manager 设计树中会出现 派生线性阵列2 标记。

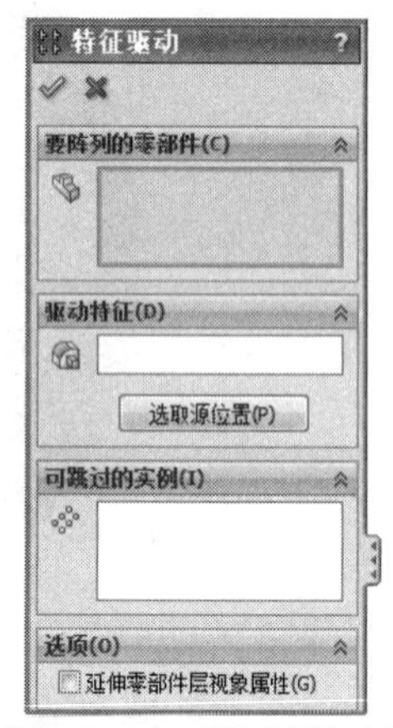

图 9-14 “特征驱动”属性管理器

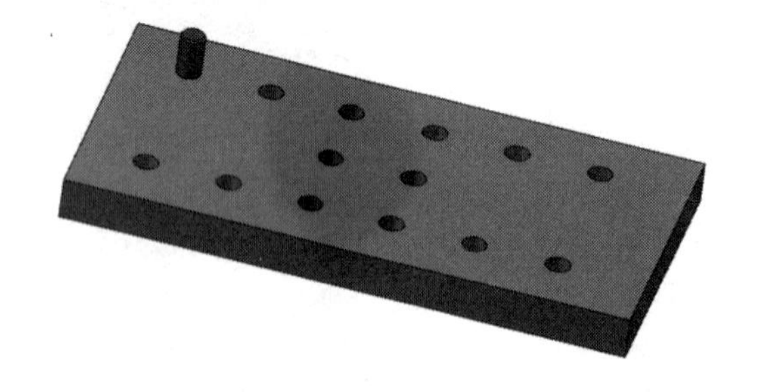
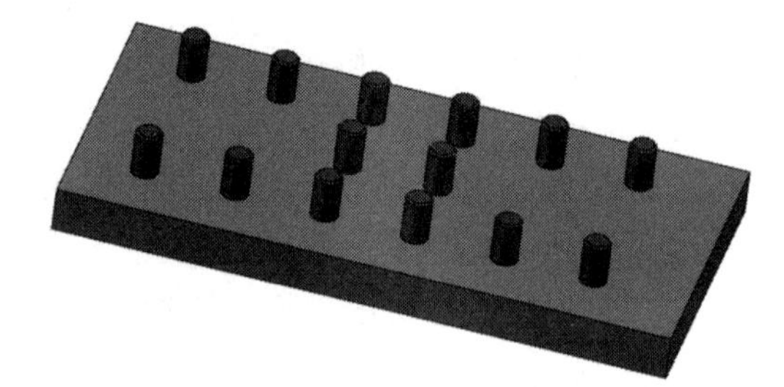
图 9-15 零部件特征驱动阵列

9.3.5 零部件的镜向

在同一装配文件中，有相同且对称的零部件，可以使用镜向零部件的操作来完成，镜向后的零部件即可作为源零部件的复制，也可作为另外的零部件。

1. 零部件镜向的操作步骤

（1）选择菜单栏中的“插入”｜“镜向零部件”命令，出现“镜向零部件”属性管理器，如图 9-16 所示。

（2）在“镜向零部件”属性管理器中，选择相应的内容。

（3）单击“确定”按钮，完成零部件的镜向零部件。

2. 零部件镜向的应用

打开“轮架装配.sldasm”，选择菜单栏中的“插入”｜“镜向零部件”命令，出现“镜向零部件”属性管理器，激活“镜向基准面”列表框，在 Feature Manager 设计树中选择“右视基准面”，激活“要镜向的零部件”列表框，在 Feature Manager 设计树中选择“支架”，单击“向下”按钮，进入下一步状态，预览，如图 9-17 所示，单击“确定”按钮，完成零部件的镜向，如图 9-18 所示，同时在 Feature Manager 设计树中会出现 镜向零部件1 支架<2> (默认<<默认> 标记。

说明　镜向后的新零件必须重新添加装配的限制条件，但与原来被镜向的零部件已经产生了对称共享。

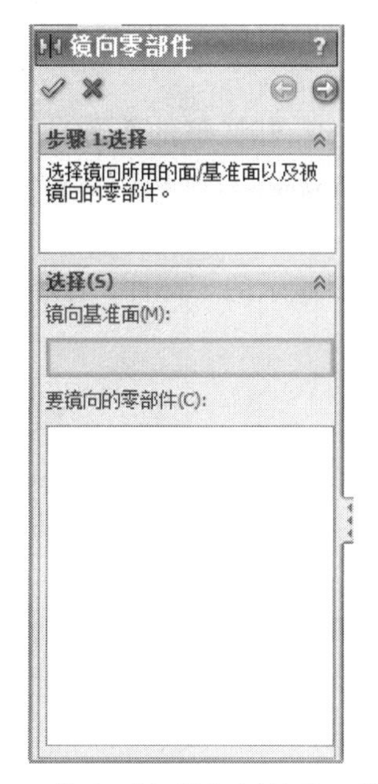

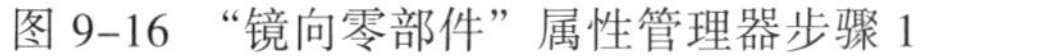

图 9-16　“镜向零部件”属性管理器步骤 1　　图 9-17　“镜向零部件”属性管理器步骤 2

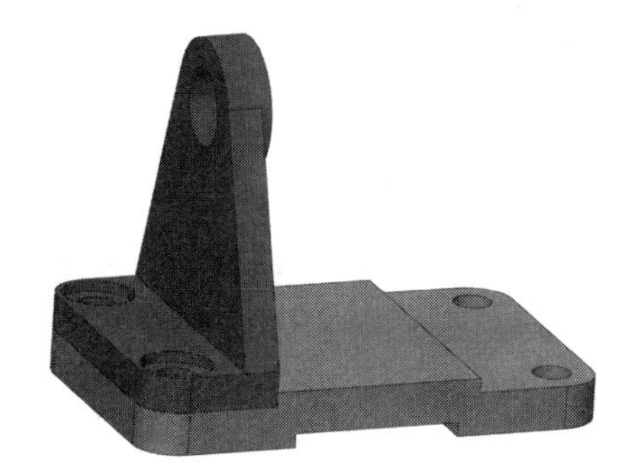

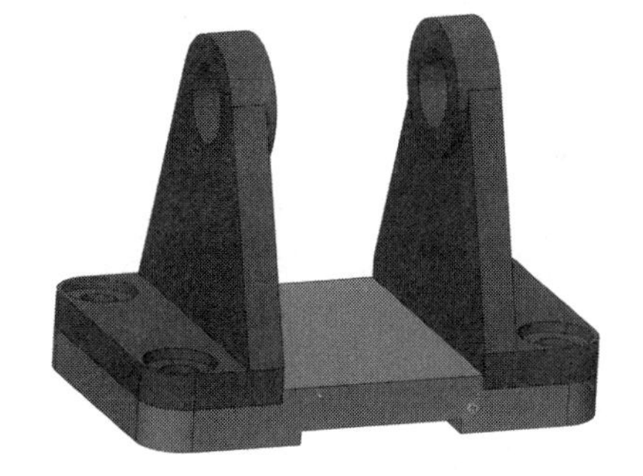

图 9-18　零部件特征镜向应用

9.3.6　编辑零部件

在 SolidWorks 中，零件模型信息在不同工作环境中是全关联的，即在零件设计、装配体和工程环境中实现了完全的共享和互动。当然，在装配过程中，可能会发生零件模型间存在在数据冲突，对于已调入装配体的零件，可以直接在装配环境中编辑，其操作方法与在零件环境中基本相同。具体操作步骤如下：

（1）在 Feature Manager 设计树中右击需要编辑的零部件，在弹出的快捷菜单中选择“编辑零部件”命令，此时，其他零部件将呈现透明状。

（2）单击该零件前的⊞符号，选择该零件需编辑的特征，根据需要编辑即可。

（3）完成编辑，单击“装配体”工具栏中的“编辑零部件”按钮，结束“编辑零部件”命令。

9.3.7 显示/隐藏零部件

为了方便装配和在装配体中编辑零部件，可以将影响视线的零部件隐藏起来。隐藏或显示零部件仅影响零部件在装配体中的显示状态，不影响重建模型及计算的速度，但是可提高显示的性能。具体操作如下：

（1）隐藏零部件：在 Feature Manager 设计树中右击需要隐藏的零部件，在弹出的快捷菜单中选择“隐藏零部件”命令，并且在 Feature Manager 设计树中零部件将呈现透明状。

（2）显示零部件：在 Feature Manager 设计树中右击需要显示的零部件，在弹出的快捷菜单中选择“显示零部件”命令，零部件即可显示。

9.3.8 压缩零部件

使用压缩状态可暂时将零部件从装配体中移除，在图形区将隐藏所压缩的零部件。被压缩的零部件无法被选取，并且不装入内存，不再是装配体中有功能的部分。在设计树中压缩后呈暗色显示。具体操作步骤如下：

（1）压缩零部件：在 Feature Manager 设计树中右击需要压缩的零部件，在弹出的快捷菜单中选择“压缩”命令，完成压缩。

（2）解除压缩：在 Feature Manager 设计树中右击需要解除压缩的零部件，在弹出的快捷菜单中选择“解除压缩”命令，完成解除压缩。

9.4 装配体的干涉检查

在机械设计中，干涉检查是一个重要的环节，是避免设计失败的有效工具。在一个复杂的装配体中，如果想用视觉或者使用二维 CAD 软件来实现干涉检查是件困难的事。SolidWorks 为用户提供了高效的干涉检查工具，可以发现装配体中零部件之间的干涉。该命令可以选择一系列零部件并寻找它们之间的干涉，干涉部分将在检查结果的列表中成对显示，并在图形区将有问题的区域用一个标定了尺寸的“立方体”来显示。

干涉检查包括动态干涉检查和静态干涉检查两种。静态干涉检查指干涉体积检查，动态干涉检查指碰撞测试和动态间隙检查。

9.4.1 碰撞测试

在移动或旋转零部件时，可以检查与其他零部件之间的冲突，检查与整个装配体或所选的零部件组之间的碰撞，以发现对所选的零部件的碰撞，或对由于与所选的零部件有配合关系而移动的所有零部件的碰撞。移动或旋转零部件时检查碰撞的步骤如下：

（1）单击“移动零部件”按钮或“旋转零部件”按钮，出现其属性管理器。

（2）选中“移动零部件”或“旋转零部件”属性管理器中的“碰撞检查”单选按钮，如图 9-19 所示。

（3）选择下列选项以指定检查范围：

- “所有零部件之间”：如果移动的零部件接触到装配体中任何其他的零部件，会检查出碰撞。

- “这些零部件之间”：选择所选项目框中的零部件，然后单击重复拖动。如果要移动的零部件接触到所选项目框中的零部件，会检测出碰撞。与不在下拉列表中的项目的碰撞则被忽略。
- “碰撞时停止”：在发生碰撞时停止零部件的运动，以阻止其接触到其他任何实体。
- “仅被拖动的零件”：只检查与所有选择移动的零部件的碰撞。

（4）在如图 9-19 所示的“高级选项”选项组中选择以下复选框。

- “高亮显示面”：接触移动的零部件的面高亮显示。
- “声音”：发现碰撞时计算机会发出声音。
- “忽略复杂曲面”：只对平面、圆柱面、圆锥面、球面、环面检查碰撞。
- “此配置”：不适用于碰撞检查、物质动力或动态间隙，只适用于移动零部件或旋转零部件。

（5）单击“确定”按钮，完成碰撞检查并退出。

9.4.2　动态间隙

“动态间隙”命令可以在移动或旋转零部件时，动态检查零部件之间的间隙。在移动或旋转零部件时，会出现一个尺寸指示所选零部件间的最小距离。该命令还可以阻止两个零部件在指定间距内移动或旋转。

动态间隙检查零部件之间的间隙的步骤如下：

（1）单击“移动零部件”按钮或“旋转零部件”按钮，出现其属性管理器。

（2）选中“移动零部件”或“旋转零部件”属性管理器中的“动态间隙”复选框，如图 9-20 所示。

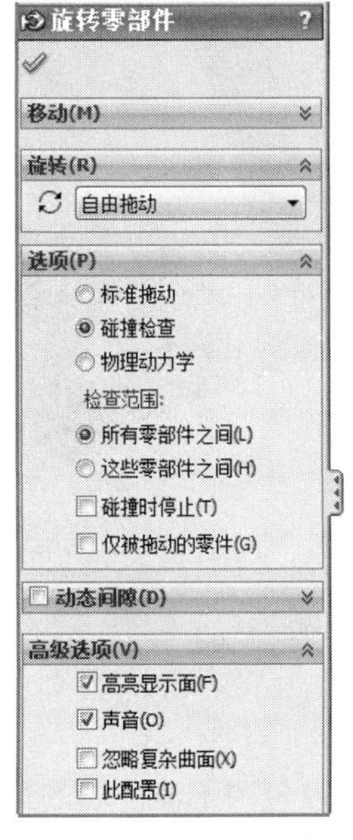

图 9-19　“碰撞检查”复选框

图 9-20　“动态间隙”复选框

（3）激活“碰撞时停止”列表框，在图形区选择所要检查的零部件，然后单击“恢复拖动”。

（4）单击“碰撞时停止”选项，然后在“指定间隙”文本框中输入一数值，以阻止零部件移动到指定距离之内。

（5）拖动图形区域中的所选零部件之一。

（6）单击“确定”按钮✓，完成并退出。

9.4.3 体积干涉检查

在一个复杂的装配体中，很难用视觉来检查零部件之间是否有干涉的情况。SolidWorks 可以在零部件之间进行“干涉检查”，并且能查看检查到的干涉体积。

在装配体的零部件之间进行干涉检查的步骤如下：

（1）单击“装配体”工具栏中的“干涉检查”按钮，或选择菜单栏中的“工具”|“干涉检查”，出现其属性管理器，如图 9-21 所示。根据默认，顶层装配体出现在所选零部件之下。如果检查一装配体的干涉情况，则所有零部件都将被检查。

（2）在“选项”选项组中选中“视重合为干涉”复选框，可以将重合实体报告为干涉体积，如图 9-22 所示。当取消选中该复选框时，重合实体被忽略。

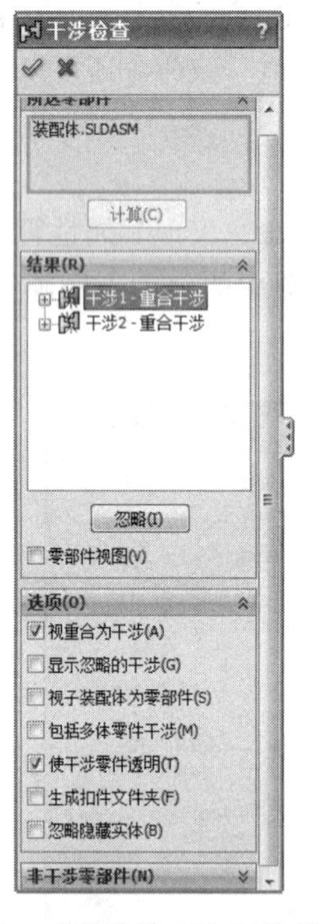

图 9-21 “干涉检查”属性管理器

图 9-22 “干涉检查”结果示例

（3）单击“确定”按钮✓，来检查干涉，会发生以下情况：

① 干涉体积出现在结果框中。

② 所选干涉的零部件出现在零部件 1 和零部件 2 框中。

③ 所选干涉的体积在图形区域中高亮显示。干涉体积以包围干涉区域的边界框的长、宽、高作为形式，这些数字显示在图形区域中。

④ 在“结果”选项组中选择其他干涉体积以检查其他结果。

⑤ 清除所选的零部件框，选择新零部件，然后单击“确定”按钮✔，来检查其他零部件的干涉。

⑥ 完成后单击“取消”按钮✖。

9.4.4　装配体统计

使用“装配体统计”命令，可以报告出装配体文件的一些统计资料。调用装配体统计命令的操作步骤如下：

（1）打开装配体文件。

（2）单击工具栏中的 AssemblyXpert 按钮（若工具栏中无此按钮用户可自己定义），或选择菜单栏中的“工具”→AssemblyXpert 命令，弹出 AssemblyXpert 对话框，如图 9-23 所示。

（3）阅读完毕后，单击“确定”按钮，关闭该对话框。

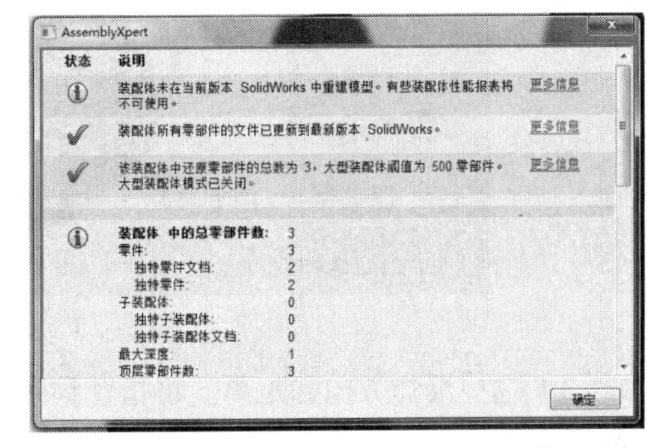

图 9-23　“AssemblyXpert”对话框

9.5　装配体的爆炸视图

出于制造、维修以及销售的目的，经常需要分离装配体中的零部件以便于形象地分析它们的相互关系。装配体的爆炸视图可以分离其中的零部件单独查看，但装配体爆炸后用户不可以给装配体添加新的配合关系。

一个爆炸视图由一个或多个爆炸步骤组成。每一个爆炸视图保存在所生成的装配体配置中。每一个配置都可以有一个爆炸视图。

可在爆炸属性管理器生成和编辑爆炸视图，删除爆炸视图。

9.5.1　添加爆炸视图

可以通过在图形区域中选择和拖动零件来生成爆炸视图，其操作步骤如下：

（1）单击装配体工具栏中“爆炸视图”按钮，或选择菜单栏中的“插入”｜“爆炸视图”命令，出现“爆炸”属性管理器，如图 9-24 所示。

（2）在图形区域或 Feature Manager 设计树中，逐个选择要爆炸的零部件，所选零部件在图形区变色显示并出现在“设定”选项框中，在图形区同时出现参考三重轴，如图 9-25 所示。

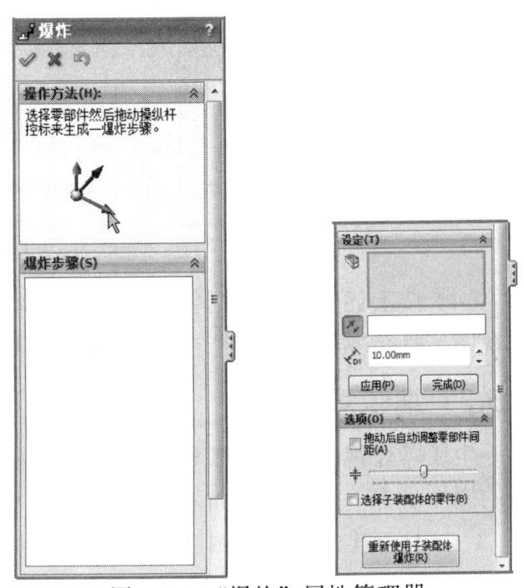

图 9-24　“爆炸”属性管理器

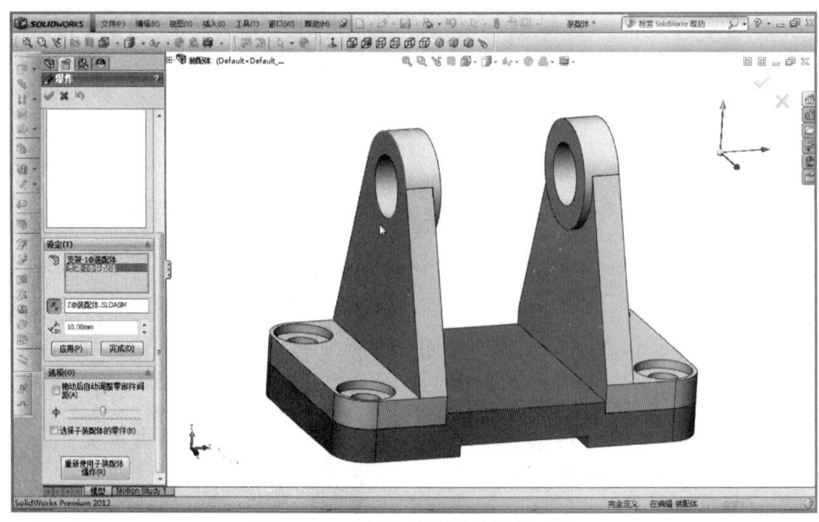

图 9-25　选择要爆炸的零部件

（3）选择爆炸方向和距离。将指针移到指向零部件爆炸方向的三重轴的某一个方向箭头，该箭头变色，鼠标同时变为形状。在“设定”选项框下，在“爆炸距离”文本框中输入数值，或者在图形区直接将其拖动至合适的位置。单击“应用”按钮，生成预览，在“爆炸步骤”显示框中出现“爆炸步骤 1”，如图 9-26 所示。然后单击“完成”按钮，生成一个视图的爆炸步骤。

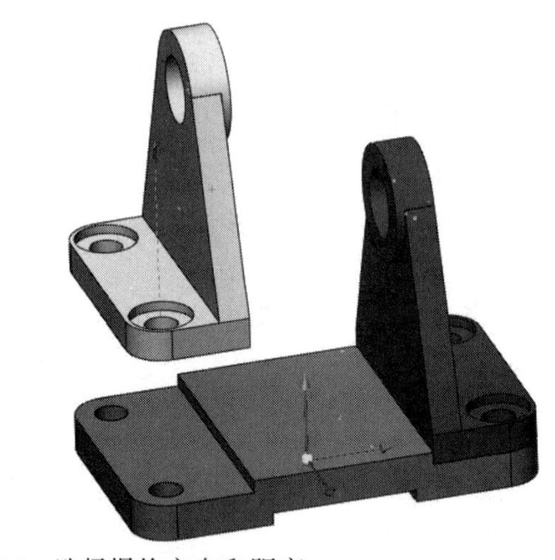

图 9-26　选择爆炸方向和距离

（4）按上述步骤逐个把装配体中各零部件移动到新位置，单击“确定”按钮，完成爆炸视图，每个零件生成一个视图的爆炸步骤。

9.5.2　编辑爆炸

生成爆炸视图后，可以利用“爆炸”属性管理器进行编辑修改，也可以根据需要，添加新的爆炸步骤。操作过程如下：

（1）打开生成爆炸视图后的装配体文件。

（2）单击工具栏中的“爆炸视图”按钮，或选择菜单栏中的“插入”｜“爆炸视图”命令，弹出“爆炸”属性管理器。

（3）右击“爆炸步骤”显示框中的某一“爆炸步骤”，在弹出的快捷菜单中选择“编辑步骤”命令，在“设定”框中出现相应爆炸设置，并在图形区中出现所编辑“爆炸步骤”的预览。

（4）输入新的爆炸距离，单击“应用”按钮，或利用拖动的方式对“爆炸步骤”进行编辑。

（5）单击“爆炸”属性管理器中的“确定”按钮✔，完成爆炸视图的编辑。

9.5.3　删除爆炸

若要删除某个爆炸步骤，可右击该爆炸步骤，在弹出的快捷菜单中选择“删除”命令，或选中该爆炸步骤，直接按 Delete 键，该爆炸步骤就会被删除，零部件恢复到爆炸前的装配状态。

9.6　装配体轴测剖视图

隐藏零部件、更改零件透明度等方法是观察装配体模型的常用手段，但许多产品中零部件之间的空间关系非常复杂，具有多重嵌套关系，需要进行剖切才能观察其内部结构，而借助 SolidWorks 中的装配体特征可以完成轴测剖视图的功能。

装配体特征是在装配体环境下生成的特征实体，虽然装配体特征改变了装配体的形态，但对零件并不产生影响。装配体特征主要包括切除和孔，适用于展示装配体的剖视图。装配体轴测剖视图的操作步骤如下：

（1）打开装配体文件。

（2）在装配体模式下，选择菜单栏中的“插入”｜“装配体特征”｜“切除”｜“拉伸”命令，出现提示选择绘制草图的基准面或面的信息，在装配体上选择一个面（或基准面），如图 9-27 所示。

（3）自动在选择的面（或基准面）上打开一张草图，进入草图绘制。

（4）绘制切除的轮廓，轮廓可以包含一个以上的闭环轮廓，或者使用“转换实体引用”生成草图。

（5）退出草图绘制。在“切除-拉伸”属性管理器对话框中根据需要设置选项，指定特征范围，如图 9-28 所示。

（6）单击“切除-拉伸”属性管理器中的“确定”按钮✔，完成装配体的剖视图，如图 9-29 所示。

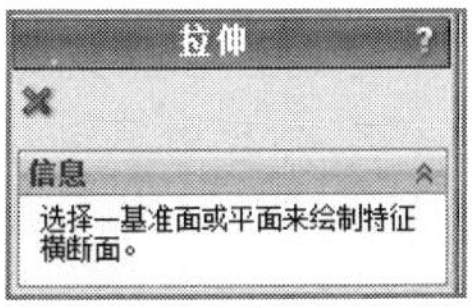

拉伸

信息

选择一基准面或平面来绘制特征横断面。

图 9-27 选择一个面

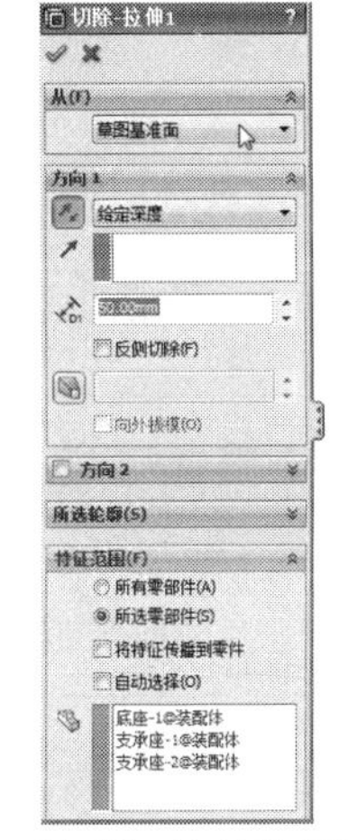

图 9-28 “切除-拉伸”属性管理器

图 9-29 轴测剖视图

9.7 复杂装配体中零件的压缩状态

根据某段时间内的工作范围，可以制定合适的零部件压缩状态。这样可以减少工作时装入和计算的数据量，装配体的显示和重建会更快，系统资源的使用效率也会更高。

1. 压缩状态的基本方法

装配体零部件共有还原、压缩和轻化 3 种压缩状态。

（1）还原：还原是装配体零部件的正常状态。完全还原的零部件会完全装入内存，可以使用所有功能并可以完全访问。可以使用还原状态零部件的所有模型数据，所以可选取、参考、编辑，并且在配合中使用它的实体。

（2）压缩：可以使用压缩状态暂时将零部件从装配体中移除（而不是删除），它不装入内存，不再是装配体中有功能的部分，无法看到压缩的零部件，也无法选取其实体。

由于一个压缩的零部件将从内存中移除，所以装入速度、重建模型速度和显示性能均有提高，压缩减少了复杂程度，其余的零部件计算速度会很快。

压缩零部件包含的配合关系也被压缩，因此，装配体中零部件的位置可能变为未定义，参考压缩零部件的关联特征也可能受影响，当恢复压缩的零部件为完全还原状态时，可能会发生矛盾，所以在生成模型时必须小心使用压缩。

（3）轻化：所谓轻化，就是简化模型，减小所占据的内存空间。通常，零件和子装配体都可以轻化。

当零部件完全还原时，其所有模型数据将装入内存。当零部件为轻化时，只有部分模型数据装入内存，其余的模型数据根据需要装入。

通过使用轻化零部件，可以显著提高大型装配体的性能，使用轻化的零部件装入装配体比使用完全还原的零部件装入同一装配体的速度更快，因为计算的数据更少，所以包含轻化零部件的装配体重建速度更快。

因为零部件的完整模型数据只有在需要时才装入，所以轻化零部件的效率很高。只有受当前编辑进程中所做更改影响的零部件才完全还原，可不对轻化零部件还原而进行以下装配体操作：添加/移除配合；干涉检查；边线/面/零部件选择；碰撞检查；装配体特征；注解；测量；尺寸；截面属性；装配体参考几何体；质量属性；剖面视图；爆炸视图；高级零部件选择；物理模拟；高级显示/隐藏零部件。

零部件压缩状态的比较，如表 9-1 所示。

表 9-1 压缩状态比较表

项 目	还 原	轻 化	压 缩	隐 藏
装入内存	是	部分	否	是
可见	是	是	否	否
属性管理器设计树中可以使用的特征	是	否	否	否
可添加配合关系的面和边线	是	是	否	否
解出的配合关系	是	是	否	是
解出的关联特征	是	是	否	是
解出的装配体特征	是	是	否	是

续表

项　　目	还 原	轻 化	压 缩	隐 藏
在整体操作时考虑	是	是	否	是
可以在关联中编辑	是	是	否	否
装入和重建模型的速度	正常	较快	较快	正常
显示速度	正常	正常	较快	较快

2. 压缩零部件状态

（1）在属性管理器 Feature Manager 设计树中或图形区域中，右击所选零部件，在弹出的快捷菜单中选择“零部件属性”命令，弹出“零部件属性”对话框，如图 9-30 所示。如果同时改变多个零部件，在选择时按下 Ctrl 键，然后右击并在弹出的快捷菜单中选择“零部件属性”命令。

（2）在对话框中，在压缩状态下选择所需的状态。

（3）单击“确定”按钮。

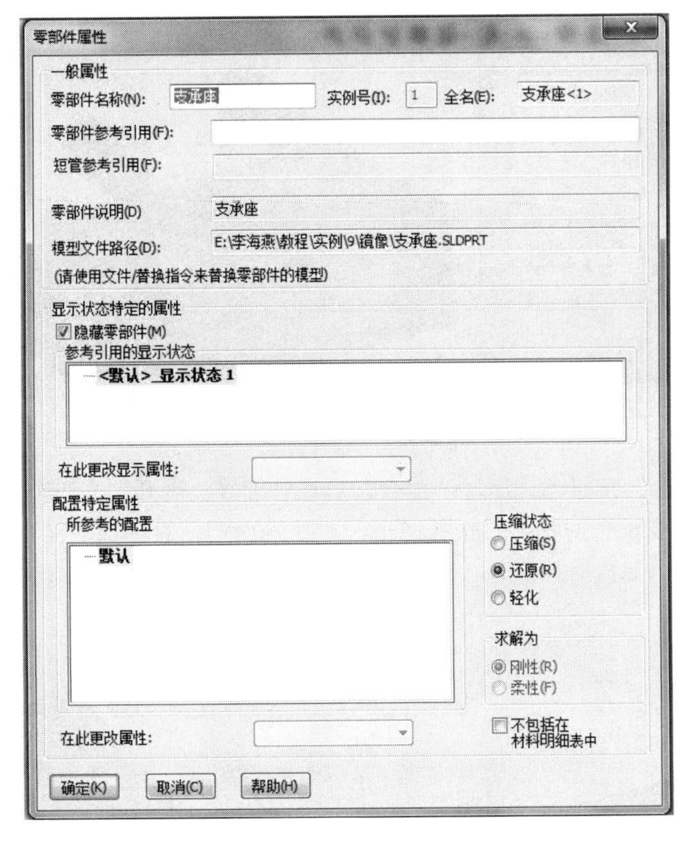

图 9-30　“零部件属性”对话框

9.8　高 级 配 合

在大多数情况下，使用标准配合就可以解决一般配合问题。为了解决特殊问题及装配体效率，还可以使用高级配合和智能配合。高级配合包括对称配合、宽度配合、路径配合、线性配合、限制配合等，如图 9-31 所示。

图 9-31 “配合”属性管理器

9.8.1 对称配合

对称配合：将所选项目实体相对于零部件的基准面或平面或装配体的基准面对称放置。具体操作如下：

（1）单击“新建”按钮，弹出“新建 SolidWorks 文件”对话框，选择“装配体”模板，单击“确定”按钮，进入装配体窗口，出现“开始装配体”属性管理器，单击“浏览”按钮，弹出“打开”对话框，选择要插入的零件“底板”，定位在原点，插入滚珠，单击“保存”按钮，保存为“对称配合实例”，如图 9-32 所示。

（2）单击“配合”按钮，出现“配合”属性管理器，分别选择“滚柱面”“底座圆弧面”，单击“同轴心”按钮，单击“确定”按钮，完成同轴心配合，单击“确定”按钮，如图 9-33 所示。

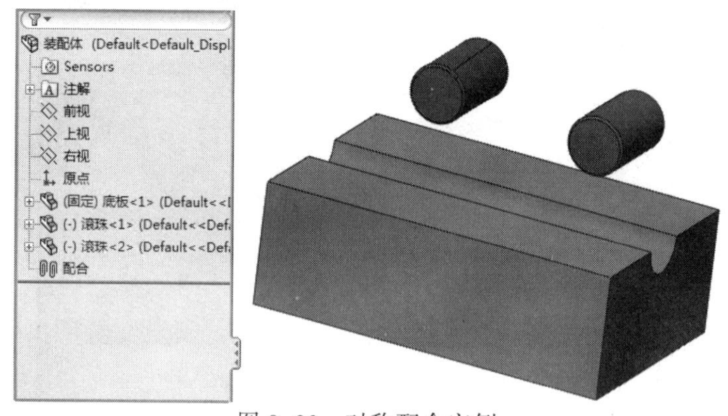

图 9-32 对称配合实例

（3）单击“配合”按钮，出现“配合”属性管理器，展开“高级配合”选项组，单击“对称”按钮，“要配合的实体”选择两个“滚柱端面”，“对称基准面”选择“右视”，单击“确定”按钮，完成对称配合，如图 9-34 所示。

图 9-33 “同轴心”配合

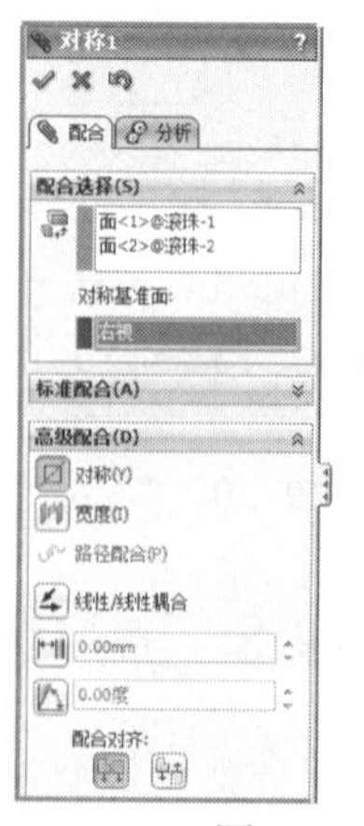

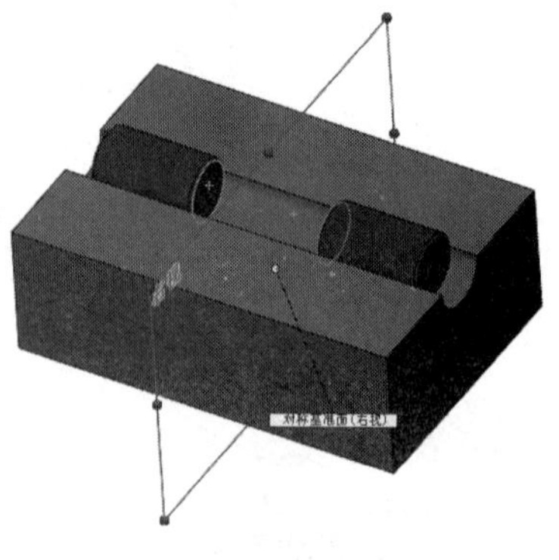

图 9-34 滚柱端面“对称”配合

9.8.2　宽度配合

宽度配合：可使标签位于凹槽宽度内的中心。凹槽宽度参考可以包含两个平行平面和非平行平面；标签参考可以包含两个平行平面、两个非平行平面、一个圆柱面或轴。具体操作如下：

（1）单击“新建”按钮，弹出“新建 SolidWorks 文件”对话框，选择“装配体”模板，单击“确定”按钮，进入装配体窗口，出现“开始装配体”属性管理器，单击“浏览”按钮，弹出“打开”对话框，选择要插入的零件“底板”，定位在原点，插入圆柱，单击“保存”按钮，保存为“宽度配合实例”，如图 9–35 所示。

（2）单击“配合”按钮，出现“配合”属性管理器，分别选择“滚柱面”“底座圆弧面”，单击“相切”按钮，单击“确定”按钮，完成相切配合，单击“确定”按钮，如图 9–36 所示。

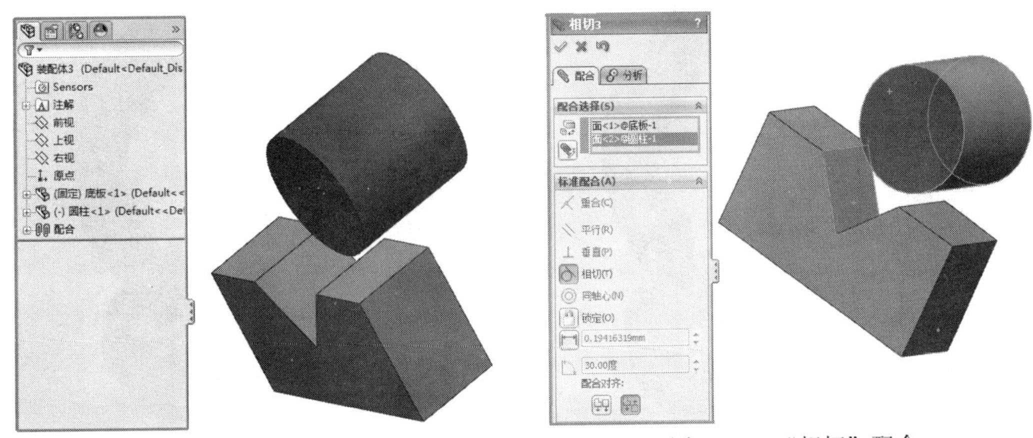

图 9–35　“宽度配合”实例　　　　图 9–36　“相切”配合

（3）单击“配合”按钮，出现“配合”属性管理器，展开“高级配合”选项组，单击“对称”按钮，“要配合的实体”选择两个“圆柱端面”，“对称基准面”选择“前视”，单击“确定”按钮，完成对称配合，如图 9–37 所示。

（4）单击“配合”按钮，出现“配合”属性管理器，展开“高级配合”选项组，单击“宽度“按钮，“宽度选择”选择底板两个平面，“薄片选择”选择圆柱面，单击“确定”按钮，完成宽度配合，如图 9–38 所示。

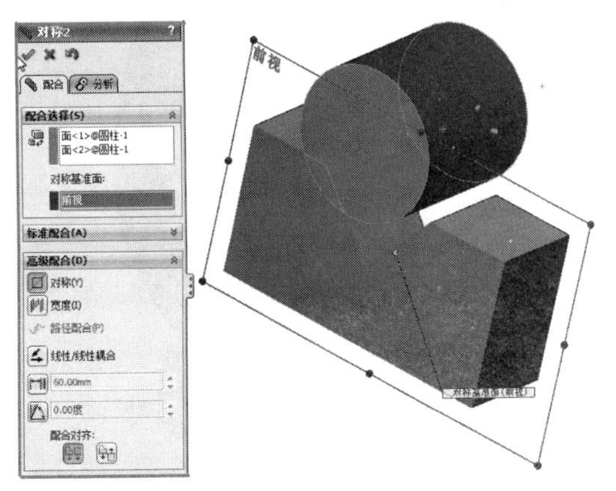

图 9–37　圆柱“对称”配合

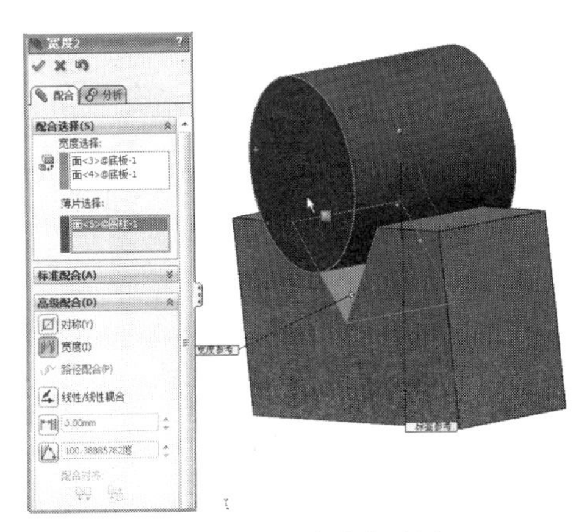

图 9–38　“宽度”配合

9.8.3 路径配合

路径配合：路径配合是将零部件上所选的点约束到路径。零件将沿着路径纵倾、偏转和摇摆。具体操作如下：

（1）单击“新建”按钮，弹出“新建 SolidWorks 文件”对话框，选择“装配体”模板，单击“确定”按钮，进入装配体窗口，出现“开始装配体”属性管理器，单击“浏览”按钮，弹出“打开”对话框，选择要插入的零件“连接件 1”，定位在原点，插入连接件 2，单击“保存”按钮，保存为“路径配合实例”，如图 9-39 所示。

（2）单击“配合”按钮，出现“配合”属性管理器，分别选择“滚柱面”“底座圆弧面”，单击“平行”按钮，单击“确定”按钮，完成平行配合，单击“确定”按钮，如图 9-40 所示。

图 9-39 路径配合实例

图 9-40 “平行”配合

（3）单击“配合”按钮，出现“配合”属性管理器，展开“高级配合”选项组，单击“宽度”按钮，“宽度选择”选择连接件 2 两个侧面，“薄片选择”选择连接件 1 的两个面，单击“确定”按钮，完成宽度配合，如图 9-41 所示。

（4）单击“配合”按钮，出现“配合”属性管理器，展开“高级配合”选项组，单击“路径”按钮，“零部件顶点”选择两个连接件 2 顶点，“路径选择”选择连接件 1 的边线，单击“确定”按钮，完成路径配合，如图 9-42 所示。

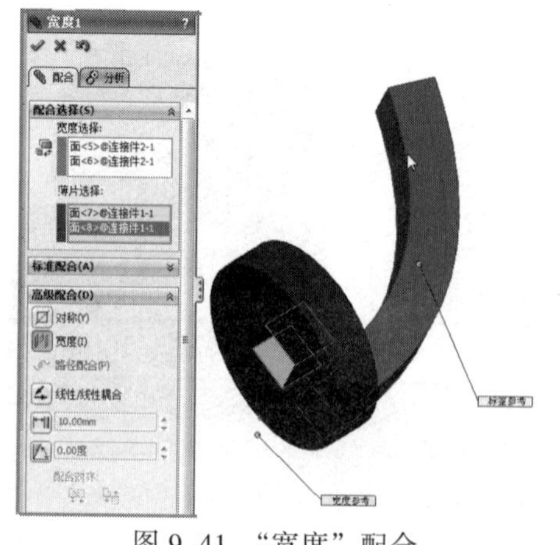

图 9-41 “宽度”配合

图 9-42 “路径”配合

9.8.4　线性配合

线性配合：配合在一个零部件的平移和另一个零部件的平移之间建立几何关系。当生成线性/线性耦合配合时，可相对于地面或相对于参考零部件设置每个零部件的运动。具体操作如下：

（1）单击“新建”按钮，弹出“新建 SolidWorks 文件”对话框，选择“装配体”模板，单击“确定”按钮，进入装配体窗口，出现“开始装配体”属性管理器，单击“浏览”按钮，弹出“打开”对话框，选择要插入的零件“底板”，定位在原点，插入滑块，单击“保存”按钮，保存为“线性配合实例”，如图 9-43 所示。

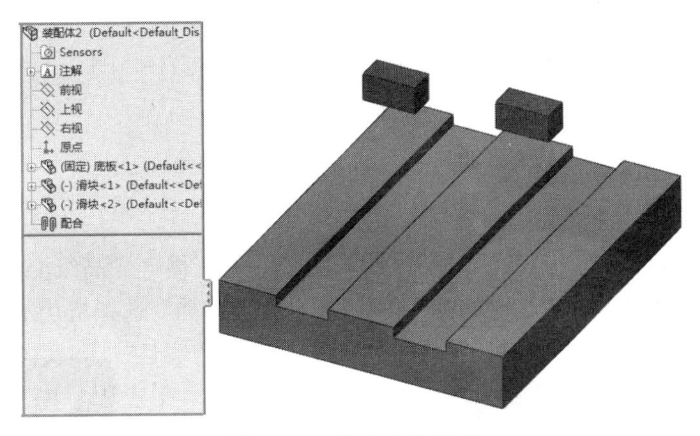

图 9-43　线性配合实例

（2）单击“配合”按钮，出现“配合”属性管理器，选择“滑块 1 底面”，单击“重合”按钮，单击“确定”按钮，选择“滑块 2 底面”，单击“重合”按钮，单击“确定”按钮，完成重合配合，单击“确定”按钮，如图 9-44 所示。

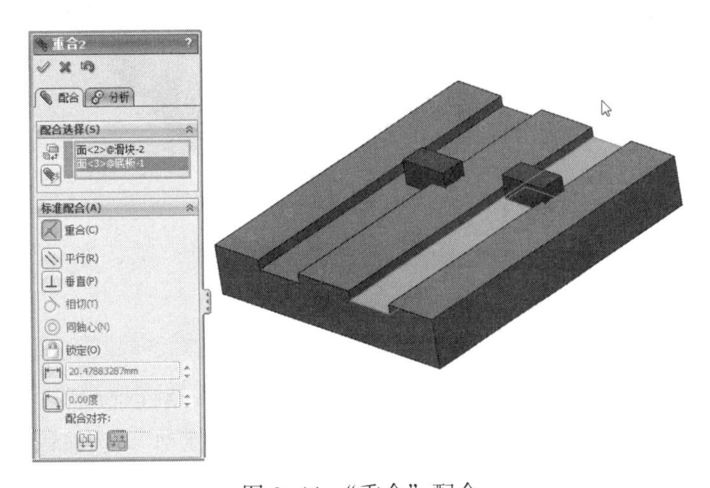

图 9-44　“重合”配合

（3）单击“配合”按钮，出现“配合”属性管理器，展开“高级配合”选项组，单击“路径”按钮，“零部件顶点”选择滑块顶点，“路径选择”选择底板的边线，每个滑块选择两条路径，单击“确定”按钮，完成路径配合，如图 9-45 所示。

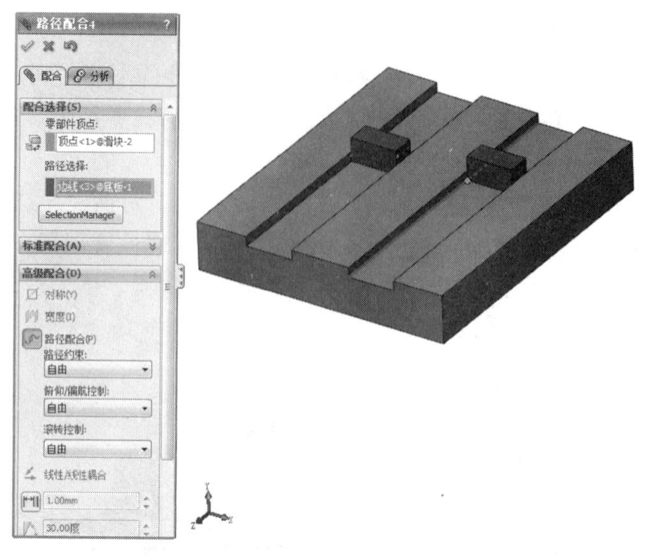

图 9-45　“路径”配合

（4）单击“配合”按钮，出现“配合”属性管理器，展开“高级配合”选项组，单击“线性／线性耦合”按钮，在“配合选择”中，“要配合的实体”选择滑块 1 边线，“配合实体 1 的参考零部件”选择底板，“要配合的实体”选择滑块 2 边线，“配合实体 2 的参考零部件”选择底板，滑块 1 比率为 1，滑块 2 比率为 2，选中“反转”复选框，单击“确定”按钮，完成“线性/线性耦和”配合，如图 9-46 所示。

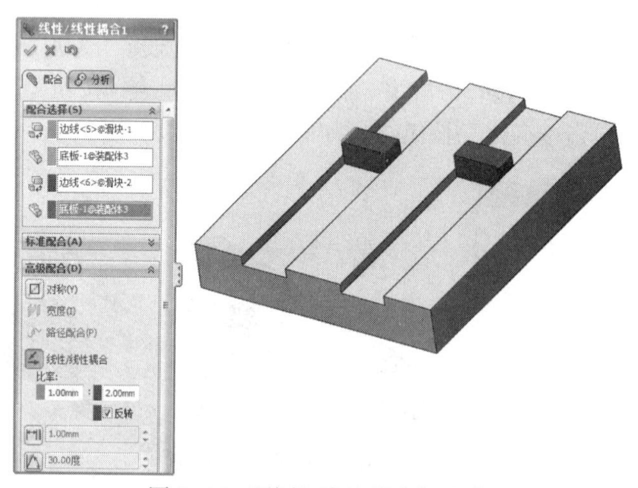

图 9-46　“线性/线性耦和”配合

（5）单击“移动零部件”按钮，出现“移动零部件”属性管理器，选择“自由拖动”选项，指针变为形状，展开“选项”选项组，选择“标准拖动”，按住鼠标拖动，观察移动情况。

9.8.5　限制配合

限制配合：指定一开始距离或角度及最大和最小值，限制配合允许零件在距离和角度配合的一定数值范围内移动。具体操作如下：

（1）单击“新建”按钮，弹出“新建 SolidWorks 文件”对话框，选择“装配体”模板，单击“确定”按钮，进入装配体窗口，出现“开始装配体”属性管理器，单击“浏览”按钮，弹出“打开”对话框，选择要插入的零件“底板”，定位在原点，插入滚珠。分别添加同轴心配合，对称配合，单击“保存”按钮，保存为“限制配合实例”，如图 9–47 所示。

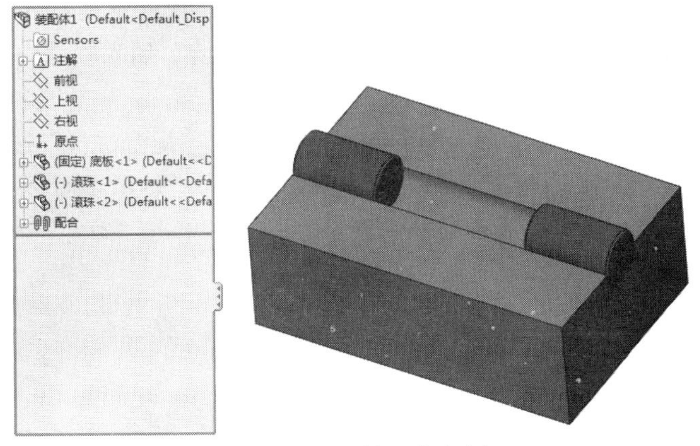

图 9–47　限制配合实例

（2）单击“配合”按钮，出现“配合”属性管理器，展开“高级配合”选项组，单击“距离”按钮，“要配合的实体”选择“滚珠 1 面 1”、“滚珠 2 面 2”，输入一距离值 70 mm，在“最大值”文本框中输入“70 mm”，“最小值”文本框中输入 10 mm，单击“确定”按钮，完成限制配合，单击“确定”按钮，如图 9–48 所示。

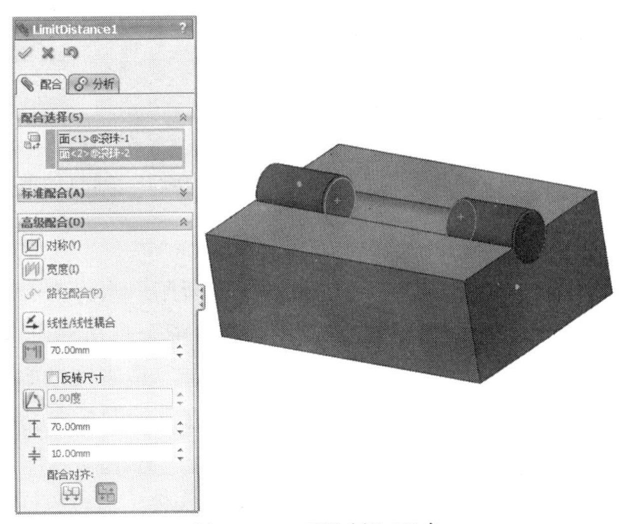

图 9–48　“限制”配合

（3）单击“移动零部件”按钮，出现“移动零部件”属性管理器，选择“自由拖动”选项，指针变为形状，展开“选项”选项组，选择“标准拖动”，按住鼠标拖动，观察移动情况。

9.8.6　多配合

当多个零件上的多个同类实体与同一个实体之间需要添加相同的配合关系时，如果按照前面的步骤逐个进行添加，不免要浪费许多操作和时间，此时使用“多配合模式”，可以为多个零件上的多个同类实体指定同一个“普通参考”，就可以很好地解决这个问题。具体操作如下：

（1）单击“新建”按钮，弹出“新建 SolidWorks 文件”对话框，选择“装配体”模板，单击“确定”按钮，进入装配体窗口，出现“开始装配体”属性管理器，单击“浏览”按钮，弹出“打开”对话框，选择要插入的零件“轴”，定位在原点，插入轴承。单击“保存”按钮，保存为“多配合实例”，如图 9-49 所示。

（2）单击“配合”按钮，出现“配合”属性管理器，“配合选择”选择“多配合”按钮，“要配合的实体”选择“轴面 1”，“多配合模式”选择 “轴承 1 面 2”、 “轴承 2 面 2”，“标准配合”选择“同轴心”，完成轴与轴承同轴心配合，单击“确定”按钮，如图 9-50 所示。

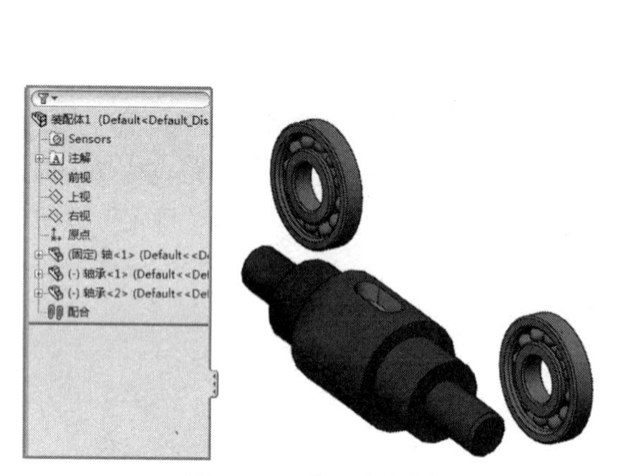

图 9-49　多配合实例

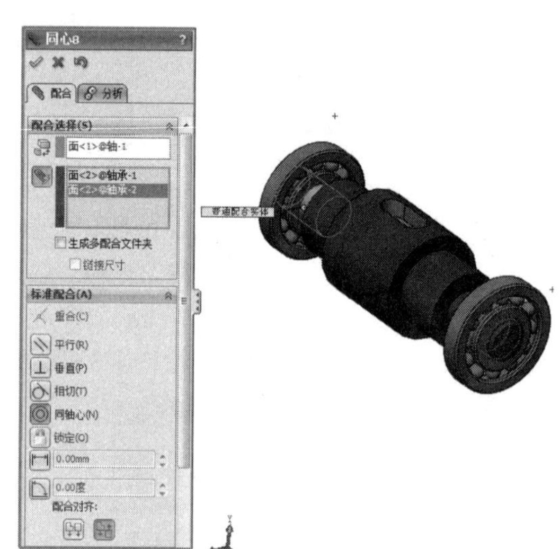

图 9-50　轴与轴承“同轴心”配合

9.8.7　配合参考

配合参考指定零部件的一个或多个实体供自动配合所用。当将带有配合参考的零部件拖动到装配体中时，SolidWorks 软件会尝试查找具有同一配合参考名称与配合类型的其他组合。如果名称相同，但类型不匹配，软件将不会添加配合。具体操作如下：

（1）选择菜单栏中的“文件”｜“打开”命令，打开已绘制的名为“底板”的文件。单击“参考几何体”工具栏中的“配合参考”按钮，出现“配合参考”属性管理器，参考名称定义为“异型孔装配”，选择异型孔圆柱面为主要参考实体（蓝色，同心配合）→选择异型孔平面为第二参考实体（粉红色，重合配合）→选择异型孔底面为第三参考实体（紫蓝色，重合配合），如图 9-51 所示。

（2）单击菜单栏中的“文件”｜“打开”命令，打开已绘制的名为“插入件”的文件。单击“参考几何体”工具栏中的“配合参考”按钮，出现“配合参考”属性管理器，“参考名称”定义为“异型孔配合”，选择异型孔圆柱面为主要参考实体（蓝色，同心配合）→选择异型孔平面为第二参考实体（粉红色，重合配合）→选择异型孔底面为第三参考实体（紫蓝色，重合配合），如图 9-52 所示。

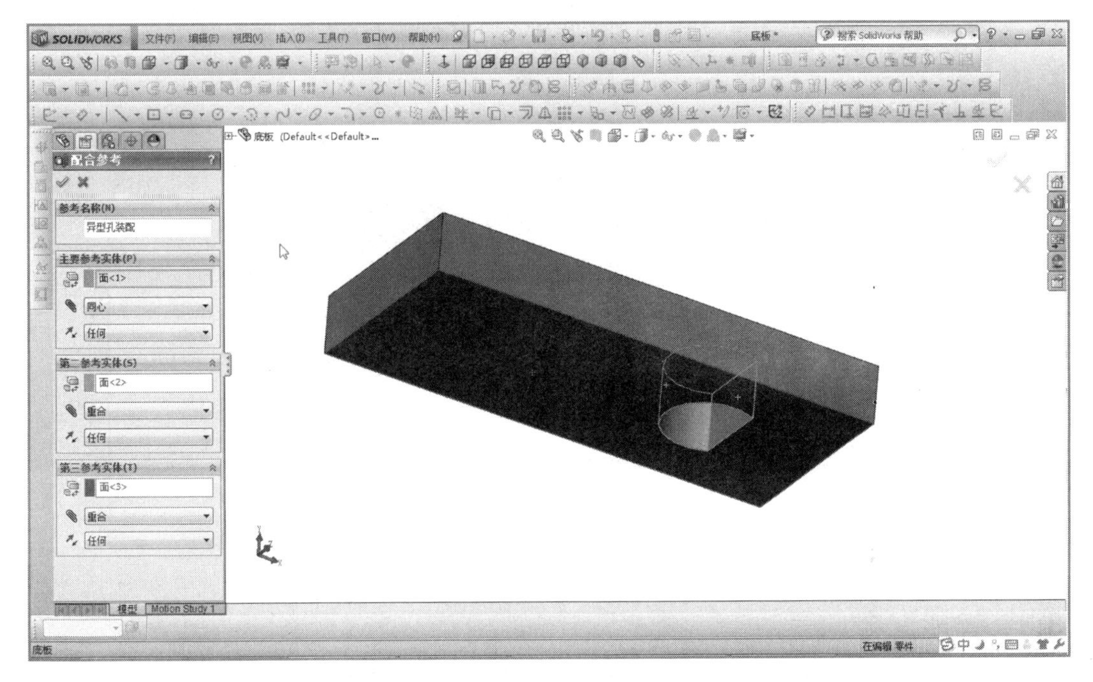

图 9-51　定义“底板”的配合参考

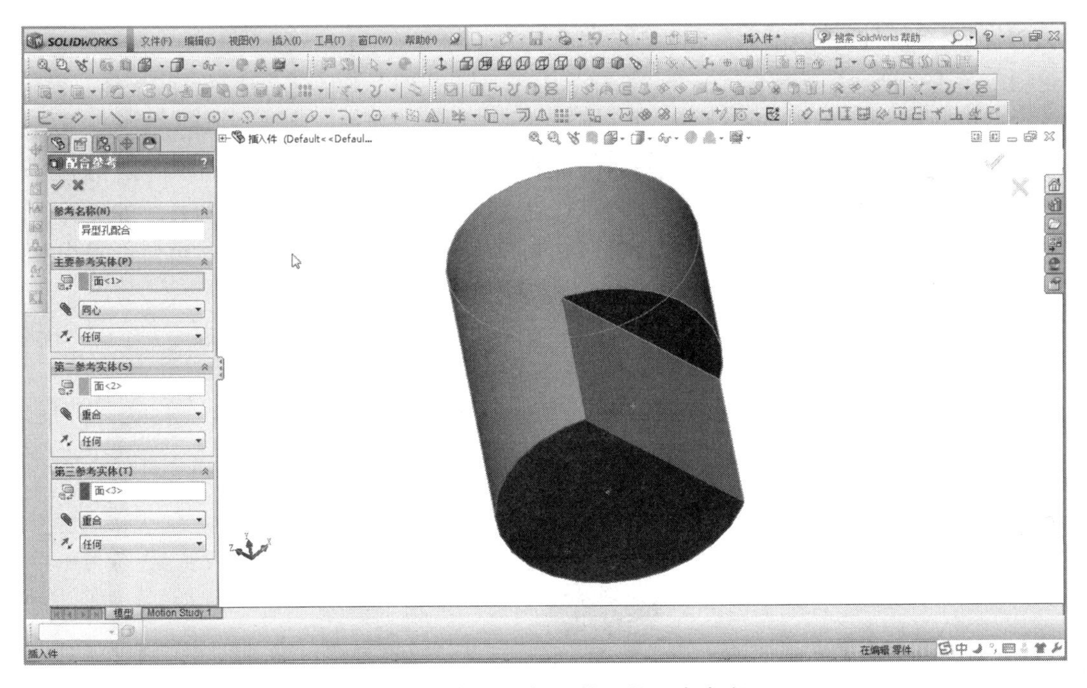

图 9-52　定义“插入件”的配合参考

（3）新建“异型孔配合”子装配体文件，将底板设为固定件，插入零件“插入件”，将鼠标移动到“底板”附近，“插入件”与“底板”自动配合，如图 9-53 所示。

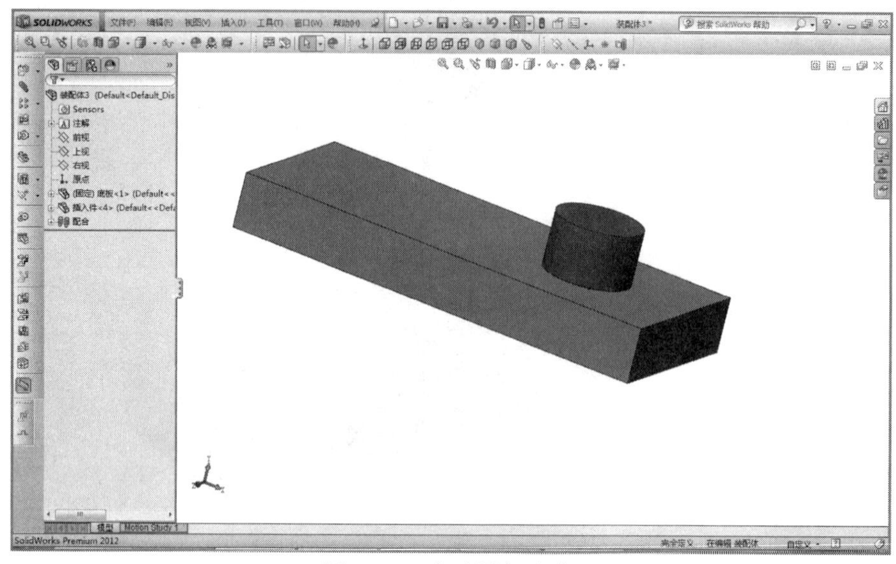

图 9-53　自动添加配合

9.8.8　智能配合

智能配合（SmartMates）是 SolidWorks 提供的一种智能装配，是一种快速的装配方式。利用该装配方式，只要选择需配合的两个对象，系统就会自动配合定位。在向装配体文件中插入零件时，也可以直接添加装配关系。具体操作如下：

（1）单击“新建”按钮□，出现“新建 SolidWorks 文件”对话框，选择“装配体”模板，单击“确定”按钮，进入装配体窗口，出现“开始装配体”属性管理器，单击“浏览”按钮，弹出“打开”对话框，选择要插入的零件“底板”，定位在原点，并调节视图中零件的方向。

（2）选择菜单栏中的“文件”｜“打开”命令，打开已绘制的名为“圆柱”的文件，并调节视图中零件的方向。选择菜单栏中的“窗口”｜“横向平铺”命令，将窗口设置为横向平铺方式，两个文件的横向平铺窗口如图 9-54 所示。

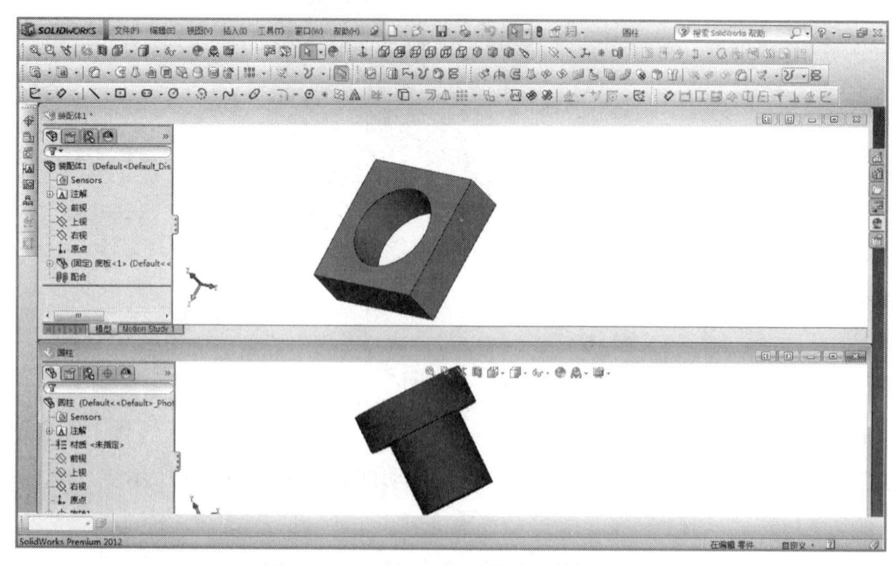

图 9-54　两个文件的横向平铺窗口

（3）在“圆柱”零件窗口中，单击圆柱边线 1，然后按住鼠标左键拖动零件到装配体文件中，装配体预览模式如图 9-55 所示。

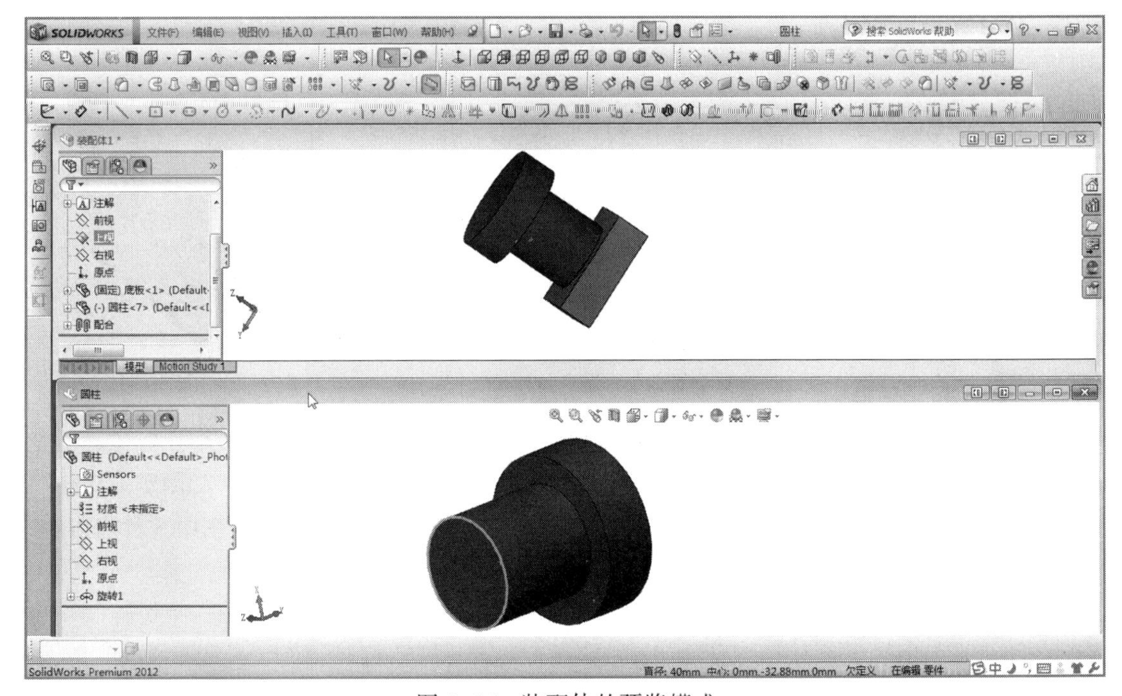

图 9-55　装配体的预览模式

（4）移动鼠标到边线 2 附近，当指针变为形状时，智能配合完成，然后松开鼠标，装配后的图形如图 9-56 所示。

（5）双击装配体文件 Feature Manager 设计树中的“配合”选项，可以看到添加的配合关系，如图 9-57 所示。

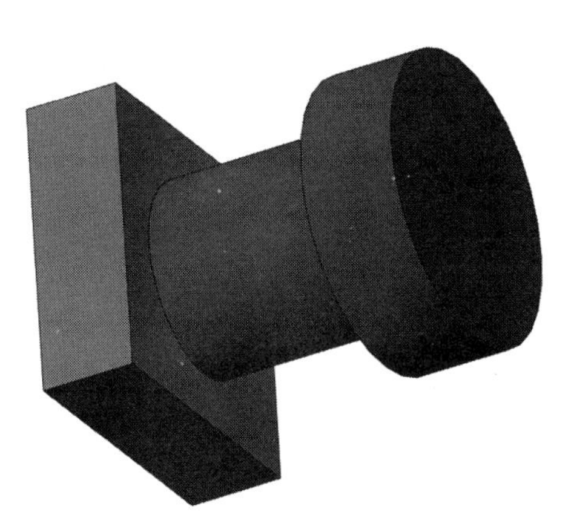

图 9-56　配合图形

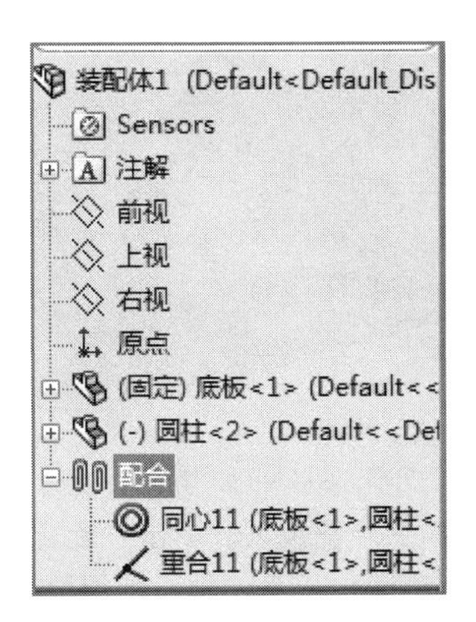

图 9-57　装配体文件 Feature Manager 设计树

9.9　装配体综合示例——一级减速器

一级减速器模型如图 9-58 所示。

一级减速器装配体主要包括如下功能：

（1）装配体建模过程。

（2）装配体的轴测剖视图。

（3）装配体的爆炸视图。

（4）装配体的压缩。

（5）装配体的统计。

图 9-58　减速器模型

9.9.1　装配体建模过程

1．插入固定零件——底座

单击“新建”按钮，弹出“新建 SolidWorks 文件”对话框，选择“装配体”模板，单击“确定”按钮，进入装配体窗口，出现“开始装配体”属性管理器，单击“浏览”按钮，弹出“打开”对话框，选择要插入的零件“底座”，定位在原点，并调节视图中零件的方向。零件模认为“固定”状态，如图 9-59 所示。

2．安装低速轴组件

（1）单击“插入零部件”按钮，弹出“插入零部件”属性管理器，单击“浏览”按钮，弹出“打开”对话框，选择“低速轴组件”文件，单击“打开”按钮，在装配界面的图形窗口中单击一个合适的位置，完成零件的插入。此时，“低速轴组件”处于“欠定义”状态，如图 9-60 所示。

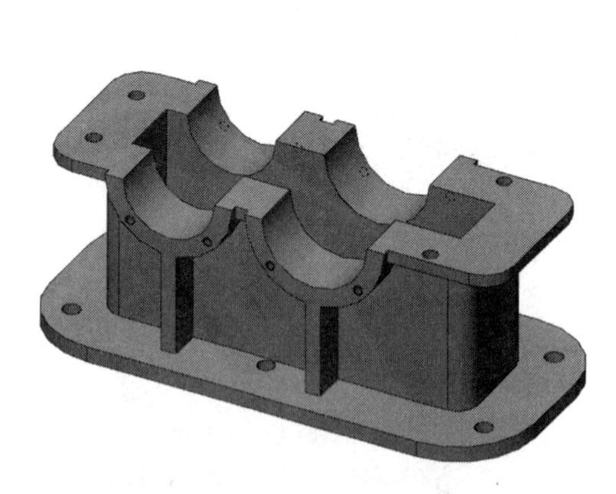

图 9-59　定位底座到系统坐标原点

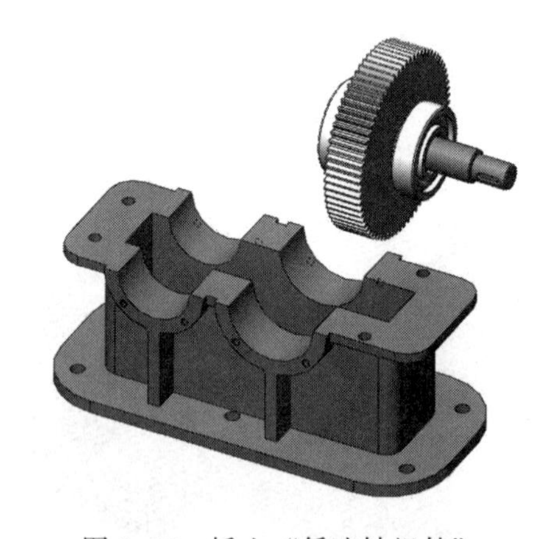

图 9-60　插入“低速轴组件”

（2）添加装配关系。单击“配合”按钮，出现“配合”属性管理器，在“配合选择”中选择“底座面 1”和“轴承外圈面 2”，系统自动添加“同心”配合，单击“确定”按钮，如图 9-61 所示。单击“高级配合”选项组中的“对称”配合，“要配合的实体”选择两个“齿轮端面”，“对称基准面”选择“前视”，单击“确定”按钮，完成对称配合，如图 9-62 所示。

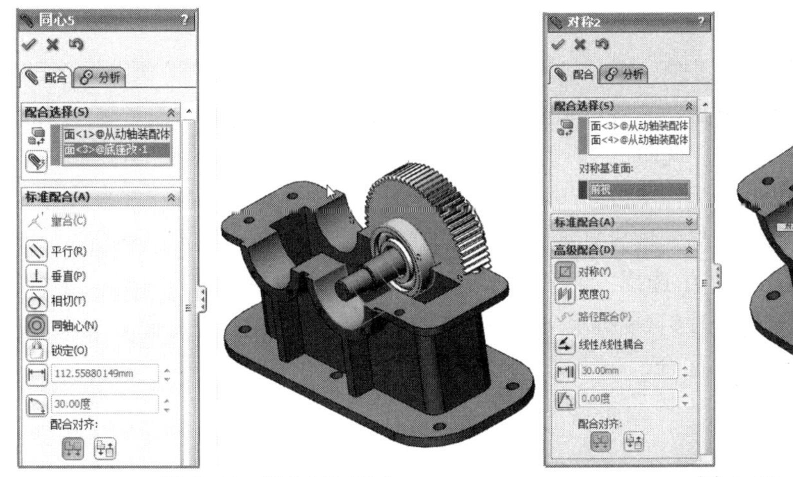

图 9-61　“同心”配合　　图 9-62　“对称”配合

（3）单击“确定”按钮，完成低速轴组件的安装。

3. 安装高速轴组件

（1）单击“插入零部件”按钮，系统弹出“插入零部件”属性管理器，单击“浏览”按钮，弹出“打开”对话框，选择“高速轴组件”文件，单击“打开”按钮，在装配界面的图形窗口中单击一个合适的位置，完成零件的插入。此时，“高速轴组件”处于“欠定义”状态，如图 9-63 所示。

图 9-63　插入“高速轴组件”

（2）添加装配关系。单击“配合”按钮，出现“配合”属性管理器，在“配合选择”中选择“底座面 1”和“轴承外圈面 2”，系统自动添加“同心”配合，单击“确定”按钮，如图 9-64 所示。单击“高级配合”选项区域的“对称”配合，“要配合的实体”选择两个“齿轮端面”，“对称基准面”选择“前视”，单击“确定”按钮，完成对称配合，如图 9-65 所示。

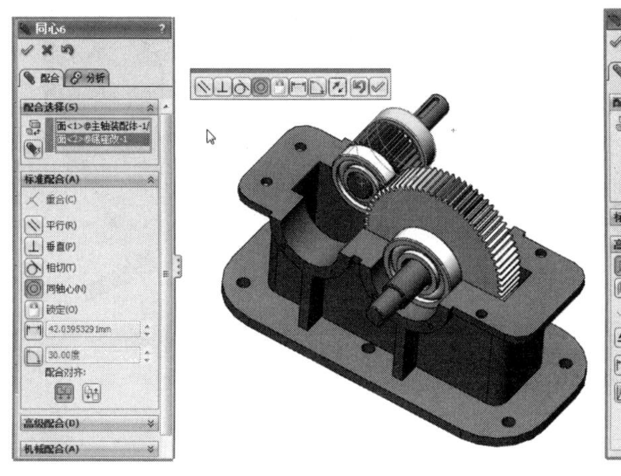

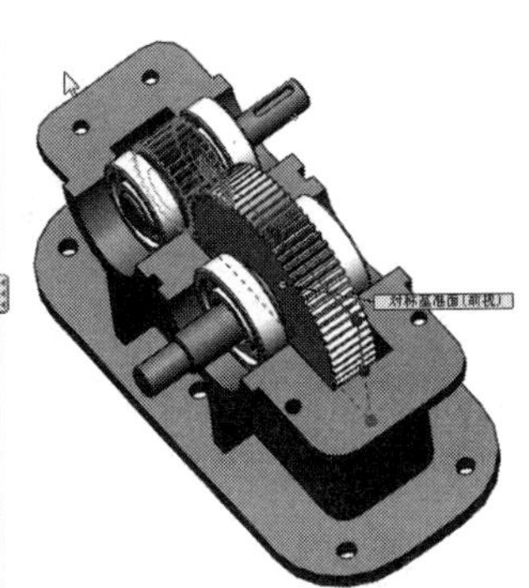

图 9-64　“同心”配合　　图 9-65　“对称”配合

（3）单击“确定”按钮，完成高速轴组件的安装。

4．安装顶盖

（1）单击“插入零部件”按钮，弹出“插入零部件”属性管理器，单击“浏览”按钮，弹出“打开”对话框，选择“顶盖”文件，单击“打开”按钮，在装配界面的图形窗口中单击合适的位置，完成零件的插入。此时，“顶盖”处于“欠定义”状态，如图 9-66 所示。

（2）添加装配关系。单击“配合”按钮，出现“配合”属性管理器，在“配合选择”中选择“底座面 1”和“顶盖面 2”，系统自动添加“重合”配合，单击“确定”按钮，如图 9-67 所示。再在“配合选择”中选择“底座面 3”和“顶盖面 4”，系统自动添加“重合”配合，单击“确定”按钮，如图 9-68 所示。再在“配合选择”中选择“底座面 5”和“顶盖面 6”，系统自动添加“重合”配合，单击“确定”按钮，如图 9-69 所示。

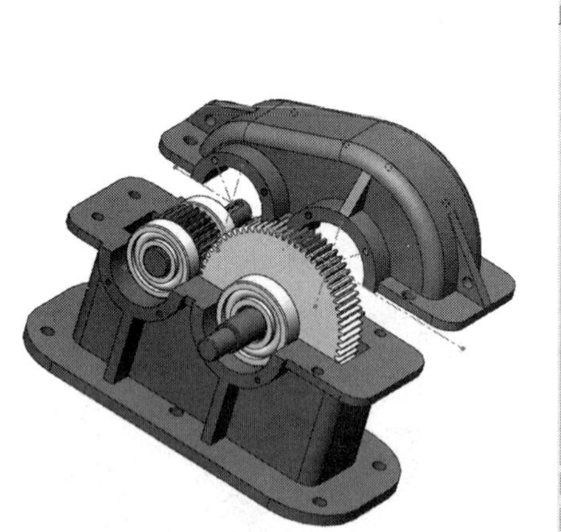

图 9-66　插入“顶盖”

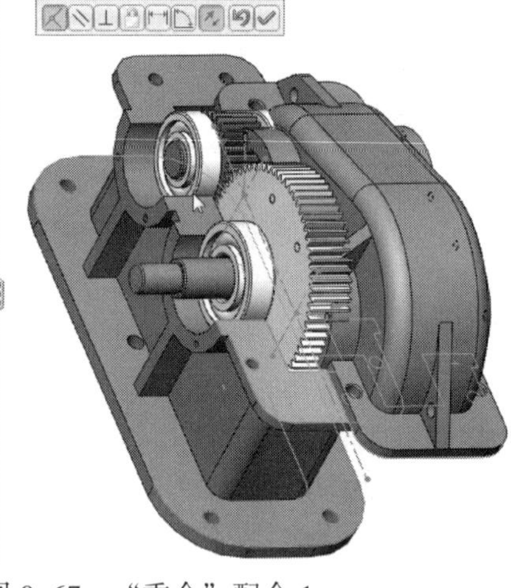

图 9-67　“重合”配合 1

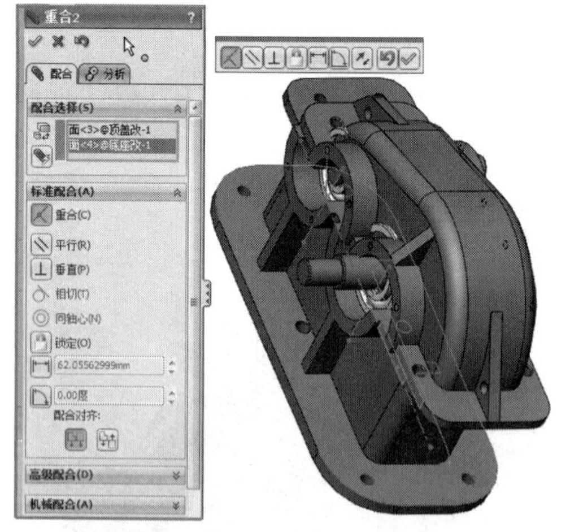

图 9-68　“重合”配合 2

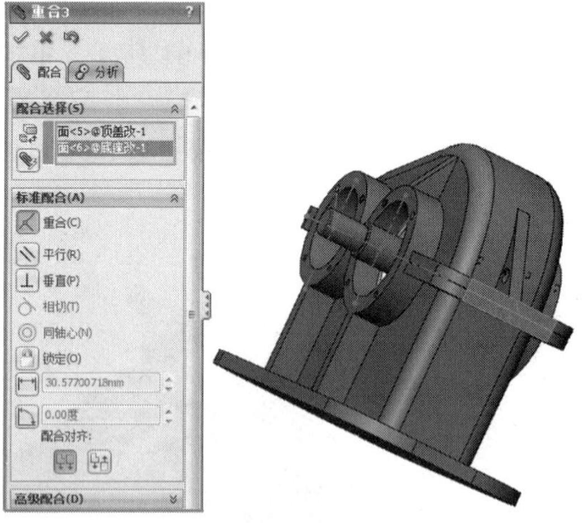

图 9-69　“重合”配合 3

（3）单击“确定”按钮，完成顶盖的安装。

5．安装法兰盖

法兰盖的装配包括大、小闷盖及大小透盖。大闷盖的装配过程如下：

（1）单击“插入零部件”按钮，弹出“插入零部件”属性管理器，单击“浏览”按钮，弹出“打开”对话框，选择“法兰盖 2”文件，单击“打开”按钮，在装配界面的图形窗口中单击一个合适的位置，完成零件的插入。此时，“法兰盖 2”处于“欠定义”状态，如图 9–70 所示。

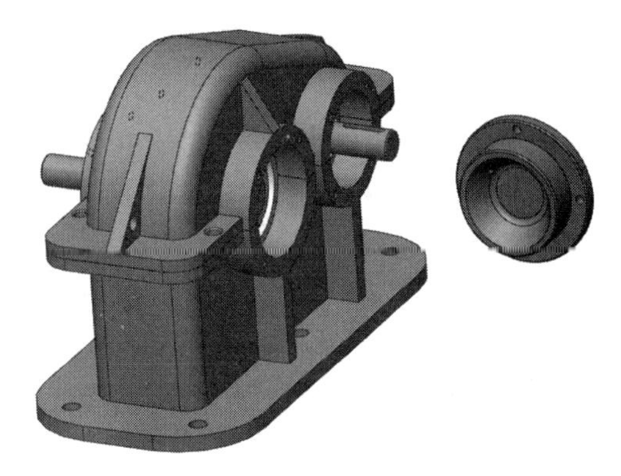

图 9–70　插入“大闷盖”

（2）添加装配关系。单击“配合”按钮，出现“配合”属性管理器，在“配合选择”中选择“法兰盖 2”和“底座顶盖轴承孔面 2”，系统自动添加“同心”配合，单击“确定”按钮，如图 9–71 所示。再在“配合选择”中选择“法兰盖 2 上的一个安装孔”和“顶盖侧面的一个螺纹孔”，系统自动添加“同心”配合，单击“确定”按钮，如图 9–72 所示。再在“配合选择”中选择“法兰盖 2 面 5”和“底座侧面 6”，系统自动添加“重合”配合，单击“确定”按钮，如图 9–73 所示。

（3）单击“确定”按钮，完成大闷盖的安装。

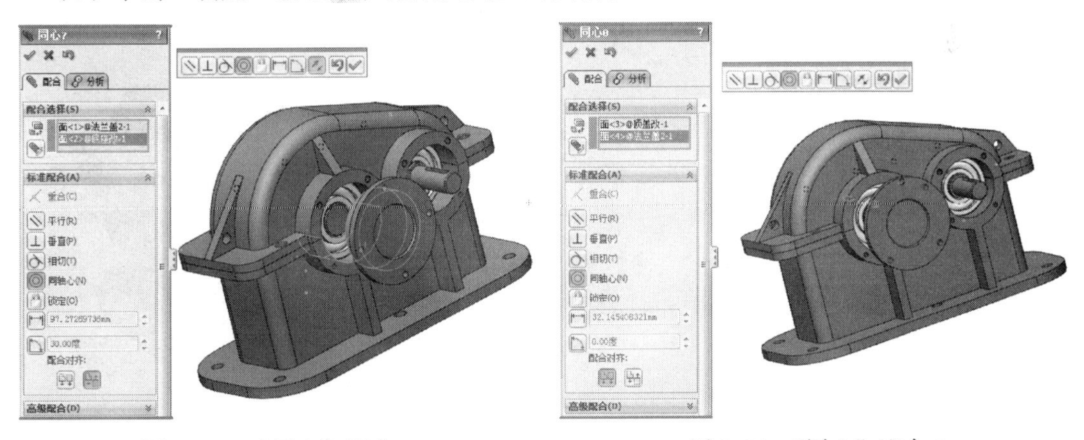

图 9–71　“同心”配合 1　　　　图 9–72　“同心”配合 2

大透盖、小透盖和小闷盖的装配方法与大闷盖的装配方法相同，此处不再赘述。法兰盖装配的最后效果如图 9–74 所示。

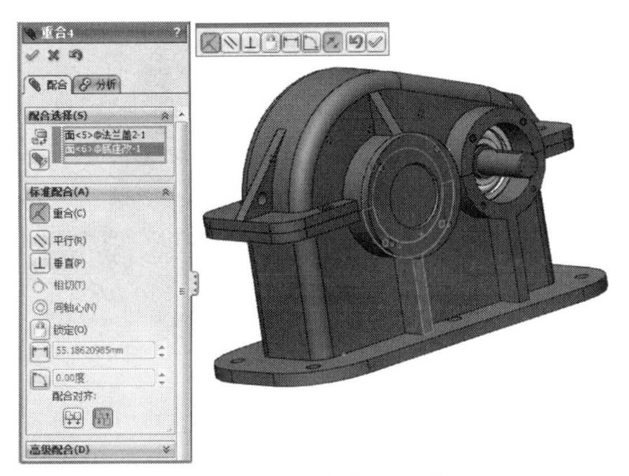

图 9–73　“重合”配合

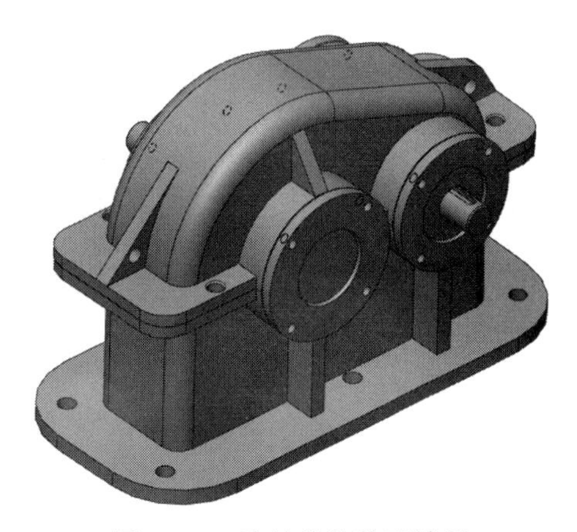

图 9–74　法兰盖的装配效果

6．安装紧固件

完成传动件的装配和底座、顶盖及法兰盖的装配以后，可以进行紧固件的装配。紧固件的装配包括螺栓、螺母及垫片的安装等。在减速器的模型中，紧固件的数量较多，在此仅以底座、顶盖的连接螺栓、螺母及垫片的安装为例说明紧固件的装配过程。底座、顶盖的连接紧固件的安装步骤如下：

（1）单击“设计库”按钮，出现“设计库”属性管理器，单击 Toolbox，选择 Gb，然后双击 bolts and studs，双击“六角头螺栓”，选择“六角头螺栓 C 级”，将其拖到装配界面图形区域，会弹出一个下拉列表框，选择 M10，如图 9-75 所示。

（2）重复（1）步骤，分别插入“垫圈”“螺母”，如图 9-76 所示。

（3）添加螺栓的装配关系。单击“配合”按钮，出现“配合”属性管理器，在“配合选择”中选择“螺栓圆柱面”和“底座顶盖安装孔”，系统自动添加“同心”配合，单击“确定”按钮，如图 9-77 所示。再在“配合选择”中选择“顶盖上面”和“螺栓面”，系统自动添加“重合”配合，单击“确定”按钮，如图 9-78 所示。

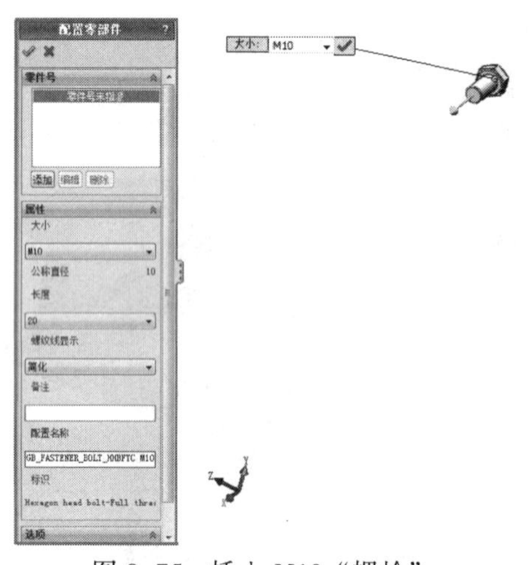

图 9-75　插入 M10“螺栓”

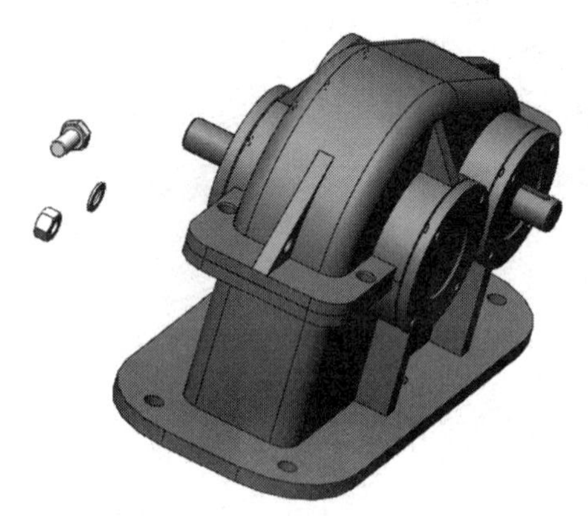

图 9-76　插入 M10“垫圈”“螺母”

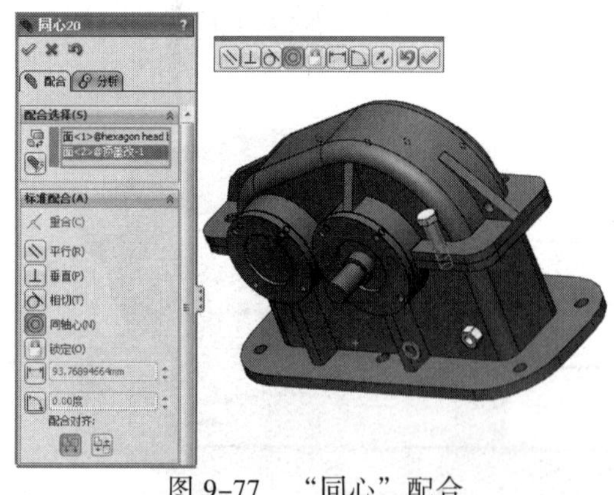

图 9-77　“同心”配合

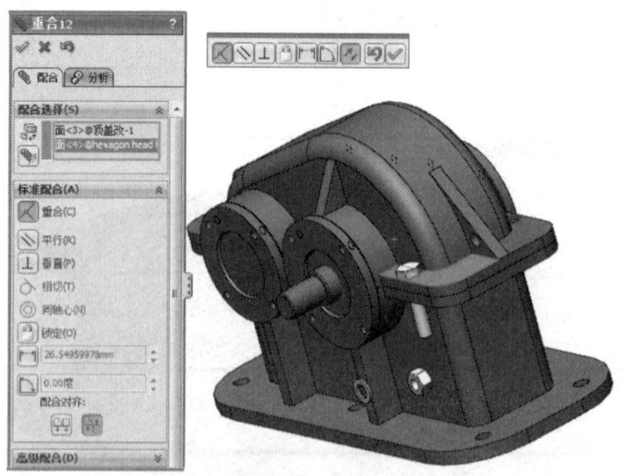

图 9-78　“重合”配合

（4）添加垫圈的装配关系。单击“配合”按钮，出现“配合”属性管理器，在“配合选择”中选择“螺栓圆柱面”和“垫圈内表面”，系统自动添加“同心”配合，单击“确定”按钮，如图 9-79 所示。再在“配合选择”中选择“底座上面”和“垫圈平端面”，系统自动添加“重合”配合，单击“确定”按钮✔，如图 9-80 所示。

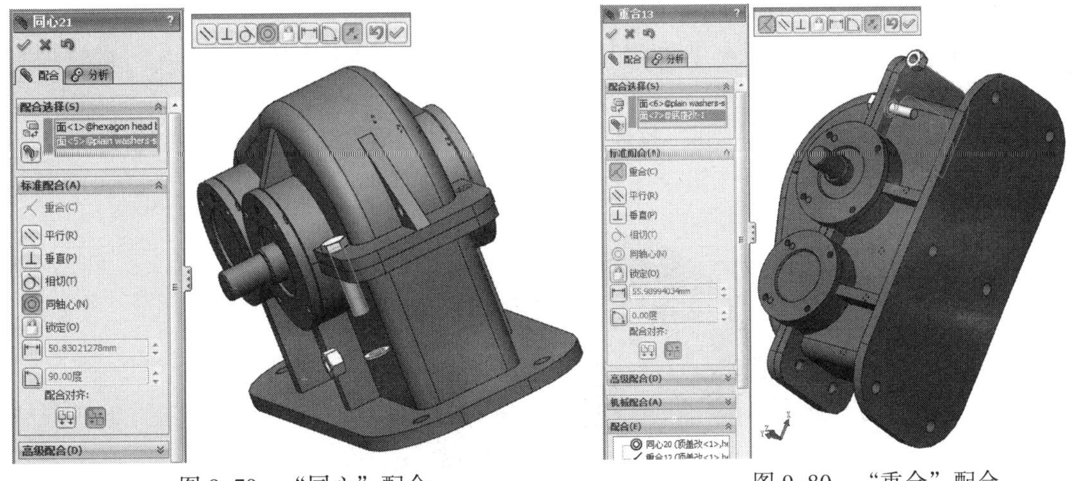

图 9-79　“同心”配合　　　　图 9-80　“重合”配合

（5）添加螺母的装配关系。单击“配合”按钮，出现“配合”属性管理器，在“配合选择”中选择“螺栓圆柱面”和“螺母内表面”，系统自动添加“同心”配合，单击“确定”按钮✔，如图 9-81 所示。再在“配合选择”中选择“螺母上端面”和“垫圈下平端面”，系统自动添加“重合”配合，单击“确定”按钮✔，如图 9-82 所示。

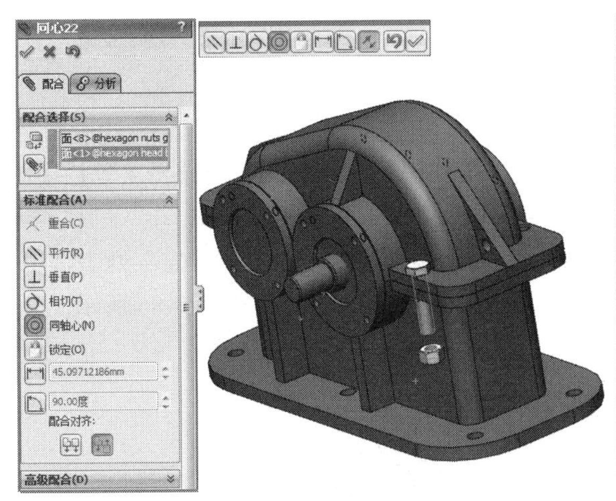

图 9-81　“同心”配合

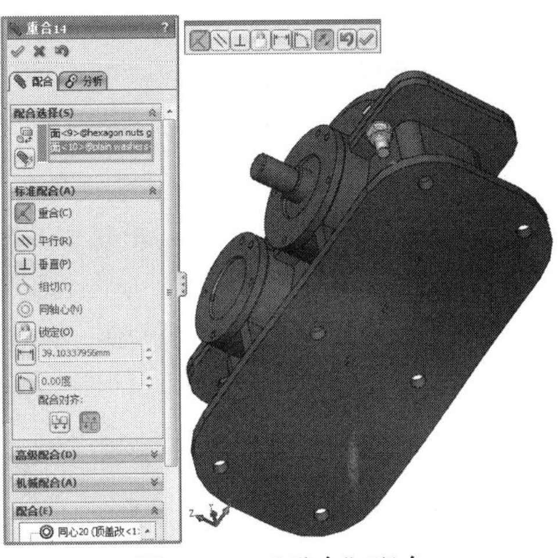

图 9-82　“重合”配合

仿照上述步骤，可以完成其他紧固件的装配，装配后的减速器如图 9-83 所示。

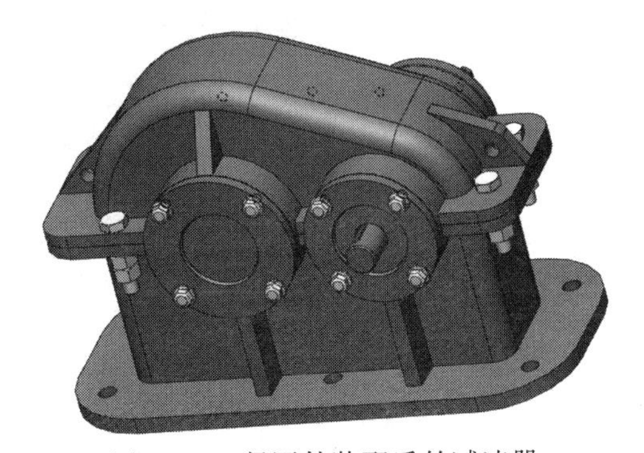

图 9-83　紧固件装配后的减速器

7. 安装通气塞和螺塞

由于通气塞和螺塞的安装比较简单，仿照前面的安装就可以了，在此不再赘述。

9.9.2　装配体轴测剖视图

装配体轴侧剖视图操作步骤如下：

（1）在装配体模式下，选择菜单栏中的“插

入”|“装配体特征”|“切除”|“拉伸”命令，出现提示选择绘制草图的基准面或面的信息，在装配体上选择装配体底座下底面作为草图绘制平面。

（2）自动在选择的面（或基准面)上打开一张草图，进入草图绘制。

（3）绘制一个矩形轮廓，作为切除的草图。

（4）退出草图绘制。在“切除-拉伸”属性管理器中设置“终止条件”为“给定深度”，深度值为220，单击“确定”按钮✔。装配体的轴测剖视图如图9-84所示。

图9-84　轴测剖视图

9.9.3　装配体爆炸视图

装配体爆炸视图操作步骤如下：

（1）在装配体状态下，单击装配体工具栏中的“爆炸视图”按钮，或选择菜单栏中的“插入”|“爆炸视图”命令，出现“爆炸”属性管理器。

（2）在“设定”选项框中，单击装配体中的顶盖，则零件名称出现在“设定”列表框中，同时零件也显示出一个三维坐标轴。单击Z轴，则该轴将高亮度显示，如图9-85所示。

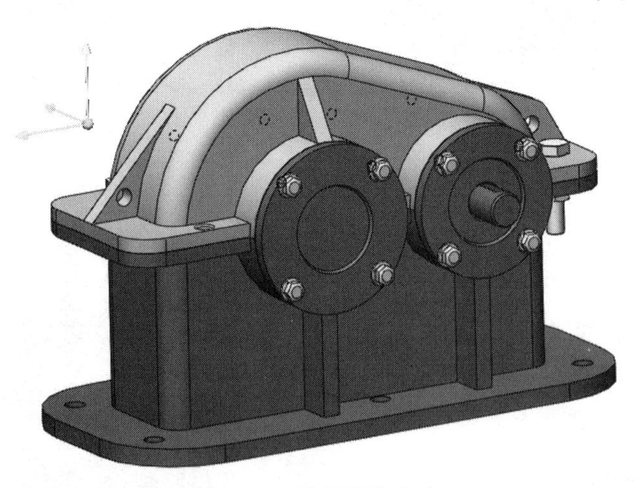

图9-85　选择爆炸方向

（3）在“爆炸距离”微调框中输入400 mm单击“应用”按钮，生成预览，在“爆炸步骤”显示框中出现“爆炸步骤1”，如图9-86所示。然后单击“完成”按钮，生成一个视图的爆炸步骤。

（4）按上述步骤逐个把装配体中各零部件移动到合适位置，单击“确定”按钮✔，完成爆炸视图，每个零件生成一个视图的爆炸步骤，如图 9-87 所示。

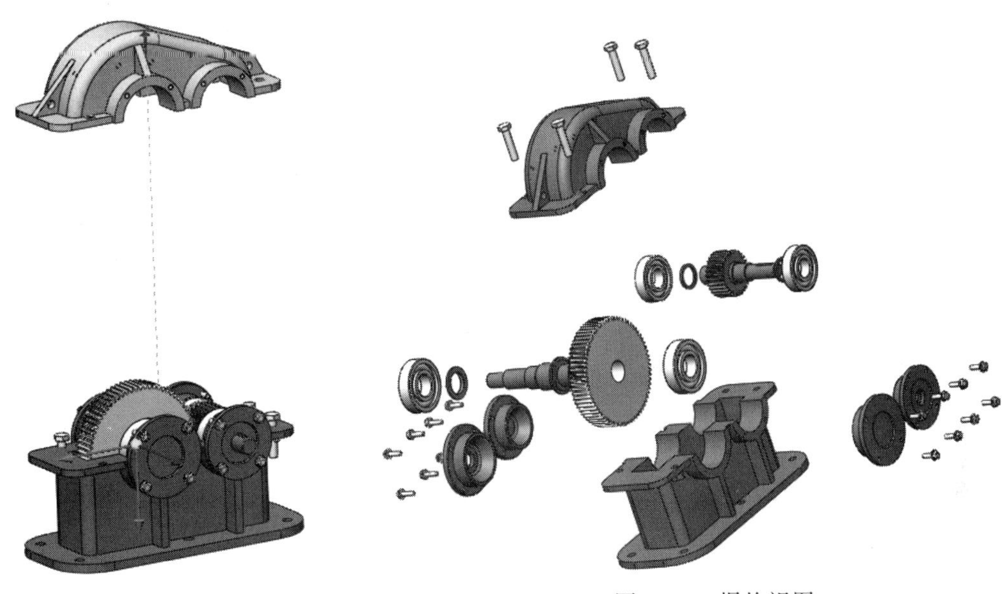

图 9-86　“顶盖”爆炸视图　　　　图 9-87　爆炸视图

9.9.4　装配体的压缩

装配体的压缩的操作步骤如下：

（1）在装配体状态下，分别右击底座、顶盖零件，在弹出的快捷菜单中选择“压缩”命令，则这两个零件在 Feature Manager 设计树中的颜色变为灰色，右侧绘图区中这两个零件也将隐藏起来，如图 9-88 所示。

图 9-88　压缩状态

（2）右击被压缩的两个零件，在弹出的快捷菜单中选择“解除压缩”命令 ，则这两个零件将被还原，同时绘图区中也会相应显示出来，如图 9-89 所示。

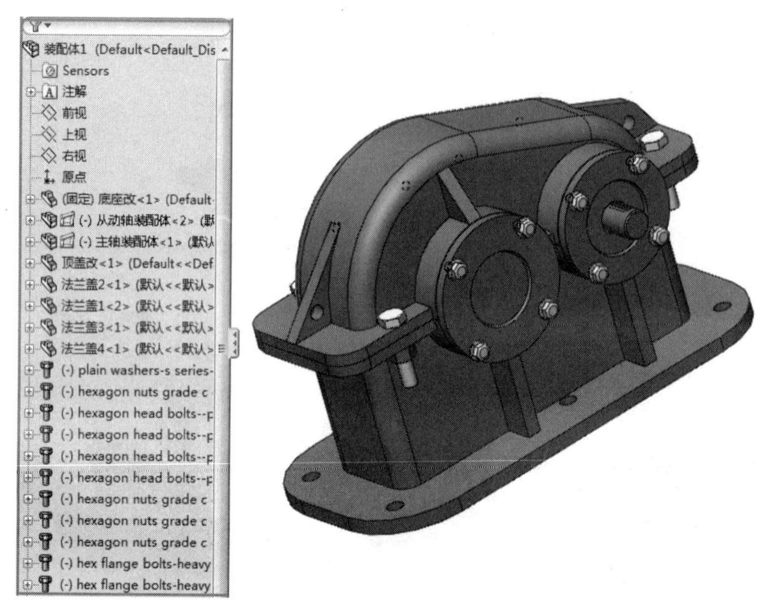

图 9-89　还原状态

9.9.5　装配体的统计

在装配体环境下，选择“工具”｜AssemblyXpert 命令，弹出 AssemblyXpert 对话框，如图 9-90 所示。

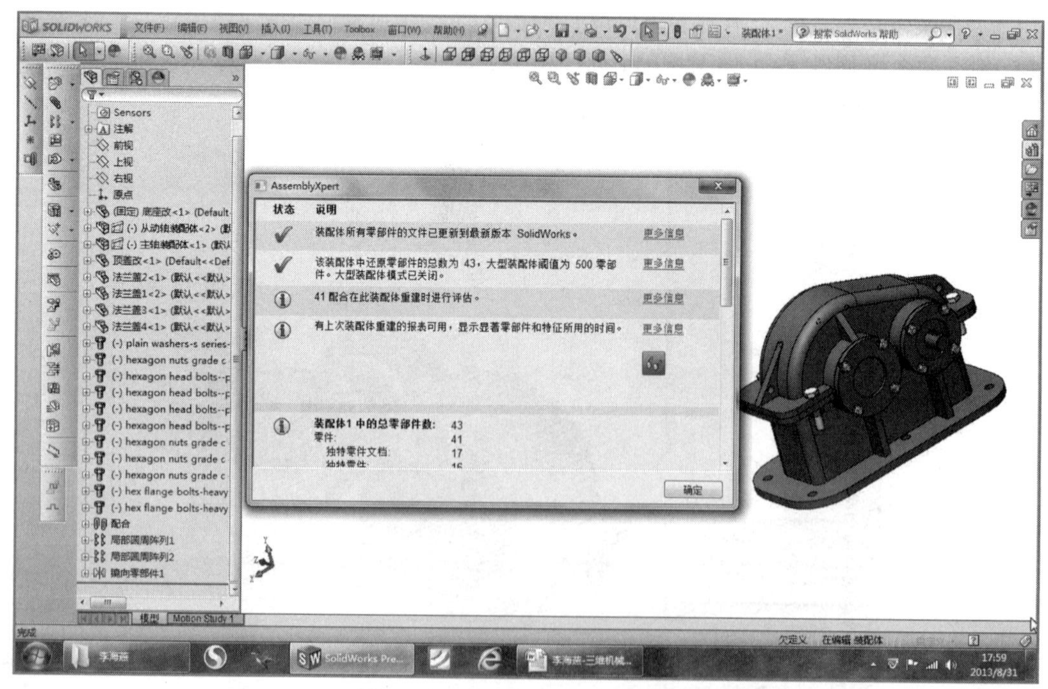

图 9-90　AssemblyXpert 对话框

上 机 练 习

1. 转轴与轮子的装配如图 9-91 所示，装配配合如图 9-92 所示。
2. 轮架装配如图 9-93 所示，组建装配如图 9-94 所示。

图 9-91　转轴轮子装配

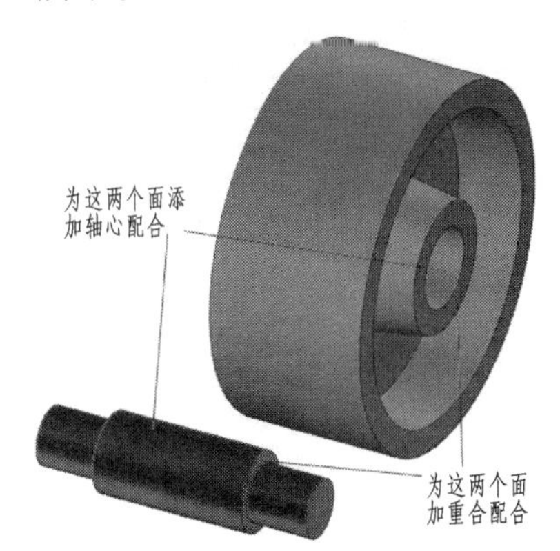

图 9-92　组建装配

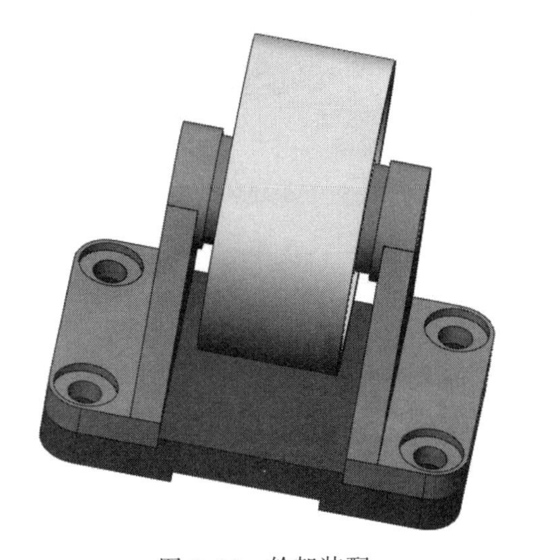

图 9-93　轮架装配

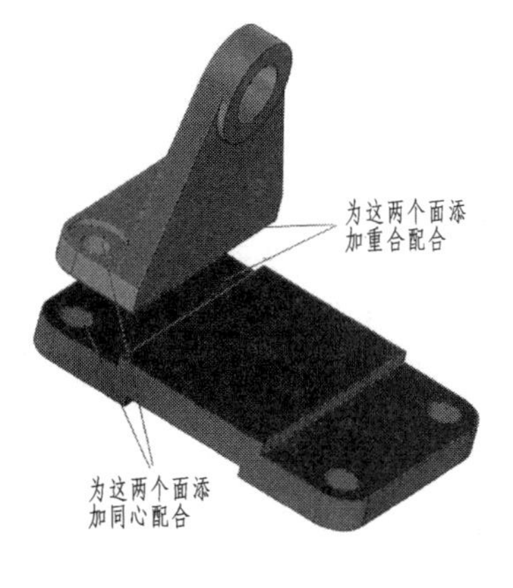

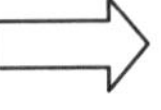

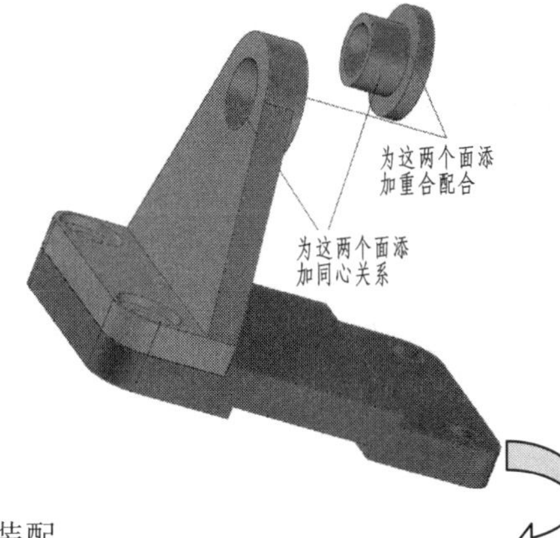

图 9-94　组建装配

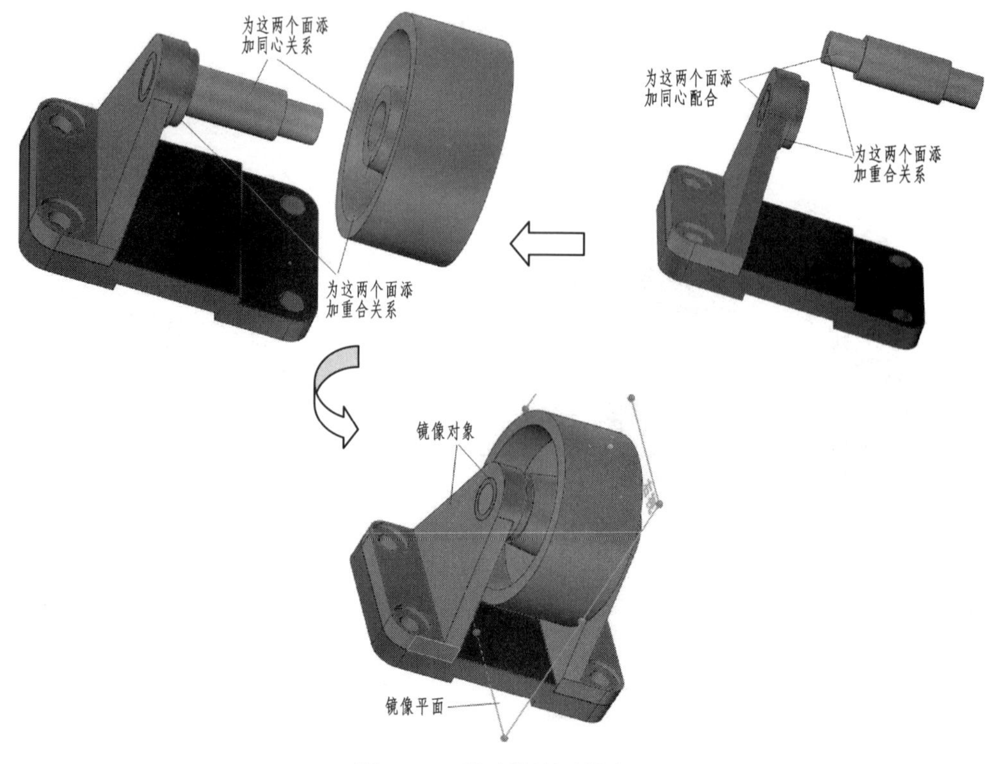

图 9-94　组建装配（续）

3. 制作小齿轮油泵装配体的装配图及其爆炸视图、轴测剖视图。

工作原理：小齿轮油泵是润滑油管路中的一个部件。动力传给主动轴 4，经过圆锥销 3 将动力传给齿轮 5，并经另一齿轮及圆锥销传给从动轴 8。齿轮在旋转中造成两个压力不同的区域：高压区与低压区，润滑油便从低压区吸入，从高压区压出到需要的润滑的部位。此齿轮泵负载较小，只在泵体 1 与泵盖 2 端面加垫片 6 及主动轴处加填料 9 进行密封。

小齿轮油泵装配示意图如图 9-95 所示。

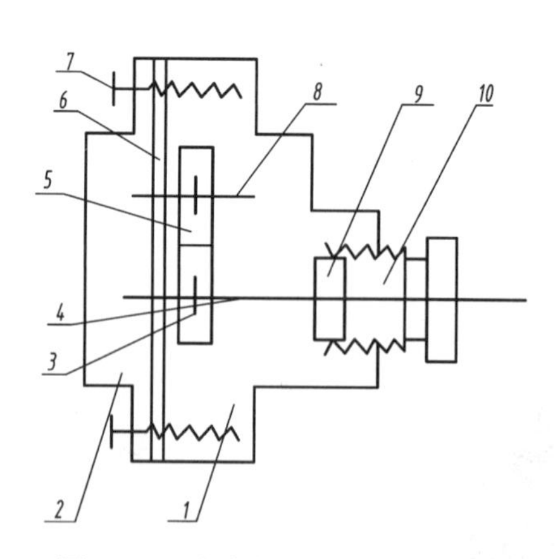

图 9-95　小齿轮油泵装配示意图

1—泵体；2—泵盖；3—销 3×20；4—主动轴；5—齿轮；
6—垫片；7—螺栓 M6×18；8—从动轴；9—填料；10—压盖螺母

4. 制作磨床虎钳装配体的装配图及其爆炸视图、轴测剖视图。

工作原理：磨床虎钳是在磨床上夹持工件的工具。转动手轮 9 带动丝杆 7 旋转，使活动掌 6 在钳体 4 上左右移动，以夹紧或松开工件。活动掌下面装有两条压板 10，把活动掌压在钳体 4 上，钳体与底盘 2 用螺钉 12 连接。底盘装在底座 1 上，并可调整任意角度，调好角度后用螺栓 13 固紧。

磨床虎钳装配示意图如图 9-96 所示。

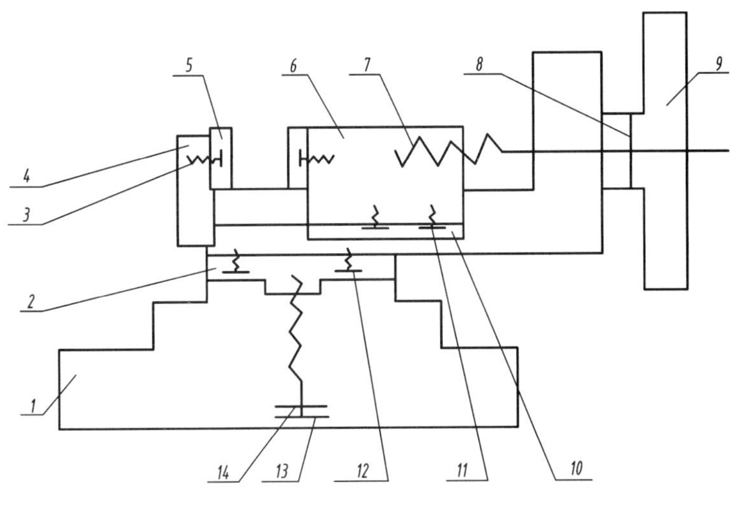

图 9-96　磨床虎钳装配示意图

1—底座；2—底盘；3—螺钉 M8 × 32；4—钳体；5—钳口；6—活动掌；7—丝杆；8—圆柱销 4 × 30；9—手轮；10—压板；11—螺钉 M6 × 18；12—螺钉 M6 × 14；13—螺栓 M16 × 35；14—垫圈

第10章 工程图设计

本章提要

- 掌握用户自定义工程图格式文件的方法；
- 掌握建立各种视图的方法；
- 掌握添加各种注释的方法。

在实际中用来指导生产的主要技术文件并不是前面介绍的三维零件图和装配体图，而是二维工程图。SolidWorks 可以使用二维几何绘制生成工程图，也可将三维的零件图或装配体图变成二维的工程图。零件、装配体和工程图是互相链接的文件。通过对零件或装配体所做的任何更改都会导致工程图文件的相应变更。

SolidWorks 最优越的功能是由三维零件图和装配体图建立二维的工程图。本章将介绍如何将三维模型转换成各种二维工程图。

10.1 工程图基本概念

10.1.1 工程图概述

工程图是表达设计思想，以及加工制造和装配零部件的依据，是工程界进行技术交流的重要文件。

一般来说，工程图内容通常包含一组视图、完整的尺寸、技术要求、标题栏等内容。对于装配体的工程图而言，还应包括材料明细表及零件序号。

SolidWorks 2012 的工程图文件由两个相对独立的部分组成，即图纸格式和工程图内容。图纸格式包括工程图的图幅大小、标题栏设置、零件明细表定位点等，这些内容在工程图中相对稳定。在建立工程图文件时，首先要指定图纸的格式。工程图的内容可以通过以下方法获取。

（1）视图可由 SolidWorks 2012 设计的实体零件和装配体直接生成，也可以基于现有视图建立新的视图。例如，剖面视图是由现有工程视图所生成的。

（2）工程图上的尺寸既可以在生成工程图时直接插入，也可以通过尺寸标注工具标注生成。

（3）技术要求包括尺寸公差、形位公差、表面粗糙度和文本等，它们在 SolidWorks 2012 的工程图中属于注释内容，同样可以由模型给定，也可以在工程图中生成。

在工程图文件中，可以建立链接模型的参数，如已经定义的零件名称、零件序号、零件的材料等内容。一旦将这些内容链接到格式文件中，在建立工程图时，模型中相应的内容会自动在工程图中更新，这样能大大提高建立工程图的效率。

零件、装配体和工程图是相互链接的文件，对零件和装配体所做的更改会导致工程图文件的相应变更。这种关联关系是在安装软件时设置的，如果需要改变。只要重新安装软件即可。

工程图也可以直接使用二维几何绘制生成工程图，而不必考虑所设计的零件模型或装配体，所绘制出的几何实体和参数尺寸一样，可以为其添加多种几何关系。由于在二维工程图绘制工具中，AutoCAD 占据绝对的优势，本章将不介绍这部分内容。

工程图文件的扩展名为.slddrw，新工程图名称是使用所插入的第一个模型的名称，该名称出现在标题栏中。

10.1.2　工程图界面

工程图界面包括“特征管理器设计树”，其与零件和装配体窗口中的“特征管理器设计树”相似。工程图的设计树中包括项目层次关系的列表，每张图纸下有图纸格式的每个视图按钮，如图 10–1 所示。

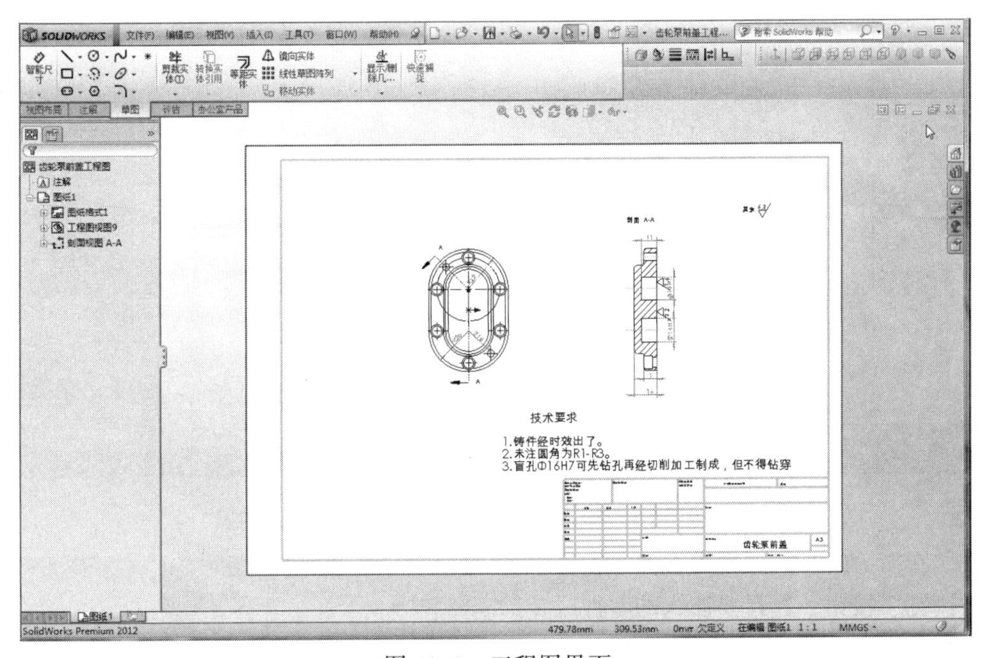

图 10–1　工程图界面

用户可以在“特征管理器设计树”中重新排列工程图文件的顺序。在任何时候都可以拖动工程图到所需要的位置，并会自动更新图纸选项卡。

项目按钮旁边的“+”号表示它包含相关的项目内容，单击可以展开所有项目并显示其内容。

10.2　创建工程图文件

1. 新建工程图文件

新建工程图时，首先需要选择工程图模板文件，其方法如下：

（1）单击“文件”工具栏中的“新建”按钮，或选择菜单栏中的“文件”|“新建”命令，弹出图 10-2 所示的“新建 SolidWorks 文件”对话框。

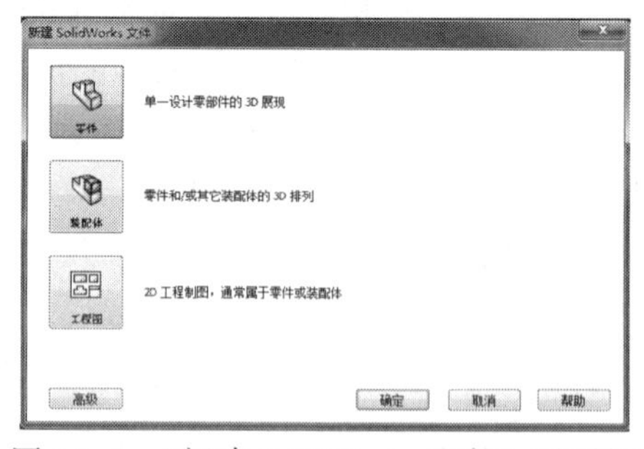

图 10-2 “新建 SolidWorks 文件”对话框

（2）在对话框中选择“工程图”选项，单击“确定”按钮，系统自动选择 A0 工程图模板，进入工程图环境，弹出图 10-3 所示的工程图窗口。若要选择其他图幅的工程图模板，可单击“添加图纸”按钮，弹出“图纸格式/大小”对话框，如图 10-4 所示，选择一种图纸格式。

图 10-3 工程图窗口

（3）在图 10-3 的“模型视图”窗格中单击“浏览”按钮，选择要插入的零件或装配体，然后单击“确定”按钮，可开始创建工程图视图，若单击“取消”按钮，将生成一张空白图纸。

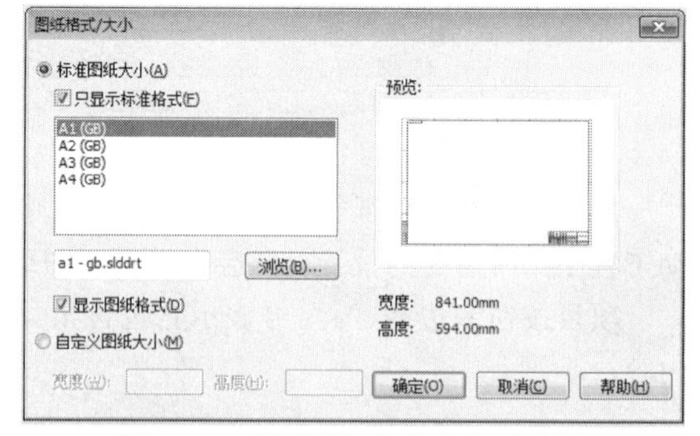

图 10-4 “图纸格式/大小”对话框

2. 多页工程图图纸

在工程图实践中，用户可以根据需要，在一个工程图中添加多页图纸，新添加的图纸默认使用原有图纸的格式，下面介绍工程图纸的添加、排序和重新命名的一般过程。

（1）添加工程图图纸。在工程图环境中，添加工程图图纸有以下 3 种方法：

① 选择菜单栏中的“插入”|“图纸”命令。

② 在图纸空白处右击，在弹出的快捷菜单中选择“添加图纸”命令。

③ 在图纸标签中单击“添加图纸”按钮。

（2）激活图纸：在工程图绘制过程中，当需要切换到另一图纸时，只需要在设计树中右击需要激活的图纸，在弹出的快捷菜单中选择“激活”命令，或者在页标签中直接单击需要激活的图纸。

（3）图纸重新排序：图纸的重新排序可以直接在设计树或页标签中，将需要移动的图纸拖曳到所需的位置。

（4）图纸重新命名：在设计树中，在需要重新命名的图纸名称上缓慢单击两次鼠标左键，然后输入图纸的新名称；另外，在页标签中右击需要重新命名的图纸，在弹出的快捷菜单中选择“重新命名”命令，也可以重新命名图纸。

10.3　图纸格式设置

SolidWorks 本身提供了一些工程图模板。往往各企业在产品设计中都会有自己的工程图标准，这时可根据自己的需要，定义一些参数属性，以符合国标、企业标准的工程图模板。

基于标准的工程图模板是生成多零件标准工程图的最快捷的方式，所以在制作工程图之前首要的工作就是建立标准的工程图模板。设置工程图模板有 3 项内容：

（1）建立符合国家标准的图框、图纸格式、标题栏内容等。

（2）设置尺寸标注，如标注文字字体、文字大小、箭头、各类延伸线等细节。

（3）调整已生成的视图的线型、标注尺寸的类型、注释文字等，以符合标准。

制作工程图模板具体步骤如下：

（1）新建图纸，指定图纸的大小。

（2）定义图纸文件属性，包括视图投影类型、图纸比例、视图符号等。

（3）编辑图纸格式，包括模板文件中图形界限、图框线、标题栏并添加相关注解。

（4）添加关联参数，以便在工程图中自动显示参考模型的相关参数。

（5）保存模板文件至系统模板文件夹。

下面通过创建一个 A3 图形模板来介绍创建一个简单工程图模板的方法。

1. 编辑图纸格式

图纸格式一般包括页面大小和方向、字体、图框和标题栏等；保存编辑好的图纸格式可供将来使用。下面以创建 A3 图纸为例，介绍编辑图纸格式的一般步骤。

（1）新建一张自定义的 A3 空白工程图纸（宽 420 mm，高 297 mm）。

（2）定义图纸属性。在设计树中右击 图纸1（或在图形区空白处右击），在弹出的快捷菜单中选择“属性”命令，弹出如图 10–5 所示的“图纸属性”对话框，在“比例”后的文本框中设置视图比例为 1:1，在“投影类型”区域中选中“第一视角”单选按钮，选中“自定义图纸大小”单选按钮，其他参数选项采用默认设置值，

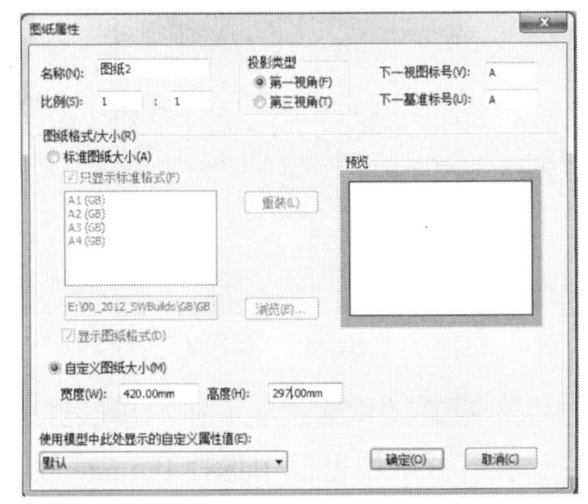

图 10–5　“图纸属性”　对话框

单击“确定”按钮。

（3）进入编辑图纸格式环境。选择菜单栏中的“编辑” | “图纸格式”命令，进入编辑图纸格式环境。

（4）添加如图 10-6 所示的图形界限和图框线：

① 删除原有的图形及文字。框选所有的直线及文字，按下 Delete 键，将其删除。

② 绘制矩形。选择菜单栏中的“工具” | “草图绘制实体” | “边角矩形”命令，绘制如图 10-7 所示的矩形，并添加尺寸约束。

图 10-6　图形界限和图框线

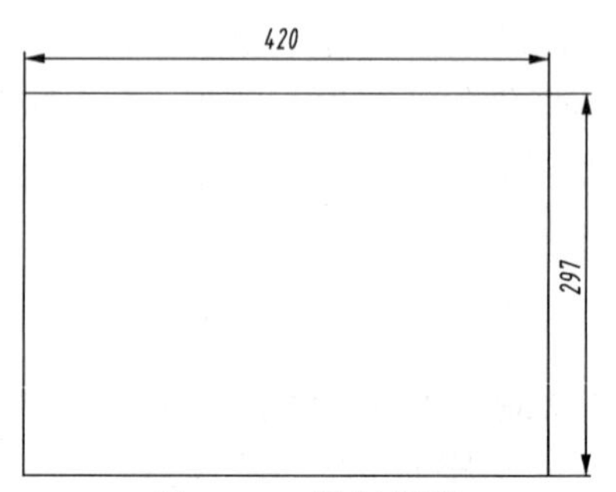

图 10-7　绘制矩形

③ 固定图形界线。选中如图 10-7 所示的矩形左下角，在图 10-8 所示的“点”对话框的“参数”区域内设置点的坐标为（0，0），并在“添加几何关系”选项组中单击“固定”按钮，将点固定在原点上。

④ 绘制图框线并添加尺寸约束。在如图 10-7 所示的矩形内侧绘制矩形，并添加如图 10-9 所示的尺寸约束。

图 10-8　“点”对话框

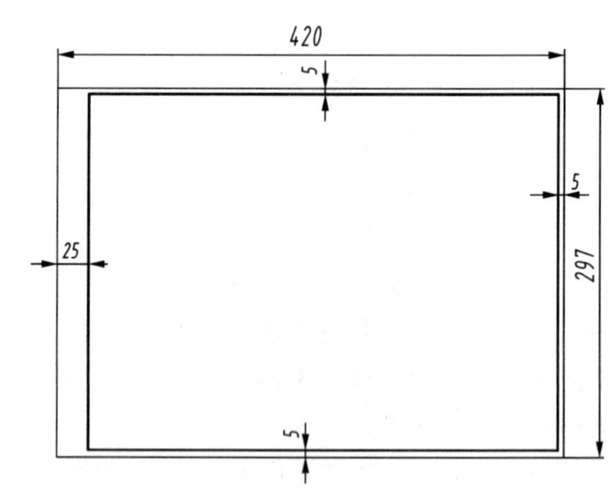

图 10-9　添加尺寸约束

⑤ 设置图框线线宽。在图形区选取内侧矩形的 4 条边线，单击“线型”工具栏中的按钮，在打开的线型框中选择 0.5 mm 线宽来更改内侧矩形边线的线宽。

（5）添加标题栏。利用草图工具绘制如图 10-10 所示的标题栏，并添加尺寸约束及设置线宽。

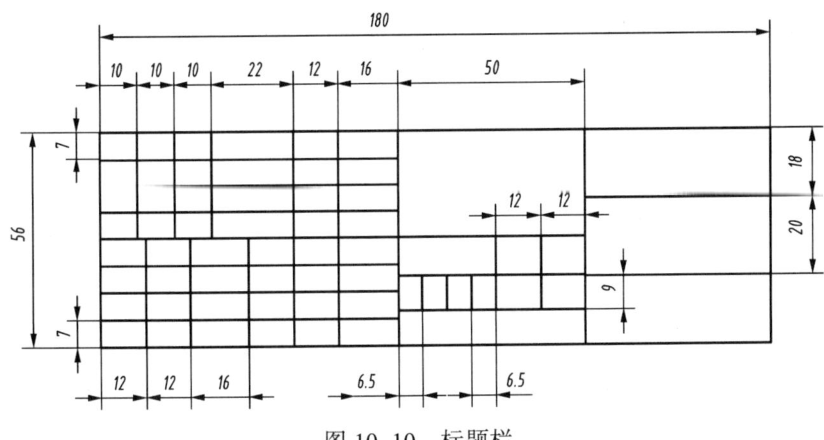

图 10-10　标题栏

（6）隐藏尺寸标注。选择菜单栏中的“视图”｜“隐藏/显示注解”命令，光标变为 状态，依次选取图纸上所有尺寸，此时被选中的尺寸标注颜色变浅，按下 Esc 键退出命令，尺寸标注全部隐藏，如图 10-11 所示。

（7）添加注解文字：

① 选择命令：选择菜单栏中的“插入”｜“注解”｜“注释”命令，弹出“注释”对话框。

② 选择引线类型：单击“引线”区域中的“无引线”按钮。

③ 创建文本。在标题栏内创建如图 10-12 所示的注释文本，确认字高为 3.5 mm。

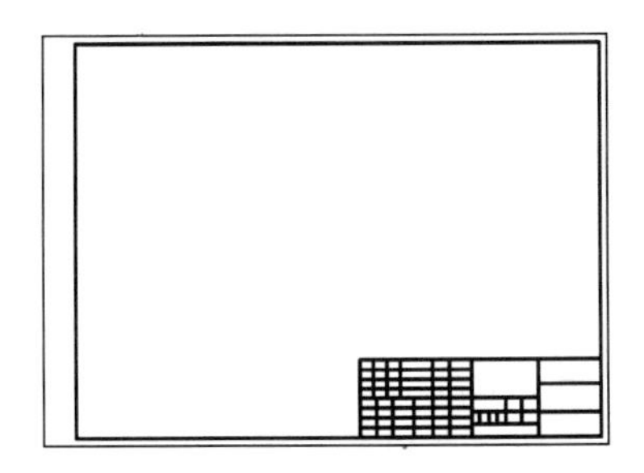

图 10-11　隐藏尺寸标注

						（材料标记）			（单位名称）
									（图样名称）
标记	处数	分区	更改文件号	签名	日期				
设计			标准化			阶段标记	重量	比例	
绘图			审定						
审核									（图样代号）
工艺			批准			共　张	第　张		

图 10-12　添加注释

2．连接注释到属性

将图纸格式中的注释链接到属性，可以将在零件或装配体中添加的自定义信息自动反映到工程图中。其操作步骤如下：

（1）选择链接文字注释。在上面创建的图纸格式的标题栏中双击“(单位名称)”注释，删除注释框中的文字，在图形区左侧的如图 10-13 所示的“注释”对话框中单击“文字格式”区域中的“链接到属性”按钮，弹出如图 10-14 所示的“链接到属性”对话框。

（2）在“链接到属性”对话框中选中“图纸属性中所指定视图中模型”单选按钮，并在其下方的下拉列表中输入文字“单位名称”，单击“确定”按钮，关闭“链接到属性”对话框，在“注释”对话框中单击“确定”按钮，完成对注释“(单位名称)”属性链接的添加。再以同样的方式，为其他注释添加链接属性。将“(图样名称)”的链接属性设置为“名称”，“(图样代号)”的链接属性设置为“代号”，“(材料标记)”的链接属性设置为“材料”。

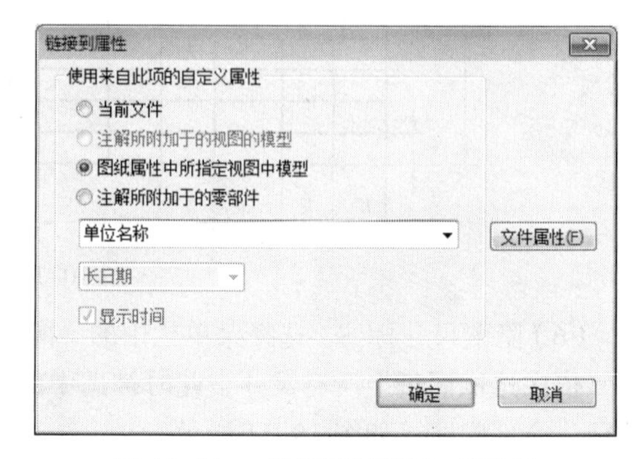

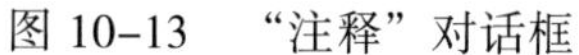
图 10-13 “注释”对话框　　　　图 10-14 “链接到属性”对话框

（3）在标题栏“重量”下方的单元格中插入注释，同样单击“注释”对话框中的“链接到属性”按钮，将链接属性设置为“重量”；在“比例”下方的单元格中插入注释，同时单击“注释”对话框的“链接到属性”按钮，在“链接到属性”对话框中选中“当前文件”单选按钮，在下拉列表中选取“图纸比例”选项，关闭对话框，完成属性链接的添加。

说明

- 在添加属性链接时，将注释中已存在的文字删除。
- 以上步骤中添加的链接属性名称必须与工程图参考模型中所设置的链接属性名称相同，否则在插入参考模型时，会链接失败。

3. 为图纸设置国标环境

我国国标（GB 标注）对工程图做出了许多规定，例如尺寸文本的方位与字高，尺寸箭头的大小等都有明确的规定，下面介绍图纸格式中设置国标环境的部分操作步骤。

（1）选择命令。选择菜单栏中的“工具”｜“选项”命令，系统弹出“系统选项（S）-普通”对话框。

（2）设置“文档属性”选项卡参数。单击“文档属性”选项卡，在该选项卡的左侧选项区中选择“绘图标准”选项，在“总绘图标准”下拉列表中选择 GB 选项，如图 10-15 所示。

图 10-15 “文档属性（D）-绘图标准”对话框

（3）在对话框左侧的选项区中选取“尺寸”选项，在对话框中添加如图 10-16 所示的设置。

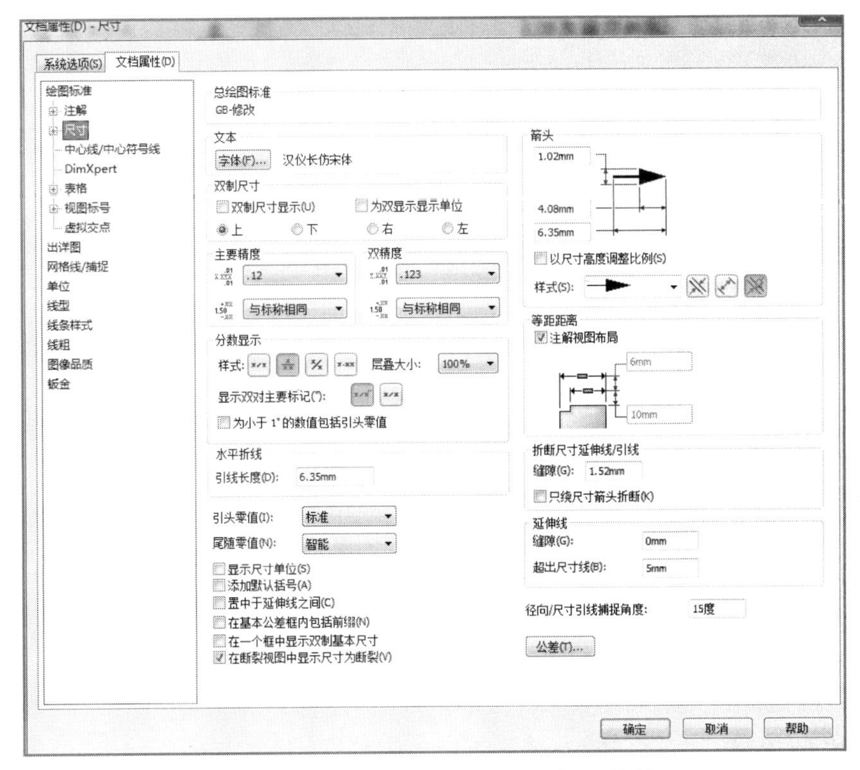

图 10-16　“文档属性（D）-尺寸”对话框

（4）在对话框左侧的选项区中选取“出详图”选项，在对话框中添加图 10-17 所示的设置。

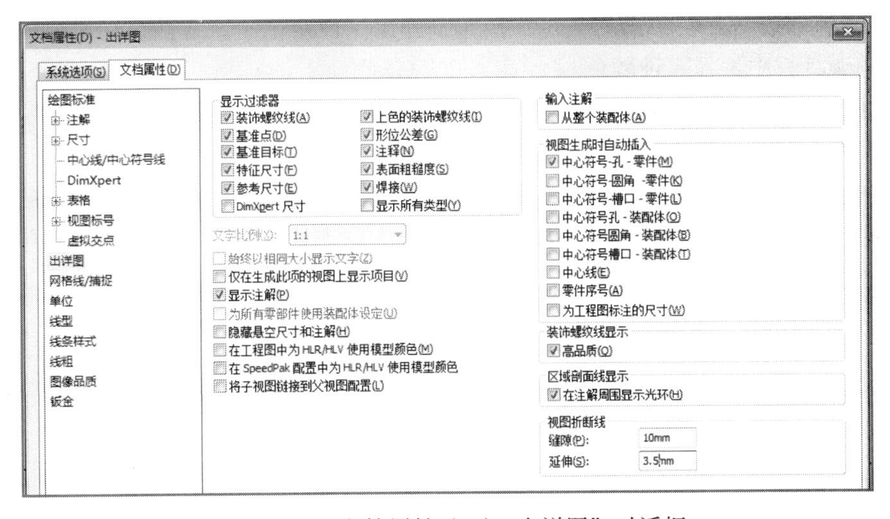

图 10-17　“文档属性（D）-出详图”对话框

（5）在对话框左侧的选项区中选取“注解”选项，在如图 10-18 所示的对话框中单击“字体”按钮，将其字体设置为“汉仪长仿宋体”，字高设置为 3.5 mm，其他设置如图 10-18 所示。

（6）用户还可根据需要在“文档属性”选项卡中设置其他参数，最后单击“确定”按钮。

（7）在图形区空白处右击，在弹出的快捷菜单中选择“编辑图纸”命令，进入“编辑图纸”环境。

图 10-18 “文档属性（D）-注释”对话框

4. 保存图纸格式

选择菜单栏中的“文件” | “保存图纸格式”命令，弹出的“保存图纸格式”对话框，输入文件名，单击“保存”按钮，生成新的工程图图纸格式。

10.4 线型和图层

利用“线型”工具栏可以对工程视图的线型和图层进行设置。

10.4.1 线型设置

“线型”工具栏（见图 10-19）包括线色、线粗、线型和颜色显示模式等，其中各项的说明如下：

（1）“线色”按钮：单击“线色”按钮，弹出“设定下一直线颜色”对话框。可从该对话框中的调色板中选择一种颜色。

（2）“线粗”按钮：单击“线粗”按钮，弹出如图 10-20 所示的线粗菜单。当指针移到菜单中某线时，该线粗细的名称会在状态栏中显示，从菜单选择线粗。

（3）“线条样式”按钮：单击“线条样式”按钮，会出现如图 10-21 所示的线条样式菜单，当指针移到菜单中某线条时，该线型名称会在状态栏中显示。使用时从菜单中选择一种线条样式。

图 10-19 “线型”工具栏

图 10-20 “线粗”菜单

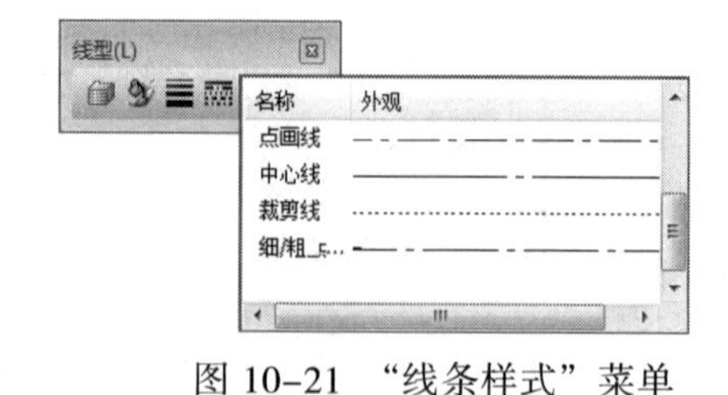

图 10-21 “线条样式”菜单

（4）“隐藏/显示边线”按钮：切换边线的显示状态。

（5）“颜色显示模式”按钮：单击颜色显示模式按钮，线色会在所设置的颜色中切换。

在工程图中添加草图实体前，可先单击“线型”工具栏中的线色、线粗、线型图标，从菜单中选择所需格式，这样添加到工程图中的任何类型的草图实体，均使用指定的线型和线粗，直到重新选择另一种格式。

如果要改变直线、边线或草图视图的格式，可先选择要更改的直线、边线或草图实体，然后单击线型工具栏中的图标，从菜单中选择格式，新格式将应用到所选视图中。

10.4.2　图层

在工程图文件中，可以根据用户需求建立图层，并为每个图层上生成的新实体指定线条颜色、线条粗细和线条样式。新的实体会自动添加到激活的图层中，图层可以被隐藏或者显示。另外，还可以将实体从一个图层移动到另一个图层。创建好工程图的图层后，可以分别为每个尺寸、注解、表格和视图标号等局部视图选择不同的图层进行设置。例如，可以创建两个图层，将其中一个分配给直径尺寸，另一个分配给表面粗糙度注解。通过在文档层设置各个局部视图的图层，无须在工程图中切换图层即可应用自定义图层。

尺寸和注解（包括注释、区域剖面线、块、折断线、局部视图图标、剖面线及表格等）可以被移到图层上，并使用图层指定的颜色。

草图实体使用图层的所有属性。图层工具栏如图 10–22 所示。

如果将*.DXF 或者*.DWG 文件输入到 SolidWorks 工程图中，会自动生成图层。在最初生成*.DXF 或者*.DWG 文件的系统中指定的图层信息（如名称、属性和实体位置等）将被保留。

如果输出带有图层的工程图作为*.DXF 或者*.DWG 文件，则图层信息包含在文件中。当在目标系统中打开文件时，实体都位于相同图层上，并且具有相同的属性，除非使用映射功能将实体重新导向新的图层。

1．建立图层

（1）在工程图中单击“图层”工具栏或“线型”工具栏中的“图层属性”按钮，弹出如图 10–23 所示的“图层”对话框。

图 10–22　“图层”工具栏

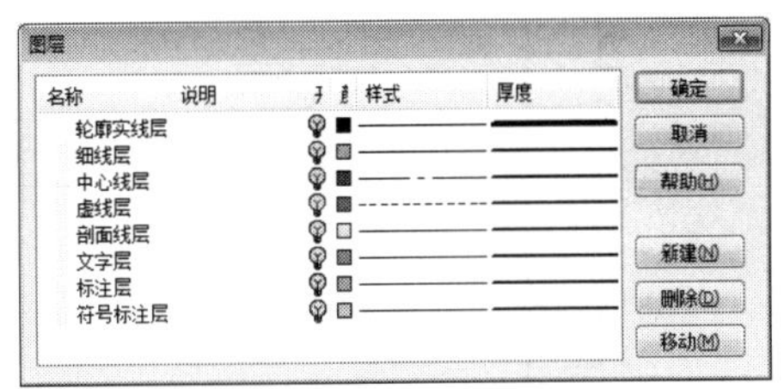

图 10–23　“图层”对话框

（2）单击“新建”按钮，输入新图层的名称。

（3）更改图层默认图线的颜色，如图 10–24 所示；样式如图 10–25 所示；粗细如图 10–26 所示。

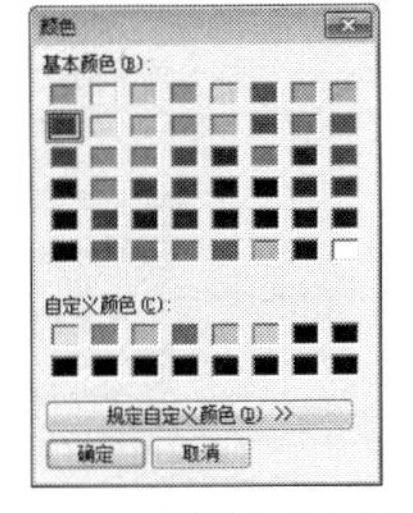

图 10–24　“颜色”对话框

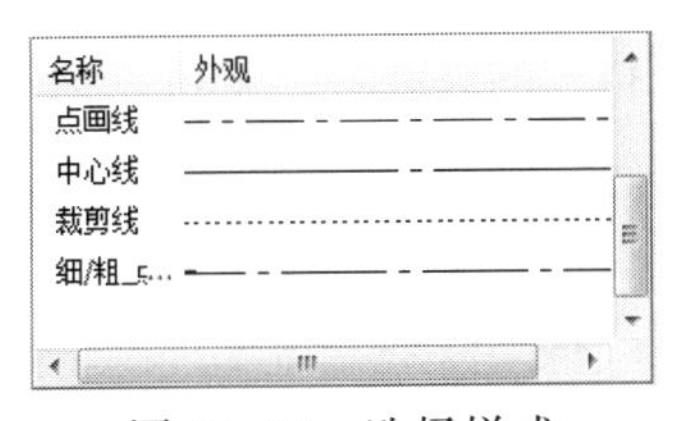

图 10–25　选择样式

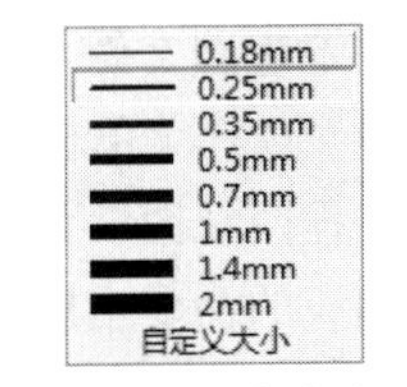

图 10–26　选择粗细

（4）单击“确定”按钮，可以为文件建立新的图层。

2. 图层操作

（1）⇨图标所指示的图层为激活的图层。如果要激活图层，单击图层左侧，则所添加的新实体会出现在激活的图层中。

（2）💡图标表示图层打开或者关闭的状态。当灯泡为黄色时，图层可见，单击某一图层的💡图标，则可以显示或者隐藏该图层。

（3）如果删除图层，则选择图层，然后单击“删除”按钮。

（4）如果要移动实体到激活的图层，可选择工程图中的实体，然后单击“移动”按钮，即可将其移到激活的图层。

（5）如果要更改图层名称，可单击图层名称，输入所需的新名称即可。

10.5　工程图视图

工程视图是指在图纸中建立的所有视图。在 SolidWorks 中，用户可以根据需要建立各种表达零件模型的视图，如投影视图、剖视图、局部放大图、轴侧视图等，如图 10-27 所示。

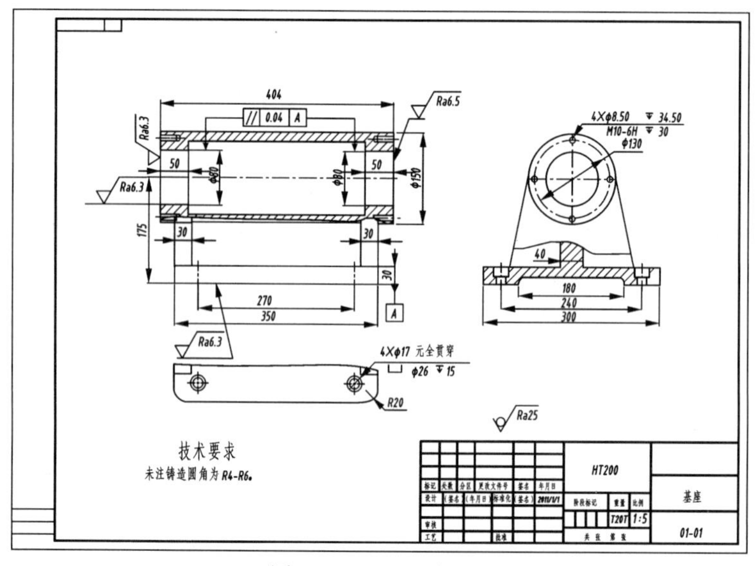

图 10-27　工程视图

在创建工程图以前，首先应建立好零部件或装配体的三维模型，然后根据零部件或装配体的三维模型，考虑和规划好所要表达模型的视图，如工程图由几个视图组成，是否需要剖视图等，最后再生成工程视图。

新建工程图文件，完成图纸格式的设置后，就可以生成工程视图。选择菜单栏中的“插入”|“工程图视图”命令，弹出“工程图视图”菜单，如图 10-28 所示，根据需要，可以选择相应的命令生成工程视图。各项的说明如下：

（1）“模型”命令（▣）：插入零件（或装配体）模型并创建基本视图。

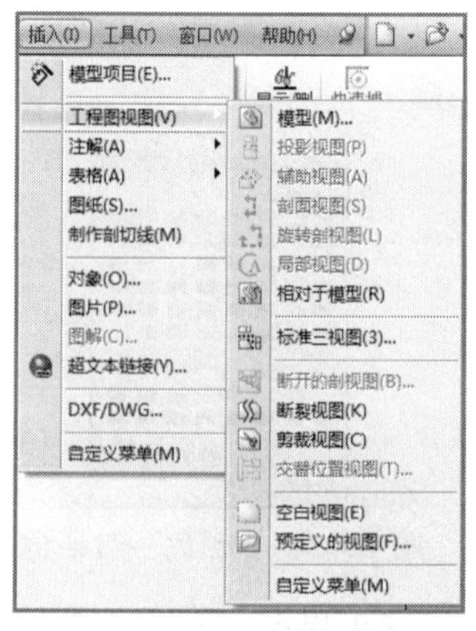

图 10-28　“工程图视图”菜单

（2）“投影视图”命令（ ）：指从主、俯、左 3 个方向插入视图。

（3）“辅助视图”命令（ ）：垂直于所选参考边线的视图。

（4）“剖面视图”命令（ ）：可以用一条剖切线分割父视图。剖面视图可以是直切剖面或者是用阶梯剖切线定义的等距剖面。

（5）“旋转视图”命令（ ）：与剖面视图相似，但旋转剖面的剖切线由连接到一个夹角的两条线或者多条线组成。

（6）“局部视图”命令（ ）：通常是以放大比例显示一个视图的某个部分，可以是正交视图、空间（等轴侧）视图、剖面视图、裁剪视图、爆炸装配体视图或者另一局部视图等。

（7）“相对于模型”命令（ ）：正交视图由模型中两个直交面或者基准面及各自的具体方位的规格定义。

（8）“标准三视图”命令（ ）：前视图为模型视图，其他两个视图为投影视图，使用在图纸属性中所指定的第一视角或者第三视角投影法。

（9）“断开的剖视图”命令（ ）：现在工程制图的一部分，而不是单独的视图。可以用闭合的轮廓（通常是样条曲线）定义断开的剖视图。

（10）“断裂视图”命令（ ）：也称为中断视图。断裂视图可以将工程图视图以较大比例显示在较小的工程图纸上。与断裂区域相关的参考尺寸和模型尺寸反映实际的模型数值。

（11）“裁剪视图”命令（ ）：除了局部视图，已用于生成局部视图的视图或者爆炸视图用户可以根据需要裁剪任何工程视图。

10.5.1 标准三视图

利用标准三视图可以为模型生成 3 个默认正交视图，即主视图、俯视图和左视图。主视图是模型的“前视”视图，俯视图和左视图分别是模型在相应位置的投影。

在标准三视图中，主视图、俯视图及左视图有固定的对齐关系。主视图与俯视图长度方向对齐，主视图与左视图高度方向对齐，俯视图与左视图宽度相等。俯视图可以竖直移动，左视图可以水平移动。

1．生成标准三视图

单击“工程图”工具栏中的“标准三视图”按钮 ，或选择菜单栏中的“插入”|“工程图视图”|“标准三视图”命令，弹出“标准三视图”属性管理器，如图 10-29（a）所示。单击“浏览”按钮，弹出“打开”对话框，选择所要的模型，单击“打开”按钮，在图纸的适当位置就会出现模型的标准三视图，如图 10-29（b）所示。

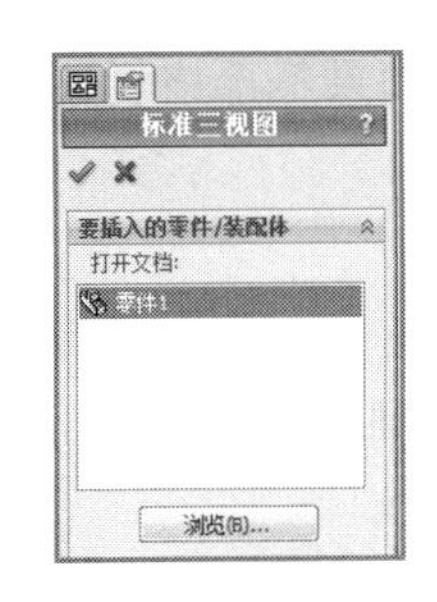

（a）“标准三视图”管理器

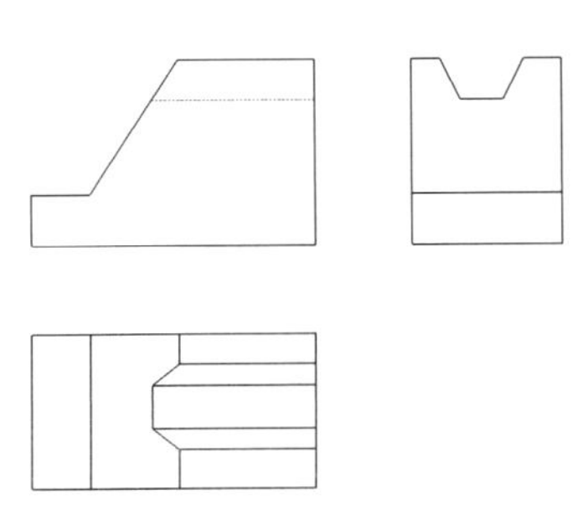

（b）标准三视图

图 10-29 生成标准三视图

2. 更改视图属性

生成标注三视图后可以更改视图的各种属性。

（1）更改主视图属性。在图形区域中单击主视图，弹出如图 10-30 所示的“工程图视图”属性管理器，可更改以下属性：

- “显示样式”区域：从左到右依次为线架图、隐藏线可见、消除隐藏线、带边线上色和上色样式。
- “比例”区域：“使用图纸比例”是使用工程图纸定义的比例。“使用自定义比例”是不使用工程图纸定义的比例，而指定一个比例值。
- “尺寸类型”区域：“预测”指使用 2D 尺寸；“真实”指使用精确模型值。

尺寸类型的规则为：SolidWorks 2012 为标准和自定义正交视图指定“预测”类型尺寸，为等轴测、左右二等角轴测和上下二等角轴测视图指定“真实”类型尺寸。如果从另一视图生成一个投影或辅助视图，不管原有视图是否使用“真实”类型尺寸，新视图都将使用“预测”类型尺寸。

（2）更改其他视图属性。在图形区域中单击俯视图或侧视图，打开如图 10-31 所示的属性管理器，可更改其他工程视图的属性。

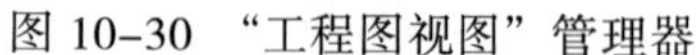
图 10-30 “工程图视图”管理器

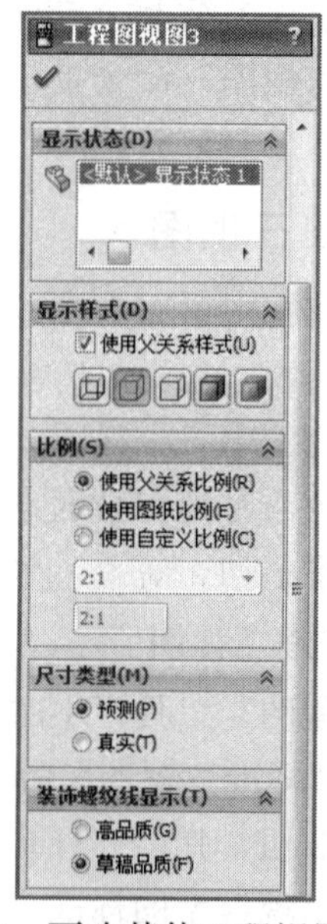

图 10-31 更改其他工程视图的属性

- “使用父关系样式”：使用与主视图相同的样式，如果不选该复选框，则可使用与主视图不相同的样式。
- “使用父关系比例”：使用主视图定义的比例。
- “使用图纸比例”：使用工程图纸定义的比例。
- “使用自定义比例”：不使用工程图纸定义的比例，而指定一个比例值。

10.5.2 模型视图

模型视图是从零件的不同视角方位为视图选择方位名称。在利用“模型视图”工具建立视图时，用户可以一次建立一个或多个视图。

“模型视图”工具不仅可以用来生成平面视图，还可以生成等轴测视图、透视工程图、爆炸视图、装配体轴测剖视图和钣金展开图等。

单击“工程图”工具栏中的“模型视图”按钮，或选择菜单栏中的“插入”|“工程图视图”|“模型”命令，弹出“模型视图”属性管理器，如图 10-32（a）所示。在“方向”区域中单击“等轴测”按钮，在图纸区域选择合适位置，单击，建立等轴侧视图，如图 10-32（b）所示。

（a）“模型视图”管理器

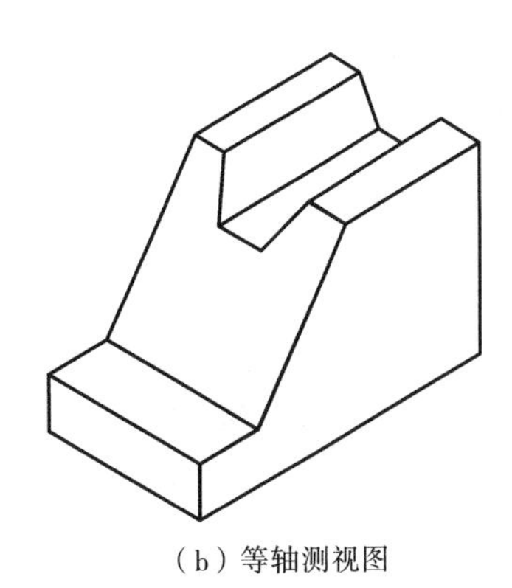

（b）等轴测视图

图 10-32　等轴测视图的创建

10.5.3　相对视图

如果需要零件视图正确、清晰地表达零件的形状结构，使用模型视图和投影视图生成的工程视图可能会不符合实际情况。此时，可以利用相对视图自行定义视图，解决零件视图定向与工程视图投影方向的矛盾。

相对视图是一个相对于模型中所选面的正交视图，由模型的两个直角面及各自具体方位规格定义。通过在模型中依次选择两个正交平面或者基准面并指定所选面的朝向，生成特定方位的工程视图。相对视图可以作为工程视图中的第一个基础正交视图。

1. 创建相对视图

（1）单击“工程图”工具栏中的“相对视图”按钮，或选择菜单栏中的“插入”|“工程图视图”|“相对于模型”命令，弹出“相对视图”属性管理器（一），如图 10-33（a）所示，鼠标指针变为形状。

（2）打开模型文件。在图形区单击任意视图，系统自动打开如图 10-33（b）所示的模型文件。

说明　如果要插入的相对视图是图纸中的第一个视图，需要用户在图形区右击，在弹出的快捷菜单中选择“从文件中插入”命令来打开模型文件。

2. 定义视图方向

（1）定义第一方向。在如图 10-33（c）所示“相对视图”属性管理器（二）的“第一方向”下拉列表中选择“前视”选项，选取如图 10-33（b）所示的“面 1”作为“第一方向”的参考平面。

（2）定义第二方向。在“第二方向”下拉列表中选择“上视”选项，选取如图 10-33（b）所示的“面 2”作为“第二方向”的参考平面。

（3）在“相对视图”属性管理器（二）中单击“确定”按钮✔，返回到工程图环境。

（4）放置相对视图。在工程图中选择合适的位置放置相对视图，单击“工程图视图”属性管理器中的“确定”按钮✔，完成相对视图的创建，如图 10-33（d）所示。

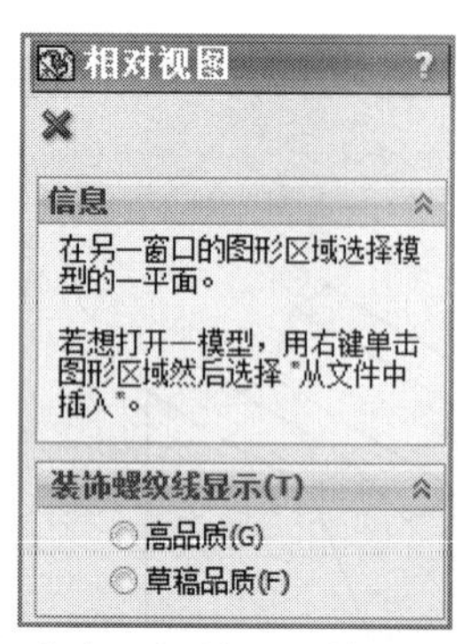

（a）“相对视图”管理器 1

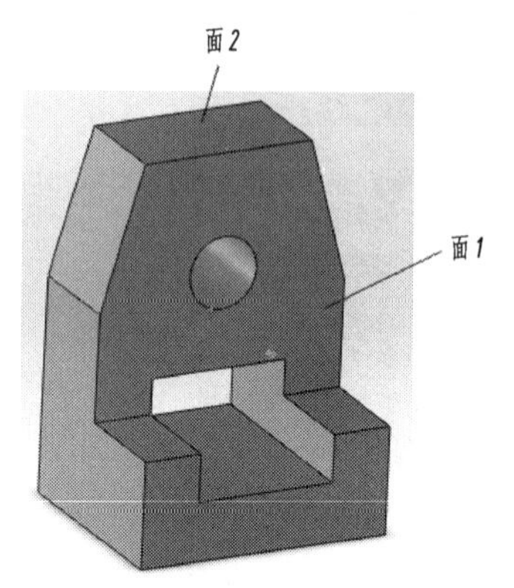

（b）零件模型

（c）“相对视图”管理器 2

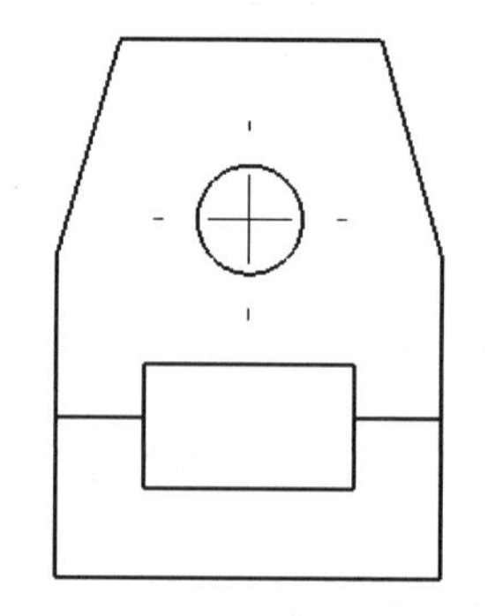

（d）相对视图

图 10-33　相对视图的创建

10.6　派 生 视 图

派生视图是由其他视图派生的，包括：投影视图、向视图、辅助视图、旋转视图、剪裁视图、局部视图和断裂视图。

10.6.1　投影视图

投影视图是根据已有视图利用正交投影生成的视图。投影视图的投影方向是根据在图纸属性对话框中所设置的第一视角或者第三视角投影类型而确定的。

单击“工程图”工具栏中的“投影视图”按钮，或选择菜单栏中的“插入”|“工程图视图”|“投影视图”命令，鼠标指针变为形状，将指针移到主视图左侧，单击左键，作出右视图。将指针移到主视图上方，单击，做出仰视图。将指针移到主视图下方，单击，做出俯视图。将指针移到主视图右方，单击，做出左视图。单击“确定”按钮✔，完成上述视图的投影。若要生成后视图，再进入“投影视图”命令，然后单击左视图，将指针移到左

视图右方，单击，做出后视图，如图 10-34 所示。

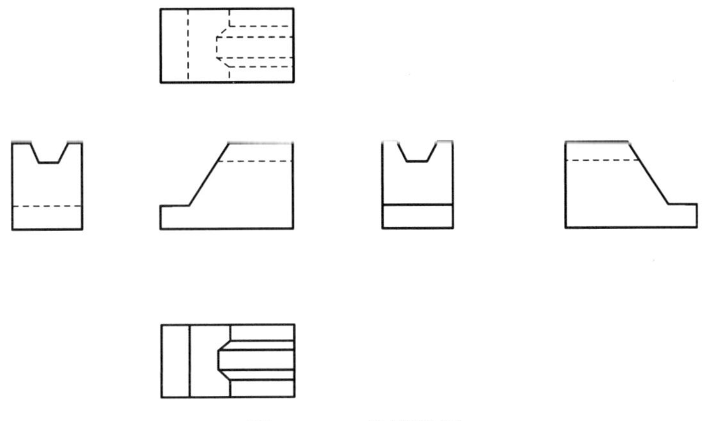

图 10-34　投影视图

10.6.2　向视图

投影视图也可以不按投影关系配置，即生成向视图。

右击仰视图边界空白区，在弹出的快捷菜单中（如图 10-35（a）所示）选择“视图对齐”|“解除对齐关系”命令，这样仰视图与主视图解除了对齐关系，将仰视图移动到左视图的下方，选择仰视图，出现“工程图视图”属性管理器，选中“箭头”复选框，在文本框中输入“A”，单击“确定”按钮，将指针指向箭头，拖动箭头到所需位置。同理，将右视图也按此操作，如图 10-35（b）所示。

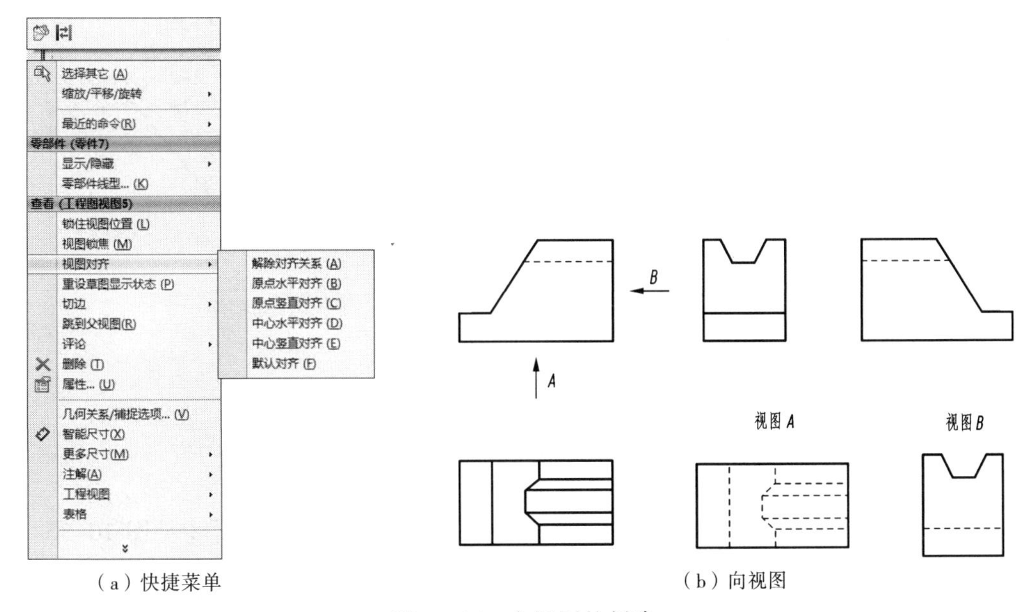

（a）快捷菜单　　（b）向视图

图 10-35　向视图的创建

10.6.3　辅助视图

辅助视图类似于投影视图，它的投影方向垂直于所选视图的参考边线，但参考边线一般不是水平或垂直，否则生成的就是投影视图。

参考边线可以是模型的一条边、侧影轮廓线、轴线或草图直线。辅助视图的用途相当于机械制图中的斜视图，用来表达零件倾斜结构。

打开一个工程图文件，如图 10-36（a）所示。单击“工程图”工具栏中的“辅助视图”按钮，或选择菜单栏中的“插入”|“工程图视图”|“辅助视图”命令，鼠标指针变为形状，并弹出“辅助视图”属性管理器，如图 10-36（b）所示；在要生成辅助视图的工程视图上选择参考边线，如图 10-36（a）所示。在与参考边线垂直的方向出现一个预览的辅助视图，并弹出“工程图视图”属性管理器，如图 10-36（c）所示，在“箭头”区域中的文本框中输入字母“A”，并将鼠标指针移到所需的位置，单击放置辅助视图，结果如图 10-36（d）所示。

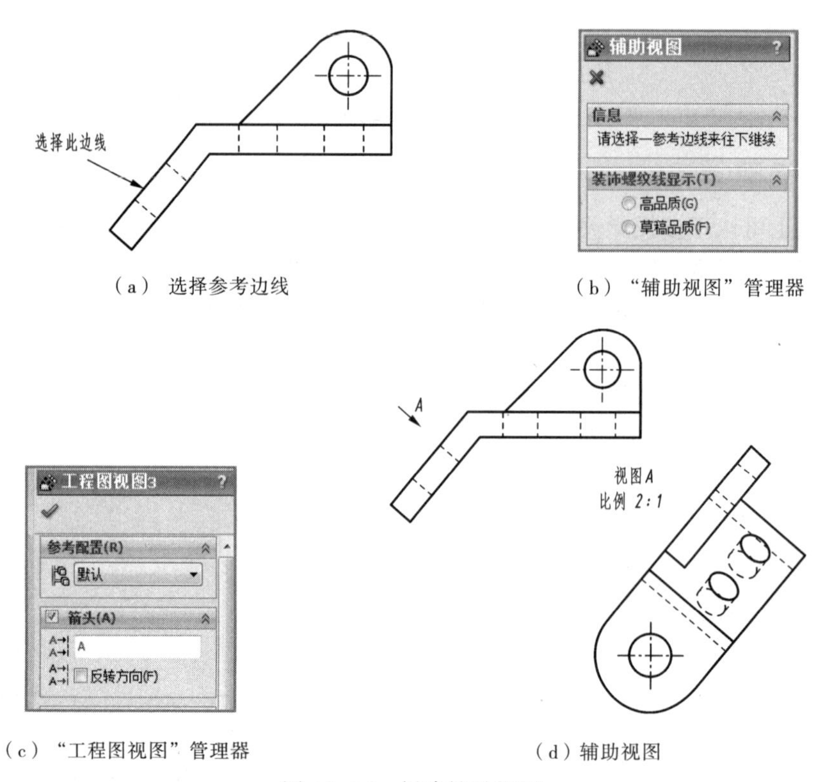

（a） 选择参考边线　　（b）“辅助视图”管理器

（c）“工程图视图”管理器　　（d）辅助视图

图 10-36　创建辅助视图

10.6.4　旋转视图

通过旋转视图，可以将视图绕其中心转到任意角度，或通过旋转视图将所选边线设置为水平或竖直方向。

右击图 10-36（a）中的辅助视图边界空白区，在弹出的快捷菜单中【见图 10-35（a）】选择“视图对齐”|“解除对齐关系”命令，这样辅助视图与主视图解除了对齐关系。选择辅助视图，单击“视图”工具栏中的“旋转视图”按钮，弹出“旋转工程视图”对话框，如图 10-37（a）所示。在“工程视图角度”文本框中输入“-50 度”，选中“相关视图反映新的方向”和“随视图旋转中心符号线”复选框，单击“应用”按钮，单击“关闭”按钮，关闭对话框，选择旋转视图将其移到合适位置，如图 10-37（b）所示。

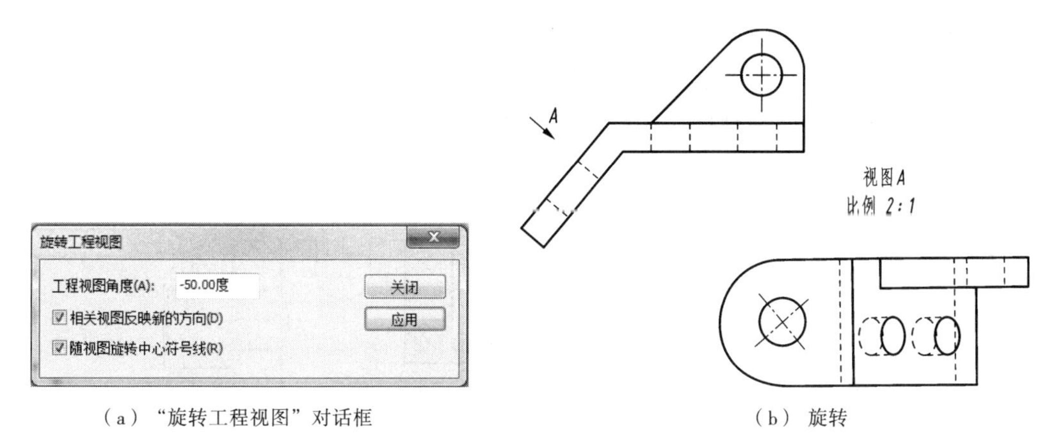

（a）“旋转工程视图”对话框　　（b）旋转

图 10–37　旋转视图的创建

10.6.5　裁剪视图

利用“裁剪视图”命令可以裁剪现有的视图，只保留其局部信息，被保留的部分通常用样条曲线或其他封闭的草图轮廓来定义。

在 SolidWorks 工程图中，裁剪视图是由除了局部视图、已用于生产局部视图的视图或爆炸视图之外的任何工程视图经裁剪而成。注意，裁剪视图中不能创建局部剖视图。裁剪视图类似于工程制图中的局部视图，但是由于裁剪视图没有建立新的视图，也没有放大原视图，因此可以减少视图生成的操作步骤。

下面以图 10–38（a）为例说明创建裁剪视图的方法。

打开工程图文件，利用草图绘制工具绘制如图 10–38（b）所示的封闭轮廓。先选择左视图的封闭轮廓，单击“工程图”工具栏中的“裁剪视图”按钮，或选择菜单栏中的“插入”|“工程图视图”|“裁剪视图”命令，此时，裁剪轮廓以外的视图消失，生成裁剪视图；用同样的方法，选择俯视图中的封闭轮廓，单击“工程图”工具栏中的“裁剪视图”按钮，生成裁剪视图，结果如图 10–38（a）所示。

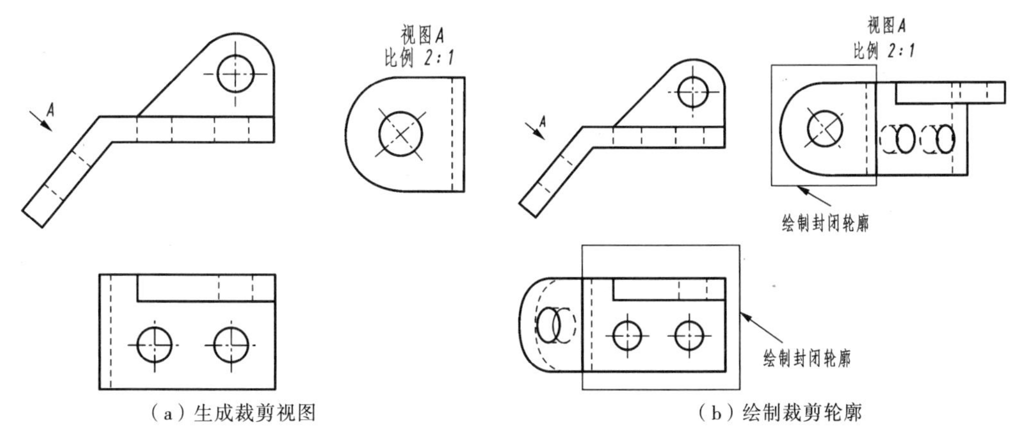

（a）生成裁剪视图　　（b）绘制裁剪轮廓

图 10–38　裁剪视图的创建

10.6.6　局部视图

局部视图用来显示现有视图某一局部的形状，常用放大的比例来显示，相当于工程制图中的局部放大视图。

下面介绍创建局部放大视图的方法。

（1）打开工程图文件。单击“工程图”工具栏中的“局部视图”按钮，或选择菜单栏中的“插入”|“工程图视图”|“局部视图”命令，弹出“局部视图”属性管理器，如图 10-39（a）所示。

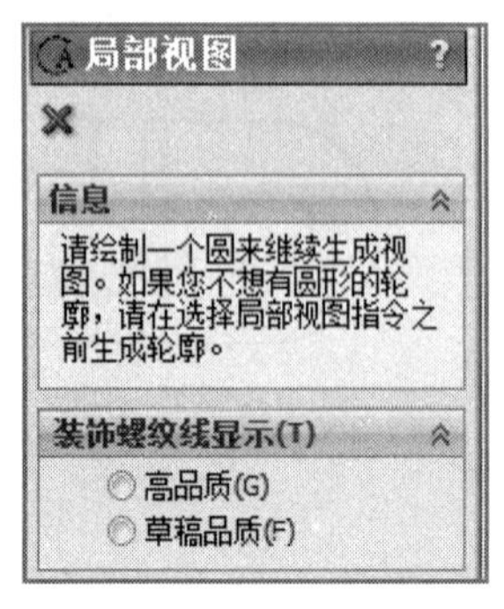

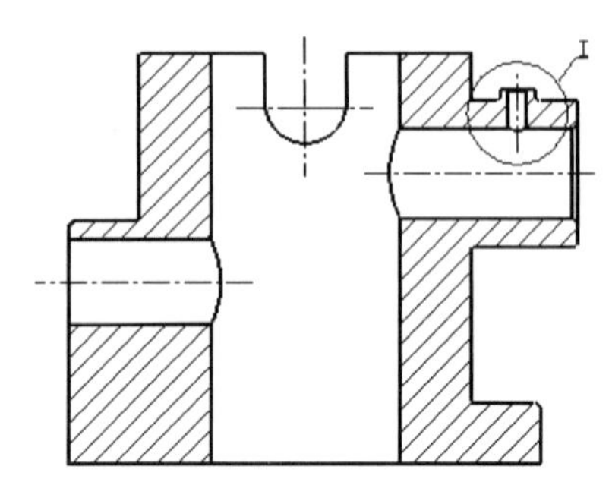

（a）“局部视图”管理器　　（b）绘制放大范围

图 10-39　创建局部视图（一）

（2）绘制放大范围。鼠标指针变为形状，在欲建局部视图的部位绘制如图 10-39（b）所示的圆作为放大范围，此时系统弹出图 10-40（a）所示的“局部视图 I ”对话框。

（3）定义视图参数。在“局部视图图标”区域的“样式”下拉列表中选中“带引线”选项，在“比例”区域中选中“使用自定义比例”单选按钮，在其下拉列表中选择“2:1”的放大比例，其他参数采用系统默认设置值。

（4）单击“局部视图 I ”对话框中“确定”按钮，完成局部放大视图的创建，结果如图 10-40（b）所示。

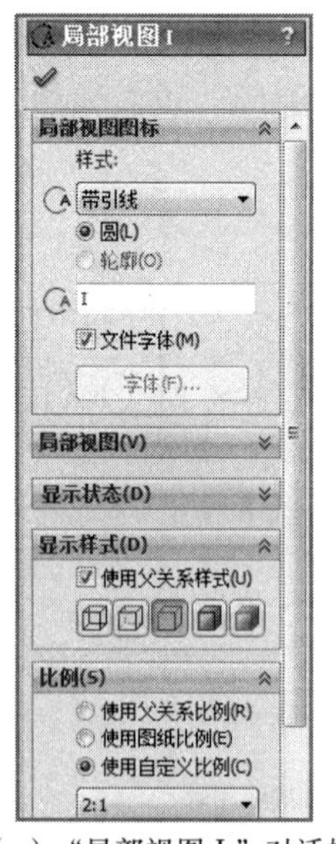

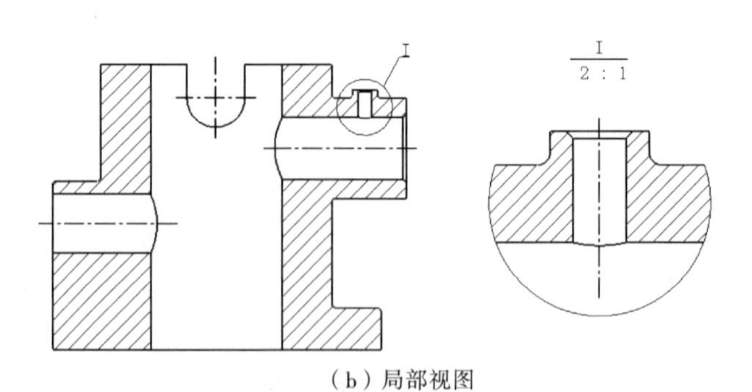

（a）“局部视图 I ”对话框　　（b）局部视图

图 10-40　创建局部视图（二）

10.6.7　断裂视图

对于较长的零件（如轴、杆、等），如果沿长度方向形状是一致的或按一定规律变化的，就可以用断裂视图来表达。

在工程视图中激活现有的视图，单击“工程图”工具栏中的“断裂视图”按钮，或选择菜单栏中的“插入”｜“工程图视图”｜“断裂视图”命令，弹出“断裂视图”属性管理器，如图 10-41（a）所示。在“断裂视图”属性管理器中的“断裂视图设置”选项组中，可以设置各参数。设置完参数后，单击选择要插入断裂的工程图，则会出现第一条断裂线，如图 10-41（b）所示，在需要折断的另一位置单击“确定”按钮，就生成了断裂视图，如图 10-41（c）所示。

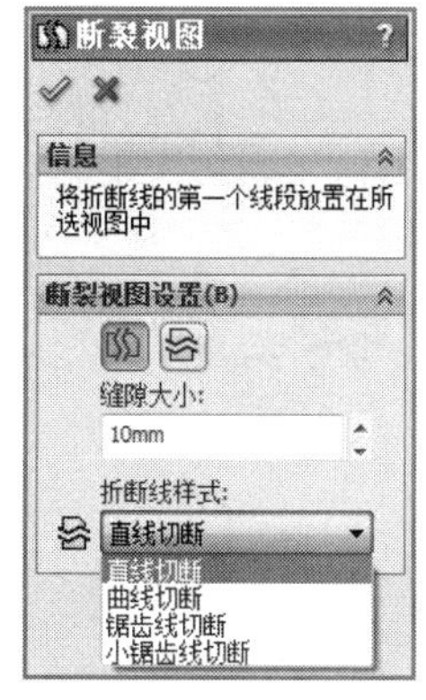

（a）“断裂视图”管理器

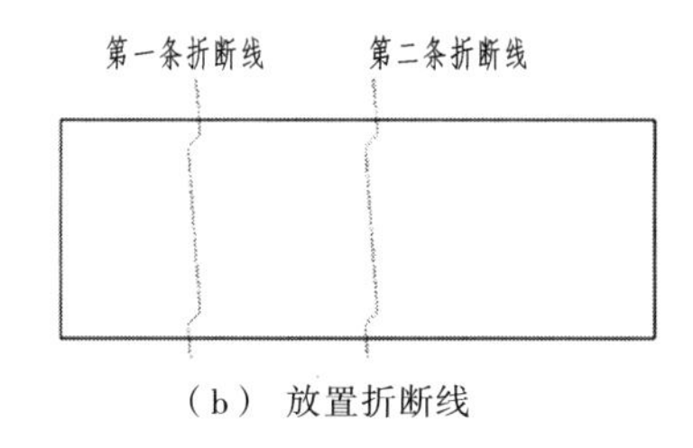

（b）放置折断线

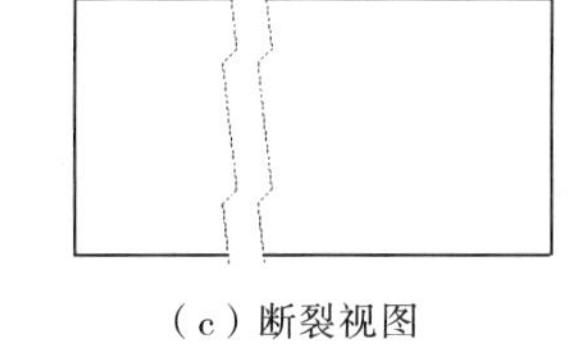

（c）断裂视图

图 10-41　断裂视图的创建

“断裂视图”属性管理器中的各选项：

（1）“竖直折断线”：生成断裂视图时将视图沿水平方向断开。

（2）“水平折断线”：生成断裂视图时将视图沿竖直方向断开。

（3）“缝隙大小”：可用来改变折断线缝隙之间的间距量。

（4）“折断线样式”：可用来定义折断线的类型，包括 4 类：直线切断、曲线切断、锯齿线切断和小锯齿线切断。

10.7　视图的显示

10.7.1　视图的显示模式

与模型一样，工程图也可以改变显示样式，SolidWorks 提供了 5 种工程图显示样式，可通过选择菜单栏中的“视图”｜“显示”命令选择显示样式，或在“视图”工具栏中选择。

说明

- 用户可以在插入模型视图时，在“模型视图”属性管理器中的“显示样式”区域中更改视图显示样式；还可以单击工程视图，在“工程图视图”属性管理器中的“显示样式”区域中更改视图显示样式。
- 当生成投影视图时，在“显示样式”区域选中“使用父关系样式”复选框，改变父视图的显示状态时，与其保持父子关系的子视图的显示状态也会相应地发生变化。如果不选中“使用父关系样式”复选框，则在改变父视图时，与其保持父子关系的子视图的显示样式不会发生变化。

10.7.2 边线的显示和隐藏

1. 切边显示

切边是两个面在相切处形成的过度线，最常见的切边是圆角过渡形成的边线。在工程图中需要将切边隐藏，下面介绍隐藏切边的方法。

（1）打开工程图文件，系统默认的切边显示状态为“切边可见”，如图 10-42（a）所示。

（2）隐藏切边。在图形区中选中视图，选择菜单栏中的“视图” | “显示” | “切边不可见”命令，隐藏视图中的切边，如图 10-42（b）所示。

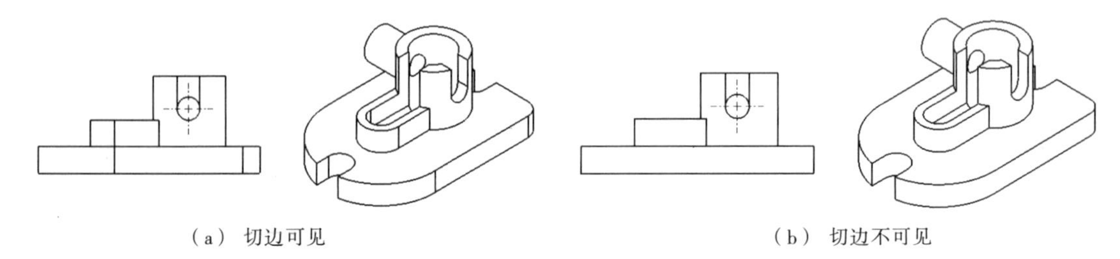

（a） 切边可见　　（b） 切边不可见

图 10-42 切边显示

2. 隐藏/显示边线

在工程视图中，用户可通过手动隐藏或显示模型的边线。下面介绍隐藏模型边线的一般方法。

打开工程图文件，右击视图，在弹出的快捷菜单中选择“隐藏/显示边线”命令，弹出图 10-43（a）所示的“隐藏/显示边线”对话框。在图形区选取图中要隐藏的边线，在“隐藏/显示边线”对话框中单击“确定”按钮，完成边线的隐藏，如图 10-43（b）所示。

若要显示已隐藏的边线，方法基本与隐藏边线相同，只是在图形区选取前面隐藏的边线（此时边线显示为橙色），单击“确定”按钮，完成边线的显示。

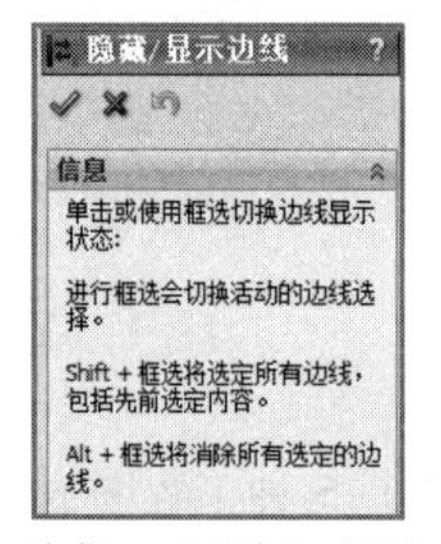

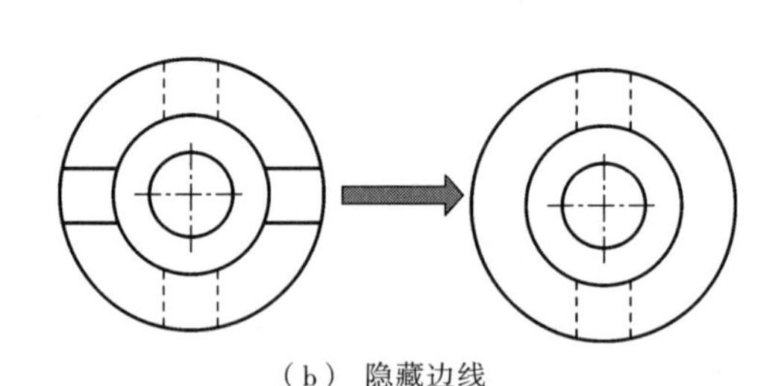

（a）“隐藏/显示边线”对话框　　（b） 隐藏边线

图 10-43 隐藏/显示边线

10.7.3 视图的线型操作

在工程图视图中，用户可以通过使用“线型”工具栏的各命令来修改指定边线的颜色、线粗及线型。

1. 修改边线颜色

打开工程图文件，在视图中选取要改变颜色的边线，然后在“线型”工具栏中单击“线色”按钮，弹出“设定下一直线颜色”对话框，在该对话框中选取所要的颜色，单击“确定”按钮，所选边线改成所要的颜色。

2. 修改边线线粗

打开工程图文件，在视图中选取要改变线粗的边线，然后在“线型”工具栏中单击“线粗”按钮，弹出“线粗”列表，在该列表中选取所要的线粗，单击“确定”按钮，所选边线改成所要的线粗。

3. 修改边线线型

打开工程图文件，在视图中选取要改变线型的边线，然后在“线型”工具栏中单击“线条样式”按钮，系统弹出“线条样式”列表，在该列表中选取所要的线型，单击“确定”按钮，所选边线改成所要的线型。

10.8　剖 面 视 图

剖面视图用来表达零件的内部结构。生成剖面视图必须先在工程图中绘制出适当的剖切路径，在执行剖面视图命令时，系统依照指定的剖切路径，产生对应的剖面视图。所绘制的路径可以是一条直线段、相互平行的线段，也可以是圆弧。

在工程实际中，根据剖切面剖切零件程度的不同分为全剖视图、半剖视图和局部剖视图。

10.8.1　全剖视图

在零件完全剖切时，可以用一个或多个相互平行的平面，也可以用两个相交的平面剖切，剖切后将分别得到单一剖视图、阶梯剖视图和旋转剖视图。

1. 单一剖

（1）打开一工程图文件，单击“工程图”工具栏中的“剖面视图”按钮，或选择菜单栏中的“插入”|“工程图视图”|“剖面视图”命令，弹出“剖面视图”属性管理器，如图 10-44（a）所示。

（2）单击“草图”工具栏中的“中心线”按钮，绘制剖切线，如图 10-44（b）所示。

说明　要求直线通过两圆心，且要超过视图中几何边线 2～3 mm。可用添加几何关系来保证直线通过两圆心。

（3）在父视图的上方放置全剖视图，如图 10-44（c）所示。

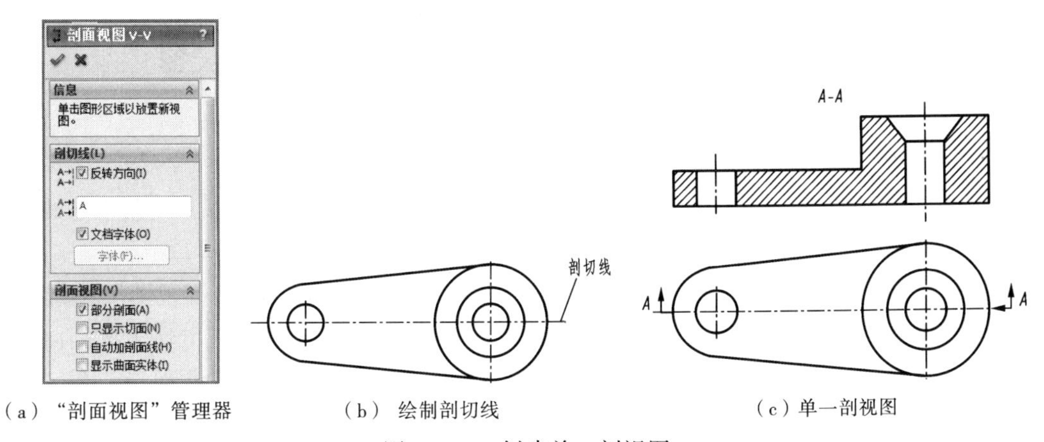

（a）“剖面视图”管理器　（b）绘制剖切线　（c）单一剖视图

图 10-44　创建单一剖视图

（4）在“剖面视图”属性管理器的文本框中输入视图标号 A（选中“反转方向”复选框可反转剖切方向）。

（5）单击“剖面视图”属性管理器中的“确定”按钮，完成操作。

说明 如剖面线不合适，可单击剖面线，出现“区域剖面线/填充”属性管理器，在此可以编辑剖面线的各种属性。

2. 阶梯剖

（1）打开一工程图文件，单击“草图”工具栏中的“中心线”按钮，绘制中心线，如图 10-45（a）所示。要求中心线通过圆心，且要超过视图中的几何体边线。

（2）按 Ctrl 键，复选 3 条中心线，单击“工程图”工具栏中的“剖面视图”按钮，或选择菜单栏中的“插入”|“工程视图”|“剖面视图”命令，弹出“剖面视图”属性管理器，选中“反转方向”复选框，在“剖面视图”属性管理器的文本框中输入视图标号 A，单击“确定”按钮，如图 10-45（b）所示。

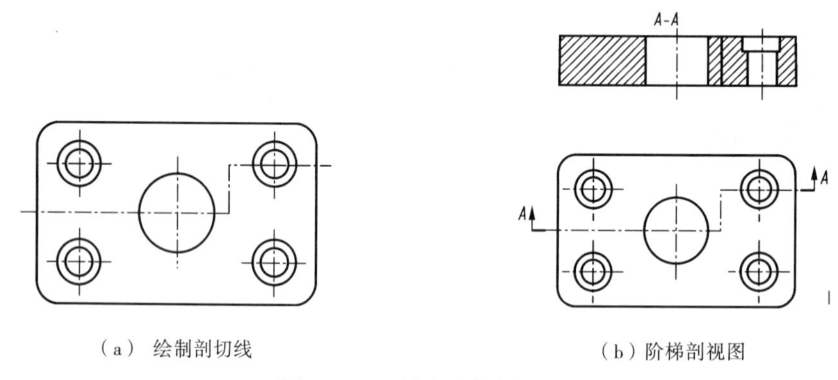

（a）绘制剖切线　　（b）阶梯剖视图

图 10-45　创建阶梯剖视图

（3）右击中间边线，在弹出的快捷菜单中选择“隐藏边线”命令，隐藏中间边线，如图 10-46 所示。

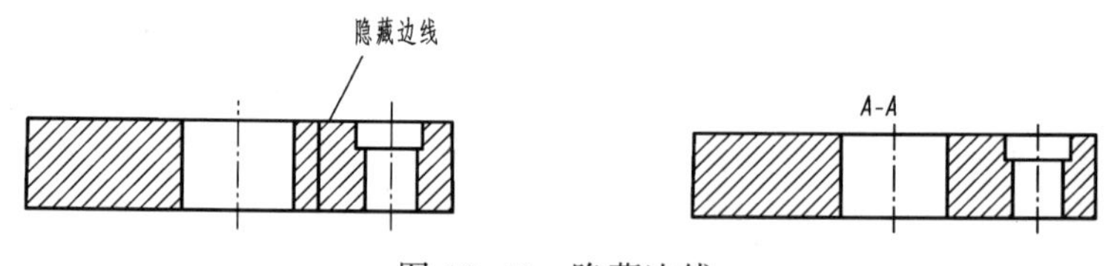

图 10-46　隐藏边线

3. 旋转剖

（1）打开一工程图文件，单击“草图”工具栏中的“中心线”按钮，绘制中心线，如图 10-47（a）所示。要求中心线通过圆心，且要超过视图中的几何体边线。

（2）按 Ctrl 键，复选两条中心线，单击“工程图”工具栏中的“旋转剖视图”按钮，或选择菜单栏中的“插入”|“工程图视图”|“旋转剖视图”命令，出现生成剖面视图的提示，指针移到所需位置，单击，放置视图，出现“剖面视图”属性管理器，在“剖面视图”属性管理器的文本框中输入视图标号 A，单击“确定”按钮，如图 10-47（b）所示。

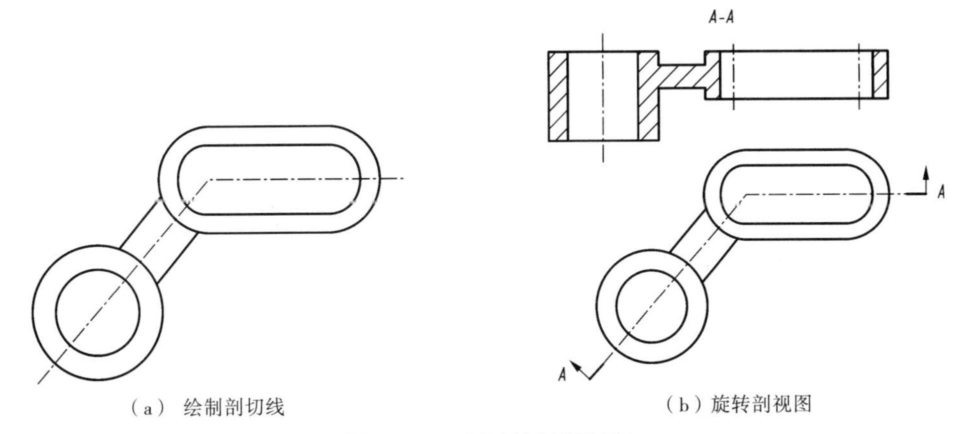

（a） 绘制剖切线　　　　（b）旋转剖视图

图 10–47　创建旋转剖视图

说明　选择剖切线应先选择斜线，再选择水平线。

10.8.2　半剖视图

在 SolidWorks 工程图中没有直接提供生成半剖视图的功能，可以利用阶梯剖方法建立半剖视图。

（1）打开一工程图文件，单击“草图”工具栏中的“中心线”按钮 ，绘制中心线，如图 10–48（a）所示。要求中心线通过圆心，且要超过视图中几何体边线。

（2）按 Ctrl 键，复选两条中心线，单击“工程图”工具栏中的“剖面视图”按钮 ，或选择菜单栏中的“插入”|“工程图视图”|“剖面视图”命令，弹出“剖面视图”属性管理器，选中“反转方向”复选框，单击“确定”按钮 ，如图 10–48（b）所示。

说明　选择中心线的先后次序，先选垂直线，再选水平线。

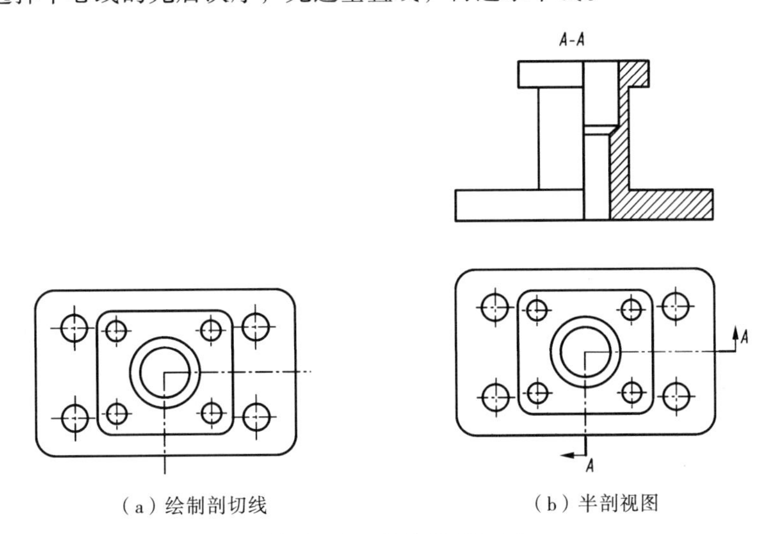

（a）绘制剖切线　　　　（b）半剖视图

图 10–48　创建半剖视图

（3）右击中间边线，在弹出的快捷键中选择“隐藏边线”命令，隐藏中间边线，单击“草图”工具栏中的“中心线”按钮 ，绘制中心线，如图 10–49 所示。

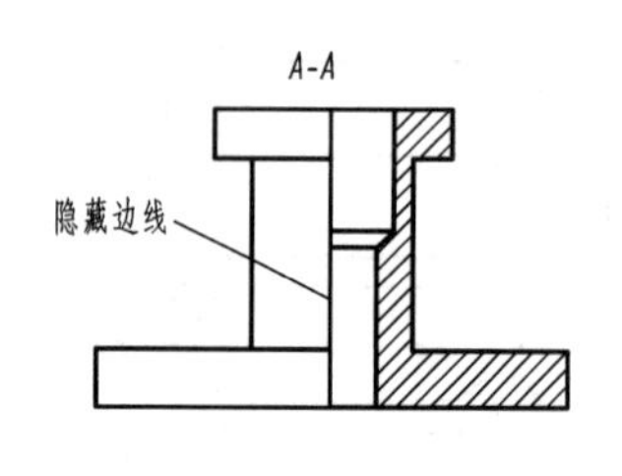

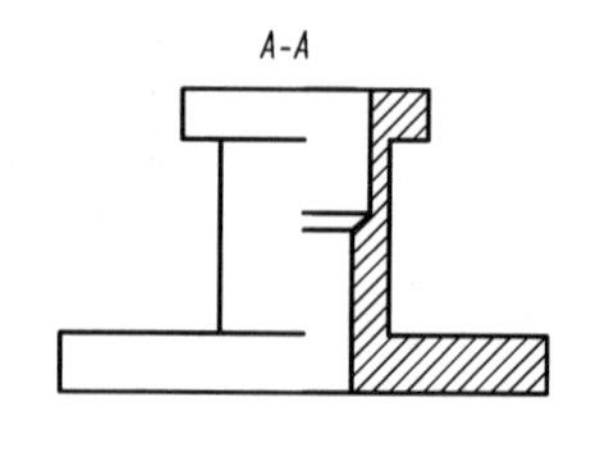

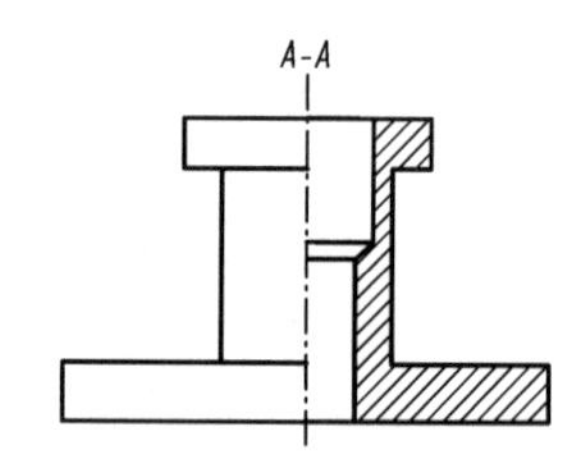

图 10-49　绘制中心线

10.8.3　局部剖视图

局部剖视图是用剖切面局部地剖开零件所得的剖视图，下面介绍创建局部剖视图的方法。

（1）打开一个工程图文件，选择菜单栏中的“插入”｜“工程图视图”｜“断开的剖视图”命令，弹出“断开的剖视图”属性管理器。

（2）绘制剖切范围。绘制如图 10-50（a）所示的样条曲线作为剖切范围。

（3）定义深度参考。选择如图 10-50（a）所示圆作为参考放深度。

（4）选中“断开的剖视图”属性管理器中的“预览”复选框【见图 10-50（b）】，预览生成的视图。

（5）单击“断开的剖视图”属性管理器中的“确定”按钮，完成操作，如图 10-50（c）所示。

（a）绘制剖切范围　（b）“断开的剖视图”管理器　（c）局部剖视图

图 10-50　创建局部剖视图

说明　使用“断开的剖视图”命令时，默认的草图绘制工具为“样条曲线”。

10.8.4　断面图

断面图常用在只需表达零件断面的场合，这样可以使视图简化，又能使视图所表达的零件结构清晰易懂。下面介绍创建移出断面图的方法。

（1）打开一个工程图文件，选择菜单栏中的“插入”｜“工程图视图”｜“剖面视图”命令，弹出“剖面视图”属性管理器。

（2）绘制剖切线。绘制如图 10-51（a）所示的直线作为剖切线。

（3）在“剖面视图”属性管理器的文本框中输入视图标号 A，选中“反转方向”复选框可反转剖切方向，在“剖面视图”区域中选中“只显示切面”复选框，其他参数采用系统默认设置值。

（4）放置视图：按住 Ctrl 键，将剖视图放置在父视图的下方，单击“剖面视图”属性管理器中的“确定”按钮✔，完成操作，如图 10-51（b）所示。

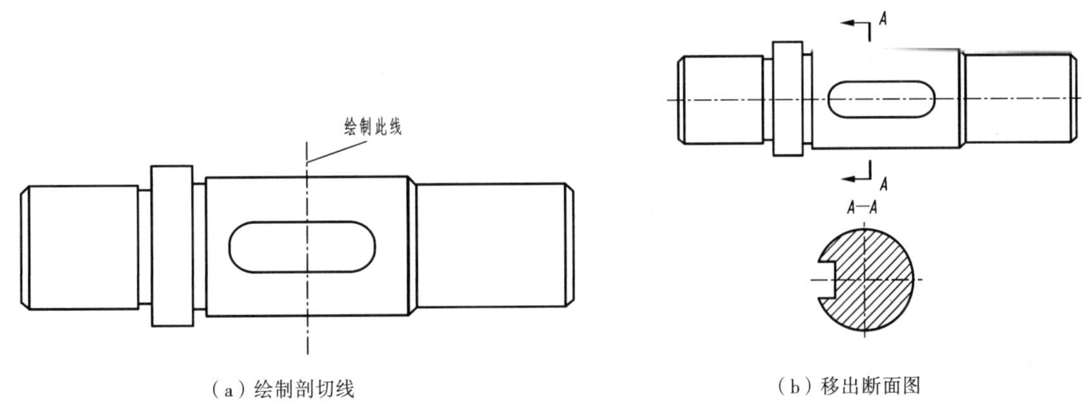

（a）绘制剖切线　　（b）移出断面图

图 10-51　创建移出断面图

10.9　尺寸标注和技术要求

在工程图中，标注的重要性是不言而喻的。工程图作为设计者与制造者之间交流的语言，重在向其用户反映零部件的各种信息，这些信息绝大部分是通过工程图中的标注来反映的。

工程图中的标注很多，如尺寸标注、注释标注、基准标注、公差标注、表面粗糙度标注、焊接符号标注等。

10.9.1　尺寸标注

SolidWorks 工程图中的尺寸标注是与模型相关联的，在模型中更改尺寸和在工程图中更改尺寸具有相同的效果。

建立特征时标注的尺寸和由特征定义的尺寸（如拉伸特征的深度尺寸、阵列特征的间距等）可以直接插入到工程图中。在工程图中可以使用标注尺寸工具添加其他尺寸，但这些尺寸是参考尺寸，是从动的。就是说，在工程图中标注尺寸是受模型驱动的。

SolidWorks 的工程图模块具有方便的尺寸标注功能，即可以由系统根据已有约束自动地标注尺寸，也可以由用户根据需要手动标注。

1．插入模型项目

在工程图中标注尺寸，一般先将生成每个零件特征时的尺寸插入到各个工程视图中，然后通过编辑、添加尺寸，使标注的尺寸达到正确、完整、清晰和合理的要求。插入模型尺寸属于驱动尺寸，能通过编辑参考尺寸的数值来更改模型。

（1）插入模型尺寸：

① 打开一工程图文件。单击“注释”工具栏中的“模型项目”按钮，或选择菜单栏中的“插入”|“模型项目”，弹出“模型项目”属性管理器，如图 10-52（a）所示。

② 选取要标注的视图或特征。在“来源/目标”选项组的“来源”下拉列表中选取“整

个模型”选项，并选中“将项目输入到所有视图”复选框。

③ 在“尺寸”区域中单击“工程图标注”按钮，并选中“消除重复”复选框，其他参数设置接受系统默认设置值。

④ 单击“模型项目”属性管理器中的“确定”按钮，完成操作，如图 10-52（b）所示。

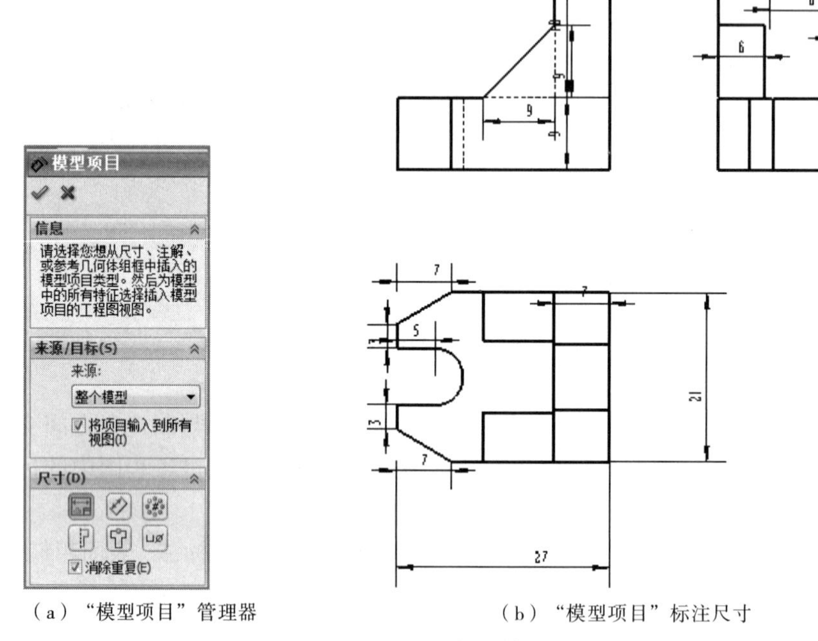

（a）“模型项目”管理器　　（b）“模型项目”标注尺寸

图 10-52　插入模型尺寸

（2）调整尺寸：从“模型项目”标注尺寸的结果可以看到，由系统自动显示的尺寸在工程图中有时会显得杂乱无章，如尺寸互相遮盖，尺寸间距过松或过密，某个视图上的尺寸太多，出现重复尺寸，这些问题通过尺寸的调整都可以解决。尺寸的调整包括尺寸的移动、隐藏、删除、切换视图、修改尺寸线或尺寸延长线等。

① 双击需要修改的尺寸，在修改对话框中输入新的尺寸数值，可修改尺寸。

② 在工程图中拖动尺寸文本，可以移动尺寸位置，调整到合适的位置。

③ 在拖动尺寸时按住 Shift 键，可将尺寸从一个视图移动到另一个视图中。

④ 在拖动尺寸时按住 Ctrl 键，可将尺寸从一个视图复制到另一个视图中。

⑤ 选择需要删除的尺寸，按 Del 键即可将其删除。

⑥ 右击尺寸，在弹出的快捷菜单中选择“显示选项”，可有 4 个选项（尺寸置中、等距文字、显示括号、显示为审查）更改显示方式，如图 10-53（a）所示。

图 10-53（b）所示为调整后的尺寸标注。

（3）修改尺寸属性：包括修改尺寸的精度、尺寸的显示方式、尺寸的文本、尺寸线和尺寸的公差显示等。

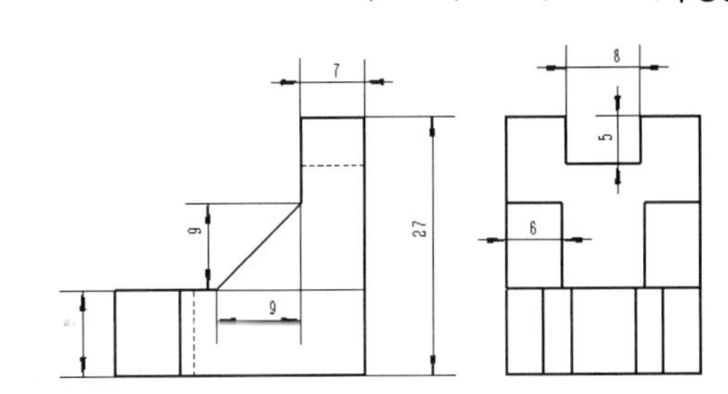

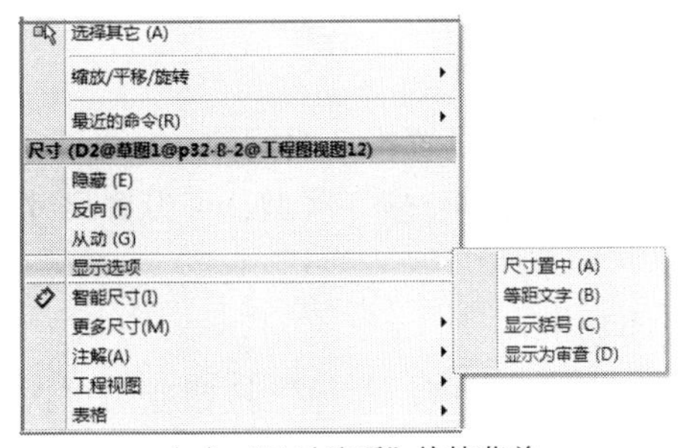

（a）“显示选项”快捷菜单

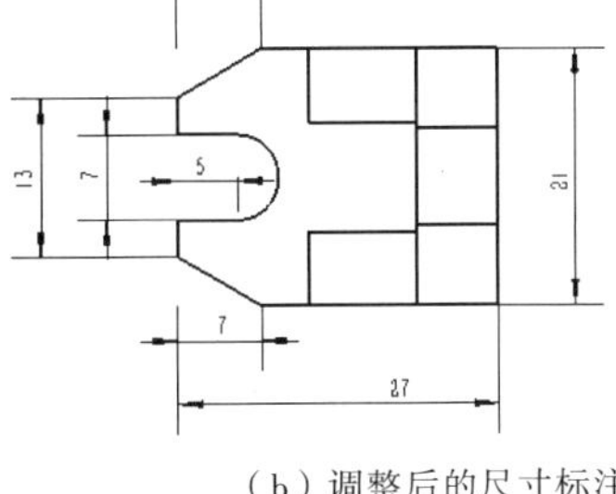

（b）调整后的尺寸标注

图 10-53　调整尺寸

打开工程图文件，单击要修改尺寸属性的尺寸，弹出“尺寸”属性管理器，如图 10-54（a）所示，在“尺寸”属性管理器中有“数值”选项卡、“引线”选项卡、“其他”选项卡，利用这 3 个选项卡可以修改尺寸的属性。

图 10-54（a）所示的“数值”选项卡中的各项说明如下：

- “主要值”区域：选中“覆盖数值”复选框时，可通过输入数值来修改尺寸值。
- “标注尺寸文字”区域：当尺寸的属性较复杂时，可以在该区域中单击相应的属性按钮，添加属性；如单击“直径”按钮⌀，添加直径符号。

（a）“数值”选项卡

（b）“引线”选项卡

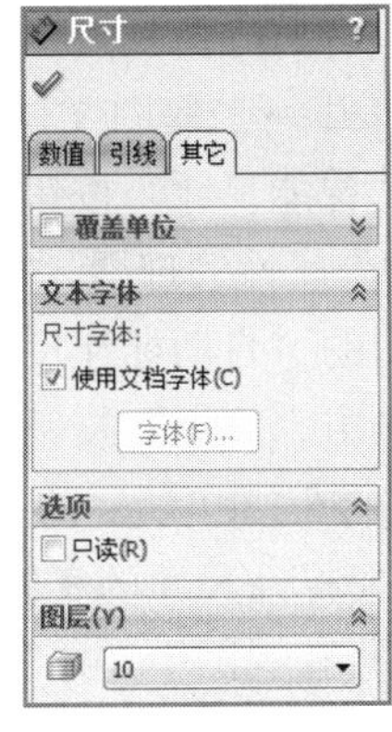

（c）“其他”选项卡

图 10-54　修改尺寸属性

图 10-54（b）所示的“引线”选项卡中的各项说明如下：

- “尺寸界线/引线显示”区域：

“外面”：选择此选项，尺寸箭头向外放置。

“里面”：选择此选项，尺寸箭头向内放置。

“智能”：选择此选项，根据实际情况和用户意向来放置尺寸箭头。

“使用文档的折弯长度”复选框：取消选中此复选框时，引线不使用文档属性中定义的折弯长度，对引线折弯长度自定义。

在“尺寸界线/引线显示”列表中可选择尺寸标注箭头的类型。

- “折断线”：选中此复选框时，展开“折断线”区域，可设置折断线间隙。
- “自定义文字位置”：选中此复选框时，展开“自定义文字位置”区域，可设置尺寸标注文字的位置。

图 10-54（c）所示的“其他”选项卡中的各项说明如下：

- “文本字体”区域：取消选中“使用文档字体”复选框，则“字体”按钮变为可选，单击该按钮，弹出“选择字体”对话框，利用该对话框可以定义尺寸文本的字体。
- “覆盖单位”：选中此复选框，展开“覆盖单位”下拉列表，可修改尺寸标注单位。
- “图层”区域：利用该区域中的下拉列表来定义尺寸所属的图层。

2．参考尺寸

参考尺寸是通过“标注尺寸”命令在工程图中创建的尺寸。该尺寸的尺寸值不允许被修改，当在零件环境中修改零件模型时，参考尺寸也会随之变化。由此可见，参考尺寸与零件模型具有单项关联性，所有参考尺寸又被称作“从动尺寸”。

SolidWorks 的工程图模块具有方便的尺寸标注功能，既可以由系统根据已有约束自动地标注尺寸，也可以由用户根据需要手动标注。

（1）自动标注尺寸：“自动标注尺寸”命令可以一步生成全部的尺寸标注，如图 10-55 所示，下面介绍其操作过程。

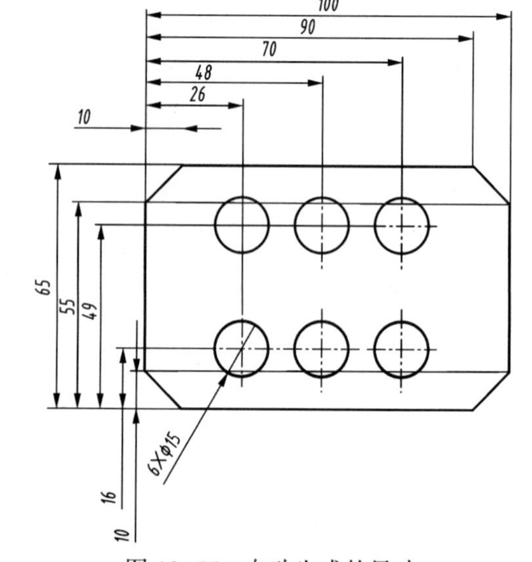

图 10-55　自动生成的尺寸

① 打开一工程图文件。单击“尺寸”工具栏中的“智能尺寸”按钮，或选择菜单栏中的“工具”|“尺寸标注”|“智能尺寸”，弹出“尺寸”属性管理器，如图 10-56（a）所示，单击“自动标注尺寸”选项卡，弹出图 10-56（b）所示的“自动标注尺寸”对话框。

② 单击“确定”按钮，完成操作，结果如图 10-55 所示。

图 10-56（b）所示的“自动标注尺寸”对话框中各命令的说明如下：

- “要标注尺寸的实体”选项组：

“所有视图中实体”：标注所选视图中所有实体的尺寸。

“所选实体”：只标注所选实体的尺寸。

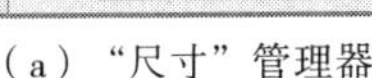
（a）“尺寸”管理器

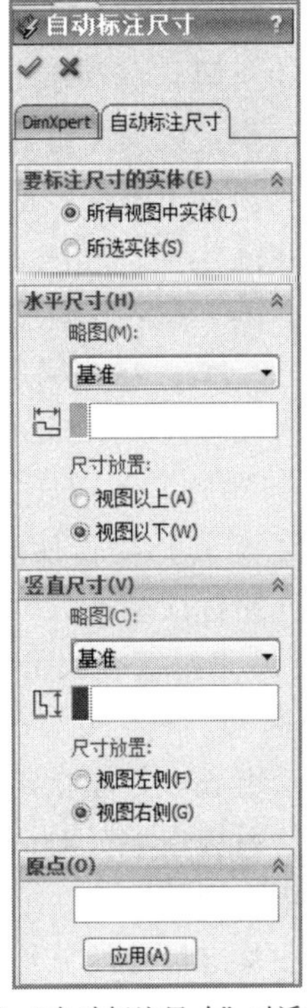

（b）“自动标注尺寸”对话框

图 10-56　自动标注尺寸属性

- “水平尺寸”选项组：水平尺寸标注方案控制的尺寸类型包括以下几种。
  “略图”下拉列表：
  “链”选项：以链的方式标注尺寸。
  “基准”选项：以基准尺寸的方式标注尺寸。
  “尺寸链”选项：以尺寸链的方式标注尺寸。
  “视图以上”：将尺寸放置在视图上方。
  “视图以下”：将尺寸放置在视图下方。
- “竖直尺寸”区域：类似于“水平尺寸”区域。
  “视图左侧”：将尺寸放置在视图左侧。
  “视图右侧”：将尺寸放置在视图右侧。

（2）手动标注尺寸：当自动生成尺寸不能全面地表达零件的结构，或在工程图中需要增加一些特定的标注时，就需要手动标注尺寸。这类尺寸受零件模型所驱动，所以又常被称为从动尺寸。手动标注尺寸与零件或装配体具有单向关联性，即这些尺寸受零件模型所驱动，当零件的模型改变时，工程图中的尺寸也随之改变；但这些尺寸的值在工程图中不能被修改。选择菜单栏中的“工具”|“标注尺寸”命令，弹出如图 10-57 所示的“标注尺寸”下拉菜单，利用该菜单可手动标注尺寸。

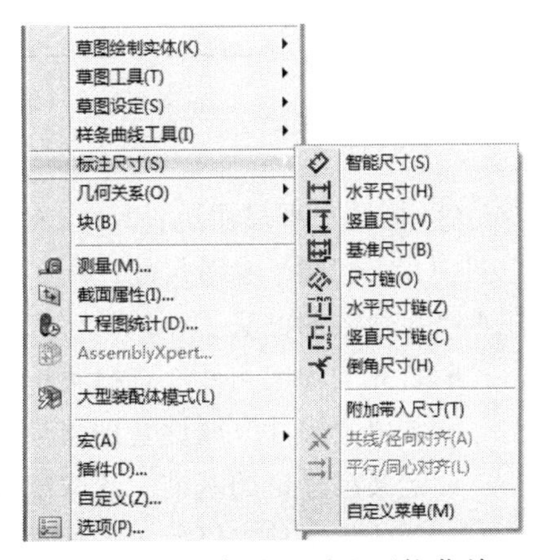

图 10-57　“标注尺寸”下拉菜单

- “水平尺寸”：标注水平尺寸。

- “竖直尺寸”：标注竖直尺寸。
- “基准尺寸”：标注基准尺寸。
- “尺寸链”：以尺寸链标注的形式，包括水平尺寸链和竖直尺寸链，且尺寸链的类型（水平或竖直）由用户所选点的方位来定义。
- “水平尺寸链”：标注水平尺寸链。
- “竖直尺寸链”：标注竖直尺寸链。
- “倒角尺寸”：标注倒角尺寸。
- “附加带入尺寸”：添加工程图附加带入的尺寸。
- “共线/径向对齐”：使所选尺寸共线或径向对齐。
- “平行/同心对齐”：使所选尺寸平行或同心对齐。

下面将详细介绍标注基准尺寸、尺寸链和倒角尺寸的方法。

① 标注基准尺寸：基准尺寸为用于工程图中的参考尺寸，用户无法更改其数值或使用其数值来驱动模型。

基准尺寸自动组成，并能指定距离间隔，其方法：选择菜单栏中的“工具”|“选项”命令，在弹出的“系统选项”对话框中单击“文档属性”选项卡，在“尺寸”选项的“等距距离”区域指定距离间隔。

下面介绍标注基准尺寸的方法：

- 打开工程图文件。选择菜单栏中的“工具”|“标注尺寸”|“基准尺寸”命令。
- 选取要标注的图元。依次选择如图 10-58（a）所示的“直线 1”“圆 1”“圆 2”“圆 3”。
- 按下 Esc 键，完成标注，如图 10-58（b）所示。

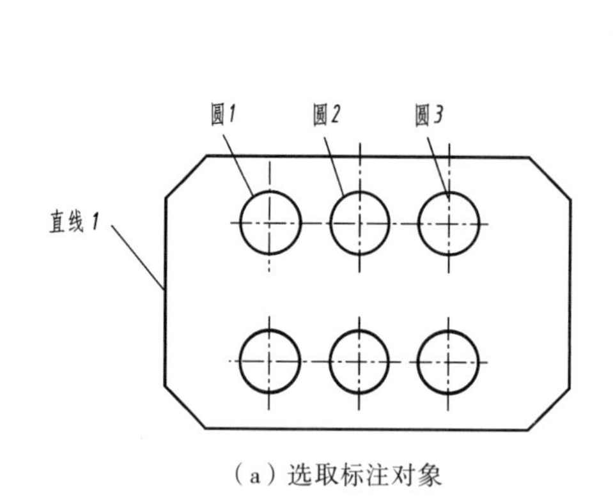

（a）选取标注对象

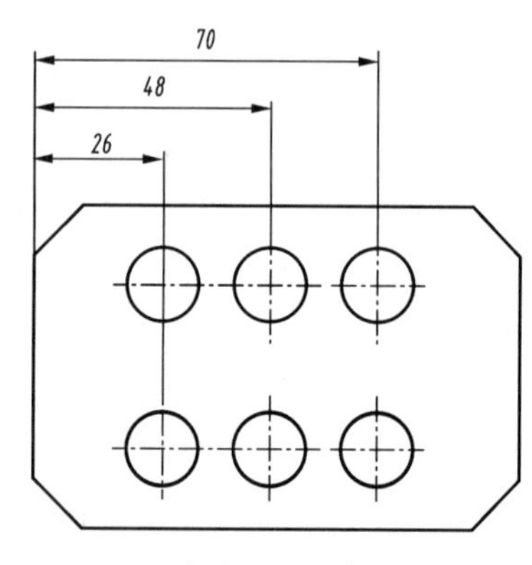

（b）基准尺寸

图 10-58　标注基准尺寸

② 标注水平尺寸链：尺寸链为从工程图或草图中的零件坐标开始测量的尺寸组，在工程图中，它们属于参考尺寸，用户不能更改其数值或者使用其数值来驱动模型。下面介绍标注水平尺寸链的方法。

- 打开工程图文件。选择菜单栏中的“工具”|“标注尺寸”|“水平尺寸链”命令，弹出“尺寸”属性管理器。
- 定义尺寸链的基准。选取如图 10-59（a）所示的“直线 1”为尺寸链基准，再选取合适的位置单击以放置基准尺寸。

- 选取要标注的图元。依次选取如图 10–59（a）所示的“圆 1”“圆 2”“圆 3”“直线 2”。
- 单击“尺寸”属性管理器中的“确定”按钮，完成操作，如图 10–59（b）所示。

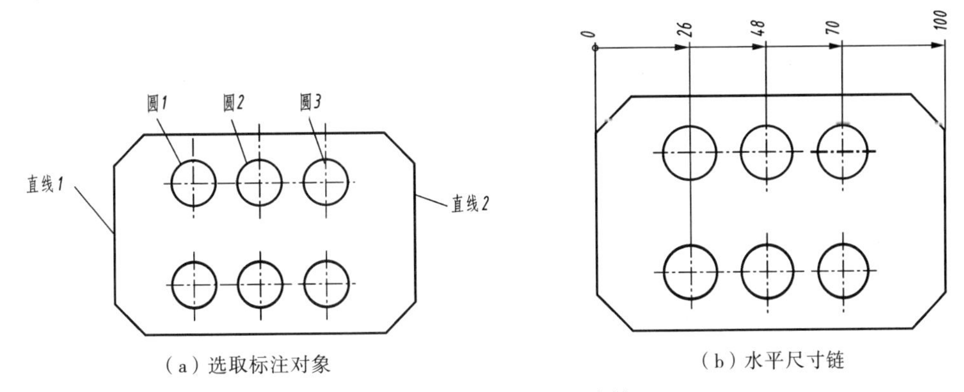

（a）选取标注对象　（b）水平尺寸链

图 10–59　标注水平尺寸链

③ 标注竖直尺寸链：下面介绍标注竖直尺寸链的方法。

- 打开工程图文件。选择菜单栏中的“工具”|“标注尺寸”|“竖直尺寸链”命令，弹出“尺寸”属性管理器。
- 定义尺寸链的基准。选取如图 10–60（a）所示的“直线 1”为尺寸链基准，再选取合适的位置单击以放置基准尺寸。
- 选取要标注的图元。依次选取如图 10–60（a）所示的 “圆 1”“圆 2”“直线 2”。
- 单击“尺寸”属性管理器中的“确定”按钮，完成操作，如图 10–60（b）所示。

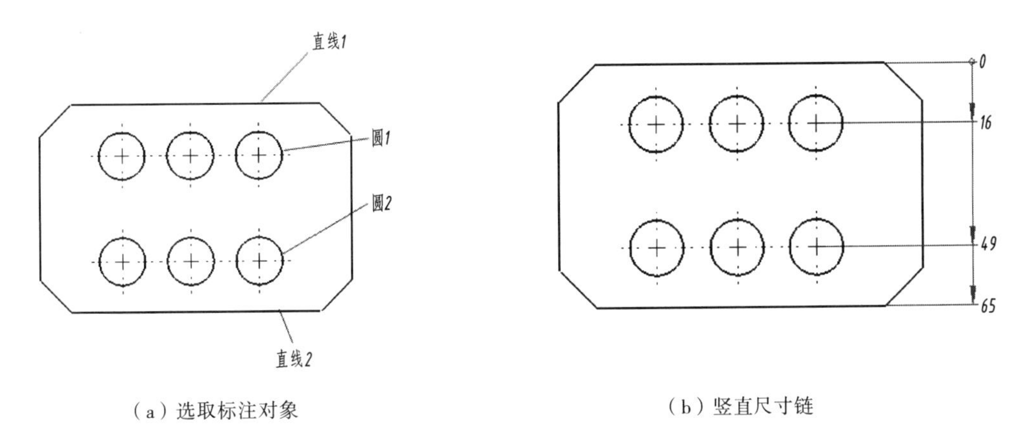

（a）选取标注对象　（b）竖直尺寸链

图 10–60　标注竖直尺寸链

④ 标注倒角尺寸：标注倒角尺寸时，先选取倒角边线，再选择引入边线，然后单击图形区域来放置尺寸。下面介绍标注倒角尺寸的方法。

- 打开工程图文件。选择菜单栏中的“工具”|“标注尺寸”|“倒角尺寸”命令。
- 依次选取图 10–61（a）所示的“直线 1”“直线 2”。
- 选择合适的位置放置尺寸，弹出图 10–61（b）所示的“尺寸”对话框。定义标注尺寸文字类型。在图 10–61（b）所示的“标注尺寸文字”选项组单击按钮。
- 单击“尺寸”对话框中的“确定”按钮，完成操作。

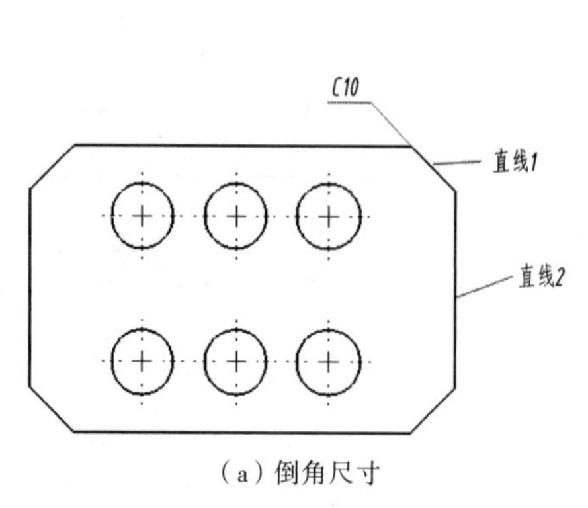

（a）倒角尺寸

（b）“标注尺寸文字”区域

图 10-61　标注倒角尺寸

图 10-61（b）所示的“标注尺寸文字”选项组中的有关倒角各项说明如下：

- 1x1按钮：倒角尺寸样式以“距离 x 距离”的样式显示，如图 10-62（a）所示。
- 1x45°按钮：倒角尺寸样式以“距离 x 角度”的样式显示，如图 10-62（b）所示。
- 45°x1按钮：倒角尺寸样式以“角度 x 距离”的样式显示，与“距离 x 角度”样式相反。
- C1按钮：倒角尺寸样式以“C 距离”的样式显示，如图 10-61（a）所示。

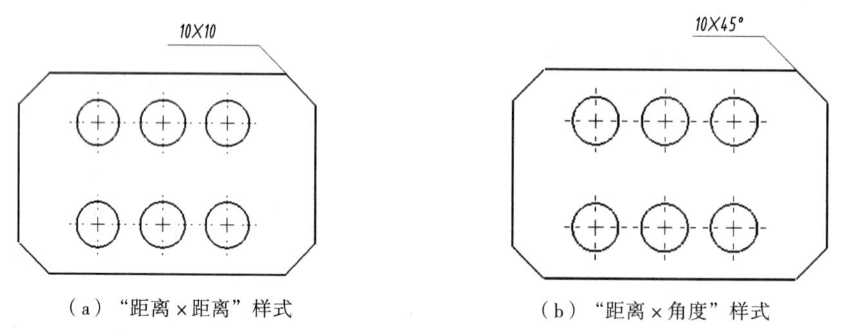

（a）“距离 × 距离”样式　　（b）“距离 × 角度”样式

图 10-62　倒角样式

10.9.2　尺寸公差

在 SolidWorks 系统下的工程图模式中，尺寸公差只能在手动标注或在编辑尺寸时才能添加上公差值。尺寸公差一般以最大极限偏差和最小极限偏差的形式显示尺寸，以公差尺寸并带有一个上偏差和一个下偏差的形式显示尺寸和以公称尺寸之后加上一个正负号显示尺寸等。在默认情况下，系统只显示尺寸的公称值，可以通过编辑来显示尺寸的公差。

在“尺寸”属性管理器中设置尺寸公差类型，图 10-63 所示为“公差类型”下拉列表。下面主要介绍双边公差、对称公差、与公差套合的标注。

1. 双边公差

打开工程图文件，选中图 10-64 所示的 ϕ26 尺寸，出现“尺寸”属性管理器，激活“公差/精度”选项卡，在选择“公差类型”下拉列表框中选择“双边”选项，在“上限”文本框内输入 0.030 mm，在“下限”文本框中输入-0.028 mm，单击“尺寸”属性管理器中的“确定”按钮，完成操作，如图 10-63 所示。

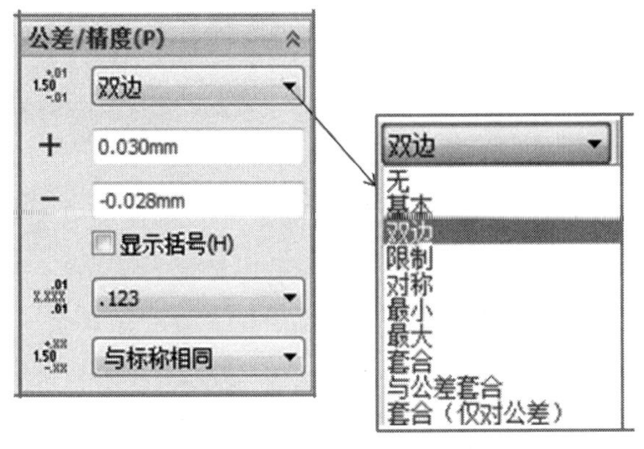

图 10-63 “公差类型”下拉列表

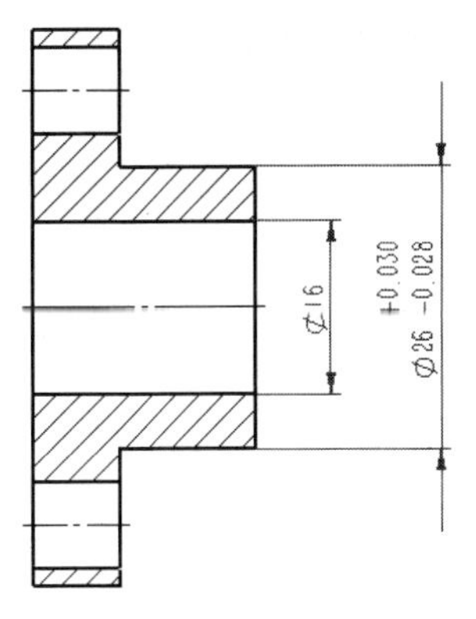

图 10-64 “双边”公差标注

2．对称公差

打开工程图文件，选中图 10-65 中的 ϕ16 尺寸，出现“尺寸”属性管理器，激活“公差/精度”选项卡，在选择“公差类型”下拉列表框中选择“对称”选项，在“上限”文本框中输入 0.020 mm，单击“尺寸”属性管理器中的“确定”按钮，完成操作，如图 10-65 所示。

3．与公差套合

打开工程图文件，选中图 10-66 所示的 ϕ16 尺寸，出现“尺寸”属性管理器，激活“公差/精度”选项卡，在“公差类型”下拉列表框中选择“与公差套合”选项，在“分类”下拉列表框中选择“过渡”选项，在“轴套合”下拉列表框中选择 g7 选项，单击“线性显示”按钮，选中“显示括号”复选框，单击“尺寸”属性管理器中的“确定”按钮，完成操作，如图 10-66 所示。

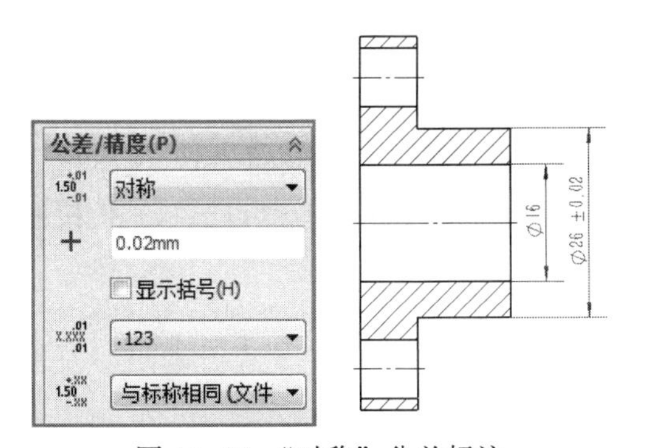

图 10-65 “对称”公差标注

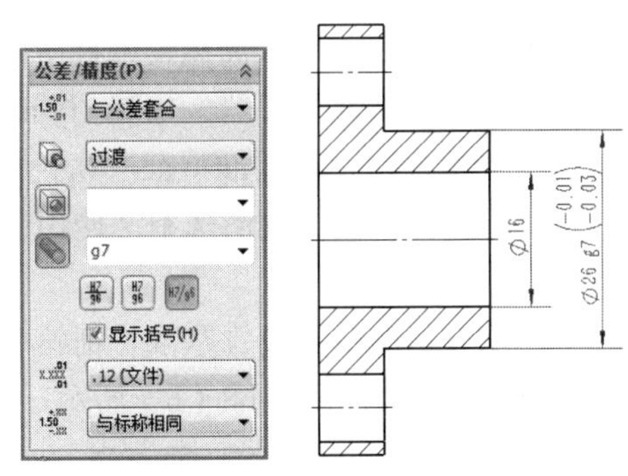

图 10-66 “与公差套合”公差标注

10.9.3 表面粗糙度

表面粗糙度符号表示零件表面加工的程度。可按 GB 的要求设置零件表面粗糙度，包括基本符号、去除材料、不去除材料等。

打开工程图文件，选择菜单栏中的“插入”|“注解”|“表面粗糙度符号”命令，弹出“表面粗糙度”属性管理器，如图 10-67（a）所示，单击“要求切削加工”按钮，在“符号布局”选项组中的“抽样长度”空格中填入 Ra3.2，在角度区域中选择“0 度”，在“引线”选项组中单击“无引线”按钮，然后选择放置表面粗糙度的位置，单击“表面粗糙度”属性管理器中的“确定”按钮，完成操作，如图 10-67（b）所示。若要加引线，则在“引线”

区域中选择所要的引线样式即可。

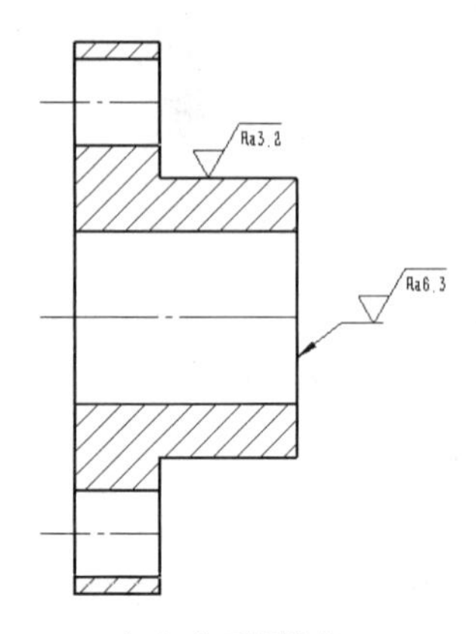

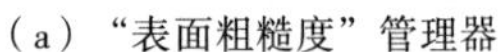

（a）“表面粗糙度”管理器　　　　（b）表面粗糙度

图 10-67　表面粗糙度的标注

10.9.4　基准特征符号

在工程图中，基准标注（基准面和基准轴）常被作为几何公差的参照。基准面一般标注在视图的边线上，基准轴标注在中心轴或尺寸上。在 SolidWorks 中标注基准面和基准轴使用的是“基准特征”命令。下面分别介绍基准面和基准轴的标注方法。

1. 标注基准面

（1）打开工程图文件，选择菜单栏中的“插入”｜“注解”｜“基准特征符号”命令，出现“基准特征”属性管理器，如图 10-68（a）所示。

（2）设置参数。在“基准特征”属性管理器中的“标号设定”区域的“A”文本框中输入 A，在“引线”区域中取消选中“使用文件样式”复选框，单击按钮以显示其他按钮，再单击按钮和按钮。

（3）选取合适的位置放置基准特征符号，单击“基准特征”属性管理器中的“确定”按钮，完成操作，如图 10-68（b）所示。

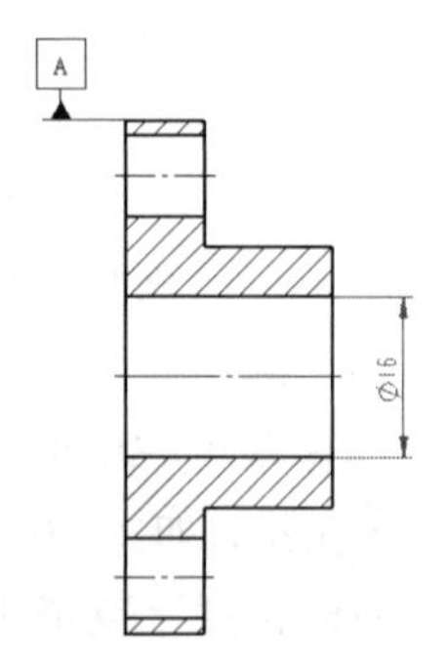

（a）“基准特征”管理器　　　　（b）基准特征符号

图 10-68　基准特征符号的标注（一）

2. 标注基准轴

（1）打开工程图文件，选择菜单栏中的“插入”|“注解”|“基准特征符号”命令，出现“基准特征”属性管理器。

（2）设置参数。在“基准特征”属性管理器中的“标号设定”区域的 A 文本框中输入 B，在“引线”区域中取消选中“使用文件样式”复选框，单击按钮以显示其他按钮，再单击按钮和按钮。

（3）选取如图 10-69 所示的中心线，在合适的位置放置基准特征符号 B。选取如图 10-69 所示的尺寸 ϕ16，在合适的位置放置基准特征符号 C。单击“基准特征”属性管理器中的“确定”按钮，完成操作，如图 10-69 所示。

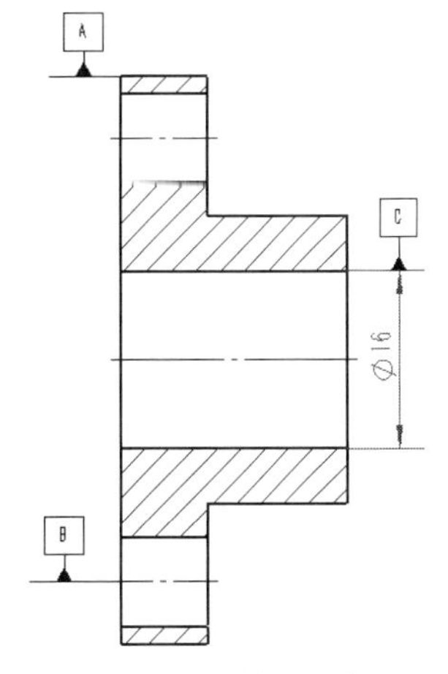

图 10-69 基准特征符号的标注（二）

10.9.5 形位公差

形位公差包括形状公差和位置公差，是针对构成零件几何特征的点、线、面的形状和位置误差所规定的公差。

1. 添加形位公差

（1）打开工程图文件，选择菜单栏中的“插入”|“注解”|“形位公差”命令，弹出“属性”对话框，如图 10-70（a）所示。“形位公差”属性管理器如图 10-70（b）所示。

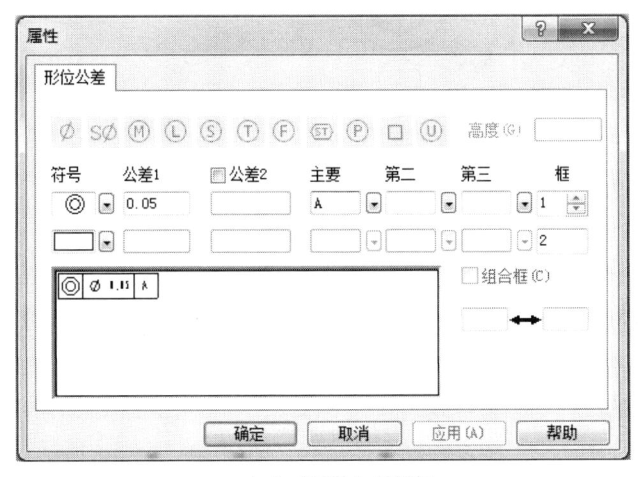

（a）“属性”对话框

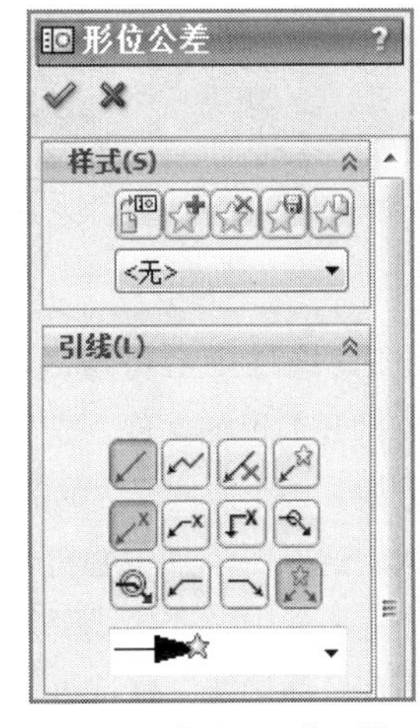

（b）“形位公差”管理器

图 10-70 “形位公差”的设置

（2）定义形位公差。在“属性”对话框中单击“符号”区域的下拉列表，选取所需的形位公差符号。在“公差 1”文本框中输入公差值。

（3）定义引线样式和引线箭头。在“形位公差”属性管理器的“引线”区域中选取引线和箭头式样。

（4）在合适的位置放置形位公差符号，单击“形位公差”属性管理器中的“确定”按钮，完成操作，如图 10-71 所示。

2．控制形位公差

（1）在图纸区域中拖动形位公差或其箭头，可以移动形位公差的位置。

（2）双击形位公差，可以编辑形位公差。

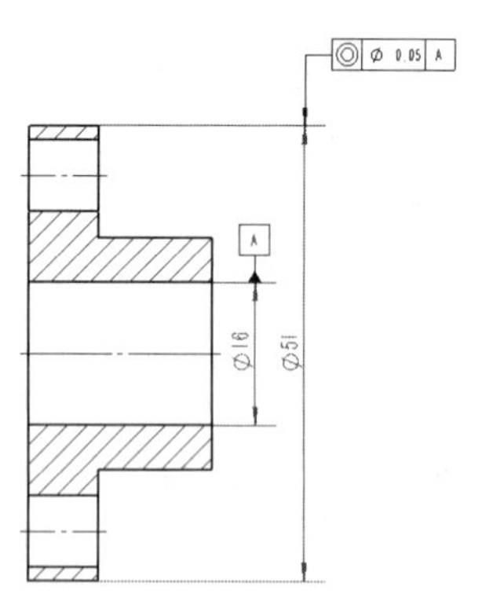

图 10-71　形位公差的标注

10.9.6　中心符号线

在工程图中，中心符号线可以用来标记视图的圆心位置，也可以参照中心符号线添加注解或标准尺寸。

1．单一中心符号线

打开工程图文件，选择菜单栏中的“插入”|“注解”|“中心符号线”命令，弹出“中心符号线”属性管理器，如图 10-72（a）所示。单击“手工插入选项”选项组中的“单一中心符号线”按钮，指针变为形状，选择外圆，标注大圆中心线，单击“中心符号线”属性管理器中的“确定”按钮，完成操作，如图 10-72（b）所示。

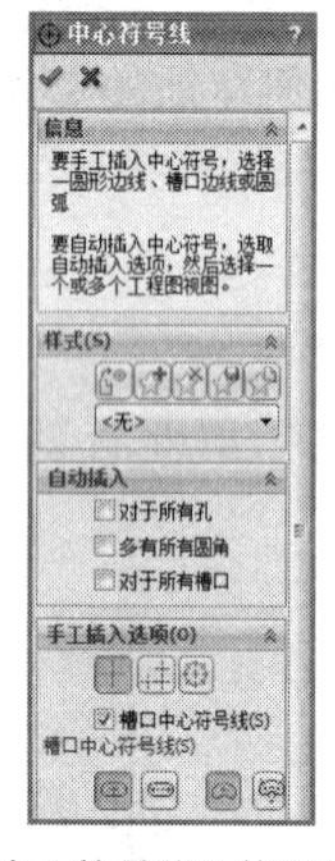

（a）“中心符号线”管理器

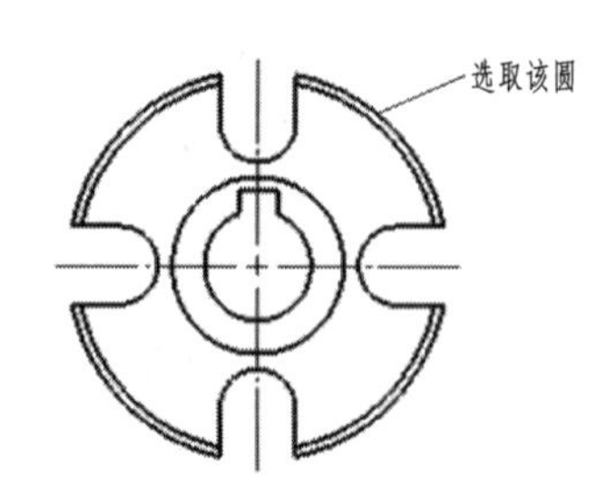

（b）添加单一中心线符号

图 10-72　单一中心线符号标注

2．线性中心符号线

打开工程图文件，选择菜单栏中的“插入”|“注解”|“中心符号线”命令，弹出“中心符号线”属性管理器，单击“手工插入选项”选项组中的“线性中心符号线”按钮，指针变为形状，选取要添加中心符号线的圆，单击“中心符号线”属性管理器中的“确定”按钮，完成操作。若选中“连接线”复选框，创建的线性中心符号线之间有连接线，如图 10-73（a）所示；若不选“连接线”复选框，则创建的线性中心符号线之间没有连接线，如图 10-73（b）所示。

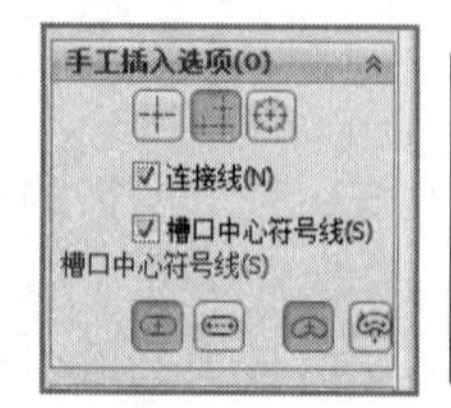

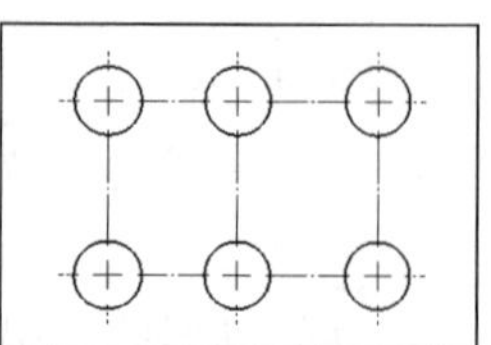
（a）选中时

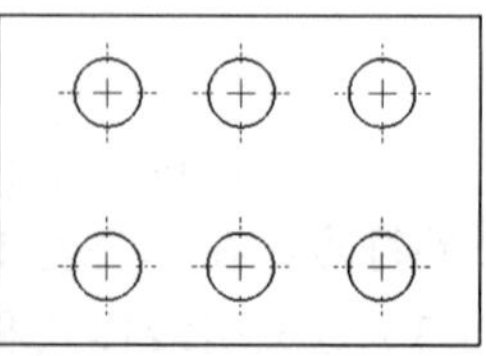
（b）不选中时

图 10-73　线性中心符号线标注

3. 圆形中心符号线

打开工程图文件，选择菜单栏中的“插入”|“注解”|“中心符号线”命令，弹出“中心符号线”属性管理器，单击“手工插入选项”区域中的“圆形中心符号线”按钮，指针变为形状，在图形区选取图 10–74 中的 6 个小圆，即可生成如图 10–74 所示的圆形中心符号线。

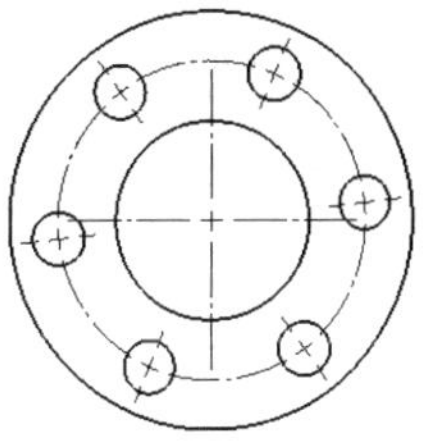

图 10–74　圆形中心符号线

10.9.7　孔标注

孔标注可在工程图中使用。如果改变了模型中的一个孔尺寸,则标注自动更新。当孔使用异形孔向导而生成时，孔标注将使用异形孔向导信息。

打开工程图文件,选择菜单栏中的“插入”|“注解”|“孔标注”命令，指针变为形状，单击孔的边线，然后单击图形区域来放置孔标注，单击“尺寸”属性管理器中的“确定”按钮，完成操作，如图 10–75 所示。

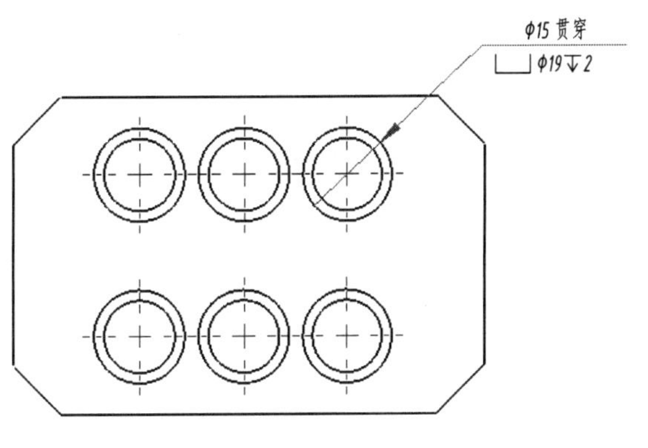

图 10–75　孔标注

10.9.8　装饰螺纹线

装饰螺纹线不是在零件模型上创建真实的螺纹形状，而是在工程图中进行螺纹描述。对于螺杆来说它表示螺纹的小径，而对螺孔来说它表示螺纹的大径。

装饰螺纹线既可以在零部件模型中添加，也可以在工程图中添加。装饰螺纹线与其他注解不同，它是其所附加项目的专有特征。

螺纹线标注不用于某些尺寸标注标准中。如果在零件或装配体定义了装饰螺纹线标注但未在工程图中显示，可通过快捷菜单选择插入标注。

下面介绍在工程图中添加装饰螺纹线的方法：

（1）打开工程图文件，如图 10–76（b）所示，选择菜单栏中的“插入”|“注解”|“装饰螺纹线”命令，出现“装饰螺纹线”属性管理器，如图 10–76（a）所示。

（2）选取装饰螺纹线的放置位置。在视图中选取如图 10–76（b）所示的圆。

（3）定义装饰螺纹线参数。在“螺纹设定”区域的下拉列表中选取“通孔”选项，在后面的文本框中输入直径值 28.00 mm，在“螺纹标注”选项组的文本框中输入 M30。

（4）单击“装饰螺纹线”属性管理器中的“确定”按钮，完成操作，如图 10–76（c）所示。

（5）显示螺纹标注。右击刚标注的装饰螺纹线，在弹出的快捷菜单中选择“插入标注”命令，螺纹标注显示在工程图中，如图 10–76（d）所示。

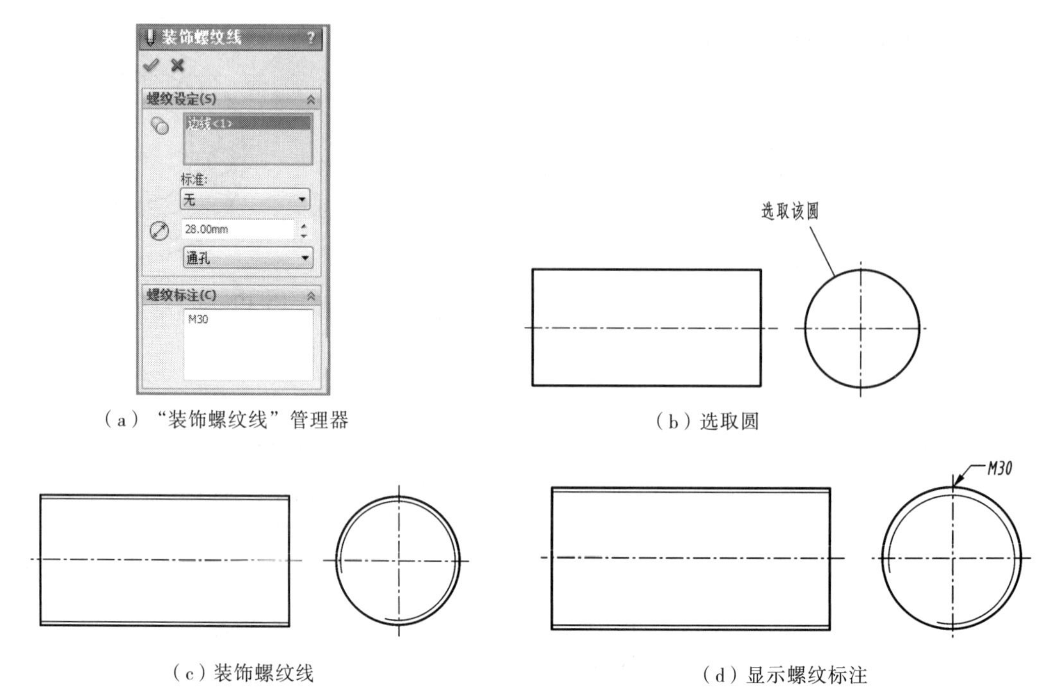

（a）“装饰螺纹线”管理器　（b）选取圆

（c）装饰螺纹线　（d）显示螺纹标注

图 10-76 “装饰螺纹线”的标注

10.9.9 端点处理

端点处理是用来标注焊缝的端点使其在工程图中显示。端点处理主要由圆形或线形和边组成。在工程图中添加的端点处理不等于添加的焊接符号和焊缝几何体。

打开工程图文件。选择菜单栏中的“插入”|“注解”|“端点处理”命令，出现如图 10-77（a）所示的“端点处理”属性管理器。在“参数”选项组单击按钮，在视图中选取如图 10-77（b）所示两条边，在“参数”区域的文本框中输入焊缝支柱长度值 5.0 mm，依次选中“支柱长度相等”复选框和“使用实体填充”复选框。单击“端点处理”属性管理器中的“确定”按钮，完成操作，如图 10-77（c）所示。

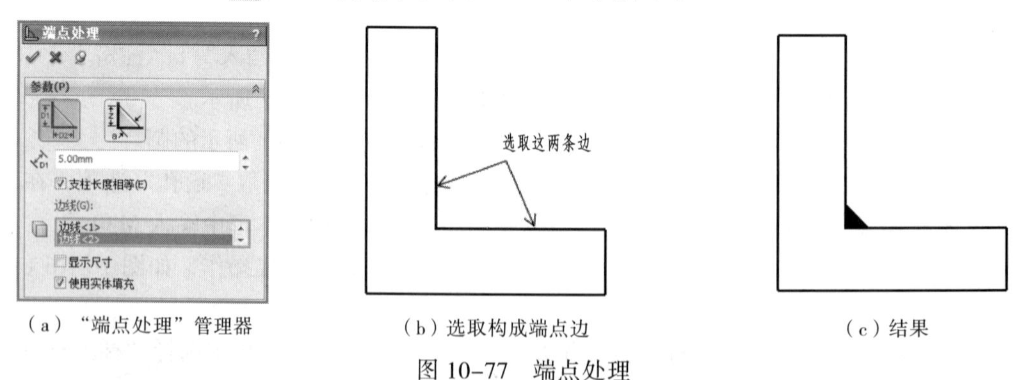

（a）“端点处理”管理器　（b）选取构成端点边　（c）结果

图 10-77 端点处理

10.9.10 焊接符号

在工程图中生成焊接符号。下面介绍焊接符号的标注方法。

（1）打开工程图文件。选择菜单栏中的“插入”|“注解”|“焊接符号”命令，弹出“属性”对话框（见图 10-78）和“焊接符号”属性管理器。

（2）在“属性”对话框中选中“现场”和“全周”复选框。单击“属性”对话框中的“焊接符号”按钮，弹出“符号”对话框，如图 10–79 所示。在该对话框中选择“填角焊接”选项后，单击“确定”按钮，关闭“符号”对话框。然后，在“属性”对话框右侧文本框中输入数值“3”，在“焊接符号”左侧文本框中输入“1/4”，如图 10–78 所示。

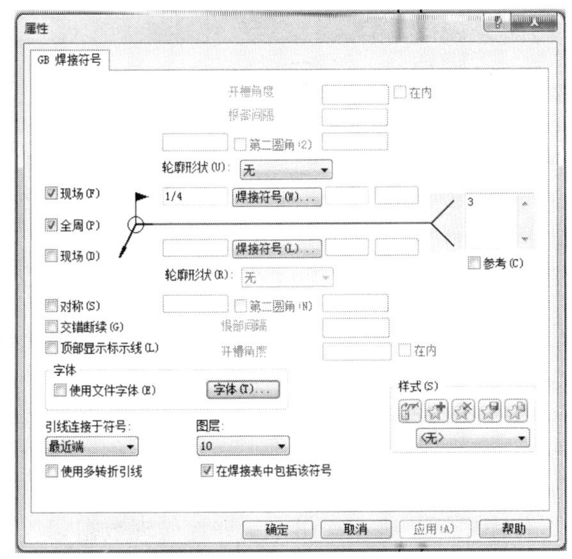

图 10–78　“属性”对话框

图 10–79　“符号”对话框

（3）在视图中选取焊接符号放置的位置，单击“属性”对话框中的“确定”按钮，完成焊接符号的标注，结果如图 10–80 所示。

图 10–80　焊接符号的标注

10.9.11　注释

在工程图中，除了尺寸标注外，还应有相应的文字说明，即技术要求，如零件的热处理要求，表面处理要求等。所以，在创建完视图的尺寸标注后，还需要创建相应的注释标注。

1. 创建注释文本

（1）打开工程图文件。选择菜单栏中的“插入”｜“注解”｜“注释”命令，弹出“注释”属性管理器，如图 10–81 所示。

（2）定义引线类型。单击“注释”属性管理器中“引线”选项组中的“无引线”按钮。

（3）创建文本。在图形区拖动一窗口单击，出现“格式化”对话框，如图 10–82 所示。在弹出的注释文本框中输入技术要求。

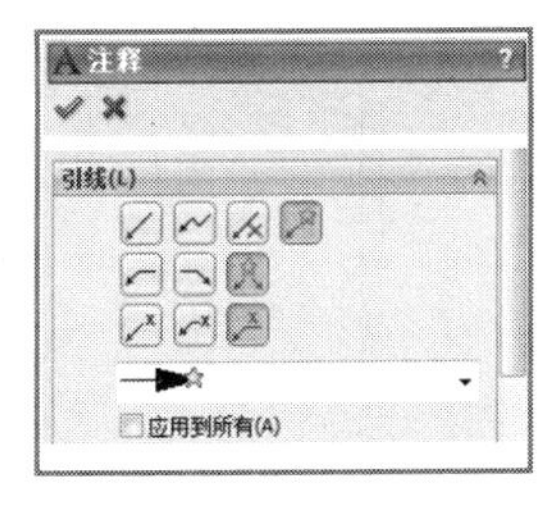

图 10–81　“注释”属性管理器

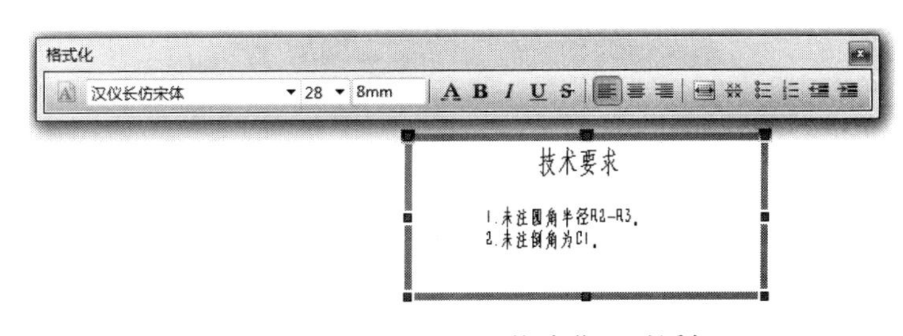

图 10–82　“格式化”对话框

（4）单击“注释”对话框中的“确定”按钮✔，完成注释文本的标注，结果如图 10-83 所示。

说明　单击“注释”属性管理器“引线”选项组中的按钮，出现注释文本的引导线，拖动引导线的箭头到所要标注的位置，单击“确定”按钮✔，即可创建带有引导线的注释文本，结果如图 10-84 所示。

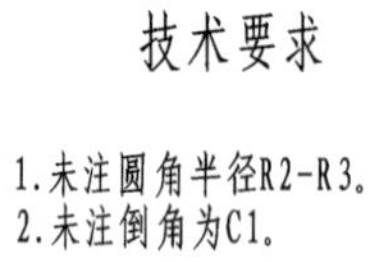

技术要求

1.未注圆角半径R2-R3。
2.未注倒角为C1。

图 10-83　注释文本的标注

图 10-84　添加带有引导线的注释文本

2．注释文本的编辑

双击视图中的注释文本，弹出“格式化”对话框和“注释”对话框，选取要编辑的注释文本进行编辑即可。

10.10　表　　格

表格是工程图的一项重要组成部分，在工程图中添加表格，可以更好地管理数据。

10.10.1　表格设置

在创建表格前设置有关表格的各参数，可建立一个符合国家标准的制图环境。

1．设置表格属性

在工程图环境中，选择菜单栏中的“工具”｜“选项”命令，弹出“系统选项”对话框，在“文档属性”选项卡中单击“表格”选项下的子选项“材料明细表”，弹出“文档属性-材料明细表”对话框，如图 10-85 所示，在该对话框中更改相应的参数来设置表格属性。

图 10-85　“文档属性-材料明细表”对话框

2. 设置表格字体

选择菜单栏中的“工具”|“选项”命令，弹出“系统选项”对话框，在“文档属性”选项卡中单击“表格”选项，在如图 10-86 所示的对话框中单击“字体”按钮，弹出如图 10-87 所示的“选择字体”对话框，设置字体为“汉仪长仿宋体”，文字高度为“4”，其他参数采用系统默认设置值。

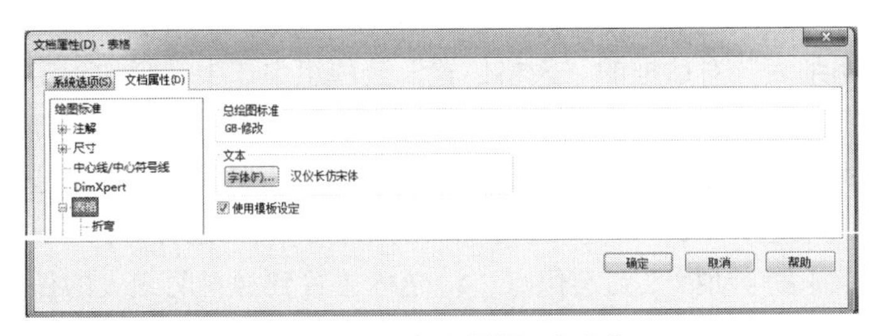

图 10-86 “文字属性-表格”

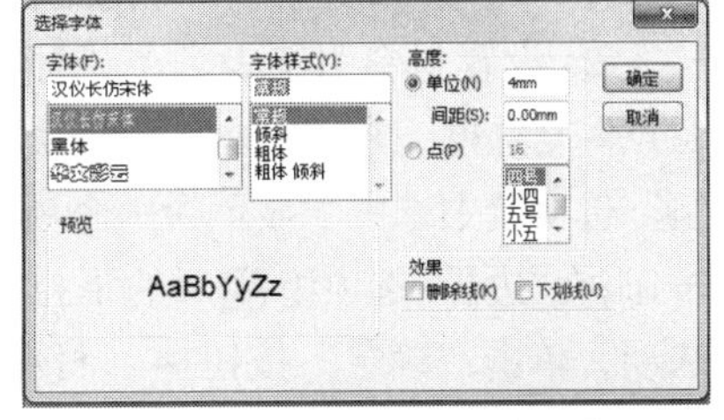

图 10-87 “选择字体”对话框

10.10.2 材料明细表

材料明细表用于提取装配体工程图中零件或装配体的参数，如零件名称、材料及零件重量，这些参数是和零件模型中的参数相对应的，默认的材料明细表包括“项目号”“零件号”“说明”和“数量”。用户也可以根据需要编辑材料明细表，并保存为模板重复使用。下面介绍创建材料明细表的一般方法。

1. 创建材料明细表

（1）打开工程图文件，如图 10-88 所示。

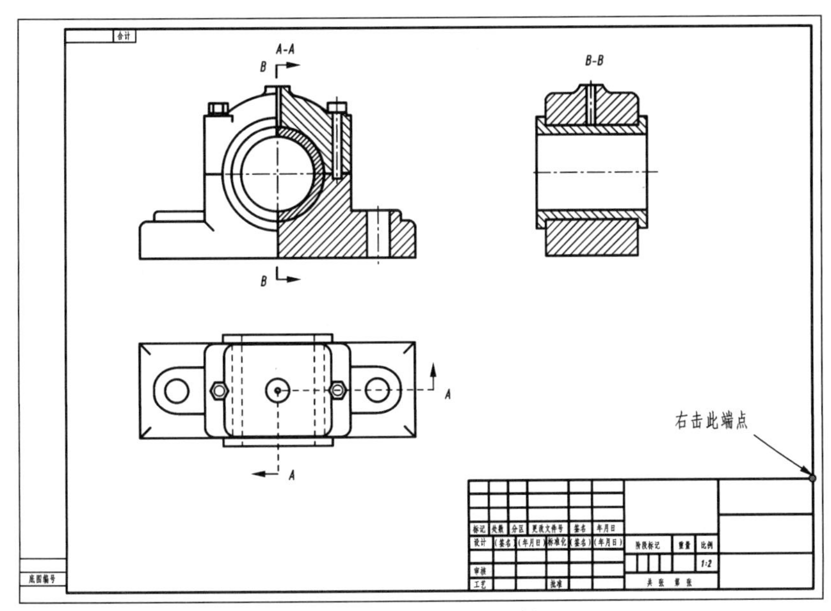

图 10-88 工程图文件

（2）设置定位点：

① 先在图形区右击图纸，在弹出的快捷菜单中选择“编辑图纸格式”命令，进入编辑图纸格式状态。

② 右击如图 10-88 所示的端点，在弹出的快捷菜单中选择“设定为定位点”｜“材料明细表”命令，将该点设置为材料明细表的定位点。

③ 在设计树中右击 图纸1，选择“编辑图纸”命令，返回到编辑图纸状态。

（3）插入材料明细表：

① 在菜单栏中选择“插入”｜“表格”｜“材料明细表”命令，在系统的提示下，选取图 10-88 所示的主视图为指定模型，弹出“材料明细表”对话框，如图 10-89 所示。

② 设置材料明细表。在“材料明细表”对话框的“表格位置”选项组中选中“附加到定位点”复选框，在“材料明细表类型”选项组中选中“仅限顶层”单选按钮；在“零件配置分组”选项组中选中“显示为一个项目号”复选框和“将同一零件的配置显示为单独项目”单选按钮；在“边界”选项组后的下拉列表中选择 0.5 mm 选项，在后的下拉列表中选择 0.18 mm 选项，单击“确定”按钮，材料明细表自动插入到定位点，将光标放置到材料明细表的任意位置，然后单击材料明细表左上角的角标，在弹出的“材料明细表”对话框的“表格位置”选项组中单击“右下”按钮，使表格右下角与定位点重合，结果如图 10-90 所示。

图 10-89 “材料明细表”对话框

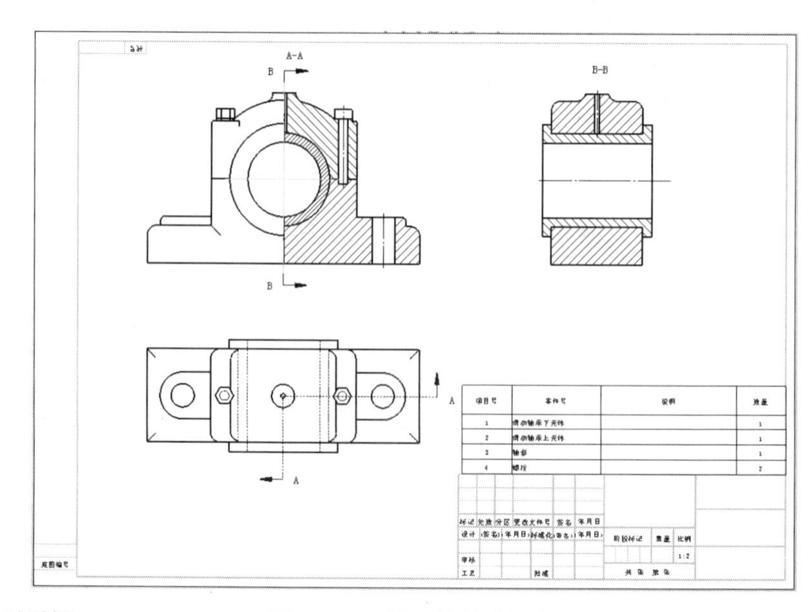

图 10-90 设置材料明细表

2. 修改材料明细表

在材料明细表中可以通过手动方式添加列或行，并通过编辑单元格和列属性来添加项目。

（1）修改表格标题列的位置，在材料明细表任意位置单击，在弹出的工具栏中单击按钮，将表格标题栏置于底层，如图 10-91 所示。

4	螺栓		2
3	轴套		1
2	滑动轴承上壳体		1
1	滑动轴承下壳体		1
项目号	零件号	说明	数量

图 10-91 将表格标题栏置于底层

（2）添加列：

① 选择命令。在材料明细表中右击“零件号”列，在弹出的快捷菜单中选择“插入”|“右列”命令，系统在表格中插入新列的同时弹出对话框。

② 添加自定义属性。在对话框的“列类型”下拉列表中选中“自定义属性”选项，在“属性名称”下拉列表中选中“材料”选项，系统在该列表中自动显示各零部件的“材料”信息，结果如图 10-92 所示。

4	螺栓			2
3	轴套			1
2	滑动轴承上壳体			1
1	滑动轴承下壳体			1
项目号	零件号		说明	数量

图 10-92　添加列

（3）修改表格：修改标题的名称。双击表格标题中的“项目号”单元格，更改名称为“序号”；双击表格标题中的“零件号”单元格，更改名称为“名称”；双击表格标题中的“说明”单元格，更改名称为“重量”。

（4）移动列：拖动“数量”列至“名称”列和“材料”列之间。

（5）添加“备注”列并格式化表格：

① 在“重量”列右侧添加“备注”列。

② 设置行高。

- 修改标题列的行高。在表格的标题列中任意单元格右击，在弹出的快捷菜单中选择“格式化”|“行高度”命令，在弹出的“行高度”对话框中输入数值 8，单击“确定”按钮，完成标题列行高度的设置。
- 修改其他列的行高。在表格中选中序号为“1”的单元格，然后按住鼠标左键，将指针拖动到序号为 4 的单元格后，松开鼠标左键，此时序号 1～4 之间的所有单元格均被选中，右击，在弹出的快捷菜单中选择“格式化”|“行高度”命令，在“行高度”对话框中输入值 8.0，单击“确定”按钮，完成其他列行高的设置。

③设置列宽：右击标题列中的“序号”列，在弹出的快捷菜单中选择“格式化”|“列宽”命令，在弹出的“列宽”对话框中输入数值 8.0，单击“确定”按钮，完成列宽的设置；参照以上的步骤，分别设置“代号”列的列宽值 40.0，“名称”列宽值 44.0，“数量”列宽值 8.0，“材料”列宽值 38.0，“重量”列宽值 22.0，“备注”列宽值 20.0，格式化完成后如图 10-93 所示。

4		螺栓	2	Q235		
3		轴套	1	ZQSn8-12		
2		滑动轴承上壳体	1	HT250		
1		滑动轴承下壳体	1	HT250		
序号	代号	名称	数量	材料	重量	备注

图 10-93　格式化表格

10.10.3 创建零件序号

零件序号在装配体工程图中用来显示与材料明细表相对应的零部件信息。下面介绍创建零件序号的方法，步骤如下：

（1）在图形区选取主视图为插入零件序号的对象，选择菜单栏中的“插入”|“注解”|“自动零件序号”命令，弹出“自动零件序号”对话框，如图 10-94 所示。

（2）添加设置：在对话框的“零件序号布局”选项组中单击按钮，选择“引线附加点”下的“面”单选按钮，在“零件序号设定”选项组中的“样式”下拉列表中选择“下画线”，在“大小”下拉列表中选择“4 个字符”，单击“确定”按钮，完成零件序号的添加，结果如图 10-95 所示。

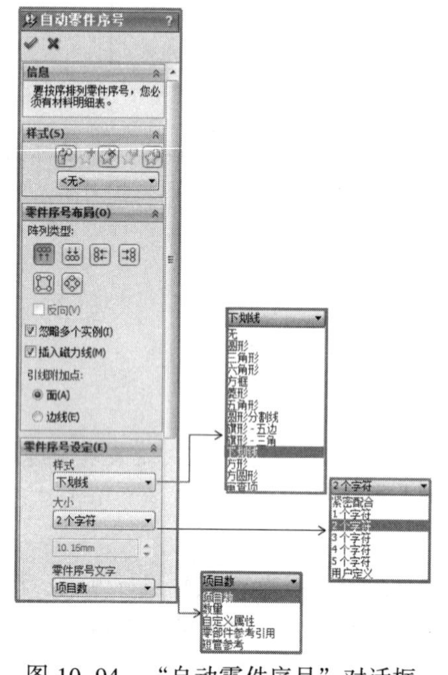

图 10-94 “自动零件序号”对话框

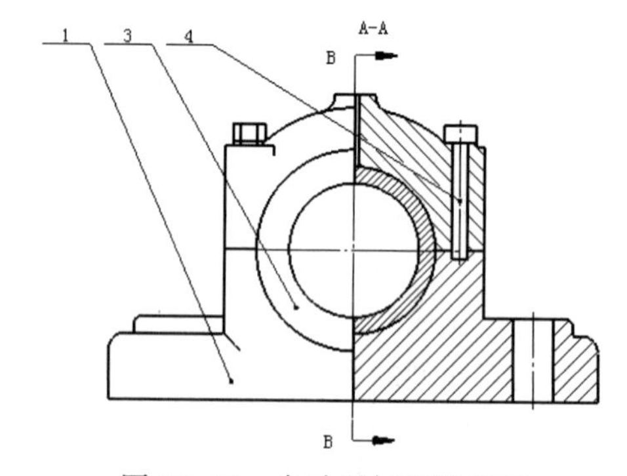

图 10-95 自动添加零件序号

（3）调整零件序号引线依附点的位置。由于系统自动生成零件序号后，其引线依附点的位置不能够清晰地指出零件的位置，这需要用户通过手动的方法拖动引线依附点（如实心圆和箭头等）到合适的位置。

（4）调整零件序号文字的位置。通过手动拖动来调整零件序号文字的位置，如图 10-96 所示。

（5）手动添加零件序号：当自动生成零件序号后，可通过“零件序号”命令来手动添加缺少或误删的零件序号，也可以利用此命令为装配体工程图添加完整的零件序号。

① 选择菜单栏中的“插入”|“注解”|“零件序号”命令，弹出“零件序号”对话框。

② 设置零件序号：在“零件序号”对话框的“零件序号设定”区域的“样式”下拉列表中选择“下画线”选项，在“大小”下拉列表中选择“紧密配合”选项，在“零件序号文字”下拉列表中选择“项目数”选项。

③ 放置零件序号，如图 10-97 所示。

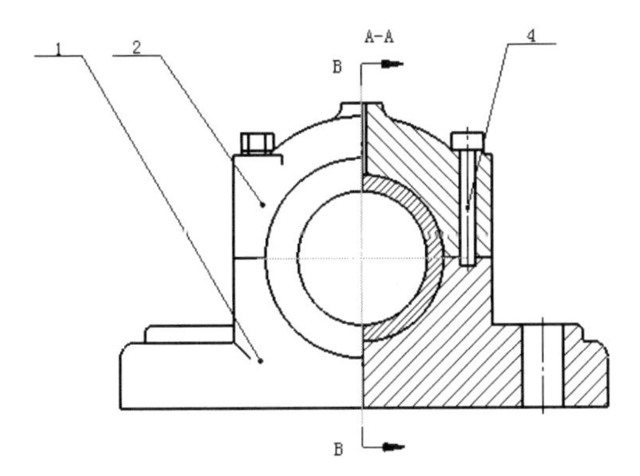

图 10-96　调整后的零件序号

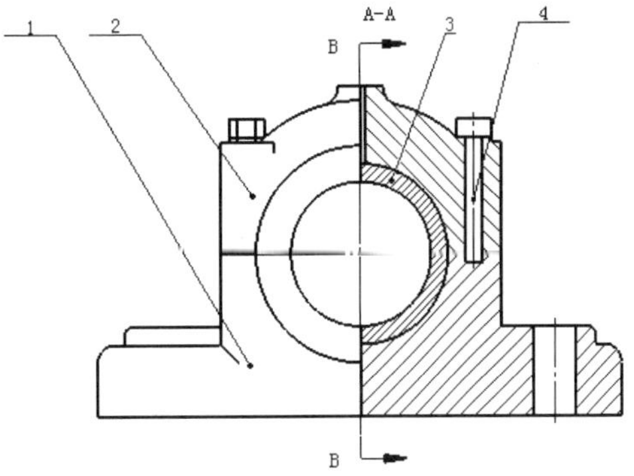

图 10-97　手动添加零件序号

说明 下面将如图 10-94 所示的“自动零件序号”对话框各选项功能说明如下：

- “零件序号布局”选项组：该区域用来设置零件序号在视图中的分布类型。

  按钮：零件序号水平分布在视图的上方。

  按钮：零件序号水平分布在视图的下方。

  按钮：零件序号竖直分布在视图的左侧。

  按钮：零件序号竖直分布在视图的右侧。

  按钮：零件序号在视图中呈现方形分布。

  按钮：零件序号在视图中呈现圆形分布。

  “忽略多个实例”复选框：当同一零部件在装配体中含有多个实例（即重复出现）时，只让其中一个零部件显示零件序号。

  “插入磁力线”复选框：可使零件序列号的引出端与指定直线水平。

  “引线附加点”下的“面”单选按钮：零件序号引线的引出端将依附在零件的表面上。

  “引线附加点”下的“边线”单选按钮：零件序号引线的引出端将依附在零件的边线上。

- “零件序号设定”选项组：用来设置零件序号在视图中的分布类型。

  “样式”下拉列表：在该下拉列表中可设置零件序号文本边界的样式。

  “大小”下拉列表：在该下拉列表中可设置零件序号的文本边界形状大小，可设置“紧密配合”和 1～5 个字符，其中“紧密配合”选项为根据文本大小自动调整边界形状大小。

  “零件序号文字”下拉列表：在该下拉列表中，可设置“圆形分割线”样式零件序号的上半部分文字内容和其他样式零件序号的文字内容；当在“样式”下拉列表中选中“圆形分割线”选项后，在该下拉列表的下方会显示“下部文字”下拉列表，来设置“圆形分割线”样式零件序号的下半部分文字内容。

10.11　转换为 AutoCAD 文件

在现代企业或公司中，通常会采用多种软件进行产品的协同设计，这使得各软件文件格式间的转换变得十分重要。就 SolidWorks 工程图而言，它经常要与 AutoCAD 或其他软件进行转换。SolidWorks 工程图的默认格式为.SLDDRW，而 AutoCAD 工程图文件的常用格式为.DWG 和.DXF。下面介绍将.SLDDRW 格式转换为.DWG 或.DXF 格式的方法。

（1）打开工程图文件.SLDDRW。

（2）选择命令。选择菜单栏中的“文件”|“另存为”命令，弹出如图 10-98 所示的“另存为”对话框。

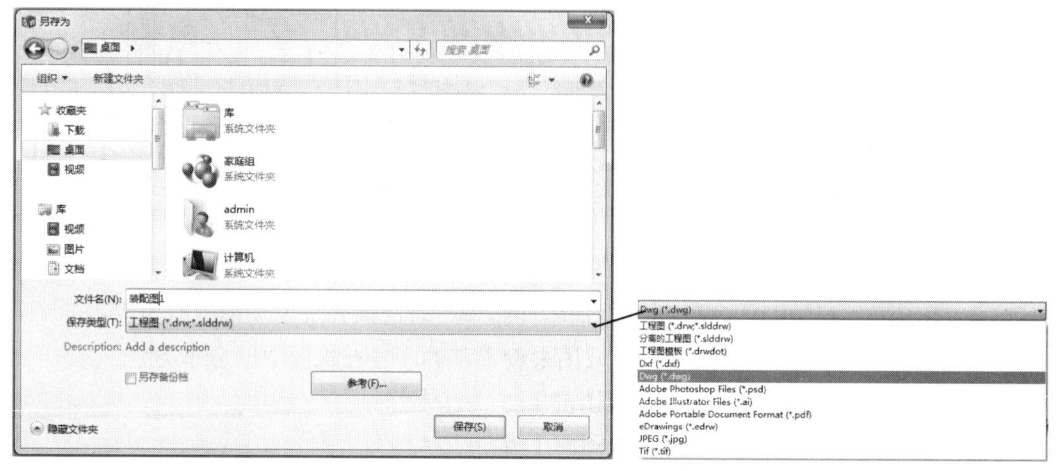

图 10-98 “另存为”对话框

（3）更改保存类型：在“另存为”对话框的“保存类型”下拉列表中选取 Dwg 选项，即将文件类型设置为.DWG 格式，如图 10-98 所示。

（4）输出设置：在“另存为”对话框中单击“选项”按钮，弹出如图 10-99 所示的“输出选项”对话框，在“文件格式”选项卡中选中 DXF/DWG 选项，在“线条样式”下拉列表中选择“AutoCAD 标准样式”选项，其他采用系统默认设置值。

图 10-99 “输出选项”对话框

（5）在“输出选项”对话框中单击“确定”按钮，在“另存为”对话框中指定文件的保存路径，单击“保存”按钮，完成.SLDDRW 格式转换为.DWG 格式的操作。

10.12　工程图设计综合示例

10.12.1　减速器箱体的工程图

本例将生成一个减速器箱体的工程图，如图 10-100 所示。

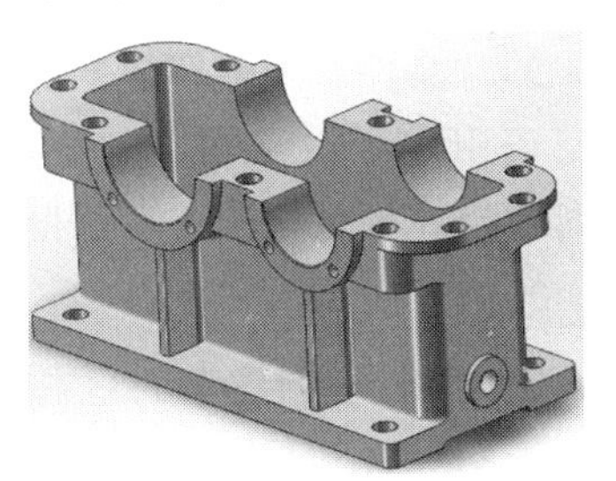

（a）减速器箱体模型

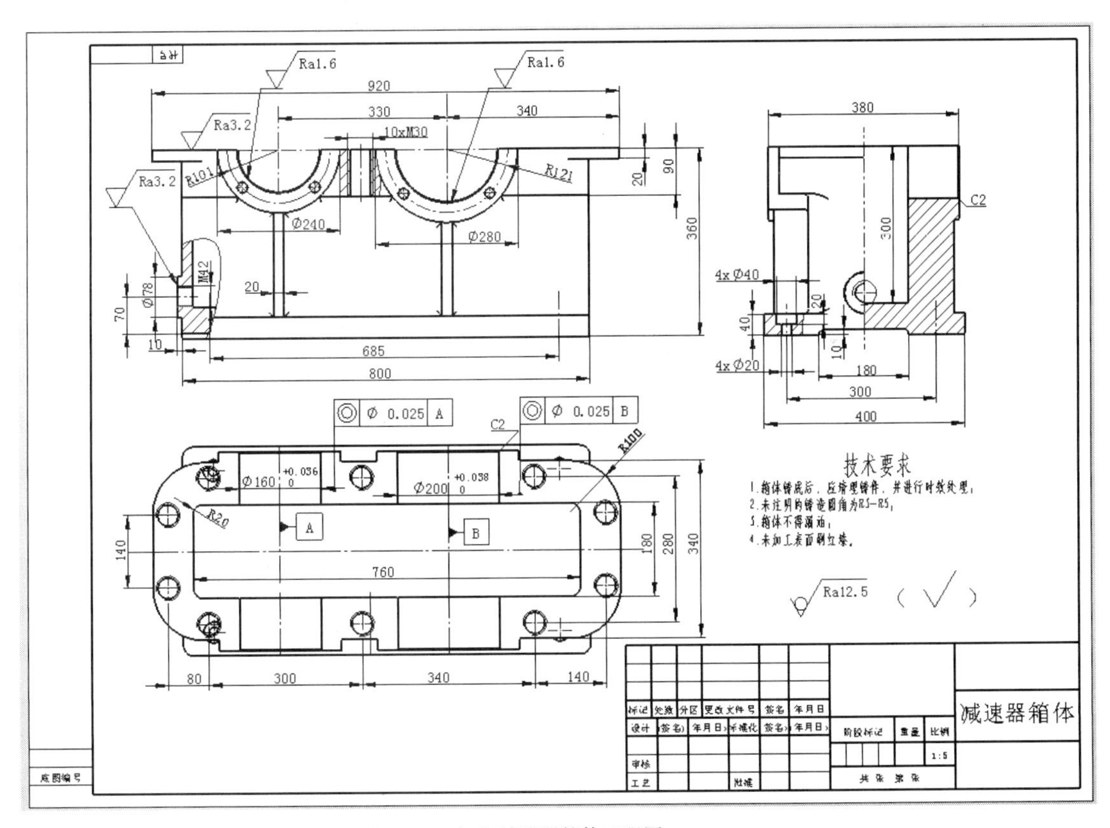

（b）减速器箱体工程图

图 10-100　工程图制作范例

模型分析：

在创建该零件的工程图时，需要进行以下操作：

（1）准备零件模型。

（2）新建一个工程图文件，并设置好符合国标的图纸、图框和标题栏格式。

（3）根据零件表达的要求，采用相应的视图创建工具生成各个表达视图。

（4）绘制中心线和中心符号。

（5）进行尺寸标注和技术要求的标注。

（6）检查修改。

下面介绍生成工程图的步骤：

1. 新建一个工程图文件

（1）选择命令：选择菜单栏中的“文件”|“新建”命令，弹出“新建”对话框。

（2）选择新建类型：在“新建 SolidWorks 文件”对话框中选择“模板”，单击“确定”按钮，进入“工程图”环境，同时弹出“模型视图”对话框。

2. 创建视图

（1）创建主视图：创建主视图时，首先应创建未剖的主视图，然后利用“断开的剖视图”命令来创建主视图中的两处局部剖视图。

① 创建未剖的主视图。由于在创建模型时，不同的用户会使用不同的前视（主视图）方向，因此利用系统默认的模型视图或标准三视图方向可能不能满足创建主视图的要求。此处采用相对视图来建立主视图方向。在菜单栏中选择“插入”|“工程视图”|“相对于模型”命令，弹出“相对于模型”属性管理器。在图纸区域右击，在弹出的快捷菜单中选择“从文件中插入”命令，弹出“打开”对话框，从中选取“减速器箱体”模型文件。

② 打开零件模型文件后，分别在希望投影的主视图方向和左视图方向选择零件模型上符合要求的两个面，然后单击“确定”按钮。

③ 在图纸区域会出现零件主视图的预览，单击将主视图放置于图纸中合适的位置，如图 10-101 所示。如果比例不合适，可在图纸属性管理器中设置所需的比例。

④ 选择菜单栏中的“插入”|“工程图视图”|“投影视图”命令，完成俯视图和左视图的投影，如图 10-102 所示。

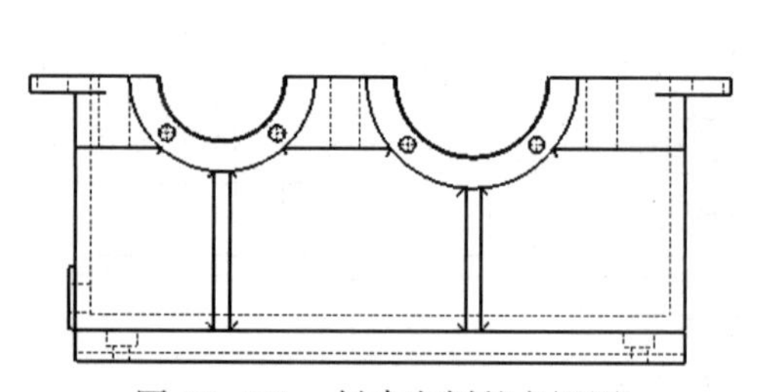

图 10-101　创建未剖的主视图

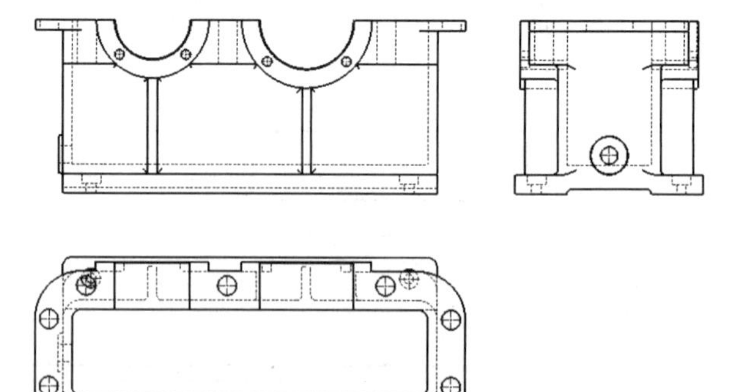

图 10-102　完成俯视图、左视图

⑤ 创建主视图的局部剖视图。选择主视图，选择菜单栏中的“插入”|“工程图视图”|“断开的剖视图”命令，弹出“断开的剖视图”对话框。绘制如图 10-103（a）所示的样条曲线作为剖切范围。定义深度参考，选取如图 10-103（b）所示的圆作为深度参考。单击对话框中的“确定”按钮，完成局部剖视图的创建，如图 10-103（c）所示。同理，用同样

的方法绘制如图 10–103（d）所示的样条曲线作为剖切范围，选取如图 10–103（e）所示的圆作为深度参考。单击对话框中的“确定”按钮，完成主视图上方局部剖视图的创建，如图 10–103（f）所示。

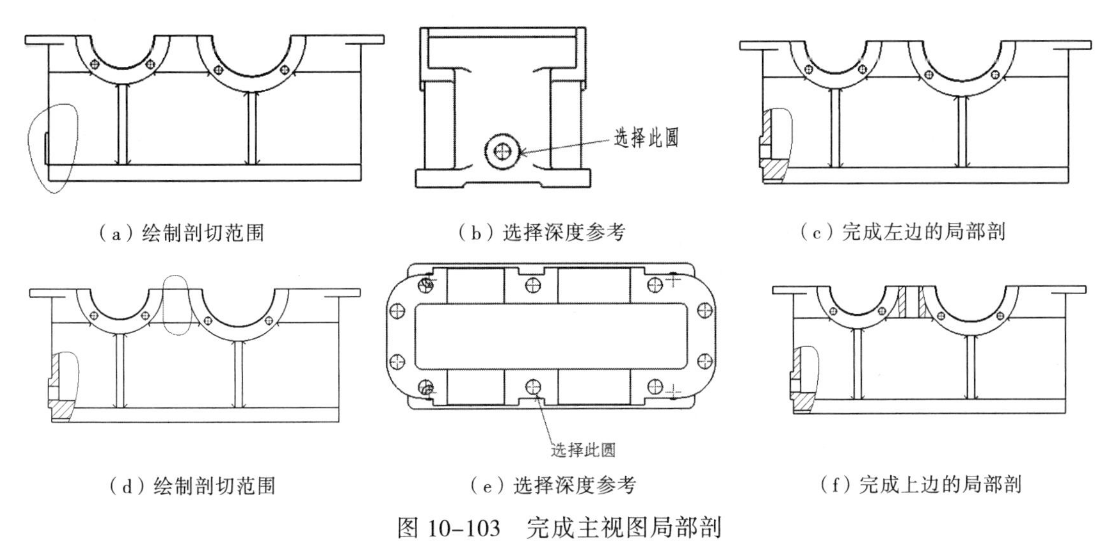

（a）绘制剖切范围　（b）选择深度参考　（c）完成左边的局部剖

（d）绘制剖切范围　（e）选择深度参考　（f）完成上边的局部剖

图 10–103　完成主视图局部剖

（2）完成左视图的半剖视图及局部剖视图：

① 选择左视图，用“草图”工具栏中的“边角矩形”命令绘制一个封闭的轮廓，如图 10–104（a）所示。

② 选择图 10–104（a）中的封闭轮廓，然后选择菜单栏中的“插入” | “工程图视图” | “断开的剖视图”命令，弹出“断开的剖视图”对话框。定义深度参考，选取如图 10–104（b）所示的圆作为深度参考。单击对话框中的“确定”按钮，完成半剖视图的创建，如图 10–104（c）所示。

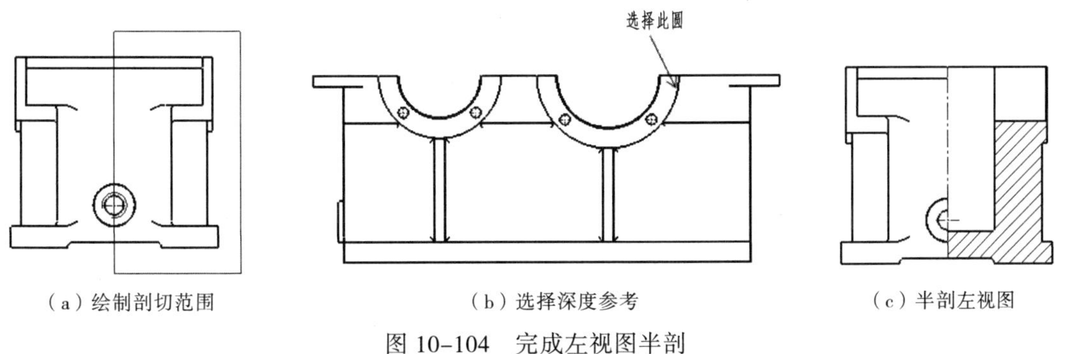

（a）绘制剖切范围　（b）选择深度参考　（c）半剖左视图

图 10–104　完成左视图半剖

③ 选择左视图，选择菜单栏中的“插入” | “工程图视图” | “断开的剖视图”命令，弹出“断开的剖视图”对话框。绘制如图 10–105（a）所示的样条曲线作为剖切范围。定义深度参考，选取如图 10–105（b）所示的圆作为深度参考。单击对话框中的“确定”按钮，完成局部剖视图的创建，如图 10–105（c）所示。

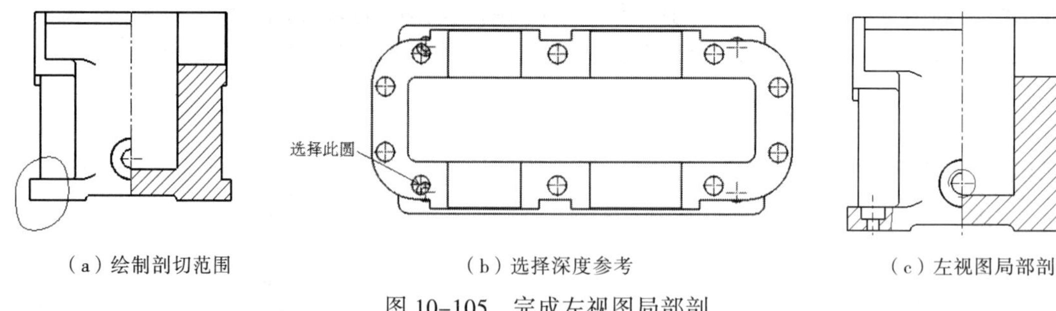

（a）绘制剖切范围　（b）选择深度参考　（c）左视图局部剖

图 10-105　完成左视图局部剖

3．绘制螺纹及中心线

① 添加螺纹线：可选择菜单栏中的“插入”|“注解”|“装饰螺纹线”命令，弹出“装饰螺纹线”对话框，选择装饰螺纹的放置位置，在俯视图中依次选取 10 个圆，定义装饰螺纹参数，单击“确定”按钮。

② 添加中心线时，可选择菜单栏中的“插入”|“注解”|“中心符号线”命令和“插入”|“注解”|“中心线”命令自动生成中心线。

图 10-106 所示为添加完中心线及螺纹线的图。

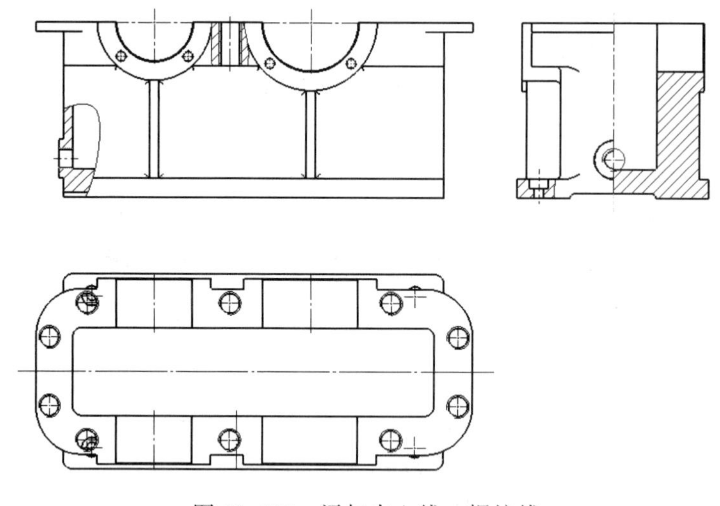

图 10-106　添加中心线、螺纹线

4．尺寸标注

由于减速器的箱体比较复杂，自动生成尺寸不能符合要求，因此用手工标注。

（1）标注前应先进行尺寸样式设置。选择“工具”|“选项”命令，弹出“系统选项”对话框，切换到“文件属性”选项卡，通过该选项卡可以对尺寸样式、箭头、标注文字样式、注释文字样式等进行设置。

（2）标注尺寸：选择菜单栏中的“工具”|“标注尺寸”|“智能尺寸”命令，在图形区的各视图标注尺寸：如图 10-107 所示。

（3）标注倒角尺寸。选择菜单栏中的“工具”|“标注尺寸”|“倒角尺寸”命令，标注出倒角尺寸。

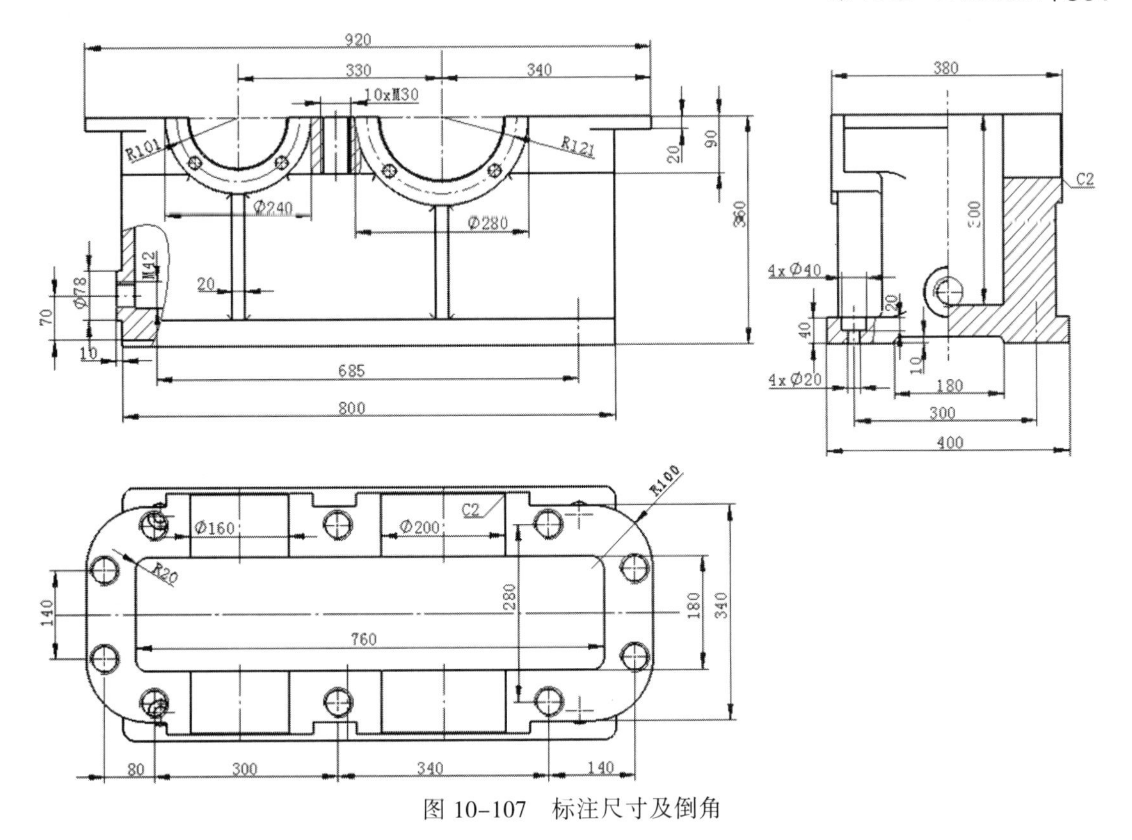

图 10–107　标注尺寸及倒角

（4）添加尺寸公差：

① 添加尺寸公差值，如图 10–107 所示。在图形区的俯视图中选取尺寸 ϕ160，弹出“尺寸”属性管理器，在如图 10–109（a）所示的“公差/精度”选项组的下拉列表中选择“双边”选项，在+文本框中输入文本 0.036 mm，在下拉列表中选择“.123”选项。

② 修改尺寸公差字高。单击“尺寸”对话框的“其他”选项卡，在如图 10–109（b）所示的“文本字体”选项组中，取消选中“公差字体”下的“使用尺寸字体”复选框，在“字体比例”单选按钮后的文本框中输入比例值 0.8，然后单击“确定”按钮，完成尺寸公差的添加。也用该方法添加 ϕ200 的尺寸公差，如图 10–108 所示。

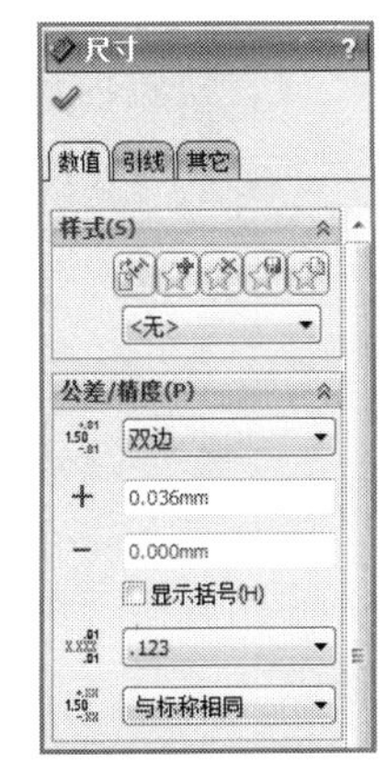

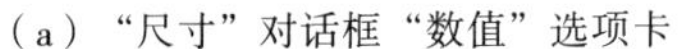
（a）“尺寸”对话框“数值”选项卡

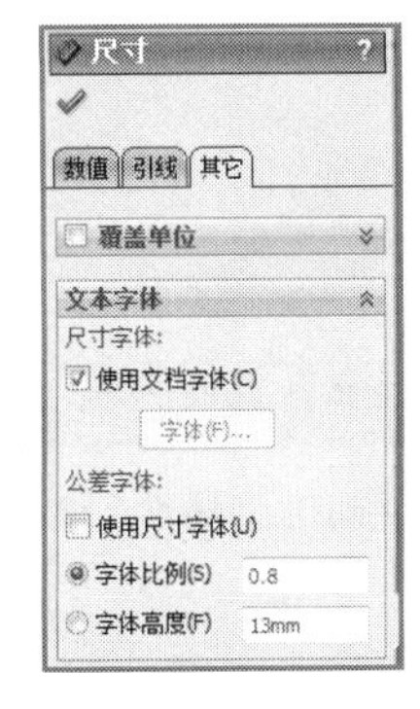

（b）“尺寸”对话框“其他”选项卡

图 10–108　设置尺寸公差

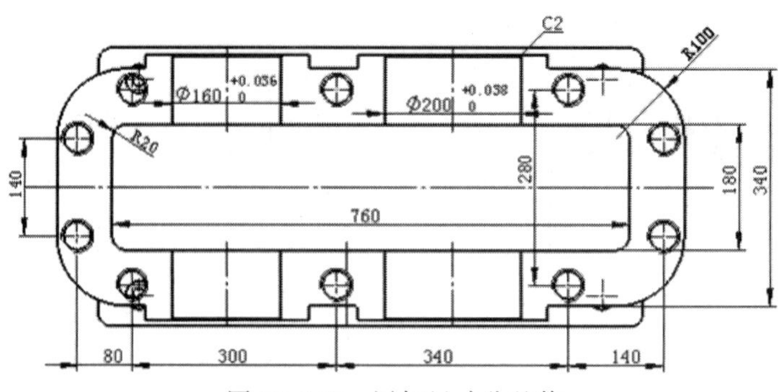

图 10-109　添加尺寸公差值

5．标注基准

选择菜单栏中的“插入”|“注解”|“基准特征符号”命令，弹出“基准特征”对话框。在该对话框“设定”区域的文本框中输入 A，在“引线”区域取消选中“使用文件样式”复选框，依次单击、和按钮，其他参数用系统默认设置值。然后，将基准放置在俯视图的合适位置，单击“确定”按钮，完成基准的标注。

6．标注形位公差

（1）选择菜单栏中的“插入”|“注解”|“形位公差”命令，弹出“形位公差”对话框的同时弹出“属性”对话框，如图 10-110 所示。在该对话框的“符号”下拉列表中选择◎选项；在“公差 1”文本框中输入公差值 0.025；在“主要”文本框中输入字母 A。

（2）在如图 10-111 所示的“形位公差”对话框的“引线”选项组中依次单击“引线”按钮和“直引线”按钮，在图形区中选择如图 10-112 所示的尺寸线上方放置形位公差符号。在“形位公差”对话框中单击“确定”按钮，完成形位公差的标注。

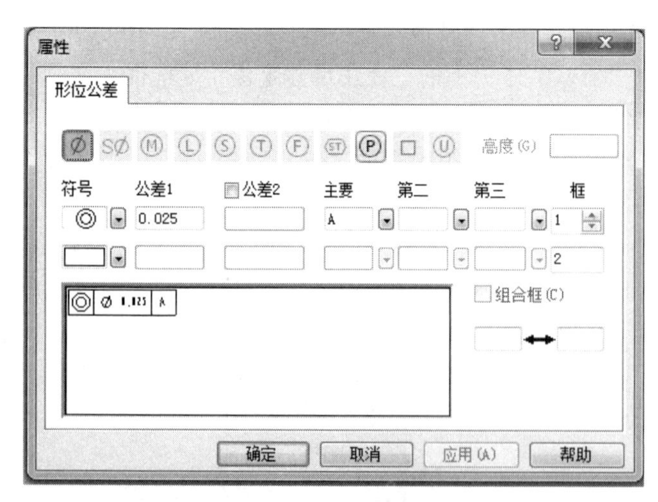

图 10-110　“属性”对话框

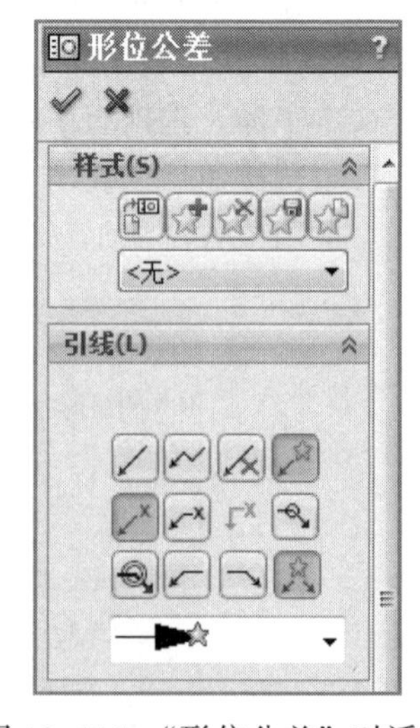

图 10-111　“形位公差”对话框

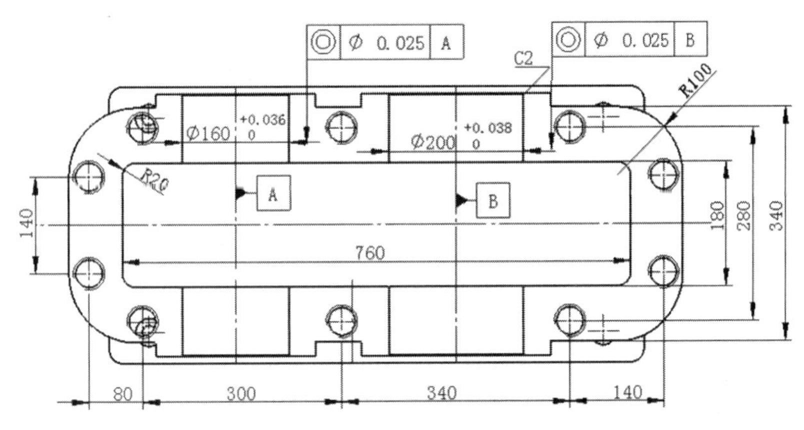

图 10–112 标注形位公差

7. 标注表面粗糙度符号

（1）选择菜单栏中的“插入”|“注解”|“表面粗糙度符号”命令，弹出“表面粗糙度”对话框。

（2）在“表面粗糙度”对话框中的“符号”选项组中单击“要求切削加工”按钮，如图 10–113（a）所示。在图 10–113（b）所示的“符号布局”选项组的文本框中输入 Ra6.3，其他参数采用系统默认设置值。

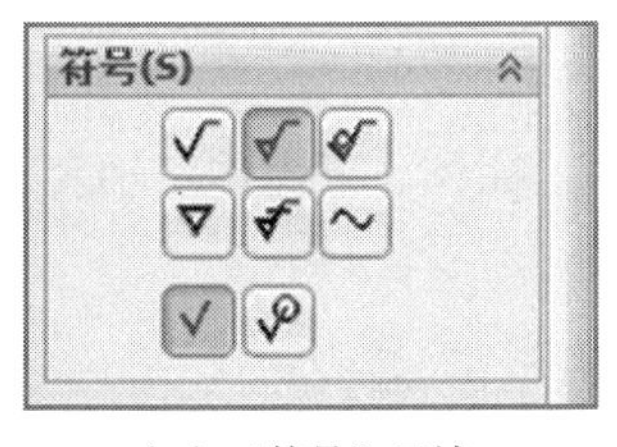

（a）“符号”区域

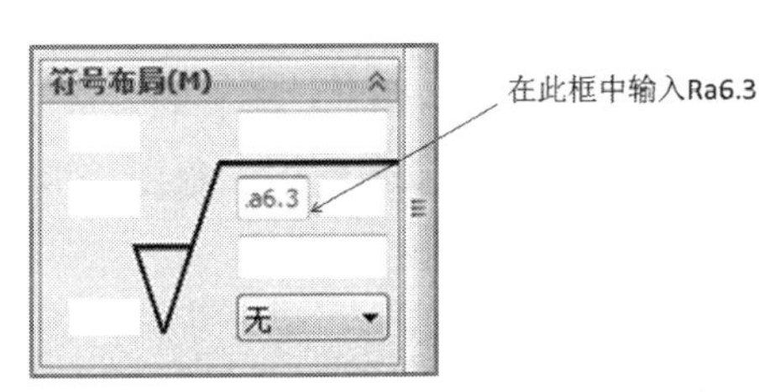

（b）“符号布局”区域

图 10–113 “表面粗糙度”对话框

（3）放置表面粗糙度符号。在需要标注的位置放置表面粗糙度符号，如果不需要引线就在“表面粗糙度”对话框的“引线”区域单击“无引线”按钮，将表面粗糙度符号放置在所选位置；若需要引线则在“引线”区域依次单击、按钮，然后将表面粗糙度符号放置在所选位置，单击“表面粗糙度”对话框中“确定”按钮，完成表面粗糙度符号的标注。

8. 添加注释

选择菜单栏中的“插入”|“注解”|“注释”命令，弹出“注释”对话框。在图纸左下方空白处单击放置注释，并在弹出的文本框中输入文字“技术要求”，然后将文本框中的 4 个字选中，在如图 10–114 所示的“格式化”对话框中将字高设置为 8mm。

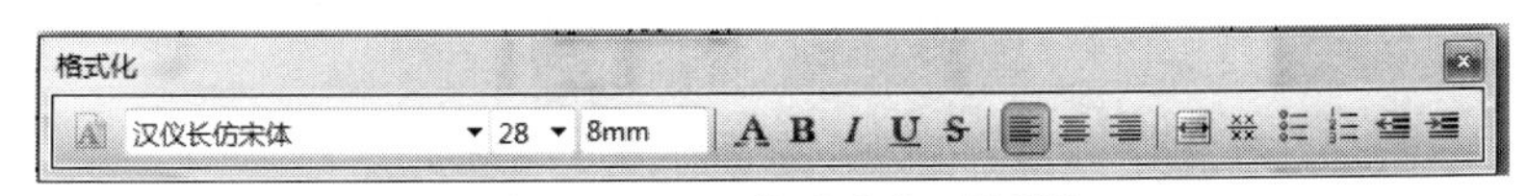

图 10–114 “格式化”对话框

在注释“技术要求”的下方单击以继续放置注释，输入如图 10–115 所示的文字，并对这些文字进行格式化设置，设其字高为 5mm，单击“注释”对话框中“确定”按钮，完成添加注释，并通过拖动调整注释的位置。

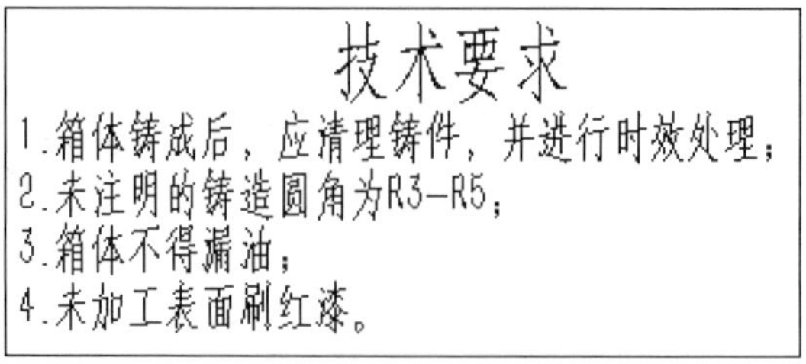

技术要求
1.箱体铸成后，应清理铸件，并进行时效处理；
2.未注明的铸造圆角为R3-R5；
3.箱体不得漏油；
4.未加工表面刷红漆。

图 10-115 添加注释

9. 添加其他标注

在标题栏的上方添加其余表面粗糙度。在“表面粗糙度”对话框中“符号”区域单击“禁止切削加工”按钮，在符号布局区域文本框中输入 Ra12.5，如图 10-116 所示，将符号放置在标题栏的上方，并在其后插入(√)，单击“确定”按钮，结果如图 10-117 所示。

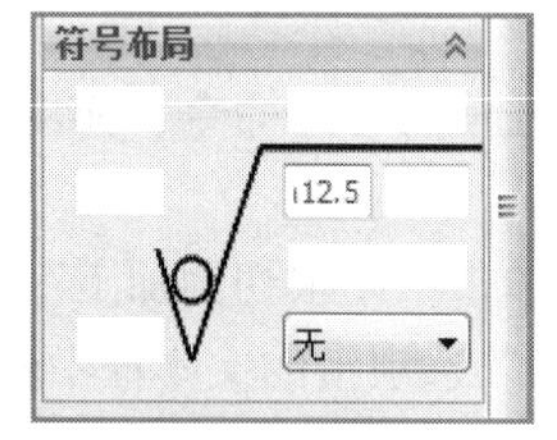

符号布局
12.5
无

图 10-116 “符号布局”区域

Ra12.5
(√)

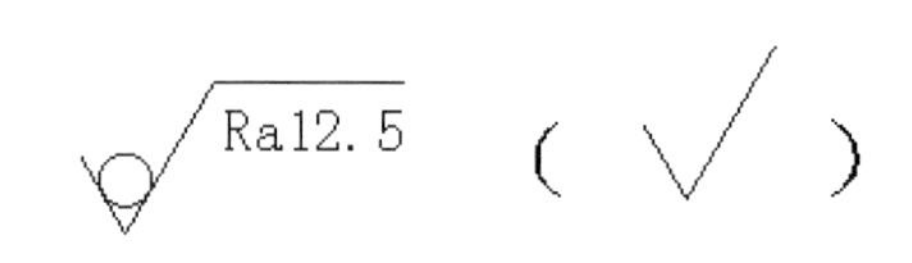

图 10-117 添加其他标注

10.12.2 简单部件的工程图

本例将生成一个滑动轴承装配体工程图。滑动轴承由上壳体、下壳体、轴套、螺栓 4 种零件组成，如图 10-118 所示。

在创建此装配图时，需要进行以下步骤的操作：

（1）准备装配模型。

（2）新建一个工程图文件，并设置好符合国标的图纸、图框和标题栏格式。

（3）根据装配图的表达要求，采用相应的视图创建工具生成各个表达视图。

（4）进行剖面填充，绘制中心线和中心符号。

（5）进行尺寸标注。

（6）标注零件序号，生成零件明细表。

（7）检查修改。

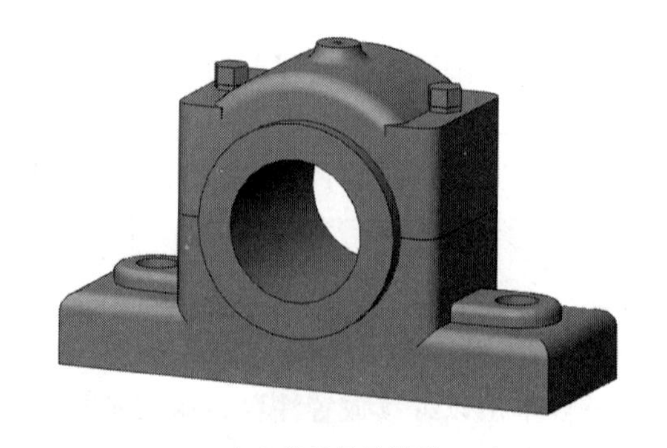

（a）滑动轴承模型

图 10-118 创建简单部件工程图

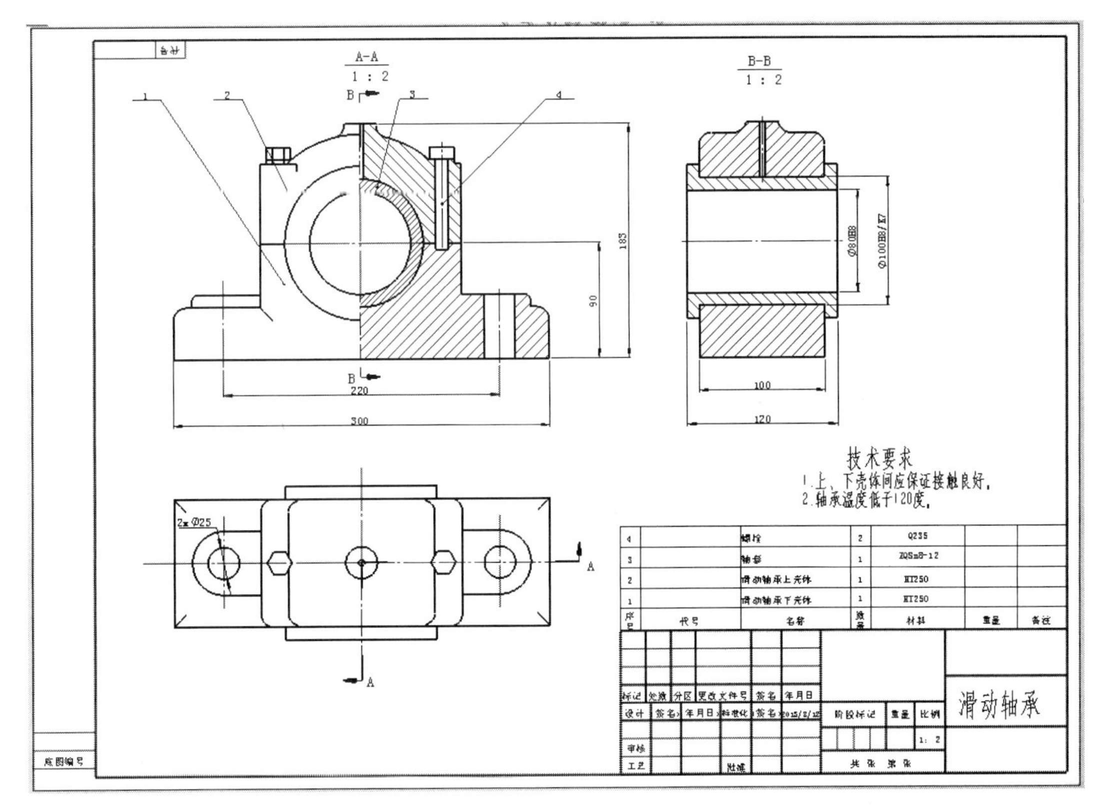

（b）滑动轴承工程图

图 10–118　创建简单部件工程图（续）

下面介绍生成装配图工程图的步骤：

1．新建一个工程图文件

（1）选择命令。选择菜单栏中的“文件”|“新建”命令，弹出“新建”对话框。

（2）选择新建类型。在“新建 SolidWorks 文件”对话框中选择“模板”，单击“确定”按钮，进入“工程图”环境，同时弹出“模型视图”对话框。

2．创建视图

（1）创建主视图：创建主视图时，首先应创建三视图，然后利用“断开的剖视图”命令来创建主视图的半剖视图。

① 由于在创建模型时，不同的用户会使用不同的前视（主视图）方向，因此利用系统默认的模型视图或标准三视图方向可能不能满足创建主视图的要求。此处采用相对视图来建立主视图方向。在菜单栏中选择“插入”|“工程视图”|“相对于模型”命令，弹出“相对于模型”属性管理器。在图纸区域右击，在弹出的快捷菜单中选择“从文件中插入”命令，弹出“打开”对话框，从中选择“滑动轴承”模型文件。

② 打开零件模型文件后，分别在希望投影的主视图方向和左视图方向选择零件模型上符合要求的两个面，然后单击“确定”按钮。在图纸区域会出现零件主视图的预览，单击将主视图放置于图纸中合适的位置。如果比例不合适，可在图纸属性管理器中设置所需的比例。

③ 选择菜单栏中的“插入”|“工程图视图”|“投影视图”命令，完成俯视图和左

视图的投影，如图 10–119 所示。

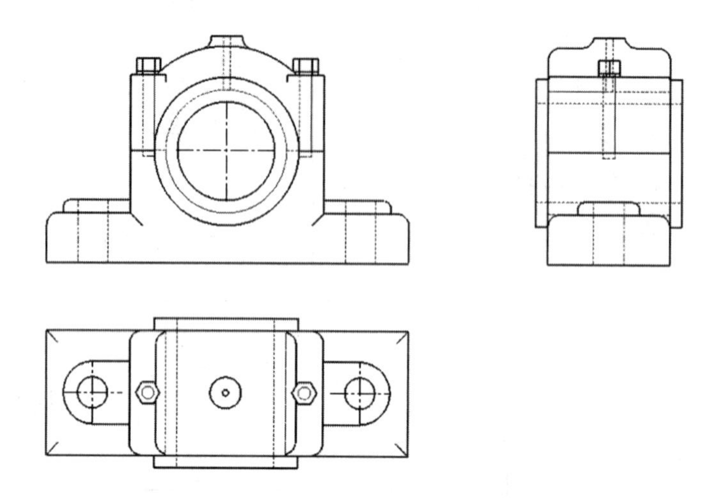

图 10–119　滑动轴承三视图

④ 将主视图创建成半剖视图：

- 绘制剖切线。单击“草图”工具栏中的“中心线”按钮，在俯视图上绘制两条中心线作为剖切线，如图 10–120（a）所示。
- 按 Ctrl 键，复选两条中心线（先选竖直再选水平），单击“工程图”工具栏中的“剖面视图”按钮，或选择菜单栏中的“插入”｜“工程视图”｜“剖面视图”命令，弹出“剖面视图”属性管理器，在“剖面视图”属性管理器的“剖切线”选项组的文本框中输入字母 A,单击“确定”按钮，结果如图 10–120（b）所示。

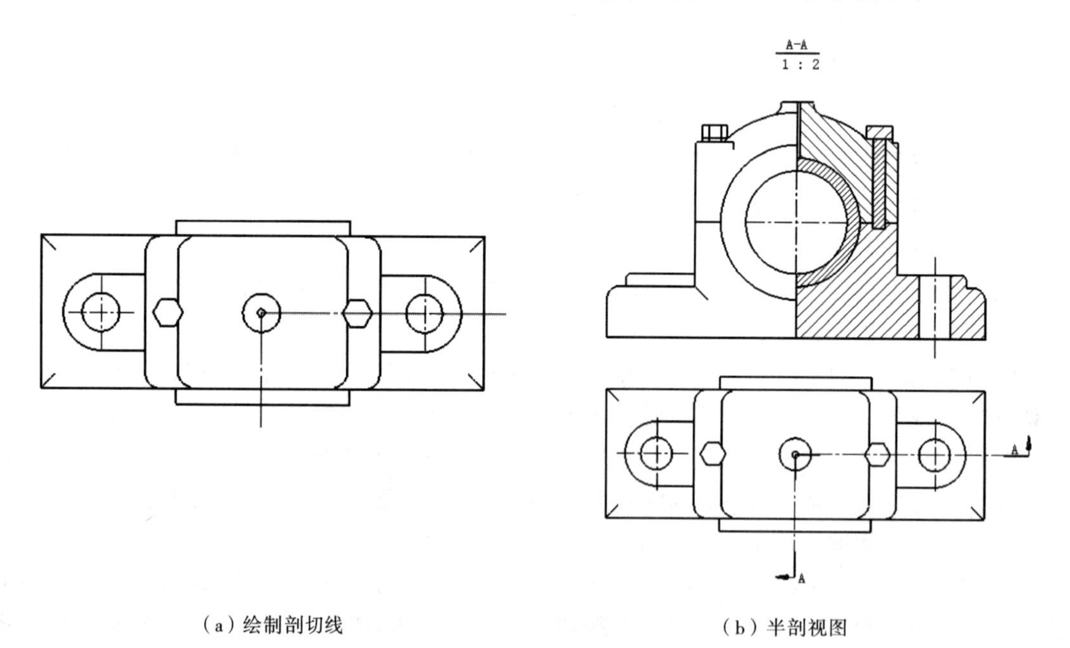

（a）绘制剖切线　　（b）半剖视图

图 10–120　创建半剖视图

⑤ 修改剖面线，绘制中心线：

- 修改剖面线：在主视图的半剖视图中，螺栓不应该有剖面线，应去掉。左击螺栓中的剖面线，弹出“区域剖面线/填充”对话框，如图 10–121 所示，在该对话框中取消选中的“材质剖面线”复选框，在属性下面选中“无”，然后单击“确定”按钮✔，就取消了螺栓中的剖面线。
- 添加中心线：选择菜单栏中的“插入”|“注解”|“中心符号线”命令和菜单栏中的“插入”|“注解”|“中心线”命令自动生成中心线，如图 10–122 所示。

图 10–121　“区域剖面线/填充”对话框

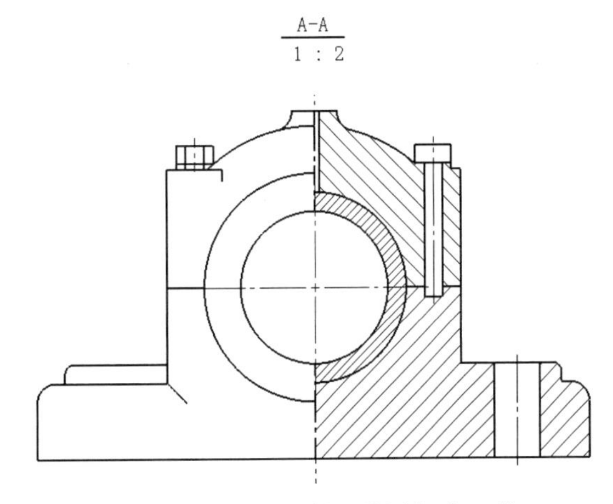

图 10–122　修改剖面线添加中心线

（2）创建全剖的左视图：选择菜单栏中的“插入”|“工程视图”|“剖面视图”命令，系统弹出“剖面视图”对话框。在半剖的主视图中轴线上绘制一条中心线，在“剖面视图”对话框的文本框中输入字母 B，在主视图的右边放置全剖视图，单击“确定”按钮✔，然后选择菜单栏中的“插入”|“注解”|“中心线”命令自动生成中心线，结果如图 10–123 所示。

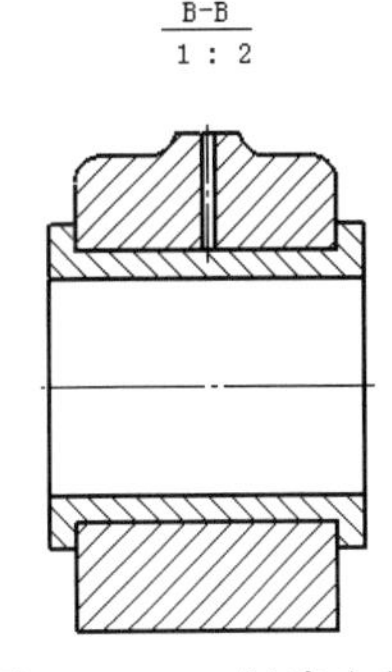

图 10–123　创建全剖的左视图

3. 尺寸标注

与零件图有所不同，装配图只需要对重要的尺寸进行标注。主要包括以下几类尺寸，规格尺寸、外形尺寸、装配尺寸、安装尺寸和其他重要尺寸。因此，对于装配图而言，自动生成的尺寸显然不能符合要求，必须进行手工标注。

（1）标注前应先进行尺寸样式设置。选择“工具”|“选项”命令，弹出“系统选项”对话框，切换到“文件属性”选项卡，通过该选项卡可以对尺寸样式、箭头、标注文字样式、注释文字样式等进行设置。

（2）标注尺寸：选择菜单栏中的“工具”|“标注尺寸”|“智能尺寸”命令，在图形区的各视图标注尺寸。

（3）此时在左侧属性管理器中可对配合尺寸的配合公差进行标注。在“尺寸”属性管理器中的“公差/精度”区域中“公差类型”的下拉列表中选择“套合”选项，在“孔套合”的下拉列表中选择 H8，在“轴套合”下拉列表中选择 k7，单击“线性显示”按钮，如图 10–124 所示。单击“尺寸”属性管理器中的“确定”按钮✔，结果如图 10–125 所示。

图 10-124 “公差/精度”区域

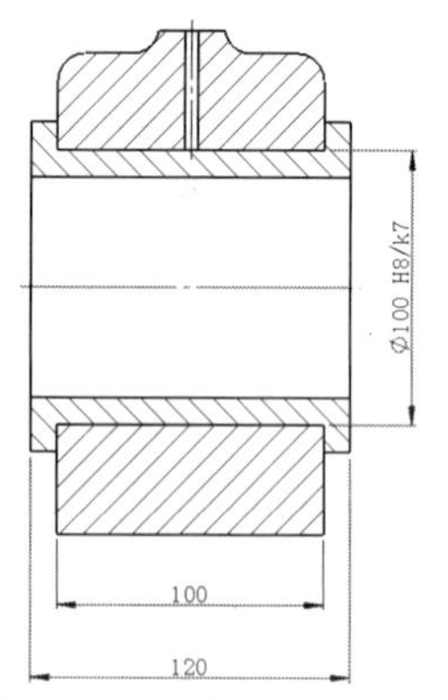

图 10-125 标注配合尺寸

4. 标注零件序号，生成明细表

（1）标注零件的序号：在图形区选取主视图为插入零件序号的对象，选择下拉菜单“插入”|“注解”|“自动零件序号”命令，系统弹出“自动零件序号”对话框。如图 10-126 所示。

在“自动零件序号”对话框中的“零件序号布局”区域中单击按钮，选择“引线附加点”下的“面”单选按钮，在“零件序号设定”区域中的“样式”下拉列表中选择“下画线”，在“大小”下拉列表中选择“4 个字符”。单击“确定”按钮，完成零件序号的添加。

当自动生成零件序号后，可通过“零件序号”命令来手动添加缺少或误删的零件序号，也可以利用此命令为装配体工程图添加完整的零件序号。选择菜单栏中的“插入”|“注解”|“零件序号”命令，系统弹出“零件序号”对话框，如图 10-127 所示。通过设置完成手动添加。

图 10-126 “自动零件序号”对话框

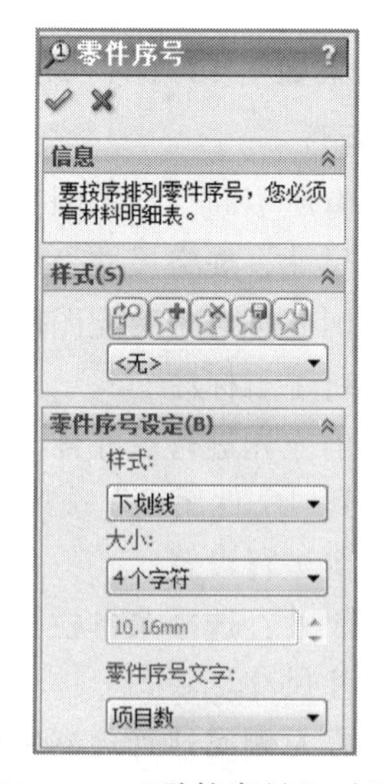

图 10-127 “零件序号”对话框

（2）生成明细表：明细表应画在标题栏的上方，序号应自下而上顺序填写，若位置不够，可在标题栏的左边续填。

① 设置定位点：首先进入编辑图纸格式环境，右击标题栏的右上角点，在弹出的快捷菜单中选择“设定为定位点”|“材料明细表”命令，将该点设置为材料明细表的定位点。

② 插入明细表。选择菜单中的“插入”|“表格”|“材料明细表”命令，在系统的提示下，选择图 10–118（b）所示的主视图为指定模型，弹出“材料明细表”对话框。

③ 设置材料明细表：在“材料明细表”对话框“表格位置”选项组中选中“附加到定位点”复选框，在“材料明细表类型”选项组中选中“仅限顶层”单选按钮；在“零件配置分组”选项组中选中“显示为一个项目号”复选框和“将同一零件的配置显示为单独项目”单选按钮；在“边界”区域后的下拉列表中选择 0.5 选项,在后的下拉列表中选择 0.18 选项，单击“确定”按钮，材料明细表自动插入到定位点。将光标放置到材料明细表的任意位置，然后单击材料明细表左上角的角标，在弹出的“材料明细表”对话框的“表格位置”区域中单击“右下”按钮，使表格右下角与定位点重合。

④ 修改材料明细表：在材料明细表中可以通过手动方式添加列或行，并通过编辑单元格和列属性来添加项目。

5. 添加注释

选择菜单栏中的“插入”|“注解”|“注释”命令，系统弹出“注释”对话框。在图纸左下方空白处单击放置注释，并在弹出的文本框中输入文字“技术要求”的内容。

至此，完成了滑动轴承装配图的创建工作，结果如图 10–118（b）所示。

10.13　打印工程图

SolidWorks 为工程图的打印提供了多种设置选项。可以打印或绘制整个工程图纸，或只打印图纸中所选的区域。可以选择用黑白打印或用彩色打印。

下面介绍工程图打印的一般方法：

（1）打开工程图文件：选择菜单栏中的“文件”|“打印”命令，弹出如图 10–128 所示的“打印”对话框。

（2）选择打印机：在如图 10–128 所示“打印”对话框的“名称”下拉列表中选择相匹配的打印机。

（3）定义页面设置：单击“打印”对话框中的“页面设置”按钮，弹出“页面设置”对话框，如图 10–129 所示。

① 定义打印比例：在“分辨率和比例”区域中的“比例”文本框中输入 100 以选择 1:1 的打印比例。

② 定义打印纸张的大小：在“纸张”选项组的“大小”下拉列表中选择所要打印图纸的图幅。

③ 选择工程图颜色：在“工程图颜色”区域中可设置工程图的打印颜色。

“自动”单选按钮：如果打印机支持彩色打印，则系统自动以彩色来打印工程图，反之则以黑白打印。

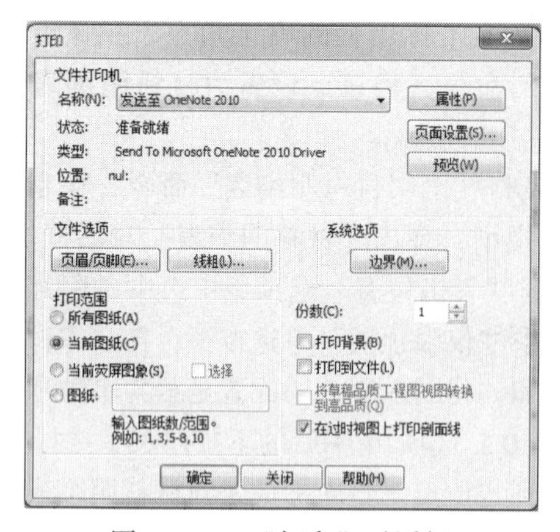

图 10-128 “打印”对话框

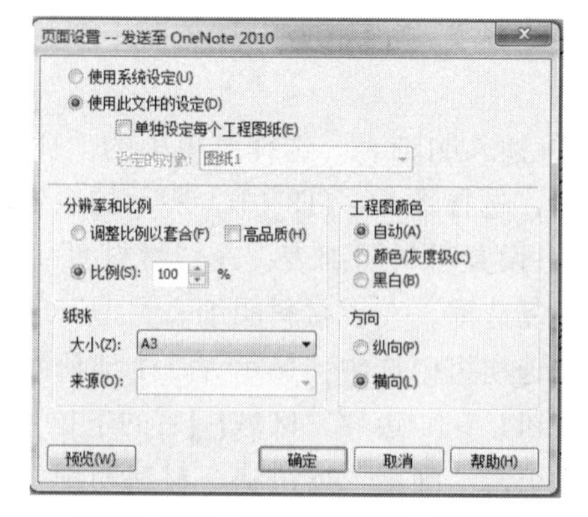

图 10-129 “页面设置”对话框

“颜色/灰度级”单选按钮：无论打印机是否支持彩色打印，系统自动发送彩色数据到打印机，当打印机为黑白打印机或彩色打印机设置为黑白打印时，系统将以灰度级来打印彩色项目。

“黑白”单选按钮。无论是彩色打印机还是黑白打印机，均以黑白来打印工程图。

④ 选择方向：在“方向”区域中可选择“纵向”或“横向”方向来打印。

最后单击“页面设置”对话框中的“确定”按钮完成页面设置。

（4）选择打印范围：在“打印”对话框的“打印范围”选项组中，选择所选的打印范围。

“所有图纸”单选按钮：打印工程图中的所有图纸（页面）。

“当前图纸”单选按钮：打印工程图中当前图纸。

“当前荧屏图像”单选按钮：选中“选择”复选框时，按照指定的比例打印工程图的所选范围。

“图纸”单选按钮：打印指定页码或页码范围。

（5）打印预览：单击“打印”对话框中的“预览”按钮，可以预览工程图的打印效果。

（6）在“打印”对话框中单击“确定”按钮，即可打印工程图。

上 机 练 习

1. 根据图 10-130（a）所示的零件模型，创建如图 10-130（b）所示的工程图视图。

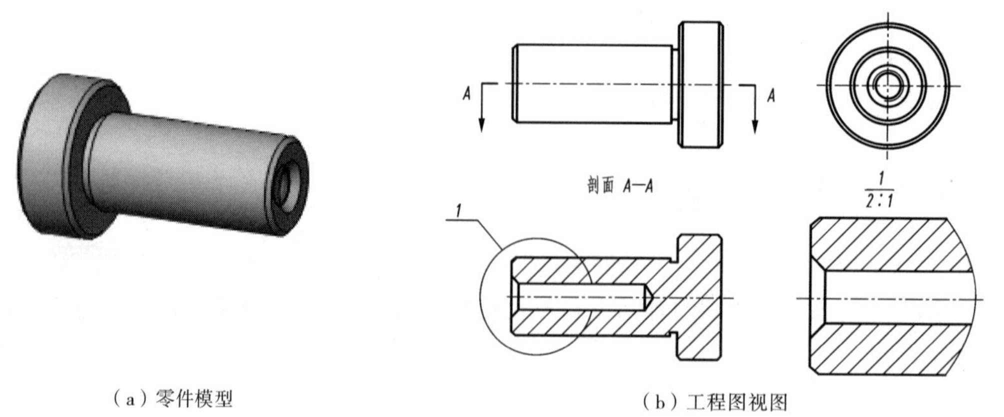

（a）零件模型　　（b）工程图视图

图 10-130 练习 1

2. 根据图 10-131（a）所示的零件模型，创建如图 10-131（b）所示的工程图视图。

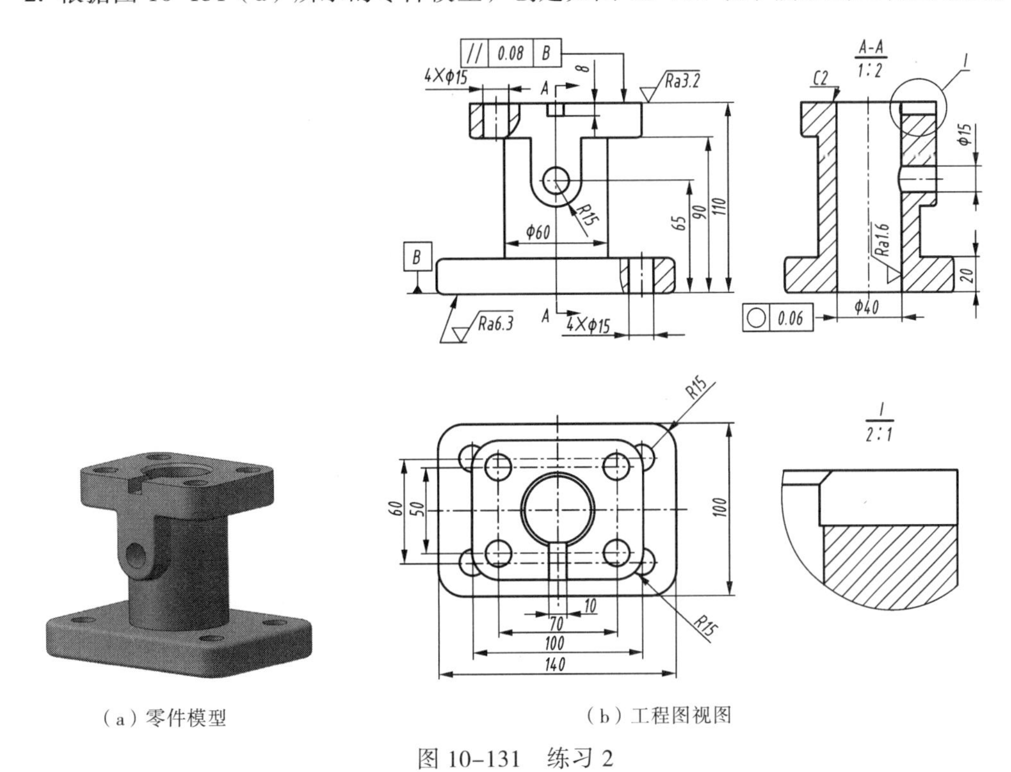

（a）零件模型　　（b）工程图视图

图 10-131　练习 2

3. 根据图 10-132（a）所示的零件模型，创建如图 10-132（b）所示的工程图视图。

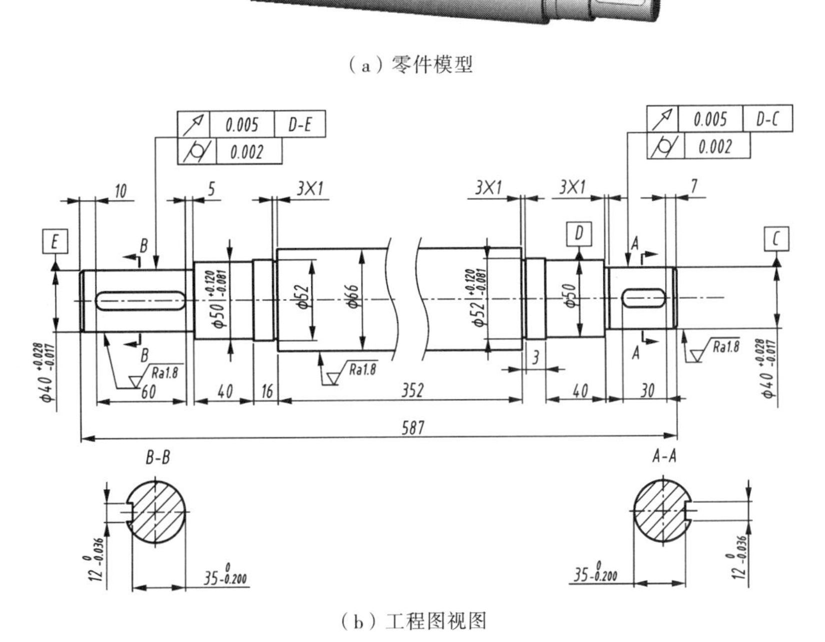

（a）零件模型

（b）工程图视图

图 10-132　练习 3

4. 根据图 10-133（a）所示的零件模型，创建如图 10-133（b）所示的工程图视图。

（a）零件模型

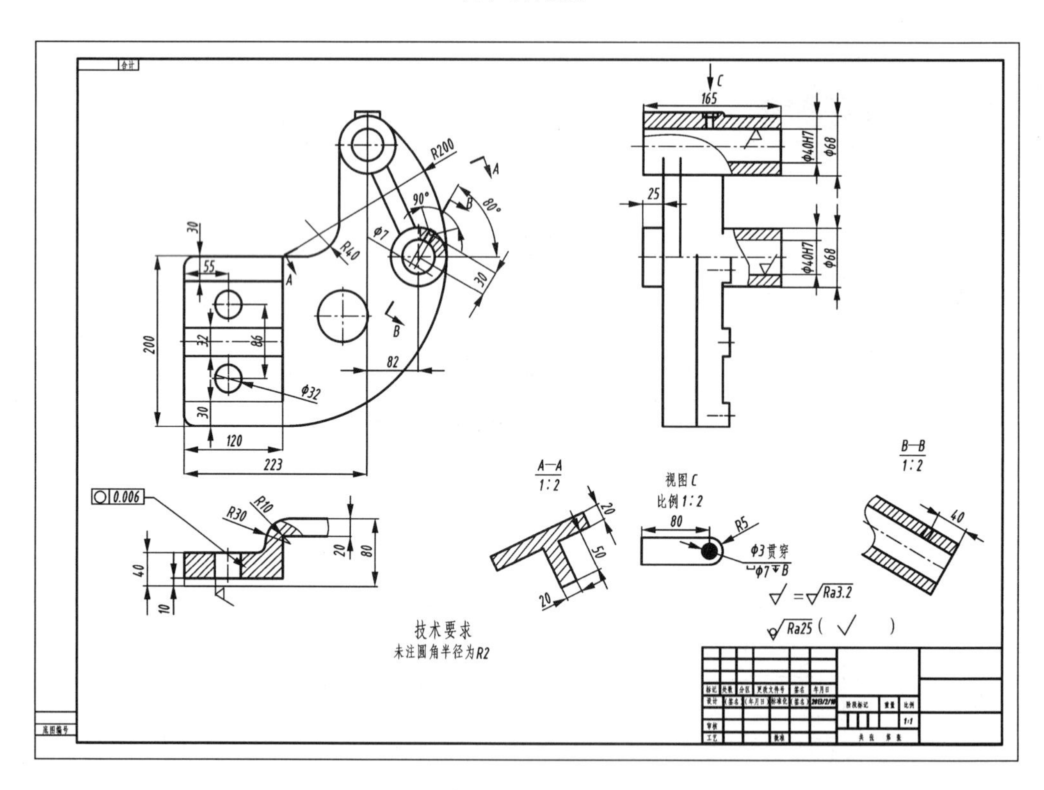

（b）工程图视图

图 10-133　练习 4

参考文献

[1] 刘友和，郑继昌. SolidWorks 入门 [M]. 北京：清华大学出版社，2003.

[2] 何煜琛，何达，朱红军. SolidWorks 2001 基础及应用教程 [M]. 北京：电子工业出版社，2002.

[3] 王林军，吴卓. 现代计算机绘图[M]. 北京：机械工业出版社，2005.

[4] 江洪，江帆，陆利锋. SolidWorks 机械设计实例解析[M]. 北京：机械工业出版社，2006.

[5] 李启炎，李光耀. SolidWorks 装配和二维工程图[M]. 北京：清华大学出版社，2002.

[6] 李启炎，李光耀. SolidWorks 零件设计[M]. 北京：清华大学出版社，2002.

[7] 曹岩，赵汝嘉. SolidWorks 2005 基础篇[M]. 北京：机械工业出版社，2005.

[8] 曹岩，赵汝嘉. SolidWorks 2005 精通篇[M]. 北京：机械工业出版社，2005.

[9] 江洪，郦祥林，李仲兴. SolidWorks 2006 基础教程[M]. 北京：机械工业出版社，2006.

[10] 曹岩，赵汝嘉. SolidWorks 2007 基础篇[M]. 北京：机械工业出版社，2007.

[11] 曹岩，赵汝嘉. SolidWorks 2007 精通篇[M]. 北京：机械工业出版社，2007.

[12] 江洪，杨勇，乔兰东. SolidWorks 实例解析：曲线、曲面、仿真、渲染[M]. 北京：机械工业出版社，2004.

[13] 彭亮，曾德惠，曾晓芳. 中文版 SolidWorks 三维机械设计[M]. 北京：机械工业出版社，2008.

[14] 海欣. SolidWorks 2007 实例分析与提高[M]. 北京：电子工业出版社，2007.

[15] 王建勇，张兰英，康永平. 计算机绘图二维三维实用教程[M]. 北京：北京理工大学出版社，2010.

[16] 魏峥. 三维计算机辅助设计：SolidWorks 实用教程[M]. 北京：高等教育出版社，2007.

[17] 赵罘，杨晓晋，张云杰. SolidWorks 2008 中文版基础设计教程[M]. 北京：清华大学出版社，2008.

[18] 詹迪维. SolidWorks 2012 机械设计教程[M]. 北京：机械工业出版社，2012.

[19] SolidWorks. SolidWorks 零件与装配体[M]. 北京：清华大学出版社，2003.

[20] 齐月静，秦志峰，周冰. SolidWorks 2006 中文版工业造型时尚百例[M]. 北京：机械工业出版社，2006.

[21] 刘国良. 手把手教你学 SolidWorks 2007 中文版[M]. 北京：电子工业出版社，2007.

[22] 姚建娣，谢龙汉，杜如虚. SolidWorks 2010 三维设计及制图[M]. 北京：清华大学出版社，2011.

[23] 赵罘，龚堰钰，张云杰. SolidWorks 2009 中文版从入门到精通[M]. 北京：科学出版社，2009.

[24] 文杰书院. SolidWorks 2011 中文版基础教程[M]. 北京：清华大学业出版社，2011.

[25] 詹迪维. SolidWorks 2012 中文版高级应用教程[M]. 北京：机械工业出版社，2012.

[26] 詹迪维. SolidWorks 快速入门教程（2012 中文版）[M]. 北京：机械工业出版社，2012.

[27] 赵罘. SolidWorks 2012 中文版基础设计教程[M]. 北京：清华大学业出版社，2012.

[28] 吴卓，王林军，秦小琼. 画法几何及机械制图[M]. 北京：北京理工大学出版社，2010.